DRAINAGE

IRRIGATIONS — ENGRAIS LIQUIDES

PAR

J. A. BARRAL

DIRECTEUR DU JOURNAL D'AGRICULTURE PRATIQUE
MEMBRE DE LA SOCIÉTÉ IMPÉRIALE ET CENTRALE D'AGRICULTURE, ANCIEN ÉLÈVE
ET ANCIEN RÉPÉTITEUR DE CHIMIE DE L'ÉCOLE POLYTECHNIQUE

DEUXIÈME ÉDITION

TOME QUATRIÈME

PARIS

LIBRAIRIE AGRICOLE DE LA MAISON RUSTIQUE
26, RUE JACOB, 26
1860

PARIS. — IMP. SIMON RAÇON ET COMP., RUE D'ERFURTH, 1.

DRAINAGE

IRRIGATIONS — ENGRAIS LIQUIDES

DRAINAGE

IRRIGATIONS — ENGRAIS LIQUIDES

LIVRE VIII

RÉSULTATS FINANCIERS DU DRAINAGE

ET DES AMÉLIORATIONS AGRICOLES PERMANENTES

CHAPITRE PREMIER

Sur le prix de revient des travaux de drainage

Le prix de revient des travaux de drainage dépend évidemment de la difficulté que présente le terrain à déblayer, de la profondeur et de l'écartement des tranchées, du prix d'achat des tuyaux, du prix de leur transport, du prix moyen de la main-d'œuvre dans la contrée, des émoluments attribués à la direction du travail. Tous ces éléments de la dépense peuvent varier avec les lieux, avec le temps. Cependant, en prenant en considération les cas extrêmes qui se sont déjà présentés, et en calculant des prix moyens sur un nombre suffisamment grand d'hectares déjà drainés, on peut avoir des renseignements extrêmement utiles pour les propriétaires ou les agriculteurs ayant conçu le projet de doter leurs terres de cette amélioration capitale.

C'est toujours une chose assez délicate que d'obtenir des détails sur les prix de revient réels : les entrepreneurs de travaux de drainage cherchent à les élever dans l'intérêt de leur industrie; les propriétaires n'aiment pas à annoncer des dépenses trop fortes. Nous allons cependant donner des chiffres dont nous pouvons à peu près répondre; ils sont pour la plupart choisis sur des exemples pris en France; ce sont ceux qui sont les plus précieux pour la propagation du drainage dans notre pays. Nous citerons ensuite, à titre de renseignements, des prix de revient de drainages exécutés en Belgique, en Allemagne et en Angleterre.

CHAPITRE II
Prix de la fouille dans divers terrains

L'élément le plus variable, dans le prix de revient, est celui de la main-d'œuvre pour la fouille des lignes de drains; il dépend de la profondeur et de la largeur des tranchées, de la difficulté du travail, du prix de la main-d'œuvre dans la contrée. Il faut noter, en outre, que dans les terrains pierreux, c'est-à-dire dans les plus difficiles, le déblai est plus considérable que dans les terrains argileux ordinaires. Ainsi, pour la même profondeur de $1^m.20$, d'après les dimensions adoptées en général de $0^m.47$ en haut et $0^m.10$ en bas dans les terrains argileux, et de $0^m.67$ en haut et $0^m.10$ en bas dans les terrains pierreux, nous avons :

	Déblais. mètre cube.
Tranchée moyenne pour les terrains argileux (fig. 270, t. II, p. 128)	0 542
Tranchée pour les terrains pierreux (fig. 272, t. II, p. 129).	0.438

Or on sait, d'après les expériences des travaux de terrassement, quel temps il faut employer pour fouiller et jeter sur la berge un mètre cube de terres de diverses natures. En se servant des données que nous avons rapportées précédemment (t. II, p. 181), on trouve qu'on devra payer à un ouvrier, afin qu'il gagne 1 fr. 25 c. par journée de dix heures de travail effectif, les prix suivants pour la fouille d'un mètre courant :

	centimes.
Argile ordinaire..	9 9
Argile forte.	15.4
Argile forte avec pierres.	19.2
Tuf ordinaire..	24 0
Tuf dur avec pierres .	30.5

Ces calculs sont relatifs au travail exécuté par des ouvriers ordinaires ; des ouvriers habiles feront facilement à la tâche, dans les mêmes conditions, des journées de 1 fr. 50 à 2 fr.

On devra remarquer que, les volumes semblables variant comme les cubes des arêtes homologues, les prix ci-dessus décroîtront rapidement, si on diminue la profondeur des tranchées. Ainsi, pour une profondeur de 1 mètre, ces prix devraient être réduits aux 0.58, ou à 6, 9, 11, 14 et 18 centimes, au lieu de 10, 15, 19, 24 et 31 centimes, selon la nature du terrain.

Le prix de la fouille est à peu près le seul qui puisse beaucoup varier d'un terrain à l'autre. Les autres éléments du prix de revient du drainage devront donc être appréciés d'après les règles générales que nous allons trouver, d'après les exemples que nous citerons dans les chapitres suivants.

CHAPITRE III
Coût des travaux de drainage en France

Les exemples que nous allons exposer sont choisis dans les conditions les plus diverses de latitude, de nature de sol, de situation économique; ils embrassent les cas les plus simples et aussi les plus difficiles; ils concernent le Midi aussi bien que le Nord; en un mot, ils sont assez variés pour que tout agriculteur ou propriétaire y trouve des cas analogues à ceux dans lesquels il peut être placé.

PREMIER EXEMPLE.

La figure 261 (t. II, p. 90) représente une pièce de terre dont tous les détails du drainage ont été donnés à nos lecteurs. Ce travail, effectué à forfait par M. Lauret, maire de la Chapelle-Gauthier (Seine-et-Marne), a été exécuté pour la partie A, d'une contenance de 3.60 hectares, au prix de 250 fr. l'hectare; pour la partie B, d'une contenance de 2.35 hectares, au prix de 260 fr. l'hectare, plus 1 fr. 25 c. pour chaque mètre cube de pierres extraites.

D'après ce marché, M. Lauret a reçu 828 fr. pour la partie A; 605 fr. 80 c. pour la partie B, plus 33 fr. 60 c. pour 26ᵐ.88 de pierres extraites; soit en totalité 1,467 fr. 40 c.

Le drainage lui est revenu au prix de 1,299 fr., suivant le détail ci-contre :

Prix de revient des travaux de drainage.

Prix de 12,900 tuyaux à 22ᶠ.65 le mille.	293ᶠ.50
Ouvriers à la journée.	488.00
Ouvriers à la tâche	561.00
Charroi des tuyaux.	30.00
Nivellement, tracé, surveillance.	85.50
Usure des outils.	18.50
Faux frais.	22.50
Prix de revient..	1,299.00
Prix payé par le propriétaire.	1,467.40
Bénéfice de l'entrepreneur.	168.40

De là on tire :

Prix de revient net à l'hectare.	219ᶠ.05
Bénéfice de l'entrepreneur à l'hectare.	28.40
Prix de revient brut à l'hectare.	247.45

Le nombre total de mètres linéaires de drains posés a été
de 4,378.4; d'où on déduit par mètre linéaire posé à une
profondeur moyenne de 1ᵐ.20 :

		centimes.
Tuyaux.		6.73
Main-d'œuvre à la journée		11.14
Main-d'œuvre à la tâche..		8.24
Charroi des tuyaux.		0.68
Nivellement, tracé, surveillance.		1.93
Usure des outils.		0.42
Faux frais.		0.51
Prix de revient net par mètre.		29.65
Prix de revient brut..		33.52
Bénéfice de l entrepreneur..		5.87

D'après les explications que nous avons données, on sait
que l'ouverture de la tranchée s'effectue à la journée, et que
la pose des tuyaux et de la couche de terre immédiatement
superposée se fait à la tâche. Le bénéfice de l'entrepreneur
peut être regardé ici comme le taux de la direction et de la
rédaction du projet.

On n'a pas fourni aux ouvriers les outils courants, tels
que la bêche de surface, les pelles et la pioche.

DEUXIÈME EXEMPLE.

Nous venons de donner un exemple qui est un peu au-
dessus de la moyenne. Voici maintenant un drainage très-
facile, exécuté chez M. de Courcy, commune de Nelle, près
de Rozoy (Seine-et-Marne), par le même entrepreneur. Le
sol de la pièce est argilo-sableux compacte; il s'est laissé
entièrement travailler à la bêche, sans présenter de pierres.
Sa contenance en hectares est de 4.10. Le nombre des mètres
linéaires a été de 2,700, ayant 15 mètres d'écartement moyen
et 1ᵐ.30 de profondeur. Les tuyaux ont été conduits sur le
terrain aux frais du propriétaire. Le détail du prix de revient
est le suivant :

Tuyaux de 0^m.030 de diamètre intérieur,
   7,800 à 22 fr. le mille. . . . . 171^f 60
Tuyaux de 0^m.045 de diamètre intérieur,   } 200^f.00
   1,000 à 27 fr. le mille. 27.00
Faîtières. 1.40
Travail à la journée. 253.15
Travail à la tâche. 189.45
Nivellement et levé du plan, etc. 155 20
Usure des outils 7.00

   Prix de revient net. 802.80
   Prix payé à l'entrepreneur. 902.00

   Bénéfice de l'entrepreneur. 100.80

On calcule par hectare :

   Prix de revient net. . . . . 195^f.80
   Bénéfice de l'entrepreneur. 24.20

   Prix de revient total. 220.00

Et on trouve par mètre linéaire de tranchées ouvertes :

                                           centimes.
Tuyaux. 7.41
Journées. 9.37
Tâches. 7.02
Nivellement, tracé, etc. 5.67
Usure des outils 0.30
Bénéfice de l'entrepreneur ou direction 3.73

   Prix de revient total. 53.50

TROISIÈME EXEMPLE.

L'exemple suivant est pris sur un terrain très-difficile rempli de pierres meulières, où tout le travail a dû être exécuté à la journée.

La pièce de terre est celle de la Mailloterie, commune de Bréau (Seine-et-Marne), appartenant à M. Gareau. La direction et les frais de nivellement et de tracé ne sont pas compris dans le compte suivant, parce qu'ils n'ont pas été un débours pour le propriétaire.

Contenance du terrain, 4ʰ.4;
Mètres linéaires de tranchées, 2,812
Écartement moyen des drains, 15 mètres;
Profondeur moyenne, 1ᵐ.30.

Prix de revient.

8,970 tuyaux de 0ᵐ.030 de diamètre inté-
rieur, à 22 fr. le mille. . . . . 197ᶠ 55 ⎫
680 tuyaux de 0ᵐ.45 de diamètre intérieur, ⎬ 21 ᶜ.70
à 27 fr le mille. . . . . 18.55 ⎭
Charroi des tuyaux. 15.00
Journées d'ouvriers. 1,251.05
Usure des outils. 84.00
Faux frais. 40.00

Prix de revient net. 1.615.75
Prix de revient par hectare. 367.20

Il est vrai que l'on a extrait 500 mètres cubes de pierres, et que, le propriétaire ayant pu en trouver emploi à 1 fr. le mètre cube, il faut défalquer 500 fr. du prix total, ce qui ramène le prix de revient par hectare à 253 fr. 60 c.

On trouve, en rapportant au mètre linéaire :

	centimes.
Tuyaux.	7.66
Charroi des tuyaux.	0.54
Journées d'ouvriers.	44.48
Usure des outils.	2.98
Faux frais.	1.42
Prix de revient net.	57.08

QUATRIÈME EXEMPLE.

Nous nous transporterons maintenant sur le sol argileux au sous-sol glaiseux du domaine du Charmel (Aisne).

Là, M. de Rougé a fait drainer, par les soins de la Compagnie anglaise de drainage (West of England and South-Wales landes drainage Company, dont l'acte constitutif se trouve inséré, t. III, p. 473), du 10 juillet au 15 novembre 1851, environ 53 hectares de terre ainsi répartis :

	Hectares.	Metres lineaires de drains.
Pièce de Courmont (pl. VIII, t. II, p. 116).	15.46	par 151.61
Planche XI. { Petite grève.	10.00	} par 16,459
Le clos.	2.25	
Grande grève.	5.00	
Total	32.71	par 31,600

Il avait été convenu qu'on payerait aux ouvriers anglais 0f.125 par mètre courant de tranchées ouvertes à 1 mètre de profondeur; que les tuyaux seraient portés par les soins et aux frais de M. Rougé au bord des tranchées; que l'ouverture des tranchées, la pose des tuyaux et le remplissage des tranchées, se feraient par les soins des ouvriers anglais; que nulle tranchée ne serait reçue si elle n'avait en moyenne 1m.16 de profondeur. Un compte spécial était ouvert à chaque ligne de drains, et on multipliait sa longueur par sa profondeur et par 12c.5, pour avoir le prix à payer en centimes. M. Parkes, ingénieur de la Compagnie anglaise, est venu lui-même faire dresser les projets, et ordonner le commencement des travaux. Le prix de revient a été le suivant :

	fr.
Fouille, pose des tuyaux, remplissage de 31,600 mètres de tranchées de 1m.16 de profondeur moyenne. . .	5,125
98,000 tuyaux à 20 fr. fabriqués et apportés par M. de Rougé	1,960
Frais de voyage de l'ingénieur et des ouvriers anglais pour aller et retour de Londres à Paris	510
Achat des outils des ouvriers anglais, au départ de ces ouvriers..	70
Total.	7,665
Prix de revient par hectare	234f.33

En calculant par mètre courant de tranchée, et en regardant les frais de voyage comme frais de direction, l'achat des outils anglais comme l'équivalent de l'usure, on trouve :

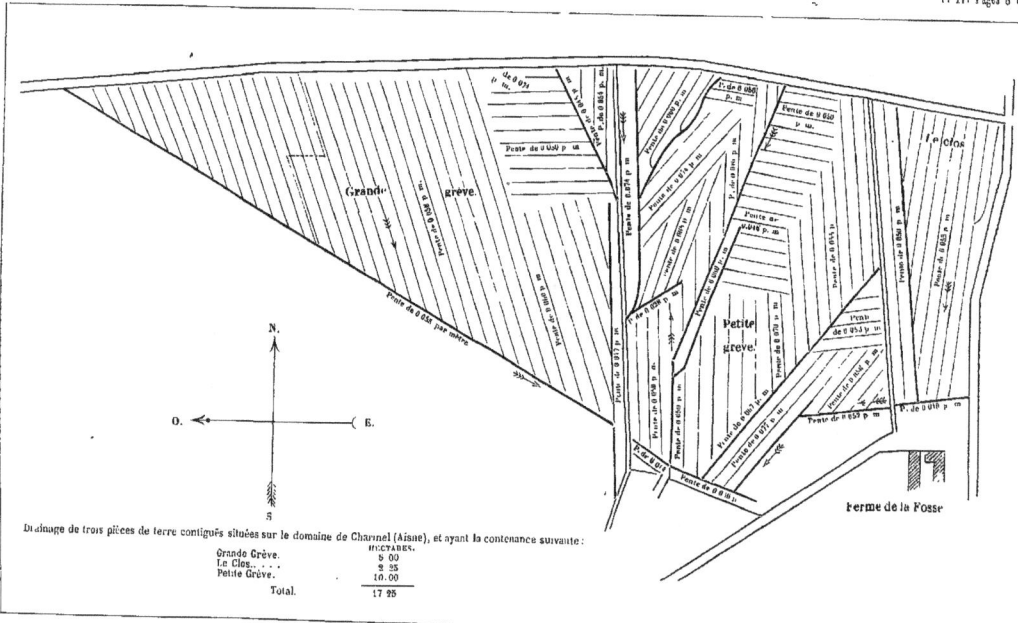

Drainage de trois pièces de terre contiguës situées sur le domaine de Charmel (Aisne), et ayant la contenance suivante :

	HECTARES.
Grande Grève.	5 00
Le Clos.	2 25
Petite Grève.	10 00
Total.	17 25

	centimes.
Fouille, pose des tuyaux, remplissage.	16.22
Tuyaux et leur charroi.	6.20
Direction.	1 61
Usure des outils.	0.22
Prix de revient total.	24.25

Dans les travaux que M. de Rougé a fait exécuter plus tard par des ouvriers français instruits dans l'art du drainage par les ouvriers anglais qui leur ont servi de maîtres, il a payé de 10 à 14 centimes le mètre pour la fouille des tranchées et leur remplissage, selon qu'il s'est agi de petits drains ou de maîtres drains, et selon qu'il y a eu plus ou moins de pierres; il a payé en outre la pose des tuyaux 60 centimes les 100 mètres.

CINQUIÈME EXEMPLE.

L'*Instruction sur le drainage*, publiée par la Commission hydraulique de la Sarthe, s'explique ainsi sur le prix des travaux dans ce département :

« Les travaux déjà exécutés dans la propriété de M. Thoré, et dans celle de M. Monnoyer, dit cette Instruction, nous font penser que, pour la plupart des cas, la dépense n'excédera pas 50 c. par mètre courant de drains.

« A la fabrique de M. Damoiseau, à Alençon, les tuyaux de 0^m.305 de longueur coûtent 25 fr. et 35 fr. le mille, selon que le diamètre intérieur est de 28 ou de 56 millimètres. Le millier de petits tuyaux pèse 375 à 450 kilogrammes.

« Supposons qu'il s'agisse de les transporter à la distance de 60 kilomètres au prix de 25 c. par 1,000 kilog. et par kilomètre :

1,000 tuyaux coûteront : achat.	25^f.00
Transport.	6.75
Total	31.75

1.

Pour 1,000 mètres courants de drains ordinaires, il
   faudra 5.500 tuyaux, à 31 fr. 75 le mille 104f.78
Façon de 1.000 mètres de tranchée de 1m.20 de profondeur, pose des tuyaux et remplissage, à 16 centimes
   le mètre courant. 160.00

              Total 264.78

Ajoutons 12 pour 100 pour les lignes de reprise et pour
   la casse, qui est presque nulle avec les tuyaux d'une
   excellente fabrication 31.77

Nous aurons, pour 1,000 mètres courants 296.55
   Soit 30 c. environ par mètre courant.

« Selon que l'écartement des lignes sera, par exemple, de
10, de 15 ou de 20 mètres, il faudra, par hectare, respectivement, 1,000 ou 750 ou 500 mètres de drains, et la dépense sera de 500, de 225 ou de 150 fr. par hectare. »

SIXIÈME EXEMPLE.

M. de Lescoët a publié une excellente brochure intitulée :
le *Drainage en Bretagne*, dans laquelle il décrit quelques
opérations de drainage exécutées dans le Finistère, notamment pour la transformation de marais en prairies; il établit ainsi le prix de revient d'un pareil travail :

2,500 tuyaux, à 50 fr. le mille 75f.00
100 mètres de grande tranchée à ciel ouvert, destinée
   à recevoir toute l'eau des drains couverts, à 20 centimes le mètre 20.00
Fouille de 875 mètres de drains, à 7 centimes le mètre. 61.25
Transport, pose des tuyaux et autres travaux qui accompagnent cette opération 22 50
Remplissage de 875m de drains, à 1 centime le mètre. 8.75
Honoraires du draineur 57 50

   Total de la dépense pour le drainage 225.00
A ajouter pour défrichement, conversion en prairie, engrais, graine de foin 200.00
Total de la dépense pour drainage et conversion d'un
   hectare de marais en prairie 425.00

M. de Lescoët établit en outre, de la manière suivante, le prix de revient du drainage d'un hectare de terres arables partout où un fossé d'écoulement à ciel ouvert n'est pas praticable :

```
5,000 tuyaux, à 50 fr. le mille............   90f.00
Fouille de 1.050 mètres de drains, à 7 cent. le mètre.   75.50
Transport. pose des tuyaux, etc............   28.50
Remplissage de 1,050 mètres de drains, à 1 cent. le
    mètre...............................   10.50
Honoraires du draineur...................   57.50
              Total................   240.00
```

SEPTIÈME EXEMPLE.

M. Lupin, qui est, comme nous l'avons vu, l'importateur du drainage complet et perfectionné en France, rend compte ainsi du prix de revient d'un grand nombre de travaux de drainage qu'il a effectués dans le département du Cher :

« La main-d'œuvre pour creuser les lignes à 1m.20 de profondeur, placer les tuyaux et combler, me coûte 15 c. le mètre courant dans un sous-sol assez compacte et souvent mêlé de pierres; ce prix est réduit à 0f.125 dans les terrains faciles. Quand il se rencontre de gros blocs à briser, il y a une indemnité à payer en dehors du prix ordinaire. Sur ces bases, un hectare assaini de la manière la plus énergique, c'est-à-dire par des lignes placées à la distance de 10 mètres l'un de l'autre, coûtera :

```
1,000 mètres de tranchées, à 15 cent. le mètre. . . . 150 fr.
5,000 tuyaux, à 20 fr................   60
                                      ———
              Total...........   210
```

« Si le drainage est fait à raison de 20 mètres entre les lignes, ce qui suffira souvent, la dépense se réduit à moitié ou à 105 fr. »

HUITIÈME EXEMPLE.

A côté des travaux précédents, presque les premiers qu'on ait effectués en France, nous citerons ceux exécutés avec beaucoup d'intelligence et sur une très-grande échelle, en 1850, 1851 et 1852, par M. Dufour, fermier de la ferme des Corbins, appartenant aux hospices (Seine-et-Marne). M. Dufour a drainé, durant ces trois années, 140 hectares de terres pour la somme de 12,000 fr., ce qui donne le prix de revient moyen de 85 fr. 70 c. par hectare. Ce prix paraîtra certainement très-peu élevé, mais il faut bien se garder d'en conclure que le drainage a été fait avec parcimonie. Nous l'avons visité, et nous donnerons, dans un autre chapitre, des détails sur les résultats obtenus, qui montreront tout le bien que ce travail a produit dans une ferme qui ne passait pas pour bonne avant l'administration de M. Dufour.

Le terrain drainé est composé de la terre franche argilosiliceuse de la Brie, et son sous-sol est argilo-calcaire ou un tuf argilo-siliceux.

M. Dufour, en 1850, a commencé par des tranchées de $0^m.80$ de profondeur, et 20 mètres d'écartement. Ayant reconnu l'insuffisance de la profondeur, il creusa ensuite les tranchées à $1^m.50$ et même à $1^m.40$, en portant à 28 mètres leur écartement. Quoiqu'il eût obtenu ainsi de bons résultats, il s'arrêta, pour toutes les tranchées qu'il fit ensuite, à une profondeur de $1^m.10$ à $1^m.20$, et à un écartement de 15 à 20 mètres. C'est ainsi qu'a été exécutée la plus grande partie de ses travaux de drainage.

Les tuyaux ont été pris à la fabrique de M. Vincent, près Lagny, aux prix de 25 fr. les petits, ayant $0^m.04$ de diamètre intérieur, et de 28 fr. les gros, ayant $0^m.06$ de diamètre intérieur; le transport coûtait, en outre, 3 fr. 55 le mille. Dans la presque totalité de ses travaux, M. Dufour n'a employé que les tuyaux de la petite dimension ; pour les drains collecteurs, il plaçait deux ou trois de ces tuyaux au fond des tranchées.

Le prix de la fouille des tranchées, pour une profondeur de 0^m.80, a varié de 5 à 15 centimes le mètre courant, et celui des tranchées de 1^m.10 à 1^m.20, de 8 à 15 c., et même, dans quelques parties très-pierreuses, à 25 c. La charrue passait jusqu'à trois fois pour faciliter l'ouverture de la ligne de drains. Les tuyaux entrent pour 7 c. 1/2, et leur transport pour 1 c. dans le prix de revient des tranchées. Cette fraction devient double ou triple dans les drains collecteurs, où il entre deux ou trois tuyaux que M. Dufour a placés toujours dans le même plan horizontal, les uns à côté des autres, et non pas superposés. Les drains collecteurs, plus larges et plus profonds, ont coûté davantage que les drains ordinaires, dans les proportions qu'indiquent les détails suivants. qui sont le relevé des travaux de 1852.

Durant cette année, M. Dufour a exécuté 16,421 mètres de petits drains pour la somme totale de 3,391 fr. 32 c.; ce qui donne le prix moyen de 20^c.6 par mètre courant.

En même temps ont été établis 2,455 mètres courants de drains collecteurs pour la somme totale de 873 fr. 93 c.; ce qui donne le prix moyen de 35^c.6 par mètre courant.

Le rapport de la longueur des drains collecteurs à la longueur totale des drains est de 13 pour 100.

Les prix de revient se sont ainsi répartis :

Drains ordinaires.

8,406 mètres de drains à		0^f.17
7.628 —		0.24
387 —		0.34

Drains collecteurs.

69 mètres à 1 tuyau de 0^m.06. à		0^f.19
643 — —		0.27

517 mètres de drains à 2 tuyaux, à 0.28
146   —   —   0.55
618   —   —   0.58
 82   —   —   1.50
258 mètres de drains à 5 tuyaux, à 0.57
140   —   —   0.47

Dans ces chiffres, la direction, la surveillance, le nivellement préalable du terrain et la rédaction des projets ne sont pas compris, M. Dufour s'étant chargé de cette partie du travail.

NEUVIÈME EXEMPLE.

Nous ne donnerions pas un tableau fidèle des dépenses auxquelles le drainage peut quelquefois entraîner les propriétaires, si nous ne placions ici un exemple exceptionnel, ayant occasionné des frais extraordinaires, par suite de circonstances qui peuvent se présenter quelquefois.

Nous avons choisi, parmi les travaux exécutés avec zèle et intelligence par M. Vitard, dans l'arrondissement de Beauvais (Oise), le cas extraordinaire que nous avons voulu mettre sous les yeux de nos lecteurs, à côté des faits habituels que nous leur avons montrés, et qu'ils peuvent vérifier dans les diverses localités que nous avons citées. Nos lecteurs remercieront avec nous M. Vitard d'avoir consenti à cette publication, car il est nécessaire que l'on ne se fasse pas d'illusion, tout en sachant bien que d'ordinaire les frais sont très-modérés, et que rarement on est exposé à des travaux très-dispendieux.

Il s'agit du drainage d'une pièce de terre d'une contenance de 2.78 hectares, nommée les *Glaises*, sise sur la commune de Noailles, et appartenant à M. le duc de Mouchy. De cette pièce on extrait de l'argile smectique qu'on emploie au dégraissage des draps, ce qui démontre combien le terrain en est imperméable. Le relief du sol présentait de grandes difficultés, à cause de l'existence de cinq pentes différentes eit de la nécessité d'évacuer les eaux à travers des propriétés voisines.

La partie A'B de la pièce (fig. 462) forme cuvette, et se

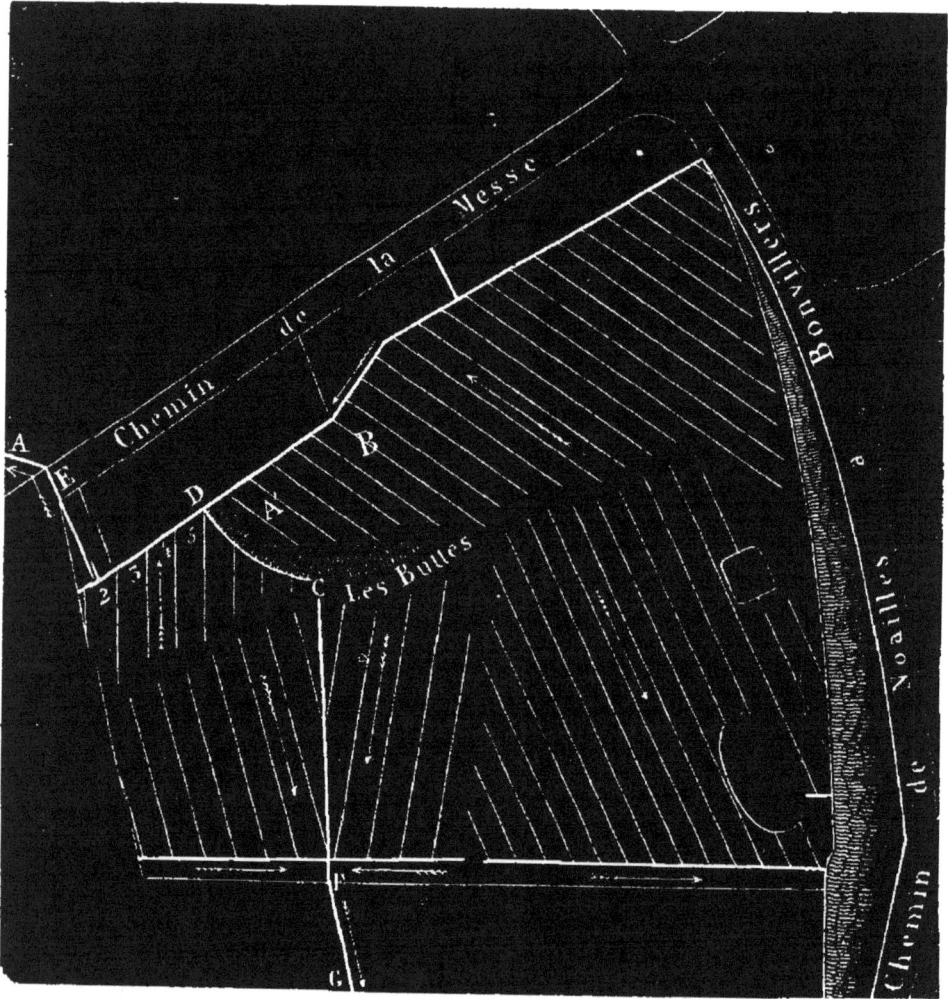

Fig. 462. — Drainage de la pièce de terre dite *les Glaises*, sise sur la commune de Noailles (Oise).

trouve en contre-bas des points C et D d'une hauteur de $0^m.90$; elle n'avait pu être cultivée depuis plusieurs années et restait improductive, parce qu'elle était couverte d'eau pendant six mois de l'année. On avait pensé d'abord à évacuer les eaux de cette partie à l'aide du drain collecteur CF creusé dans la portion sud de la pièce, drain prolongé dans la direction FG sur une longueur de 140 mètres, à travers une propriété voisine de celle de M. de Mouchy. Mais il n'a pas été possible d'opérer ainsi, et on a dû creuser de D en E un drain de 2^m.20 de profondeur, dans lequel les drains numérotés sur le plan 1, 2, 3, 4, 5 déversent leurs eaux à l'aide de tuyaux coudés. Ce drain collecteur se prolonge dans la direction EA, à travers une propriété voisine, sur une longueur de 75 mètres, dans un fond d'une très-grande dureté, formé d'argile empâtant un silex en rognons.

Voilà déjà deux grands travaux qui, pour une étendue aussi petite que moins de 5 hectares, devaient considérablement augmenter le prix de revient. Mais il s'est en outre présenté des accidents que nous avons déjà eu l'occasion de signaler. Dans une seule nuit, celle du 12 au 13 décembre 1852, des éboulements se sont produits et ont comblé les tranchées déjà ouvertes, dont la largeur, à la partie supérieure, s'est trouvée portée de 0^m.40 jusqu'à 1^m.10 ou 1^m.20.

Les drains ordinaires sont espacés à 7 mètres les uns des autres et creusés à 1^m.10.

Prix de revient.

Études préalables, surveillance, inspection (1). . . .		135^f.96
Fouille de 2,120 mètres de petits drains dans l'argile, à 13 centimes	276^f.80	
Fouille de 765^m.80 de petits drains dans la pierre, à 26 c.	198.85	
Fouille de 495^m.50 de drains collecteurs dans l'argile, à 15 c.	74.32	
Fouille de 357^m.50 de drains collecteurs dans la pierre, à 30 c.	107.25	
	657.22	657.22
A reporter. . .		793.18

(1) Dans les cas ordinaires, pour les travaux exécutés sous la direction de M. Vitard, cette dépense ne s'élève que de 25 à 30 fr. par hectare ; elle consiste uniquement dans le remboursement des frais de transport sur les lieux.

	Report. . .	793.18
Remplissage de 3,747ᵐ.05 de tranchées, à 5 c. . . .		187.35
Sondages, déplacement des tuyaux, etc.		84.90
8,200 petits tuyaux, à 20 fr. le mille. . . .	164.00	
2,905 gros tuyaux, à 40 fr. le mille. . . .	116 20	
2,400 demi-manchons, à 6 fr. le mille. .	14.40	
600 gros manchons, à 11 fr. le mille. . .	7.70	
	302.30	302.30
Éboulement, 94 journées		227.00
		1.595.63

Le transport des tuyaux a été effectué par le fermier ; on peut l'évaluer à 50 fr., ce qui porte le prix total à 1,644 fr., soit 591 fr. par hectare. Mais on doit faire attention que les drains sont très-rapprochés, que leur nombre total forme une longueur de 3,747 mètres courants, dont le prix moyen, en fin de compte, malgré tous les frais extraordinaires qui ont dû être faits, ne s'élève qu'à 44 centimes.

DIXIÈME EXEMPLE.

Les travaux de drainage sont grevés quelquefois de frais assez considérables qui proviennent de l'établissement de conduites de décharge, prolongées au loin à travers des fonds inférieurs. Nous allons citer un exemple de ce genre pris sur la propriété de M. Christofle, à Brunoy (Seine-et-Oise), qui a fait drainer en tout 35ʰ.70. M. l'ingénieur-draineur Chauviteau a drainé, en juillet 1854, 8 hectares et demi d'une pièce comprenant en tout 22ʰ.17 d'un seul tenant ; c'était le complément d'un travail commencé en 1853 par M. Chandora et continué par M. Chauviteau pendant l'hiver 1853-1854. C'est à ce drainage que se rapportent les plans donnés précédemment (fig. 262, 265, 267 et 268, t. II, p. 97, 101, 105 et 106). Le sol est argilo-siliceux ; à 0ᵐ.30 ou 0ᵐ.40 on rencontre un tuf très-dur à traverser dans lequel se trouvent des puddings ferrugineux, puis un banc de meulière dont l'épaisseur est très-variable, ce qui nécessité l'emploi presque continuel du pic et de la pince et a forcé à faire le plus souvent des tranchées très-larges. Le drainage a été effectué à la profondeur moyenne de 1ᵐ.20 et avec un écartement de 15 mètres. Nous allons donner les détails du compte de chaque article principal.

1° Fouille, règlement de la pente, remblai :

	mètres.		
Drains.	2,585.4 à 0ᶠ.30	. . . .	715ᶠ.62
—	3,528.9 à 0.35	. . . .	1,165.01
Sous-collecteurs.	265 0 à 0.40	. . . .	106.00
—	70.0 faits à temps perdu par le sur-		
	veillant	. . . .	*Mémoire*
	5,849.5 pour	. . . .	1,986.63

Ce compte donne 688ᵐ.50 de drain par hectare, à raison de 0ᶠ.54 par mètre en moyenne, ce qui fait par hectare 254ᶠ.90.

2° Frais de surveillance et pose des tuyaux.—Ce chapitre a exigé :

1 contre-maître durant 2 mois 5 jours.	265ᶠ
Son fils durant 2 mois.	75
1 poseur durant 41 jours.	144
Indemnité de logement et de route.	105.5
Total.	589.20

Ce qui fait par mètre courant 0ᶠ.108 et par hectare 68ᶠ.85.

3° Compte des tuyaux. — Il a été employé :

15,100 tuyaux de 0ᵐ.03 à 25ᶠ le mille, plus	4ᶠ de transport.	407ᶠ.70
4,000	—	0ᵐ.04 à 35	—	5	—	120.00
640	—	0ᵐ.06 à 40	—	10	—	52 00
575	—	0ᵐ.07 à 45	—	10	—	51.65
20.315						591.55

La dépense a donc été de 0ᶠ.11 par mètre courant et de 72ᶠ.29 par hectare.

Il a fallu environ trois tuyaux et demi, couvre-joints compris par mètre courant, soit 2,390 tuyaux par hectare.

On devra remarquer que les chiffres de 688^m.50 de drains et de 2,390 tuyaux par hectare sont extrêmement voisins de ceux que nous avons déterminés théoriquement (t. II, p. 112).

Le transport a été fait par le fabricant de tuyaux de sa fabrique au chantier des travaux.

Le chemin de fer de Lyon se charge maintenant du transport à raison de 0^f.06 la tonne par kilomètre et demande 3 fr. pour le camionnage de la tonne de la fabrique à la prochaine station (Brunoy), qui en est distante de 1^{kil}.5.

4° Honoraires de l'ingénieur-draineur pour direction, nivellement et frais de déplacement, 117 fr., soit 15^f.87 par hectare et 0^f.02 par mètre courant.

5° Usure des outils 175 fr., soit 20^f.65 par hectare et 0^f.03 par mètre courant.

6° Extraction des pierres. Il a été extrait 725 mètres cubes de pierres qui ont été payées 1^f.50 le mètre, soit en tout 1,084^f.50. Leur enlèvement a coûté en outre 0^f.50 le mètre ou en tout 361^f.50. Il en est résulté une dépense totale de 1,446 fr., ou de 175 fr. par hectare, dépense qui n'est pas mise en ligne de compte, attendu qu'on peut estimer à une somme égale la valeur des pierres.

7° Exécution de la grande décharge. Ce collecteur principal, d'une longueur de 571 mètres, a coûté :

Pour la fouille, le règlement, le remblai et la surveillance.	896.30
Construction d'un regard.	59.16
Fonte à 40 fr. les 100 kil.	88.00
1,440 tuyaux à 55 fr. le mille (transport compris). .	79.20
Usure des outils, frais de voyage, indemnités. . . .	91.70
Total.	1,214.36

Cette dépense s'appliquant à 22ʰ.17, dont elle enlève toutes les eaux, il est juste de ne pas la faire peser sur les 8ʰ.5 dont il est question ci-dessus; elle donne donc 54ᶠ.78 par hectare seulement.

On a donc, en résumé, dépensé par hectare :

Fouille et remblai.	254.90
Surveillance et pose.	68.85
Achat et transport des tuyaux.	72.29
Honoraires de l'ingénieur et nivellement.	15.87
Usure des outils.	20.65
Extraction des pierres.	*Mémoire.*
Décharge principale et regard.	54.78
Total.	465.34

ONZIÈME EXEMPLE.

Afin qu'on ne nous reproche pas d'avoir choisi des exemples présentant une surface trop restreinte, nous allons donner les résultats obtenus sur une très-grande étendue par M. Jacquemart dans des travaux que nous avons déjà cités (t. II, p. 75 et 112; t. III, p. 19), et qui ont été exécutés de 1854 à 1856 dans le département de l'Aisne.

Le mètre de tranchée ayant 1ᵐ.40 de profondeur, complétement réglé, nettoyé et prêt à recevoir les tuyaux, a été payé 18, 20 et 22 centimes, y compris le remplissage. Au prix de 22 centimes, M. Jacquemart a drainé les terres argileuses les plus difficiles, mais exemptes de pierres. Quelquefois, dans des conditions exceptionnelles, telles que la rencontre de grès ou celle d'un bois mal défriché, le mètre de tranchée a été payé 25 et 30 centimes. Avec ces prix, les terrassiers gagnaient 2ᶠ à 2ᶠ.50 par jour, et parfois un peu plus, selon la saison et leur habileté. M. Jacquemart est convaincu que de bons ouvriers, tout en gagnant autant, si ce n'est davantage, pourraient exécuter les mêmes travaux à des prix plus bas. Les terrassiers détachés accidentellement de leurs travaux recevaient 2 fr. par jour.

Les tuyaux ont été posés par le chef draineur et un aide, payés, le premier à raison de 4 fr. 50 c., et le second à raison de 2 fr. par jour., Quand le nombre des ouvriers était trop considérable (de vingt à trente), il y avait un second poseur payé à raison de 2 fr. 50 c. Le chef poseur était en même temps chargé de la surveillance de tout le travail, et prêtait son concours dans les opérations relatives au tracé ; les frais de pose se sont élevés, dans ces conditions, à 0^f.0501 par mètre.

M. Jacquemart présente ainsi le résumé des dépenses du drainage de 109^h.30 exécuté à 1^m.40 de profondeur :

Tranchées (fouille et remplissage), 67,030 mètres.	13,935^f.75
Tuyaux pour 65.780 mètres (achat, transports, manutention), 197,340 tuyaux.	6,822.92
Tuyaux, roulage dans la pièce à 1 fr. du 1,000. .	201.00
Fascines pour 1,250 mètres, 940 à 11 fr. le 100. .	104.00
Pose et aides.	5,366.00
Couvre-joints, 85,000 à 5 fr. le 1,000 et tuiles. .	488.00
Fascines pour préserver les tuyaux, 935 à 11 fr. le 100	103.55
Éboulements.	758.76
Diverses façons et frais	359.45
Culottes de cuir et manches. 167^f.50 ⎱ Non usés.	282.05
Outils . . . . 114.55 ⎰	
Aqueduc.	64.45
Dépenses totales pour 109^h.30. . .	26,572.89

En ramenant à un hectare on trouve le compte suivant ; remarquons toujours que la profondeur moyenne a été de 1^m.40 :

(Profondeur des drains, 1^m.40.)

Tranchées (fouille et remplissage), 613^m.20 à 0^f.2078.	187^f 20
Tuyaux (achat, transport, manutention), 1,840, soit 613^m.20 à. . . . . 0^f.1037 ⎱	65.42
Roulage, 1 fr. le 1,000, soit . . . . . . 0.0030 ⎰	
Par mètre. 0.1067	
A reporter. . .	252.62

Report . . .	252f.62
Pose et aides 0f.0501 par mètre..	50.76
Couvre-joints et tuiles.	4.50
Fascines pour préserver les tuyaux..	0.92
Éboulements	6.94
Diverses façons et frais	3.20
Outils et culottes de cuir (non usés).	5 54
Aqueduc.	0.65
	243.18

De là il résulte que *pour chaque hectare*, dans des terres dont une bonne partie est très-forte, on a fait en moyenne 615m.20 de drains à 1m.40 de profondeur, employé 1,840 tuyaux et dépensé 245f.18.

« La dépense la plus élevée par hectare, dit M. Jacquemart, a été de 509f.66 dans des terres fortes, où l'espacement des drains était de 16 mètres, le nombre de mètres de drains de 769, le prix de la fouille et du remplissage de 0f.22 par mètre courant.

« La dépense la plus faible par hectare a été de 198f.50 dans des terres douces, où l'espacement des drains était de 26 mètres, le nombre de mètres de drains de 531, le prix de la fouille et du remplissage de 0f.18 par mètre courant.

« Aux sommes ci-dessus il faut ajouter, pour frais d'arpentage et de plans, 8 à 10 fr. par hectare, ce qui porte la *dépense totale moyenne à* 252 fr. *par hectare.*

La dépense la plus élevée se monte à.	518 fr.
Et la plus faible à.	207

« Nous répéterons encore qu'avec des terrassiers plus habiles ou plus de sévérité dans les prix, on pourrait sans doute réaliser une économie de 20 à 50 fr. sur la façon des tranchées de chaque hectare, ce qui réduirait les prix moyen, maximum et minimum, à 230, 290 et 190 fr. par hectare, plans compris.

« Nous ne comprenons pas, dans toutes ces dépenses, la

valeur du temps que nous avons donné au tracé de ces 67 kilomètres de drains et à la surveillance des drains. »

Nous prendrons comme douzième exemple le drainage de la ferme de Killem (fig. 463), d'une contenance de 31ʰ.14, appartenant à M. Vandercolme, agriculteur de l'arrondissement de Dunkerque, qui a reçu en 1855 la croix d'honneur pour avoir rendu à la culture une surface énorme de fossés ouverts dans la partie de la Flandre où se trouvent ses propriétés. Ces fossés, existant de temps immémorial, étaient destinés à assainir autant qu'ils le pouvaient une contrée très-humide: ils sont parfaitement remplacés par des tuyaux de poterie.

Dans la figure 463, les lignes doubles indiquent les drains collecteurs, les lignes simples les drains ordinaires, les lignes ponctuées les fossés supprimés par suite du drainage.

Les seize pièces de terre composant la ferme ont des formes et des pentes très-diverses; aussi on a fait varier l'écartement des drains de 7ᵐ.90 à 15 mètres, leur profondeur de 0ᵐ.70 à 1ᵐ.25, et la pente de 0ᵐ.005 à 0ᵐ.010 par mètre.

Une ceinture d'arbres entourant la ferme, les drains extrêmes en ont été éloignés de 15 mètres pour éviter l'invasion des racines.

La longueur moyenne des drains d'asséchement a été par hectare de 653 mètres, et celle des drains collecteurs de 67 mètres. Des manchons ont été employés pour les tuyaux de 0ᵐ.03 et 0ᵐ.04 de diamètre intérieur.

Le sous-sol est généralement argileux comme le sol lui-même.

Le tableau suivant donne, pour chacune des seize pièces de terre, le détail des opérations :

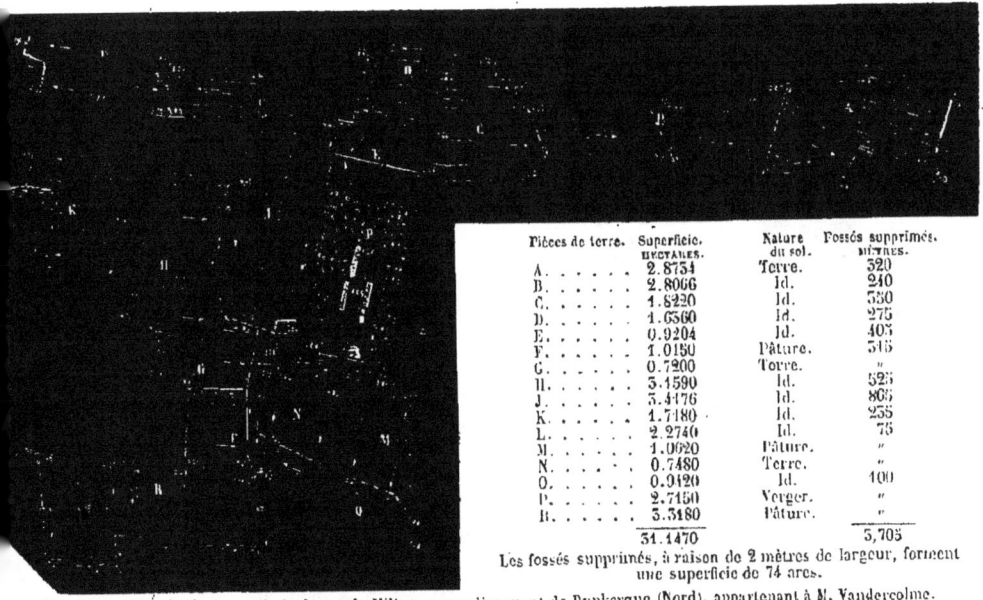

Pièces de terre.	Superficie. HECTARES.	Nature du sol.	Fossés supprimés. MÈTRES.
A	2.8754	Terre.	520
B	2.8066	Id.	240
C	1.8220	Id.	530
D	1.6560	Id.	275
E	0.9204	Id.	405
F	1.0150	Pâture.	515
G	0.7200	Terre.	"
H	3.1590	Id.	525
J	3.4176	Id.	805
K	1.7480	Id.	255
L	2.2740	Id.	75
M	1.0620	Pâture.	"
N	0.7480	Terre.	"
O	0.9420	Id.	100
P	2.7150	Verger.	"
R	3.5180	Pâture.	"
	31.4470		5,705

Les fossés supprimés, à raison de 2 mètres de largeur, forment une superficie de 74 ares.

Fig. 465. — Plan de drainage de la ferme de Killem, arrondissement de Dunkerque (Nord), appartenant à M. Vandercolme.

Pieces de terre.	Profondeur moyenne des drains.	Pente par metre.	Intervalle entre les drains.	Longueur des drains ayant un diametre exterieur de			
				0ᵐ 05	0ᵐ 04	1ᵐ.06	0ᵐ 19
	M.	MILLIM.	M.	M	M.	M.	M.
A.	1.21	5.0	10.66	2.130	55	122	"
B.	1.10	5.5	11.00	1,935	55	127	"
C.	1.25	4.5	10.80	1,350	55	115	"
D.	1.16	5.0	10.90	1,350	16	90	"
E.	1.20	3.5	12.00	700	90	100	"
F.	1.25	5.0	12.50	640	"	"	108
G.	1 20	5.0	15.00	320	"	"	45
H.	1.15	7.0	14.00	2,158	40	137	38
J.	1.25	6.0	10.00	2,610	"	100	"
K	1.20	8.0	12.90	880	60	112	"
L.	1.00	6 0	11.70	1.305	25	42	"
M.	1.50	8 0	12.80	520	15	76	"
N.	1.00	7.0	15.50	420	20	20	"
O.	1.07	2 5	11.20	470	25	50	"
P.	1 20	10.0	"	490	50	58	"
R.	0.70	3 0	7.90	5,080	190	225	"
			Totaux. .	20,358	566	1,554	191

Quant à la dépense totale et à la dépense réduite à l'hectare, elles se trouvent dans cet autre tableau :

Pieces de terre.	Depense pour tuyaux.	Depense pour main-d'œuvre.	Depense totale.	Depense totale reduite à l'hectare.
A.	246ʳ.44	276ʳ.84	523ʳ.28	178ʳ.63
B.	225.62	251.64	477.26	170.04
C.	164.83	182.40	547.23	190.05
D.	154.25	172.32	326.57	199.61
E.	100.15	106.80	206.95	224.84
F.	150.91	89.76	240.67	237.11
G.	68.38	43.80	112.18	155.80
H.	255.49	280 20	535.69	169.58
J.	285.15	325.20	610.35	178.58
K.	117.28	126.24	243.52	141.74
L.	144.04	164.64	308.68	135.74
M.	68.76	91.65	160 41	151.04
N.	48.91	55.20	104 11	139.18
O	56.44	63.00	119.44	126 79
P.	60.48	69.36	129.84	47.82
R.	367 50	203 24	570 74	203.24
Totaux. .	2.514.65	2,502.29	5,016.92	"
Moyennes par hectare. . .	80.73	80.35	161.06	"

IV.   2

Aux frais précédents, il faut ajouter les frais d'ingénieur qui, pour nivellement, confection du plan et détails du projet, ont été de 6 fr. par hectare, ce qui porte la dépense moyenne à 167f.06.

La dépense calculée par mètre courant de tranchée se répartit ainsi :

	centimes
Tuyaux (achat, charroi, pose).	14.21
Main-d'œuvre (fouille des tranchées et remplissage). .	11.62
Direction (nivellement et plan).	0.83
	Total. . . . 25.66

Dans le même arrondissement de Dunkerque, un des plus zélés propagateurs du drainage, M. Vandewalle, a fait aussi exécuter sur une grande échelle des travaux qui ont coûté à peu près les mêmes prix que ceux de M. Vandercolme. En voici le relevé :

Noms des communes où sont situées les terres drainées.	Superficie drainee.	Nombre de metres courants.	Depenses totales.
	HECTARES	METRES.	FR.
Bollezeele. . .	27.6355	19,249	4,541.15
Warhem. . . .	18 1304	16,959	3,892.70
Bambeque. . .	31.6901	14,005	3,598.03
Totaux. . .	77.4560	50,215	12,031.88

En réduisant à l'hectare, on trouve :

Noms des communes.	Nombre de metres de drains par hectare.	Prix de revient a l'hectare.	Prix de revient par metre courant.
	M.	FR.	CENTIMES.
Bollezeele. . . .	696	164.52	23.59
Warhem.	935	214.70	22.95
Bambeque. . . .	442	113.50	25.69

La moyenne générale est de 164f.18 par hectare et de 24c.08 par mètre courant.

Presque tous les travaux ont été faits dans des terres argileuses très-compactes; la profondeur des drains a varié de 1m à 1m.25, et leur espacement de 7 à 15 mètres. Là où

le sol était très-humide, les lignes de drains ont été le plus
rapprochées.; sur d'autres parties, M. Vandewalle n'a mis
des tuyaux que là où il y avait d'anciens fossés. On a employé des manchons pour les tuyaux de 0ᵐ.03 et de 0ᵐ.04
de diamètre intérieur. Le prix de la fouille a varié de 6 à
15 centimes par mètre courant, selon la profondeur et la
nature du sol; le prix moyen a été de 11ᶜ.5. Les drainages
des communes de Bollezeele et de Warhem ont été faits en
1853-1854, ceux de la commune de Bambeque en 1856;
pour ces derniers, l'expérience acquise a permis de faire
des économies dans l'exécution. On a employé 65,250
tuyaux pour les drainages de Bollezeele, 57,300 pour ceux
de Warhem, et 49,800 pour ceux de Bambeque. Le nombre
des tuyaux n'est pas dans un constant rapport avec celui
des mètres de tranchée, parce qu'il s'en est trouvé beaucoup de défectueux qui ont été rebutés et qui n'en grèvent
pas moins l'opération.

TREIZIÈME EXEMPLE.

Nous avons déjà dit que le drainage irrégulier, dans lequel
les drains sont multipliés en raison de la nature des différentes parties du terrain, devait être employé de préférence
à tout système, tracé symétriquement sur des plans sans
une étude suffisante des propriétés du sol. Ainsi, par exemple, au printemps, un champ labouré ou ensemencé qui a
besoin d'être drainé offre des places qui, après un jour de
soleil succédant à la pluie, sont d'une couleur plus foncée :
la récolte s'y perd souvent, c'est dans ces endroits que les
drains devront passer, se rapprocher et souvent présenter
des branches latérales.

La figure 464 donne le plan d'un drainage de cette nature
exécuté par M. Martinaud, agriculteur à Paillé (Lot-et-Garonne). La superficie totale est de 2 hectares. Dans la parcelle

n° 1, les drains sont distants de 9 mètres : le terrain avait for-

Fig. 464. — Plan de drainage irrégulier exécuté sur 2 hectares, à Paille, près Cancon (Lot-et-Garonne), par M. Martinaud.

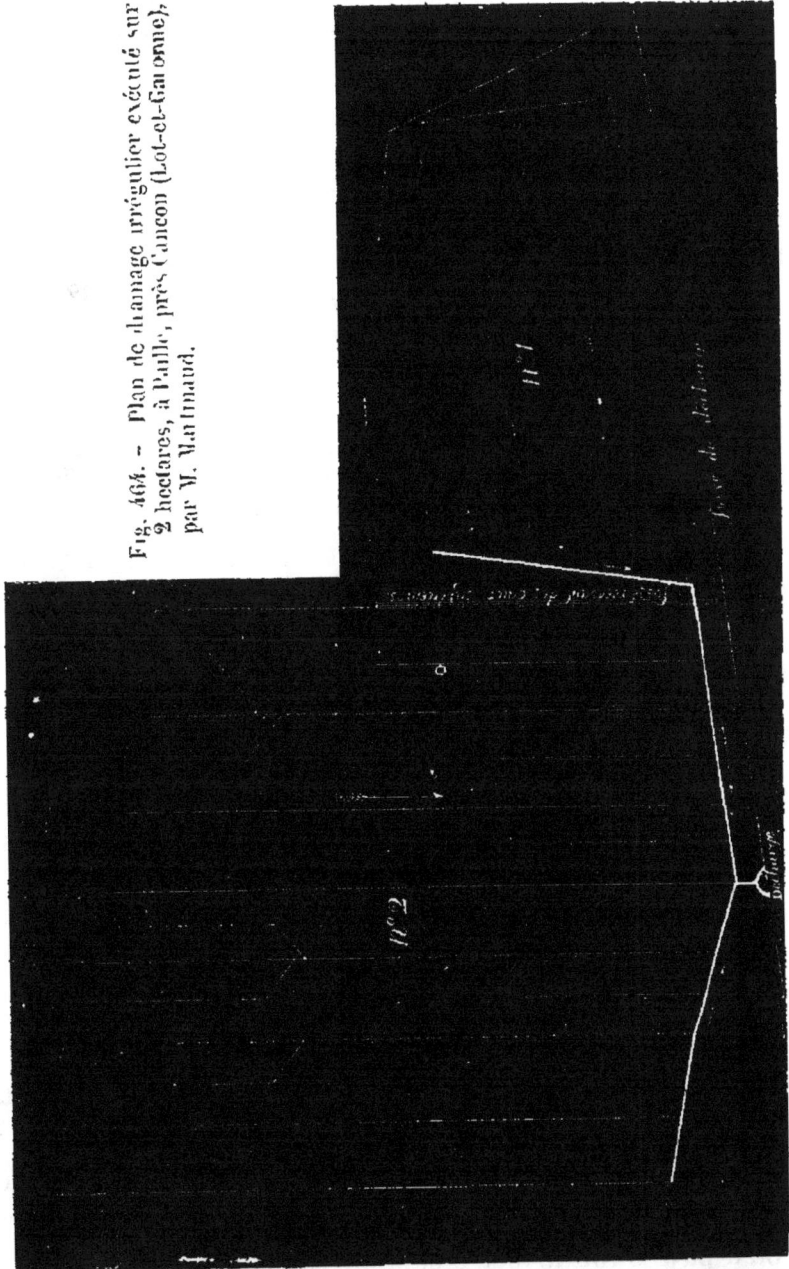

tement besoin d'être assaini. Dans la pièce n° 2, la distance des drains varie de 7ᵐ.50 à 16 mètres, suivant que le besoin s'en est fait sentir. La profondeur des tranchées est en moyenne de 1ᵐ.16. Le terrain est compacte et argileux. On a payé pour le creusement des tranchées 0ᶠ.075 par mètre courant. Le détail des frais de l'opération est le suivant :

1,561 mètres de tranchées à 0ᶠ.075 le mètre courant.	117ᶠ.07
Pose des tuyaux.	11.00
5,000 tuyaux de 0ᵐ.03 de diamètre intérieur, à 25 fr. le mille.	125.00
600 tuyaux de 0ᵐ.05 de diamètre intérieur, à 35 fr. le mille.	21.00
50 gros tuyaux à 50 fr. le mille.	2.50
5,600 demi-manchons à 10 fr. le mille.	56.00
Transport de la fabrique sur le terrain.	35.00
Remplissage à raison de 0ᶠ.025 le mètre courant. . .	39.00
Décharge en maçonnerie avec une petite grille. . . .	8.00
Total.	414.57

Le prix moyen de revient a été de 207ᶠ.28 par hectare, et de 26ᶜ.56 par mètre courant.

QUATORZIÈME EXEMPLE.

Nous prendrons dans le département du Tarn un dernier exemple; il nous est fourni par un ingénieur habile, M. Alby, qui cultive des terres du château de Parisot, près Dourgue.

La pièce de terre pour laquelle nous donnons un compte détaillé et très-exact a une superficie de 1ʰ.55; les drains sont espacés de 10 mètres et les tranchées ont 1ᵐ.25 de profondeur au minimum. Le terrain est argilo-siliceux; le sous sol est formé d'une argile mêlée de cailloux. En sus des 0ᶠ.10 par mètre courant, pour le creusement des tranchées, on a payé 0ᶠ.50 le mètre cube de cailloux extrait.

Le détail des frais est résumé dans le tableau suivant :

2.

1,458 mètres de tranchées à 0f.10 . . . . 145f.80
22 mètres cubes de cailloux à 0f.50. . . . . 11.00
Pose des tuyaux à la journée. 14.30
5,000 tuyaux de 0m.03 à 20 fr. le mille. 60 00
1,375   —   0m.04 à 25   — 31.65
100   —   0m.05 à 28   — 2.80
575   —   0m.07 à 40   — 15.00
1,500 manchons à 8 fr. le mille. 12.00
Remplissage des tranchées à 0f.025 le mètre courant. 55.95

Total. . . . 526.50

Le drainage de cette pièce est donc revenu à 210 francs l'hectare ou 22c.70 le mètre courant.

M. Alby avait fourni au fabricant de tuyaux, de concert avec deux de ses voisins, la machine servant à l'étirage; pour ce fait et pour toute rétribution, il a joui d'une diminution de 2 fr. par mille sur les tuyaux et les manchons. Le drainage ayant employé 6,350 tuyaux ou manchons, ce serait 15f.70 à ajouter pour une personne qui n'aurait pas la même faveur, et le prix de revient s'élèverait à 219f.35 par hectare. Si la fabrique était éloignée, il faudrait encore ajouter le prix du transport des tuyaux qui n'est pas compté.

M. Alby a commencé à drainer en 1850, et il a fait successivement 17 hectares. La première pièce est revenue à 286 fr. par hectare, les tranchées ayant été creusées à la journée. Les drains ont varié dans tous ces drainages de 6m.50 à 10 mètres.

RÉSUMÉ.

En prenant les chiffres extrêmes des quatorze exemples que nous venons d'exposer, on obtient par mètre courant les prix suivants, qui ont le mérite d'être donnés par des expériences de drainage exécutées en France même. dans les circonstances les plus diverses :

Prix de revient par mètre courant.

	MINIMA. Centimes.	MAXIMA. Centimes.
Étude préalable du terrain ; nivellements, rédaction du projet de drainage.	1.95	3.00
Direction et honoraires du draineur.	1.61	5.67
Tuyaux.	6.00	10.48
Charroi des tuyaux.	0.54	1.00
Fouille des tranchées.	5.00	44.48
Pose des tuyaux et premier remplissage	3.00	10.80
Second remplissage	1.00	5.00
Usure des outils.	0.50	5.00
Totaux	19.58	85.43

Lorsque l'on sait le prix du mètre courant du drainage, il est facile de calculer le prix de revient de l'hectare, pourvu que l'on connaisse l'écartement des lignes des drains. D'après les tables que nous avons données précédemment (t. II, p. 111 à 114), on sait que l'écartement peut varier de 5 à 20 mètres, selon les natures des divers terrains, c'est-à-dire qu'on peut avoir de 500 à 2,000 mètres courants de drains à l'hectare. En conséquence on a les chiffres extrêmes qui suivent :

Prix de revient à l'hectare.

Écartement des lignes de drains. Mètres.	Prix minima. fr.	Prix maxima. fr.
5	587.60	1,617.00
20	96.90	404.25

Les agriculteurs voient bien, d'après ces chiffres, chiffres qui se rapprochent singulièrement de ceux des exemples cités plus haut, dans quelles dépenses peuvent les entraîner les travaux de drainage; ils devront seulement se souvenir que, dans la majorité des cas, les frais seront plus voisins des prix minima que des prix maxima ; mais, avant une étude du terrain et en comptant tous les frais possibles, on ne peut pas dire si la dépense restera au-dessous de 100 fr. par hectare, ou si elle ne s'élèvera pas à 1,600 fr. En général, cependant, ainsi qu'il résulte des quatorze exemples précédents, la dépense sera comprise entre 200 et 300 fr. par hectare; en effet, ces quatorze exemples nous donnent les résultats qui suivent :

	Dépense par hectare.
I. Drainages de M. Lauret	247f.45
II. Drainages de M. de Courcy	220.00
III. Drainages de M. Gareau	367.20
IV. Drainages de M. de Rougé	254 35
V. Drainages de la Sarthe	225.00
VI. Drainages du Finistère	225.00
VII. Drainages de M. Lupin	210.00
VIII Drainages de M. Dufour	85.70
IX Drainage chez M. le duc de Mouchy, par M. Vitard	591.00
X. Drainages de M. Christofle	465.54
XI. Drainages de M. Jacquemart	245.18
XII. Drainages de M. Vandercolme	167.06
XIII. Drainages de M. Martinaud	207 28
XIV. Drainages de M. Alby	210.00
Moyenne générale	264.18

CHAPITRE IV

Influence de la forme des pièces de terre sur le prix de revient du drainage

Quand on veut se servir des tables pour calculer la longueur totale des tranchées que contiendra une pièce de terre, d'après l'écartement que l'on veut donner aux drains, il faut tenir compte d'une augmentation qui peut provenir de la forme et du relief de la pièce et de l'influence qui en résulte pour le rapport existant entre les drains ordinaires et les drains collectifs. M. Jacquemart a mis cette circonstance en évidence de la manière suivante. Il a comparé deux pièces de terre, l'une de 4 hectares et l'autre de 1 hectare seulement, à une pièce de 1 hectare drainée sans collecteur avec un écartement de 20 mètres et ayant reçu par conséquent cinq drains de 100 mètres ou 500 mètres. Il a trouvé que, les drains ayant le même écartement de 10 mètres et le collecteur étant tracé parallèlement à la lisière inférieure et à dix mètres de distance :

1° Si les pièces ont la forme carrée, la première contiendra 2,100 mètres, soit 525 par hectare ; et la seconde 550 mètres ;

2° Si les pièces ont la forme d'un rectangle ayant une base égale à quatre fois la hauteur, la première contiendra 2,200 mètres de drains, soit par hectare, 550 mètres ; et la seconde 600 mètres ;

3° Si, les pièces ayant la dernière forme, on suppose les collecteurs tracés au milieu par suite d'une double pente du sol, la première pièce contiendra 2,400 mètres de drains, et la seconde 700 mètres.

On voit donc que, selon l'étendue, la forme et le relief du terrain, l'influence du ou des collecteurs sur la longueur des drains est telle, que le nombre de mètres par hectare peut, dans les exemples cités, varier de 500 mètres à 700 mètres, c'est-à-dire dans le rapport de 100 à 140 ; et que moins les pièces ont d'étendue, plus ces variations sont grandes.

Il faut ajouter que, toutes choses égales d'ailleurs, l'augmentation produite par les collecteurs est relativement d'autant plus considérable, que l'écartement des drains est plus grand. Ainsi, dans les exemples précédents, si l'écartement des drains eût été de 25 mètres, le nombre des mètres par hectare eût varié de 400 à 600, c'est-à-dire dans le rapport de 100 à 150 ; tandis que, pour un écartement de 16 mètres, le nombre de mètres par hectare n'eût varié que de 625 à 825, c'est-à-dire dans le rapport de 100 à 132.

Voici maintenant des exemples puisés dans la pratique de M. Jacquemart :

1° Drainage à 16 mètres d'intervalle ; chiffre normal sans collecteur, 625 mètres par hectare :

cela a été remarqué par les éleveurs anglais, qui constatent que les moutons cessent de contracter la cachexie aqueuse sur des terrains drainés, où cette maladie, si terrible pour la race ovine, faisait auparavant de grands ravages.

TROISIÈME EXPÉRIENCE.

Dans l'arrondissement de Villefranche, d'après ce que rapporte M. Maitrot de Varennes dans ses *Instructions sur le drainage dans la Haute-Garonne*, M. Jules Barrau a drainé, vers janvier 1855, un pré d'une contenance de 87 ares. Ce pré donnait auparavant 5,600 kil. de mauvais foin, et les animaux ne pouvaient y paître à cause de l'excès d'humidité. En 1855, il a produit 9,000 kil de bon foin, et après la fauchaison il a fourni un excellent pâturage. L'accroissement de fertilité est de 150 pour 100.

QUATRIÈME EXPÉRIENCE.

Pour les raisons que nous avons cherché à faire comprendre en commençant ce chapitre, le drainage des prés qui n'est pas accompagné d'irrigations ou de fumures n'est pas toujours suivi d'un accroissement de rendement. Mais une conséquence permanente du drainage des prairies est l'amélioration de la qualité du fourrage. Nous trouvons la preuve de ce fait dans toutes les enquêtes ouvertes sur les effets du drainage. Nous citerons les déclarations suivantes, extraites du rapport de M. Mille, agent draineur du département de la Loire, publié en 1856.

M. Rony, avocat à Montbrison, s'exprime ainsi à l'égard d'un pré drainé en avril 1855 : « La quantité du fourrage, comparée à celle qu'on obtenait précédemment, est restée presque la même. Quant à la qualité, elle est bien supérieure. »

M. Blanche, sous-directeur de la ferme-école de Mably

(canton de Roanne), rendant compte de l'état d'un pré de 3 hectares drainé en 1854, apprécie ainsi le résultat obtenu : « Les joncs, les carex, les renoncules ont été remplacés par des légumineuses et de bonnes graminées. »

M. Étaix, à propos du drainage d'un pré situé à Saint-Germain-Laval, déclare : « Voici la seconde récolte que je lève depuis les travaux ; si je n'éprouve pas encore une bien grande augmentation sur le rendement, je trouve une différence énorme dans la qualité du fourrage. »

Selon M. de Meaux, qui a fait drainer un pré à Saint-Rambert, « l'opération a plutôt influé sur la qualité que sur la quantité; mais, sous le rapport de la qualité, le résultat est excellent. »

L'effet sur les prés est tel souvent que, malgré le peu d'augmentation dans le poids du rendement, le produit financier est considérable. En voici deux exemples :

M. Peillon ayant drainé 1ʰ.2 en 1854, dans la commune de Vernay (canton de Roanne), a vu ce pré prendre une valeur double. D'un autre côté, M. Louis Liandron déclare qu'après avoir fait drainer un pré à Saint-Germain-Laval, qui, à cause du séjour des eaux, était envahi par les joncs, il n'a pas éprouvé une bien grande augmentation dans le rendement, mais qu'il a trouvé une différence énorme dans la qualité du fourrage. Les joncs ont presque entièrement disparu, et le foin est accepté maintenant pour la cavalerie qui tient garnison à Saint-Étienne.

On conçoit quel important produit en argent résulte d'une pareille amélioration qui revient à changer complétement la nature agrologique du terrain.

CINQUIÈME EXPÉRIENCE.

Quelles sont les plantes qui disparaissent d'une prairie drainée? quelles sont celles qui s'y substituent? Comme réponse à cette question, nous donnerons l'extrait suivant d'une lettre que nous a écrite M. Chastanet, membre de la Société botanique de France, sur le drainage d'une prairie drainée par M. Piston d'Eaubonne sur son vaste domaine (450 hectares) du Fournil, situé à 5 kilomètres de Mussidan (Dordogne).

« Cette parcelle, de l'étendue d'un peu plus d'un hectare, dit M. Chastanet, était extrêmement marécageuse, malgré une inclinaison très-accentuée du terrain. On en a une idée par la liste des plantes qui, antérieurement au drainage, occupaient presque exclusivement le sol. C'étaient diverses espèces de joncées et de cypéracées, puis, mais en moins grand nombre, l'*elodes palustris*, Spach; *myosotis cæspitosa*, Schultz; *cirsium anglicum*, D. C.; *Ajuga reptans*, L.; *scorzonera plantaginea*, Schl., etc. Quant aux graminées, elles protestaient par leur absence. Le produit de ce marais, demeure habituelle des bécassines et des sangsues indigènes, dans lequel les charrettes, au plus fort de l'été, s'enfonçaient souvent jusqu'au moyeu, ne pouvait être utilisé qu'en litière. Une exsudation glaireuse, résultat de la décomposition des racines, enduisait le terrain et lui donnait la couleur de la rouille.

« Dans ce sol argileux, de couleur brune, excepté dans une petite étendue où l'argile mêlée à de gros gravier prend une couleur d'un gris noir, dans ce sol partout et toujours imperméable à l'eau, M. Piston d'Eaubonne a fait ouvrir, parallèlement à la direction de la pente, des tranchées d'un mètre de profondeur, aussi étroites que possible et distantes entre elles de 10 à 12 mètres. Un fossé collecteur à ciel ouvert, large de 2 mètres et profond de 1^m.40, a été creusé perpendiculairement aux drains pour en recevoir les eaux et les conduire au loin. Ce fossé, dans lequel l'œil voit déboucher chaque ligne de tuyaux, a permis de constater que

certains drains écoulent une quantité d'eau proportionnellement plus grande que d'autres, soit que certaines parties
traversées soient alimentées par des sources, soit que les
travaux n'ayant pas été partout également bien exécutés,
quelques tuyaux aient pu être obstrués.

« Quoi qu'il en soit, le résultat obtenu est des plus satisfaisants. On s'en convaincra par la Flore actuelle de la prairie, les plantes suivantes s'étant substituées spontanément
à celles énumérées plus haut : *medicago lupulina*, L. (lupu-
line); c'est la plus abondante; *trifolium pratense*, L. (trèfle
rouge); *trifolium repens* L. (trèfle blanc); *plantago lanceo-
lata*, L.; *polygola vulgaris*, L.; *centaurea nigra*, L.: *alopecurus agrestis*, L. (queue-de-rat); *anthoxanthum odoratum*
L. (flouve odorante); et beaucoup de bonnes graminées non
spécifiées le jour de la visite (28 avril), leur floraison n'étant
pas assez avancée. Ces plantes, et notamment les deux premières, étaient d'une vigueur remarquable, même compa-
rées à celles des meilleures prairies du domaine. »

SIXIÈME EXPÉRIENCE.

Dans le rapport fait en 1854 par les commissaires des
travaux publics d'Irlande, nous trouvons qu'un agriculteur
du comté de Limerick, M. Daniel Clanchy, déclare que « ses
terres drainées portent un quart de bétail en sus de celui
qu'elles pouvaient nourrir auparavant. L'herbage est incontestablement de meilleure qualité; au lieu d'un pâturage
marécageux on a un parcours sain et excellent pour les
moutons. »

M. William Mason, du comté de Cork, dit, de son côté,
que chez lui les prés ont gagné 15 pour 100 et les terres
labourables de 20 à 25 pour 100, sans compter l'avantage
qu'il trouve à les travailler en toute saison.

7.

CHAPITRE VIII
Drainage des plantations d'arbres et des forêts

Nous avons rencontré presque partout un très-fort préjugé à l'égard de l'impossibilité d'appliquer utilement le drainage aux terrains plantés en arbres et aux forêts. Cependant il paraît démontré que le drainage doit être pris en sérieuse considération dans une spéculation qui aurait pour but le boisement d'une contrée, par exemple celui de la Sologne. M. Mangon cite à ce sujet quelques expériences que nous croyons utile de reproduire.

« Les forestiers anglais, dit cet ingénieur (1), s'accordent à admettre, en moyenne, que l'accroissement annuel d'un arbre étant de 3 pour 100 par an sur un terrain humide et non drainé, s'élève à 6 pour 100, toutes choses égales d'ailleurs, sur un terrain drainé, et à 12 pour 100 sur une terre à la fois drainée et irriguée. Les arbres des terrains drainés sont d'une plus belle venue, plus robustes, leur écorce est lisse et dépourvue de mousse. Des arbres plantés en 1833, par M. Oswald, sur un terrain drainé, mais le plus mauvais d'un canton, sont maintenant plus beaux que ceux plantés à la même époque dans les meilleures terres du même canton, que l'on avait cru, par cela même, pouvoir se dispenser de drainer.

« On doit à M. Smith une expérience comparative remarquable sur l'application du drainage à la culture forestière. Un champ de la ferme de Deanston, partagé en deux parties, fut drainé sur la moitié de son étendue, puis entièrement planté de chênes, ormes, sycomores, larix et sapins. Après six ans, les arbres de la partie drainée avaient une

(1) *Études sur le drainage au point de vue pratique et administratif*, p. 120.

hauteur double des autres. On draina alors la seconde partie du champ, la végétation y devint bientôt plus active; mais cependant les arbres ne purent rattraper, en hauteur et en force, ceux qui s'étaient développés sur le terrain drainé avant la plantation.

« Les drains peuvent être plus éloignés dans une forêt que dans une terre arable. Il est bien entendu d'ailleurs que l'on doit renoncer à drainer un bois anciennement planté, et assez touffu pour qu'il soit impossible de l'assainir sans couper les grosses racines dont l'existence est nécessaire à la vie ou à la santé d'arbres d'un certain âge. On doit aussi éviter de placer des tuyaux de drainage à une certaine distance des arbres à bois blanc, tels que les saules, les peupliers, les osiers, les aunes, les saules pleureurs, etc., parce que le chevelu des racines de ces végétaux ne tarde pas à gagner les tuyaux, à s'y introduire et à les obstruer rapidement d'une manière complète. »

L'objection du danger des obstructions n'est plus admissible aujourd'hui qu'on connaît le système de drainage à l'aide de conduites étanches et de tuyaux verticaux qu'a imaginé M. Rérolle, que nous avons déjà décrit (t. II, p. 238 à 241), et sur lequel nous reviendrons en parlant des irrigations souterraines. Nous croyons donc que l'on devra appliquer sans crainte le drainage à toutes les plantations d'arbres faites dans des terrains argileux ou à sous-sol imperméable. On obtiendra de très-bons effets surtout dans les vergers, ainsi que cela résulte des deux faits suivants, constatés dans le rapport de M. Mille, dont nous avons déjà parlé dans le chapitre précédent (p. 114).

M. Ponchon de Saint-André déclare que, dans un verger de 25 ares, drainé en février 1855 à Pouilly-les-Nonains (Loire), « les jeunes arbres poussent avec une vigueur qui ne leur était pas ordinaire. »

M. Hue de la Blanche, à l'occasion du drainage d'un verger situé dans la commune de Vivans, canton de la Pacaudière, s'exprime ainsi : « La végétation des arbres fruitiers est beaucoup plus belle dans le terrain drainé; ils ont gardé plus de fruits. »

CHAPITRE IX
· Drainage des vignes

De temps immémorial les vignerons savent que l'humidité du sol est défavorable à la culture de la vigne, et, dans tous les pays de vignobles, on est habitué, par tradition, à assainir les vignes humides à l'aide de fossés empierrés, construits avec tous les matériaux qu'on trouve à sa disposition au meilleur marché possible. Les sols humides sont, il est vrai, les plus productifs en vins, mais ils font courir aux vignes le risque de la gelée; sous l'influence d'une humidité excessive, les vignes poussent en bois, éprouvent la coulure, et la maturité du raisin est souvent retardée à l'automne par l'effet des pluies d'août d'abord, et d'une température trop basse ensuite. Mais faut-il regarder comme un problème soluble celui de drainer les terrains plantés en vignes à l'aide de tuyaux placés d'une manière méthodique? Les racines de la vigne n'engorgeront-elles pas rapidement les tuyaux, de façon à annuler tout le travail souterrain d'assainissement? Les pentes souvent escarpées des vignobles, les difficultés nombreuses des sols recouverts de vignes, ne rendront-elles pas le drainage méthodique extrêmement coûteux? M. Duchâtel ne s'est pas laissé arrêter par ces objections, et il a drainé, en 1852-1853, quelques petites parties de ses vignes du Médoc, en tout 1^h.80. Les drains ont été creusés à une profondeur de 1^m.15 à 1^m.20, et il a fallu environ 800 mètres de tranchées ordinaires par hectare, plus 100 mètres de drains collecteurs. L'effet a été immédiat : le sol a changé d'aspect d'une manière merveilleuse. De 1853 à 1855, M. Duchâtel a étendu ses travaux sur 70 hectares. La profondeur des drains a varié entre 1 mètre et 1ᵐ.25, et l'écartement entre 8 et 15 mètres. Les vignes, dégagées de l'humidité surabondante qui nuisait à leur végétation, ont pris une vigueur nouvelle, et ont revêtu, en quelque façon, l'apparence des vignes qui ont reçu une fumure.

M. de Bryas, sur sa belle terre du Taillan, a drainé, de 1853 à 1855, 40 hectares de vignes à une profondeur moyenne de 1ᵐ.50. Son vignoble en a ressenti les meilleurs effets. M. de Bryas a observé que les racines des vignes ne descendent pas à plus de 0ᵐ.70, et il en conclut que des obstructions dues à cette cause ne sont nullement à redouter. La dépense totale faite par M. de Bryas a été de 6,500 fr., et la longueur des drains s'élève à 21,413 mètres, soit 29ᶜ.42 par mètre.

M. Persac, secrétaire de la chambre consultative d'agriculture de Saumur (Maine-et-Loire), a fait coïncider le drainage avec la plantation d'une vigne, en profitant du creusement des rigoles faites pour cette dernière, afin d'établir en même temps ses drains. Un drainage en pierres, exécuté en 1842, l'avait convaincu de l'utilité de cette opération pour la vigne. Voici comment il rend compte de son travail :

« Le sol était un gravier sablonneux placé sur un poudding à gangue argileuse très-difficile à fouiller. Le prix convenu pour l'exécution des rigoles destinées à la plantation de la vigne était de 5 centimes le mètre courant; leur profondeur était de 0ᵐ.75. Le travail supplémentaire d'approfondissement a été payé à la journée à raison de 1ᶠ.50. Les tuyaux, de 0ᵐ.035 de diamètre, coûtaient, rendus sur place, 20 fr. le mille, et les collecteurs, de 0ᵐ.060 de diamètre, 30 fr. Je n'ai pas employé de manchons; mais le temps qui a été nécessaire pour ajuster les tuyaux et les garnir de gravier dans les joints m'a fait regretter cette économie.

« Mes drains étaient à 15 mètres l'un de l'autre; les tuyaux étaient placés, dans la partie supérieure du champ, à 0m.70 au-dessous du sol; dans la partie inférieure. à 1m.50. J'aurais voulu les enfoncer plus avant, mais le débouché des eaux ne me le permettait pas.

« Le drainage m'a occasionné par hectare les dépenses suivantes, en sus des frais de creusage des rigoles que j'aurais toujours dû faire :

Main-d'œuvre.		44.00
2,400 tuyaux de 0m.035 à 20 fr. le mille. 48.00 ⎱		63.00
400 — de 0m.060 à 30 fr. — . 15.00 ⎰		
Total.		107.00
Si l'on y ajoute le prix des rigoles creusées pour la vigne, qui est de.		40.00
On a pour prix du drainage d'un hectare de terre labourable.		147.00

« La dépense par mètre de drain a été pour la main-d'œuvre de 0f.104, y compris le prix des rigoles creusées pour la vigne. »

CHAPITRE X
Accroissement des récoltes produit par le drainage

En résumant les résultats des expériences qui ont été faites de manière à être bien comparables et à pouvoir être réduites en chiffres, nous obtenons le tableau suivant pour exprimer les augmentations moyennes de produits dues au drainage et rapportées à l'hectare :

I et II. *Expériences de M. de Rougé* (p. 77 à 80).

Blé. Après le drainage. . . . . 17 hectolitres.
    Avant le drainage. 7
    Augmentation. . . . . 10, ou 145 p. 100.

Seigle. Après le drainage . . . . 42 hectolitres.
    Avant le drainage 15
    Augmentation. . . . . 27, ou 180 p. 100.

III. *Expérience de M. Vandercolme* (p. 80).

Blé. Après le drainage. . . . . 22 hectolitres.
    Avant le drainage. 17
    Augmentation. . . . . 5, ou 29 p. 100.

IV *Expériences de M. Richard White* (p. 82 à 89).

Blé. Après le drainage. . . . . 20 hectolitres.
    Avant le drainage. 13
    Augmentation. . . . . 7, ou 60 p. 100.

Orge. Après le drainage. . . . . 33 hectolitres.
    Avant le drainage. 11
    Augmentation. . . . . 22, ou 200 p 100.

Avoine. Après le drainage . . . . 40 hectolitres.
    Avant le drainage. 17
    Augmentation. . . . . 23, ou 133 p. 100.

V et VI. *Expériences de M. Brogniez* (p. 90).

Seigle. Après le drainage. . . . . 50 hectolitres.
    Avant le drainage. 19
    Augmentation. . . . . 11, ou 58 p. 100.

Orge. Après le drainage. . . . . 45 hectolitres.
    Avant le drainage. 35
    Augmentation. . . . . 10, ou 28 p. 100.

VII. *Expériences de M. Biard* (p. 91).

Blé. Après le drainage. . . . . 768 gerbes.
    Avant le drainage. 576
    Augmentation. . . . . 192, ou 33 p. 100.

Blé. Terre drainée. . . . . 696 gerbes.
    Terre non drainée. 600

    Augmentation. . . . . 96, ou 16 p. 100

VIII. *Expérience de M. de Pennautier* (p. 93).

Blé. Après le drainage. . . . . 18 hectolitres.
    Avant le drainage 8

    Augmentation. . . . . 10, ou 125 p. 100.

IX. *Expériences de MM. Boucher et Sautereau* (p. 94).

Avoine Après le drainage. . . . . 39 hectolitres.
    Avant le drainage. 0

Blé. Après le drainage. . . . . 31 hectolitres.
    Avant le drainage 0

X. *Expérience de M. de Chevry* (p. 97).

Blé. Après le drainage. . . . . 18 hectolitres.
    Avant le drainage. 12

    Augmentation. . . . . 6, ou 50 p. 100

XI. *Expérience de M. Ziélinski* (p. 100).

Blé. Après le drainage. . . . . 32 hectolitres.
    Avant le drainage. 25

    Augmentation. . . . . 7, ou 28 p. 100.

XII. *Expériences de M. Avril* (p. 101).

Blé. Après le drainage. . . . . 22 hectolitres.
    Avant le drainage. 13

    Augmentation. . . . . 9, ou 69 p. 100.

XIII. *Expériences de M. Bell* (p. 103).

Turneps. Après le drainage. . . . . 42,130 kilog.
    Avant le drainage. 15,558

    Augmentation. . . . . 26.522, ou 170 p. 100.

Pommes de terre. Après le drainage. . . . 21,960 kilog.
    Avant le drainage. . . . 8,778

    Augmentation. . . . . . . 13,182, ou 150 p. 100.

XIV. *Expériences de M. Hourier* (p. 107).

Blé. Terre drainée . . . . 19 hectolitres.
Terre non drainée 16
Augmentation . . . . 5, ou 18 p. 100.

Pommes de terre. Terre drainée . . . . 7,600 kilog.
Terre non drainée 6,700
Augmentation . . . . 900, ou 13 p. 100.

XV. *Expériences de M. Pierre Thomson* (p. 109).

Orges. Après le drainage . . . . 31 hectolitres.
Avant le drainage 23
Augmentation . . . . 8, ou 35 p. 100.

Avoine. Après le drainage . . . . 43 hectolitres.
Avant le drainage 33
Augmentation . . . . 10, ou 33 p. 100.

Foin. Après le drainage . . . . 187 fr.
Avant le drainage 86
Augmentation . . . . 101, ou 117 p. 100.

XVI. *Expériences de M. Jules Barrau* (p. 114).

Foin. Après le drainage . . . . 10,340 kilog.
Avant le drainage 4,140
Augmentation . . . . 6,200, ou 150 p. 100.

Ces expériences présentent, comme on voit, des accroissements de rendement qui varient depuis 13 jusqu'à 200 pour 100.

Nous devons cependant ajouter que, si les observations rapportées dans les chapitres IV à IX portent sur des récoltes très-différentes, elles ne sont pas cependant assez nombreuses pour qu'il soit possible de dire quelles sont les cultures sur lesquelles le drainage produit en moyenne le plus d'effet.

CHAPITRE XI

Amélioration de la santé des hommes et des animaux

Dès que les labours s'effectuent plus facilement dans les champs, il en résulte, pour le cultivateur attaché aux durs travaux de la terre, un soulagement qui lui permet de mieux répartir ses peines. Mais une telle influence, attribuée au drainage, peut difficilement s'évaluer. Il n'en est pas de même de l'action qu'exercerait sur l'état sanitaire d'une contrée le drainage de toutes les terres humides. Si l'assainissement général d'un pays au sous-sol argileux, au sous-sol imperméable, s'effectuait tout d'un coup, nul doute qu'on n'éprouvât presque instantanément une très-sensible diminution dans les maladies endémiques de la contrée. En France, en Belgique, en Allemagne, le drainage des terres arables ne s'est pas encore effectué sur une assez vaste échelle pour qu'il ait été possible d'y observer rien de semblable. Mais les soulagements obtenus des desséchements des marais ne peuvent laisser aucun doute sur ce que produirait, dans toute l'Europe, le drainage méthodique du sol. Cependant, si quelques incrédules pouvaient prétendre qu'il n'appartient pas à l'homme de modifier d'une manière grave le milieu dans lequel il vit, et que les maladies sont un fléau qui frappe nécessairement les populations pour des causes placées en dehors du domaine physique, nous citerions les faits bien observés en Angleterre à l'aide d'enquêtes plusieurs fois renouvelées, soit par les comités d'hygiène publique, soit par les commissions médicales du droit des pauvres, etc. Dans ces enquêtes, entourées de toutes les garanties imaginables de fidélité, et où ont été entendus les médecins les plus distingués, des philanthropes, véritables amis du progrès et du bien-être des masses, on trouve constatés les effets suivants :

Plus de rareté dans les brouillards, qui sont à la fois moins nombreux, moins élevés et moins denses;

Diminution considérable dans l'action des fièvres rémittentes et intermittentes;

Disparition presque complète des rhumatismes, si fréquents dans les contrées humides;

Amélioration notable de la santé générale des populations rurales.

La diminution du nombre et de l'intensite des brouillards se constate facilement par la météorologie agricole, dont l'importance est, depuis un siècle, parfaitement comprise en Angleterre. La disparition successive des fièvres endémiques et des rhumatismes est un fait que la statistique médicale peut parfaitement démontrer. A l'égard de ces phénomènes, on conçoit que des enquêtes peuvent facilement mettre la vérité en évidence. Mais ne trouvera-t-on pas que prétendre que l'état de santé des habitants de la campagne peut être heureusement influencé par le drainage, c'est se montrer partisan trop fanatique d'une amélioration foncière, dont on risque de compromettre le succès en faisant un éloge exagéré de sa valeur? Cependant les états de mortalité, dans les districts qui ont été drainés, montrent que l'assainissement du sol comporte bien réellement des conséquences d'une si haute portée. Alors que la population croissait dans une forte proportion, on a trouvé que la mortalité annuelle tombait, par exemple, de 1 sur 31 habitants à 1 sur 40, puis à 1 sur 47, en comparant une période de dix ans précédant le drainage, avec les deux périodes décennales qui ont suivi. Partout où il y a eu drainage général de la contrée, ce fait est signalé, tandis qu'on ne reconnaît rien de semblable en compulsant les états civils des contrées argileuses où le drainage n'est pas encore effectué sur une vaste échelle.

Nous ne citerons qu'un seul exemple emprunté à M. Pearson, qui donne le relevé suivant des cas de fièvre et de dyssenterie, observés, à une année de distance, dans une partie du district de Woolton, où des opérations de drainage avaient été exécutées sur une grande étendue de terrains.

MOIS.	Cas de fièvre et de dyssenterie.	
	1847.	1848.
Juillet	25	"
Août	50	2
Septembre . .	17	7
Octobre	9	4
Novembre . .	9	5
Décembre . .	12	"
Totaux . . .	102	16

Rien n'est plus éloquent que de pareils chiffres.

A côté de la santé des hommes, il est bien permis de parler aussi de celle des animaux.

Le bétail, dans les pays drainés, est moins fréquemment atteint des épizooties qui le déciment d'une manière si fâcheuse pour le succès des spéculations agricoles. La cachexie aqueuse ne ravage plus l'espèce ovine, et la péripneumonie n'atteint pas d'une manière aussi grave l'espèce bovine dans les pays drainés.

Voici un exemple frappant relatif à l'amélioration de la santé du bétail produite par le drainage. Il est cité dans le rapport des commissaires des travaux publics de l'Irlande pour 1854. Sur une ferme du comté de Kilkenny d'une contenance de 120 hectares, on ne pouvait qu'à grand'-peine entretenir quelques moutons avant 1850. Presque tous périssaient de pourriture et d'hydropisie (*of rot and dropsy*), quelques soins que l'on en prît. En 1851, on dépensa 12,500 fr. sur cette ferme, dont la plus grande partie des terres humides reçurent un drainage complet. Pendant les années 1853 et 1854, on y entretint avantageusement un troupeau de 400 têtes, tant moutons que brebis et agneaux; tous les animaux sont restés dans un état de santé parfaite. C'est maintenant une bonne ferme à moutons.

Enfin le drainage empêche même les maladies de sévir au même point sur les plantes. Ainsi on a constaté que les récoltes sont moins sujettes à être envahies par la rouille, surtout dans les bas-fonds, où les brouillards détériorent les grains au moment où l'approche de leur maturité faisait espérer une moisson abondante tout à coup perdue.

CHAPITRE XII
Élévation de la température du sol

Plusieurs expériences ont été faites pour apprécier les effets physiques produits par le drainage; ces expériences ont eu en vue de déterminer : 1° l'influence exercée sur la température du sol; 2° les modifications éprouvées par le pouvoir évaporatoire de la couche arable. Nous allons les examiner successivement.

La question a été principalement traitée par M. Josiah Parkes, dans deux Mémoires insérés dans le *Journal de la Société royale d'agriculture d'Angleterre* (1); plus tard. M. Charnock lui a donné de nouveaux développements dans le même recueil (2). Les deux Mémoires de M. Parkes sont connus en France; le premier a été publié par M. Thackeray. sous son propre nom; nous avons déjà dit qu'il fallait restituer à l'ingénieur anglais son œuvre remarquable. Le second Mémoire de M. Parkes a été traduit par M. Saint-Germain-Leduc, qui a eu soin de laisser à l'auteur anglais

(1) T. V et VII (1844 et 1846).
(2) T. X (1849).

tout l'honneur du travail, et inséré dans le *Journal d'agriculture pratique* (1). Le Mémoire de M. Charnock n'a encore été analysé dans aucune publication française. Il a été fait aussi, en Allemagne, des expériences intéressantes sur le même sujet par M. Hugo Schober. Nous allons présenter un tableau complet de toutes les conséquences qu'on a constatées ou qu'on peut prévoir, en les rapprochant des autres données que la science a recueillies avant qu'on s'occupât du drainage.

Les deux questions de la température et de pouvoir évaporatoire du sol ont entre elles une relation évidente; mais nous pensons qu'il est important de constater les faits isolément, sauf à voir plus tard comment ils sont liés les uns aux autres et concourent à s'expliquer mutuellement.

L'importance, au point de vue agricole, de savoir la différence d'action de la chaleur solaire sur les sols secs et les sols humides, n'a échappé à aucun agriculteur cherchant à se rendre compte des phénomènes qui se passent sous ses yeux. On n'a besoin d'en citer d'autre preuve que la distinction faite par le vulgaire entre ce qu'on appelle les terres froides et les terres chaudes. Les savants éminents qui ont été les promoteurs de la science agricole, science née dans notre siècle, Schubler, Leslie, Davy, de Humbodt, Arago, Boussingault, de Gasparin, se sont préoccupés de la nécessité de déterminer la température de la couche terrestre à diverses profondeurs. Plusieurs expériences directes ont été tentées dans ce but. Il en résulte que la température estivale de la couche superficielle est plus élevée que celle de l'air; que la température diminue ensuite jusqu'à une certaine profondeur, pour recommencer à croître régulièrement, mais lentement, d'un degré par 30 mètres environ

_____

(1) 3ᵉ série, t. 1, p. 431.

de profondeur. Par exemple, les expériences faites en 1796 à Genève par Schubler pendant six mois, d'avril à septembre, ont donné les chiffres suivants, pour la température moyenne :

Température de l'eau à l'ombre.	15°.4
— de la surface du sol.	22.9
— du sol à 0ᵐ.08 de profondeur..	20.0
— du sol à 1ᵐ.22 de profondeur..	15.6

De là on tire cette conséquence que, si la pluie tombe à la température de l'air pour pénétrer dans le sol, elle enlève à la couche superficielle 7°.5 de température; qu'elle n'enlève que 4°.6 à la couche qui est à 8 centimètres de profondeur, et seulement 0°.2 à la couche située à une distance de 1ᵐ.22 de la surface. Il faut donc en conclure que les pluies froides refroidiraient la couche arable en coulant à la surface; mais qu'elles restitueraient à la terre sous-jacente la chaleur enlevée à la couche superficielle en pénétrant verticalement dans les couches moins chaudes que la couche supérieure. Les pluies chaudes exerceraient évidemment une action réchauffante plus énergique en pénétrant dans le sol qu'en s'écoulant à la surface, où elles abandonneraient à l'air plutôt qu'à la terre leur excès de calorique.

A tous les points de vue, le drainage doit donc avoir pour effet d'augmenter durant l'été la température du sol. Nous disons *pendant l'été*, parce que c'est seulement durant cette saison que la température de la couche superficielle s'élève beaucoup. Ainsi notre illustre maître, François Arago, a trouvé (1), à Paris, dans le mois d'août 1826, par un ciel serein, avec un thermomètre couché horizontalement et dont la boule n'était recouverte que de 1 millimètre de

(1) Tome IX des Œuvres, p. 538.

terre végétale très-fine, la température de 54°. Le même instrument, recouvert de 2 millimètres de sable de rivière,
ne marquait que 46°. La plus haute température observée
dans l'air et à l'ombre en 1826 a été de 36°.2 le 1er août.
La température de la couche supérieure de la terre s'élève
donc au soleil plus ou moins, selon la nature du sol; mais
son excès est souvent très-considérable. L'hiver, au contraire, cette température de la couche supérieure s'abaisse,
et elle devient notablement plus basse que celle observée à
une certaine profondeur. On peut conclure ce fait des observations suivantes faites par M. Ott dans un jardin près de
Zurich, en Suisse, et continuées pendant quatre ans et demi
à partir de 1762. Elles ont été calculées par Arago d'après
le tableau qui en est donné dans la pyrométrie de Lambert.
Elles ont été faites avec des thermomètres à alcool, dont le
réservoir était à la profondeur qu'on voulait étudier, et
dont les tiges sortaient de terre de manière qu'on y lût les
degrés cherchés.

	Températures moyennes de chaque mois aux profondeurs de						
MOIS.	0m.076	0m.152	0m.304	0m.609	0m.914	1m 219	1m.829
Janvier. .	+ 0°.5	+ 0°.5	+ 1°.6	+ 2°.7	+ 3°.3	+ 4°.8	+ 7°.0
Février. .	— 0 6	+ 0 2	+ 1.5	+ 2 3	+ 2.8	+ 4.4	+ 5.5
Mars . . .	+ 7.7	+ 4.5	+ 5.0	+ 4.5	+ 4.5	+ 5.0	+ 5 5
Avril . . .	+11.7	+ 8.8	+ 8.8	+ 8.1	+ 8.1	+ 7.2	+ 7.2
Mai. . . .	+14.8	+13.3	+13.2	+11.7	+11.6	+11.4	+10.0
Juin.. . .	+19 4	+16 6	+16.1	+15.0	+15.8	+15.2	+11.7
Juillet . .	+19.5	+17.7	+17.6	+16 1	+16 1	+15.1	+13.8
Août . . .	+17.8	+17.2	+16.6	+16 1	+16.3	+16.1	+15 2
Septembre.	+15 0	+14.4	+15.0	+15.1	+15 3	+15.2	+15 2
Octobre. .	+10 6	+10.4	+10.6	+10 5	+11.7	+12.0	+13.4
Novembre.	+ 5.0	+ 5 6	+ 6.1	+ 8.0	+ 8.8	+ 9.4	+11.6
Décembre.	+ 2.2	+ 2.0	+ 2.7	+ 4.0	+ 5.0	+ 7.2	+ 9.4
Moyennes.	10°.4	9°.3	9°.4	9°.4	9°.7	10°.1	10°.5

Dans les circonstances où ces expériences ont été faites,
la température moyenne annuelle décroît de la surface jus-

qu'à la profondeur de $1^m.829$, où elle redevient égale à ce qu'elle est à une profondeur de $0^m.076$. Pendant les mois de septembre, d'octobre, de novembre, de décembre, de janvier et de février, la température à une petite profondeur est supérieure à celle de la surface; elle est inférieure pendant les six autres mois de l'année, qui sont ceux de l'activité de la végétation. Le drainage pourrait-il, sans abaisser beaucoup la température des couches basses pendant les six premiers mois, l'élever notablement pendant les six derniers? Cela paraîtra possible si l'on considère que, dans les expériences précédentes, la température de la couche de $0^m.076$ de profondeur s'est élevée au-dessus de la température de la couche située à $1^m.829$ notablement plus qu'elle n'est descendue au-dessous.

Leslie rapporte, dans l'article *Climat* du supplément de l'*Encyclopédie britannique*, des expériences faites en 1816 et 1817 dans le jardin de M. Robert Ferguson, à Abbotshall, en Écosse, par 56°.10 de latitude nord, à 15 mètres environ de hauteur au-dessus de la mer et à la distance de 2 kilomètres de la côte de Kirkaldy. Les tubes des divers thermomètres dont on s'est servi avaient tous un petit diamètre et une grande longueur. Pour résister aux effets de la pression exercée intérieurement par le mercure, les récipients étaient cylindriques et d'un verre très-épais. Les instruments, protégés chacun par une boîte en bois, étaient enterrés dans le sol à des profondeurs de $0^m.305$, $0^m.609$, $1^m.219$, $2^m.438$. Une portion seule de la tige sortait de terre et permettait de lire immédiatement la température sans avoir besoin de toucher à l'instrument. Le sol jusqu'à $1^m.219$ de profondeur était formé d'un gravier doux; plus bas on rencontrait un lit de sable et d'eau.

Les observations relatées par l'illustre physicien ont fourni les moyennes annuelles suivantes :

A 0ᵐ.505. . . . . 6°.7
A 0 .609. . . . . 7.5
A 1 .219. . . . . 7.6
A 2 .438. . . . . 7.9

Arago fait remarquer, à propos de ces expériences, que, si les thermomètres avaient été enterrés plus profondément, ils eussent très-probablement donné pour résultat moyen 8°.7, parce que telle est la température invariable d'une source sortant non loin du jardin de M. Ferguson d'une masse de rochers basaltiques, et parce que c'est là la température moyenne de la localité. Faudrait-il conclure de là que le drainage devrait avoir pour effet de remonter le plan souterrain de température moyenne égale à la température du lieu? Ce serait dans ce sens-là qu'il produirait un échauffement du sol.

Les variations des maxima et des minima de température se sont ainsi produites dans les observations rapportées par Leslie :

Profondeurs.	Températures minima.	Époques.	Températures maxima.	Époques.	Variations totales.
			Année 1816.		
0ᵐ 305	0° 6	5 février.	12° 2	21 juillet.	11°.6
0 .609	2.2	4 —	11.7	24 —	9.5
1 .219	3.9	11 —	11.4	août et sept.	7.2
2 .438	5 6	16 —	10.0	14 septembre.	4.4
			Année 1817.		
0ᵐ.505	1°.1	Commᵗ de janv.	13°.3	5 juillet.	12°.2
0 .609	5.3	id.	13.3	10 —	10.0
1 .219	4.4	5 février.	11.1	août et sept.	6 7
2 438	5.8	11 février.	10 6	20 septembre.	4.8

On voit que les variations totales de température diminuent fort rapidement à mesure que le thermomètre est enfoncé plus profondément. Ces variations seront-elles diminuées encore davantage par le drainage? C'est ce que les idées théoriques que nous venons d'émettre nous font supposer.

Les questions à résoudre sont, comme on le voit, très-nombreuses. On doit donc savoir un très-grand gré à M. Parkes d'avoir donné le premier exemple d'expériences dirigées de manière à fournir sur ce point des faits positifs.

M. Parkes a opéré dans une tourbière située près de Bolton-le-Moors, dans le Lancashire, et nommée *Red-Moss*, à cause de son caractère semi-fluide. La profondeur à laquelle les thermomètres furent placés dans cette tourbière s'éleva jusqu'à 9 mètres, et les indications qu'ils donnèrent à cette profondeur, aussi bien qu'à celle de 0m.30 seulement, furent uniformément de 7°.8. « Je n'ai jamais remarqué, dit M. Parkes, de variations dans les thermomètres placés à 0m.30 au-dessous de la surface durant trois ans que j'ai fait mes observations, si ce n'est dans l'hiver de 1856, où le thermomètre le moins profond descendit pendant quelques jours à 6°.7. » Cette invariabilité de la température à une si petite profondeur était importante à constater, à cause des effets qui ont été plus tard observés après le drainage.

Le sous-sol du marais sur lequel la tourbe repose à Red-Moss est formé d'une marne blanche retentive, abondamment mélangée d'un gravier calcaire. La température de l'eau tirée d'une mine contiguë, à une profondeur de 90 mètres, était de 12°.2, et celle de l'eau d'un puits artésien, d'une profondeur de 49 mètres, était invariablement de 11°.1.

Le champ expérimental était très-plat; il ne s'en élevait pas un buisson plus haut qu'une touffe de bruyère dans un rayon de plus de 800 mètres; il était donc admirablement choisi pour qu'il ne se perdît pas un seul rayon de soleil, et

on vient de voir qu'on ne devait soupçonner l'affluence
d'aucune source, puisque les eaux environnantes étaient
plus chaudes que la tourbe, qui restait d'ailleurs à une température constante.

Le sol fut labouré en 1836, à l'aide de la charrue à vapeur, à une profondeur de $0^m.23$, et bien pulvérisé. Une
portion du champ, d'une étendue de 180 mètres carrés, fut
divisée en douze planches de $5^m.48$ de long sur $0^m.91$ de
large. Chacune de ces planches fut isolée, soit de ses voisines, soit du reste du champ, par des fossés ouverts de
$0^m.61$ de largeur en haut, de $0^m.50$ de largeur au fond, et
profonds de $0^m.91$. Avant l'ouverture de ces fossés, le lot
de terre avait été séparé du marais par une tranchée de
ceinture d'une profondeur de $0^m.96$, se rendant dans un
fossé d'écoulement principal profond de $1^m.01$. La surface
pulvérisée du lot a été amoncelée en un tas, puis chaque
lot a été pioché à une profondeur de $0^m.31$, après quoi la
couche supérieure a été replacée. Le champ est resté dans
cet état durant l'hiver 1836-1837, et il n'a reçu aucune semence, afin de ne pas faire intervenir l'influence de la végétation. Les observations thermométriques ont commencé
en juin 1857.

Les thermomètres, au nombre de cinq, furent enfermés,
sur toute la partie de leur longueur enfouie dans le sol,
dans des tubes en fer-blanc ouverts au fond et percés de
trous de distance en distance. Ils étaient reliés les uns aux
autres par des crampons en fer, et le tout formait un cadre
rigide et portatif. Les tiges du verre, sortant de terre sur
une hauteur de $0^m.25$, étaient protégées par un châssis en
métal, portant les échelles graduées sur lesquelles les lec-
tures devaient se faire, à un dixième de degré Fahrenheit
près. Le cadre fut placé dans un trou pratiqué au milieu de
l'un des lots, et où on remit soigneusement la terre extraite

dans ce but; il était disposé dans la direction du méridien, afin que les tiges des thermomètres projetassent le moins d'ombre possible.

Un sixième thermomètre a été enterré en même temps dans le marais naturel voisin, à une profondeur de 0ᵐ.18. Ce dernier thermomètre a marqué constamment, pendant toute la durée des expériences, la température de 8°.5, tandis qu'au-dessous de 0ᵐ.30 la température de ce marais était de 7°.8. Les résultats qu'ont donnés les cinq thermomètres du champ expérimental sont contenus dans les tableaux qui suivent, où nous avons laissé toutes les remarques faites par M. Parkes.

Sans vouloir donner aux chiffres que renferment ces tableaux une importance exagérée et une signification générale, que M. Parkes n'a pas d'ailleurs eues en vue, on n'en doit pas moins tirer des conséquences très-curieuses pour la théorie des effets du drainage. Aussi nous n'hésitons pas à recommander des expériences analogues aux amis de la science; il faudrait qu'elles fussent faites dans des circonstances variées, en ce qui concerne les terrains, les récoltes et les climats. En outre, elles devraient être prolongées assez longtemps pour qu'on pût être certain de ne pas constater des faits exceptionnels, mais bien des résultats moyens, à l'abri de toute influence accidentelle. De pareilles expériences n'auraient pas seulement pour but d'éclairer la théorie du drainage; elles jetteraient en outre le plus grand jour sur tous les phénomènes de la végétation et sur les pratiques générales de l'agriculture. La théorie des labours est très-obscure encore aujourd'hui, et on ne sait pas parfaitement l'importance de l'action chimique des éléments de l'air qui peuvent pénétrer dans le sol mieux divisé. La chaleur et l'électricité doivent jouer des rôles spéciaux que des mesures peuvent seules définir.

Expériences sur l'action calorifique du drainage.

DATES Juin 1857.	TEMPÉRATURES des reservoirs des thermomètres placés à des profondeurs de :					HEURES des observations.	DIRECTION du vent.	TEMPÉRATURE DE L'AIR à 1m.22 au-dessus du sol et à l'ombre.	OBSERVATIONS.
	m. 0.78	m. 0.63	m. 0.48	m. 0.33	m. 0.18				
7	7.8	8.3	9.1	10.0	11.1	9 m.	S.O.,S. O.	"	"
	"	"	"	10.3	12.8	2 s.		"	
8	"	"	"	10.0	10.6	9 m.	S E.	"	Journée froide.
	"	"	"	"	11 4	2 s.	"	"	
9	7.8	8.4	"	9 1	9.1	9 m.	E.	"	Temps froid et brumeux.
	"	"	9 2	9.7	11.3	2 s.	O.S.O	"	Temps clair et chaud.
10	7.9	"	9.2	10 0	11.7	8 m	S.	"	Pluie pendant la nuit précédente,
	"	"	"	10 5	12.2	2 s.	"	21.1	soleil éclatant toute la journée.
11	8 0	8 5	"	10 6	12.8	9 m.	"	18 5	Journée sans nuages et plus
	"	"	"	11.1	15.5	10	"	20 0	chaude que celle de la veille ;
	"	"	"	"	15 9	11	"	"	mais malheureusement le
	"	"	"	"	14.2	12	"	"	thermomètre, placé dans l'air,
	"	"	"	11.5	14 4	1 s.	"	"	a été brisé à 10 h. du matin.
	"	"	"	"	15 1	2	"	"	
	"	8.6	9.5	"	15.0	3	"	"	
	"	"	"	11.5	14.2	4	"	"	
	8.1	"	9 5	11.1	15 9	5	"	"	
	"	"	"	10 8	15.3	6	"	"	
	"	"	"	"	15 1	7	/	"	
	"	"	"	10.7	12 8	8	"	"	
	"	"	"	10.6	12.8	9	"	"	
12	8.1	8.5	"	10.6	12 8	9 m.	O.S.O.	"	Chaudes ondées.
13	8.2	8.9	9.3	11.1	15 0	2 s.	O.S.O	"	Temps chaud ; ondéeà 11 h du m.
14	8.4	9.1	10.2	11.7	15.8	12 m.	S.	"	Temps chaud et sec.
15	8.5	9.2	10.4	11 7	14.2	9 m.	S O.	"	Temps très-chaud et sans nuages
16	8.7	9 4	10.8	12.5	15 6	9 m.	S.O.	20 6	Temps étouffant et sans nuages.
	8.8	9.8	11.1	12 8	17.2	1 s.	"	22.2	Légers nuages très-élevés.
	"	"	"	"	17.8	2	"	25 5	Epais nuage amené par le vent.
	"	"	11.0	12.2	16 9	3	O.	25.6	Fort orage, éclairs pendant 1/2h.
	"	9 9	11.1	12.8	18.5	5h 15m	"	24 4	Température de la pluie, 25°.6.
	"	"	11 1	15 9	18.9	3 30	"	22.2	"
	8.8	9.9	11.4	13.1	17.2	4	S.	26 0	Soleil brillant ; légères vapeurs s'élevant des étangs et fossés.
17	8.9	50.0	11.6	13 1	14 4	9 m.	S.	19.4	Très-belle matinée.
	9 0	10 1	"	15.2	15.8	3 s.	"	25.3	Temps chaud et sans nuages.
18	9 0	10.2	"	12 8	15.5	10 m.	E.S.E.	17.8	Temps brumeux.

Tandis que les thermomètres placés dans le marais non drainé marquent invariablement :

à une profondeur de 0^m.30,   à une profondeur de 0^m.18,

7°.8   8°.3

on trouve qu'aux mêmes profondeurs les thermomètres placés dans le terrain drainé marquent :

à une profondeur de 0^m.30,   à une profondeur de 0^m.18,

de 9°.4 à 13°.9   de 10°.6 à 18°9

Et, comme nous avons reconnu que le sous-sol ne pouvait pas apporter de chaleur au sol, on voit que cette forte élévation de température est due à l'échauffement météorologique dont le drainage permet la propagation à une profondeur assez grande, puisqu'à 0^m.78 le thermomètre s'élève encore de 7°.8 à 8°.8.

On devra remarquer aussi que la couche la plus voisine de la surface (à 0^m.18 de profondeur) est soumise à des variations diurnes de température, à des accroissements et à des abaissements alternatifs, qui se font encore sentir à une profondeur de 0^m.37, mais qui cessent à une profondeur de 0^m.48. A partir de cette profondeur jusqu'à 0^m 78, on voit un accroissement presque continu, qui dépend probablement de la saison à laquelle les expériences ont eu lieu.

Enfin un fait considérable s'est manifesté : c'est celui de l'échauffement produit par la pluie d'orage chaude du 16 juin, qui a élevé tout d'un coup de plus de 1 degré la température de la couche située à une profondeur comprise entre 0^m.18 et 0^m.53.

M. le docteur Hugo Schober a publié dans le *Zeitschrift für deutsche Landwirthe*, qu'il a dirigé durant six ans avec M. Stöckhardt, les recherches qu'il a faites durant un an sur la température comparée de l'air et de l'eau s'écoulant du drainage de 7^h.2 d'une terre de l'académie agricole de Tharand (Saxe). En rapprochant des déterminations des températures de l'eau et de l'air les observations de trois

thermomètres placés à différentes profondeurs, on obtient
le tableau suivant :

MOIS.	Température moyenne de l'air.	Température moyenne de l'eau du drainage.	Température du sol à la profondeur de			
			0ᵐ.071	0ᵐ.141	0ᵐ.283	0ᵐ.566
Février 1853.	— 3°.0	+ 2°0	— 1°.1	— 0°.5	0°0	+ 0°.5
Mars.. . . .	— 3.1	+ 1.9	— 0.7	— 0.1	0.0	+ 0.5
Avril. . .	+ 5.9	+ 5.4	+ 5 0	+ 5.5	+ 2.9	+ 2 6
Mai.. . . .	+11.7	+ 7.0	+10 1	+10.2	+ 9.1	+ 7.5
Juin.. . . .	+16.2	+10.0	+15 7	+15.9	+14.9	+13 6
Juillet.. . .	+18.2	+12.0	+17.7	+17.9	+17.5	+16.1
Août.. . . .	+17.0	+12.3	+16.5	+16.7	+16.5	+15.9
Septembre..	+14.5	+12.0	+12.2	+13.1	+13.4	+13 6
Octobre.. .	+10.1	+ 9.6	+ 7 6	+ 8.5	+ 9 0	+ 9 3
Novembre..	+ 1.7	+ 8.5	+ 5.0	+ 9.3	+ 4 5	+ 5.3
Décembre..	— 5.0	+ 3.0	— 2.2	— 1.4	— 0.8	+ 0.5
Janvier 1854.	— 0.4	+ 1.3	— 1.0	— 0.9	— 1.0	— 0 2
Moyennes . .	+ 6.8	+ 6.9	+ 6.7	+ 6.7	+ 7.5	+ 7 2

De cette belle expérience on peut conclure que, dans un
drainage à 1ᵐ.12 de profondeur moyenne, l'eau s'échappe
des drains à une température qui, en moyenne, est égale à
celle de la température du lieu. En outre, la température
moyenne du sol est supérieure, dès la profondeur de 0ᵐ.283,
à celle de l'air environnant.

Chaque jour la température était prise, le matin à huit
heures et le soir à quatre heures, à trois bouches d'écoulement. La plus haute température de l'eau observée a été
de + 15°.8 et la plus basse de + 0°.5. La plus haute
température de l'air a été de + 35°.0 et la plus basse
de — 11°.5.

On devra remarquer que, l'hiver, la température de l'eau
a été plus élevée que celle du thermomètre placé à 0ᵐ.566,
et que, l'été, c'est le phénomène contraire qui s'est produit.

Il est regrettable qu'un thermomètre n'ait pas été enfoncé jusqu'à la profondeur des drains et dans le même terrain, en même temps qu'il y aurait eu des instruments placés dans des terrains de même nature, mais non drainés.

De tous les faits contenus dans ce chapitre on peut conclure qu'il est incontestable que le drainage, dans certaines circonstances, permet l'échauffement de couches qui, autrement, resteraient à des températures constantes très-basses; et, quoiqu'il y ait encore beaucoup de points particuliers à éclaircir, on peut regarder comme établi qu'un sol drainé est plus chaud que le sol non drainé de même nature.

CHAPITRE XIII
De l'évaporation du sol

Le drainage augmente-t-il ou diminue-t-il la propriété que possède un sol d'une nature déterminée de céder à l'atmosphère, par évaporation, une partie de l'eau dont ses molécules sont imbibées? Cette question, posée par M. Parkes, n'a été attaquée directement que plus tard par les expériences remarquables de M. Charles Charnock, l'un des vice-présidents de la Société météorologique de Londres. Des considérations théoriques ne peuvent pas l'éclairer d'un jour complet; le fait doit être appelé nécessairement à prononcer.

Toutefois les expériences faites par Th. de Saussure, et celles plus récentes de M. de Gasparin, avaient déjà établi ce fait que l'évaporation d'une terre est d'autant plus rapide par rapport à celle de l'eau, que cette terre est plus complétement imbibée. Le drainage augmentant la filtration de l'eau à travers le terrain, il doit nécessairement en résulter une moindre imbibition. et conséquemment une diminution dans l'évaporation. Mais quelle est, dans les différents temps, la valeur de cette diminution pour une terre drainée, et comment se comportent à cet égard les divers sols? Ce sont des questions que l'observation seule peut conduire à connaître.

Avant de voir comment les problèmes que nous indiquons peuvent être résolus expérimentalement, nous devons en faire ressortir l'importance pour la physiologie végétale et l'agriculture.

Chaque fois que l'eau s'évapore, c'est-à-dire s'échappe sous forme gazeuse ou de vapeur dans l'atmosphère, elle emporte avec elle une très-grande quantité de chaleur, qu'elle doit prendre aux corps avec lesquels elle est en contact. Quand rien ne restitue à ces corps la chaleur dont ils sont ainsi privés, ils se refroidissent d'une façon très-notable. Lorsque de la chaleur leur arrive, elle est employée non pas à les échauffer, mais seulement à réparer les pertes de calorique causées par le phénomène de l'évaporation de l'eau.

Si nous fixons par des chiffres la valeur de la perte de chaleur que cause l'évaporation, nous trouvons que, comme l'eau, pour passer à l'état de vapeur, exige 640 unités de chaleur, et que la houille moyenne en brûlant dégage 7,000 unités de chaleur, on peut compter que la combustion de 100 kilogr. de houille est nécessaire pour volatiliser un mètre cube d'eau.

Supposons, par exemple, comme M. de Gasparin l'a observé en 1821-1822 à Orange, que, sur une hauteur de pluie de 722^{mill}.1, la terre laisse évaporer 596^{mill}.7 ou 82 pour 100, cela équivaudra à une quantité d'eau évaporée en un an qui, par hectare, s'élèverait à 5,967 mètres cubes. La perte de chaleur pour cet hectare de terre serait égale à celle qu'eussent dégagée 596,700 kilogr. de houille, le sixième environ de la consommation de Paris en 1855.

Qu'on imagine maintenant que le drainage puisse diminuer l'évaporation d'un tiers ou d'un quart, et on comprendra quelle énorme quantité de chaleur pourra ainsi être conservée à la terre, et on admettra facilement que le drainage pourra apporter une modification importante dans le climat d'une contrée. En effet, si la quantité totale de chaleur que la terre reçoit du soleil, dans le cours d'une année, était uniformément répartie sur tous les points du globe, et si elle y était employée, sans perte aucune, à évaporer de l'eau, elle ne pourrait faire passer à l'état de vapeur qu'une épaisseur de 5,875 millimètres d'eau, à peine cinq fois plus que la pluie tombée à Orange. De la sorte, on calcule que la diminution d'un tiers ou d'un quart dans l'évaporation équivaut à une économie de la dix-neuvième à la vingt-sixième partie de la chaleur envoyée en un an par le soleil à la terre. Qui oserait dire que ce n'est pas là un fait considérable?

Arrivons maintenant aux mesures comparatives de l'évaporation annuelle dans des terrains de même nature drainés et non drainés.

Les premières expériences que nous pouvons citer ont été effectuées en 1796, 1797 et 1798, en collaboration, par le docteur John Dalton et Thomas Hoyle (1). Ces deux célèbres météorologistes se servaient d'un vase cylindrique en fer étamé, ayant 0^m.254 de diamètre et 0^m.914 de hauteur. Avec ce cylindre communiquaient latéralement deux tubes recourbés pour recevoir dans des flacons l'eau qui s'écoulerait. L'un de ces tubes était placé près du fond du cylindre, l'autre à une distance de 0^m.025 de la base supérieure. Le cylindre était rempli, sur une hauteur d'environ 0^m.15,

(1) *Memoirs of the literary and philosophical Society of Manchester*, t. V, part. II.

avec du gravier et du sable, et ensuite avec de la terre arable humide. On inscrivait régulièrement l'eau sortie par les deux tuyaux, c'est-à-dire l'eau de pluie qui s'écoulait de la surface du sol par le tuyau supérieur, et l'eau de pluie qui, ayant traversé une épaisseur de $0^m.914$, s'écoulait par le tuyau inférieur. Un udomètre indiquait la quantité de pluie tombée dans le même temps. La différence entre la hauteur de pluie tombée et la hauteur d'eau filtrée à travers les deux tubes indiquait l'évaporation de la terre. On a obtenu les résultats suivants, comme moyenne des années 1796, 1797 et 1798. On devra remarquer que cette expérience équivalait à la mesure de l'eau écoulée par un drainage imparfait, et que c'est l'évaporation de la terre qui était obtenue par une différence, et non par une mesure directe.

Mois.	Pluie. MILL.	Évaporation de la terre. MILL.	Filtration. MILL.
Janvier	62.4	25.6	56.8
Février	45.7	12.7	53.0
Mars	22 9	15.8	7.1
Avril	43.6	57.7	5.9
Mai	106 1	68.5	37.8
Juin	63.2	55.6	7.6
Juillet	105.5	104.0	1.5
Août	90.5	86.0	4 5
Septembre	83.5	74.9	8.4
Octobre	73.6	67.8	5.8
Novembre	74.2	51.9	22.3
Décembre	81.3	57.7	43 6
Totaux	852.1	638.0	214.1

La filtration totale d'un an est de 25.1 pour 100, et l'évaporation de 74.9 pour 100, par rapport à la pluie tombée.

M. Maurice, à Genève, a fait pour deux ans seulement, mais pour deux ans qui correspondent précisément à 1796 et 1797, c'est-à-dire à la même époque où Dalton et Hoyle expérimentaient, la mesure de l'évaporation du sol directement, en calculant la filtration par une différence. Ce savant opérait en prenant, tous les jours, le poids d'un vase de tôle vernie, ayant 0^m.35 de hauteur, 42 décimètres carrés de surface d'évaporation, rempli de terre, et dont le fond était garni de petits trous, ce qui équivaut à un drainage énergique. M. Maurice prenait en même temps l'évaporation d'un vase plein d'eau; il a trouvé :

Mois.	Pluie.	Évaporation de la terre.	Filtration.	Évaporation de l'eau.
	MILL.	MILL.	MILL.	MILL.
Janvier . . .	55.5	5.6	+ 47.9	4.5
Février . . .	111.7	27.3	+ 84.4	5.0
Mars	10.4	35.6	— 25.2	46.0
Avril. . . .	9.2	23.2	— 14.0	136.5
Mai.	23.7	31.8	— 8.1	109.4
Juin.. . . .	97.2	66.1	+ 51.1	116.2
Juillet.. . .	79.2	58.2	+ 21.0	147.5
Août	42.9	47.4	— 4.5	219.7
Septembre..	40.8	33.4	+ 7.4	165.5
Octobre. . .	95.4	35.4	+ 60.0	191.7
Novembre..	42.9	20.3	+ 22.6	63.4
Décembre..	46.7	17.9	+ 28.8	7.0
Totaux. . .	653.6	402.2	+251.4	1,212.2

La filtration totale d'un an est de 58.5 pour 100, et l'évaporation de 61.5 p. 100, par rapport à la quantité d'eau de pluie tombée. L'évaporation de la terre n'a été que de 35.1 pour 100, par rapport à celle d'une surface d'eau.

M. de Gasparin a fait à Orange (Vaucluse), en 1821 et 1822, les mêmes expériences que celles de M. Maurice. L'illustre agronome français enfonçait dans le sol jusque près de son ouverture le vase contenant la terre soumise à l'évaporation et qui ne recevait d'autre eau que celle de la pluie; il en résultait l'absence de drainage, ou à peu près. Les résultats des pesées ont été les suivants :

IV.   9

Mois	Pluie	Évaporation de la terre.	Filtration.	Évaporation de l'eau
	MILL	MILL	MILL.	MILL.
Janvier. . .	46 1	12.3	+ 33.8	57.2
Février. .	52.7	56.0	— 3.3	88.2
Mars . . .	41.4	77.0	— 35.6	159 0
Avril. . . .	57.6	66.2	— 8.6	186.7
Mai. , . .	61 5	68 0	— 6 5	227 7
Juin.	47.1	85.2	— 38.1	297.3
Juillet. . . .	28.1	21.7	+ 6.4	378.5
Août. . . .	49 2	17.7	+ 31 5	506.1
Septembre. .	105.0	35.4	+ 69 6	180 7
Octobre. . .	101.5	76.0	+ 25.5	181 2
Novembre.	82.6	43.2	+ 37 4	105 5
Décembre. .	49.3	36.0	+ 13.3	115.4
Totaux. . .	722 1	596.7	+123.4	2.281 3

La filtration est de 17.5 pour 100, et l'évaporation de la terre s'élève à 82.5 pour 100 de la pluie tombée. Cette dernière quantité n'est que de 26.2 pour 100, par rapport à celle d'une même surface d'eau.

M. John Dickinson, fabricant de papier à Abbot's-Hill, près King's-Langley, a enregistré, pendant une période de huit années, de 1836 à 1843 (1), la quantité d'eau filtrée à travers une terre arable, en se servant d'un appareil dont nous allons donner une description rapide. Ce qu'il y a de remarquable, c'est que le but de cet industriel éminent était de se rendre compte de la quantité d'eau dont il pouvait user, en différentes saisons, pour plusieurs usines qu'il avait sur la rivière Colne et ses affluents, et de juger dans quelle mesure il devait avoir recours à l'emploi de machines à vapeur.

Au lieu d'opérer sur une terre nue, M. Dickinson remplit un vase cylindrique de terre argilo-siliceuse du pays, sur laquelle il mit un gazon. Ce vase avait 0ᵐ.50 de

(1) *Journal of the royal Agricultural Society of England.* t. V, p. 147.

diamètre et 0^m.91 de hauteur. Un faux fond, percé de petits trous, tenait la terre à une petite distance du fond véritable; celui-ci communiquait par un petit tube recourbé
avec un tube vertical, où l'eau filtrée à travers la terre venait occuper une hauteur correspondante à sa quantité. Le
vase et le tube étaient enfoncés dans le sol jusqu'à leur niveau supérieur; mais un petit flotteur en liége, plongé dans
le tube, faisait monter ou descendre une tige fine dont l'élévation indiquait la hauteur occupée par l'eau de filtration.
Une différence avec la quantité de pluie, donnée par un
udomètre placé à côté, indiquait la valeur de l'évaporation
d'un sol couvert de gazon. Par un robinet placé au bas du
tube, on laissait écouler l'eau après chaque mesure, ce qui
équivalait à un drainage intermittent. Voici les résultats
constatés, en prenant la moyenne des huit années d'observation :

Mois.	Pluie.	Évaporation de la terre cou-verte de gazon.	Filtration.
	MILL.	MILL.	MILL.
Janvier	46.9	15.7	33.2
Février.	50.1	10.8	59 5
Mars	41.0	15.6	27.4
Avril	36 9	29.1	7.8
Mai.	47.1	44.4	2.7
Juin	56.1	55.1	1.0
Juillet.	58.1	57.0	1.1
Août	61.5	60.6	0 9
Septembre.	66.9	31.4	9.3
Octobre.	71.6	36.1	33.5
Novembre.	87.5	7.3	80.2
Décembre.	41.6	—4.2	45 8
Totaux.	665.5	381.1	284.2

Le rapport de la filtration à la quantité de pluie est de
42.7 pour 100, et celui de l'évaporation de 57.3 pour 100.

Il est certainement impossible de comparer avec rigueur
et exactitude des expériences faites sous des climats aussi

différents que ceux d'Angleterre, d'Orange et de Genève, à des époques très-éloignées, avec des terres de diverses natures, et avec des drainages mal définis et faits à des hauteurs, en outre, très-variables. La température, plus froide ou plus chaude; la répartition inégale des jours de pluie, plus isolés les uns des autres, ou groupés à des intervalles divers; l'affinité plus ou moins grande de la terre pour l'eau, sont autant de circonstances qu'il faudrait faire intervenir dans les expériences, afin de voir l'influence de chacune d'elles. Cependant un rapprochement entre les résultats que nous venons de présenter ne laissera pas que d'être curieux; on trouve :

Noms des experimentateurs.	Filtration p. 100 de pluie.	Évaporation p. 100 de pluie.	Observations sur le drainage et sa profondeur.
Dalton et Hoyle.	25.1	74.9	Drainage imparfait à 0^m.91.
Maurice.. . . .	38 5	61.5	Drainage énergique à 0^m.33.
De Gasparin.. .	17.5	82.5	Absence de drainage.
Dickinson.. . .	42.7	57.3	Drainage à 0^m.91.

Ainsi on voit que le drainage semble diminuer fortement l'évaporation du sol, cette cause énorme de refroidissement que nous avons signalée. Cependant des expériences directes sur l'évaporation comparée de terres drainées et des mêmes terres non drainées étaient encore nécessaires; ce sont elles que M. Charles Charnock, l'un des vice-présidents de la Société météorologiques de Londres, ainsi que nous l'avons dit, a effectuées durant cinq années, de 1842 à 1846, à Holmfield, près de Ferrybridge, dans le comté de York. Ce savant a noté en même temps :

1° La hauteur d'eau de pluie tombée;

2° L'évaporation d'une surface d'eau exposée au soleil et au vent;

3° L'évaporation d'une surface d'eau mise à l'ombre, mais exposée au vent;

4° L'évaporation d'une terre drainée;

5° L'évaporation de la même terre saturée d'eau;

6° La filtration due au drainage.

La pluie et l'évaporation de l'eau étaient obtenues par les appareils ordinaires employés à cet effet par les physiciens.

M. Charnock avait renfermé la terre qui devait donner les résultats d'un sol drainé dans un vase de plomb de $0^m.91$ de hauteur et de 9 décimètres carrés de base, dans lequel, sur une épaisseur de $0^m.61$, il avait placé un sable calcaire formant le sous-sol de la contrée, et par-dessus, jusqu'à une distance de $0^m.025$ de la surface, une couche de la terre arable moyenne cultivée. Du fond partait un tuyau qui menait l'eau filtrée à travers le sol dans un flacon régulièrement vidé.

Le vase était enfoncé dans un gazon jusqu'à une distance de $0^m.025$ de son bord, de manière qu'il ne pût y rien tomber tout autour. Toutes les mauvaises herbes étaient arrachées avec soin, et la surface était binée de façon à être entretenue dans l'état moyen d'une terre arable.

Pour mesurer l'évaporation d'une terre saturée d'humidité, M. Charnock s'est servi d'un vase en plomb, de $0^m.53$ de hauteur et de 9 décimètres carrés de surface, enfoncé dans un gazon jusqu'à une distance de $0^m.025$ de son bord, de même que le précédent, et rempli de terre arable jusqu'à la même distance du bord supérieur. On y versait chaque jour la même quantité d'eau qui était évaporée par la surface aqueuse exposée au soleil et au vent, et un tube partant de la surface menait l'excès d'eau non évaporée par le sol dans un vase où elle était mesurée. On devra remarquer qu'un sol saturé d'humidité ne peut pas être considéré comme étant identique à un sol non drainé. Sous ce rapport, M. Charnock n'a pas complétement résolu la question qu'il s'était posée.

Les moyennes des résultats obtenus, mois par mois, pour les cinq années des observations, sont réunies dans le tableau suivant :

Mois.	Pluie.	Filtration à travers le sol drainé.	Évaporation du sol drainé.	Évaporation du sol saturé.	Évaporation de l'eau exposée au soleil et au vent.	Évaporation de l'eau exposée au vent, mais à l'abri du soleil.
	MILL.	M LL.	MILL.	MILL	MILL.	MILL.
Janvier . .	47.7	18.8	28.9	42.6	48.0	33.0
Février . .	37.8	9 9	27.9	40.4	43.2	25.1
Mars....	48.3	13.3	35.0	50.8	63.7	41.6
Avril . . .	58.2	21.3	36.9	44.0	94.0	56.2
Mai....	47.0	5.1	42.9	94.0	102.6	68.9
Juin....	52.3	2.7	49.6	110.7	114.8	76.5
Juillet. . .	79.2	6.6	72.6	94.2	98.5	65.3
Août . .	79.2	6.6	72 6	83.6	88.4	59.4
Septembre.	39 9	5.9	34.0	75.4	78.4	51.8
Octobre .	56.4	15.8	40.6	63.5	58.9	42.1
Novembre.	49 3	12.4	36.9	51.0	55.3	35.0
Décembre .	34.5	9.1	25.4	42.4	55.1	40.4
Totaux.	629.8	126.5	503.3	790.6	898.9	595.5

On conclut de ce tableau les résultats suivants :

Filtration, pour 100 de pluie, à travers le sol drainé à 0ᵐ.91..	20.0
Évaporation, pour 100 de pluie, du sol drainé. . . .	80.0
Évaporation du sol drainé par rapport à celle du sol saturé, supposée égale à 100.	63.7
Évaporation du sol drainé par rapport à celle de l'eau exposée au vent et au soleil, supposée égale à 100.	56.0
Évaporation du sol drainé par rapport à celle de l'eau exposée au vent, mais à l'abri du soleil, supposée égale à 100..	84.5
Évaporation du sol saturé par rapport à celle de l'eau exposée au vent et au soleil, supposée égale à 100.	88.0
Évaporation du sol saturé par rapport à celle de l'eau exposée au vent, mais à l'abri du soleil, supposée égale à 100.	132.6
Évaporation de l'eau exposée au vent et au soleil, par rapport à celle de l'eau exposée au vent, mais mise à l'abri du soleil, supposée égale à 100.	151.2

Ainsi on reconnait bien nettement qu'un sol drainé est

soumis à une évaporation de 56.3 pour 100 inférieure à celle du même sol supposé complétement saturé d'humidité. Cette conséquence s'accorde avec le fait que nous avons cherché à mettre en évidence dans ce chapitre. Peut-être seulement, répéterons-nous, M. Charnock, pour vouloir trop prouver, n'a-t-il pas donné la démonstration expérimentale du fait qu'il s'agissait de constater, à savoir qu'un champ drainé avait une moindre évaporation que le même champ *non drainé*, et non pas *saturé*, comme cela a été fait dans les observations que nous venons de résumer.

Les chiffres précédents indiquent aussi pour la filtration d'un champ drainé une quantité bien moindre que celle donnée par les nombres déduits des observations antérieures, ce qui peut s'expliquer par des différences dans la nature des sols mis en expérience.

On voit aussi qu'il reste à chercher ce qui adviendrait pour des terres couvertes de diverses récoltes. L'influence de la rosée sur des sols drainés ou non drainés n'est pas davantage déterminée.

CHAPITRE XIV

Des quantités d'eau enlevées par le drainage

Il est impossible de dire exactement, dans l'état actuel de la science, quelle quantité d'eau réelle peuvent avoir à débiter des tuyaux placés à telle ou telle profondeur, avec tel ou tel écartement. On sait bien quelle quantité maximum peut laisser échapper un tuyau de diamètre, longueur et pente donnés : on a pour cela des formules de débit fort exactes, mais nullement applicables au drainage. En effet, dans le drainage, on n'a pas un niveau supérieur connu, fournissant au tuyau tout le liquide qu'il pourra laisser écouler. Selon le terrain, selon les climats, selon les saisons, l'eau arrive aux tuyaux en plus ou moins grande abondance, et des expériences nombreuses pourront seules fournir des données numériques d'où il sera permis plus tard de déduire des conséquences utiles.

La plupart des auteurs qui ont écrit sur la question se contentent du calcul pour déterminer la quantité d'eau que le drainage peut ou doit enlever. Ils raisonnent ainsi : des expériences directes montrent que la pluie donne en un an une hauteur d'eau a, et que l'évaporation rend à l'atmosphère une hauteur b; en conséquence, le drainage enlèvera $a-b$. Ce raisonnement est faux pour deux raisons. D'abord la filtration naturelle à travers le terrain ne cessera pas complétement; toute l'eau de pluie qui ne sera pas évaporée ne sera donc pas nécessairement enlevée par le drainage, ce qui peut tendre à diminuer l'eau que le drainage écoulera. D'un autre côté, il peut arriver dans le sol qu'on considère des eaux supérieures et des eaux souterraines qui remontent à la manière des eaux artésiennes; ces eaux peuvent tendre à augmenter la quantité dont le drainage procurera l'écoulement. On comprend bien, d'après cela, que tous les calculs qui reposent uniquement sur la valeur de $a-b$ ne peuvent mener à aucune détermination absolue, quoiqu'on ait voulu en conclure et les dimensions des tuyaux de drainage et les longueurs des drains. Nous invitons donc les agriculteurs qui drainent leurs terres à faire effectuer des jaugeages des eaux écoulées, en mesurant en outre par des udomètres la quantité de pluie tombée durant le même temps. Des expériences comparatives sur l'évaporation des terres drainées et des terres non drainées devraient aussi être faites simultanément; nous avons démontré dans le chapitre précédent l'importance de cette question.

Les seules expériences que nous connaissions sur les· quantités d'eau écoulées par des tuyaux de drainage sont celles faites en Angleterre par M. Milne; en France, par M. de Courcy et par M. Delacroix; en Allemagne, par M. Hugo Schober. Nous les décrirons successivement.

La première détermination de l'eau déchargée par le drainage dont nous avons à parler a été faite en Angleterre par M. Milne, de Milne-Graden, dans le Berwickshire, qui a fait durer ses expériences de jaugeage du milieu de juin 1848 au milieu d'avril 1849, c'est-à-dire pendant dix mois.

M. Milne se servait d'un appareil enregistreur (fig. 474), qui était installé de la manière suivante :

Le drain *a* verse son eau dans un vase divisé en deux

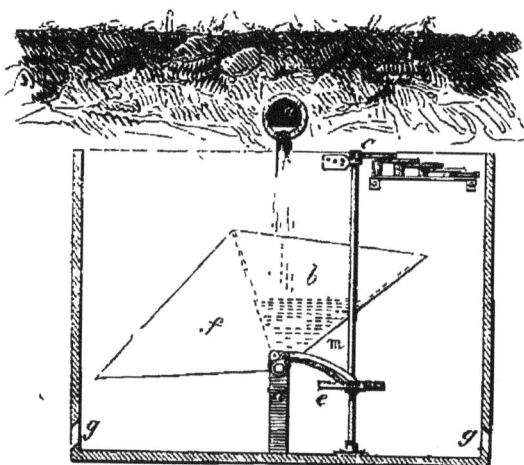

Fig. 474. — Appareil de M. Milne pour jauger l'eau écoulée d'un drainage.

compartiments *b* et *f*. Ce vase, renfermé dans une boîte, est mobile autour d'un axe *d* porté sur un pied agencé dans le fond de la boîte. L'eau coule du drain dans le compartiment *b*. Quand ce compartiment *b* est plein, le vase fait bascule en tournant autour de l'axe *d*, et laisse écouler son eau par l'orifice *g*. Mais, au même moment, un doigt *m*

9.

pousse une roue dentée *e* horizontale, concentrique avec un arbre vertical *c*. Cet arbre engrène à sa partie supérieure avec une série de roues dentées, calculées de façon qu'une aiguille marque les unités et les dizaines, tandis qu'une autre marque les centaines et les mille de litres déchargés. Au moment où le compartiment *b* a fait bascule pour se vider, le compartiment *f* se présente au-dessous du drain *a* pour recueillir l'eau; et, quand il est plein à son tour, il bascule par son poids pour vider son eau par le second orifice *g*, en ramenant le doigt à sa première position. On voit que, par un jaugeage préalable, cet appareil inscrira exactement l'eau déversée, et qu'on n'aura qu'à venir relever de temps à autre ses indications pour le ramener au zéro.

En plaçant deux appareils semblables, chacun en communication avec le maître-drain de deux pièces de terre identiques, d'une contenance de 2ʰ.75, drainées à des profondeurs diverses et avec des espacements différents, M. Milne a obtenu les résultats suivants, de juin 1848 à avril 1849 :

	Eau ecoulce par hectare. LITRES.
A 0ᵐ.91 de profondeur et à 4ᵐ.57 de distance. . .	400,580
A 1ᵐ.07 de profondeur et à 9ᵐ.14 de distance. . .	521,715

Ce résultat très-net et très-important démontre que des tuyaux, placés à une distance donnée de la surface, sont loin d'enlever toute l'eau de filtration du sol; qu'il en est une partie qui descend plus bas et qui ne s'écoule que par un drainage plus profond.

C'est sur des considérations de cette nature que s'appuient les partisans du drainage profond; ils pensent qu'il faut abaisser le plus possible le niveau des eaux souterraines, et que des tuyaux placés de 0ᵐ.70 ou 0ᵐ.90 ne déchargent pas les terres de leur excès d'humidité.

Déjà M. Parkes avait rapporté en 1844 quelques faits d'où il résultait que des tranchées plus profondes donnaient plus d'eau. Ainsi M. Hammond avait mesuré l'eau écoulée dans la même heure par des tranchées placées à égale distance, mais les unes à $0^m.91$ de profondeur, les autres à $1^m.22$; il avait trouvé pour les dernières 4 litres, et pour les premières $2^l.85$ seulement. Dans un autre terrain, M. Hammond avait trouvé qu'aux mêmes profondeurs de $0^m.91$ et $1^m.22$ des tranchées espacées de 8 mètres avaient fourni des quantités d'eau qui étaient dans le rapport de 5 à 8, le chiffre le plus fort appartenant aux tranchées les plus profondes. On a pensé pouvoir conclure de ce résultat que l'on devrait écarter d'autant plus les tranchées, qu'on les ferait plus profondes. Ainsi admettons qu'un espacement de 8 mètres suffit pour une profondeur de $0^m.91$, l'écartement à une profondeur de $1^m.22$ serait donné par la formule $8 \times \frac{8}{5} = 12^m.8$.

Le rapport $\frac{8}{5} = 1.60$ est un peu plus grand que celui des profondeurs $\frac{1.22}{0.91} = 1.34$.

Avant qu'on cherche à généraliser de pareils résultats, il faudra posséder des expériences beaucoup plus nombreuses.

M. de Courcy, président de la Société d'agriculture de Rozoy (Seine-et-Marne), a fait en France, pendant les années 1851-1852-1853, le mesurage de l'écoulement de l'eau provenant des drains d'une pièce de terre de $1^h.58$ de superficie. Le drainage de cette pièce a été effectué en décembre 1850. L'hiver ayant été très-sec, l'eau sortait à peine du tuyau de décharge jusqu'au moment où le mesurage a été entrepris, le 28 mars 1851; à dater de ce moment, l'eau n'a pas discontinué de couler jusqu'au 23 mai, jour où le mesurage a cessé. La pluie avait commencé à tomber le 10 mars, et le temps a été successivement de plus en plus pluvieux.

M. de Courcy a recommencé ses expériences le 15 décembre 1852, et les a poursuivies jusqu'à la fin de mai 1853, époque à laquelle ses drains ont encore cessé de couler.

On voit que l'on a affaire ici à un écoulement d'eau intermittent tout à fait en relation avec la pluie; le drainage opère seulement sur les eaux de surface.

Le procédé suivi par M. de Courcy consistait simplement à faire mesurer chaque jour à la même heure, pendant cinq minutes, la quantité d'eau écoulée, et à multiplier le résultat par le rapport de 5 minutes à 24 heures, pour avoir l'écoulement de la journée. Cette multiplication par 288 du résultat d'une mesure, et par conséquent de l'erreur de l'expérimentateur, laisse planer quelque incertitude sur les chiffres des unités des tableaux suivants :

Premières expériences de 1851.

Dates.	Indication des pluies.	Quantité d'eau écoulée	
		par 5 minutes. LITRES.	par 24 heures. LITRES.
28 mars.	Pluie.	358	68,344
29	//	240	69,120
30	//	287	82,656
31	//	147	42,336
1er avril.	//	98	28,224
2	//	63	18,144
3	//	63	18.144
4	//	47	13,556
5	//	42	12,096
6	//	35	10,080
7	//	35	10,080
8	//	28	8,064
9	//	27	7,770
10	//	23	6,624
11	//	23	6,624
12	//	23	6,624
13	//	23	6,624
14	//	18	5,184
15	//	15	4,320
		À reporter.	424,594

Dates.	Indication des pluies.	Quantité d'eau écoulée	
		par 5 minutes.	par 24 heures.
		LITRES.	LITRES.
	Report		424,594
16 avril.	Pluie 4 heures.	15	4,320
17	Id.	15	4,320
18	Id.	15	4,320
19	Pluie 3 heures.	15	4,320
20	Orage et trombe d'eau à 5 heures.	14	4,032
21	//	173	49,824
22	Pluie.	87	25,044
23	Id.	142	40,896
24	//	105	30,240
25	Pluie.	95	27,360
26	//	85	24,480
27	Pluie.	55	15,840
28	//	75	21,600
29	Pluvieux.	74	21,600
30	//	75	21,600
1er mai.	//	75	21,600
2	Pluvieux.	72	20,736
3	Id.	150	47,200
4	Pluie.	175	50,400
5	Pluvieux.	200	57,600
6	Id.	150	47,200
7	//	51	14,685
8	//	38	10,944
9	//	20	5,760
10	Un peu de pluie.	10	2,880
11	Id.	10	2,880
12	//	10	2,880
13	//	10	2,880
14	//	10	2,880
15	//	8	2,304
16	//	6	1,728
17	//	6	1,728
18	//	3	864
19	//	2.8	806
20	//	1.4	403
21	//	0.7	201
22	//	0.8	230
23	//	0.5	144
24	//	0.0	0
	Total.		1,026,323

On voit que l'écoulement a cessé treize jours après la dernière pluie; on reconnaît aussi que l'effet d'une pluie, une fois que l'eau a commencé à couler, se fait sentir le lendemain Ce dernier résultat est surtout rendu sensible par l'orage et la trombe d'eau du 20 avril : l'orage, survenu à trois heures, a été accompagné d'une trombe d'eau pendant vingt minutes environ; la terre a été, en cet instant, couverte d'une nappe d'eau telle, que, dans la campagne, tous les fossés et rigoles furent remplis et débordèrent: l'eau écoulée du drainage, n'étant que 4,032 litres le 20 avril, s'est élevée à 49,824 litres le 21. On voit de même que la pluie du 27 augmente l'écoulement le 28; que la pluie du 4 mai augmente l'écoulement du 5.

La pièce de terre en expérience était plantée en *luzerne* âgée de trois ans; avant d'être drainée, elle conservait presque entièrement son eau, étant située dans un terrain extrêmement plat. On peut donc regarder, ainsi que nous l'avons déjà dit, l'eau écoulée comme provenant uniquement de la pluie tombée sur la pièce de terre elle-même.

Deuxièmes expériences de 1852-1853.

		Quantité d'eau écoulée	
Dates	Indication des pluies.	par 5 minutes.	par 24 heures.
1852.		LITRES.	LITRES.
15 décembre.	"	25	7,200
16	Pluie.	35	10.140
17	Id.	42	12,096
18	Id.	75	21,500
19	"	63	18,144
20	"	52	15,456
21	"	40	11.520
22	"	35	10,140
23	"	35	10.140
24	"	32	9,216
25	Pluie.	42	12,096
26	Id.	63	18,143
27	Id.	140	40,520
	A reporter.		196,115

Dates. 1852.	Indication des pluies.	Quantité d'eau écoulée	
		par 5 minutes. LITRES.	par 24 heures. LITRES.
		Report.	196,115
28 décembre.	Pluie.	200	54,600
29	"	135	36,880
30	"	105	31,240
31	"	75	21,600
1er janvier 1853.	"	65	18,144
2	"	60	17,270
3	"	55	15,848
4	"	45	12,960
5	Pluie.	45	12,060
6	Id.	45	36,880
7	Id.	135	34,560
8	Id.	155	44,640
9	"	140	40,320
10	"	130	37,440
11	Pluie.	150	43,200
12	Id.	125	36,000
13	Pluie torrentielle.	200	54,600
14	Pluie.	200	54,600
15	Id.	180	51,840
16	Id.	180	51,940
17	"	150	43,200
18	"	150	43,200
19	"	105	51,240
20	Pluie.	105	51,240
21	Id.	251	72,288
22	Id.	255	73,440
23	Id.	251	72,288
24	"	255	73,440
25	"	135	36,880
26	"	105	51,240
27	Pluie	105	31,240
28	"	75	21,600
29	"	75	21,600
30	"	75	21,600
31	"	55	15,840
1er février.	"	45	12,960
2	"	45	12,960
3	"	45	12,960
4	"	44	12,960
5	"	30	10,140
		A reporter.	1,605,051

Dates. 1852.	Indication des pluies.	Quantité d'eau écoulée	
		par 5 minute. LITRES.	par 24 heures. LITRES.
Report.			1,605,051
6 février.	″	25	8,640
7	″	25	8,640
8	″	25	8,640
9	″	18	5,184
10	″	18	5,184
11	″	15	4,320
12	″	15	4,320
13	″	15	4,320
14	Gelée.	11	3,168
15	Id.	15	4,320
16	Id.	19	5,472
17	Id.	17	4,896
18	Neige et gelée.	20	5,760
19	Id.	15	4,320
20	Id.	14	4,032
21	Id.	7.50	2,160
22	Dégel.	14	4,032
23	Pluie et neige.	15	4,320
24	Id.	52	15,456
25	Id.	75	21,600
26	Id.	120	34,560
27	Id.	255	36,880
28	Gelée.	120	34,560
1er mars.	″	95	27,300
2	″	95	27,300
3	Neige.	60	17,280
4	Dégel et neige.	42	12,096
5	Id.	65	17,280
6	Id.	180	51,840
7	Id.	180	51,840
8	Id.	165	43,200
9	″	165	43,200
10	″	95	27,300
11	″	90	25,920
12	″	75	21,600
13	″	45	12,960
14	″	45	12,960
15	″	40	11,560
16	″	40	11,560
17	Gelée.	30	10,140
A reporter.			2.265,171

Dates. 1852	Indication des pluies.	Quantité d'eau écoulée	
		par 5 minutes. LITRES.	par 24 heures. LITRES.
	Report		2,265,171
18 mars.	Gelée.	25	8,640
19	Id	21	6,048
20	Id.	20	5,760
21	Id.	20	5,760
22	Dégel sans pluie.	20	5,760
23	"	20	5,760
24	"	18	5,184
25	"	18	5,184
26	"	18	5,184
27	"	15	4,320
28	"	15	4,320
29	"	15	4,320
30	"	15	4,320
31	"	14	4,032
1er avril.	Pluie.	14	4,032
2	Id.	14	4,032
3	Id.	14	4,032
4	Id.	15	4,320
5	Id.	90	25,920
6	Id.	150	43,200
7	"	105	31,240
8	"	90	25,920
9	"	75	21,600
10	Pluie.	75	21,600
11	"	120	34,560
12	Id.	105	31,240
13	Giboulées.	75	21,600
14	Id.	75	21,600
15	Id.	75	21,600
16	"	60	17,280
17	"	60	17,280
18	"	50	14,400
19	"	31	8,928
20	"	31	8,928
21	"	30	8,648
22	Giboulées.	45	12,960
23	Pluie.	135	36.880
24	Id.	105	31,240
25	Pluie.	190	39,800
26	Id.	150	43,208
	A reporter		2,895,811

Dates. 1852.	Indication des pluies.	Quantité d'eau écoulée	
		par 5 minutes, LITRES.	par 24 heures. LITRES.
Report.			2,895.811
27 avril.	"	105	31,248
28	"	90	25.920
29	"	75	21,600
30	"	75	21,600
1er mai.	"	75	21,600
2	"	75	21,600
3	"	60	17,280
4	"	25	8,640
5	"	20	5,760
6	"	15	4,320
7	"	10	2.880
8	"	10	2,880
9	"	10	2,880
10	"	8	2 304
11	"	8	2.304
12	"	5	1,440
13	"	9	2,390
14	"	9	2,592
15	"	7	2,016
16	"	7	2,016
17	"	6	1,728
18	"	5	1,440
19	"	2 50	720
20	"	2 50	720
21	"	2.50	720
22	"	2.50	720
23	"	2	576
24	"	1	288
25	"	Néant.	Néant.
Total général.			3.106,193

Nous allons réduire tous ces résultats à l'hectare et les comparer aux quantités de pluie tombées aux mêmes époques. On n'a pas malheureusement mesuré à Rozoy la hauteur de pluie de chaque jour; nous sommes forcé de prendre les chiffres constatés à Paris; ils ne doivent pas être très-différents de ceux qu'on aurait pu observer en Seine-et-Marne. Nous trouvons ainsi :

	Eau tombée.	Eau tombée.	Eau écoulée par le drainage.	Rapport de l'eau écoulée par le drainage à la quantité de pluie tombée.
	MILL.	LITRES.	LITRES	
Mars 1851. . .	76.77	767,700	166,111	21.6 p. 100.
Avril..	74.89	748,900	292,363	59.0
Mai	36.21	562,100	189,198	52.2
Décembre 1852.	53.50	535,000	215,470	40.3
Janvier 1853. .	80.50	805,000	761 163	94.5
Février	18.00	180,000	187.825	104.4
Mars..	29.30	293,000	316,410	107.9
Avril	69.70	697,000	415.453	59.6
Mai.	49.50	495,000	69.629	14 1
Totaux .	488.57	4,883,700	2,613,622	

Le rapport moyen de l'eau écoulée par la décharge à la quantité de pluie reçue par le terrain drainé est de 53.5 pour 100. Mais il y a de très-grandes variations dans le rapport de chaque mois; quelquefois l'écoulement est plus considérable que la pluie survenue, parce que les drains égouttent l'eau du mois précédent ; d'autres fois les drains ne donnent passage qu'à 21 ou même 14 pour 100 de l'eau météorique, sans doute parce que l'évaporation a pu s'effectuer sur une grande échelle. Cela se conçoit facilement, car de très-abondantes pluies tombées en très-peu de temps ne peuvent pas se comporter de la même manière que des pluies de même quantité totale réparties sur un grand nombre de jours.

M. Hugo Schober, dans les expériences qu'il a entreprises pour trouver les quantités d'eau écoulées par les drains d'une pièce de terre de l'académie de Tharand, en même temps qu'il prenait les températures de l'eau et de l'air (voir chap. XII, p. 140), faisait ses observations le matin à huit heures et le soir à quatre heures. Il mesurait chaque fois l'eau écoulée pendant une heure par trois bouches de collecteurs, et rapportait les résultats à vingt-quatre heures et à l'acre de Saxe. La moyenne des trois nombres obtenus lui fournissait le nombre définitif de chaque journée. Un udomètre indiquait d'ailleurs les quantités de pluies tombées. En résumant toutes les observations mois par mois, et en transformant les mesures allemandes en mesures françaises, nous avons le tableau suivant pour représenter l'ensemble des recherches du patient professeur :

	Pluie tombée par hectare.	Eau tombée par le drainage par hectare.	Rapport de l'eau écoulée par le drainage à la quantité de pluie tombée.
	LITRES.	LITRES.	
Février 1853.	388,017.52	182,102.86	46 p. 100.
Mars	276,167.33	480,285.63	173
Avril.. . . .	1,041,270.02	842,961.21	80
Mai.	619,044 65	360,399.93	58
Juin.	1,175,902.13	472,824.88	40
Juillet. . . .	838,176.79	274,922.36	32
Août.. . . .	579,290.26	6,856.82	1
Septembre. .	921,483.36	139,222.46	15
Octobre . . .	495,830.25	115,455.98	23
Novembre . .	302,352.45	25,065.56	8
Décembre . .	114,199.64	8,281.84	7
Janvier 1854.	210,923.52	72,353.76	34
Totaux de l'année.	6,962,657.92	2,980,749.70	

On voit encore ici combien est variable d'un mois à l'autre le rapport de l'eau enlevée par le drainage à la quantité de pluie tombée, puisque de 1 pour 100 seulement qu'il a été pendant le mois d'août, il s'est élevé à 173 pour 100 pendant le mois de mars, le seul mois, du reste, qui présente un excédant d'eau écoulée. Ce phénomène s'explique facilement par le dégel qui s'est produit durant ce mois.

En calculant pour l'ensemble de l'année, on trouve que le rapport moyen de l'eau écoulée à la quantité reçue par le terrain drainé a été de 42 pour 100.

Nous arrivons maintenant à quatre expériences faites par M. Delacroix, qui a opéré en mesurant chaque jour durant une minute seulement, avec un vase de capacité connue placé sous la décharge du drainage, la quantité d'eau écoulée, et en calculant le débit de vingt-quatre heures d'après le résultat obtenu. Des udomètres indiquaient d'ailleurs les quantités de pluie tombées.

La première expérience de cet habile ingénieur se rapporte à la terre des Hauts-Noirs des domaines impériaux de la Sologne. Le sous-sol est argilo-siliceux, avec excès de silice. Le drainage a été fait régulièrement à 10 mètres d'écartement et à la profondeur moyenne de 1 mètre à $1^m.10$. La surface observée était de 3 hectares 30 ares. Voici, mois par mois, les résultats observés rapportés à l'hectare :

Mois des observations.	Quantité de pluie tombée. LITRES.	Quantité d'eau écoulée LITRES.	Rapport de l'eau écoulée par le drainage à la pluie tombée.
Janvier 1856. . .	884,350	259,848	30 p. 100
Février..	81,500	0	0
Mars.	566,250	86,836	15
Avril..	726,250	229,527	31
Mai..	1,625,000	178,473	11
Juin.	525,750	159,054	30
Juillet.	170,000	0	0
Août..	332,500	0	0
Septembre. . . .	1.260,000	59,493	4
Octobre..	258,700	30,965	12
Novembre.. . . .	362.500	100,709	28
Décembre.. . . .	572.500	185,781	32
Janvier 1857. . . .	580,000	175,758	44
Février.	213,750	145.758	68
Mars..	291,250	85,576	30
Avril..	437,500	143,090	33
Mai.	273,750	30,818	11
Juin.	570,000	0	0
Juillet.	71.200	0	0
Août.	160,000	0	0
Septembre. . . .	681,500	0	0
Octobre..	750,000	0	0
Novembre.. . . .	301,200	0	0
Décembre.. . . .	202,600	0	0
Janvier 1858. . . .	262,500	254	0
Février..	161,000	2,527	1
Mars..	311,100	79,690	25
Avril..	440,000	0	0
Mai.	556,000	51	0
Totaux. . . .	13,606,250	1,954,206	"

Rapport moyen des débits à la pluie tombée . .   14 p. 100

On doit noter que la surface mise en observation, étant placée sur un plateau et séparée des terrains qui s'inclinent sur elle par la tranchée du chemin de fer, ne peut recevoir d'autre eau que l'eau de pluie. Aucune cause étrangère n'a pu augmenter le débit de l'eau, et ce qui ne s'est pas échappé ou bien a été retenu par l'hygroscopicité du terrain, ou bien a été absorbé par la culture, ou bien a servi à l'évaporation du sol, ou bien enfin s'est infiltré dans le sous-sol au-dessous du drainage. Nous emprunterons d'ailleurs à M. Delacroix les remarques suivantes :

« L'écoulement a cessé en 1856, le 27 juin; a repris le 10 septembre pour finir le 17, recommencer le 24, et ne plus cesser jusqu'à la fin de l'année. Il se continue en 1857 pour s'arrêter le 19 mai, suspension qui dure jusqu'à la fin de l'année. Il recommence vers le 12 décembre, mais d'une manière tout à fait insignifiante; s'arrête de nouveau dans les premiers jours de janvier, recommence à donner quelques traces d'eau le 22, puis un débit continue, mais excessivement faible en février, reprend enfin en mars, pour s'arrêter tout à fait le 25 du même mois.

« Ces différences si tranchées dans la marche de l'écoulement trouvent leur explication dans la seconde colonne du tableau. On voit en effet que la quantité de pluie a été de 7,323 mètres cubes par hectare en 1856, et qu'elle n'a été que de 4,552, soit les deux tiers seulement, en 1857. La première a été en effet une année humide et la seconde une année sèche. Or, ainsi que les expériences qui vont suivre le confirment, comme le débit constaté aux sorties d'eau d'une terre drainée dépend non pas seulement de la masse d'eau que reçoit le terrain, mais encore de son état hygrométrique, on s'explique ainsi comment le degré total de la terre des Hauts-Noirs a été de 4,470 mètres en 1856 et de 2,196 mètres, ou la moitié seulement, en 1857.

« Si, au lieu de comparer les débits totaux, on compare les rapports entre ces débits et la quantité d'eau de pluie, on trouve pour les deux années des chiffres moins divergents. Ainsi ce rapport a été de 18 pour 100, ou moins d'un cinquième, en 1856, tandis qu'il a été de 14 pour 100, ou moins d'un septième, en 1857. Des expériences plus suivies et prolongées pourront seules nous apprendre si ce rapprochement est exceptionnel ou si l'on doit admettre que, dans une période de temps suffisamment longue, comprenant notamment les diverses saisons de l'année, le drainage enlève aux terres à peu près la même proportion que les pluies leur ont fournie, quelle que soit d'ailleurs la manière dont elles se répartissent.

« Ce résultat serait d'autant plus extraordinaire, que c'est de cette répartition surtout que dépend l'état hygrométrique du sous-sol, et par suite le débit. Le tableau qui précède en offre un exemple frappant, si l'on étudie notamment la suite des rapports entre le débit et la pluie tombée depuis le mois de septembre 1856 jusqu'au mois de mai 1857. On les voit en effet monter graduellement pour prendre leur maximum en février, où le débit s'élève jusqu'aux deux tiers de la pluie, et décroître ensuite jusqu'au dixième.

« Nous avons essayé de nous rendre compte de la masse d'eau enlevée à la terre par l'évaporation et la culture. Pour cela, nous avons recherché la quantité d'eau que contenait le terrain à l'origine et à la fin d'une certaine période. La première partie de l'expérience a eu lieu le 6 septembre 1856, la seconde le 4 août 1857. Un cube de terre d'une capacité connue (un litre) a été pris à diverses profondeurs jusqu'à 1^m.20, pesé, puis séché à un four de boulanger et pesé de nouveau. La différence de poids représentant l'eau perdue a été trouvée en moyenne de 0.264 en septembre et le 0.145 en août.

« On doit conclure de là que les 3ʰ.30 de la surface observée contenaient, sur la profondeur de 1ᵐ.20, 10,454
mètres cubes d'eau à l'origine de l'expérience, et seulement
5,742 mètres à la fin. Pendant cet intervalle, elle avait reçu
16,066 mètres provenant de la pluie et en avait perdu
5,625 par l'action du drainage. On peut déduire de là la
quantité d'eau perdue par l'opération suivante :

Quantité d'eau existante à l'origine.	10 454
Quantité d'eau fournie par la pluie.	16,066
Total.	26.520
Quantité d'eau trouvée à la fin de l'expérience. . . .	5,742
La perte a été ainsi de..	20,778

« Elle se décompose ainsi :

Perte par l'écoulement dû au drainage.	3,625
Perte qu'on doit attribuer à l'évaporation, aux besoins des plantes ou à l'infiltration dans le sous-sol. . .	17.153
Total égal.	20,778

« La première perte est ainsi le cinquième seulement de
la seconde. Celle-ci, considérée comme répartie sur la surface de 3ʰ.50, représente une hauteur d'eau perdue de
0ᵐ.520 pendant l'intervalle de onze mois que comprend
l'expérience. Pendant ce temps, l'eau de pluie tombée re-
présentait une hauteur de 0ᵐ.487. »

Les secondes expériences de M. Delacroix ont porté sur
une pièce de terre dite du Pré du Château impérial de la
Motte-Beuvron. Le terrain y est bas; il longe le chemin de
fer du Centre et aboutit à la rivière du Beuvron, dans les
talus de laquelle sont placées les sorties d'eau; sa surface
a 1ʰ.80 de superficie et est en prairie; le sous-sol, où la silice domine, est traversé par des sources qui viennent d'un
coteau voisin. Cette pièce de terre a été soumise à un drai-

nage régulier, fait à 11 mètres de distance et à une profondeur de 0ᵐ.90 à 1ᵐ.00. Les eaux souterraines, se trouvant arrêtées par la tranchée du chemin du fer, donnaient lieu, avant le drainage, à un marécage que cette opération a fait disparaître. Les observations de M. Delacroix ont donné, mois par mois, les résultats suivants, rapportés à l'hectare :

Mois des observations.	Quantité de pluie tombée. LITRES.	L'eau écoulée par le drainage. LITRES.	Rapport de la quantité d'eau écoulée à la quantité de pluie tombée.
Septembre 1858. . .	1,260,000	860,944	68 p. 100
Octobre.	238.700	583,022	244
Novembre.	362,500	578,133	159
Décembre (1). . . .	572,500	951,206	166
Janvier (2).	580,000	644,800	111
Février (3).	215,700	603.933	282
Mars.	291.500	1 568,200	538
Avril (4).	437,500	1,067,533	244
Mai.	273,700	460,566	168
Juin.	570,000	70,972	12
Juillet.	71,200	0	0
Août.	160,000	0	0
Septembre.	681,300	0	0
Octobre.	750,000	260,600	35
Novembre.	301,200	463,388	155
Décembre.	202,500	368,633	182
Janvier 1858. . . .	131,300	451,644	344
Février.	161,000	499,633	310
Mars.	311,100	395,279	127
Avril.	440,000	442,700	100
Mai.	556,000	430,633	77
Totaux. . .	8,565,500	10,701,819	

Rapport moyen de l'eau écoulée à l'eau tombée. 125 p. 100

« L'écoulement, dit M. Delacroix, a été interrompu à la

(1) Sorties d'eau noyées pendant 14 jours.
(2) Sorties d'eau noyées.
(3) Engorgement d'un drain.
(4) Sorties d'eau noyées pendant 18 jours.

IV. 10

fin du mois de juin 1857 et a repris le 5 octobre. Pendant les interruptions qu'il a subies et dont la durée est indiquée par les notes du tableau, le débit n'a pu être mesuré directement; les chiffres admis ont été calculés en supposant que l'écoulement a continué régulièrement dans l'intervalle non observé. Les chiffres, quoique approximatifs, donnent néanmoins une idée de l'importance de la masse d'eau que le drainage a enlevée au sol, et qui, toutes compensations faites, dépassent d'un cinquième, en 1857. la quantité de pluie reçue par la surface drainée.

« On doit conclure de là que l'eau enlevée ne provenait pas seulement de la pièce absorbée, mais encore des terrains placés au-dessus dans le coteau situé à sa gauche. En admettant ces terrains drainés et fournissant la même proportion d'eau que les Hauts-Noirs, soit 14 pour 100 de la pluie tombée, on trouve que la surface qui aurait donné les 9,915 mètres cubes constatés à la sortie d'eau mesurerait 15^{hect}.70. »

La troisième série des expériences de M. Delacroix (1) se présente avec ce caractère particulier que l'observation n'a porté que sur une ligne de drains placés à une grande profondeur. Il s'agit du drainage du bourg de la Motte-Beuvron, qui a été exécuté à l'aide de tuyaux enfouis à 1^m.80 dans un terrain généralement argilo-siliceux sur un point, argilo-siliceux suivi d'argile pure dans un autre. Deux sorties donnent issue à l'eau : l'une au nord, dans le Chicandin; l'autre au sud, dans le Beuvron, à cause des deux pentes que présente cette localité. Le relevé des débits a pu être fait très-exactement pour la décharge qui a eu lieu dans le Beuvron. M. Delacroix en donne le tableau suivant :

(1) Les expériences de M. Delacroix sont décrites dans un Mémoire inséré dans le *Journal d'agriculture pratique* de 1858 et 1859.

Périodes des observations.	Nombre de jours.	Débits en litres		Pluie tombée en millimètres.
		Totaux.	Par jour.	
Avril à septembre 1856.	155	13.700,000	89,500	337.75
Septembre.	30	2.691.000	89,700	126.00
Octobre.	31	1,900,000	61,500	23.90
Novembre.	30	975.000	32,400	56.25
Décembre.	31	2,164,000	70,000	57.25
Janvier 1857.	31	8,125,000	262,000	58 00
Février.	28	3,947,000	141,000	21.37
Mars.	31	2,299,000	74,000	29.15
Avril.	30	2.650,000	88,300	43.75
Mai.	31	974,000	31.400	27.37
Juin.	30	101.000	3,400	57.00
Totaux.	456	39,526,000		
Moyenne.			86,600	

M. Delacroix ajoute qu'on peut estimer le volume d'eau
débité dans le même temps par la sortie du Chicandin à
22,200 mètres cubes, de sorte que le drainage de la Motte-
Beuvron avait soutiré, dans cette région, plus de 60,000
mètres cubes d'eau souterraine. « On remarquera, dit-il, la
succession présentée par les débits quotidiens, suivant les
mois de l'année. Il était naturel de supposer, au premier
abord, qu'ils seraient en rapport avec la masse d'eau fournie par la pluie, soit qu'elle arrivât directement aux drains
en traversant le sol, soit qu'ils provinssent de sources
qui sont produites elles-mêmes par les eaux de pluie accumulées sur des terrains plus éloignés. Toutefois il n'en est
pas ainsi, comme le font voir les chiffres inscrits dans la
colonne de la pluie tombée. Ils nous apprennent que les
mois pendant lesquels la hauteur d'eau tombée a été le plus
considérable ne sont pas ceux des plus forts débits. Ce n'est
donc pas tant l'importance des pluies qui est la cause pré-
dominante, que leur succession et surtout que l'état hygrométrique de l'atmosphère et du sous-sol. Les débits marchent donc ainsi, en quelque sorte, en raison inverse de

l'évaporation, et par suite de la température, ainsi que de la clarté du ciel, qui la déterminent.

« Cette conclusion ressortira bien davantage encore si l'on cherche à déterminer le rapport du débit effectué, non pas seulement avec la quantité absolue d'eau tombée, mais avec celle reçue par la surface assainie, laquelle, ainsi qu'on peut le conclure des observations (1), augmente avec l'affaiblissement de la pente du plan d'eau souterrain, et par suite en même temps que le débit diminue. Ce fait provient de ce que l'assainissement est produit par l'action d'un drain unique, et par conséquent sur une surface non limitée. En considérant toutefois comme assainis tous les points pour lesquels le plan d'eau s'est trouvé à plus de $0^m.60$ de profondeur, et en s'aidant des indications données par les observations qui précèdent, il nous a été possible de calculer, pour les six premiers mois de 1857, les résultats suivants :

Périodes des observations.	Pluie tombée.	Surface assainie.	Cube d'eau reçue par la surface assainie.	Cube d'eau écoulée.	Rapport du débit à l'eau reçue.
1857.	MILLIM.	HECTARES.	MÈT. CUB.	MÉT. CUB.	
Janvier.	58.00	4.50	2,610	8,125	311 p. 100
Février.	21.37	7.50	1,602	3,947	246
Mars. .	29.13	12.00	3.495	2,299	65
Avril. .	43.75	10.50	4,595	2.650	57
Mai.. .	27.37	17.00	4,653	974	20
Juin. .	57.00	17.00	9.690	101	1
Totaux.	236.62		26,643	18,096	
Moyenne..					68 p. 100

« Ainsi, pendant les mois de janvier et de février, le débit fourni par les sorties d'eau dépasse notablement la masse d'eau reçue par la surface du terrain assainie. Il y avait donc, à cette époque, accumulation dans le sous-sol des eaux fournies par les périodes précédentes, et que l'évapo-

(1) Voir dans le livre X la théorie du drainage.

ration n'a pas enlevées. Pendant le mois de mars et d'avril, il semble que cette réserve soit épuisée, et que le drainage et l'évaporation agissent simultanément. Pendant les deux mois suivants, c'est au contraire l'évaporation qui agit seule, et on voit quelle est la puissance de cette action.

« Le rapport moyen pendant les six mois écoulés de janvier à juin, entre le débit et la pluie tombée, est de 68 pour 100. Si on voulait le connaître pour l'année 1857 tout entière, l'écoulement ayant cessé complétement à partir de juin, il faudrait augmenter le total de la quatrième colonne du tableau de la masse d'eau reçue, ce qui la porterait à 65,000 mètres cubes, et conserver celui de la cinquième colonne. Le rapport serait alors réduit à 29 pour 100.

« Il serait ainsi le double de celui trouvé, pendant la même période de temps, pour la terre des Hauts-Noirs. Ce résultat peut s'expliquer par la profondeur plus grande à laquelle se trouvent placés les drains dans le bourg de la Motte-Beuvron et qui étendent leur action sur une masse de terre plus considérable. Si cette explication est juste, la proportion d'eau débitée croîtrait plus vite que la profondeur relative des drains : ceux-ci auraient donc d'autant plus d'action sur l'écoulement, qu'ils seraient établis plus bas. Nous devons d'ailleurs ajouter que, lors de l'ouverture des drains, on a rencontré quelques sources venant du côté est du bourg, et qu'elles n'ont pas été sans doute sans influence sur l'augmentation du chiffre ci-dessus. »

Le résultat de M. Delacroix, relatif à l'augmentation du débit pour la profondeur du drainage, est conforme à celui obtenu en Angleterre par MM. Milne et Hammond. (Voir plus haut, p. 154.)

La dernière série d'expériences de M. Delacroix, dont nous devons présenter le résumé, est relative à la terre dite des Rez, dépendant du domaine impérial de la Motte-Beu-

vron. Le sol de cette terre est argilo-siliceux, la silice tendant à dominer. Le drainage a été fait réguliément à 25 mètres de distance et à une profondeur moyenne de $0^m.90$ à
$1^m.00$. Une partie de cette terre, mesurant $2^h.22$ et ayant
une sortie d'eau spéciale, a été observée depuis le mois de
décembre 1857 jusqu'à la fin de mai 1858. Les quantités
d'eau fournies et la pluie tombée, rapportées à l'hectare,
sont données dans le tableau suivant :

Mois des observations.	Pluie tombee par hectare. LITRES	Eau ecoulee par hectare. LITRES	Rapport de l'eau ecoulee à la pluie tombee.
Décembre 1857. . . .	202.500	80,243	39 p. 100
Janvier 1858.	131,200	20,892	15
Février.	161.000	28.621	18
Mars	311,100	120,432	38
Avril.	440,000	1,491	0.5
Mai.	556.000	5,027	1
Totaux.	1,801,800	256,706	"

Rapport moyen de l'eau écoulée à l'eau tombée.   14 p. 100

Le débit a marché assez régulièrement de décembre à
avril; il s'est alors ralenti de manière à ne plus présenter
que des quantités d'eau insuffisantes. La position de la
pièce, qui part du sommet d'un petit plateau, et est d'ailleurs séparée de ce plateau par une assez grande étendue
de terrain argileux, empêche de supposer que le débit soit
influencé par une alimentation souterraine.

En résumé, les diverses expériences rapportées dans ce
chapitre donnent les résultats suivants :

	Rapport de l'eau ecoulee à la pluie tombee.
Expériences de M. de Courcy.	53.5 p. 100.
Expériences de M. Schober.	42
Expérience I de M. Delacroix.	14
— II —	123
— III —	68
— IV —	14

On doit donner un rang à part aux expériences II et III de

M. Delacroix, dans lesquelles les quantités d'eau écoulées proviennent en partie d'une alimentation souterraine. Les quatre autres expériences de ce petit tableau démontrent combien peut varier le débit relatif avec la nature du sol. Le débit est beaucoup moindre dans les terres de la Sologne, où la silice prédomine, que dans les terres de Seine-et-Marne et de Tharand, où l'argile constitue principalement le sol et le sous-sol.

On peut reprocher aux déterminations de MM. de Courcy, Schober et Delacroix l'incertitude d'une méthode qui consiste à n'observer que pendant un temps assez court la quantité d'eau écoulée par une décharge de drainage pour en conclure le résultat produit pendant vingt-quatre heures. Rien ne prouve que le moment choisi pour faire la mesure, qui sera multipliée par un facteur plus ou moins grand, correspond en réalité à un écoulement moyen, et que des erreurs très-considérables, dont les limites ne sont pas connues, ne soient pas la conséquence d'un tel procédé. L'appareil imaginé par M. Milne (fig. 474, p. 153) pourrait être employé avec avantage, malgré sa complication et quoiqu'on ait à craindre dans certains cas que le choc de l'eau, arrivant avec trop de vitesse, fasse basculer l'appareil avant l'instant précis, ce qui donnerait des erreurs d'enregistrement. Un tel appareil étant d'ailleurs placé dans un lieu très-humide, les rouages sont exposés à se rouiller et à ne plus fonctionner exactement. Aussi nous croyons que, pour continuer les intéressantes recherches auxquelles nous avons consacré ce chapitre, les observateurs feraient bien de prendre la jauge de drainage (fig. 475 et 476) imaginée par M. Hervé-Mangon, et qu'on trouve chez M. Salleron, constructeur d'instruments de précision appliqués aux arts, aux sciences et à l'industrie, rue du Pont-de-Lodi, n° 1, à Paris.

Cet instrument, dont le prix est de 35 fr., se compose d'une caisse prismatique en zinc, divisée en plusieurs compartiments par des cloisons verticales (fig. 475); ces cloisons ne sont pas toutes soudées de la même manière : les unes touchent le fond et ne s'élèvent pas jusqu'à la partie supérieure de la caisse, tandis que les autres partent de la

Fig. 475. — Jauge de drainage de M. Mangon.

partie supérieure, mais ne descendent pas jusqu'au fond. La caisse étant placée sous la bouche de décharge du tuyau collecteur dans le fossé d'écoulement, de telle sorte que l'eau tombe dans le premier compartiment avec une certaine force résultant de sa chute, on conçoit qu'elle devra avoir perdu toute vitesse quand elle arrivera dans le dernier compartiment après avoir rempli les précédents en passant successivement au-dessus et au-dessous des cloisons, comme le montrent les petites flèches de la figure 475.

La paroi extérieure de la caisse, qui forme le dernier compartiment, est percée d'une série de trous formant un triangle (fig. 476) dont le sommet est tourné vers la partie inférieure de l'instrument. Au sommet de ce triangl est percé un trou ; deux trous percés au-dessus forment une seconde rangée ; trois trous forment la troisième, et ainsi de suite en allant de bas en haut. Une division, réglée par des

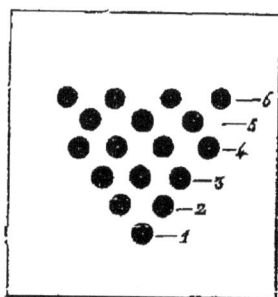

Fig. 476. — Trous d'écoulement de la jauge de drainage de M. Mangon.

expériences préalables, est gravée le long d'un des côtés la téraux du triangle, de manière à indiquer le nombre de litres que l'appareil débite par minute, selon que l'écoulement se fait par un plus ou moins grand nombre de trous.

Il suffira donc de venir à des intervalles suffisamment rapprochés jeter un coup d'œil sur l'appareil pour noter à chaque fois le débit du drain collecteur et calculer avec toute l'exactitude désirable les quantités d'eau écoulées par un drainage.

CHAPITRE XV

Diverses applications du drainage — Drainage des cours, des édifices, des routes, des villes — Emploi du drainage pour l'épuration des eaux des distilleries — Emploi du drainage dans les pressoirs.

Les méthodes de drainage, à l'aide des tuyaux souterrains, ne sont pas seulement applicables aux terres arables. On peut les employer avec succès pour assainir les parcs, les jardins, les cours des lycées et des fermes, les camps et les champs de manœuvres, les routes, les chemins de fer, etc.

Nous avons vu à Chantilly drainer, par M. Vitard, de l'Association de l'Oise, une prairie marécageuse de 10 hectares, de manière à la transformer en un hippodrome, dont le terrain présente la fermeté et l'élasticité nécessaires pour l'éducation des chevaux de course de M. Aumont.

Presque toutes les tranchées des chemins de fer anglais sont aujourd'hui drainées à l'aide de tuyaux d'un diamètre assez grand placés au bas du talus et dans lesquels se déversent des rigoles ou des drains convenablement placés pour enlever toutes les eaux gênantes.

Le drainage des routes ou des chemins construits dans de mauvais terrains, et dont l'entretien impose aux départements et aux communes des frais considérables, économiserait une grande partie de la dépense ordinairement employée, soit en pierres de remplissage, soit en main-d'œuvre. Pour la construction des routes nouvelles, il serait impardonnable de le laisser en oubli. Une ligne de drains au milieu de la chaussée, ou deux lignes pour les routes très-larges, sous les accotements ou trottoirs, à 1 mètre de profondeur, dispenseraient le plus souvent de la couche de blocage et causeraient une économie de 50 pour 100 sur les frais d'établissement.

Dans les lycées ou collèges, nos enfants ne peuvent pour ainsi dire pas jouir de leurs récréations pendant les temps pluvieux; s'ils vont dans les cours, ils ont les pieds dans l'eau de la façon la plus fâcheuse. Un drainage peu coûteux ferait disparaître ce grave inconvénient.

Les camps et les champs de manœuvres où de nombreuses troupes, de la cavalerie et de l'artillerie, tassent souvent le sol, sont beaucoup améliorés par le drainage. C'est ce

que l'on a reconnu en Angleterre pour le champ de manœuvres de Dublin et pour celui de Chobham. En France,
on a drainé ainsi une partie des camps de Satory et de Châ-
lons. Le champ de manœuvres qui est aux portes de Ver-
dun a été rendu excellent par la même opération.

Des tuyaux de drainage placés autour des murs des habitations et des édifices publics peuvent enlever l'humidité
qui s'accumule d'une manière si fâcheuse dans le sol où
s'appuient les constructions; les eaux qui tombent des
toits après les pluies trouvent dans ces tuyaux un écoulement certain et ne peuvent plus miner les fondations.
On place une ligne de drains entourant de toutes parts
la construction à préserver à $0^m.75$ environ des murs et
à une profondeur de $0^m.30$ à $0^m.50$; on les couvre d'une
couche de cailloux, et on a soin de leur donner une
pente prononcée vers un point situé dans la partie la plus
déclive du terrain où un collecteur doit prendre les eaux
recueillies pour les conduire dans une décharge. L'église
de Cires-le-Mello (Oise) a été assainie par ce moyen en
1858, et on se propose avec raison d'employer le même
procédé pour aider à la conservation de plusieurs autres
édifices religieux du même département.

Dans les cours des fermes, il arrive souvent que les eaux
de pluie tombant des toits viennent se réunir dans le tas de
fumier qui s'y trouve amoncelé, et lui font subir une fâcheuse altération en le lavant et en produisant un excès de
liquide qui déborde des fosses et s'écoule en pure perte.
L'établissement des gouttières est assez coûteux pour que
beaucoup de cultivateurs reculent à faire cette dépense.
D'après une communication faite à la Société centrale d'a-
griculture par M. Yvart, le drainage du pourtour des bâtiments de la ferme de M. Turquin, à Chalanday, près de
Crécy, a complétement obvié à tout inconvénient. Les

tuyaux employés, de la dimension des tuyaux collecteurs ($0^m.06$ de diamètre), ont été posés à $0^m.33$ du pied des murs et recouverts de cailloux. Une des extrémités de la ligne du drain a été placée à quelques centimètres seulement au-dessous de la surface du sol; l'autre extrémité a été enfoncée beaucoup plus profondément; celle-ci aboutit à une citerne où elle verse les eaux qui ont une pente suffisante pour leur rapide écoulement. Dans la même ferme, des tuyaux de drainage conduisent les urines des étables et des écuries qui ne sont pas absorbées par la litière, d'abord dans une petite fosse où elles se réunissent, et ensuite jusque dans la fosse à purin, située au centre du tas de fumier. De là le purin est répandu, quand cela est utile, sur toute la surface du fumier par une pompe aspirante et foulante. On voit que le drainage débarrasse ainsi le fumier des eaux surabondantes et y accumule tous les liquides qui se perdent souvent dans les exploitations rurales quand ils se rendent simplement dans les ruisseaux des cours des fermes. Cet exemple est suivi maintenant dans un grand nombre d'exploitations rurales de tous les pays.

Parmi toutes les applications du drainage, une des plus utiles est celle de l'assainissement des bourgs ou villages. Déjà on a en France plusieurs exemples de l'emploi de cette méthode, dont les systèmes d'égouts établis dans les villes présentent du reste l'image considérablement agrandie. Nous citerons en particulier les drainages des bourgs de la Motte-Beuvron et de la Ferté-Saint-Aubin; ils ont été exécutés sous la direction de M. Delacroix, ingénieur des ponts-et-chaussées, chargé du service hydraulique du département du Loiret et de l'assainissement des domaines impériaux de la Sologne. Des lignes de drains ont été placées dans les rues, un peu en avant des habitations, et enlèvent d'énormes quantités d'eau dont on peut se faire une idée par les mesures prises à la Motte-Beuvron par M. Delacroix.

Le drainage du bourg de la Motte-Beuvron, dont il a été question précédemment (p. 170), a été effectué en mai 1856; le relief du terrain l'ayant permis, on a placé les drains à $1^m.80$ de profondeur, afin de pouvoir obtenir des caves parfaitement saines d'une hauteur de $1^m.65$. Le bourg présentant deux pentes, l'écoulement se fait par deux sorties d'eau versant l'une dans un petit cours d'eau nommé le Chichandin, au nord; l'autre dans le Beuvron, au sud. La pente générale de la vallée va d'ailleurs de l'est à l'ouest. Le sol est formé d'une terre végétale siliceuse d'une épaisseur de $0^m.50$ à 1 mètre, au-dessous de laquelle se trouve un sable jaune et gris, argileux et graveleux. Eh bien, d'avril 1856 à juin 1857, d'après les mesures effectuées, la décharge du drainage dans le Beuvron a fourni 39,526 mètres cubes d'eau, et la sortie dans le Chichandin 22,200, de telle sorte qu'on peut évaluer à plus de 60,000 mètres cubes l'eau souterraine qui, auparavant, séjournait dans le sous-sol du bourg de la Motte-Beuvron, ou du moins n'en était enlevée que par une évaporation et un écoulement imparfaits donnant lieu à une grande masse d'émanations pestilentielles.

L'application du drainage à l'absorption d'eaux putrides qui sont filtrées et purifiées par le sol qu'elles fécondent, avant de se rendre dans les tuyaux souterrains où elles s'écoulent dépouillées de la plus grande partie de leurs matières organiques, est une des opérations les plus importantes que l'on doive conseiller au point de vue de la salubrité publique. Plusieurs agriculteurs-distillateurs du Nord, du Pas-de-Calais et de l'Oise, au lieu d'évacuer dans les cours d'eau les vinasses et eaux diverses de leurs usines, les font arriver depuis quelques années sur des terres

IV.   11

drainées, et annulent ainsi une cause grave d'infection dont on a eu beaucoup à se plaindre dans les localités où de grandes distilleries de betteraves se sont établies.

La disette des vins qu'on a subie de 1850 à 1857 a donné une grande impulsion à l'industrie de la distillation, soit des jus de betteraves, soit des mélasses étendues d'eau, soit des moûts sucrés qu'on peut préparer avec les céréales ou avec d'autres matières renfermant de l'amidon. Lorsque les parties spiritueuses de ces liquides ont été séparées par la distillation, il reste un résidu aqueux chargé de tous les matériaux fixes que renfermaient les *vins*; ce résidu constitue les *vinasses*, dont la composition et la concentration sont différentes, selon la nature des liquides soumis à la distillation.

Les vinasses les plus concentrées sont celles qui résultent de la distillation des mélasses; elles sont assez riches pour que, depuis quelques années, on en retire du carbonate de potasse et divers autres sels. Les vinasses provenant de la distillation des grains renferment assez de matières nutritives pour pouvoir servir à l'alimentation du bétail, et cet emploi est devenu obligatoire par un décret rendu en novembre 1857. Quant aux vinasses que fournit la distillation du jus de betteraves, elles ne sont pas assez concentrées pour servir ni à la fabrication des sels de potasse ni à l'alimentation du bétail, et elles sont fortement putrescibles, surtout à cause de la saccharification à l'aide de l'acide sulfurique. L'emploi de cet acide donne naissance à des sulfates qui, en présence de matières organiques disposées à se putréfier, fournissent des sulfures, puis de l'hydrogène sulfuré très-nauséabond et insalubre. Les matières organiques seules, lorsqu'elles sont abondantes dans les eaux, fournissent d'ailleurs pour leur propre compte des émanations dangereuses. Si donc le drainage, en écoulant souterrainement les eaux, retenait ou transformait les parties insalubres qu'elles renfermaient au moment où elles arriveraient en irrigations dans le sol, on comprend quelle heureuse influence aurait un tel procédé.

Nous développerons dans le livre suivant la démonstration des idées que nous ne faisons qu'émettre en passant; ici nous avons à citer une application du drainage que nous avons conseillée plusieurs fois dans le *Journal d'Agriculture pratique*, et qui a été adoptée par les comités réunis d'hygiène publique et des arts et manufactures, consultés sur ce sujet en 1858 par le ministre de l'agriculture, du commerce et des travaux publics. La commission nommée par les comités constate d'abord que, dans maintes localités du Nord où se sont établies de grandes distilleries de betteraves, les eaux ont été corrompues par suite de l'écoulement des vinasses de ces usines qu'on y a toléré, au point de devenir impropres aux usages domestiques, de tuer le poisson, d'infecter les puits qu'elles alimentent, d'exhaler au loin une odeur repoussante; que le Cojeul, la Sensée, le canal de Roubaix, le canal d'Aire à la Bassée, la Deule, la Scarpe, l'Escaut lui-même, ont été infectés. La commission évalue à 5 millions de mètres cubes le volume total de vinasses produites par les distilleries de betteraves du Nord pendant la campagne de 1857. Pour se débarrasser des inconvénients que cause l'écoulement de cette masse de liquide dans les cours d'eau, la commission propose le drainage. Dans un rapport très-bien fait, M. Wurtz s'exprime ainsi au nom de la commission :

« La commission a pensé que les procédés du drainage pourraient être appliqués avec succès à l'épuration ou même à l'absorption des vinasses. A cet égard, deux systèmes différents ont fixé son attention : l'un consiste à filtrer les eaux impures à travers une surface relativement restreinte d'un terrain argileux drainé, l'autre à les faire absorber par une étendue considérable de terres en culture et drainées au besoin.

« Le premier de ces systèmes pourrait trouver une application assez générale dans les départements du Nord. En effet, le sol de ces départements est partout formé par de l'argile ou par un mélange d'argile et de sable. De pareils terrains peuvent se prêter encore à la filtration des vinasses, et cette filtration est bien plus efficace que celle que l'on peut effectuer à travers le sable.

« En effet, l'argile est douée de la propriété d'absorber et de retenir les matières organiques solubles que contiennent les eaux dont on l'arrose. Fixées sur l'argile, ces matières organiques se consument lentement au contact de l'air, et peuvent devenir ainsi une source de fertilité pour le sol qui les a absorbées.

« Qu'il nous soit permis de citer ici quelques expériences de M. Hervé-Mangon, concernant l'absorption des matières solubles des vinasses par la terre argileuse. De l'argile pure, de la marne calcaire, des mélanges à parties égales d'argile et de marne, d'argile et de sable, ont été arrosés avec une vinasse très-riche donnant 60 gr. de résidu solide par litre, et qui a été ajoutée à la dose de 3 à 4 1/2 0/0 du poids total de la terre. Ces mélanges exposés à l'air n'ont exhalé aucune odeur. Au bout de dix jours, on les a lavés, on a filtré le liquide et on l'a fait évaporer : le résidu de l'évaporation ne renfermait plus de vinasse.

« Dans un autre essai, M. Hervé-Mangon a cherché à se placer dans des conditions plus voisines de la pratique. A cet effet, il a introduit dans des tubes verticaux de 1 m. 50 de hauteur de la terre argileuse naturelle recueillie aux environs d'Arras. Il a versé à la partie supérieure de cette terre une couche de vinasse de 5 centimètres d'épaisseur, et il a soigneusement recueilli le liquide qui s'est écoulé au bas du tube. Évaporé, ce liquide n'a laissé qu'un résidu organique tout à fait insignifiant. Si, comme ces expériences le démontrent, le sol argileux possède la propriété d'absorber les matériaux solubles des vinasses, il n'en faudrait pas conclure que son pouvoir absorbant est en quelque sorte illimité. Un pareil sol étant arrosé avec des quantités considérables de vinasses, il arriverait un moment où l'argile, saturée de matières organiques, refuserait d'en retenir davantage. Ces considérations sont de nature à laisser entrevoir les avantages d'un pareil drainage restreint sur un sol argileux, comme aussi les limites et les inconvénients de cette opération. Les eaux qui s'écouleront par les drains seront plus pures que celles qui résulteraient de la filtration à travers le sable ; mais, comme l'absorption par la terre argileuse se fait lentement, et que, pour assurer la purification des eaux, il faut que la masse des matériaux à absorber soit dans une juste proportion avec la masse de la couche filtrante, il devient nécessaire d'affecter à cette opération une étendue de terrain assez considérable. Il est impossible d'assigner, à priori, des limites précises à la surface de ces terres. Néanmoins il est permis de penser que, dans les cas ordinaires et pour une quantité de vinasses ne dépassant pas 800 à 1,200 hectolitres par jour, 1 ou 2 hectares pourraient suffire. Que l'on suppose, en effet, qu'il s'agisse de faire absorber par voie d'infiltration dans des terres drainées d'une étendue de 1 hectare 1 000 hectolitres ou 100 mètres cubes de vinasses par jour, la couche de liquide que cette surface devra absorber en 24 heures n'aura qu'une épaisseur de 1 centimètre. Une surface plus grande serait nécessaire pour les usines les plus considérables.

« Sans vouloir trop préciser les choses, il est permis de penser que, dans ces cas, trois hectares, peut-être quatre hectares, devraient être affectés à la clarification des vinasses. Une pareille étendue comprendrait une masse de 45,000 à 60,000 mètres cubes de terre argileuse propre à l'absorption, en supposant que les drains soient placés à $1^m.50$ de profondeur.

« Ces terrains, préalablement nivelés avec soin, pourraient au besoin être entourés d'une petite digue propre à empêcher les fuites latérales. Peut-être serait-il utile de les diviser en un certain nombre de compartiments dont chacun recevrait à son tour les vinasses écoulées en vingt-quatre heures. Après avoir reçu ces vinasses, le compartiment chargé serait pour ainsi dire abandonné au repos pendant quelques jours avant d'en recevoir une nouvelle quantité. Dans cet intervalle, la filtration pourrait s'effectuer complétement, et les terres auraient le temps de s'égoutter et de se dessécher jusqu'à un certain point. Du reste, cette distribution fractionnée assurerait la répartition uniforme des vinasses sur toute la surface du terrain, en remédiant aux inconvénients qui résulteraient d'un défaut de nivellement et d'infiltrations trop abondantes sur les parties déclives. Il est important de faire remarquer ici que la clarification serait incomplète si l'on n'apportait le plus grand soin au tassement des terres accumulées sur les drains. En effet, s'il restait des vides dans les tranchées, les vinasses se seraient bientôt frayé, dans ces espaces trop perméables, des voies assez larges pour rendre la filtration imparfaite.

« A la fin de la campagne, c'est-à-dire vers le mois de mars ou d'avril, ces terres pourraient être rendues à la culture. Recouvertes d'une couche de limon, et saturées jusqu'à une grande profondeur de matières fertilisantes, elles pourraient se passer d'engrais.

« Pour la campagne suivante, une nouvelle étendue de terrains pourrait à son tour être affectée à l'épuration des vinasses et recevoir, pour les saisons à venir, les mêmes éléments de fertilité. C'est ainsi que les résidus des distilleries, alternativement distribués, dans le cours des années, sur les champs avoisinant les usines au lieu d'être une cause d'insalubrité et un sujet de souffrance pour les populations, pourraient devenir une source de richesse pour l'agriculture.

« La condition importante qu'il s'agirait de réaliser pour assurer l'efficacité de ce système serait de donner à la surface de filtration une étendue suffisante. Il est bien entendu qu'il ne sera applicable que dans les localités où la couche de terre argileuse offre une profondeur suffisante et où la surface du sol s'élève au moins à 1 ^{m}. 50 au-dessus du niveau des cours d'eau. »

Après avoir ainsi résolu affirmativement la question de l'épuration des vinasses par la filtration à travers des terrains uniquement affectés à cette opération pendant un temps déterminé et rendus plus tard à la culture, la commission examine le système qui consiste à irriguer par les eaux des distilleries des terrains cultivés. C'est ce parti que préfèrent prendre les distillateurs-agriculteurs. Nous pensons devoir encore mettre ici sous les yeux de nos lecteurs le texte même du rapport de M. Wurtz :

« Le système qui consisterait à employer les vinasses en irrigations ou en arrosements, et que nous allons exposer maintenant, exige l'annexion à l'usine d'une étendue considérable de terres en culture. C'est là un inconvénient qui rendra difficile, sinon impossible, son application générale. Mais, comme dans certains cas il peut rendre de grands services, nous allons indiquer sommairement les conditions que nécessite son emploi.

« Tout le monde conviendra que les substances contenues dans les vinasses, matières organiques diverses, azotées et non azotées, suspendues ou dissoutes, principes minéraux tels que le salpêtre et les sels ammoniacaux, que toutes ces matières sont des éléments de fertilité et constituent de véritables engrais pour les terres sur lesquelles elles sont répandues. Le sulfate de chaux lui-même si nuisible lorsqu'il est introduit dans les cours d'eau avec les vinasses, peut contribuer d'une manière efficace à l'amendement des terres. Malheureusement, ces matériaux fertilisants sont délayés dans des masses d'eau tellement considérables, que le transport et la distribution de cet engrais liquide et étendu deviendraient une charge onéreuse pour une exploitation agricole. Nous essayerons de montrer néanmoins que ces inconvénients, tout en diminuant les avantages que l'on pourrait retirer de l'application de ce sys-

tème, ne sont point de nature à en compromettre le succès d'une manière
absolue.

« Comment transporter dans tous les points et aux extrémités d'un
domaine d'une cinquantaine d'hectares, par exemple, ces quantités énormes de vinasses qu'une grande distillerie rejette pendant cinq à six mois
de l'année? Cette question soulève une difficulté réelle. Elle peut recevoir diverses solutions.

« Lorsque les pentes naturelles du terrain s'y prêtent, les vinasses
peuvent être répandues sur les terres par voie d'irrigation dans des
tranchées ouvertes et dans des rigoles.

« C'est le système le plus économique. Là où la configuration du terrain ne permet pas son application, il faut recourir aux procédés qui
consistent à refouler les vinasses, sous une pression considérable, dans
des tuyaux en fonte posés dans les champs. La pression exercée sur le
liquide permet de le répandre uniformément par voie d'arrosement à
l'aide de tuyaux flexibles, terminés par des lances à incendie.

« Ces procédés, employés dans beaucoup de localités en Angleterre,
ont été appliqués dernièrement à la distribution des engrais liquides de
Bondy, dans les terres de la ferme de Vaujours.

« Enfin un troisième système consisterait à combiner les deux précédents, c'est-à-dire à faire arriver les vinasses au moyen de tuyaux souterrains dans des réservoirs placés au milieu des terres et qui perdraient
leurs eaux par le moyen de rigoles d'irrigation.

« L'établissement de ces tuyaux en fonte dans un domaine d'une certaine étendue est sans doute une opération dispendieuse. Un agriculteur
qui installerait ce système tubulaire dans ses terres, pour y répandre un
engrais aussi étendu que le sont les vinasses, trouverait difficilement
dans les bénéfices de l'exploitation une compensation suffisante des frais
d'installation et d'entretien. Mais ce n'est point ainsi qu'il faut envisager
cette question. Dans l'espèce, ce n'est point seulement l'exploitation
agricole qui aurait à supporter les frais dont il s'agit. Il serait de toute
justice qu'on en attribuât une partie à l'entreprise industrielle elle-même.
C'est l'industrie qui crée l'embarras, elle doit supporter la charge.

« Construction de bassins, traitement par la chaux, filtration à travers le sable, toutes ces opérations constituent un sacrifice en pure perte,
mais un sacrifice nécessaire. L'établissement d'un système tubulaire est
une charge plus lourde sans doute, mais qui peut trouver une certaine
compensation dans les bénéfices de l'opération agricole.

« Nous devons ajouter que l'emploi le plus avantageux des vinasses,
comme engrais, consisterait peut-être à les répandre en irrigations sur
les prairies. Il est bien permis en effet de comparer les vinasses et les
eaux d'égout en ce qui concerne leur application à l'agriculture, et l'on

sait que les eaux d'égout sont devenues, sous ce rapport, en Écosse et aux environs de Milan, l'objet de tentatives longtemps prolongées et couronnées de succès. Il existe dans le voisinage d'Edinburgh des prairies sur lesquelles on répand depuis soixante ans, par le moyen d'irrigations faites à ciel ouvert, une partie des eaux d'égout de cette cité.

« D'après une évaluation approximative, la couche d'eau qui passe annuellement sur la surface de ces prairies et qui s'y infiltre, offre une épaisseur de plus de 2 mètres. Telle est la puissance d'absorption d'un sol convenablement drainé.

« Le système qui consiste à faire absorber les vinasses par les terres ou à les répandre en irrigations ne peut-il pas devenir une cause d'insalubrité, en favorisant dans les endroits où le sol serait alternativement sec et humide la formation de principes odorants ou même de miasmes paludéens? grave question qui a été soulevée dans le rapport de M. Chevreul et discutée dans le sein de la commission. Il est permis d'espérer que les effets nuisibles dont il s'agit ne se manifesteront point sur des terres convenablement drainées où l'absorption est rapide, où l'écoulement des eaux surabondantes est facile, où l'accès de l'air est possible. On ne pourrait craindre les dangers des émanations fétides que dans le cas où l'irrigation se ferait à ciel ouvert, par le moyen de fossés et de rigoles. Les bords et le fond de ces fossés pourraient se couvrir de débris organiques dans certains endroits. On remédierait à cette accumulation de matériaux fermentescibles, par un bon entretien et par un curage fréquent des fossés.

« Il n'est d'ailleurs pas inutile de faire remarquer ici que, dans le cas où les vinasses seraient employées en irrigations, il faudrait en séparer préalablement les débris grossiers qu'elles peuvent entraîner. »

Nous reviendrons, dans le dernier livre de cet ouvrage, sur les divers systèmes d'irrigations, dont il est dit quelques mots dans le rapport dont nous venons de donner un extrait. Nous ne devons insister ici que sur les nombreuses applications que présente le drainage, et on voit qu'il est permis de dire qu'il n'y a pas de moyen d'assainissement d'un avantage plus général.

On sait combien les arbres des promenades publiques dans les grandes villes souffrent du peu d'aération du sol dans lequel ils sont plantés. Il est très-difficile particulièrement de faire pousser et d'entretenir les arbres qu'on veut placer sous les trottoirs des grandes rues et des boulevards. Eh bien, un jardinier de Paris, M. Lecoq, a eu l'heureuse idée d'entourer les pieds des arbres d'une ceinture de tuyaux placés à une petite profondeur et communiquant à l'aide d'un tuyau vertical avec l'atmosphère par une seule ouverture qu'on nettoie suffisamment souvent; on peut arroser l'arbre et faire circuler l'air dans le sol où plongent ses racines. Ce procédé est aujourd'hui employé pour les plantations nouvelles faites sur les boulevards et les promenades de Paris.

Enfin, comme dernière application du drainage et pour montrer combien la découverte d'un procédé inventé pour un cas spécial présente d'avantages inattendus quand on sait le généraliser, nous indiquerons ici l'emploi que M. Amédée Durand, membre de la Société centrale d'agriculture et un des plus ingénieux et savants mécaniciens qui honorent la France, a proposé de faire pour hâter le pressurage des vins. M. Amédée Durand s'exprime en ces termes :

« Le drainage n'est pas seulement un procédé qui rend fertiles les terres trop humides et est capable de rendre stériles celles qui sont dans de bonnes conditions d'humidité; il renferme un principe qui me semble devoir trouver ici une excellente application. Ce principe pourrait se formuler ainsi : ouvrir aux liquides en excès le plus court chemin pour être éliminés.

« Si donc on veut, en formant la masse à presser, y introduire de petits tubes permettant au liquide de s'y introduire par beaucoup de points, et, ayant soin de leur ménager une pente de l'intérieur à l'extérieur, on réduira dans une proportion énorme le temps et le travail du pressurage.

« Les matériaux pour fabriquer ce moyen de facile écoulement sont nombreux.

« On a d'abord la tôle de fer, qui, simplement roulée en

tube de 7 à 8 millimètres de diamètre intérieur et sans aucune soudure, offrirait son joint non fermé comme moyen
d'introduction pour le liquide. Des trous percés dans le
reste de la circonférence rendraient l'effet plus complet;
ces tubes auraient un mètre de long, et tous les chaudron-
niers peuvent les fabriquer. Si, par l'inégalité de compression qui doit exister dans une masse qui n'est pas d'une
homogénéité parfaite, ces tubes venaient à se courber sensiblement, on pourrait en réduire la longueur en leur donnant plus de diamètre d'un bout que de l'autre, de manière
qu'ils pussent s'emboîter un peu, comme des tuyaux de
drainage. Il y a d'autres moyens. Ainsi un ouvrier adroit
pourrait, en perforant des branches de sureau de deux ou
trois ans, et en y pratiquant de petits trous, faire, à bon
marché, l'expérience que nous proposons. On atteindra le
même résultat en établissant à différentes hauteurs, dans
la masse à presser, des planchers ainsi composés, et qui
seraient peu dispendieux : de simples planches même de
bois blanc de 3 centimètres d'épaisseur porteraient longitudinalement des rainures de 7 à 8 millimètres de profondeur et d'une largeur égale. Dans la longueur de ces rainures, seraient percés des trous de 4 à 5 millimètres, et
distants de 10 centimètres. Ces planches seraient placées
l'une à côte de l'autre, et recouvertes d'autres planches
plus minces et entièrement lisses, qui, également percées
de trous, compléteraient ainsi les canaux d'écoulement. Il
ne paraît pas que rien soit à expliquer sur la manière dont
les choses se passeront.

« La compression, qui, dans l'état actuel des choses,
doit conduire chaque molécule de liquide prise au centre de la masse jusqu'à son extérieur, suivant un parcours
généralement de plus d'un mètre, n'aura plus à vaincre
que la résistance due à un dixième du même trajet. »

Pl. XIV.

PLAN DES IRRIGATIONS A ENGRAIS LIQUIDE FAITES AVEC LES VIDANGES DE LA VILLE DE RUGBY

sur les prairies de M. Walker

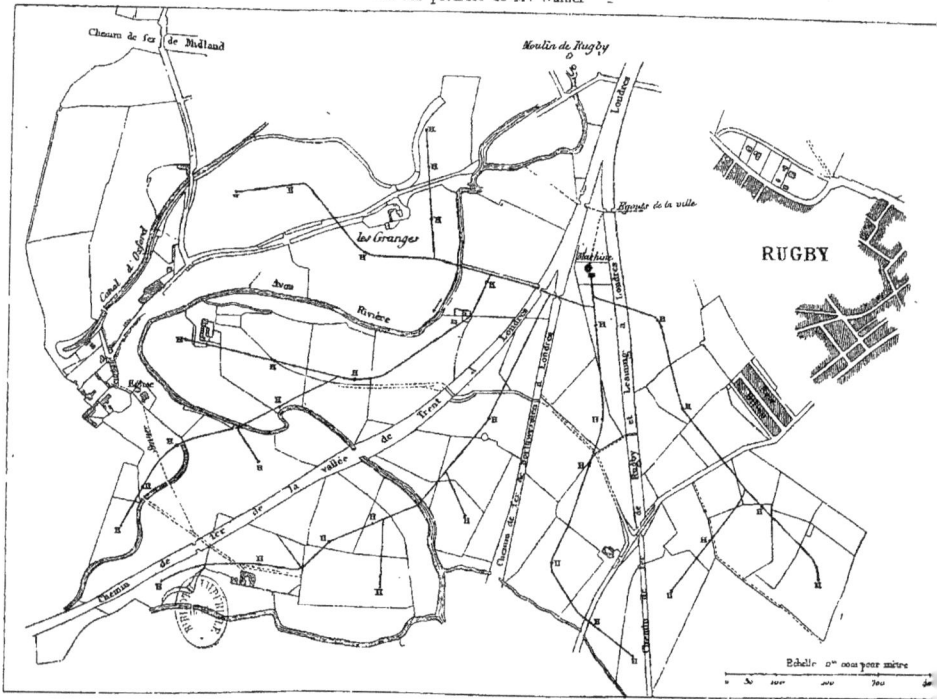

CHAPITRE XVI
Des prêts destinés à faciliter les opérations de drainage.

Nous avons donné dans le livre VII de cet ouvrage (t. III, p. 615) le texte de la loi du 17 juillet 1856, relative à des prêts que ferait l'État jusqu'à concurrence de 100 millions de francs pour faciliter en France les opérations du drainage. Nous avons dit alors que l'exécution de cette loi nous paraissait présenter de sérieuses difficultés qui demanderaient probablement une loi nouvelle. C'est ce qui est arrivé en effet. Nous avons réuni ici le texte de la loi du 28 mai 1858, qui substitue la Société du Crédit foncier à l'État pour les prêts à faire pour travaux de drainage; le décret portant règlement d'administration publique pour l'exécution de cette loi et de celle du 17 juillet 1856 ; le décret portant approbation de la convention passée avec la Société du Crédit foncier et le texte de cette convention; la nomination de la commission supérieure du drainage; une circulaire en date du 2 octobre 1858 de M. le ministre de l'agriculture, du commerce et des travaux publics sur l'application des lois du drainage.

I. — **Loi du 28 mai 1858, qui substitue la Société du Crédit foncier de France à l'État pour les prêts à faire jusqu'à concurrence de cent millions, en vertu de la loi du 17 juillet 1856 sur le drainage.**

Art. 1er. Le Crédit foncier de France est autorisé à faire les prêts prévus par l'article 1er de la loi du 17 juillet 1856, sur le drainage, dans les conditions déterminées par ladite loi

Art. 2. La Société du Crédit foncier de France est subrogée aux droits et privilèges accordés au Trésor public par le troisième paragraphe de l'article 2, et par les articles 5 et 6 de la loi du 17 juillet 1856, sans préjudice de toutes autres voies d'exécution.

Art. 3. Les droits et immunités attribués au Crédit foncier de France par le titre IV du décret du 28 février 1852, modifié, conformément à l'article 1er de la loi du 10 juin 1853, par l'article 47 du même décret, et par les articles 4, 6 et 7 de la loi précitée du 10 juin 1853. son déclarés applicables aux prêts effectués par le Crédit foncier de France en exécution de la loi du 17 juillet 1856 (1).

Les annuités dues par les emprunteurs sont affectées, par privilége au remboursement des obligations du drainage.

Art. 4. Sont approuvés les articles 5 et 6 de la convention passée entre le ministre des finances, le ministre de l'agriculture. du commerce et des travaux publics, agissant au nom de l'Etat, d'une part. et l Société du Crédit foncier de France, représentée par son gouverneur d'autre part; lesdits articles relatifs aux engagements mis à la charge du Trésor par ladite convention.

Art. 5. Un article de la loi de finances fixe, chaque année, la somme des obligations qui pourront être émises. Cette somme, pour 1858 e 1859, ne pourra dépasser dix millions (10,000,000 fr.).

II. — Textes d'articles de loi et décret auxquels renvoie la loi du 28 mai 1858, pour faciliter la propagation du drainage.

Le titre IV de la loi du 28 février 1852, auquel renvoie l'article 3 de la loi ci-dessus du 28 mai 1858, est ainsi conçu

Des priviléges accordés aux Sociétés de Crédit foncier pour la sûreté et le recouvrement du prêt.

CHAPITRE PREMIER. — *De la purge.*

Art. 19. Lorsque l'emprunteur est tuteur d'un mineur ou d'un interdit, il est tenu d'en faire la déclaration dans le contrat de prêt.

Dans ce cas, la signification énoncée à l'article 21 suivant est faite tant au subrogé tuteur qu'au juge de paix du domicile où la tutelle est ouverte.

Dans la quinzaine de cette signification, le juge de paix convoque le conseil de famille en présence du subrogé tuteur. Ce conseil délibère sur la question de savoir si l'inscription doit être prise. En cas d'affirmative, elle est prise dans la huitaine de la délibération.

Après la délibération, le subrogé tuteur est tenu, sous sa responsabilité, de veiller à l'accomplissement des formalités ci-dessus prescrites.

Art. 20. Lorsque la femme mariée est présente au contrat de prêt, elle peut, si elle n'est pas mariée sous le régime dotal, consentir une subrogation à son hypothèque légale, jusqu'à concurrence du montant du prêt.

Si elle ne consent pas cette subrogation, et sous quelque régime que le mariage ait été contracté, le notaire l'avertit que, pour conserver vis-à-vis de la

(1) Les textes des articles du décret et de la loi invoqués dans cet article sont placés comme annexes à la suite de la loi du 28 mai 1858.

Société le rang de son hypothèque légale, elle est tenue de la faire inscrire dans le délai de quinzaine.

L'acte fait mention de cet avertissement sous peine de nullité.

Art. 21. Si la femme n'est pas présente au contrat, un extrait de l'acte constitutif d'hypothèque est signifié à sa personne.

Cet extrait contient, sous peine de nullité, la date, les noms, prénoms, profession et domicile de l'emprunteur, la désignation de la nature ou de la situation de l'immeuble, le montant du prêt et l'avertissement prescrit par l'article précédent.

Art. 22. Dans le cas où l'exploit ne peut être remis à la femme en personne, et toutes les fois qu'il s'agit de purger des hypothèques légales inconnues, la signification est faite tant à la femme qu'au procureur de la République près le tribunal du lieu où l'immeuble est situé.

Art. 23. Un extrait de l'acte constitutif d'hypothèque est inséré, avec mention des significations dont il est parlé à l'article précédent, dans l'un des journaux désignés pour les publications judiciaires.

Quarante jours après cette insertion, et s'il n'est pas survenu d'inscriptions d'hypothèques légales, l'immeuble est affranchi de ces hypothèques vis-à-vis de la Société.

Art. 24. A l'égard des résolutions résolutoires ou rescisoires et des privilèges non inscrits, la purge a lieu de la manière suivante :

Un extrait de l'acte constitutif d'hypothèque, dressé dans la forme indiquée au deuxième paragraphe de l'art. 21, est signifié aux précédents propriétaires, soit au domicile réel, soit au domicile élu ou indiqué par les titres.

Cet extrait est publié suivant le mode indiqué au premier paragraphe de l'art. 23, et la purge s'opère après le délai de quarante jours écoulé sans qu'il soit parvenu d'inscription.

Art. 25. La purge opérée par le défaut d'inscription prise dans les délais ci-dessus déterminés a pour effet de faire acquérir à la Société de Crédit foncier le premier rang d'hypothèque relativement à la femme, au mineur ou à l'interdit.

Elle ne profite point aux tiers, qui demeurent assujettis aux formalités prescrites par les articles 2193, 2194 et 2195 du Code civil.

CHAPITRE II. — *Des droits et moyens d'exécution de la Société contre les entrepreneurs.*

Art. 26. Les juges ne peuvent accorder aucun délai pour le payement des annuités.

Art. 27. Ce payement ne peut être arrêté par aucune opposition.

Art. 28. Les annuités non payées à l'échéance produisent intérêt de plein droit.

Il peut en outre être procédé par la Société au séquestre et à la vente des biens hypothéqués, dans les formes et aux conditions prescrites par les articles suivants :

§ 1. — *Du séquestre.*

Art. 29. En cas de retard du débiteur, la Société peut, en vertu d'une ordonnance rendue sur requête par le président du tribunal civil de première instance, et quinze jours après une mise en demeure, se mettre en possession des immeubles hypothéqués aux frais et risques du débiteur en retard.

Art. 30. Pendant la durée du séquestre, la Société perçoit, nonobstant toute opposition ou saisie, le montant des revenus ou récoltes, et l'applique par privilége à l'acquittement des termes échus d'annuités et des frais.

Ce privilége prend rang immédiatement après ceux qui sont attachés aux frais faits pour la conservation de la chose, aux frais de labours et de semence, et aux frais du Trésor pour le recouvrement de l'impôt.

Art. 51. En cas de contestation sur le compte du séquestre, il est statué par le tribunal comme en matière sommaire.

§ 2. — De l'expropriation et de la vente.

Art. 52. Dans le même cas de non-payement d'une annuité, et toutes les fois que, par suite de la détérioration de l'immeuble ou pour toute autre cause indiquée dans les statuts, le capital intégral est devenu exigible, la vente de l'immeuble peut être poursuivie.

S'il y a contestation il est statué par le tribunal de la situation des biens comme en matière sommaire.

Le jugement n'est pas susceptible d'appel.

Art. 53. Pour parvenir à la vente de l'immeuble hypothéqué, la Société de Crédit foncier fait signifier au débiteur un commandement dans la forme prévue par l'art. 673 du Code de procédure civile. Ce commandement est transcrit au bureau des hypothèques de la situation des biens.

A défaut de payement dans la quinzaine, il est fait, dans les six semaines qui suivent la transcription dudit commandement, six insertions dans l'un des journaux indiqués par l'art. 42 du Code de commerce, et deux appositions d'affiches à quinze jours d'intervalle.

Les affiches sont placées :

Dans l'auditoire du tribunal du lieu où la vente doit être effectuée;

A la porte de la mairie du lieu où les biens sont situés, et sur la propriété lorsqu'il s'agit d'un immeuble bâti.

La première apposition est dénoncée dans la huitaine au débiteur et aux créanciers inscrits, au domicile par eux élu dans l'inscription, avec sommation de prendre communication du cahier des charges.

Quinze jours après l'accomplissement de ces formalités, il est procédé à la vente aux enchères, en présence du débiteur, ou lui dûment appelé, devant le tribunal de la situation des biens ou de la plus grande partie des biens.

Néanmoins le tribunal, sur requête présentée par la Société avant la première insertion, peut ordonner que la vente aura lieu, soit devant un autre tribunal, soit en l'étude d'un notaire du canton ou de l'arrondissement dans lequel les biens sont situés. Ce jugement n'est pas susceptible d'appel. Il ne peut y être formé d'opposition que dans les trois jours de la signification qui doit en être faite au débiteur, en y ajoutant les délais de distance.

Art. 54. A compter du jour de la transcription du commandement, le débiteur ne peut aliéner au préjudice de la Société les immeubles hypothéqués ni les grever d'aucun droit réel.

Art. 55. Le commandement, les exemplaires du journal contenant les insertions, les procès-verbaux d'apposition d'affiches, la sommation de prendre communication du cahier des charges et d'assister à la vente, sont annexés au procès-verbal d'adjudication.

Art. 56. Les dires et observations doivent être consignés sur le cahier des charges huit jours au moins avant celui de la vente. Ils contiennent constitution d'un avoué, chez lequel domicile est élu de droit, le tout à peine de nullité.

Le tribunal est saisi de la contestation par acte d'avoué à avoué. Il statue sommairement et en dernier ressort, sans qu'il puisse en résulter aucun retard de l'adjudication.

Art. 37. Si, lors de la transcription du commandement, il existe une saisie antérieure, pratiquée à la requête d'un autre créancier, la Société de Crédit foncier peut, jusqu'au dépôt du cahier d'enchères et après un simple acte signifié à l'avoué poursuivant, faire procéder à la vente d'après le mode indiqué dans les articles précédents.

Si la transcription du commandement n'est requise par la Société qu'après le dépôt du cahier d'enchères, celle-ci n'a plus que le droit de se faire subroger dans les poursuites du créancier saisissant, conformément à l'art. 722 du Code de procédure civile.

Il n'est accordé, si la Société s'y oppose, aucune remise d'adjudication.

En cas de négligence de la part de la Société, le créancier saisissant a le droit de reprendre ses poursuites.

Art. 38. Dans la huitaine de la vente, l'acquéreur est tenu d'acquitter, à titre de provision, dans la caisse de la Société, le montant des annuités dues.

Après les délais de surenchère, le surplus du prix doit être versé à ladite caisse jusqu'à concurrence de ce qui lui est dû, nonobstant toutes oppositions, contestations et inscriptions des créanciers de l'emprunteur, sauf néanmoins leur action en répétition, si la Société avait été indûment payée à leur préjudice.

Art. 39. Si la vente s'opère par lots, ou qu'il y ait plusieurs acquéreurs non cointéressés, chacun d'eux n'est tenu même hypothécairement, vis-à-vis de la Société, que jusqu'à concurrence de son prix.

Art. 40. La surenchère a lieu conformément aux articles 708 et suivants du Code de procédure civile.

Dans le cas de vente devant notaire, elle doit être faite au greffe du tribunal dans l'arrondissement duquel l'adjudication a été prononcée.

Art. 41. Lorsqu'il y a lieu à folle enchère, il y est procédé suivant le mode indiqué par les articles 33, 34, 35, 36 et 37 du présent décret.

Art. 42. Tous les droits énumérés dans le présent chapitre peuvent être exercés contre les tiers détenteurs après dénonciation du commandement fait au débiteur.

Les poursuites commencées contre le débiteur sont valablement continuées contre lui jusqu'à ce que les tiers auxquels il aurait aliéné les immeubles hypothéqués se soient fait connaître à la Société. Dans ce cas, les poursuites sont continuées contre les tiers détenteurs sur les derniers errements quinze jours après la mise en demeure.

L'art. 1er de la loi du 10 juin 1853, auquel renvoie l'art. 5 de la loi du 28 mai 1858, pour régler les droits et immunités attribués au Crédit foncier, est conçu dans les termes suivants, qui modifient plusieurs dispositions fixées par le décret du 28 février 1852 :

Art. 1er. Le chapitre 1er du titre IV du décret du 28 février 1852 est modifié ainsi qu'il suit :

CHAPITRE 1er. — *De la purge.*

Art. 19. Pour purger les hypothèques légales connues, la signification d'un extrait de l'acte constitutif d'hypothèque au profit de la Société de Crédit foncier doit être faite :

A la femme et au mari ;

Au tuteur et au subrogé tuteur du mineur ou de l'interdit ;

Au mineur émancipé et à son curateur ;

A tous les créanciers non inscrits ayant hypothèque légale.

Art. 20. L'extrait de l'acte constitutif d'hypothèque contient, sous peine de nullité, la date du contrat, les nom, prénoms, profession et domicile de l'emprunteur, la désignation de la situation de l'immeuble, ainsi que la mention du montant du prêt.

Il contient, en outre, l'avertissement que, pour conserver vis-à-vis de la Société de Crédit foncier le rang de l'hypothèque légale, il est nécessaire de la faire inscrire dans les quinze jours, à partir de la signification, outre les délais de distance.

Art. 21. La signification doit être remise à la personne de la femme, si l'emprunteur est son mari.

Néanmoins la signification peut être faite au domicile de la femme. si celle-ci, sous quelque régime que le mariage ait été contracté, a été présente au contrat de prêt, et si elle a reçu du notaire l'avertissement que, pour conserver vis-à-vis de la Société de Crédit foncier le rang de son hypothèque légale, elle est tenue de la faire inscrire dans les quinze jours à dater de la signification, outre les délais de distance.

L'acte de prêt doit faire mention de cet avertissement, sous peine de nullité de la purge à l'égard de la femme.

Art. 22. Si la femme n'a pas été présente au contrat ou n'a pas reçu l'avertissement du notaire, et si la signification n'a été faite qu'à domicile, les formalités nécessaires pour la purge des hypothèques légales inconnues doivent, en outre, être remplies.

Art. 23. Si l'emprunteur est, au moment de l'emprunt, tuteur d'un mineur ou d'un interdit, la signification est faite au subrogé tuteur et au juge de paix du lieu dans lequel la tutelle s'est ouverte.

Dans la quinzaine de cette signification, le juge de paix convoque le conseil de famille en présence du subrogé tuteur.

Ce conseil délibère sur la question de savoir si l'inscription doit être prise. Si la délibération est affirmative, l'hypothèque est inscrite par le subrogé tuteur, sous sa responsabilité, par les parents ou amis du mineur, ou par le juge de paix, dans le délai de quinzaine de la délibération.

Art. 24. Pour purger les hypothèques légales inconnues, l'extrait de l'acte constitutif d'hypothèque doit être notifié au procureur impérial près le tribunal de l'arrondissement du domicile de l'emprunteur, et au procureur impérial près le tribunal de l'arrondissement dans lequel l'immeuble est situé.

Cet extrait doit être inséré, avec la mention des significations faites, dans l'un des journaux désignés pour la publication des annonces judiciaires de l'arrondissement dans lequel l'immeuble est situé.

L'inscription doit être prise dans les quarante jours de cette insertion.

Art. 25. La purge est opérée par le défaut d'inscription dans les délais fixés par les articles précédents.

Elle confère à la Société de Crédit foncier la priorité sur les hypothèques légales.

Cette purge ne profite pas aux tiers, qui demeurent assujettis aux formalités prescrites par les art. 2193, 2194 et 2195 du Code Napoléon.

Pour compléter les annexes de la loi du 28 mai 1858, il faut encore ajouter les textes suivants :

Art. 47 du décret du 28 février 1852 : « Les inscriptions hypothécaires prises au profit des Sociétés de Crédit foncier sont dispensées, pendant toute la durée du prêt, du renouvellement décimal prescrit par l'art. 2154 du Code civil. »

Art. 2154 du Code civil : « Les inscriptions conservent l'hypothèque et le privilège pendant dix ans, à compter du jour de leur date, leur effet cesse si ces inscriptions n'ont été renouvelées avant l'expiration de ce délai. »

Articles de la loi du 10 juin 1853 :

Art. 4. L'hypothèque consentie au profit d'une Société de Crédit foncier par le contrat conditionnel de prêt prend rang du jour de l'inscription, quoique les valeurs soient remises postérieurement.

Art. 6. Le nombre des insertions exigées par l'art. 53 du décret du 28 février 1852 est réduit à trois.

L'intervalle de temps entre chaque insertion doit être au moins de dix jours.

Art. 7. Les dispositions de l'art. 58 du même décret sont applicables à tout acquéreur, soit sur aliénation volontaire, soit sur saisie immobilière.

III. — Décret portant règlement d'administration publique pour l'exécution des lois des 17 juillet 1856 et 28 mai 1858, en ce qui touche les prêts destinés à faciliter les opérations de drainage.

NAPOLÉON,

Par la grâce de Dieu et la volonté nationale, Empereur des Français,

A tous présents et à venir, salut:

Sur le rapport de notre ministre secrétaire d'Etat au département de l'agriculture, du commerce et des travaux publics;

Vu la loi du 18 juillet 1856, relative au drainage, et notamment l'article 10, ainsi conçu :

« Un règlement d'administration publique détermine les conditions et les formes des prêts faits par le Trésor public, les mesures propres à assurer l'emploi des fonds provenant de ces prêts à l'exécution de travaux de drainage, les formes de la surveillance de l'administration sur l'exécution et l'entretien des travaux de drainage effectués avec les prêts faits par le Trésor public, et, en général, toutes les mesures nécessaires à l'exécution de la présente loi; »

Vu la loi du 28 mai 1858, ayant pour objet de substituer la Société du Crédit foncier de France à l'Etat, pour les prêts à faire jusqu'à concur-

rence de cent millions, en vertu de la loi du 17 juillet 1856, sur le drainage ;

Vu la convention définitive passée le 28 avril 1858, entre nos ministres
secrétaires d'Etat au département des finances et au département de
l'agriculture, du commerce et des travaux publics, d'une part; et le
gouverneur du Crédit foncier de France, à ce autorisé par l'article 5 des
résolutions prises le 28 avril 1858 par l'assemblée générale des actionnaires de ladite Société, d'autre part ;

Notre conseil d'Etat entendu,

Avons décrété et décrétons ce qui suit:

TITRE Iᵉʳ. — FORME ET INSTRUCTION DES DEMANDES DE PRÊTS.

Article 1ᵉʳ. Tout propriétaire qui veut obtenir un prêt par application
des lois des 17 juillet 1856 et 28 mai 1858, adresse sa demande au ministre de l'agriculture, du commerce et des travaux publics.

Cette demande énonce :

1° La somme qu'il veut emprunter, et, s'il y a lieu, celle pour laquelle
il entend concourir à la dépense ;

2° Les noms et prénoms des fermiers ou colons partiaires.

Il y est joint un extrait de la matrice et du plan cadastral, avec indication de la situation et de l'étendue des terrains à drainer.

Art. 2. Les demandes de prêt, avec les pièces à l'appui, sont soumises à une commission formée près du ministère de l'agriculture, du
commerce et des travaux publics, sous le titre de *Commission supérieure
du drainage.*

Les membres de cette commission sont nommés par le ministre.

Art. 3. Après délibération de la commission, la demande de prêt est
renvoyée, s'il y a lieu, à l'ingénieur chargé du service hydraulique dans
le département de la situation des biens.

Dans la quinzaine qui suit l'envoi, l'ingénieur visite les terrains à
drainer, procède aux opérations et vérifications nécessaires pour apprécier
l'utilité de l'entreprise projetée, et donne son avis sur l'admissibilité de
la demande de prêt.

Son rapport est adressé au préfet, qui le transmet, dans les dix jours,
avec ses propositions, au ministre de l'agriculture, du commerce et des
travaux publics.

Art. 4. Le ministre adresse, s'il y a lieu, les pièces à la Société du
Crédit foncier de France, afin qu'elle vérifie les titres de propriété et la
situation hypothécaire du demandeur.

Si la Société juge que les garanties offertes par le demandeur sont
suffisantes, le ministre statue, après avis de la commission supérieure.

L'arrêté du ministre qui autorise le prêt en détermine les conditions générales, et notamment les délais dans lesquels les travaux devront être commencés et achevés.

Art. 5. Si la demande de prêt est formée par un syndicat, cette demande doit contenir, outre les indications prescrites par l'article 1ᵉʳ du présent règlement, la délibération des intéressés qui donne au syndicat pouvoir de contracter un emprunt soumis aux dispositions des lois des 17 juillet 1856 et 28 mai 1858.

Cette demande est inscrite comme il est dit aux articles 2, 3 et 4.

TITRE II. — CONDITIONS DES PRÊTS ET SURVEILLANCE DE L'ADMINISTRATION SUR L'EXÉCUTION ET L'ENTRETIEN DES TRAVAUX.

Art. 6. Les fonds prêtés ne peuvent être employés qu'aux travaux de drainage; le Crédit foncier doit s'assurer qu'ils reçoivent leur destination.

Art. 7. Les travaux sont exécutés par l'emprunteur, sous la surveillance de l'administration.

Le montant du prêt est remis à l'emprunteur par à-compte successifs, aux époques fixées et proportionnellement au degré d'avancement des travaux, constaté par l'ingénieur chargé de la surveillance, de manière que le solde ne soit versé qu'après leur exécution complète.

Art. 8. L'ingénieur doit refuser le certificat nécessaire à l'emprunteur pour toucher tout ou partie du prêt, si les travaux sont mal exécutés.

En cas de réclamation contre le refus de l'ingénieur, il est statué par le préfet, qui suspend provisoirement, s'il y a lieu, le payement des termes de l'emprunt.

Si les travaux sont interrompus sans que l'emprunteur ait remboursé, le préfet peut autoriser la Société du Crédit foncier à faire exécuter, en son lieu et place, les travaux nécessaires pour rendre productive la dépense déjà faite jusqu'à concurrence des sommes à verser pour compléter le prêt.

Le tout sans préjudice des actions à intenter par la Société du Crédit foncier devant les tribunaux civils, à raison de l'inexécution du contrat.

Art. 9. L'entretien des travaux du drainage reste soumis au contrôle du Crédit foncier, jusqu'à l'entière libération de l'emprunteur.

TITRE III. — DISPOSITIONS GÉNÉRALES.

Art. 10. Le département de l'agriculture, du commerce et des travaux publics supporte les frais de l'instruction administrative des demandes de prêts et de surveillance des travaux.

Les frais de l'expertise mentionnée dans l'article 6 de la loi du 17 juillet 1856, ceux de l'acte de prêt, de l'inscription du privilége et de l'hypothèque supplémentaire, dans le cas où elle a été requise, enfin le coût des mainlevées et de la quittance, sont seuls à la charge de l'emprunteur

Le montant en est recouvré par le Crédit foncier dans le cas où il en aurait fait l'avance.

Art. 11. Nos ministres secrétaires d'Etat aux départements de l'agriculture, du commerce, des travaux publics et des finances, sont chargés, chacun en ce qui le concerne, de l'exécution du présent décret.

Fait à Biarritz, le 25 septembre 1858.

NAPOLÉON.

Par l'Empereur :

Le ministre secrétaire d'Etat au département de l'agriculture, du commerce et des travaux publics,

E. ROUHER.

IV. — Décret portant approbation de la convention passée le 27 avril 1858 avec la Société du Crédit foncier de France, pour les prêts à faire en faveur du drainage.

NAPOLÉON,

Par la grâce de Dieu et la volonté nationale, Empereur des Français,

A tous présents et à venir, salut :

Sur le rapport de notre ministre secrétaire d'Etat au département de l'agriculture, du commerce et des travaux publics;

Vu la loi du 17 juillet 1856 sur le drainage, et spécialement l'article 1er, qui dispose qu'une somme de cent millions de francs est affectée à des prêts destinés à faciliter les opérations du drainage ;

Vu la délibération de l'assemblée générale des actionnaires de la Société du Crédit foncier de France, en date du 28 avril 1858 ;

Vu la convention passée, le 28 avril 1858, entre nos ministres des finances et de l'agriculture, du commerce et des travaux publics, d'une part, et la Société du Crédit foncier de France. représentée par M. Louis Frémy, conseiller d'Etat en service extraordinaire, gouverneur de ladite Société, d'autre part ;

Vu la loi du 28 mai 1858, qui approuve les articles 5 et 6 de ladite convention, et autorise le Crédit foncier de France à faire des prêts prévus par la loi ci-dessus visée du 17 juillet 1856 dans les conditions déterminées par cette loi ;

Notre conseil d'État entendu,

Avons décrété et décrétons ce qui suit :

Art. 1er. Est et demeure approuvée la convention passée, le 28 avril 1858, entre nos ministres secrétaires d'Etat aux départements des finances et de l'agriculture, du commerce et des travaux publics, d'une part, et la Société du Crédit foncier de France, représentée par M. Louis Frémy, conseiller d'Etat en service extraordinaire, d'autre part, et dont l'objet est de charger ladite Société des prêts à faire pour le drainage.

Ladite convention restera annexée au présent décret.

Art. 2. Nos ministres des finances et de l'agriculture, du commerce et des travaux publics, sont chargés, chacun en ce qui le concerne, de l'exécution du présent décret.

Fait à Biarritz, le 28 septembre 1858.

NAPOLÉON.

Par l'Empereur :

Le ministre secrétaire d'Etat au département de l'agriculture, du commerce et des travaux publics,

E. ROUHER.

V. — Convention entre LL. EExc. les ministres des finances, de l'agriculture, du commerce et des travaux publics, et la Société du Crédit foncier de France.

L'an mil huit cent cinquante-huit, le vingt-huit avril,

Entre le ministre des finances et le ministre de l'agriculture, du commerce et des travaux publics.

D'une part ;

Et la Société du Crédit foncier de France, représentée par M. Louis Frémy, conseiller d'Etat en service extraordinaire, gouverneur de ladite Société,

D'autre part,

Il a été convenu ce qui suit :

Article 1er. Le Crédit foncier de France est chargé des prêts à faire en vertu de l'article 1er de la loi du 17 juillet 1856, sur le drainage.

Ces prêts auront lieu dans les conditions déterminées par ladite loi.

Art. 2. Pour la garantie des prêts et le recouvrement des annuités, le Crédit foncier de France sera subrogé, par la loi qui interviendra à l'effet de ratifier la présente convention, aux droits et priviléges accordés au Trésor public par le troisième paragraphe de l'article 2, et par les articles 5 et 6 de la loi sur le drainage, sans préjudice de toutes autres voies d'exécution.

Le Crédit foncier de France jouira, en outre, en vertu d'une disposition législative, des droits et immunités qui lui sont attribués par le titre IV du décret du 28 février 1852, modifié conformément à l'article 1er de la loi du 10 juin 1853, par l'article 47 du même décret, et par les articles 4, 6 et 7 de la loi précitée du 10 juin 1853.

Art. 3. Le ministre de l'agriculture, du commerce et des travaux publics transmet à la Société du Crédit foncier les demandes de prêts.

Si le Crédit foncier juge que les garanties offertes par les demandeurs sont suffisantes, le ministre autorise le prêt. Ce prêt est fait sous la responsabilité et aux risques et périls du Crédit foncier

Art. 4. Indépendamment du privilége résultant de la loi du 17 juillet 1856, le Crédit foncier peut exiger que l'emprunteur lui confère une hypothèque, s'il reconnaît la nécessité de ce supplément de garantie.

Art. 5 Le Crédit foncier de France est autorisé à contracter, avec la garantie du Trésor, des emprunts successifs sous forme d'obligations, dites *obligations de drainage*, qui pourront être émises même au-dessous du pair, et qui seront remboursables au pair.

Ces émissions auront lieu jusqu'à concurrence de la somme nécessaire pour produire un capital de 100 millions. Ce capital sera exclusivement consacré aux prêts destinés à favoriser les opérations de drainage, en vertu de l'article 1er de la loi du 17 juillet 1856.

L'émission des obligations ne pourra être faite qu'en vertu d'une autorisation des ministres de l'agriculture, du commerce et des travaux publics, et des finances, qui détermineront, chaque année, l'importance et l'époque de l'émission, le taux et les autres conditions des négociations.

Les obligations ainsi émises devront être remboursées dans un délai de vingt-cinq ans au plus tard, à partir de la création des titres.

Chaque année, le nombre des obligations à rembourser sera déterminée par le ministre des finances, qui pourra, s'il le juge convenable, accélérer la marche régulière de l'amortissement en raison des remboursements effectués par les emprunteurs.

Art. 6. Il sera payé par le Trésor, au Crédit foncier de France, une commission de 45 centimes par cent francs et par année, sur le capital de chaque somme prêtée, pour le couvrir tant des risques mis à sa charge que des frais généraux relatifs au service qui lui est confié.

Cette commission sera réduite à 35 centimes dans le cas prévu par l'article 4, où le Crédit foncier aurait exigé une hypothèque.

Si les obligations de drainage ne pouvaient être négociées au pair qu'à un taux d'intérêt supérieur à celui de quatre pour cent payé par les emprunteurs, ou si elles ne pouvaient être négociées qu'au-dessous du pair, l'excédant de dépense qui résulterait, soit de la différence d'intérêt, soit du montant de la prime, sera supporté par le Trésor, déduction faite des bénéfices que le Crédit foncier aurait pu retirer des négociations d'obligations au-dessus du pair.

Cet excédant de dépenses sera constaté par le compte des obligations émises et des prêts réalisés, tenu par le Crédit foncier de France.

Ce compte sera réglé tous les six mois.

Les fonds provenant soit de la négociation des obligations, soit du payement des annuités et intérêts dus pour cause de retard, soit enfin des remboursements anticipés, seront déposés, en compte courant, au Trésor.

Il ne sera payé pour ce dépôt d'autre intérêt au Crédit foncier que celui qu'il payera lui-même aux porteurs de ses obligations depuis le jour du versement au Trésor, des fonds provenant de leur négociation, jusqu'au jour de leur emploi en prêts de drainage.

Art. 7. La présente convention sera soumise à l'assemblée générale des actionnaires du Crédit foncier de France.

Elle ne sera définitive qu'après avoir été approuvée par un décret de l'Empereur, et par une loi en ce qui concerne les engagements du Trésor.

VI. — Nomination de la commission supérieure du drainage.

Par arrêté, en date du 2 octobre 1858, de M. le ministre de l'agriculture, du commerce et des travaux publics, la commission supérieure du drainage, créée par l'article 2 du règlement d'administration publique du 25 septembre précédent, a été composée ainsi qu'il suit :

S. Exc. le ministre, président ;

MM. Avril, inspecteur général de 1re classe des ponts et chaussées, vice président ;

de Boureuille, conseiller d'Etat, secrétaire général du ministère ;

de Franqueville, conseiller d'Etat, directeur général des ponts et chaussées et des chemins de fer ;

de Monny de Mornay, directeur de l'agriculture ;

Boitel, inspecteur général de l'agriculture ;

de Fonteniliiat, inspecteur général du drainage, rapporteur ;

de Pistoye, chef du bureau du service hydraulique ;

Hervé-Mangon, ingénieur ordinaire de 1re classe des ponts et chaussées, secrétaire.

VII. — Circulaire sur l'application des lois du drainage.

M. le ministre de l'agriculture, du commerce et des travaux publics, en transmettant à MM. les préfets les décrets et la convention ci-dessus, relatifs aux prêts pour le drainage, a accompagné ces documents de la circulaire suivante :

« Paris, le 2 octobre 1858.

« Monsieur le préfet, j'ai l'honneur de vous adresser le règlement d'administration publique daté du 25 septembre dernier, et ayant pour objet d'assurer l'exécution du prêt de cent millions (100,000,000 fr.), autorisé par la loi du 17 juillet 1856, en vue de faciliter les opérations de drainage.

« Le Gouvernement, ne pouvant trouver dans les ressources ordinaires du budget les capitaux dont il aurait besoin pour réaliser ces prêts, et voulant d'ailleurs éviter de recourir à l'emprunt, a cru devoir se substituer la Société du Crédit foncier de France. pour l'application de la loi de 1856, tout en se réservant le rôle de tutelle et de protection que cette loi lui assigne. Le traité passé à cet effet avec la Société du Crédit foncier a été sanctionné, au point de vue financier, par la loi du 28 mai dernier, et d'une manière générale par le décret du 28 septembre 1858. (Ci-joint cette convention (1), ainsi que les deux lois des 17 juillet 1856 (2) et 28 mai 1858 (3), et le décret du 28 septembre dernier (4).)

« Le décret du 25 septembre a pour objet d'assurer l'exécution des lois précitées de 1856 et de 1858. Il règle la forme et l'instruction des demandes de prêts, les conditions de ces prêts et la surveillance à exercer sur l'exécution et l'entretien des travaux.

« Aux termes de l'article 1er, les demandes de prêts doivent être adressées directement au ministère. Cette mesure est indispensable pour que je puisse, avec le concours de la commission supérieure du drainage, répartir entre les divers départements les fonds dont le Crédit foncier pourra disposer, dans la mesure du maximum arrêté chaque année par le pouvoir législatif. Ce maximum est porté à dix millions (10,000,000 de francs) pour les exercices 1858 et 1859. (Article 5 de la loi du 28 mai 1858.)

« Le même article du décret indique les justifications qui doivent être fournies à l'appui des demandes.

« Vous remarquerez, monsieur le préfet, que cet article n'exige pas de production d'un projet de drainage.

« La rédaction préalable d'un projet de ce genre présente, en effet, de graves difficultés pour les propriétaires, et il leur suffit le plus souvent, avant de présenter leur demande, de s'assurer, soit personnellement, soit avec les conseils de personnes expérimentées, que leurs terrains peuvent être utilement drainés.

« Néanmoins, dans le cas où ils croiraient nécessaire de faire une étude plus complète des moyens d'améliorer leurs terrains, je vous rappellerai, monsieur le préfet, qu'une décision impériale du 30 août 1854 (5),

(1) Voir, plus haut. p. 201.
(2) Voir t. III, p. 615.
(3) Voir, plus haut, p. 191.
(4) Voir p. 200.
(5) Voir à la suite de cette circulaire (n° VIII), p. 211.

insérée au *Moniteur*, donne aux propriétaires la facilité de s'adresser par votre intermédiaire aux agents de l'administration des travaux publics, pour faire procéder gratuitement, par leurs soins, à l'étude des projets de drainage qu'ils veulent exécuter.

« Je ne puis que m'en référer sur ce point à ma circulaire du 27 février 1857 (1), dont les dispositions continuent à être en vigueur.

« L'article 1er dispose en outre que la demande doit énoncer la somme que le propriétaire veut emprunter, et, s'il y a lieu, celle pour laquelle il entend concourir à la dépense.

« L'intervention des propriétaires dans la dépense des travaux de drainage est sans doute purement volontaire de leur part ; cependant le Gouvernement désire que les prêts effectués avec le concours du Trésor public provoquent le plus grand nombre possible d'opérations de drainage. Aussi, sans perdre de vue qu'il s'agit de propager cet utile procédé et de le faire pénétrer dans les contrées où ses bons effets sont encore peu connus, l'administration est disposée à prendre en considération, dans la répartition des fonds disponibles, les efforts personnels des propriétaires qui concourront aux travaux par leurs propres ressources.

« L'article 12 de la loi du 15 brumaire an VII exige que toutes les pétitions adressées aux ministres soient rédigées sur papier timbré. Cette disposition n'a pas été modifiée en ce qui touche les demandes de prêts relatifs au drainage.

« Toutefois l'obligation du timbre ne me paraît pas devoir être étendue aux extraits de la matrice du plan cadastral qui doivent être joints à ces demandes.

« Vous voudrez bien, monsieur le préfet, si des demandes vous ont déjà été présentées, me les transmettre, après les avoir fait régulariser, d'après les instructions qui précèdent.

« Les demandes de prêts adressées au ministre seront examinées par la commission supérieure du drainage. Celles qui, à la suite de cet examen, me paraîtront devoir être prises en considération, seront envoyées directement à l'ingénieur en chef chargé du service hydraulique dans votre département. En prescrivant cet envoi direct, l'administration a eu en vue d'abréger autant que possible l'instruction des affaires; mais c'est par votre intermédiaire, monsieur le préfet, et avec votre avis, que les rapports de MM. les ingénieurs devront m'être adressés.

« Un délai de quinzaine est fixé à l'ingénieur, à l'effet de visiter les lieux et de procéder aux opérations et vérifications nécessaires pour apprécier l'utilité de l'entreprise. Comme il importe que toutes les opérations préliminaires soient rapides, je désire que MM. les ingénieurs n'ex-

(1) Voir à la suite de cette circulaire (n° IX), p. 212.

cèdent pas ce délai. Un registre d'ordre spécial aux affaires de drainage
devra être tenu par l'ingénieur chargé du service hydraulique, et la
date d'arrivée de chaque demande y sera inscrite ainsi que celle de la
sortie.

« Je vous prierai de vouloir bien, de votre côté, monsieur le préfet,
vous conformer aux dispositions du dernier paragraphe de l'article 3,
en m'adressant vos propositions dans le délai de dix jours.

« L'application de l'article 4 rentre dans la mission du Crédit foncier,
et je n'ai pas à vous en entretenir.

« Les observations relatives à l'article 1er du règlement sont applicables aux demandes formées par des syndicats de drainage. Mais il était
nécessaire, dans ce cas, d'exiger l'accomplissement d'une formalité spéciale. En effet, ces demandes tendent à engager hypothécairement et par
privilége les immeubles compris dans l'association syndicale. Il est, dès
lors, indispensable que chacun des intéressés, membres des associations,
ait, par une délibération régulière, donné pouvoir aux syndics de contracter un emprunt soumis aux dispositions des lois des 17 juillet 1856 et 28
mai 1858.

« Je dois, au surplus, vous faire remarquer, monsieur le préfet, que, par
cela même que les associations de drainage sont, aux termes de l'article
3 de la loi du 10 juin 1854 (1), assimilées aux associations de curage, les
délibérations prises par ces associations ne sont exécutoires qu'autant
qu'elles ont été homologuées par vous.

« L'article 5 de la convention passée avec le Crédit foncier stipule for-
mellement que le prêt de 100 millions que cette société s'oblige à effectuer au lieu et place de l'État, sera exclusivement consacré à faciliter les
opérations de drainage : de là l'obligation, pour la Société du Crédit foncier, de s'assurer que les fonds prêtés reçoivent réellement leur destination.

« De son côté, le Gouvernement, qui s'impose un sacrifice en vue d'un
intérêt public, ne peut se départir d'une rigoureuse surveillance. Aussi
le règlement exige que les fonds ne soient remis aux emprunteurs que
par à-compte successifs, proportionnellement à l'avancement des travaux
constaté par l'ingénieur chargé de la surveillance, et que le solde ne soit
versé qu'après l'exécution complète des ouvrages.

« Pour satisfaire à cette disposition, l'ingénieur chargé du service
hydraulique constatera l'avancement des travaux, délivrera des certificats
dans la forme voulue pour les payements d'à-compte aux entrepreneurs
des travaux.

« Si les travaux sont mal exécutés, l'ingénieur doit refuser le certificat nécessaire à l'emprunteur pour toucher tout ou partie du prêt;

(1) Voir t. III, p. 615.

cette disposition est grave. et il importe qu'elle soit appliquée avec une grande réserve. Le propriétaire doit rester le maître des moyens d'exécution à employer pour réaliser le drainage qu'il a projeté. Il ne suffirait pas que ces moyens parussent mal combinés ou défectueux. pour que le certificat de payement dût être refusé. Il faut qu'il soit bien démontré que les travaux sont conduits de manière à compromettre le résultat définitif de l'opération.

« La surveillance des travaux sera nécessairement déléguée en partie aux conducteurs et agents placés sous les ordres de l'ingénieur chargé du service hydraulique: néanmoins celui-ci ne doit refuser un certificat d'à-compte qu'après une vérification directe et personnelle des travaux.

« Le deuxième paragraphe de l'article 8 vous rend juge. monsieur le préfet, des réclamations qui s'élèveraient contre le refus des ingénieurs. De plus, si les travaux sont interrompus, vous pouvez en autoriser la continuation, par les soins de la Société du Crédit foncier. afin de rendre productives les dépenses déjà faites.

« Dans l'un et l'autre cas, les intérêts des propriétaires sont gravement engagés; aussi je vous recommande. monsieur le préfet. de recueillir. avant de statuer. tous les renseignements propres à éclairer votre opinion. et notamment de prendre l'avis du chef de service, qui procédera, s'il y a lieu, à toutes les vérifications nécessaires.

« La surveillance de l'entretien des travaux de drainage est uniquement confiée à la Société du Crédit foncier jusqu'au remboursement du prêt, et l'administration n'a pas à y intervenir.

« L'article 10 n'exige aucune explication spéciale. Toutefois je ne puis m'empêcher de vous faire remarquer, monsieur le préfet. l'esprit dans lequel il est conçu Cet article complète. en faveur de l'agriculture. la décision impériale du 30 août 1854 1); il décide, en effet. que le Trésor supporte les frais tant de l'instruction administrative des demandes de prêts que de la surveillance prescrite par l'article 7 ci-dessus rappelé.

« Les seuls frais qui restent à la charge des emprunteurs sont ceux du contrat de prêt. ainsi que ceux qui ont un caractère judiciaire ou contentieux, et dans lesquels l'État ne pourrait intervenir

« Par l'ensemble de ces dispositions. Sa Majesté a voulu donner une nouvelle preuve de l'intérêt qu'elle attache à toutes les mesures qui tendent à développer les progrès de l'agriculture et le bien-être des populations.

« Ce n'est plus seulement, en effet, sur l'expérience des pays voisins, c'est aussi sur les résultats obtenus et constatés dans la plupart des départements de l'Empire qu'on peut apprécier aujourd'hui les heureux effets du drainage. Dans un rapport récemment publié au *Moniteur* sur les utiles résultats des concours régionaux, j'ai constaté que la plupart des

(1) Voir, plus haut, p 211.

agriculteurs auxquels le jury a décerné la prime d'honneur doivent leur succès à d'intelligents travaux de drainage (1). Dans quarante-quatre dé-

(1) Voici les termes dans lesquels ce rapport de M. le ministre de l'agriculture s'exprime en rendant compte à l'Empereur des sept primes d'honneur décernées en 1857 et des dix accordées en 1858 dans les concours régionaux.

« Le jury, dans le département de l'Eure, a décerné la prime à M. de Beausse, qui, sur un domaine de 145 hectares. avec un faible capital, est parvenu à organiser des herbages permanents, à marner ses terres à raison de 40 mètres cubes par hectare, à substituer les labours profonds et en planches aux labours superficiels et en billons, à établir des chemins, à accroître ses engrais, et enfin à adopter un assolement alterne, où il donnait place à la culture des racines.

« Le lauréat du département de l'Indre. M. Juqueau fils. doit le succès qui a couronné ses efforts à une heureuse alliance de la théorie et de la pratique. Sur le domaine de la Bretonnière. l'assolement est parfaitement approprié au sol et au climat, les plantes épuisantes et les plantes fourragères se combinent dans une proportion qui assure l'accroissement de la fécondité; les bestiaux entretenus sur l'exploitation présentent un chiffre assez élevé par rapport à l'étendue en culture, et enfin les soins particuliers dont les bêtes à laine sont l'objet ont été récompensés par la création d'un troupeau d'élevage amélioré chez lequel la production de la viande n'altère en rien le mérite de la toison.

« M. Ziélinski, directeur de la ferme-école de la Corée, dans le département de la Loire, a triomphé par le drainage des difficultés que présentait la mise en culture de terres siliceuses et silico-argileuses à sous-sol imperméable. Sur son domaine assaini, il a installé l'assolement alterne avec céréales. racines, trèfle et fourrages annuels, et accru ses ressources en engrais par l'entretien d'un nombreux bétail.

« Dans la Lozère, M. Desmolles, sur son domaine des Barres, a développé la culture des fourrages, augmenté par ce moyen ses ressources en engrais. porté à 18 hectolitres le rendement moyen du froment, amélioré son bétail et triplé en quinze ans le revenu net de la ferme qu'il exploite.

« Dans la Meuse, M. Jacques exploite comme fermier le domaine de l'Epina, composé de 138 hectares de terres argileuses à sous-sol imperméable. La moitié de la ferme, déjà drainée, met en relief les résultats lucratifs de cette importante amélioration. Une partie des prés a été également drainée et irriguée; enfin le chaulage, de bonnes fumures, l'utilisation des purins et par-dessus tout le choix de bons animaux, ont amené la transformation complète d'une exploitation qu'on peut à bon droit citer comme modèle.

« C'est par l'emploi judicieux du drainage et des défoncements, l'extension des cultures fourragères et des racines, que M. de Charnace, à Anvers-le-Hamon, dans la Sarthe, est parvenu à tripler pour ainsi dire ses revenus. Les améliorations foncières ont marché de front chez lui avec les améliorations culturales sans rompre en visière aux habitudes locales, sans introduire de nouvelles plantes alimentaires ou fourragères; il a seulement réservé une plus grande place aux racines destinées à la nourriture du bétail, et assuré la belle venue de ses récoltes par une culture intelligente et soignée.

« M. Dutfoy, le lauréat de Seine-et-Marne, n'a pas seulement créé sur la ferme d'Eprunes un magnifique troupeau de race métis mérinos justement renommé dans la Brie, il a encore exécuté, dès 1855, du drainage sur une grande

partements, la moyenne des frais d'établissement de ces travaux a été par hectare de 265 fr., et la moyenne de la plus-value des terrains a été

échelle. Au moment où la prime d'honneur lui était accordée pour prix de ses travaux, 112 hectares avaient déjà reçu cette importante amélioration, dont les résultats se traduisent par l'augmentation des récoltes.

« A côté de M. Dutlov vient se placer M. Chertemps, qui, l'un des premiers dans le département de Seine-et-Marne, a donné l'exemple du drainage. Digne à tous égards du premier rang, cet habile cultivateur a été placé hors concours, lorsque Votre Majesté a bien voulu récompenser ses remarquables travaux par a décoration de la Légion d'honneur.

« Après avoir ainsi passé en revue les lauréats des concours de 1857, je demanderai à Votre Majesté la permission de résumer en quelques lignes les titres des cultivateurs qui ont été jugés dignes de la prime d'honneur en 1858.

« Dans le département des Côtes-du-Nord se présente d'abord M. Le Cornec. qui a eu, dit-on, le premier, dès 1831. l'heureuse idée d'utiliser les sables calcaires de la mer, et qui a découvert ainsi une véritable cause de richesse pour tout le littoral. Par le mélange de ses fumiers avec le goémon, par le judicieux emploi des purins, cet habile cultivateur obtient une masse d'engrais dont ses prairies ne profitent pas moins que ses champs.

« Dans le département des Deux-Sèvres, M. le baron Aymé. de la Chevrelière, s'est montré cultivateur aussi expérimenté que sylviculteur émérite. Le chaulage a été le point de départ d'un changement radical dans la fertilité des terres dont le rendement a notablement augmenté; et le revenu net de la ferme, qui ne dépassait pas 3,500 fr. en 1847, s'est élevé à près de 7,000 fr. en 1856.

« M. Lobit, à Betbezer, dans les Landes, a fixé le choix du jury par l'importance et la réussite des travaux qu'il a exécutés depuis près de quatorze ans sur les domaines de Bordes et de Joutan. Fournie de bons instruments de culture, fécondée par l'usage raisonné de la marne et de la chaux, cette exploitation est passée en quelques années d'un état de culture des plus médiocres à une situation satisfaisante et prospère. Les mêmes soins intelligents se sont étendus aux prés, aux vignes et au bétail, dont l'effectif se monte aujourd'hui à plus d'une tête par hectare en culture, et dont la valeur, estimée à 1,900 fr. au début, dépasse aujourd'hui 7,000 fr.

« Dans le département de Loir-et-Cher, la prime d'honneur a été remportée par M. Ménard. qui exploite à Huppemeau, près Beaugency, un domaine de 500 hectares, qu'il a pour ainsi dire conquis sur les landes de la Sologne. Le succès du cultivateur est au niveau des difficultés qu'il a dû surmonter Le jury a été frappé de la bonne tenue des cultures et de la perfection des détails de la ferme, où se fait surtout remarquer une très-belle vacherie, dont le lait trouve un débouché dans la fabrication du fromage.

« Dans le Lot. M. Rolland a donné, sur son domaine d'Andressac, l'exemple d'améliorations d'autant plus intéressantes. que cette exploitation, par son étendue. sa configuration et la nature variée de ses terres, ses cultures forestières et vinicoles, présente les conditions moyennes les plus habituelles des propriétés rurales du département. M. Rolland a assaini ses terres, défriché des pâtures improductives, construit des bâtiments ruraux, créé de bons chemins d'exploitation, introduit des instruments perfectionnés et propagé la culture des plantes fourragères, telles que la luzerne, le sainfoin, le ray-grass et les betteraves.

12.

représentée. pour l'année 1857, par une augmentation de revenu de 112 fr par hectare (1 . On peut donc affirmer que le drainage, avec son outillage

« C'est par la création de prairies naturelles et l'établissement d'un bon système d'irrigations que M. Andriot, dans la Haute-Marne, a préludé à l'amélioration de son domaine où il introduisait également la culture des fourrages artificiels. Un des premiers, il comprit l'importance du drainage et ne craignit pas d'entreprendre l'assainissement de 50 hectares de terres incultes, où croissent aujourd'hui de magnifiques récoltes de froment.

« Dans l'Orne, M. le marquis de Torcy. membre du Corps législatif, est le premier qui ait entrepris de régénérer et de transformer les races bovines indigènes par le mélange du sang de Durham. Les annales de nos concours, et particulièrement du concours de Poissy, attestent les succès de cet éleveur. Mais la culture, chez M. de Torcy, est au niveau de l'élevage, et le jury a décerné la palme au grand propriétaire qui a basé sur la production des fourrages et des racines la prospérité de son exploitation.

« M. Decauville, fermier à Petit-Bourg (Seine-et-Oise), a réuni trois fermes, dont la contenance totale s'élève à 550 hectares. 140 hectares drainés à la profondeur de 1m.50 en moyenne ont fourni des matériaux dont le fermier s'est servi pour créer 10 kilomètres de chemins d'exploitation. Une distillerie agricole, annexée à la ferme, permet de nourrir et d'engraisser un nombreux bétail, et démontre l'efficacité de l'appui que peuvent se prêter mutuellement l'agriculture et l'industrie

« Des cultures bien soignées, un bétail en bon état, l'ingénieux arrangement des engrais et une comptabilité régulière, ont déterminé dans le département de Vaucluse le choix du jury, qui s'est porté sur M. Valayer, propriétaire-cultivateur à Orignon.

« Mais, pour faire voir jusqu'à quel point les idées de sage progrès et d'améliorations raisonnées ont pénétré le monde agricole et se sont fait jour dans les campagnes. je dois citer, entre tous, l'exemple de l'agriculteur habile que le jury du département de Saône-et-Loire a placé en première ligne et trouvé digne de la prime d'honneur. M. Berland est le fils de ses œuvres. C'est un simple garçon de ferme qui, sans autre capital que son intelligence et ses bras, s'est successivement élevé au rang de fermier et de propriétaire Par un système d'exploitation bien entendu, par l'extension donnée à ses cultures fourragères, par l'application de l'arrosage à ses prairies, du drainage à ses terrains humides, enfin par les soins intelligents prodigués à son bétail, il a jeté la base de sa fortune agricole et successivement acquis et constitué le capital qu'il possède aujourd'hui, et qu'il évalue lui-même à 96,000 fr. »

On devra remarquer que, dans les exploitations rurales qui viennent d'être citées et qui ont désormais acquis une renommée imprescriptible, le drainage n'a pu être employé comme seul moyen d'amélioration : que le marnage, le chaulage, l'irrigation, l'emploi de grandes masses d'engrais, l'extension des cultures fourragères, l'augmentation et l'amélioration du bétail, ont dû marcher de pair avec l'assainissement du sol pour transformer le domaine agricole. Il y aurait lieu d'appeler pour l'avenir l'attention des agriculteurs français sur la grande importance des labours profonds et des sous-solages.

(1) Ce chiffre correspondrait à un revenu de 42 p. 100 pour l'argent employé à faire du drainage Cette rente présente un chiffre exceptionnel relatif

spécial et la simplicité de ses méthodes, a résolu la double question de l'efficacité des moyens de desséchement des terres et de l'économie dans la dépense.

« Et, comme il est démontré, par une observation constante, qu'en France les mauvaises récoltes sont généralement causées par la persistance des pluies, c'est-à-dire par l'excès d'humidité du sol, les encouragements accordés par le Gouvernement aux opérations de drainage constituent la mesure la plus efficace pour accroître les produits agricoles.

« Veuillez, monsieur le préfet, donner la plus grande publicité aux dispositions du décret du 23 septembre 1858, et le faire insérer dans le Bulletin des actes administratifs et dans les journaux de votre département.

« Je vous prie de m'accuser réception de la présente circulaire, dont j'adresse une ampliation à M. l'ingénieur en chef, ainsi qu'à MM. les membres des chambres consultatives d'agriculture et à MM. les présidents des sociétés et comices agricoles.

« Recevez, monsieur le préfet, l'assurance de ma considération la plus distinguée.

« *Le ministre de l'agriculture, du commerce*
et des travaux publics,
« E. ROUHER. »

VIII. — Décision impériale du 30 août 1854, relative à l'étude des projets de drainage par les agents de l'administration des travaux publics.

Cette décision provient de l'approbation par l'Empereur du rapport ci-dessous de M. le ministre de l'agriculture, inséré au *Moniteur* du 1ᵉʳ septembre 1854 :

« Paris, le 30 août 1854.

« Sire, Votre Majesté, constamment préoccupée de la recherche des mesures propres à améliorer la production agricole et le bien-être des cultivateurs a donné une attention particulière au développement des procédés du drainage, qui semble appelé à ouvrir une ère nouvelle pour l'agriculture française. L'exemple des résultats remarquables déjà réalisés dans des pays voisins est bien fait pour encourager en France l'application d'un système de travail aussi utile. Plusieurs millions d'hectares pourraient être soumis, avec de grands avantages, à l'opération du drainage, mais, sans le concours actif de l'administration, les améliorations même les plus fécondes, pourraient échouer devant d'insurmontables difficultés.

« L'insuffisance des capitaux disponibles, le prix élevé des appareils de drai-

à une seule année. On a vu plus haut (p. 42 à 54) que les revenus du drainage, selon les exemples, ont été, p. 100. de 50, de 37, de 33, de 28, de 23, de 15, de 12, de 10, de 8 et de 7.5 ; la moyenne serait de 30 p. 100.

nage, la dépense considérable des frais de transport, enfin la connaissance
encore imparfaite du mode d'opération, et l'hésitation inséparable des premiers essais, tels sont les obstacles qui arrêtent la bonne volonté des cultivateurs et que le gouvernement doit s'efforcer d'aplanir.

« La création des Sociétés de Crédit foncier, nouvel auxiliaire de la propriété territoriale, suffira, ou doit l'espérer, pour fournir à l'agriculture les
ressources qui doivent la mettre à même d'entrer résolûment dans cette voie
d'amélioration; car aucun emploi plus fructueux ne saurait être fait des sommes qui lui seront avancées.

« En ce qui touche les frais de transport du matériel du drainage, des arrangements récemment conclus avec les compagnies des chemins de fer permettront de diminuer ces frais dans une notable proportion, et réaliseront
ainsi des avantages analogues à ceux qu'on a déjà obtenus pour le transport
des marnes en Sologne.

« Un moyen d'action des plus efficaces consiste à répandre dans le pays la
connaissance des procédés les plus perfectionnés, et de venir en aide, par le
concours direct de l'administration, à l'inexpérience de l'agriculteur. Dans
cette vue, un cours spécial de drainage a été créé dans chacune des écoles impériales des ponts et chaussées et des mines; un manuel pratique, destiné à
fournir aux ingénieurs et aux cultivateurs eux-mêmes des notions précises sur
l'application de ce système, est actuellement en voie de rédaction et sera très-
prochainement publié. Je prends d'ailleurs les dispositions nécessaires pour
que les ingénieurs du service hydraulique et les agents placés sous leurs ordres fournissent gratuitement leur concours aux propriétaires qui voudraient
faire sur leurs terres l'application du drainage. Il importe surtout, dans une
semblable question, de donner un puissant encouragement aux premiers essais : l'exemple de travaux heureux deviendra bientôt le plus puissant des sti-
mulants.

« Mais la fabrication économique et surtout bien entendue des instruments
de drainage est loin des points qui doivent appeler l'attention la plus sérieuse
du gouvernement, c'est la condition nécessaire des progrès de cette opération.
Déjà des sommes assez importantes ont été distribuées dans divers départements pour l'acquisition de machines destinées à leur fabrication. Il importe
que ce bienfait soit généralisé et que chaque département participe à une mesure qui, en répandant les bonnes méthodes, fournira aux populations à la
fois un encouragement et un modèle à suivre.

« Si Votre Majesté daigne donner son approbation aux vues que je viens de
lui exposer, je la prierai, afin d'en assurer la réalisation, de vouloir bien
m'autoriser à disposer de la somme nécessaire pour encourager dans les départements la fabrication économique des tuyaux de drainage, et développer
la pratique de ce procédé. Cette somme, qui ne paraît pas devoir excéder
100,000 francs, pourra être prélevée sur l'ensemble des fonds affectés au ministère de l'agriculture, du commerce et des travaux publics. »

IX. — Circulaire du 27 février 1857 sur l'organisation des services départementaux pour le drainage.

« Paris, le 27 février 1857.

« Monsieur le préfet, j'ai reçu le projet de budget que vous m'avez fait l'honneur de m'adresser pour le service du drainage. Après examen détaillé des

propositions qui m'ont été transmises des départements, j'ai reconnu que, à moins qu'il ne s'agisse du traitement d'agents spéciaux, il n'y a pas lieu de fixer d'avance le montant des allocations à imputer, pour ce service, sur l'exercice courant.

« En effet, soit qu'il s'agisse, pour les particuliers ou pour les syndicats, d'obtenir le concours gratuit des ingénieurs et des agents placés sous leurs ordres, soit qu'il s'agisse, pour les départements et les chambres de société d'agriculture, d'obtenir la délivrance de machines à fabriquer les drains et d'ustensiles de drainage, ce n'est qu'au fur et à mesure des demandes formées et après examen spécial de chaque affaire qu'il peut être statué par l'administration supérieure.

« J'attends donc, monsieur le préfet, les propositions que vous aurez à m'adresser sur chaque demande tendant à obtenir le concours de l'administration aux travaux de drainage.

« Vos propositions, monsieur le préfet, seront accompagnées d'un rapport de M. l'ingénieur en chef, faisant connaître, pour les projets d'étude de drainage, le montant approximatif de la dépense, et, pour les demandes en concessions de machines et ustensiles, les conditions souscrites par les demandeurs, ainsi que l'état des besoins de chaque localité.

« Vous remarquerez, monsieur le préfet, que toutes les dépenses imputées sur les fonds du service hydraulique doivent être mandatées par M. l'ingénieur en chef.

« Recevez. » etc.

D'après les documents officiels qui précèdent, un propriétaire qui voudra obtenir un prêt pour le drainage de tout ou de partie de son domaine devra envoyer directement à M. le ministre de l'agriculture, du commerce et des travaux publics, une demande énonçant la somme qu'il veut emprunter, et, s'il y a lieu, celle pour laquelle il entend concourir à la dépense qu'entraîneront les travaux de drainage à effectuer. Les pièces à joindre à cette demande seront simplement :

1° Les nom et prénoms des fermiers ou colons partiaires;

2° Un extrait de la matrice du plan cadastral, avec indication de la situation et de l'étendue des terrains à drainer.

Cette dernière pièce seulement ne sera pas sur papier timbré.

Voyons maintenant par quelle filière passera l'affaire, une fois la demande du drainage reçue par le ministre. Il y aura successivement :

1° Examen par la commission supérieure du drainage;

2° Renvoi direct de la demande, s'il y a admissibilité, à l'ingénieur chargé du service hydraulique du département où est située la propriété;

3° Visite des lieux par l'ingénieur et opérations nécessaires pour déterminer le degré d'utilité du drainage projeté;

4° Renvoi des pièces avec le rapport de l'ingénieur au préfet du département:

5° Transmission des pièces par le préfet avec ses propositions au ministre de l'agriculture;

6° Renvoi par le ministre à la Société du Crédit foncier de France:

7° Vérification des titres de propriété et de la situation hypothécaire du demandeur par la Société du Crédit foncier.

8° Envoi au ministre du refus ou de l'acceptation par la Société du Crédit foncier des garanties offertes par le demandeur;

9° Examen de l'affaire par la commission supérieure du drainage;

10° Arrêté du ministre autorisant le prêt, déterminant les conditions générales de l'opération, fixant les délais dans lesquels les travaux devront être commencés et achevés;

11° Transmission de l'arrêté du ministre au préfet;

12° Transmission de l'ampliation de l'arrêté ministériel au demandeur et à l'ingénieur du service hydraulique.

Ces nombreuses formalités nous paraissent devoir exiger pour le moins de deux à trois mois. Pour ceux qui connaissent les lenteurs administratives, le délai paraîtra devoir être de plus de six mois, malgré le désir du ministre, qui a fixé à une durée de quinze jours le temps employé par l'ingénieur pour visiter les lieux.

Les opérations du drainage pourront-elles commencer après tous les préliminaires? Non, certainement, et c'est ici, nous le craignons, que des embarras sérieux se présenteront, embarras tels qu'il faudra probablement de nouvelles lois pour les faire disparaître.

Il ne faut pas voir dans les observations que nous allons présenter une vaine critique des imperfections du mécanisme dont nous avons à faire connaître les rouages à nos lecteurs. Notre plus grand désir est que le drainage se fasse sans entraves. Nous critiquons pour qu'il soit porté remède aux inconvénients que nous prévoyons. Cela dit, nous passons à l'examen rapide des cas qui devront se présenter le plus habituellement.

On devra d'abord s'occuper de la rédaction du projet de drainage, le faire approuver par l'ingénieur. S'il y a des difficultés à ce sujet, qui les résoudra? M. le ministre déclare que le propriétaire doit rester le maître de l'exécution, et cependant l'ingénieur a le droit plus tard de refuser les certificats nécessaires à l'emprunteur pour toucher tout ou partie du prêt. Le propriétaire n'aura guère d'autre parti à prendre que celui de se soumettre aux exigences qui lui seront imposées. Son recours à l'autorité préfectorale ne doit avoir lieu en effet que lorsque, une partie des travaux étant exécutés, l'ingénieur refusera de les approuver. Dans de telles conjectures qu'il faut nécessairement prévoir, il y aura certainement lieu d'exiger par la suite que les projets de drainage accompagnent la demande primitive et soient approuvés à l'avance.

Mais, le projet des travaux à exécuter bien arrêté, les embarras n'en seront pas moindres dans l'avenir; en effet, les diverses opérations de tout drainage exigent une surveillance constante pour qu'il soit possible d'affirmer qu'ils sont bien faits; il faudra donc qu'un agent de l'État assiste à tous les détails de l'exécution, au nivellement, au tracé, à la réception des tuyaux, à la pose et au recouvrement de tous les drains, etc., etc. Si la surveillance n'est pas de tous les instants, on ne peut avoir la certitude que les travaux faits seront efficaces. La responsabilité sera énorme pour l'ingénieur, la gêne extrême pour l'entrepreneur du drainage.

Supposons que l'on soit tombé d'accord sur tous les détails de l'opération et que les chantiers de drainage soient en pleine activité. Indiquons encore des points sur lesquels la sollicitude du ministre de l'agriculture doit être appelée.

Que de fois il est arrivé que des dépenses inattendues se sont trouvées tout à coup nécessaires lorsque les travaux de drainage étaient en pleine activité ! C'est la main-d'œuvre qui s'élève pour des causes imprévues : ce sont des pierres trop dures que l'on ne peut entamer qu'avec le pic ou qu'on n'avait pas soupçonnées en si grande quantité dans l'étude préalable du terrain et qu'il s'agit d'extraire; c'est une source qui jaillit et qui demande un supplément de tranchées; c'est une gelée, un orage, qui détruisent des tranchées ouvertes et forcent à recommencer le travail, etc. Nous avons cité, dans le cours de cet ouvrage, plusieurs exemples d'accidents semblables qui ont eu pour résultat de doubler et même de tripler la dépense probable. Alors les conditions du prêt devront être changées : la Société du Crédit foncier peut-elle être forcée à avancer le complément de la somme pour laquelle elle s'est engagée, ou bien forcera-t-elle le propriétaire à faire exécuter de ses propres deniers les travaux nécessaires pour rendre productive la dépense déjà faite? Et, si de pareils accidents se produisent par suite des exigences que les agents des ponts et chaussées, chargés de la surveillance des travaux, auront montrées, n'y aura-t-il pas de la part de ces derniers et par suite de la part de l'État une responsabilité grave qui engendrera mille difficultés?

L'entretien des travaux peut imposer des charges très-différentes, selon la manière dont l'exécution aura été conduite. La Société du Crédit foncier pourra-t-elle exiger un surcroît de frais provenant de travaux faits contre le gré du propriétaire et malgré sa protestation? Comment s'exercera son contrôle sur les drainages effectués? Ses agents auront-ils un moyen légal de s'introduire dans les propriétés drainées, le plus souvent affermées à des tiers dont ils pourront, par leurs exigences, gêner les opérations culturales?

L'article 6 de la loi du 17 juillet 1856 a décidé qu'aucun privilége n'est acquis par « le Trésor public, les syndicats, les prêteurs et les entrepreneurs, » s'il n'a été préalablement dressé un procès-verbal, à l'effet de constater l'état de chacun des terrains à drainer relativement aux travaux de drainage projetés, d'en déterminer le périmètre et d'en estimer la valeur d'après les produits. Il est évident que la Société du Crédit foncier, substituée à l'État par la loi du 28 mai 1858, doit se conformer à cette formalité, qui s'ajoute à toutes celles mentionnées plus haut pour que le prêt, étant approuvé par le ministre, puisse être fait réellement. Le règlement d'administration publique, ci-dessus rapporté, ne s'occupe de cette partie de l'affaire que pour rappeler que les frais en sont à la charge de l'emprunteur, et que le Crédit foncier recouvre le montant de ces frais s'il en a fait l'avance. De même il n'est rien dit ni de l'hypothèque que l'entrepreneur des travaux peut prendre s'il n'a pas été payé, ni de l'expertise à laquelle il doit avoir recours, en vertu du même article de la loi du 17 juillet 1856, pour faire évaluer la valeur des travaux qu'il a exécutés.

Enfin nous n'avons pas parlé de la circonstance où une association syndicale demanderait le drainage. Le règlement d'administration publique rappelle que, conformément à l'article 5 de la loi du 10 juin 1854, toute association de drainage est assimilée à une association de curage, et que, par conséquent, la décision qu'elle prend doit, pour devenir exécutoire, être homologuée par le préfet. Il ajoute avec raison que les immeubles compris dans l'association syndicale sont engagés hypothécairement par l'emprunt contracté pour le drainage. On doit remarquer d'ailleurs que, si une propriété est déjà hypothéquée, la personne qui a le privilège hypothécaire avant le drainage a le droit de faire réduire le nouveau privilège à la plus-value résultant des travaux de drainage. Ou bien, dans tous ces cas, la Société du Crédit foncier ne prêtera pas, ou bien il naîtra des embarras sur lesquels les lois, décrets, arrêtés et circulaires ont gardé le silence, et qui auront besoin d'être réglés par de nouveaux arrêtés ou même de nouvelles lois.

Nous ne faisons toutes ces observations que pour tâcher d'appeler l'attention sur une question de la plus haute importance pour tous ceux qui désirent les progrès de l'agriculture et qui veulent réellement la propagation rapide du drainage. Nous sommes convaincus que la Commission supérieure du drainage (Voir p. 205) cherchera les combinaisons les plus favorables pour aplanir toutes les difficultés. Puissions-nous avoir fait comprendre que, tant que des compagnies d'exécution ne se seront pas constituées, il ne pourra être tiré qu'un bien faible parti des bonnes dispositions du gouvernement, et qu'on n'emploiera qu'une petite fraction de la somme de 100 millions que la Société du Crédit foncier est autorisée à prêter sous forme d'obligations émises sur le marché des fonds publics. Des compagnies qui se chargeraient d'entreprendre les travaux, qui iraient trouver les propriétaires et les cultivateurs, leur démontreraient les avantages_ des opérations à faire sur une grande échelle, et leur présenteraient la certitude d'une exécution bien faite; qui, en outre, soit vis-à-vis de l'État, soit vis-à-vis du Crédit foncier, seraient aussi constituées de manière à offrir toutes les garanties morales et matérielles possibles, nous paraissent pouvoir seules exercer une énergique action sur notre agriculture. Mais il faudrait commencer par élargir la base de leurs opérations. Limiter aux travaux du drainage exclusivement les circonstances dans lesquelles des prêts pourront être faits, suivant les conditions des lois de 1856 et de 1858, c'est mettre un obstacle souvent insurmontable à l'application de cette amélioration. En effet, il est beaucoup de circonstances où l'emploi du drainage ne produira absolument aucun résultat, si on ne pratique pas en même temps des chaulages ou des marnages et des fumures énergiques. Les effets de l'opération seront, dans tous les cas, rendus plus énergiques, si on a soin d'exécuter des labours profonds ou mieux des sous-solages. Pour qu'il ne nous soit pas reproché de n'émettre ici qu'une opinion théorique, et quoique nous puissions nous contenter d'invoquer à cet égard la longue expérience des Anglais, qui ont soin de mener de front toutes les améliorations foncières permanentes, nous citerons un exemple emprunté à un bon travail de M. Dubost, ingénieur-draineur du département de l'Ain (1) :

« M. le baron de Varey a fait drainer, au commencement de 1855, sur la commune d'Attéguat, une terre tourbeuse, appelée Terre Noire. Légèrement fumée après le drainage,

----

(1) Brochure intitulée : *Où en est la question du drainage dans le département de l'Ain* (avril 1858).

cette terre a été ensemencée en blé et n'a produit, en 1856, qu'une récolte à peine égale à la semence. En 1857, elle a été laissée en jachère jusqu'à l'automne, puis ensemencée. Elle forme aujourd'hui trois lots distincts. L'un a été marné et ensemencé en blé; la récolte y est aujourd'hui l'une des plus belles qu'on puisse voir. Le second n'a pas été marné ; il a été ensemencé en seigle et a été roulé après les gelées d'hiver. Le seigle y est très-uniformément venu et très-beau. Le troisième lot, également ensemencé en seigle, n'a été ni marné ni roulé au printemps. La récolte y sera à peu près ce qu'elle a été en 1856. »

Ainsi, voilà un exemple où le drainage employé seul n'a eu aucun effet utile sur les récoltes, tandis que l'adjonction du marnage a déterminé un accroissement de produits considérable. C'est que le drainage n'est pas tout en agriculture, qu'il n'augmente pas la quotité des matières nutritives contenues dans le sol, qu'il donne seulement à la terre une plus grande puissance productrice lorsque l'on y apporte d'ailleurs tous les éléments nécessaires à la nutrition des plantes, et qu'on l'ameublit de la manière la plus convenable pour en faire une habitation satisfaisant à tous les besoins des végétaux.

D'ailleurs, s'il est utile d'assainir le sol, il n'est pas moins important de l'arroser. Si beaucoup de terrains de l'empire français exigent le drainage, il en est plus encore qui demandent impérieusement l'irrigation. Souvent même le drainage et l'irrigation doivent être employés à la fois ; cela est surtout vrai pour une très-grande partie du Midi, où le drainage n'aura aucun effet si l'on n'a pas recours à d'abondants arrosages. Applaudissons donc à l'encouragement que donne le gouvernement à l'agriculture, en s'efforçant de faire en sorte que des capitaux considérables soient appliqués au drainage; mais demandons en même temps que l'œuvre soit complétée par l'extension à l'irrigation et à tous les travaux de grandes améliorations agricoles, d'avantages qui menacent de rester infructueux. Tout le monde gagnera à une pareille modification dans les lois dont nous venons de rapporter les textes. Quelle que fût notre conviction sur l'importance capitale du drainage dont nous avons démontré expérimentalement les surprenants effets, nous eussions manqué à notre devoir en ne demandant pas instamment que le gouvernement perfectionnât son œuvre de progrès; dans ce but, il faut aider avec une égale énergie et des sacrifices égaux la propagation du chaulage, des fortes fumures, des sous-solages et des irrigations.

Nous avons du reste le ferme espoir de voir les vœux de l'agriculture exaucés; les paroles que M. Rouher, ministre de l'agriculture, du commerce et des travaux publics, a prononcées dans son discours du concours de Poissy en 1859, contiennent à cet égard des promesses formelles; nous les citerons comme conclusions de ce chapitre :

« Une agriculture soigneuse, attentive, qui emprunte résolûment à la science pratique ses applications, a dit M. le ministre, donne au sol cette constitution robuste et saine que l'hygiène et la sobriété donnent à l'homme, sauvegarde les produits du sol contre l'inclémence des saisons, et s'affranchit des réactions et des temps d'arrêt dans la voie toujours difficile du progrès et du bien-être.

« Pour obtenir ce résultat, l'un des plus grands problèmes qu'elle est appelée à résoudre est celui de l'aménagement et de l'emploi des eaux. Tantôt elle doit, notamment dans nos provinces du Nord, de l'Est et de l'Ouest, supprimer l'humidité et faire circuler l'air dans les sols mouillés à l'aide des opérations du drainage, tantôt elle doit, surtout dans la région méridionale, développer ce système d'irrigation dont les Vosges et les fertiles plaines de la Lom-

bardie nous offrent de si remarquables exemples. Ainsi l'a-
griculture parvient à convertir des terres à jachères en terres
annuellement productives, des pâtures médiocres en prairies
fertiles.

« Mais un perfectionnement plus marqué ne serait-il pas
dans l'alliance de ces deux modes d'amélioration ? Les eaux
du drainage ne devraient-elles pas, dans un très-grand
nombre de cas, être employées à l'irrigation ? Si j'en crois
de récentes expériences, ces eaux, en traversant la couche
arable, se chargent de principes fertilisants qui donneraient
une puissante impulsion à la végétation des prairies.

« Sans doute un de ces procédés a reçu de précieux encouragements de la part de l'État ; sans doute les prêts
pour le drainage, organisés avec le bénéfice de l'intérêt
réduit et d'un remboursement par annuités, sont destinés
à se généraliser graduellement, quoiqu'ils aient, quant à
présent, un peu souffert eux-mêmes des influences de la
sécheresse (1). Mais ne faudrait-il pas étendre et appliquer ces
prêts aux grands travaux d'irrigation ? N'est-il pas nécessaire de développer dans l'industrie agricole, par des insti-
tutions de crédit, le prêt chirographaire et à courte
échéance ? Notre législation générale ne paralyse-t-elle pas
les précieuses richesses qu'offrent à notre sol les nombreux
cours d'eaux qui le sillonnent? Ces questions occupent une
place importante dans les méditations du gouvernement. La
dernière et la plus difficile a été examinée par le sénat lorsqu'il a posé les bases d'un code rural; elle est étudiée et approfondie par le conseil d'État, et recevra certainement une
solution favorable. »

(1) L'année 1858 a été la plus sèche qu'on puisse signaler depuis
140 ans, c'est-à-dire depuis qu'on fait des observations pluviométriques
régulières et des mesures quotidiennes et continues du niveau de la Seine
à Paris.

LIVRE X

DES IRRIGATIONS

CHAPITRE PREMIER

De la possession et de la jouissance des eaux

Le drainage, dans l'acception générale du mot, a pour but principal l'enlèvement des eaux souterraines et stagnantes.

L'irrigation, en agriculture, est destinée à amener sur les sols cultivés ou mis en prairies des eaux superficielles et courantes.

Les deux opérations sont complémentaires l'une de l'autre : nous expliquerons ce fait dans le dernier livre de cet ouvrage consacré à la théorie de ces deux améliorations foncières et à l'exposition des effets remarquables que l'on tire de leur combinaison rationnelle.

Nous devons d'abord dire ici comment on doit s'y prendre pour exécuter les travaux qui permettent de faire facilement les arrosages dont l'efficacité est prouvée par un usage immémorial, et comment, les travaux d'établissement achevés, on doit régler les irrigations selon les temps, les lieux, les récoltes à obtenir. C'est surtout aux agriculteurs que nous nous adressons dans ces pages, et par conséquent

nous n'aurons à nous occuper que secondairement des
grands travaux d'aménagement des cours d'eau. Nous devons supposer qu'il s'agit d'utiliser des eaux qui sont à la disposition du cultivateur des terres arrosables. Ces eaux peuvent former une propriété privée ou bien être possédées en
commun. Les premières sont les eaux des sources naturelles
ou des sources artificielles, telles que les eaux jaillissantes
des puits forés; les eaux de pluie rassemblées dans des réservoirs; les eaux qui s'écoulent du collecteur d'un drainage
d'une grande étendue. Les secondes sont des eaux courantes
qui traversent l'exploitation, et dont on peut prendre une
partie par des dérivations, sauf à rendre la portion non
absorbée par le sol aux héritages inférieurs ou aux cours
d'eau dans lesquels la prise a été faite.

Les dérivations pour arrosages ne peuvent se faire que
sur les cours d'eau qui ne sont pas déclarés des dépendances
du domaine public. En France, l'intérêt agricole n'a pas été
le but principal qu'on ait envisagé lorsqu'il s'est agi de définir le droit de propriété et de jouissance sur les eaux; le premier au point de vue de l'utilité générale, il n'est venu que
le dernier en date. Les eaux courantes ont été considérées
avant tout comme destinées à faire marcher les usines établies sur leur parcours ou à transporter les marchandises
qu'on leur a confiées. Forces motrices ou chemins qui marchent, voilà ce qu'on a vu avant tout dans les grands cours
d'eau : du moindre ruisseau on a toujours cherché à faire
un moteur hydraulique ou une voie de navigation. De très-
bons esprits, dévoués à l'agriculture, ont même trouvé
qu'il y avait une certaine infériorité dans le service rendu
par l'irrigation : c'est que, ont-ils dit, un certain volume
d'eau introduit dans un canal navigable réalise annuellement, en raison des distances parcourues, une économie sur
la masse des transports; c'est que cette économie se fait

sentir au loin et profite à toutes les contrées traversées par le cours d'eau; c'est que encore un certain volume d'eau affecté à la marche successive d'un certain nombre d'usines échelonnées le long d'un cours d'eau procure à l'industrie une diminution des frais de fabrication qui se répète sur tout son parcours; c'est que, au contraire, un volume d'eau dérivé pour l'irrigation n'est plus rendu intact au domaine inférieur au terrain arrosé; une partie en a été dépensée, absorbée. Mais n'est-il pas juste de remarquer que les cours d'eau sont formés par des eaux qui ont lavé les champs, et qu'il est de l'intérêt général qu'on puisse leur reprendre les éléments de fertilité qu'elles ont dissous? N'est-il pas aussi dans l'intérêt général d'une nation tout entière que les produits du sol soient abondants et variés? La subsistance n'est-elle pas le premier besoin? Ne vaut-il pas mieux conserver les richesses d'un volume d'eau et les faire produire, que le conduire tout entier à la mer, en en tirant seulement de la force motrice et un moyen de transport? En un mot, l'agriculture n'est-elle pas supérieure ou au moins égale à l'industrie et au commerce? Tout antagonisme est fatal à l'une des parties intéressées, et nous repoussons celui que des usages mal fondés, quelle que soit leur antiquité, ont établi entre les bateliers, les usiniers et les irrigateurs. Dans les créations de canaux, dans l'amélioration des cours d'eau, on devrait toujours chercher à se rapprocher de l'exemple que montre le canal de Pavie, cité avec raison par M. Nadault de Buffon (1) : « La navigation, l'arrosage et les usines, dit ce savant ingénieur, s'y trouvent réunis sans se nuire ; et, malgré une vitesse assez considérable de l'eau dans ses biefs supérieurs, la navigation ascendante y est si peu gênée, que des bateaux, faisant le service

(1) *Cours d'agriculture et d'hydraulique agricole*, t. III, p. 29.

13.

entre Milan et Pavie, descendent et remontent plusieurs
fois par jour toute la ligne du canal avec une vitesse minimum, de 12 à 13 kilomètres à l'heure. »

Mais, quels que soient les vœux qu'on puisse faire pour
l'avenir, il faut se soumettre aux conditions du présent ! En
France, la législation des irrigations repose sur des lois
éparses et sur des arrêts qui forment la jurisprudence des
tribunaux. Les articles 538 et 640 à 645 du Code Napoléon
ont posé les principes généraux du droit à la propriété et à
l'emploi des eaux ; les lois des 29 avril 1845 et 11 juillet 1847 (1) ont défini les conditions des servitudes résultant
de l'usage de ce droit. Il importe que l'agriculteur ait une
connaissance sommaire, mais très-exacte, des limites dans
lesquelles il peut disposer des eaux pour les arrosages.
Nulle matière ne donne malheureusement lieu à plus de difficultés et à plus de procès.

Les fleuves et les rivières navigables et flottables sont considérés comme des dépendances du domaine public (art. 538
du Code Napoléon), et par suite on ne peut employer leurs
eaux qu'en vertu d'une *concession* consentie par l'administration.

Les eaux des rivières qui ne sont ni navigables ni flottables donnent lieu à des droits d'*usage* (art. 644 du Code)
pour les propriétaires des terrains riverains, à la charge de
rendre l'eau, après l'irrigation, à son cours ordinaire ; les
tribunaux jugent les contestations qui peuvent s'élever entre
les propriétaires auxquels les eaux peuvent être utiles, et
l'administration peut rendre des règlements sur la matière.

Les eaux d'une source prenant naissance dans un terrain
que l'on possède ; les eaux des puits artésiens, des étangs ;
les eaux de pluie recueillies dans des réservoirs ; les eaux

(1) Voir liv. VII, t. III, p. 627 et 628.

de drainage à leur tour, donnent lieu évidemment à des droits de *propriété exclusive*. Ces droits sont limités seulement par cette exception, qu'on ne peut changer le cours d'une source, lorsqu'elle fournit aux habitants d'une commune, d'un village ou d'un hameau l'eau qui leur est nécessaire.

Les irrigations par des eaux de *concession* ou de *propriété* sont les plus faciles à établir ; elles donnent rarement lieu à des contestations judiciaires. On sait où est la prise d'eau, de quel volume on peut disposer, et tous les travaux s'effectuent sans encombre. Il n'en est pas de même des arrosages par droits d'*usage*. Comme les riverains des terrains supérieurs ou inférieurs à une propriété sur laquelle on doit employer les eaux d'un cours d'eau, ont aussi un droit sur ces eaux, comme il arrive que des usines se servent de ces mêmes eaux pour faire marcher les roues hydrauliques, il en résulte des restrictions dans l'exercice du droit d'usage sur les cours d'eau non navigables ni flottables qui traversent une propriété. Nous résumerons sur ce sujet l'état de la jurisprudence, en ayant principalement recours au code des irrigations, placé par M. Bertin à la fin de l'ouvrage de MM. Villeroy et Muller intitulé *Manuel de l'irrigateur*.

1. Lorsqu'une propriété est séparée d'un cours d'eau par un chemin public, elle n'est plus considérée comme riveraine et ne donne plus lieu au droit d'usage. Il en est de même lorsqu'un cours d'eau a son lit au milieu d'un chemin public, sans se répandre dans toute sa largeur. Le propriétaire dont le fonds touche le fonds riverain ne peut revendiquer le droit accordé au riverain de se servir de l'eau à son passage pour l'irrigation de sa propriété.

2. Les propriétaires riverains supérieurs ne peuvent rien faire qui empêche les riverains inférieurs de jouir des eaux à leur tour. Aussi, lorsque la disposition des terrains est

telle, que, pour obtenir une pente qui permette d'arroser
efficacement une terre qui longe ces cours d'eau, il devient
nécessaire de pratiquer une saignée sur un terrain supérieur, nul ne peut s'opposer à l'établissement de cette dérivation, à son passage à travers les fonds intermédiaires,
à la construction des ouvrages d'art nécessaires, sauf une
juste et préalable indemnité.

3. Le droit d'usage des eaux de passage s'étend à toutes
les propriétés juxtaposées d'un riverain. Par conséquent,
l'agrandissement d'un domaine permet d'employer les eaux
sur les nouvelles parcelles qui tiennent aux anciennes. Si
l'exercice de ce droit donne lieu à des contestations, il appartient aux tribunaux de les juger, et, s'il survient des abus,
l'administration doit y mettre un terme par des règlements.

4. Lorsqu'une partie du fonds irrigable vient à être dé-
tachée par vente, le droit à l'usage des eaux cesse immédiatement pour la parcelle non riveraine. Il n'y a d'exception
en faveur des propriétés non riveraines qu'autant qu'il y a
destination du père de famille, ou bien que des règlements
particuliers et locaux en décident autrement, qu'il y a
enfin des concessions faites ou prescription de trente ans.

5. Par sa nature, le droit à l'usage des eaux pour l'irrigation de la propriété riveraine est imprescriptible. L'abs-
tention ne le fait pas perdre. La faculté d'irrigation demeure intacte pour un riverain, lors même que l'autre riverain a toujours exclusivement fait usage des eaux. Mais des
conventions, soit expresses, soit tacites, peuvent faire perdre
le droit. Il cesse par l'effet de convention dans lesquelles
l'un des riverains stipule dans un acte qu'il renonce à se
servir des eaux. Il cesse aussi par suite de l'abandon qui en
a été fait, lorsque le riverain a obtempéré à la défense qui
lui a été signifiée d'exercer le droit d'irrigation, et si, depuis

ce moment, la prescription a été acquise. Dans ce cas, l'acquiescement tacite, donné à la prétention d'empêcher l'emploi des eaux, forme entre les parties une convention tacite de renonciation. Il faut donc que l'agriculteur riverain des cours d'eau se tienne constamment sur la défensive et veille avec soin à ce qu'un autre riverain ou un propriétaire d'usine ne prenne pas une habitude qui de simple tolérance se transformerait en droit après trente années d'un usage contraire cependant, soit à un règlement d'attribution des eaux, soit à une faculté inscrite dans la loi.

6. La prescription peut provenir de l'établissement d'ouvrages apparents destinés à recevoir les eaux avec continuité, mais qui ne servent qu'à des intervalles périodiques, fixés par un règlement administratif. Mais cette prescription ne peut pas être opposée à tous les riverains indistinctement, elle ne regarde que ceux au préjudice desquels les travaux ont été directement exécutés et maintenus sans opposition. Encore faut-il qu'il y ait quelque circonstance spéciale caractéristique : que, par exemple, les travaux aient été établis sur le fonds supérieur par le propriétaire du fonds inférieur.

7. Le droit d'user des eaux courantes pour l'irrigation des propriétés riveraines ne peut s'exercer qu'avec la réserve de rendre les eaux non absorbées aux fonds inférieurs. Il n'est pas loisible de les emmagasiner, par exemple, pendant une sécheresse, ni même d'en absorber la totalité par voie de simple imbibition. Tous les propriétaires riverains ont des droits sur les eaux qui traversent leurs fonds, les tribunaux apprécient l'abus qui peut en être fait par l'un d'eux au détriment des autres.

8. Les eaux doivent être transmises aux riverains inférieurs, sans être corrompues et sans subir des intermittences nuisibles aux intérêts des autres ayants-droit, sauf

règlements particuliers. Les fonds inférieurs sont astreints
à la servitude de passage des canaux de retour.

9. Les dispenses de ramener les eaux sur son fonds con-
senties par un riverain n'engagent que lui-même. Tous les
riverains ont d'ailleurs le droit de régler entre eux l'usage
des eaux. Les tribunaux sont compétents pour apprécier les
droits à la jouissance des eaux déterminés par les règlements
administratifs, et ils peuvent fixer le mode de jouissance
en l'absence de règlements et d'usages locaux ; ils peuvent
aussi fixer le partage ou l'alternance entre les riverains op-
posés, etc., en conciliant l'intérêt de l'agriculture et celui
des usiniers avec le respect dû à la propriété.

10. Les règlements relatifs aux irrigations ne peuvent
jamais priver des riverains de l'usage des eaux, à moins que
l'expropriation ait lieu pour cause d'utilité publique dans
les formes prescrites par la loi. Les règlements qui déterminent le mode d'usage sont de la compétence des préfets et du ministre de l'intérieur ; lorsqu'ils doivent entraîner des frais de construction ou d'autres dépenses à répartir entre les intéressés au moyen d'un rôle exécutoire, ils
doivent être rendus dans la forme des règlements d'administration publique délibérés en conseil d'État. Dans ces
règlements, les intérêts de l'agriculture et de l'industrie
doivent être pris en égale considération. Dans la répartition
des eaux entre les riverains pour l'arrosement des terres,
on doit tenir compte de l'étendue du terrain et du mode de
culture du sol. L'importance de chaque prise d'eau, les
jours et les heures où l'irrigation devra avoir lieu, peuvent
y être fixés.

11. Des conventions entre les riverains peuvent se former sous le patronage et la surveillance de l'autorité ; l'exécution des statuts est alors confiée à des syndicats.

— Telles sont les principales règles de la jurisprudence

qui déterminent en France le droit de propriété attribué aux riverains sur les cours d'eau. Nous n'avons fait que les exposer, et nous ne voulons pas les discuter dans leurs détails. Nous dirons seulement que le principe n'en est pas favorable aux intérêts de l'agriculture, en ce sens que l'eau doit le plus souvent se perdre sans être employée. Comme le remarque en effet M. Mauny de Mornay, dans son excellent rapport sur la législation des irrigations dans l'Italie supérieure et dans quelques États de l'Allemagne, si les riverains ne peuvent utiliser l'eau qui traverse leurs domaines, soit parce que ces domaines ont une étendue trop restreinte, soit parce que les lieux ne se prêtent pas à ce qu'ils puissent établir des prises d'eau, soit pour toute autre cause, ni ces riverains ni le gouvernement ne peuvent céder ou attribuer à d'autres un usage qui reste stérile. Dans les États italiens, comme la Sardaigne et la Lombardie, la législation met sous la dépendance de l'État toutes les eaux naturelles autres que celles des sources, et il en résulte que pas une goutte d'eau n'est perdue; que tout y est appliqué, avec économie et intelligence, à faire produire au sol tout ce qu'on peut en attendre, ou à mettre en mouvement d'utiles usines. « En Piémont et en Sardaigne, ajoute M. Mauny de Mornay, les règles du droit sont claires et franches; beaucoup de luttes et de procès sont évités, et je ne crois pas que la France puisse jamais utiliser complétement toutes les eaux si abondantes qui coulent sur son sol, tant que l'État, c'est-à-dire la communauté des citoyens, ne les possédera pas sans conteste, quels que soient leur volume et leur destination, ne les administrera pas, ne les concédera pas avec ou sans condition, et ne les répartira pas, avec justice et impartialité, entre l'agriculture et l'industrie manufacturière. »

CHAPITRE II
Des Canaux d'irrigation

Les arrosements les plus nombreux sont ceux qui s'effectuent au moyen de la dérivation des eaux courantes. Les dérivations sont prises quelquefois directement sur les rivières ou sur les ruisseaux ; mais dans le plus grand nombre des contrées où les irrigations sont employées sur une grande échelle, elles sont empruntées à des canaux établis à cet effet et qu'on appelle des canaux d'irrigation. La raison en est bien simple ; un cours d'eau naturel suit le thalweg des vallées et par conséquent se trouve plus bas que la plus grande partie des terrains qui auraient besoin d'être arrosés. Pour qu'une eau courante profite à une grande surface de pays, il faut l'aménager de façon qu'elle se répande à volonté et par la seule gravité sur l'étendue la plus considérable qu'il soit possible des terres placées nécessairement plus bas que le nouveau lit qu'on lui donne.

L'établissement d'un système de canaux d'irrigation est en général une œuvre qui ne peut être exécutée par un propriétaire isolé et qui est le fait, soit de l'État, soit de compagnies ou d'associations de propriétaires intéressés. Il exige en général, pour avoir toute son utilité, un ensemble de travaux dont les frais considérables sont au-dessus des fortunes individuelles. Il se compose *d'un canal principal* ou d'amenée, placé sur le faîte de la vallée et qui a sa prise directe dans le *cours d'eau alimentaire* ou dans un *réservoir*, et de *canaux secondaires* ou d'embranchement qui répartissent l'eau à droite et à gauche en se tenant sur la partie la plus haute des terrains à irriguer. C'est dans les canaux secondaires que les rigoles d'arrosage prennent leurs eaux. Viennent ensuite les *canaux de décharge*, qui assurent l'écoulement des eaux après l'irrigation, et les *colateurs*, qui sont placés dans les thalwegs et ramassent toutes les eaux qui n'ont pas été absorbées. Les colateurs, lorsqu'ils sont assez grossis, et qu'ils arrivent sur des terrains d'un niveau assez bas pour être arrosés, peuvent devenir à leur tour des canaux principaux d'un nouveau système d'irrigation.

On peut aussi parfois diriger les colateurs sur un fleuve, une rivière, dans des gouffres ou entonnoirs, sur des terrains absorbants.

Les canaux d'irrigation sont tout à fait distincts des canaux de navigation; les premiers se tiennent autant que possible sur les faîtes, les seconds coulent dans les thalwegs; les premiers absorbent de très-grandes quantités d'eau, les seconds doivent en dépenser le moins possible. Dans quelques cas cependant, ainsi que nous l'avons dit plus haut (p. 225), les canaux peuvent à la fois desservir un système d'arrosage et une navigation plus ou moins active.

Les canaux d'irrigation ne peuvent, en France, être établis qu'après enquête et par un décret et même par une loi, lorsqu'ils ont une étendue de plus de 20 kilomètres, à moins qu'ils ne soient entièrement situés sur une propriété particulière. Au point de vue de leur construction et de leur administration, il y a lieu de distinguer :

1° *Les canaux construits par l'État* ou par des concessionnaires qui agissent en son nom. Pour l'acquisition des terrains nécessaires à ces canaux, il est procédé, suivant la forme d'expropriation pour cause d'utilité publique; quant à l'usage des eaux, un règlement de l'administration fixe la cotisation annuelle de chaque arrosant, et le recouvrement des sommes dues s'opère de la même manière que celui des contributions générales; les anciens règlements, les usages locaux ou bien de nouveaux règlements d'administration publique, rendus sur la proposition du préfet du département, régissent l'usage et la police de ces canaux ;

2° *Les canaux construits par des particuliers concessionnaires.* Pour l'acquisition des terrains nécessaires à leur établissement, il est procédé de gré à gré; pour l'administration, la police, la cession de l'eau aux arrosants, les conditions de la concession doivent être exécutées sous peine de déchéance ordonnée par le gouvernement ;

3° *Les canaux particuliers*, établis par des propriétaires sur leurs propres terrains pour l'irrigation de leurs terres. Ils ne sont soumis à aucune autorisation spéciale pour leur construction; ils ne donnent lieu à aucune servitude de prise d'eau pour les propriétés riveraines.

CHAPITRE III
De la servitude de conduite d'eau

Nous avons déjà vu précédemment que nul n'a le droit de s'opposer au passage sur son sol des eaux qui, prises dans un cours d'eau par un propriétaire y ayant droit, sont destinées à l'irrigation d'une de ses terres. Cette faculté d'imposer la servitude de conduite d'eau, moyennant une juste et préalable indemnité, à des propriétés voisines, s'étend au cas où l'on veut établir un système de canaux d'irrigation. Sont exceptés de la servitude les maisons, cours, jardins, parcs et autres lieux attenant aux habitations. Les propriétaires des terrains traversés par les canaux n'ont pas le droit d'y faire des prises d'eau; mais des conventions particulières peuvent le lui concéder, et il serait dans l'intérêt des agriculteurs voisins de s'entendre pour utiliser des travaux dont les frais sont onéreux quand ils incombent à un seul, et qui deviennent relativement insignifiants quand ils sont répartis sur un grand nombre.

Lorsque cette entente ne s'établit pas, le possesseur d'un canal établi sur des terrains voisins a le droit de pénétrer sur ceux-ci pour le curage et les réparations nécessaires. Il a le droit de forcer les propriétaires des fonds inférieurs à supporter la servitude du curage aussi bien que les propriétaires des fonds supérieurs. On ne peut l'obliger à changer la place de ses canaux qu'à la condition de supporter tous les frais entraînés par le déplacement. Toutefois la servitude n'existe qu'à la condition qu'il y a impossibilité pour le propriétaire de transmettre les eaux par son propre fonds.

Toutes les contestations qui résultent du droit de servitude sont portées devant les tribunaux civils.

On sait que le droit d'aqueduc ou de la servitude du passage forcé de l'eau sur les fonds voisins, de même que le droit d'appui des ouvrages d'art sur la rive d'autrui, n'ont été établis en France que par les lois du 29 avril 1845 et du 11 juillet 1847 (*voir* liv. VIII, t. III, p. 627 et 628)

CHAPITRE IV

Quantités d'eau nécessaires pour les irrigations

Les quantités d'eau nécessaires pour les irrigations peuvent varier dans d'assez fortes proportions, selon les natures de récoltes soumises aux arrosages, suivant la constitution physique du sol destiné à recevoir l'eau, et aussi selon le système d'irrigation employé. Cependant, dès qu'on a la concession d'un volume d'eau limité, il faut s'occuper de déterminer l'étendue approximative du terrain qui peut en profiter, afin d'établir les pentes et les dimensions des rigoles de distribution qui varient suivant le périmètre à arroser. Il s'agit seulement de faire des évaluations moyennes et non pas des déterminations mathématiques impossibles. Il faut tâcher de se placer dans les conditions les meilleures, selon toute probabilité; on chercherait en vain à donner des règles absolues. L'expérience des cultivateurs est le meilleur guide à consulter; ce sont les résultats de cette expérience que nous allons chercher à résumer succinctement.

« Le but que l'on a, dit M. Nadault de Buffon (*Cours d'agriculture et d'hydraulique agricole*, t. III, p. 233), en cherchant la quantité d'eau moyenne que doit consommer l'irrigation, est d'asseoir sur une base convenable les relations qui s'établissent, soit entre l'administration publique et les créateurs de canaux, soit entre ceux-ci et les usagers; car cette quantité entre nécessairement en ligne de compte dans l'évaluation des produits à attendre d'une entreprise de ce genre, ainsi que dans la fixation des redevances ou du prix de l'arrosage. » Nous ajouterons que cette connaissance est désormais indispensable à l'agriculture, qui doit non plus accepter simplement des règles toutes faites, mais bien soumettre ses opérations à une étude raisonnée et approfondie.

M. de Gasparin (*Cours d'agriculture*, t. I, p. 417) donne comme le résultat de ses observations en Provence et en Lombardie, qu'il faut employer 1,000 mètres cubes par hectare pour chaque arrosage, soit chaque fois une hauteur d'eau de $0^m.10$. Les arrosages, dans le Midi, commencent le 1er avril et finissent le 30 septembre. Durant ces six mois, on fait un plus ou moins grand nombre d'arrosages, selon la composition du sol. Ainsi, en prenant un exemple dans Vaucluse, et en supposant qu'on doive irriguer des prairies naturelles, on trouve que, dans le cas où le terrain à irriguer renferme 20 pour 100 de sable, il est nécessaire d'arroser tous les 15 jours seulement; on répète les arrosages tous les 11 jours, si la proportion de sable s'élève à 40 pour 100; il faut mettre l'eau sur la terre tous les 6 jours, quand le sable entre dans la composition du sol pour 60 pour 100; enfin, c'est à des irrigations reproduites tous les 5 jours que l'on a recours, si l'on a affaire à un terrain renfermant 80 pour 100 de sable. La proportion de sable contenue dans le sol se détermine en en desséchant une certaine quantité à la température de 30° à 40°, et en en passant 50 gr. sur un crible dont les trous ont 1^{mill}.5 de diamètre; ce qui reste sur le crible est la partie pierreuse de la terre dont on détermine le poids par une pesée. On prend 20 grammes de la partie criblée et on la met, pendant plusieurs heures, dans un vase plein d'eau, de 2 à 3 litres de capacité; on agite ensuite vivement avec une baguette de verre, en donnant à la masse un mouvement giratoire; on décante quand le liquide est bien animé de ce mouvement, en ayant soin de verser les parties tenues en suspension dans l'eau, et de garder au fond du vase celles qui se sont précipitées. On répète à plusieurs reprises la même opération sur ces dernières parties, en décantant à chaque fois, et on s'arrête quand l'agitation laisse l'eau parfaitement claire Le résidu qui tombe au fond du vase étant séché, puis pesé, donne la proportion de la partie sablonneuse qu'il s'agissait de déterminer. D'après les données précédentes, on trouve que, pour l'irrigation des prairies de Vaucluse, il faut les quantités d'eau suivantes :

Proportions du sable dans le sol.	Nombre d'arrosages en 6 mois (avril à septembre).	Nombre de mètres cubes d'eau par hectare en 6 mois.	Nombre de litres à prendre au cours d'eau par seconde durant 6 mois.
0.20	12	12,000	0.8
0.40	17	17,000	1.1
0.60	30	30,000	1.9
0.80	36	36,000	2.4

Dans la culture de la luzerne, il suffit, selon M. de Gasparin et pour le même climat de Vaucluse, d'un arrosage par mois ou par coupe dans le cas du premier terrain ; un arrosage tous les 20 jours, dans le second cas ; un arrosage tous les 16 jours ou 2 arrosages par coupe, dans le troisième cas ; enfin, dans le quatrième cas, 3 arrosages par coupe ou 1 tous les 10 jours. Ces données conduisent aux quantités d'eau suivantes :

Proportions du sable dans le sol.	Nombre d'arrosages en 6 mois (avril à septembre).	Nombre de metres cubes d'eau par hectare en 6 mois.	Nombre de litres d'eau à prendre au canal par seconde
0.20	6	6,000	0.4
0.40	0	9,000	0.6
0 60	12	12,000	0.8
0.80	18	18,000	1.2

« Les rizières, dit M. Nadault de Buffon (ouvrage cité page 257), qui exigent une alimentation continue, réclament moyennement par mois 6,000 à 7,000 mètres cubes, soit un débit continu d'environ $2^l.5$ par seconde, quand il n'y a que peu de filtration. Les jardins maraîchers, notamment ceux de Cavaillon et de Château-Renard, en Provence, si remarquables par leur grande production, réclament à peu près la même quantité. Ensuite viennent les prairies, les luzernes, les haricots, les chardons à peigner, auxquels on donne à peu près un litre d'eau continue ; les garances, qui consomment environ $0^l.6$; et enfin les cultures diverses, telles que céréales, oliviers, pépinières, etc., qui n'ont pas d'attribution bien réglée, et ne reçoivent, en quelque sorte, qu'une irrigation éventuelle, basée, dans tous les cas, sur une dépense d'eau beaucoup moindre que les précédentes. »

Le chiffre de 1,000 mètres cubes d'eau par hectare et par chaque arrosage de prairies, indiqué par M. de Gasparin, est loin d'être généralement appliqué ; le nombre de mètres cubes

employés varie au contraire beaucoup d'un pays à l'autre,
et on le conçoit facilement, car l'évaporation est loin d'être
partout aussi considérable que dans Vaucluse.

Dans les rizières des landes d'Arcachon on ne consommait
par hectare et par jour que 90 à 100 mètres cubes, ce qui
équivaut à un débit moyen de 1ʹ.04 à 1ʹ.15 par seconde.

M. Nadault de Buffon résume ses observations sur les
irrigations des prairies dans le tableau suivant (*Traité des
irrigations*, t. II, p. 423); on y verra que dans certains
cas la quantité d'eau par arrosage descend à 400 mètres
cubes seulement :

Nombre de jours après lesquels on recommence les arrosages.	Nombre d'arrosages		Hauteurs d'eau.			Volumes employés.		
	par mois.	par saison.	par arrosage. M.	par mois. M.	par saison. M.	par arrosage. M. C.	par mois. M. C.	par saison M. C.
7 à 8	4	24	0.04	0.16	0 96	400	1,600	9,600
10	3	18	0.06	0.18	1.08	600	1,800	10.800
7 à 8	4	24	0.05	0.20	1.20	500	2,000	12,000
10	3	18	0.07	0.21	1.26	700	2,100	12.600
7 à 8	4	24	0.06	0.24	1.44	600	2.400	14,400
10	3	18	0.08	0 24	1.44	800	2,400	14,400
10	3	18	0.10	0.30	1.50	1,000	3,000	15,000

Les nombres des colonnes relatives aux saisons se rapportent à des saisons d'arrosage de 6 mois, sauf ceux de la dernière ligne, qui s'appliquent à une saison de 5 mois. Dans la
plupart des pays de prairies, on ne doit compter que cinq
mois ou cinq mois et demi d'irrigation, mais les cubes
d'eau employés restent les mêmes que pour des irrigations de 6 mois. M. Nadault de Buffon estime que le chiffre
de 15,000 mètres cubes, qui correspond à une prise d'eau
de 1 litre par seconde pour 1 hectare pendant 6 mois, est
trop fort pour la plupart des prairies. Les chiffres ci-dessus
sont d'ailleurs relatifs à une année sèche et à des prairies
à sous-sol argileux.

Voici maintenant les quantités d'eau employées dans divers pays, principalement d'après un résumé donné par M. Belgrand dans un excellent mémoire inséré en 1852 dans les *Annales des ponts et chaussées*, et d'après quelques autres mémoires publiés dans ce même recueil.

1° *Roussillon*. Dans les Pyrénées, M. Mescur de Laspianes estime la consommation moyenne d'un hectare à 8,000 mètres cubes.

Dans leurs rapports sur les canaux d'arrosage, notamment sur les dérivations du Tech et de la Thet, les ingénieurs ont été généralement d'avis que le débit d'eau d'un litre par seconde était plus que suffisant pour les besoins d'un hectare.

M. Nadault de Buffon dit que, dans ce pays où l'on ne fait pas en grand de culture maraîchère, comme en Provence, on use des quantités d'eau moindres que celles qui viennent d'être indiquées à la page précédente. Bien que l'on opère sur un terrain à sous-sol de gravier, et, par conséquent, assez perméable, les quantités d'eau consommées par arrosage et par hectare atteignent rarement 320 à 350 mètres cubes, soit en moyenne, pour douze arrosages, 4,500 mètres cubes, ce qui représente en écoulement continu un débit de $0^l.5$ par seconde.

M. Jaubert de Passa donne une évaluation encore moindre. Sur les territoires de Rivesaltes, Vinca, Elne, Perpignan, le débit moyen usé par hectare est seulement de $0^l.169$, ce qui correspond à 2,626 mètres cubes par saison.

2° *Provence*. Les agriculteurs de la Crau pensent que, dans un été sans pluie, il faut par hectare de prairie quinze ou seize arrosages de 800 mètres cubes chacun, ce qui fait 12,000 à 12,800 mètres cubes par saison et par hectare.

Les ingénieurs des départements des Bouches-du-Rhône

et de Vaucluse adoptent le débit moyen d'un litre par hectare et par seconde, qui est admis en principe par le Conseil général des ponts et chaussées pour régler les divers volumes d'eau à dériver des fleuves et des rivières dans l'intérêt de l'agriculture.

Nous avons vu plus haut que, d'après M. de Gasparin, dans certaines parties de la Provence on consomme plus de 2 litres par seconde.

Dans un mémoire publié en 1834, M. Montluisant a émis l'opinion qu'un débit continu de 500 litres par seconde ne devait être regardé que comme convenable pour l'arrosage de 300 hectares Dans le projet du canal de Mérindol, on avait estimé la quantité d'eau nécessaire aux prairies à 15,000 mètres cubes par saison.

5° *Piémont.* Dans les provinces de Verceil et d'Ivrée, on admet généralement que 22 litres par seconde suffisent à l'irrigation de 19 à 23 hectares.

4° *Lombardie.* L'administration centrale des travaux publics de Milan estime que l'once milanaise, d'environ 42 litres, suffit à arroser une surface de terrain dont l'étendue, en mesures françaises, peut être évaluée à 45 hectares. Cette eau est appliquée en plus ou moins grande quantité aux diverses cultures, ainsi qu'il suit d'après un mémoire de M. Baumgarten (1854). Les *prés stables* ont besoin d'eau à des intervalles d'une à deux semaines, et pendant quelques heures seulement chaque fois. Les *marcites*, ou prés d'hiver, reçoivent un arrosage continu en hiver. Le *froment* et le *seigle* ne sont jamais arrosés ; ils n'en ont pas besoin ; on les sème en octobre et on les récolte en juin. Les *maïs*, ainsi que tous les produits semés au printemps et se développant durant l'été, ont besoin d'eau, moins que les marcites, mais plus que les prés ordinaires, parce que le sol déchiré par la charrue est plus meuble, et que les herbes ne le protégent pas autant contre l'évaporation. Les *rizières* sont arrosées depuis le commencement de la semaille jusqu'à la récolte, c'est-à-dire d'avril en septembre; seulement, on suspend l'arrosement pendant quelques jours, aussitôt que la graine a poussé, afin de laisser prendre de la force aux racines, et on l'arrête quelques jours avant la moisson, pour faire sécher un peu le terrain et laisser mieux mûrir le riz : l'eau reste immobile sur le sol, on lui donne une épaisseur uniforme de $0^m.26$, et on ne remplace que ce qui se perd par évaporation et infiltration. Le volume d'eau employé par les marcites est énorme; il est d'une once milanaise ou de 42 litres par seconde et par hectare; le même volume suffit pour arroser une surface double de maïs, une surface triple ou quadruple de prés simples; il suffit enfin pour entretenir couverte d'eau une étendue de 20 à 25 hectares, ce qui suppose une perte de $0^m.015$ de hauteur par 24 heures par filtration et évaporation. D'après M. Élie Lombardini, directeur des travaux publics du Milanais et membre de l'Institut de Milan, les rivières de la Lombardie fournissent une irrigation de 360 mètres cubes par seconde, ou de 30 millions par 24 heures.

5° *Algérie.* D'après des expériences rapportées par M. Maurice Aymard, dans un mémoire sur les irrigations de la Métidja et les cours d'eau de l'Atlas (1853), la quantité d'eau nécessaire pour l'irrigation des cultures auxquelles on se livre dans la haute Métidja, au pied de l'Atlas, peut être fixée, en débit continu, par seconde et par hectare, de la manière suivante :

$1^l.650$ pour les jardins maraîchers,
$0^l.825$ pour les orangeries,
$0^l.393$ pour les tabacs,
$0^l.177$ pour les maïs.

Il est admis en principe, à Blidah, que, pour les jardins

maraîchers, l'irrigation doit avoir lieu deux fois par semaine; c'est une période de rotation consacrée par l'expérience des siècles.

Il résulte des données de la pratique journalière que l'hectare d'orangerie exige, pour chaque arrosage, autant d'eau que l'hectare de potager, mais que l'orangerie n'a besoin que d'un arrosage par semaine. Les orangers se replantent à Blidah au bout de 3 ou 4 ans de pépinière. L'espacement qui paraît le plus convenable au développement de l'arbre est de 6 mètres, de telle sorte qu'un hectare contient de 250 à 300 arbres.

Le tabac se sème dans le courant du mois de janvier, et l'on fait les repiquages vers la fin du mois de mars. Cette culture donne deux récoltes : la première dans le courant de juillet, la deuxième fin de septembre. On arrose quatre ou cinq fois avant la première récolte, et un peu plus souvent entre la première et la deuxième, ce qui correspond à peu près à un arrosage par quinzaine. Les indigènes cultivent de temps immémorial le tabac dans les parties du territoire susceptibles d'être arrosées, et ils ont l'habitude d'inonder leurs plantations pour augmenter les dimensions des feuilles; les agents français du service de la culture des tabacs luttent contre cette tendance qui paraît diminuer la saveur du produit. Aussi il y a d'assez grandes variations dans les quantités d'eau employées aujourd'hui. On met de 7 à 21 jours d'intervalle entre chaque arrosage, et le volume d'eau dont on se sert pour l'irrigation d'un hectare, exprimé en débit continu, est de $0^l.26$ à $0^l.60$ par seconde.

Le maïs se sème vers le mois d'avril, et la récolte s'en fait en août ou en septembre. On fait un arrosage tous les dix à quinze jours, et le volume d'eau nécessaire, exprimé en débit continu, varie de $0^l.09$ à $0^l.26$.

6° *Hautes-Alpes.* Un mémoire sur les arrosages publié

en 1821 par M. Farnaud estime que dans les prairies des Hautes-Alpes on répartit dans les mois de juin, juillet et août, une hauteur d'eau de $0^m.48$, ce qui correspond à 1,600 mètres cubes par mois, et à un débit continu de $0^l.62$ par seconde pendant une saison de trois mois. L'eau perdue par évaporation et par filtration s'élèverait à un seizième de la quantité employée.

7° *Isère*. Les eaux abondant dans l'Isère, on s'y rend peu compte des volumes nécessaires à l'irrigation, et on est disposé naturellement à en user au delà des besoins réels.

8° *Vosges*. La dépense d'eau en irrigation dans les Vosges est excessive. Selon M. Perrin, arpenteur et architecte à Remiremont, l'arrosage d'une des plus belles prairies du pays, d'une étendue de 22 hectares, consomme $1^{mc}.440$ d'eau par seconde, soit 5,655 mètres cubes par hectare et par 24 heures, dont 4,655 mètres cubes s'écoulent par les colateurs. Ces nombres correspondent à un débit continu de 65 litres par seconde et par hectare, dont 11 litres sont absorbés par la prairie et 54 sont rendus aux colateurs.

En 1767, la ville de Remiremont a concédé les eaux qui s'échappaient du canal de fuite du moulin communal, pour transformer en prairies 60 hectares de terrains à peu près sans valeur. Le partage des eaux de ces prairies, dites du Grand-Pont, a été réglementé par un jugement du tribunal; il est régulier et surveillé par un garde spécial. Il est basé sur une portée du canal de $3^{mc}.60$, mais en réalité il n'est que de 3 mètres cubes par seconde. Cela correspond pour 60 hectares à 50 litres par seconde. Lors du partage, on n'a pas trouvé cette quantité d'eau suffisante, et on a préféré avoir recours à deux périodes pour répandre à la fois 100 litres par seconde et par hectare, soit une hauteur d'eau de $0^m.864$ en 24 heures.

9° *Moselle*. M. Foltz, dans un mémoire sur les irrigations

des prairies des bords de la Moselle, donne des chiffres encore supérieurs à ceux qui viennent d'être rapportés. Ces énormes consommations d'eau s'expliquent par la nature du sol qui est formé de graviers sur lesquels les prairies ont été créées. Voici quelques jaugeages effectués par M. Foltz en 1847.

La prairie de la Gosse, établie par les frères Dutac en 1828, était arrosée par un canal dont la section moyenne était de $4^{mc}54$ et la vitesse moyenne de 0.50, ce qui a donné $2^{mc}.27$ d'écoulement par seconde. Cette quantité d'eau arrosait sans intermittence 19 hectares. On avait donc par hectare 120 litres par seconde.

La prise d'eau dite des Trois-Communes, située au-dessous, et qui arrosait alors 40 hectares de nouvelle formation, avait pour section moyenne $6^{mc}.50$, pour vitesse moyenne $0^m.59$; la quantité d'eau fournie était donc de $3^{mc}.84$, soit 96 litres par seconde, l'arrosement étant aussi sans intermittence.

Une vanne de fond alimentant 20 hectares fournissait $1^{mc}.586$, ce qui correspond à 79 litres par seconde.

La prise d'eau alimentant l'arrosage de la prairie de Thaon, formée de 1835 à 1837, et d'une contenance de 200 hectares, avait $12^{mc}.24$ de section, la vitesse moyenne étant de $1^m.06$, ce qui correspond à un écoulement de $12^{mc}.97$, ou de 65 litres par seconde. L'arrosement s'y faisait en deux périodes, de telle sorte que chaque hectare recevait à son tour 130 litres par seconde, la prairie étant divisée en deux parties arrosées alternativement.

10° *Normandie*. Les irrigations ne sont guère employées en Normandie que dans les vallées crayeuses à sous-sol perméable. Selon M. Belgrand, on peut évaluer ainsi qu'il suit la quantité d'eau usée par les arrosages dans la vallée de l'Avre, affluent de l'Eure. La rivière d'Avre a peu de crues;

son débit moyen dans la saison chaude est de 3 mètres cubes par seconde, qui sont employés à arroser 1,000 hectares. Les irrigations durent 22 semaines et absorbent toute l'eau de la rivière pendant 69 heures par semaine, plus le contenu des biefs, qu'on évalue à 6 heures de débit. Il y a ainsi 17,820,000 mètres cubes d'eau employés. Chaque parcelle a droit à deux irrigations par semaine ; il y a donc en tout par hectare 44 arrosages. Chaque hectare reçoit en conséquence par arrosage 405 mètres cubes d'eau, ce qui correspond à une hauteur d'eau de $0^m.04$ environ chaque fois. La saison d'arrosage étant de 5 mois, la quantité d'eau consommée correspond à un débit continu de $13^l.7$ par seconde et par hectare. « Cette exagération des irrigations, dit M. Belgrand, rend le sol des prairies toujours humide, même au moment de la fenaison. » Mais on ne doit pas oublier que le sous-sol est perméable.

11° *Yonne.* M. Belgrand a cherché à se rendre compte de l'eau usée par l'arrosage d'un pré de l'arrondissement d'Avallon, à sol et à sous-sol argileux. Ce pré a une contenance de 9 hectares; il est irrigué avec l'eau d'une source dont le débit est de $1^m.57$ par seconde. La quantité d'eau consommée par les 9 hectares, pendant 4 mois d'irrigation de printemps et d'été ou 10,400,000 secondes, est donc de 14,248 mètres cubes, ou 1,585 mètres cubes par hectare, ce qui fait une hauteur d'eau totale de $0^m.1583$. Si, au lieu d'une irrigation continue, on opérait six irrigations intermittentes, comme on le fait dans d'autres localités de l'Yonne, on aurait 264 mètres cubes, par irrigation et par hectare, et chaque fois une hauteur d'eau de $0^m.0264$.

M. Rosat de Mandres a trouvé que dans la vallée de l'Ouanne, entre Leugny et Toucy, on arrose très-bien des prairies sur des sols de grès verts avec une couche d'eau variant de $0^m.0278$ à $0^m.0312$.

12° *Vallée de l'Hozain.* « L'Hozain, dit M. Belgrand, coule dans une vallée de grès verts qui débouche dans la Seine un peu en avant de Troyes. Une riche plaine d'alluvions forme le fond de la vallée dans la partie où elle se rapproche de la Seine, et une partie de ces alluvions est couverte de prairies. L'Hozain, dont les crues sont très-fortes, a, par contre, un débit d'étiage très-faible, et les propriétaires des prairies qui ont des droits d'usage sur ses eaux en disposent en totalité chacun à leur tour. Il résulte de là que les intermittences des irrigations sont très-longues, et que chaque propriétaire peut rarement arroser plus de deux fois au printemps et deux fois en été. La quantité d'eau usée par chaque irrigation est énorme. Voici des renseignements donnés à ce sujet par un des usagers. Sa vanne de prise d'eau a $1^m.50$ de largeur, la tranche d'eau a $0^m.30$ de hauteur; le débit par seconde est donc d'environ 390 litres. La surface de prés arrosée est de 16 hectares, et il faut, lorsque le temps est sec, 40 heures au moins pour remplir les rigoles. La quantité d'eau débitée pendant ce temps est de 56,160 mètres cubes; c'est comme si on couvrait le pré d'une couche d'eau de $0^m.351$ d'épaisseur. Les quatre irrigations de printemps et d'été peuvent donc user une couche d'eau de $1^m.404$ d'épaisseur par mètre carré, soit 14,040 mètres cubes par hectare. Si le temps des irrigations se prolongeait, comme dans les vallées perméables de Normandie, pendant 22 semaines, ce volume de 14,040 mètres cubes correspondrait à un débit de $1^l.05$, de sorte qu'avec un débit continu d'un mètre cube on arroserait environ 1,000 hectares. On voit donc que les 4 irrigations de la vallée de l'Hozain usent autant d'eau à peu près que les 44 irrigations de la vallée de l'Avre. Elles produisent bien moins d'effet. »

13° *Département de l'Ain.* Puvis conscille (*De l'emploi des eaux en agriculture*) de donner au moins 0^m.10 d'épaisseur d'eau aux prairies par 24 heures, en moyenne 0^m.20, et 0^m.30 au maximum, le nombre des jours d'arrosage étant de 25 à 30. L'évaluation de 0^m.20 en 24 heures et de 25 jours d'irrigation correspond à 50,000 mètres cubes par saison, et à 3^l.21 par seconde et par hectare en écoulement continu. Ces nombres sont très-considérables, mais il faut remarquer que toute l'eau n'est pas employée, et qu'après l'irrigation une grande partie reste disponible, et est rendue par les colateurs pour servir aux terrains inférieurs.

14° *Allemagne.* « Les auteurs allemands qui ont écrit sur la quotité d'eau nécessaire aux irrigations, dit Puvis, sont d'accord pour dire qu'elle varie suivant la qualité des eaux, la saison dans laquelle on les distribue, suivant la nature du sol, sa pente et sa position. Schenck, un de ceux qui ont le mieux réussi la pratique des irrigations de Siegen, pose pour principe qu'un pré humide doit recevoir moitié en sus d'eau qu'un pré sain, et un pré marécageux le double. Quant à la quantité d'eau de chaque irrigation, Zeller, secrétaire perpétuel de la Société d'agriculture de Hesse, pense que la quantité d'eau à donner à une prairie en 24 heures doit s'élever à une couche de 0^m.13 à 0^m.25 sur toute la surface, et que 0^m.05 ne feraient que détremper le terrain. Si l'on prend 0^m.18 comme une moyenne suffisante qui se répète en 26 arrosements, on aura sur toutes les surfaces 4^m.5 de hauteur d'eau...

« M. de Westerweller, ancien ingénieur hydraulique du duché de Hesse-Darmstadt, pense que, quelque faible que soit la quantité d'eau dont on peut disposer, il y a toujours grand avantage à ne pas la laisser perdre; il a vu, à Eppenheim, grand-duché de Hesse, un pré de 435 hectares arrosé par un cours d'eau donnant un débit de 500 litres par seconde;

le pré était divisé en 14 lots de 30 hectares et demi chacun, qui s'arrosaient tous les 14 jours, en sorte que, dans
les 200 jours d'irrigation favorable, chaque lot en avait
14, et recevait sur sa surface 43,200 mètres cubes d'eau
par jour, ou une couche de $0^m.14$, quantité qui surpasse
de bien peu le minimum demandé par Zeller. Ces 14 arrosements ne font sur toute la surface qu'une hauteur de
$1^m.96$, qui n'est pas moitié de celle de $4^m.5$ indiquée plus
haut...

« Dans l'irrigation de l'étang Coriant qu'a établie M. de
Westerweller dans le département de l'Ain, le cours d'eau
débite 8 mètres cubes par minute, et arrose à la fois 6 hectares et demi, il fournit par conséquent 11,520 mètres cubes par jour, qui, répartis sur toute la surface, forment une
couche de $0^m.17$: le nombre des jours d'irrigation étant de
40 à 50 pour chaque portion de la prairie, cela fait 7 à
8 mètres de hauteur par an. »

Résumé. On voit, d'après les détails qui précèdent et en
laissant de côté les irrigations sans intermittence et le cas
de création de prairies sur des graviers, que la quantité
d'eau nécessaire pour chaque irrigation d'un hectare varie
en hauteur de $0^m.02$ à $0^m.35$, c'est-à-dire en volume de
200 mètres cubes à la quantité énorme de 3,500 mètres
cubes.

Le nombre des arrosages ne varie pas dans des proportions moindres; de 4 dans la vallée de l'Hozain, il se monte
à 44 dans la vallée de l'Avre, en passant par tous les nombres intermédiaires, le cas des cultures où on a recours à
l'écoulement continu étant d'ailleurs laissé encore de côté.

En prenant des nombres moyens, on peut admettre, avec
M. Belgrand, que, dans le centre de la France, les données
suivantes satisferont aux conditions les plus ordinaires :

a. Dans les prairies à sous-sol argileux, on fera 6 irrigations ; la première irrigation d'été après la fenaison, absorbera 2,000 mètres cubes, chacune des autres irrigations 400 ; le volume total usé sera de 4,000 mètres cubes ;

b. Dans les prairies granitiques, et dans les prairies à sous-sol perméable qui forment le fonds de beaucoup de vallées, la première irrigation d'été après la fenaison absorbera aussi 2,000 mètres cubes, et les autres en useront 400 ; mais il y aura 20 irrigations, de telle sorte que le volume total employé sera de 9,600 mètres cubes.

D'après les usages locaux, sanctionnés par une longue pratique, dans les pays méridionaux, la quantité totale d'eau par saison pourra varier de 2,500 mètres cubes à 15,000, et les nombres d'arrosages de 10 à 24, selon la nature de culture.

Les quantités d'eau sont beaucoup plus considérables quand il s'agit de créer et d'entretenir des prairies sur des graviers ; alors la hauteur d'eau totale employée est de 4 à 10 mètres, et le volume de 40,000 à 100,000 mètres cubes.

La quantité d'un litre par seconde et par hectare en débit continu, qui correspond à 86^{mc}.4 par jour, à 2,591 mètres cubes par mois, à 15,552 mètres cubes par saison de 6 mois et qui est adoptée par l'administration des travaux publics comme base des allocations à demander aux canaux d'arrosage, satisfait très-largement au plus grand nombre des nécessités de l'agriculture la plus exigeante ; la moitié, ou 0^{l}.5 par seconde et par hectare, est suffisante pour les grandes entreprises d'irrigations bien dirigées, les prairies ayant de 5,000 à 8,000 mètres cubes, les jardins le triple, les céréales et les autres cultures la moitié.

CHAPITRE V

Réservoirs, Digues.

Pour que les arrosages intermittents aient toute leur efficacité, il est nécessaire qu'ils s'effectuent chaque fois dans un temps assez court. L'irrigation ordinaire par déversement doit se faire dans l'espace de moins d'une heure, c'est-à-dire que, pour la hauteur d'eau minimum de $0^m.02$ à $0^m.05$, il faut avoir dans ce temps 200 à 500 mètres cubes d'eau disponibles au moins, ou un écoulement de 56 à 83 litres par seconde. On comprend, d'après ce chiffre, qu'un cours d'eau fournissant amplement toute l'eau nécessaire aux irrigations, c'est-à-dire donnant $0^l.5$ à 1 litre en écoulement continu en six mois, ne pourrait cependant pas satisfaire aux besoins de l'agriculture. Mais, si, au fur et à mesure que la source coule, on emmagasine l'eau dans des réservoirs d'où il soit facile de la laisser échapper dans le temps voulu, toute difficulté est levée.

« Si la construction des réservoirs, dit M. Nadault de Buffon, est indispensable pour permettre l'emploi des irrigations des plus petits volumes d'eau, elle influe dans tous les cas de la manière la plus utile, et pour une autre raison, sur la diminution du volume d'eau à dépenser à chaque arrosage, c'est-à-dire que, les réservoirs se trouvant presque toujours placés à proximité du terrain irrigable, l'absorption dans les rigoles d'amenée est presque nulle. Or, quand celles-ci ont un grand développement, et ne servent que d'une manière interrompue et périodique, elles peuvent absorber la moitié du volume à dépenser... L'expérience prouve journellement que 500 mètres cubes, mis, comme on le désire, et d'une manière toujours opportune, dans un réservoir, sont souvent préférables au double de ce volume, qu'il faut recevoir à jours et à heures fixes, et qui n'arrive qu'après avoir fourni un large contingent aux pertes et infiltrations dans un long parcours de rigoles, dont l'entretien est en outre très-coûteux. »

Ajoutons encore que rien n'est plus rationnel que de créer de vastes réservoirs où l'on puisse recueillir l'eau dans les saisons où elle abonde, pour s'en servir en fécondes irrigations aux époques de chaleur et de sécheresse.

Les anciens avaient compris, dès les temps les plus reculés, l'importance des réservoirs pour l'agriculture. Un grand nombre de réservoirs étaient distribués le long du cours supérieur et du cours moyen du Nil. L'Inde, la Perse, l'Assyrie, la Palestine, la Chine, l'Arabie, présentent des restes admirables d'immenses travaux accomplis pour recueillir les eaux et les répartir en arrosages destinés à fertiliser le sol où florissaient les plus antiques civilisations. Qui ne connaît les noms du lac Mœris, des réservoirs de Memphis, de Méroë, de Cophtos, d'Hermontis? Des centaines de millions de mètres cubes étaient emprisonnés dans des bassins qui occupaient des vallées entières et qui étaient reliés par des canaux se ramifiant en mille artères pour porter en tous sens la fécondité. Ces monuments merveilleux de la plus haute utilité publique, légués à la postérité, servent encore aujourd'hui à entretenir la vie dans des régions où la barbarie semble avoir posé le pied pour bien des siècles encore, si la vapeur, l'électricité, les chemins de fer, de nouvelles découvertes plus étonnantes que peut-être nous réserve l'avenir, ne donnent pas aux peuples d'Occident la puissance de vaincre l'apathie et l'inertie des peuples d'Orient. Il nous appartient dans tous les cas d'imiter de si belles entreprises. N'est-il pas vrai

que l'agriculture est la dernière des industries qui dispa-
raît du sol, comme elle est la première qui s'y implante?
Les monuments qui survivent en plus grand nombre de
l'histoire du passé sont ceux consacrés à l'arrosage.

Nous ne nous arrêterons pas davantage sur l'importance qu'avait chez les peuples anciens la construction
des réservoirs; on peut en faire une étude approfondie
dans le grand ouvrage de M. Jaubert de Passa. Nous devons
passer à l'indication du petit nombre des réservoirs modernes qui sont appropriés aujourd'hui à l'irrigation. Nous
disons que nous n'aurons à en citer qu'un petit nombre,
parce que la plupart des réservoirs qui existent en Europe
sont destinés à pourvoir uniquement aux besoins de la
navigation et des usines; le commerce et l'industrie ont
exigé qu'on leur sacrifiât presque partout l'agriculture.

« Les réservoirs de la Motte d'Ayques, dans le département des Bouches-du-Rhône, et celui de Caromb,
dans le département de Vaucluse, dit M. Nadault de Buffon,
sont les principaux réservoirs que nous ayons en France
pour l'irrigation. Leur capacité respective ne dépasse pas
500,000 mètres cubes d'eau; mais, comme les eaux des réservoirs sont en général dépensées avec beaucoup d'économie, ces deux bassins rendent de grands services à la culture arrosée de cette région méridionale. Cinq ou six autres
réservoirs d'arrosage d'une moindre importance sont en
outre en activité dans divers départements, et les propriétaires qui les ont établis trouvent tous dans leur emploi un
ample dédommagement de leurs avances. »

On cite trois ou quatre réservoirs en Espagne, d'une très-
grande capacité, et situés dans les profonds vallons formés
par les contre-forts des Pyrénées. Plusieurs réservoirs ont
été établis vers la fin du siècle dernier, en Piémont, notamment ceux de Tornovasio, de Galinia, de Praloti, etc.;

ils fournissent plusieurs millions de mètres cubes d'eau distribués chaque année pendant la saison des arrosages.

Les lacs, les étangs, peuvent être aménagés, et ils le sont dans plusieurs parties de l'Italie, de manière à servir de réservoirs naturels pour l'arrosage des plaines inférieures.

Les ingénieurs des ponts et chaussées ont fait pour la France différents projets de création de vastes réservoirs pour l'irrigation; mais jusqu'à présent, soit par suite de l'opposition des usiniers, soit à cause de l'indifférence coupable des agriculteurs, soit par la faute des circonstances qui ont détourné les esprits des grands travaux publics agricoles, aucune des opérations proposées n'a reçu même un commencement d'exécution. Il s'agirait de quatre distributions des eaux de la Neste dans les départements de la Haute-Garonne, des Hautes-Pyrénées et du Gers, en créant des bassins de retenue contenant de 300,000 à 400,000 mètres cubes, et situés sur le plateau de Lannemezan, dans les gorges des montagnes de Vielle et dans les parties supérieures des vallées de la Longe et de la Baïse. Il s'agirait aussi de perfectionner les arrosages de l'ancienne province du Roussillon, en créant dans les parties supérieures des vallées de la Tet et du Tech des réservoirs que les dispositions des lieux dans les Pyrénées-Orientales rendraient faciles à construire, et qui pourraient fournir à l'irrigation plus de 20 millions de mètres cubes d'eau. Enfin il existe des lacs dont il serait possible, sans de trop grands frais, d'utiliser les eaux pour l'agriculture; tel est par exemple le lac de Paladru, situé dans le département de l'Isère, sur un des plateaux formant le premier gradin des Alpes dauphinoises. Ce lac de Paladru donne naissance à la petite rivière de Fure, qui ne sert qu'à alimenter des usines; ses eaux pourraient en même temps servir à arroser de 1,500 à 2,000 hectares, si l'on faisait quelques travaux qui amélioreraient d'ailleurs le régime de la rivière et ne nuiraient en rien aux fabriques échelonnées sur son parcours. Le lac Bleu, dans les Hautes-Pyrénées, à l'extrémité supérieure de la vallée de l'Erponne, pourrait aussi fournir à l'Adour un supplément d'eau qui rendrait les arrosages faits avec cette rivière bien plus productifs, car elle présente souvent en été un véritable épuisement. Enfin partout où il y a des étangs, dans la Meuse, dans la Dombes, le Forez, la Sologne, la Brenne, le Morvan, la Puisaye, etc., les eaux devraient être aménagées de manière à alimenter des canaux qui parcourraient des prairies créées à la place de vastes étendues marécageuses, et porteraient partout la richesse en faisant disparaître d'immenses foyers pestilentiels, en chassant pour jamais la misère et la fièvre. Quelques réservoirs suffiraient pour retenir l'eau sans lui permettre d'engendrer des miasmes putrides, et le sol occupé par l'élevage peu productif du poisson se couvrirait d'une luxuriante verdure.

Quelques propriétaires et agriculteurs ont donné l'exemple de la construction de réservoirs qui méritent d'être cités. Nous placerons en première ligne les travaux faits par M. d'Angeville, le promoteur de la loi de 1845 sur les irrigations. « M. d'Angeville, dit M. Pareto (*Irrigation et Assainissement des terres*, p. 564), a établi son irrigation dans la commune de Louprès, département de l'Ain. Il a placé ses réservoirs dans la gorge d'une montagne, et la différence de niveau entre les trois étangs est énorme. Leurs superficies réunies donnent près de 5 hectares, et leur capacité 78,000 mètres cubes. La profondeur maximum est de 5m.8. Ces réservoirs se remplissent simplement avec les eaux pluviales, et servent à l'irrigation de 40 hectares de prés. Les eaux versées sur les prés au moyen de plusieurs remplissages des étangs, montent à 159,000 mètres cubes.

Les étangs sont solidement établis. Leur construction et celle des rigoles mères reviennent à 500 fr. par hectare de pré irrigué. »

Nous mentionnerons en seconde ligne les irrigations à l'aide des seules eaux pluviales exécutées également dans le département de l'Ain par M. Westerweller, le lauréat de la grande prime d'honneur en 1859. Un réservoir accumule les eaux de pluie des saisons pluvieuses pour permettre de les employer en été.

En Auvergne, où les irrigations sont très-développées, on construit souvent des réservoirs destinés à des étendues de terrain assez restreintes, et par conséquent d'une moindre

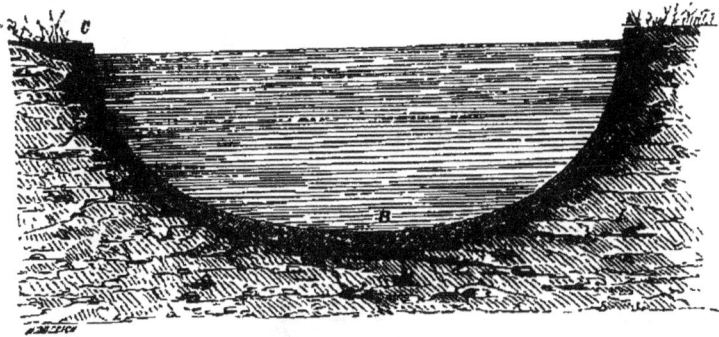

Fig. 477. — Réservoir en forme de cuvette pour les petites quantités d'eau.

dimension que ceux dont nous venons de parler. Ils sont employés à la fois pour accumuler l'eau de sources qui, autrement, ne pourraient pas en un temps suffisamment court servir à un arrosage efficace, et pour permettre de mélanger au liquide des substances qui en augmentent l'action fertilisante. Des réservoirs de cette nature seront aussi en général nécessaires pour emmagasiner, si l'expression nous est permise, les eaux de drainage et les faire servir à l'irrigation de terrains placés plus bas.

Lorsque les réservoirs ne doivent recevoir qu'une petite

quantité d'eau, quelques dizaines de mètres cubes au plus, par exemple, on leur donne simplement la forme d'une cuvette (fig. 477), qui nécessite peu de frais. On doit disposer sur le fond du bassin une couche de terre glaise A B C d'une épaisseur de 0^m.15 à 0^m.30, qui suffit pour le rendre à peu près imperméable.

Mais, quand le réservoir doit contenir un plus grand volume d'eau, il faut avoir recours à une maçonnerie sèche A C, B D (fig. 478) sur les quatre côtés latéraux ; entre cette muraille

Fig. 478. — Bassin avec murailles en pierres sèches et corroi de terre glaise.

et le terre-plein et dans le fond du réservoir on pose un corroi en terre glaise bien soigné MM′ M″. Le corroi M′ M″ est monté en même temps que les murs; la glaise est pétrie avec soin par des ouvriers qui ont l'habitude de ce travail, et qui se servent à cet effet d'un pieu ayant la forme indiquée par la figure 479. La pâte de ce corroi doit être très-homogène, et avoir été chargée d'une humidité bien également répartie. C'est elle

Fig. 479. — Pieu pour corroyer la terre glaise dans la construction des réservoirs.

qui doit s'opposer aux pertes d'eau par les infiltrations. Le fond du réservoir doit présenter une assez forte pente vers le point où sera placée la bonde. Cette inclinaison est destinée à empêcher les dépôts sédimentaires de s'accumuler sur aucune partie du réservoir. On a soin de brasser l'eau jusqu'au fond avec des perches à maillets, lorsqu'on lève la bonde pour obtenir la vidange. Cette précaution est surtout indispensable lorsqu'on jette du fumier dans les réservoirs.

Lorsqu'il s'agit de très-grands réservoirs, les constructions précédentes deviennent insuffisantes.

La capacité des réservoirs dépend surtout du volume d'eau qu'il est possible d'y amener; lorsqu'on est certain d'avoir autant d'eau qu'on le désire, cette capacité est réglée par la surface à irriguer. Si n est le nombre d'hectares à arroser et q le volume d'eau nécessaire par hectare pour l'irrigation pendant toute une saison, nq sera la capacité du réservoir. Si l'on peut remplir le bassin entre deux arrosages successifs, et que l'on fasse par saison m arrosages, la capacité du réservoir se réduit à $\frac{nq}{m}$. On voit qu'il est difficile de donner des règles absolues sur cette question, et qu'il faut se décider d'après les circonstances particulières au milieu desquelles on se trouve placé.

Dans le cas où l'on ne peut compter que sur les eaux pluviales pour l'alimentation d'un réservoir, on doit faire ses calculs, afin de rester plutôt en dessous qu'au-dessus de la vérité, en admettant qu'on ne recueillera, ou du moins qu'on ne pourra utiliser en arrosages que le quart de l'eau de pluie qui tombe annuellement en moyenne dans la contrée. Ainsi à Paris il tombe moyennement par an 580 millimètres de pluie, cela veut dire 5,800 mètres cubes par hectare, en un an; mais on ne peut compter que sur 6 mois d'approvisionnement; la quantité disponible se réduit donc à 2,900 mètres cubes, sur lesquels l'évapo-

ration et les filtrations ne permettront de conserver que
la moitié, ou 1,450 mètres cubes, à peu près la quantité nécessaire pour l'irrigation d'une surface précisément égale à un hectare, d'après le chiffre moyen adopté
par l'administration des travaux publics (à peu près 1 litre
d'écoulement constant par seconde en six mois; voir le
chapitre précédent, p. 250) On sait du reste, d'après les jaugeages des eaux écoulées par le drainage, combien le rapport de la quantité d'eau qu'on peut recueillir à celle de la
pluie tombée varie selon la nature des terrains (Voir le livre IX, p. 151 à 177 de ce volume.)

En résumé, des réservoirs construits de manière à renfermer 1,500 à 2,000 mètres cubes satisferont à l'arrosage
d'un hectare, même dans les circonstances les plus défavorables.

Pour la construction des réservoirs, il ne faut pas donner
moins de 1^m.75 à 2 mètres de hauteur au-dessus de la bonde;
on a des réservoirs ordinaires, quand cette épaisseur d'eau
ne dépasse pas 5 mètres; les réservoirs deviennent très-pro-
fonds quand la hauteur au-dessus de la bonde atteint environ
10 mètres ou au delà. Il est évident que plus la profondeur
est grande pour une capacité donnée, moins la surface occupée est considérable, puisque le volume de l'eau est le
produit de la multiplication de l'un de ces éléments par
l'autre. La construction des réservoirs ordinaires est en général plus facile et moins coûteuse que celle des réservoirs
de grande profondeur et de très-grande capacité. En général aussi, on doit préférer l'emploi de plusieurs réservoirs
plus petits à celui d'un réservoir unique et très-considérable,
parce que les réparations se feront avec moins de gêne et
causeront moins de dommages, et parce que les rigoles
d'amenée ont alors moins de longueur et occasionnent des
pertes d'eau plus faibles.

Le choix d'un bon emplacement pour les réservoirs est de la plus haute importance. Il faut qu'ils soient situés dans les parties hautes des propriétés pour permettre d'irriguer une étendue de terrain suffisamment grande; il faut aussi cependant qu'ils reçoivent des sources, les dérivations d'une rivière ou de ruisseaux, les eaux pluviales des terrains supérieurs. Il est essentiel d'avoir un sol aussi imperméable que possible, mais une imperméabilité complète n'est pas nécessaire; il faut seulement éviter les terrains crayeux ou sableux, des rochers fendus, des galets, en donnant la préférence aux endroits bien engazonnés et dont les végétaux naturels, tels que les joncs ou les laiches indiquent de l'argile. Enfin on doit chercher une place telle qu'on n'ait à exécuter que peu de mouvements de terre, et que la digue n'exige que peu de développement. On se détermine à cet effet par la présence de coteaux contre lesquels on peut prendre un appui, ou par celle de plis de terrain qui n'auront pas besoin de terrassements considérables pour devenir de véritables cuvettes.

Les digues faites avec une très-bonne terre sont souvent suffisantes, et n'ont pas même besoin de la maçonnerie et du corroi que nous avons indiqués précédemment. Quand la surface du réservoir doit être très-considérable, il faut donner à la paroi interne de la digue, non pas la forme d'un plan vertical ou même d'un talus-plan incliné, mais mieux une courbure cylindrique concave à base de parabole; c'est la meilleure manière de briser la lame que les vents jettent avec violence contre les digues.

Les règles posées par les auteurs pour les dimensions des digues sont très-variables. M. Pareto nous a paru être l'ingénieur agricole qui a fourni sur ces questions les meilleures indications, toutes puisées sur l'observation d'un grand nombre d'étangs et de rivières remarquables par

leur durée et leur bonne construction. Selon M. Pareto, le
talus intérieur doit avoir une base égale à la hauteur de la
digue multipliée par 2.8. Si le réservoir est très-considérable, on donne à ce talus la forme concave que nous venons
d'indiquer, en prenant pour périmètre de la parabole le quo-
tient de la hauteur par le coefficient 2.8. Il y a ainsi une
économie notable de terrassement. Si l'on fait la digue simplement en terre, le clapotement de l'eau sur le talus plan
finit à la longue par lui donner cette même forme.

Le talus extérieur est plan ; on lui donne l'inclinaison
que prennent naturellement les terres meubles abandonnées
à elles-mêmes, c'est-à-dire $1^m.50$ de base pour chaque mètre
de hauteur.

Une épaisseur en tête de $1^m.50$ à 2 mètres est toujours
suffisante Cette tête doit d'ailleurs être élevée de $0^m.70$ au-
dessus de la hauteur de l'eau. En outre, au moment de la
construction, on donne au terrassement une hauteur d'un
vingtième en sus de la hauteur voulue, afin de parer aux
tassements qui s'effectuent toujours avec le temps.

Il faut à toute digue une fondation qu'on établit en enlevant le gazon, en creusant jusqu'au sous-sol et en appro-
fondissant au centre de 1 mètre de plus qu'aux bords.
Le fond de la fondation doit être raboteux, et à cet effet
on le travaille à la pioche en travers de la digue. On
tasse ensuite une terre bien émiettée et de bonne qualité, en employant des *demoiselles*. On ne se sert des
gazons qu'en revêtement et on en sème également sur
les talus. On ne plante des arbres qu'en dehors du talus
extérieur.

Si la terre avec laquelle on est forcé de faire la digue est
de trop mauvaise qualité, on doit avoir recours, comme le
conseille M. Polonceau, à un fort corroi en glaise ou même
en béton qu'on élève au milieu de la digue ; on peut même

15

y placer une rangée de palplanches (planches jointives)
enveloppées d'un corroi argileux.

Nous ne parlerons pas de la construction des digues en
maçonnerie, qui doivent être établies sur des fondations solides et même quelquefois bâties sur pilotis ; ce sont des
travaux qui sortent des applications purement agricoles,
que nous avons exclusivement en vue dans cet ouvrage.

CHAPITRE VI

Barrages, déversoirs, vannes

Lorsqu'un réservoir est alimenté par les eaux pluviales, il
faut le munir d'un déversoir pour éviter les débordements
par-dessus la digue, débordements qui la détruiraient. Si
l'alimentation se fait par un canal dérivé d'une rivière, on
peut toujours la régler en baissant la vanne de prise d'eau,
et par conséquent le déversoir a alors moins d'importance ;
mais il est encore absolument nécessaire d'en établir un pour
obvier aux dégâts qui résulteraient d'une crue d'eau, quand
c'est un ruisseau qui amène dans le réservoir la plus grande
partie de son eau. Dans ce cas même, comme il arrive souvent que le ruisseau charrie du limon, du sable ou du gravier qu'il faut éviter de conduire dans les étangs, on établit
un canal de ceinture à travers lequel on fait passer l'eau
avant de lui permettre de se jeter dans le réservoir. Un barrage est construit alors sur le ruisseau et sert lui-même de
déversoir.

Les barrages et les déversoirs sont construits de diverses
manières, en maçonnerie de pierres ou de briques, en
clayonnage, en bois, ou même avec de simples gazons, selon
l'importance de la masse d'eau à contenir. Les figures 480
et 481 représentent un barrage-déversoir facile à établir.

En MM (fig. 481), on a amoncelé des matériaux divers, tels que des pierres, du béton, des sacs de sable, ou même des mottes de gazon, et on les a recouverts d'une couche de glaise parfaitement corroyée; une même couche de glaise est corroyée sur une épaisseur suffisante au-dessous du lit occupé par l'eau. Deux madriers A et a' sont d'ailleurs placés transversalement au lit du ruisseau qu'il s'agit de barrer et maintenus chacun par trois pieux en chêne, ayant une hauteur de 1 mètre à $1^m.20$ Un dallage en larges pierres est enfin établi par-dessus le corroyage, de manière à s'appuyer de part et d'autre sur les deux madriers et à présenter une arête que l'on peut arrondir, les pierres doivent être rugueuses en dessous et garnies d'aspérités qui pénètrent dans l'argile sur la moitié de leur épaisseur environ. La hauteur HIh doit être calculée de manière que l'eau reste dans le réservoir à environ $0^m.70$ au-dessous du sommet de la digue. La longueur du déversoir, lorsqu'il est placé dans la digue elle-même, doit être calculée de telle sorte que la lame d'eau qu'il déverse n'ait pas plus de $0^m.15$ à $0^m.20$ d'épaisseur; dans les réservoirs ordinaires, dit M. Pareto, une longueur de déversoir de 3 à 4 mètres est suffisante.

Pour le cas où le déversoir est placé sur le ruisseau d'alimentation, on voit en K (fig. 480) l'ouverture du canal qui doit amener l'eau dans le réservoir; ce canal servirait à conduire directement l'eau dans les rigoles de répartition, si l'on pensait pouvoir se passer de réservoirs. Il faut alors avoir recours, comme pour les prises d'eau dans les canaux et les rivières, à un système d'ouvrages qu'on appelle écluses, empellements ou martellières. On établit un radier en maçonnerie (fig. 482), présentant un seuil horizontal et des murs verticaux disposés de manière à éviter les affouillements. A cet effet, on place en avant et en arrière des enrochements ou des pieux convenablement enfoncés de ma-

Fig. 480. — Plan d'un barrage-déversoir.

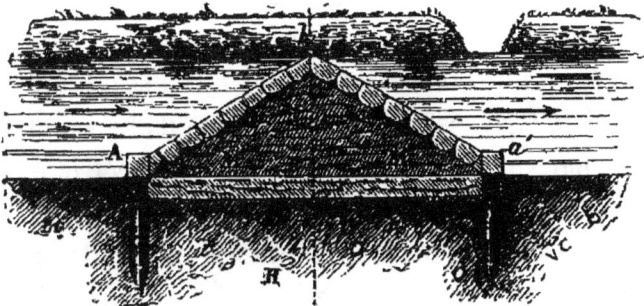

Fig. 481. — Coupe transversale d'un barrage-déversoir effectué suivant la ligne A a' du plan représenté par la figure 480.

nière à pouvoir établir des traverses AB, CD, formant le cadre dans lequel seront solidement assujetties les vannes de fermeture. Le radier sera recouvert d'un pavage en dalles,

Fig. 482. — Plan d'un empellement ou martellière.

et les parois latérales de l'écluse seront formées d'un mur en pierres sèches dont les joints pourront être avec avantage garnis de mousse; dans ce cas, on doit appuyer les pierres contre un corroi en terre glaise. On fait tous les parements en maçonnerie de chaux hydraulique, si l'ouvrage est un peu considérable.

On donne au radier une longueur à peu près égale à la largeur du canal. Aux deux extrémités, sont des empatements de 0^m.60 à 1 mètre de longueur, assis sur une fondation commune avec le radier. L'épaisseur des empatements doit être assez grande pour qu'ils ne soient pas emportés par les affouillements; elle doit être en général de 0^m.50 à 1 mètre.

Lorsque le canal n'a que 0^m.66 à 1 mètre de large, on le ferme à l'aide d'une seule pelle ou vanne (fig. 483). Dans le cas où la largeur est plus grande, on la partage en autant de divisions qu'elle peut contenir de fois un demi-mètre

ou deux tiers de mètre, plus l'épaisseur de petites piles intermédiaires faites en bois de charpente ou en pierres de

Fig. 485 — Canal fermé par une seule pelle.

taille très-dures; on a alors autant de jeux de pelles qu'on
a fait de divisions dans l'écluse (fig. 484).

Fig. 484 — Canal fermé par deux pelles.

Les pelles ou vannes $e f g h$ (fig. 485) ne sont autre
chose que des bouts de planches en chêne ou en autre bois
dur, assemblés les uns aux autres et cloués solidement sur
un ou deux manches du même bois. Elles doivent glisser
avec facilité dans des rainures verticales M N, M' N', pratiquées dans les empatements, dans les flancs des piles inter-

médiaires ou dans de simples poutrelles. Lorsqu'on donne aux vannes des dimensions plus grandes que celles qui

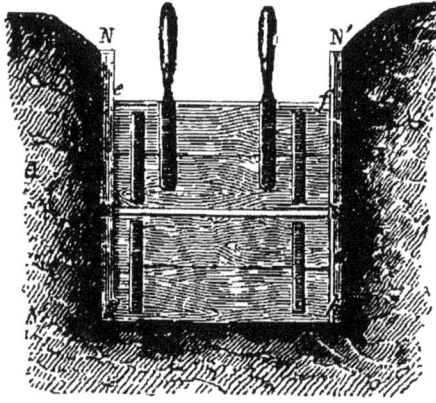

Fig. 485. — Vanne mobile à la main dans des coulisses.

viennent d'être indiquées, on ne peut plus les mouvoir à la main, et on doit avoir recours à de petits treuils et à une corde qui, s'accrochant en O (fig. 486), passe sur des poulies de renvoi convenablement disposées.

Fig. 486. — Vanne mue par des treuils.

Les martellières un peu considérables doivent être munies d'un chapeau formé d'une pièce de bois de charpente ayant environ $0^m.20$ d'équarrissage; cette pièce de bois est posée en travers du canal sur l'avancement supérieur des empatements dans lesquels elle est scellée. Le chapeau couronne ainsi l'ouvrage et en relie les deux parties opposées. La pièce de bois est percée du haut en bas d'autant de mortaises que la vanne doit contenir de pelles, afin de recevoir les queues de ces pelles qu'on arrête à la hauteur voulue à l'aide de chevilles (fig. 484). La division d'une martellière en plusieurs compartiments permet de fractionner la quantité d'eau qu'on veut écouler, puisqu'on peut ne lever qu'une partie des vannes. Cette division permet aussi à un seul homme de manœuvrer les pelles. En effet, l'effort à vaincre est égal à un nombre de kilogrammes qui est précisément celui du nombre de litres calculé en multipliant la surface mouillée de la vanne par la moitié de sa hauteur également mouillée. On conçoit dès lors qu'un irrigateur soit obligé d'avoir recours à des aides ou à des machines plus ou moins compliquées pour lever des vannes de trop grandes dimensions. Lorsqu'au contraire les vannes n'ont pas plus de $0^m 60$ à 1 mètre de large et autant de profondeur, il n'y aura à faire qu'un effort compris entre 100 et 150 kilogrammes au plus, effort que l'irrigateur pourra toujours produire avec la pioche ou un levier.

Le chapeau des martellières doit être placé assez haut pour que les pelles étant levées elles ne trempent pas dans l'eau. La hauteur de l'eau dans le canal limite par conséquent celle de l'écluse.

Toute vanne baissée retient l'eau à une hauteur déterminée par la différence de niveau entre le point de départ de l'eau et le point d'arrivée; cette hauteur peut être toujours facilement connue. On ne doit placer les ouvrages du genre de ceux que nous venons de décrire qu'en des endroits où ils n'exigeront pas de trop grandes dimensions, qui les rendraient très coûteux.

Il ne faut pas du reste croire que des constructions très-massives puissent seules rendre d'importants services. Il est possible de faire des écluses économiques sur de grandes dimensions avec de simples poutrelles. Ce genre d'écluse, très-employé dans les Pays-Bas, a été conseillé dès le commencement de ce siècle par de Perthuis; nous croyons devoir reproduire la description qu'il en a donnée : « Sur les bords du canal, on construit deux culées, soit en pierre, soit en bois, qui portent une forte rainure ou coulisse, profonde au moins d'un décimètre. Au fond du canal, entre les deux culées, on place une forte pièce de bois à demeure, qui forme la sole ou le radier de l'écluse. Au-dessus des culées, et dans le haut, on place une seconde pièce de bois, mais qui ne doit pas être d'aplomb sur la première, parce qu'il faut, comme on va le voir, que la rainure ou coulisse soit à découvert. Quand le canal a plus de 4 à 5 mètres de largeur, il faut placer entre les deux culées, et à égale distance, une pièce de bois assemblée dans celles du haut et du bas, et qui porte des coulisses parallèles à celles de chaque culée. Cette pièce mobile peut s'élever à volonté. Des poutrelles bien équarries et de longueur suffisante descendent dans la rainure ou coulisse; chacune porte un ou deux anneaux en fer. On multiplie les poutrelles à volonté. On descend une première poutrelle, en la plaçant dans les coulisses dont il vient d'être question; elle va se ranger sur la pièce de fond ou sole; on en descend une seconde, une troisième, etc. On peut poser où enlever ces poutrelles, l'une après l'autre, par le moyen d'un crochet de fer qui prend dans les anneaux. Une simple corde les retient par un bout, et elles vont d'elles-mêmes se ranger le long des bords du canal..... Par ces

moyens faciles, on devient entièrement maître de la circulation des eaux, on les retient, on les fait circuler, on les
porte à volonté dans telle ou telle partie, on facilite les irrigations, on précipite les eaux trop lentes par des *chasses*
de quelques heures, on a la plus grande facilité à curer telle .
ou telle partie des canaux. »

Pour utiliser la plus grande partie de l'eau d'un cours
d'eau, il est nécessaire de la retenir dans son lit naturel
ou artificiel à des hauteurs convenables; on divise à cet effet
son parcours en différents biefs par des barrages analogues .
à ceux que nous venons de décrire dans un autre but.
Lorsqu'on a affaire à un cours d'eau qui est navigable, on
doit joindre des écluses à sas à chaque barrage, afin que les
embarcations puissent descendre malgré les chutes brusques qui sont ainsi créées, les écluses à sas ne nuisant en
rien aux prises d'eau pour les irrigations.

Les barrages établis sur les cours d'eau torrentiels sont
sujets à de très-fortes crues, présentent de grands dangers,
produisent des inondations souvent désastreuses à cause de
la violence avec laquelle les eaux se précipitent de grandes
hauteurs. Pour éviter de si graves inconvénients, on a imaginé des barrages mobiles, qui sont un perfectionnement
des écluses à poutrelles décrites ci-dessus; ils ont l'avantage
de se démonter en quelques minutes, même quelques secondes. Tels sont les barrages mobiles de M. Thenard et de
M. Poirée, qui, établis, le premier sur l'Isle, le second sur
l'Yonne et sur la Seine, rendent de très-grands services.
Nous ne ferons qu'indiquer les principes de ces appareils,
parce que l'agriculture n'a pas à les construire, mais seulement à en demander de plus fréquentes applications.

Le barrage de M. Poirée se compose essentiellement de
fermettes ou cadres en fer de telles dimensions, qu'un
homme peut les soulever avec un crochet, lorsqu'elles sont

couchées sur le radier, les redresser en les faisant tourner autour d'une charnière, fixée au fond de la rivière par une maçonnerie, et les relier les unes aux autres par des barres de fer de forme convenable. On n'a alors qu'une espèce de croquis, d'esquisse du barrage; il faut remplir les cadres, les couvrir d'un revêtement qui s'oppose au passage de l'eau; c'est ce que font les éclusiers, qui apportent et implantent verticalement de petites planches ou *aiguilles*, de manière à en former une surface continue sur toute la largeur ou seulement sur une portion de la rivière. Quelques heures suffisent pour installer ou pour faire disparaître cet obstacle à l'écoulement des eaux.

Le barrage de M. Thenard s'efface ou se rétablit plus rapidement encore; mais il exige des frais de construction plus considérables. L'invention en repose sur deux observations très-simples : 1° une porte à charnière, couchée sur le fond d'une rivière d'aval en amont, se relève d'elle-même; il ne faut d'effort que pour que la rabattre contre l'action du courant; 2° une porte mobile en sens inverse, d'amont en aval, se rabat d'elle-même; il ne faut d'effort que pour la relever. En combinant les deux espèces de portes, en les accouplant, en plaçant sur deux lignes parallèles, à quelques centimètres de distance, les portes susceptibles de se rabattre seulement en aval et les portes susceptibles de se rabattre seulement en amont, il est possible de vaincre les difficultés très-grandes qui s'opposeraient à l'emploi de chaque système pris isolément. Arago a décrit avec une admirable lucidité les combinaisons ingénieuses qui ont résolu le problème : « Supposons, dit-il, le barrage complétement effacé, parce que le gardien de l'écluse, à l'approche d'une crue, a couché toutes les portes. La crue est passée; il faut relever les portes d'aval, celles qui, pendant les sécheresses, doivent rehausser le niveau de la rivière.

Chaque porte d'amont est retenue au fond de l'eau à l'aide
d'un loquet à ressort fixé à sa partie inférieure et s'accrochant à un mentonnet en fer, attaché invariablement à
une des longrines liées au radier. Le *déloquetage* de ces
portes s'effectue par l'intermédiaire d'une barre de fer glis-
sante, armée de redans, et manœuvrée du rivage avec une
manivelle et des roues dentées. Cette barre, en comprimant
les ressorts qui tiennent les loquets en place, les décroche
successivement. Le mécanisme qui fixe les portes d'amont
au radier étant écarté, le courant les soulève et les amène à
la position verticale, position qu'elles ne peuvent pas dépasser, soit à raison de leurs talons, soit parce que chacune
d'elles est retenue par une chaîne bifurquée, alors tendue,
dont deux bouts sont fixés à la partie supérieure de la porte,
et le troisième au radier. Quand cette première série de
portes barre entièrement la rivière, les portes d'aval peuvent
être soulevées une à une sans des tractions trop considérables car de ce côté, et à cet instant, le courant est momentanément suspendu. Le gardien du barrage, armé d'une
gaffe, exécute cette seconde opération en se transportant le
long d'un pont de service qui couronne les sommités des
portes d'amont. Au besoin, il s'aide d'un petit treuil mobile;
du haut de son pont léger, il s'assure que les jambes de
force (dont sont munies les portes d'aval et qui doivent les
maintenir dans la position verticale) sont convenablement
placées, qu'elles arc-boutent par leurs extrémités inférieures
dans les repères du radier. Ceci fait, le moment est venu
d'abattre les portes d'amont : elles ne devaient, en effet,
servir qu'à rendre la manœuvre des portes d'aval exécutable,
qu'à permettre à un seul homme de les soulever. Le gardien introduit l'eau par de petites ventilles, entre les deux
séries de portes. Elle s'y trouve bientôt aussi élevée qu'en
amont. Or, dans le liquide devenu à peu près stagnant, il

doit suffire d'un effort médiocre pour faire tourner les portes d'amont autour de leurs charnières horizontales immergées, pour les précipiter d'aval en amont, de telle sorte qu'elles aillent frapper avec force le fond du radier et s'y *loqueter.* Pour revenir de la position actuelle à la position primitive, pour rabattre le barrage, il faut relever les arcs-boutants, ou même seulement faire en sorte que leurs extrémités ne correspondent plus aux étroites saillies en fer sur lesquelles ils butaient, et l'action du courant suffit pour coucher toutes les portes. »

On voit combien sont grandes maintenant les ressources de la mécanique appliquée à l'hydraulique. L'agriculture doit chercher à prendre tout ce qu'il y a de pratique dans les inventions nombreuses dues au génie industriel. Si la vanne simple, manœuvrée à la main, reste la plus commode dans la majorité des cas, il est possible que des vannes verticales tournantes ou articulées, que des vannes à loquets ou automobiles, que des barrages mobiles et faciles à enlever, soient employés avec un avantage marqué dans des circonstances particulières.

CHAPITRE VII

Prises d'eau — Bondes — Siphons irrigateurs — Aqueducs — Ponts-canaux — Canaux-siphons

Les moyens de prendre aux ruisseaux, canaux ou réservoirs, les quantités d'eau qu'on veut employer pour des arrosages consistent en des vannes, des bondes, des siphons et quelquefois des aqueducs. Nous venons de décrire dans le chapitre précédent les différentes vannes mises aux portes des écluses ou placées dans les canaux de dérivation; nous n'avons plus à revenir sur cet objet.

Les prises d'eau établies sur la plupart des réservoirs consistent en des bondes.

Un système de bonde très-simple et très-usité pour les petits réservoirs est représenté par la figure 487.

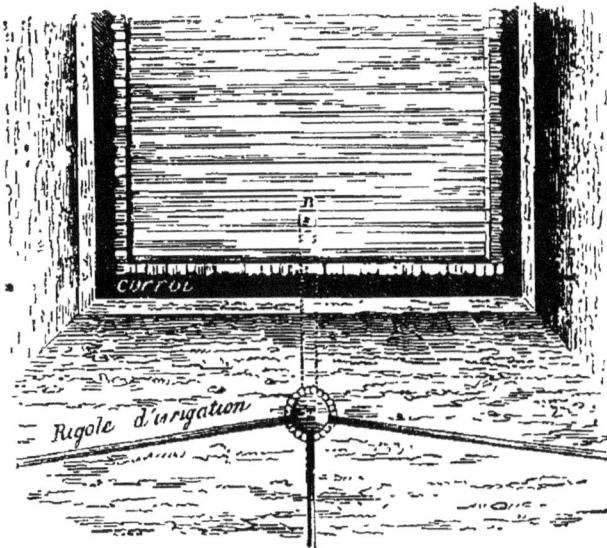

Fig. 487. — Disposition de l'auge de vidange et de la bonde des petits réservoirs

A la partie la plus déclive du réservoir on renverse une auge T B ; cette auge en bois ou même en pierre est enterrée de telle sorte, que son fond placé au-dessus affleure la surface extérieure. On a pavé en dessous avec le plus grand soin. L'auge doit être assez longue pour traverser l'épaisseur du mur et du corroi, et aboutir au delà à un petit bassin B, d'où l'eau sera distribuée au gré de l'irrigateur dans les diverses rigoles dirigées vers les cultures à arroser. Un trou est pratiqué en T dans le fond de l'auge; il est assez grand pour ne pas se laisser boucher par les matières solides qui peuvent s'y engager. La paroi latérale extrême de l'auge est ouverte en B à son arrivée dans le bassin extérieur. La bonde de fermeture est placée dans le trou T. Cette bonde,

faite en bois, en pierre ou en fer galvanisé et garni de cuir
(fig. 488), doit avoir une forme à peu
près sphérique ; elle présente une
sorte d'arc en fer qui sert à la lever
du dehors à l'aide d'un long bâton
(fig. 489) armé d'un crochet en fer.
Toutes les fois qu'on ferme le réservoir on doit luter les parois du trou
de bonde avec de l'argile, afin d'éviter la fuite de l'eau.

Fig. 488. — Bonde des ré-
servoirs avec l'arc en fer
qui sert à la lever.

Fig. 489. — Bâton armé d'un crochet pour soulever la bonde des étangs ou
des réservoirs.

Le système précédent, très-commode comme moyen de
vidange, n'est pas avantageux lorsqu'il s'agit de faire des
irrigations avec une partie seulement de l'eau du réservoir
ou de l'étang. Dans ce cas, il faut s'arranger de telle sorte,
que la bonde puisse être replacée à tout moment sans trop
de difficulté. A cet effet, on fait communiquer la buse en
bois ou l'aqueduc dallé construit sous la digue avec une
seconde buse placée un peu plus bas. Cette seconde buse
communique d'une part par toute son ouverture avec le
bassin ou les canaux de répartition, d'autre part avec la
première buse par une ouverture conique que peut boucher exactement une bonde en bois garnie de cuir. Cette
bonde est munie d'une tige et elle est renfermée dans un
fort coffrage en charpente ou dans un puits cylindrique en
maçonnerie qui s'élève verticalement autour de la jonction des deux buses jusqu'au niveau de la chaussée; près
de ce niveau arrive la poignée de la tige de la bonde, que

l'on manœuvre du dehors. La résistance à vaincre est égale au poids d'une colonne d'eau ayant pour base la surface de la base de la bonde et pour hauteur la différence du niveau de l'eau dans le réservoir et le point le plus bas de la première buse de décharge. On conçoit d'après cela qu'on est obligé de limiter les diamètres des bondes d'après la hauteur d'eau supportée. Une fois la bonde soulevée, sa tige en fer est arrêtée par un crochet qui s'engrène dans une crémaillère. On peut aussi manœuvrer la bonde en terminant sa tige par une vis qui pénètre dans des écrous qui la font descendre ou monter de la quantité qu'on désire. Le puits est fermé par une dalle en pierre.

Au lieu d'employer des bondes, on peut fermer la buse ou l'aqueduc qui traverse la digue par une petite vanne placée du côté du réservoir et que l'on manœuvre par une tige placée contre la paroi de la digue ou à l'extrémité d'un appontement construit à cet effet. Ce dernier système est surtout adopté pour les réservoirs de grande dimension, et alors, afin de pouvoir réparer la vanne sans être forcé de faire écouler toute l'eau, on prolonge en avant de la tête de l'aqueduc deux murs en aile dans lesquels sont ménagées deux rainures; dans ces rainures on place des poutrelles qui servent de digue provisoire et permettent de travailler en arrière, soit à la vanne, soit à l'aqueduc.

On fait quelquefois des prises d'eau à différentes hauteurs dans un réservoir, en établissant autant de bondes ou de vannes de sortie; ces sortes de travaux présentent une complication qui empêche qu'on puisse les employer très-souvent; ils permettent toutefois d'irriguer une plus grande étendue de terrains. On fait dégorger l'eau dans des rigoles établies à diverses hauteurs sur le talus extérieur de la digue; de petites constructions en maçonnerie doivent s'opposer aux dégradations que causerait l'eau à sa sortie.

Les buses en bois qui traversent les digues doivent être goudronnées et calfatées avec beaucoup de soin avant leur pose. On exécute tout autour un bon corroi de glaise, qui empêche les infiltrations. Des précautions analogues sont prises pour la construction des aqueducs en maçonnerie. Des grilles doivent s'opposer au passage du poisson et à l'introduction des herbes aquatiques dans les buses et les aqueducs.

On fait aussi des prises d'eau très-commodes au moyen de tuyaux de fonte qui traversent les digues et qui sont engagés du côté du réservoir dans une tête en maçonnerie, où ils sont fermés par une vanne métallique glissant dans une rainure. L'usage de tuyaux de fonte ou de tuyaux en tôle recouverte de bitume en dehors et en dedans, selon le système de M. Chameroy, est particulièrement commode lorsqu'on emploie des siphons à la place des bondes et des vannes pour écouler l'eau des réservoirs. Les siphons, du reste, peuvent être faits en bois ou en ciment.

On sait que le siphon ordinaire, employé pour vider des tonneaux, consiste simplement en un tube recourbé dont les deux branches sont inégales; la plus petite branche plonge dans le liquide, et, si le tube a été rempli de ce liquide à l'avance, a été amorcé, l'écoulement a lieu d'une manière continue par la grande branche. L'application des siphons à la vidange des réservoirs et des étangs a été surtout recommandée par Puvis (*De l'emploi des eaux en agriculture,* p. 489) et par M Raudot (*Journal d'agriculture pratique,* 4e série, t. II, p. 177). Un architecte de Bourg, M. Burjoud, a en outre imaginé un système simple pour faire que le tube siphoïde s'amorce de lui-même sans le secours de la main, sans pompe, sans clapet, sans aucune pièce mobile sujette à dérangement ou à engorgement.

La courte branche du siphon irrigateur plonge dans le

réservoir; la partie horizontale qui fait communiquer les deux branches est engagée dans la digue au niveau que l'eau doit atteindre et non pas dépasser, c'est-à-dire à la hauteur du déversoir ou du trop-plein; la grande branche a son extrémité inférieure d'environ 0m.30 plus bas que l'extrémité de la petite branche qui plonge dans l'eau, mais à 0m.02 ou 0m.03 du fond d'un vase plus large qui l'entoure de toutes parts et qui a lui-même 0m.05 ou 0m.06 de profondeur. C'est de ce petit vase que l'eau s'écoule pour être dirigée dans les canaux de distribution.

Le jeu de l'appareil est facile à comprendre.

Lorsque le niveau de l'eau dans le réservoir monte à la hauteur de la paroi inférieure de la branche horizontale du siphon, l'eau commence à couler et remplit bientôt le petit vase inférieur de manière à intercepter la communication de l'ouverture de la grande branche avec l'air extérieur A partir de ce moment l'air qui est dans le siphon et qui est entraîné par la chute de l'eau ne peut plus être remplacé; il arrive peu à peu que le siphon se remplit complétement d'eau, quoique le niveau de l'eau de l'étang ou du réservoir ne s'élève encore qu'au tiers du diamètre de la partie horizontale. Alors l'amorçage du siphon est effectué, et le réservoir se vide jusqu'au niveau de l'extrémité de la branche intérieure. Quand on ne veut pas que l'étang se vide, on ôte tout simplement le vase dans lequel plonge l'extrémité de la branche extérieure : le siphon ne fait plus alors que servir de déversoir, qu'enlever l'excès d'eau.

M. Raudot, ayant remarqué qu'après le moment où il cessait tout à coup de jeter l'eau à flot, le siphon de M. Burjoud que nous venons de décrire continuait cependant à débiter une partie de l'eau qui arrivait dans l'étang, a imaginé, pour parer à cet inconvénient, de percer à 0m.05 environ de l'extrémité de la branche intérieure un trou de 0m.03.

L'air s'introduit par ce trou lorsque le niveau de l'eau descend à sa hauteur, et alors il ne s'écoule plus une goutte par le siphon jusqu'à ce que l'étang soit plein de nouveau.

M. Raudot fait remarquer avec raison que le siphon irrigateur peut être employé pour emmagasiner de l'eau dans un réservoir, sans frais considérables, dans beaucoup de circonstances, de manière à utiliser avantageusement une foule de petits cours d'eau. On a établi en 1852, pour amener de nouvelles sources aux fontaines de la ville d'Avallon (Yonne), un siphon renversé de 65 mètres de flèche, construit avec des tuyaux Chameroy, qui ont parfaitement résisté à cette grande pression. Le tableau suivant donne le tarif de ces sortes de tuyaux :

Diamètre intérieur des tuyaux.	Prix à la fabrique.	Plus-value des coudes.
M.	FR.	FR.
0 018	3 00	3.00
0.108	4.25	4.25
0 135	5 75	5.50
0.162	7.25	7.50
0.189	9.10	8.50
0.216	10 50	11.50
0.244	13.00	13.00
0.270	15.00	15.00

A ces prix il faut ajouter les prix de transport, et en outre, si la longueur du siphon ne coïncide pas avec la longueur ordinaire des tuyaux et force à les couper il y a un supplément à payer. On doit avoir soin de couvrir les tubes de terre ou de les envelopper dans un mur en pierres sèches pour que le bitume ne s'altère pas au soleil. Un siphon que M. Raudot a fait poser en 1854 et qui avait 7 mètres de longueur sur 0^m.206 de diamètre intérieur, n'a exigé qu'une demi-journée de maçon et une journée de manœuvre pour être placé de telle sorte que la partie horizontale fût enterrée dans la chaussée de l'étang, et que la branche intérieure

disparût dans un mur. La fabrique de M. Chameroy est à
Paris, 162, rue du Faubourg-Saint-Martin.

Les siphons sont aussi employés avec avantage pour permettre l'écoulement des eaux dont le cours est gêné par
un obstacle naturel ou artificiel. Ainsi, lorsque les eaux
d'irrigation doivent traverser un petit vallon dont on ne veut
ou ne peut pas leur faire suivre les contours sinueux, on est
obligé de construire une rigole transversale en relief sur le
sol. Mais cette rigole aura pour effet de barrer les eaux d'amont
auxquelles il faut nécessairement livrer passage. Dans ce
but, on se sert d'un siphon renversé, placé sous la rigole.
On peut avoir recours pour l'établir à des tuyaux employés
comme nous venons de l'expliquer, ou bien à une construction que Puvis explique en ces termes : « Dans la partie la
plus basse du vallon, suivant la direction naturelle des eaux,
et dans la place que doit occuper la rigole en relief, on
construit un petit canal en pierre qu'on recouvre de dalles,
et on établit sur ce canal le massif de terre, tassée et damée, qui doit supporter la rigole. Pour mettre ce massif en
état de résister à l'érosion des eaux, aux fuites par les
trous de rats ou de taupes, on donne à sa base le triple de
sa hauteur, à laquelle on ajoute celle du terre-plein du
sommet ; ce terre-plein doit avoir lui-même une largeur
triple de celle de la rigole : on sème ensuite de la graine de
foin sur le massif, et, lorsque les terres sont bien assises et
que leur surface se prend en gazon, on creuse la rigole en
ayant soin d'empêcher l'extravasion des eaux, qui ravine-
raient le massif, jusqu'à ce que le gazon soit bien affermi.
Lorsque cela a lieu, les bords et les pentes du relief peuvent être arrosés et produisent alors de très-bon foin; quant
aux eaux qui se réunissent dans le canal placé sous le relief,
elles peuvent être employées à l'irrigation de la partie d'aval
de la prairie. »

Si la quantité d'eau à écouler est peu considérable et
que la distance à franchir ne soit pas grande, on peut avoir
recours à un simple conduit formé de madriers solidement
assemblés. C'est aussi de cette manière qu'on établit les
petits aqueducs qui sont destinés, ainsi que cela se présente
souvent dans les irrigations, à faire passer l'eau au-dessus
d'un autre cours d'eau.

Lorsque les pierres sont abondantes, on construit les
ponts-canaux et même les aqueducs destinés à franchir les
vallons en maçonnerie; ce parti est parfois le moins coûteux, parce qu'il présente plus de garantie de durée. Une
rigole en pierres s'exécute en employant pour le fond les
dalles les plus larges, et en plaçant verticalement sur le
côté des pierres de champ sur une hauteur égale à la profondeur du canal d'irrigation. On garnit tous les joints en
mortier hydraulique ou avec un ciment d'une nature chimique analogue à celle du ciment romain. Pour éviter les
affaissements, la construction doit être prolongée d'au
moins 0^m 50 au delà des deux bords de l'espace à franchir.

Les ponts-canaux établis sur les ruisseaux ou les rivières ont
toujours l'inconvénient de rétrécir plus ou moins et d'obstruer
le passage de l'eau. Aussi préfère-t-on souvent employer les
canaux-siphons. On les construit de la manière suivante. On
commence par détourner momentanément le cours d'eau, et
on creuse dans son lit, suivant la direction qu'on veut donner
aux eaux, un fossé dans lequel on établit des tuyaux ou un
canal en maçonnerie. Dans ce dernier cas, on fait le fond
en béton, les murs latéraux en pierres cimentées par de la
chaux hydraulique et le plafond en dalles jointives. Le tout
est recouvert d'un corroi argileux destiné à reformer le lit
de la rivière. Les deux extrémités du canal viennent aboutir
dans deux puits verticaux, dont l'un plus élevé écoule sous
terre les eaux de la rigole d'amenée, et dont l'autre, plus

16.

bas, les décharge dans la rigole de déchargement. Ces deux puits ont des dalles plates pour fond, et d'autres dalles, jointes à angles droits avec du bon ciment, pour parois latérales. On fait de part et d'autre de petits bouts de canaux en pierres et béton pour éviter les affouillements.

CHAPITRE VIII
Application des machines à l'irrigation

Les canaux de dérivation avec l'ensemble des réservoirs, des vannes de décharge et de tous les organes accessoires que nous avons décrits constituent certainement les meilleures machines qu'on puisse employer pour l'irrigation. On sait, en effet, qu'une machine n'est pas autre chose qu'un appareil d'application d'une force motrice dans le but de faire produire à cette force un résultat désiré. La pesanteur fait glisser l'eau à la surface de la terre suivant les lignes de pente naturelles ; c'est le plan incliné, la plus puissante des machines agricoles, selon l'heureuse expression de M. Auguste de Gasparin. Les canaux de dérivation constituent des machines qui laissent la pesanteur exercer son action, mais qui dirigent cette action de manière que l'eau se répande sur les terres arrosables. Ici la force motrice ne coûte rien ; elle est appliquée à chaque molécule d'eau suivant la verticale ; la machine en détruit une partie en exigeant qu'une direction particulière soit donnée à l'eau d'arrosage. Lorsque la pesanteur seule ne suffit plus pour produire les résultats qu'on a en vue, lorsque, par exemple, la surface à irriguer est plus élevée que la nappe d'eau dont on veut se servir, il faut avoir recours à une nouvelle force motrice pour vaincre le poids de l'eau et conduire cette eau, pendant un certain temps au moins, dans un sens contraire à la direction de la pesanteur. On aura besoin en général, pour produire ce résultat, de deux machines différentes : l'une sera le récipient portant l'eau d un point plus bas à un point plus élevé; l'autre sera le moyen d'appliquer la force motrice chargée de donner le mouvement à la première.

La première catégorie, celle des machines élévatoires, comprend : les seaux, les baquets, les écopes, les auges ; les roues à godets, à seaux, à palettes, à tympan ; les norias, les chapelets ; la vis d'Archimède, les hélices ; les pompes.

Les machines motrices sont : celles qui servent à appliquer le travail des moteurs animés, de l'homme ou des animaux, principalement les manéges, les roues à chevilles ou à tambour, les treuils ; celles qui sont mues par l'eau, c'est-à-dire les roues à palettes, à aubes, à augets, les turbines, etc.; celles qui sont mues par le vent, ou moulins à vent ; les machines mues par la vapeur.

Nous allons donner, dans les chapitres suivants, quelques indications destinées seulement à renseigner les agriculteurs sur le nom et sur l'emploi de chaque système. Nous commencerons par les machines motrices proprement dites, pour passer ensuite aux machines élévatoires, et nous devrons faire un chapitre à part pour un certain nombre d'appareils dans lesquels les machines qui élèvent l'eau sont mues directement par l'eau sans aucun intermédiaire.

Toute machine absorbe une partie de l'effet produit par la force employée, de telle sorte que l'effet utile n'est jamais qu'une fraction plus ou moins forte du travail moteur. La meilleure machine est celle dans laquelle le rapport de l'effet utile au travail moteur se rapproche davantage de l'unité.

On appelle travail d'une force le produit de la grandeur de cette force par le chemin qu'elle parcourt dans un temps donné.

On évalue le travail d'une force en l'exprimant en kilo-grammètres.

Le kilogrammètre, ou unité de travail, est l'effet qu'on produit en élevant un kilogramme à la hauteur de 1 mètre en une seconde.

Puisque pour évaluer le travail il faut considérer à la fois l'effort employé et l'espace parcouru, on voit qu'en diminuant l'un des facteurs et en augmentant l'autre, on peut faire que le produit reste constant. Par conséquent, un homme, en produisant la même quantité de travail, en faisant identiquement les mêmes efforts, pourra élever par des machines de très-gros fardeaux qui monteront très-lentement, ou bien élever de petits fardeaux qui monteront très-vite. Ces définitions et explications sont nécessaires pour que les agriculteurs se rendent un compte exact de l'action des machines.

CHAPITRE IX

Des moteurs

Nous venons de dire que les machines dont nous devons parler dans ce chapitre sont celles qui permettent d'appliquer les diverses forces motrices à tous les besoins de l'agriculture et des arts ; nous insisterons seulement sur celles qui peuvent recevoir une application dans l'irrigation.

I. — EMPLOI DE L'HOMME. — POULIES. — ROUES A CHEVILLES ET A TAMBOUR. — MANIVELLES. — TREUILS.

L'homme n'est employé en France que pour les petits arrosages, particulièrement ceux des jardins; en Égypte, dans les nombreuses et belles irrigations des bords du Nil, il élève souvent une très-grande partie de l'eau distribuée dans les champs.

Pour monter de l'eau, l'homme peut agir de plusieurs manières :

1° En élevant des vases avec une corde et une poulie, ce qui l'oblige à faire descendre la corde à vide, un homme exerce un effort moyen de 18 kilog.; le poids ainsi soulevé prend une vitesse de 0^m.20 par seconde; l'effet utile est alors de 3^{km}.60 par seconde, ou de 77,760 kilogrammètres par journée de six heures, temps moyen pendant lequel il est seulement possible de rester occupé à ce travail. Si, par exemple, un homme doit élever de l'eau du fond d'un puits de 10 mètres de profondeur, à l'aide d'une poulie, le poids de l'eau multiplié par 10 exprimera le travail qu'on pourra lui demander; on vient de voir qu'il ne peut fournir que 77,760 kilogrammètres; il ne pourra donc tirer que 7,760 lit. par jour, quantité trop petite pour qu'on songe à faire dans ce cas particulier des irrigations en grand.

2° On peut employer les hommes en les faisant monter le long d'échelons ou chevilles placées sur la circonférence d'une roue mobile autour d'un axe passant par son centre. Des roues pareilles sont employées dans les carrières des environs de Paris. Un homme, en agissant sur une roue à chevilles à peu près au niveau de l'axe de la roue, exerce par son poids un effort moyen de 60 kil., avec une vitesse de 0^m 15, et produit ainsi un travail moyen de 9 km. par seconde ou 259,200 km. en 8 heures de travail. Si la profondeur à laquelle on va chercher l'eau est assez petite, on peut obtenir par ce moyen un volume d'eau assez considérable.

3° On utilise aussi quelquefois les hommes en les enfermant dans un grand tambour creux, qu'ils font tourner par leur poids en mettant successivement chaque pied en avan comme pour marcher. Un homme, en agissant ainsi sur une roue à tambour, vers le bas de la roue, n'exerce qu'un effort moyen de 12 kil., mais la vitesse est de $0^m.70$, ce qui donne par seconde un travail de $8^{km}.40$, et par journée de 8 heures 251,110 kilogrammètres.

4° Les treuils, les cylindres ou les roues dentées, mis en mouvement autour de leur axe central par une manivelle dont les hommes tiennent la poignée à laquelle ils impriment une rotation continue, sont un des moyens les plus fréquemment usités de tirer parti de la puissance de l'homme. Un ouvrier agissant sur une manivelle exerce un effort moyen de 8 kil. avec une vitesse de $1^m 10$ par seconde, ce qui donne par seconde un travail de $5^{km}.50$; la durée possible du travail est de 8 heures, et le travail total produit de 158,400 kilogrammètres.

5° L'homme peut encore travailler de manière à déployer son effort en tirant ou en poussant, par exemple, à l'extrémité d'un bras de levier en marchant dans la piste d'un manège. Un ouvrier qui tire à une corde par-dessus son épaule développe un effort moyen de 14 kil. avec une vitesse de $0^m.60$ par seconde, et produit un travail de $8^{km} 40$; en huit heures, il fait 251,120 kilogrammètres. Si l'ouvrier marche en poussant, il n'exerce plus qu'un effort de 12 kil. avec la même vitesse de $0^m.60$: le travail par seconde est alors de $7^{km}.20$, et pour 8 heures de 207,560 kilogrammètres. On admet en moyenne qu'un homme appliqué au manège des maraîchers donne en 8 heures un effet utile de 200,000 kilogrammètres.

II. — Emploi des animaux domestiques. — Manéges.

Les animaux domestiques employés dans les irrigations sont en général appliqués à des manèges. On conçoit que les efforts exercés sont variables suivant la race, le poids, l'âge, le régime alimentaire et hygiénique de l'animal ainsi attelé. En moyenne, on peut admettre les résultats suivants :

1° Un cheval, du poids moyen de 320 kil., travaillant 8 heures par jour, exerce en tirant un effort de 98 kil. avec une vitesse de $0^m.46$ par seconde; un effort de 45 kil. avec une vitesse de $0^m.90$; un effort de 51 kil. avec une vitesse de $1^m.20$. Dans les trois cas le travail mécanique par seconde exprimé en kilogrammètres est de 45 08, 40.50, 37.20. En 8 heures les quantités de travaux mécaniques sont 1,298,304 km.; 1,166,400 km.; 1,070,360 km. Il y a avantage, comme on le voit, à ne pas augmenter la vitesse du cheval. On pourrait, il est vrai, en obtenir, par seconde, une plus grande quantité de travail, par l'accroissement de l'effort exigé ou de la vitesse, mais alors il faudrait diminuer la durée du travail quotidien. Ainsi un cheval allant au trot pourra exercer un effort de 30 kil. avec une vitesse de $2^m.00$, et produire par seconde un travail de 60 km., mais on ne pourra guère le faire travailler par jour que $4^h.30^m$, et alors son travail total sera réduit à 972,400 km.;

2° Le mulet marchant avec une vitesse de $0^m.90$ par seconde exerce un effort de 30 kil., et produit un travail de 27 km. par seconde, de 777,690 km. en 8 heures;

3° Le bœuf qui travaille 8 heures par jour exerce en tirant un effort moyen de 65 kil. avec une vitesse de $0^m.60$ par seconde, et un effort de 50 kil. avec une vitesse de $0^m.80$. Dans les deux cas le travail est de 39 km. à 40 km. par seconde, et de 1,120,000 km. environ par jour;

4° La vitesse de l'âne étant de $0^m.80$ par seconde, son effort moyen est de 15 kil., et son travail est de 12 km. par seconde, ou de 345,600 km. en 8 heures.

Les manéges auxquels on applique ordinairement les divers moteurs sont destinés à donner une vitesse plus ou

moins grande à l'arbre de couche sur lequel vient prendre
son mouvement la machine qu'il s'agit de faire marcher. On
comprend dès lors que, selon qu'il s'agira de mettre en
mouvement telle ou telle machine élévatoire, on devra choisir un manége différemment combiné. Nous dirons seulement
que l'arbre auquel est attelé l'animal est fixé à un axe vertical; celui-ci reçoit ainsi une rotation directe, qui est transfor-
mée diversement par des engrenages convenables dans les
différents manéges. L'arbre d'attelage a de 3 mètres à 3^m.50
de long; il en résulte que la piste du manége est une circonférence de 19 à 22 mètres, de telle sorte qu'un animal dont
la vitesse est de 0^m.90 à la seconde fait de 3 tours et demi à
4 tours par seconde. Ces sortes de machines, quand elles
sont bien faites, n'absorbent au plus qu'un dixième du travail
moteur, en d'autres termes rendent un effet utile de 0.90;
par conséquent, on sait, par les chiffres précédents, quelle
quantité de travail disponible pourra dans chaque cas être
transmise par le manége à la machine élévatoire.

Quelquefois on renferme aussi les animaux domestiques
dans des roues à tambour qu'ils font tourner en marchant
sur le chemin mobile qui leur sert d'appui. Les bœufs, par
leur allure tranquille et régulière, se prêtent mieux que les
chevaux à ce genre de travail.

Enfin certains manéges consistent en des planchers articulés et inclinés sur lesquels on place un cheval ou deux
chevaux. Les chevaux, voulant monter, font fuir sous leurs
pieds le plancher, qui est sans fin et s'enroule en bas pour
se dérouler en haut de la surface latérale d'un prisme po-
lygonal; il en résulte pour l'axe de ce prisme un mouvement
de rotation continu qui peut se transmettre à toute espèce
d'appareil.

La première forme des manéges est la plus commode et
la plus employée. Le manége construit par M. Pinet, à

Abilly (Indre-et-Loire); de M. Duvoir, à Liancourt (Oise); de
M. Lecointe, à Saint-Quentin (Aisne); de M. Damey, à Dôle
(Jura); de M. Cumming, à Orléans (Loiret), etc., présentent un ensemble de bons instruments, entre lesquels le
choix des agriculteurs devra se faire surtout d'après les
facilités du transport sur le lieu où on devra l'établir.

III. — Moteurs a vent.

Le vent, ou, en d'autres termes, le mouvement de l'atmosphère peut se transmettre à une machine qui prend le plus
souvent le nom de moulin à vent et devient un moteur économique, car on n'a à payer que l'intérêt, amortissement et
usure compris, du capital engagé dans la construction du
récepteur. Toutefois l'irrégularité de la force motrice, tantôt très-faible, tantôt d'une violence excessive, et changeant
d'ailleurs de direction d'un moment à l'autre, apporte une
grande restriction aux avantages qu'on en peut tirer. Pour
les desséchements, la régularité et l'à-propos du travail
sont sans importance, aussi les moteurs à vent sont-ils depuis longtemps employés d'une manière générale dans
les grands travaux d'épuisement de la Hollande et du nord
de la France. Pour les irrigations, il faut que l'eau arrive
à temps et en quantité déterminée; aussi les moteurs à vent
ne sont-ils employés que dans le cas où des réservoirs sont
disposés à côté pour recevoir l'eau quand le vent est convenable et l'emmagasiner pour s'en servir à l'heure voulue.
Depuis 1840, époque vers laquelle M. Amédée Durand a imaginé son ingénieux moteur auto-régulateur, cette application
de l'usage du vent a pu beaucoup se multiplier, parce que le
moteur travaille par tous les vents et se règle de lui-même
à tel point que l'homme n'a besoin que de s'en occuper
tous les six mois, pour mettre un peu d'huile dans une bu·

IV. 17

rette qui verse d'elle-même de temps à autre la goutte nécessaire à la lubrification des surfaces frottantes.

Dans les moteurs appelés inexactement moulins à vent,
l'air en mouvement vient frapper des palettes, aubes ou ailes
fixées à un arbre ou axe tournant qui peut être vertical
ou à peu près horizontal. Les moulins à axe vertical, dits
panémores, sont peu employés, parce qu'ils ont besoin de
dimensions trop considérables pour fournir un travail moteur de quelque importance; ils ont toutefois l'avantage de
marcher quelle que soit la direction du vent. Les moulins
à axe horizontal sont très-répandus.

Dans le département du Nord et dans les Pays-Bas, on
emploie de grands moulins dits hollandais. Ils sont formés
d'un arbre tournant en bois de $0^m.50$ à $0^m.60$ d'équarrissage, incliné de $10°$ à $15°$ à l'horizon, et de deux autres
pièces de $0^m.30$ d'équarrissage, fixées en croix sur la tête
de l'arbre, de manière à donner lieu à quatre bras que l'on
prolonge par d'autres pièces moins fortes appelées entes. Les
bras des grands moulins hollandais ont chacun $13^m.60$ de
longueur totale. Sur ces bras on dispose les ailes, qui ont 2 mètres de largeur. Les ailes sont rectangulaires et commencent
à 2 mètres du centre de rotation. Elles forment une surface
gauche dont l'arête la plus rapprochée de l'axe de rotation
fait avec le plan du mouvement un angle d'environ $18°$, et
dont l'arête la plus éloignée ne fait plus qu'un angle de $7°$.
Pour former cette surface, on place des lattes distantes les
unes des autres de $0^m.40$ et qui traversent les entes. La
première latte fait $60°$ avec l'axe, la dernière $80°$. Les extrémités des lattes s'emboîtent dans deux planches légères
qui terminent les ailes dans le sens de leur longueur. Enfin,
on étend sur les lattes une forte toile sur laquelle s'exerce
la pression de l'air. Les quatre ailes ainsi formées constituent le volant du moulin, dont le diamètre est de $27^m.20$.

L'arbre tournant transmet, au moyen d'une série convenable d'engrenages, le mouvement à la machine élévatoire. Quand le vent est convenable, ces machines élèvent 500 litres par seconde à la hauteur minimum de 2 mètres, ce qui correspond à 600 kilogrammètres ou 8 chevaux-vapeur en eau montée; quand le vent est moins favorable, l'eau fournie descend à 200 litres, et on peut regarder 250 litres comme le rendement moyen, c'est-à-dire que le travail utile est de 6ch.66. La durée moyenne du travail correspond à environ 15 heures par jour. Le prix du premier établissement est de 18,000 francs, mais l'engin exige encore des frais d'entretien et une surveillance continuelle. La violence des ouragans et le prix élevé d'établissement s'opposent à ce que ces grandes machines soient employées dans les contrées méridionales.

La quantité de travail T transmise à la circonférence des ailes est donnée, d'après les expériences de Coulomb et de Smeaton, par la formule suivante :

$$T = Pv = 0.13 \, SV^3 \text{ kilogrammètres,}$$

formule dans laquelle P est la pression exprimée en kilogrammètres qui est exercée à l'extrémité des ailes, v la vitesse de cette extrémité tangentiellement à la circonférence du volant, S la surface d'une des quatre ailes, V la vitesse du vent.

L'expérience a démontré que, pour obtenir l'effet maximum du moteur, il faut que la vitesse v à l'extrémité des ailes soit égale à 2.60 fois la vitesse V du vent. On parvient à ce résultat en augmentant ou en diminuant la surface des toiles qui recouvrent les ailes; on fait garnir ou dégarnir convenablement chaque aile par des ouvriers, ou bien on emploie un régulateur mécanique qui exécute cette besogne selon que la vitesse du vent diminue ou augmente.

Pour mesurer la vitesse du vent, on peut employer des moulinets, ou bien observer l'espace parcouru en une seconde par des corps légers, tels que des plumes, la fumée d'une cheminée ou celle de la poudre emportées par l'air à la hauteur du volant. Un autre moyen d'évaluer cette vitesse consiste, d'après Smeaton, à diviser par 4 la vitesse que prennent les extrémités des ailes, quand, le moteur étant désengrené, le volant marche à vide.

Le travail économique obtenu avec les moulins hollandais est de $24^{km}.50$ seulement avec une vitesse du vent de $2^{m}.27$; il devient $90^{km}.58$ avec une vitesse de $4^{m}.00$; $579^{km}.58$ avec une vitesse de $6^{m}.75$; $778^{km}.05$ avec une vitesse de $9^{m}.10$. Cette dernière vitesse est celle d'une bonne brise.

Dans le Midi, on est obligé de diminuer l'envergure du volant des moteurs à vent, à cause de la violence des ouragans. On réduit le diamètre de 27 mètres à 20 ou 22. Il est en outre alors avantageux d'avoir recours au système imaginé par M. Berton, mécanicien à la Chapelle-Saint-Denis, près de Paris. Ce système dispense de l'emploi des toiles et présente un mécanisme qui fonctionne pour rétrécir la largeur des ailes par le seul effet de l'augmentation de la vitesse du vent. Il s'applique à la charpente de tout moulin à vent, c'est-à-dire à l'arbre tournant et aux quatre bras qui y sont ajustés d'équerre. Son prix est de 2,500 fr. environ, non compris celui de la charpente principale. Dans ce système, les ailes sont formées de longues voliges de sapin qui peuvent à volonté s'étaler dans toute leur largeur, ou se recouvrir l'une par l'autre de manière à ne plus occuper qu'un espace minime. Ces ailes en voliges sont montées comme les anciennes échelles d'entoilure des moteurs à vent ordinaires dans une direction oblique au plan général des quatre bras. Leur mouvement d'ouverture et de superposition est obtenu au moyen du mécanisme suivant:

dans la partie inférieure de l'arbre du moteur est logée une grosse tringle en fer terminée extérieurement par une roue dentée qui est placée au centre même des quatre bras. Quatre tringles à crémaillères sont assemblées sur cette roue dentée de telle sorte qu'elles marchent toutes ensemble en s'éloignant ou en se rapprochant du centre, selon que la roue tourne dans un sens ou dans l'autre. On conçoit dès lors que si à l'extrémité de chaque crémaillère sont adaptées des traverses en fer attachées d'ailleurs à la première volige de chaque aile, et mobiles sur des pivots fixés à chaque bras, il n'y aura plus qu'à relier les voliges les unes aux autres par des brides solidaires dans leur mouvement, pour que le mouvement dans un sens développe, et le mouvement en sens contraire replie les voliges Par conséquent, on obtient de la manière la plus facile l'élargissement ou le rétrécissement simultané des quatre ailes, en donnant à la roue dentée un mouvement convenable, ce qui se fait soit à la main à l'aide d'une manivelle, soit par un régulateur auto-mobile qui fonctionne par le seul effet du ralentissement ou de l'accélération du volant.

Un moteur plus petit que les précédents, mais d'un prix très-modique et qui a l'avantage de ne présenter que de très-faibles chances de détérioration, est celui inventé et construit par M. Amédée Durand, membre de la Société centrale d'agriculture. Des appareils de ce genre établis dans 29 de nos départements, sur les côtes de l'Océan et de la Méditerranée, en Algérie et en Égypte, existent déjà depuis un assez grand nombre d'années, pour qu'on puisse se prononcer catégoriquement sur leurs effets. Ils sont annexés à des pompes qui élèvent d'autant plus d'eau que la profondeur de l'extraction est moins grande. Un moteur de M. Durand, établi dans le département de la Charente, élève l'eau à 55 mètres, avec un parcours oblique d'une longueur de 650 mètres; dans le Gard, une élévation de niveau analogue donne lieu à un parcours ascendant de plus d'un kilomètre. Dans la Somme, l'élévation de l'eau se fait à une hauteur de plus de 86 mètres. Dans la Loire-Inférieure, l'eau est élevée de 32 mètres et parcourt une distance de 270 mètres dans des tuyaux de fonte. Ailleurs, l'élévation n'est que de 4 mètres, 3 mètres, 2 mètres et 1^m.50. Les applications sont donc très-diverses; l'appareil convient également à des desséchements comme il s'en fait à Arles, ou à des irrigations, comme il s'en pratique à Brouage.

Cet ingénieux appareil a été décrit dès 1843 par M. Séguier, dans un remarquable rapport fait à l'Académie des sciences. Nous extrairons de ce rapport les passages qui pourront le mieux, avec l'aide du dessin ci-joint (fig. 490) faire comprendre le jeu des divers organes employés par M. Amédée Durand.

Un support en forme de T porte l'arbre moteur et sert de pivot à toute l'orientation. A l'une des extrémités de l'arbre sont les ailes; la manivelle qui transmet à la pompe l'effort du vent recueilli par les ailes est fixée à l'autre extrémité. L'action du vent, en frappant les ailes par derrière, s'exerce sur un point situé au delà du centre de pivotement de tout le système; le support de l'arbre, en cédant à la pression exercée par le vent sur les ailes, place l'arbre auquel elles sont fixées dans une direction parallèle avec le courant d'air; les ailes se trouvent ainsi constamment maintenues à angle droit avec le vent; elles changent de position à mesure que le vent varie d'incidence pour reprendre toujours la position à angle droit, la seule où la force d'impulsion ne permet plus aux ailes qu'un mouvement de rotation autour de leur axe commun.

Les ailes sont au nombre de six; elles présentent chacune

Fig. 490. — Moteur à vent de M. Amédée Durand.

un triangle acutangle de 1^m.50 de base sur 2^m.50 de hauteur ; l'envergure totale n'est que de 6^m.90, et celle de la partie en toile de 6^m.50. Les surfaces sont composées de toile commune, comme dans les moteurs anciens, mais avec cette différence qu'elles sont fortement tendues dans tous . les sens, et ne présentent aucun pli qui s'oppose au glissement du vent. Une antenne, une vergue, une pièce diagonale dite *livarde*, et deux légères éclisses forment tout le bâti d'une aile. De là résulte une grande légèreté, et la solidité est en même temps très-grande à cause de l'absence de toute espèce de mouvement articulé.

Toutes les antennes sont implantées dans un moyeu commun qui peut glisser sur l'arbre moteur et l'entraîner malgré cette possibilité de glissement. Chaque livarde est attachée à une vergue par l'une de ses extrémités, et est liée par l'autre à l'arbre moteur. Il suffit d'un changement de relation entre le moyeu qui porte les antennes et l'arbre auquel toutes les livardes sont amarrées pour faire effacer les voiles. Cet effet est le résultat de la direction imprimée à la vergue par la livarde poussée par l'antenne, qui se déplace en prenant sur elle un point d'appui. La position du moyeu sur l'arbre est réglée, dans la construction de l'appareil, de manière que les ailes offrent toute leur surface tant que l'action du vent, multipliée par leur surface totale, est inférieure à la pesanteur d'un contre-poids que montre la figure 490 et qui tend constamment à les ramener à cette position première. Dès que l'équilibre entre la pression du vent, la tension des parties articulées et la pesanteur du contre-poids est détruit par la trop grande violence du vent, le contre-poids est soulevé, le moyeu se déplace sur l'arbre, le pivotement des livardes autour des antennes efface les voiles d'une quantité suffisante pour permettre une continuité de mouvement sans altération possible. Le poids, suspendu à une chaine qui passe sur une poulie, exerce une action incessante qui laisse les ailes déployées perpendiculairement à la direction du vent quand ce vent est modéré; qui leur permet de s'incliner davantage à mesure que le vent devient plus fort. On règle la vitesse du moteur en choisissant un contre-poids correspondant au maximum d'impulsion qu'on désire obtenir.

L'arbre moteur est échafaudé sur l'extrémité d'une pyramide dont quatre pièces de bois forment les arêtes. Afin que les ailes du moteur reçoivent le vent au-dessus de tous les obstacles qui pourraient en arrêter l'effet utile, on prolonge les pièces de bois pour qu'elles atteignent toutes les hauteurs voulues sans nuire à la solidité de la construction, puisque les rapports de base et de hauteur restent les mêmes. Ces pièces de bois, tout en formant les points d'appui du moteur, peuvent encore recevoir une autre destination utile, en devenant la charpente d'une construction agricole, obtenue par la seule addition de cloisons ordinaires.

Le moteur à vent de M. Amédée Durand a donc deux mouvements principaux, sans aucune dépendance entre eux : l'un propre au corps du moteur, l'autre appartenant aux ailes du volant. Par l'effet du premier mouvement, le moteur s'oriente seul, comme fait une girouette. Par l'effet du second, les ailes présentent au vent une résistance déterminée qui rend l'action du moteur à peu près constante, malgré l'inconstance de l'intensité du vent. Pour obtenir ce dernier résultat de la manière la plus utile, on donne au contre-poids une pesanteur convenable que l'on détermine sans peine avec un peu d'habitude.

Ce moteur développe un travail utile moyen de 27 à 50 kilogrammètres ou environ un tiers de cheval-vapeur; ainsi, par exemple, quand il est attaché à une pompe convenable, il donne par seconde 1 litre d'eau à la hauteur de 25 à 50 mètres. Dans ces conditions, le prix du système est d'environ 1,500 fr. Il est impossible d'obtenir un moteur plus économique.

IV. — MOTEURS HYDRAULIQUES.

L'eau en tombant produit un travail qui dépend de sa masse et de sa vitesse et qu'on peut recueillir, en en perdant une partie plus ou moins grande, à l'aide de récepteurs de diverses formes que nous appelons moteurs hydrauliques, et qui sont les roues et les turbines.

Les roues hydrauliques sont ainsi nommées, parce qu'elles sont formées, comme les roues des voitures, de cylindres mobiles autour d'un axe central qu'on appelle arbre de couche, et qu'elles sont mises en mouvement par de l'eau qui tombe. L'eau agit à la surface du cylindre sur des aubes ou palettes, planes ou courbes, ou dans des augets. L'axe des roues peut d'ailleurs être horizontal ou vertical. Les deux bases de la roue s'appellent couronnes. L'axe et les couronnes sont reliés par un bandage en fer et un système de bras, de traverses et de bracons, avec les aubes ou palettes. L'espace dans lequel les roues se meuvent est le coursier; l'eau, après avoir agi, s'échappe dans le canal de fuite.

Les turbines sont des appareils dans lesquels l'eau agit par l'intermédiaire d'un réservoir faisant corps avec la machine avant de frapper des aubes convenablement disposées.

Si V est le volume d'eau dont on dispose par seconde exprimé en litres, et H la hauteur de chute exprimée en mètres, le travail disponible est VH en kilogrammètres. En force de chevaux-vapeur, il est $\frac{VH}{75}$. Les moteurs hydrauliques rendent seulement de 0.50 à 0.80 de ce travail sur l'arbre de couche où on doit venir le prendre pour l'appliquer à la machine élévatoire.

1° ROUES EN DESSOUS A PALETTES PLANES.

Les anciennes roues à palettes planes qui reçoivent l'eau à leur partie inférieure se meuvent dans des coursiers où elles ont un jeu plus ou moins considérable. Les palettes sont en bois, ont $0^m.30$ à $0^m.40$ de longueur dans le sens des rayons de la roue, et leur écartement, mesuré sur la circonférence qui passe par leurs extrémités, est à peu près le même ; leur largeur varie avec la force du cours d'eau. On donne au coursier une pente qui est d'environ $\frac{1}{15}$, et qui augmente à partir du point qui correspond verticalement au centre de la roue, afin que l'eau, qui n'a plus aucune action à exercer, s'échappe rapidement et sans difficulté. Pour obtenir le maximum d'effet, il faut, d'après les expériences de Bossut et de Smeaton, que la vitesse de la circonférence extérieure de la roue soit comprise entre les 0.55 et les 0.50 de la vitesse de l'eau affluente. L'effet utile ou le travail transmis à la circonférence de la roue est représenté par la formule suivante :

$$Pv = 61 \ Q \ (V-v) \ v,$$

dans laquelle P est l'effort moyen à la circonférence de la roue exprimé en kilogrammes, v la vitesse de la circonférence extérieure des palettes, Q le volume d'eau dépensé par seconde, V la vitesse de l'eau à l'origine du coursier. Cet effet utile est seulement de 0.25 à 0.30 ; et il descend à 0.15 ou même 0.10, quand les palettes ont un jeu considérable, et alors la formule ci-dessus n'est plus applicable.

2° ROUES EMBOÎTÉES RECEVANT L'EAU PAR UN ORIFICE AVEC UNE CHARGE EN
DESSUS.

Les roues à palettes planes, exactement emboîtées dans
des coursiers circulaires, sur une portion plus ou moins
grande de la hauteur totale de la chute, avec très-peu de
jeu, sont préférables aux précédentes; elles reçoivent l'eau
par des orifices chargés d'une certaine hauteur d'eau ; elles
rendent de 0.40 à 0.55 d'effet utile, et elles sont d'autant meilleures que l'eau s'introduit dans la roue de manière à agir pendant une plus grande partie de sa chute.
D'après les expériences de M. le général Morin, membre de
la Société centrale d'agriculture, quelle que soit la proportion de la partie-circulaire du coursier par rapport à la
hauteur de chute, toutes les fois que le volume d'eau introduit dans la roue ne dépasse pas les deux tiers de la capacité
de l'intervalle compris entre les aubes, et que la vitesse de
la roue n'excède pas notablement celle de l'eau affluente,
l'effet utile en kilogrammètres est représenté par la formule suivante :

$$Pv = 750\,Q\left(h + \frac{(V\cos\alpha - v)v}{9.81}\right).$$

Dans cette formule, P, v, Q, V, ont la signification indiquée
dans le paragraphe précédent; h est la hauteur dont l'eau
descend depuis son point d'introduction jusqu'au bas de la
roue ; α est l'angle formé par la direction des deux vitesses V et v, il est déterminé par l'angle des deux tangen-
tes, menées, l'une à la courbe décrite par le filet moyen,
l'autre à la circonférence extérieure de la roue, au point où
les deux courbes se rencontrent.

3° ROUES DE CÔTÉ.

Les roues improprement dites de côté sont à palettes

planes; elles sont emboîtées dans des coursiers circulaires sur toute la hauteur de la chute; elles reçoivent l'eau par une vanne ou un déversoir; elles rendent un effet utile de 0.60 à 0.70 du travail absolu de l'eau motrice. Elles conviennent particulièrement aux chutes de $1^m.50$ à $2^m.50$. Pour utiliser toute l'eau disponible, il faudrait quelquefois leur donner une trop grande largeur, et, d'un autre côté, elles ne peuvent marcher quand elles sont noyées au-dessus de la hauteur de leurs palettes. La vitesse qui leur convient le mieux est celle de l'eau elle-même.

L'effet utile de cette roue motrice se calcule par la formule du paragraphe précédent, en changeant seulement le coefficient 750 en 799, parce que le résultat obtenu est supérieur, 0.70 au lieu de 0.55. Toutefois il est nécessaire que le volume d'eau admis dans chaque auget n'excède pas la moitié ou les deux tiers de sa capacité. Si l'on appelle q le volume que doit recevoir chaque auget, et e l'écartement des palettes à la circonférence extérieure, on a :

$$q = \frac{Qe}{v};$$

Dans cette équation, les lettres Q et v ont les mêmes significations que précédemment.

4° Roues en dessus.

Les roues en dessus reçoivent l'eau dans des augets, ou quelquefois sur des aubes renfermées dans un coussier circulaire, soit au sommet par un conduit qui va de l'orifice d'écoulement à l'un des augets supérieurs, soit un peu au-dessous du sommet, à l'aide de vannes inclinées. L'usage des augets paraît convenir dans le cas où il y a une très-petite quantité d'eau et une grande hauteur de chute; l'usage des aubes dans le cas contraire. Quand ces roues ont plus de 2 mètres de diamètre à la circonférence, et que leurs augets ne sont pas remplis au delà de la moitié de leur capacité, elles rendent en effet utile environ 0.75 du travail absolu. Cet effet utile est alors représenté par la formule

$$Pv = 780 \ Qh + 102 \ Q \ (\text{V}\cos \alpha - v)v,$$

dans laquelle toutes les lettres ont les significations ci-dessus indiquées.

L'avantage de ces roues diminue lorsque les augets sont remplis au delà de la moitié ; ainsi le coefficient 780 doit être remplacé par le nombre 650 quand les augets reçoivent un volume d'eau égal aux deux tiers de leur capacité. Si les roues sont petites, si la vitesse dépasse 2 mètres par seconde à la circonférence, si les augets sont remplis au delà des deux tiers de leur capacité, ou si toute l'eau dépensée par l'orifice ne peut être admise sous la roue, l'effet utile diminue encore, et il faut une formule plus compliquée pour le représenter.

5° Roues pendantes.

On appelle roues pendantes les roues à palettes qui sont plongées dans un courant indéfini. Pour utiliser la plus grande quantité possible du travail moteur de l'eau, ces roues ne doivent avoir à la circonférence qu'une très-faible vitesse, environ le tiers de celle de l'eau à la surface du cours d'eau. On donne aux palettes, afin de recueillir le maximum d'effet, une hauteur, dans le sens du rayon de la roue, au moins égale au tiers de ce rayon. On calcule l'effet utile d'après la formule suivante donnée par M. le général Poncelet :

$$Pv = 800 \ A \ (\text{V} - v)v,$$

dans laquelle P et V ont les significations indiquées précé-

demment (p. 299), A est la surface immergée de l'aube verticale, et v la vitesse du milieu de cette partie immergée.

6° ROUES PONCELET A AUBES COURBES.

Les roues imaginées par M. le général Poncelet reçoivent
l'eau en-dessous par des aubes courbes qui ont à peu près
la forme d'arcs de cercles normaux intérieurement, et tan-
gents extérieurement aux circonférences du tambour. Les
aubes portent des joues latérales destinées à retenir l'eau.
Les roues sont renfermées dans un coursier qui, dans l'espace occupé par deux aubes, a la forme d'un arc de cercle
concentrique avec la roue, et se termine par un ressaut
brusque pour faciliter le dégorgement de l'eau. Les aubes
sont en fer de 4 à 6 millimètres d'épaisseur; elles sont ordinairement au nombre de 36 pour les roues de 3 à 4 mètres, et de 48 pour les roues de 6 à 7 mètres de diamètre.
Les roues Poncelet peuvent marcher noyées jusqu'à une
hauteur égale au tiers de la hauteur totale de la chute, ce qui
les rend précieuses pour les pays de plaine exposés aux inondations. La vitesse extérieure des aubes qui correspond au
maximum d'effet utile est la moitié de la vitesse de l'eau
au sortir de la vanne; le travail produit diminue beaucoup
quand la vitesse de la roue est sensiblement différente de
cette quantité. Le résultat obtenu est représenté par la formule

$$Pv = mQ\,(V - v)v,$$

dans laquelle les lettres P, v, Q, V, ont les significations précédemment indiquées, et où m représente un coefficient qui
est variable selon les circonstances; pour les roues avec
vannage vertical, médiocrement entretenues et soumises à
une chute de plus de $2^m.30$, il n'est que de 102; il s'élève
à 122.3 pour des chutes de 2^m à $2^m.30$; à 132.5 avec des

chutes de 1ᵐ.50 à 2ᵐ; à 142.7 pour des chutes de moins
de 1ᵐ.50. Les levées des vannes ne doivent pas être au-
dessous de 0ᵐ.08 à 0ᵐ,10; l'eau ne doit pas non plus rejaillir très-abondamment dans la roue; enfin le jeu dans le
coursier ne doit pas excéder 0ᵐ.01. Les coefficients précédents correspondent à des rapports entre l'effet utile et
le travail absolu de l'eau motrice compris de 0.50 à 0.65.
On voit, par conséquent, que les roues Poncelet sont surtout bonnes pour les faibles chutes. Elles ont d'ailleurs cet
avantage que leur largeur, celle de l'orifice d'écoulement,
celle du coursier, que leurs poids enfin sont bien moindres
que dans les roues à aubes planes.

7° ROUES A CUILLERS.

Les roues à cuillers sont très-usitées dans quelques parties du midi de la France, particulièrement dans les Alpes
et dans les Pyrénées, où l'on a des chutes d'eau un peu
grandes ne fournissant pas beaucoup d'eau; elles sont employées à faire marcher des moulins; dans quelques cas
elles pourraient aussi être utilisées pour faire marcher des
appareils qui feraient arriver de l'eau sur des points arrosables plus élevés que les cours d'eau. Ces roues, qui sont
faciles à établir à cause de leur grande simplicité, ont leur
axe vertical, et, par conséquent, sont elles-mêmes horizontales. Qu'on imagine un moyeu dans lequel sont implantées
des pièces de bois taillées de manière à présenter à l'eau
une surface concave et oblique; qu'on suppose que toutes
ces cuillers, en tournant dans le sens opposé à leurs conca-
vités, viennent toutes se présenter successivement à une
buse adaptée à la partie inférieure d'un réservoir d'où l'eau
s'écoule d'une manière continue, et on concevra qu'elles devront continuer indéfiniment leur rotation, chassées qu'elles
seront par le choc de l'eau. Ces machines utilisent environ

le tiers du travail moteur développé par la chute d'eau ; la vitesse du point des cuillers frappé par l'eau doit être les 0.70 de celle du liquide.

8° Roues a cuve.

Les roues à cuve sont analogues aux roues à cuillers ; elles en diffèrent en ce que, au lieu d'être isolées, elles sont installées dans une cuve cylindrique en bois ou en maçonnerie qui est ouverte par le bas. L'eau arrive tangentiellement à la circonférence de la cuve, au-dessus de la surface supérieure de la roue, s'engouffre dans les aubes ou palettes courbes attachées à un moyeu central, donne ainsi un mouvement giratoire à la roue et s'échappe en dessous. Le travail utilisé n'est guère que de 0.16 ou 0.25 du travail moteur de l'eau. Elles sont employées dans le Midi pour utiliser les chutes d'une petite hauteur.

9° Turbines.

On sait que lorsqu'un fluide s'échappe d'un vase par une paroi latérale, il en résulte, pour la partie directement opposée de cette paroi, une pression qui tend à faire reculer le vase. Si l'on suppose que de l'eau, pour s'échapper d'un réservoir, ait à passer par une série de tubes horizontaux concentriques et dont les extrémités ouvertes sont toutes tournées dans le même sens suivant une circonférence de cercle, il résultera de la réaction exercée sur chaque tube, en vertu de l'écoulement de l'eau, un mouvement giratoire pour l'appareil. Ce système, très-anciennement connu, mais peu employé à cause du peu d'effet utile obtenu autrefois, a pris le nom de roue à réaction ; il a donné lieu à l'invention de nouvelles roues très-commodes et très-usitées, depuis qu'en 1826 M. Burdin, ingénieur des mines, a eu l'idée de substituer au système des tuyaux dont nous venons de parler un tambour contenant des auges le long desquelles l'eau glissait pour s'échapper dans une direction horizontale tangente à la circonférence extérieure. Le tambour a été remplacé, par M. Fourneyron, par une véritable roue à aubes courbes du genre des roues Poncelet, placée horizontalement, et recevant l'eau en dedans. Par le moyen de cloisons courbes dirigées perpendiculairement à la circonférence intérieure des aubes de la roue, cette roue tourne en sens contraire de l'écoulement de l'eau, qui se fait tangentiellement à la circonférence extérieure. Après M. Fourneyron, beaucoup d'ingénieurs ou de constructeurs habiles, MM. Fontaine, Callon, Jonval, Kœchlin, Leblanc, etc., ont modifié diverses parties de l'appareil pour en obtenir divers avantages particuliers. Toutes ces roues se meuvent avec une grande vitesse, font plusieurs centaines et même plusieurs milliers de tours par minute; à cause du tourbillonnement ainsi produit, elles ont reçu le nom général de turbines. Elles produisent un effet utile qui est très-considérable, les 0.70 ou même les 0.80 du travail moteur de l'eau. Elles fonctionnent sous des chutes très-faibles, de $0^m.60$ seulement, et sous des chutes beaucoup plus grandes; elles agissent étant complétement noyées, et par conséquent au-dessous de la glace dans les temps de gelée. Dans tous ces cas, l'effet utile obtenu ne varie jamais beaucoup, c'est-à-dire est égal au moins à celui des meilleures roues, qui exigent des conditions bien déterminées pour marcher convenablement. Elles sont appelées à rendre de grands services à l'agriculture, et elles ont déjà été employées avec avantage à l'arrosage, ainsi que nous le verrons quand nous citerons plus loin les irrigations de la terre de Lude (Sarthe).

V. — MACHINES A VAPEUR.

Les machines à vapeur sont les derniers moteurs dont il

nous reste à parler. Elles commencent à être employées dans un certain nombre de travaux dé desséchement ou d'irrigation. On sait qu'elles sont fixes ou locomobiles. On a beaucoup agité la question de savoir s'il était avantageux d'avoir recours aux machines à vapeur pour les divers usages que nous avons en vue dans cet ouvrage; les uns (M. Pareto, par exemple) ont dit qu'elles donnaient un travail trop coûteux pour qu'on pût conseiller de les employer, quel que fût d'ailleurs le système qu'on voulût adopter. D'autres, parmi lesquels nous citerons M. Nadault de Buffon, ont déclaré que les machines locomobiles seules pouvaient servir avantageusement aux irrigations, attendu que cet usage n'est que momentané, dure au plus six mois, et qu'il y a avantage de choisir des machines qui soient conduites à la ferme en hiver pour trouver un autre emploi. D'autres enfin, parmi lesquels est M. Hervé-Mangon, disent que les grandes machines à vapeur présentent de tels avantages comme moteurs des appareils à élever l'eau pour les irrigations, qu'à prix égal il convient toujours de leur donner la préférence. En fait, les machines à vapeur sont surtout employées dans les fermes où les arrosages par les engrais liquides circulant dans des tuyaux souterrains ont été installés, et dans quelques grands défrichements. Quant au système à choisir, il dépend surtout des circonstances au milieu desquelles on se trouve placé.

Les machines locomobiles à vapeur ont l'avantage de pouvoir être employées tantôt à l'extérieur et tantôt à l'intérieur des exploitations, de permettre tous les changements possibles dans la disposition des appareils à faire mouvoir; mais aussi elles consomment plus de combustible que la plupart des machines fixes, puisqu'on est obligé de supprimer plusieurs organes particuliers, afin de ménager le poids et le volume.

On sait que la machine à vapeur repose sur l'emploi de la force élastique de la vapeur d'eau, qui est d'autant plus grande qu'on l'a chauffée davantage, et qui vient s'exercer sur une face d'un piston mobile dans un cylindre.

On appelle condensation la liquéfaction de la vapeur opérée dans un espace particulier à l'aide d'un jet d'eau froide; elle s'effectue afin de faire le vide sur l'une des faces du piston, tandis que la vapeur agira sur l'autre face. Quand une machine n'est pas à condensation, on met en communication avec l'atmosphère extérieure la vapeur qui a agi d'un côté, afin de pouvoir envoyer une nouvelle quantité de vapeur de l'autre côté, et obtenir ainsi le mouvement de va-et-vient du piston.

La détente de la vapeur est la force qu'elle peut développer quand elle continue à agir sur le piston alors qu'on cesse d'en introduire une nouvelle quantité dans le corps de pompe; le piston marche alors en vertu de l'impulsion qu'il a reçue, et de la pression de la vapeur, dont le volume s'accroît.

Les chaudières, appareils où se produit la vapeur, sont complétement séparées, dans les machines fixes, du bâti qui porte les organes moteurs. Dans les locomobiles, la machine est montée sur le même bâti que la chaudière, et celle-ci est généralement tubulaire, c'est-à-dire que des tubes dans lesquels circule la fumée sont noyés dans le cylindre où l'eau est en ébullition, ce qui augmente la surface de chauffe, et par conséquent la quantité de vapeur produite dans un temps déterminé, sans qu'on soit forcé de donner à l'appareil de grandes dimensions.

Au point de vue de l'emploi de la vapeur, les machines peuvent se partager en quatre classes : 1° celles à basse pression et à condensation; 2° celles à haute pression, avec détente et condensation; 3° celles à haute pression, avec

détente, mais sans condensation; 4° celles enfin à haute
pression, sans détente et sans condensation. Au point de
vue de la disposition des organes, et particulièrement du
corps de pompe ou cylindre dans lequel se meut le piston
et s'exerce la puissance de la vapeur, on peut former plusieurs divisions dans les machines à vapeur; ainsi elles sont
à cylindre horizontal, à cylindre vertical fixe, à cylindre os-
cillant; elles peuvent aussi avoir deux cylindres ou bien un
seul. Enfin on faisait autrefois beaucoup de machines où la
vapeur n'agissait jamais que sur l'une des faces du piston,
et que, pour cette raison, on appelait machines à simple effet; aujourd'hui on ne construit guère que des machines à
double effet.

Les quantités de travail fournies par les quatre classes
de machines que nous avons à considérer sont données par
des volumes assez simples dont l'agriculteur, l'irrigateur,
le propriétaire de grands dessèchements, doivent savoir faire
usage. Dans toutes ces formules, les lettres employées ont
les significations suivantes :

p est la pression de la vapeur dans la chaudière sur un
centimètre carré ;

p' est la tension de la vapeur dans le condenseur ;

p'' est la tension de la vapeur après la détente ;

v est le volume engendré pour une course simple du piston, et estimé en mètres cubes ;

n est le nombre des courses simples ou coups de piston
en une minute, ou bien encore le double du nombre des
tours de la manivelle ;

K est un coefficient dont la valeur est variable avec la force
de la machine, la perfection de son exécution et l'état d'entretien dans lequel elle est maintenue.

Nous indiquerons succinctement comment toutes ces

quantités se déterminent facilement; auparavant, disons
quelques mots de chaque système de machines.

I. — Les machines à basse pression et à condensation
ont de grandes dimensions et beaucoup de poids; elles consomment plus de combustible que les machines à haute
pression, à détente et à condensation; mais elles sont beaucoup plus simples. Elles brûlent 5 à 6 kilog. de houille par
force de cheval et par heure, et emploient 780 litres d'eau
pour la production de la vapeur et sa condensation. On les
connaît généralement sous le nom de machines du système
de Watt. La pompe à feu du Gros-Caillou et la pompe à feu
de Chaillot, servant à élever les eaux de la Seine pour le
service de Paris, appartiennent à cette classe de machines,
dont le travail est donné par la formule

$$K n \times 2.222\ pv \left(1 - \frac{p'}{p}\right).$$

II. — Les machines à haute pression, à détente et à condensation, ne dépensent que 2 à 3 kilog. de houille par force
de cheval et par heure, et elles n'exigent que 295 lit. d'eau
tant pour la production de la vapeur que pour la condensation; mais elles offrent une assez grande complication dans
le mécanisme des soupapes, et elles exigent beaucoup d'attention dans l'entretien des garnitures pour éviter les fuites.
Le travail moteur qu'elles fournissent peut se calculer par
la formule

$$K n \times 2.222\ pv \left(1 + \frac{p}{6p''} + \frac{2(p - p'')}{3(p + p'')} - \frac{p''}{6p} - \frac{p'}{p''}\right).$$

Les célèbres machines d'épuisement des mines de Cor-
nouailles appartiennent à cette classe. On en a construit
d'analogues en France pour la Camargue. Une grande partie
des marais de l'Angleterre sont desséchés par des machines

du même genre, que l'on retrouve également dans la grande
opération du desséchement du lac de Harlem.

III. — Les machines à haute pression, avec détente, mais
sans condensation, ont des poids et des volumes assez réduits pour être locomobiles; elles consomment de 3 à 5 kil.
de houille par force de cheval et par heure, d'autant moins
qu'elles sont plus puissantes; elles n'exigent que la quantité d'eau nécessaire pour la production de la vapeur, environ 37 litres par force de cheval et par heure. Il faut employer la vapeur à une pression de 4 à 5 atmosphères, parce
que la force perdue par le dégagement de la vapeur dans
l'air, par rapport à la force totale de la vapeur, est d'autant
plus petite que la tension de la vapeur dans la chaudière est
plus grande.

Les machines à vapeur rurales appartiennent généralement
à cette classe. Nous avons dit que les machines locomobiles
sont tubulaires pour que, sous un petit volume, il y ait une
surface de chauffe suffisante. On augmente l'activité du tirage en envoyant un jet de vapeur dans la cheminée. En
général, on peut compter 1 mètre carré à $1^{mq}.30$ de surface
de chauffe par force de cheval-vapeur. La quantité de travail qu'on peut obtenir se calcule d'ailleurs assez facilement
par cette formule :

$$Kn \times 2.222 \, pv \left(1 + \frac{p}{6p''} + \frac{2}{3} \frac{(p - p'')}{(p + p'')} - \frac{p''}{6p} - \frac{1.033}{p''} \right).$$

IV. — Les machines à haute pression, sans détente ni
condensation, consomment plus de combustible que toutes
les précédentes; mais elles peuvent fournir beaucoup plus
de puissance sous un moindre volume et un moindre poids;
c'est ce qui les avait fait adopter pour les chemins de fer;
mais, comme on sait maintenant appliquer la détente sans
beaucoup augmenter les dimensions des organes moteurs,

cette classe de machines doit tendre à disparaître. Nous ne
pensons pas qu'il soit utile de construire sur leur principe
des machines rurales. Quoi qu'il en soit, on en calcule le
travail par la formule suivante :

$$K n \times 2.222 \, pv \left(1 - \frac{1.033}{p} \right).$$

Pour calculer toutes les formules qui précèdent, on doit
commencer par mesurer la pression de la vapeur en atmosphères ; cette pression est donnée par le manomètre, dont
est munie chaque machine, et il n'y a plus alors qu'à consulter la table suivante :

Pression de la vapeur exprimée en atmosphères.	Pression sur un centimètre carré exprimée en kilogrammes.
1.0	1.033
1.5	1.549
2.0	2.066
2.5	2.582
3.0	3.099
3.5	3.615
4.0	4.132
4.5	4.648
5.0	5.165
5.5	5.681
6.0	6.198
6.5	6.714
7.0	7.231

Quant à la tension p', on n'aura pas à la calculer dans les
machines sans condensation, telles que les locomobiles rurales, puisqu'elle n'entre pas dans la formule du paragraphe III ci-dessus; pour les formules des paragraphes I
et II, on la déduira de l'observation de la température
donnée par un thermomètre plongé dans l'eau du condenseur, en se servant de la table suivante :

Température.	Pression sur un centimètre carré exprimée en kilogrammes.
10°.	0.015
15°.	0.017
20°.	0.024
25°.	0.031
50°.	0.042
55°.	0.055
40°.	0 070
45°.	0.093
50°.	0.120

La tension p'' de la vapeur après la détente se déduit de la valeur qu'elle avait auparavant, d'après la mesure de la course du piston après la détente comparée à la course totale; si, par exemple, la course après la détente est le quart de la course totale, la tension p'' sera le quart de la tension p.

Le volume v, engendré par une course simple du piston, s'obtient en prenant le diamètre intérieur d du cylindre et la course h du piston; il est alors donné, d'après les principes de la géométrie élémentaire, par la formule

$$v = 3.14 \times h \times \frac{d^2}{4}.$$

Le nombre n de coups de piston se compte, montre en main, quand la machine est en pleine activité.

Le coefficient K a les valeurs suivantes, selon les cas :

	En très-bon état d'entretien.	En état ordinaire d'entretien.
Pour des machines à basse pression et à condensation de 4 à 8 chevaux..	0.50	0.42
Pour les mêmes machines de 10 à 20 chevaux. . .	0.56	0.47
Pour des machines à haute pression, à détente et à condensation de 4 à 8 chevaux.	0.55	0.30
Pour les mêmes machines de la force de 10 à 20 chevaux..	0.42	0.55
Pour des machines à haute pression avec détente, mais sans condensation (locomobiles agricoles). .	0.40	0.35
Pour des machines à haute pression sans détente et sans condensation	0.50	0.40

IV. 18

Quand on se résoudra à établir des machines fixes pour
les irrigations faites sur une grande échelle, ou pour l'arrosage à l'aide des engrais liquides répartis dans un système
tubulaire souterrain, on devra avoir recours à la seconde
des espèces de machines, si toutefois on dispose d'eau à
discrétion pour la condensation.

Dans toutes les machines à vapeur, et particulièrement
les machines tubulaires, il faut employer de l'eau assez pure,
laissant peu de résidu après son évaporation. Un nettoyage
des chaudières doit avoir lieu au moins après chaque quinzaine de jours de marche.

Les machines à vapeur employées par les agriculteurs
sont soumises à l'autorisation préfectorale, comme tous les
moteurs à vapeur des usines. Cette formalité est dans l'intérêt public; elle a été imposée pour éviter les chances
d'explosion. Elle ne présente aucune gêne dans le cas d'une
locomobile, parce qu'on se borne à déclarer qu'elle sera
transportée partout où besoin sera, et que l'autorité n'impose alors aucune disposition particulière pour le local
d'installation.

CHAPITRE X

Des machines élévatoires

Le choix du moteur pour élever l'eau étant fait, il s'agit
de mettre à sa disposition la machine qui puisera l'eau au
point le plus bas pour la déverser au point le plus haut.
Cette machine sera de nature très-différente selon les circonstances, selon la hauteur à laquelle l'eau doit être élevée, parce que l'effet utile qu'on obtient dans chaque cas
dépend surtout de cette hauteur d'élévation, c'est-à-dire
qu'en appliquant une force motrice capable de 100 kilo-

grammètres, par exemple, on n'obtient que 80, 60, 40 et même 30 kilogrammètres en eau élevée, si la même machine est employée dans telle ou telle circonstance.

Pour les applications que nous avons en vue dans cet ouvrage, l'élévation de l'eau ne se fait en général qu'à d'assez petites hauteurs. Il s'agit de faire franchir à l'eau quelquefois moins d'un mètre de hauteur, afin de lui donner un écoulement suffisant ; il arrive rarement qu'on soit obligé de la transporter sur des sommités considérables. Si une opération de drainage manque de débouché pour ses eaux, si un marais qu'on met en culture est au-dessous du niveau des terres environnantes, si le cours d'eau qui traverse une contrée se tient trop au-dessous de la plupart des terres dont on pourrait multiplier la fécondité par l'arrosage, il faut avoir recours à des machines élévatoires, différentes selon les lieux, selon les surfaces, selon les quantités d'eau disponibles. Chacun devra choisir suivant les circonstances particulières.

1° SEAUX ET BAQUETS A MAIN.

La machine élévatoire la plus simple est un seau ou un baquet qu'on manœuvre en appliquant directement un homme à un seau ou deux hommes à un baquet. Quand la hauteur d'élévation n'est pas supérieure à $0^m.60$, ou $0^m.80$, on obtient le maximum d'effet utile. Si l'on devait porter l'eau à une plus grande hauteur, il faudrait établir des réservoirs intermédiaires et faire le travail au moyen de plusieurs ateliers de baquetage. On peut obtenir, d'après les expériences de M. Perronnet, en huit heures de travail, un effet utile de 46,000 kilogrammètres en eau élevée, soit 46 mètres cubes.

Les défauts de ce système sont nombreux, puisque les seaux ou baquets ont besoin d'être tournés pour être remplis et pour être vidés, puisqu'on doit les descendre à vide et les élever plus haut que le niveau où l'eau doit se répandre afin de les vider. On diminue quelques-uns de ces inconvénients en employant des seaux dont le fond a une soupape, et qui se remplissent par le bas simplement, quand on les plonge dans l'eau, et en opérant à l'aide de baquets en forme de vans que deux hommes manœuvrent par un mouvement de va-et-vient suivant un arc de cercle. Cette méthode est beaucoup employée dans les irrigations de la basse Égypte. Deux hommes adossés chacun à une butte de de terre et placés l'un en face de l'autre, soutiennent avec quatre cordes et balancent un panier d'osier, fait en forme de calotte sphérique et recouvert de cuir; ils puisent l'eau avec ce panier, et la jettent à la volée sur les terres par le même mouvement.

Le baquetage n'est guère usité en Europe que pour les épuisements.

2° DES ÉCOPES ORDINAIRES.

L'arrosage avec les écopes ordinaires s'effectue pour de petites surfaces dans les propriétés traversées par un cours d'eau muni de retenues, et dont les biefs sont très-peu élevés au-dessus du sol. On en tire aussi avantage quand l'eau est conduite dans de petits bassins placés dans le voisinage des cultures à arroser. La différence de niveau, pour obtenir un bon effet utile, ne doit être que d'environ $0^m.50$, à $0^m.40$.

L'écope ordinaire se compose d'une sorte de grande cuiller placée à l'extrémité d'un manche léger et flexible, ayant une longueur de $1^m.25$, et un peu incliné en avant; la cuiller a une longueur de $0^m.40$ et une largeur de $0^m.25$; elle contient 4 à 5 litres d'eau. Un manœuvre armé de cet instrument projette l'eau dans un rayon de 8 mètres.

On élève de petites quantités d'assez grandes profondeurs, 8 à 10 mètres, et avec assez d'économie, à l'aide de seaux attachés à une corde enroulée sur un tambour, en se servant du manége des maraîchers. Deux poulies sont suspendues au-dessus du puits, et sur ces poulies passent les deux bouts d'une corde qui portent chacun un seau. La corde fait trois ou quatre tours sur un tambour vertical qui reçoit directement son mouvement de rotation d'un manége que fait marcher un cheval. Quand le cheval marche dans un sens, un seau monte plein, et l'autre seau descend à vide. Un échappement placé à une hauteur convenable détermine la limite du mouvement ascendant. A ce moment, le seau plein suspendu par une anse à deux tourillons, placés très-peu au-dessus de son centre de gravité, s'incline et se vide de lui-même dans un réservoir ou dans un canal distributeur. Pendant ce temps le seau vide, arrivé au fond du puits, se remplit d'eau. On arrête le cheval et on le fait marcher en sens contraire, pour recommencer indéfiniment la même série de mouvements.

Cette machine, pourvue d'un hangar, de ses seaux et agrès divers, coûte environ 600 fr., et exige très-peu de frais d'entretien.

L'écope hollandaise est une auge oblongue en bois dans laquelle manque la paroi verticale antérieure. Cette auge est portée vers cette partie antérieure par des tourillons placés sur le bord du canal, de telle sorte que la partie postérieure tombe naturellement dans l'eau et s'y remplit. Une anse se trouve attachée à la partie postérieure et est suspendue à une tige qui vient s'articuler à l'extrémité d'un bras de levier, mobile en son milieu sur un support placé sur l'autre rive, et à l'autre extrémité de ce levier est appliqué le moteur qui donne un mouvement vertical de va-et-vient; par exemple, des hommes agissent par des cordes en tirant verticalement et en lâchant successivement. Par le mouvement alternatif qui en résulte, l'écope se remplit dans le canal inférieur et se vide dans un conduit situé à une hauteur qui peut être assez considérable. Pour faciliter le remplissage, on munit souvent le fond de l'écope d'un ou de plusieurs clapets. On équilibre à peu près à l'aide de poids les deux parties de l'auge de manière à n'avoir à soulever que l'eau.

Les écopes sont très-employées soit pour les irrigations, soit pour le desséchement. Un homme peut suffire pour manœuvrer une écope d'un hectolitre, et pour répandre sur le sol en une minute 1,200 litres d'eau élevés à la hauteur moyenne de $0^m.55$. On se sert de ces machines dans des dimensions beaucoup plus considérables en les faisant manœuvrer par des chevaux attachés à un manége, par une roue hydraulique, par une machine à vapeur. Il y a des écopes qui élèvent plus d'un mètre cube d'eau à chaque remplissage, plus de 20 mètres cubes à la minute, à des hauteurs qui vont jusqu'à plus de 6 mètres. On compte dans le Lincolnshire plus de 70 machines à vapeur qui font ainsi mouvoir de grandes écopes destinées à maintenir dans un état convenable d'assainissement plus de 80,000 hectares.

5° CHADOUF ÉGYPTIEN.

Une machine communément employée pour les irrigations, surtout dans la haute-Égypte, sous le nom de *chadouf* ou de *delon*, ressemble en quelques points à l'écope hollandaise. Elle se compose d'un levier suspendu vers le tiers de sa longueur sur une traverse horizontale que soutiennent deux montants verticaux établis au sommet des berges du

Nil ou du canal où l'on puise l'eau. Le bras le plus court
du levier porte un contre-poids de terre durcie, et son
bras le plus long une verge de bois attachée par un lien
flexible, de manière que pendant le mouvement de rotation
du levier sur son axe de suspension cette verge reste toujours verticale; à l'extrémité inférieure est suspendu un
panier en osier recouvert de cuir. Un homme placé sur une
saillie de terre force le seau à se remplir d'eau, puis il
l'élève jusqu'à la hauteur de sa poitrine et le vide, soit dans
un petit canal qui conduit l'eau dans les terrains à arroser,
soit dans un petit puisard où elle est reprise de nouveau
par une machine semblable. On voit parfois cinq ou six étages
de chadoufs placés l'un au-dessus de l'autre pour faire parvenir l'eau jusque sur des terres très-élevées. Chaque levier
a 5 mètres de longueur, est suspendu à 1 mètre de l'extrémité qui porte la motte de terre au-dessus de $1^m.20$ du
sol. A l'extrémité longue de 2 mètres est placée la verge
qui a $2^m.65$ de hauteur, de telle sorte que l'étendue de la
course du seau rempli d'eau est de 5 mètres environ.
Chaque seau a $0^m.40$ de diamètre sur $0^m.65$ de profondeur
et contient 10 litres d'eau. Un fellah élève en moyenne près
de 50 litres à 5 mètres de hauteur en une minute. Tous
les voyageurs qui ont parcouru le Nil pendant les basses
eaux ont été frappés du spectacle des nombreux chadoufs qui
bordent les rives du fleuve, sans cesse mis en mouvement
par des hommes presque entièrement nus, qui, pour régulariser le mouvement imprimé à leurs longues perches,
accompagnent la manœuvre en répétant d'un rhythme uniforme de monotones cantilènes.

6° ROUES A PALETTES.

Les roues à palettes, semblables à celles qui ont été
décrites dans le chapitre précédent (p. 299) comme roues

motrices, étant mises en mouvement par un moteur à vent
ou tout autre moyen à rebours de leur coursier courbe, c'est-
à-dire en sens contraire de la rotation qui leur est imprimée
quand elles sont des récipients de force, peuvent servir à l'é-
lévation de l'eau. On en emploie en Angleterre et dans les
desséchements des moères de la France et de la Belgique.
Elles sont d'une puissance moindre que les écopes, mais elles
rendent d'autant plus d'effet utile que la vitesse qu'on leur
imprime est plus petite. Les palettes plongent dans l'eau
et l'élèvent, à peu près à la hauteur du centre, en tournant
presque tangentiellement à un mur cylindrique, entre deux
murs verticaux dont la distance excède de très-peu l'é-
paisseur de la roue. La hauteur de ces palettes est moitié
à peu près de leur largeur ou de l'épaisseur de la roue. À
la gare de Saint-Ouen, près Paris, une roue semblable est
employée pour faire monter de l'eau prise dans la Seine,
et entretenir un niveau suffisamment élevé dans l'intérieur
de la gare; elle est mise en mouvement par une machine
à vapeur qui agit sur la roue par l'intermédiaire d'une roue
dentée engrenant avec des dents placées intérieurement
dans une des couronnes auxquelles sont adaptées les palettes ; il résulte de cette disposition que l'axe de la roue
n'est que faiblement chargé par la masse d'eau soulevée,
et que l'effet obtenu est assez considérable par rapport au
travail dépensé.

7° ROUES À SEAUX, À POTS, À GODETS, À AUGETS.

Si l'on suppose qu'une roue hydraulique ordinaire, d'un
système quelconque, soit armée à sa circonférence de
seaux, de pots, de godets, d'augets, on concevra facilement
qu'elle devra puiser inférieurement à l'aide de ces vases de
l'eau dans le bassin où on la fera mouvoir, pour la vider, à
mesure que chaque vase atteindra la partie la plus élevée de

sa course, dans un canal convenablement disposé. Ces roues, très-employées pour les épuisements et pour les irrigations, sont mues souvent par des roues pendantes (p. 502) avec lesquelles elles sont concentriques. D'autres fois, on leur donne le mouvement en les plaçant dans un bief supérieur et les reliant par une roue dentée, par une chaîne sans fin ou par une courroie, à une autre roue motrice placée dans un bief inférieur, et mue ainsi par une chute d'eau plus ou moins considérable. On comprend qu'on puisse leur appliquer toute autre espèce de moteur.

Les pots ou godets fixes qui se vident par un trou donnent moins d'effet utile que les seaux tournant sur un arc de cercle de manière à conserver une position parfaitement verticale jusqu'au moment même où ils doivent se vider. Une meilleure disposition encore est celle qui a été établie à Ciry-Salsogne, près de Soissons, pour employer à l'irrigation une partie des eaux de la rivière de Vesle. La roue établie sur la propriété de M. de Pompéry par MM. Thomas et Laurens porte à sa circonférence un grand nombre de compartiments ou augets destinés à contenir l'eau à élever. Ces augets se remplissent d'eau dans le bief inférieur par l'extérieur de la roue; et, par des ouvertures pratiquées à l'intérieur, lorsqu'ils arrivent à une hauteur convenable, ils se vident dans des canaux répartiteurs. A cet effet, les bras qui relient le contour de la roue à l'arbre central n'occupent pas toute la largeur de la roue, ce qui permet à des caisses de pénétrer dans son intérieur pour recevoir l'eau, sans gêner le mouvement. Une roue hydraulique mue par la chute d'eau fait marcher la roue élévatoire.

Les simples roues à seaux sont très-usitées dans plusieurs provinces de l'est de la France, pour les irrigations horticoles, et particulièrement dans les jardins des environs de Lyon et de Genève.

On appelle roues à tympan des roues à axe horizontal dans lesquelles l'eau pénètre par la circonférence pour sortir vers le centre dans un arbre creux. L'eau est ainsi élevée à une hauteur un peu moindre que le rayon de la roue. On emploie deux tympans, celui de Vitruve, l'illustre architecte romain, et celui de Lafaye, ingénieur français.

Le tympan de Vitruve se compose d'un cylindre creux ou *tambour*, divisé en compartiments par huit cloisons formées de plans diamétraux. Chacune des cloisons aboutit à une ouverture pratiquée dans la surface latérale du tambour dans le sens de ses arêtes. L'axe du cylindre est lui-même un noyau creux auquel s'arrêtent les cloisons, et qui communique avec chaque compartiment par des ouvertures convenables. L'eau dans laquelle plonge le tympan pénètre dans les compartiments, est élevée par le mouvement de rotation dont ils sont animés et tombe dans le tambour central, d'où elle s'écoule.

Lafaye a imaginé, en 1717, de remplacer les plans diamétraux qui forment les cloisons du tympan de Vitruve par des surfaces cylindriques ayant pour base des développantes de cercle, et qui se terminent tangentiellement à la circonférence extérieure du tambour pour arriver perpendiculairement au noyau central; l'eau se déverse dans ce noyau sans avoir éprouvé aucun choc et sans déperdition de force vive.

On construit aussi aujourd'hui des tympans en disposant, à la place des compartiments à cloisons, des tubes recourbés sur des roues à palettes pendantes dans un cours d'eau. Les palettes font tourner la roue, tandis que les tubes courbes se remplissent par leur orifice extérieur et se vident dans un tuyau central presque horizontal.

Le tympan de Lafaye est très-employé; il a été notamment appliqué à l'élévation des eaux destinées aux irrigations des rizières de la Camargue. On ne lui donne que de 2 à 4 mètres de diamètre. Une roue dentée existe sur tout son contour, au milieu de sa largeur; elle engrène avec une roue plus petite qui reçoit son mouvement du moteur. On atteint en eau élevée de 0.75 à 0.80 du travail dépensé.

9° NORIAS.

Les norias, qui paraissent être d'invention arabe, se retrouvent dans toutes les contrées qui ont été sous la domination des Maures : en Égypte, en Espagne et jusque dans le Midi de la France. Rien n'est plus simple que cette machine, et la facilité de la construire explique sa propagation rapide chez tous les peuples cultivateurs. Une corde ou une chaîne sans fin tourne sur deux poulies ou tambours placés verticalement l'un au-dessus de l'autre, le premier à la hauteur à laquelle on veut élever l'eau, l'autre dans le bassin ou dans le puits où on veut la prendre. A la corde ou à la chaîne sont attachés de distance en distance des seaux ou godets qui descendent à vide d'un côté, se remplissent en passant sous le tambour inférieur, montent pleins de l'autre côté et déversent l'eau dans un conduit en passant sur le tambour supérieur.

Pour empêcher le glissement de la chaîne sur le tambour supérieur, on lui donne une forme polygonale, celle d'une véritable lanterne d'engrenage, par exemple, avec des fuseaux fixes, en fer ou en bois. On emploie souvent à cet effet tout simplement quelques cannelures, ou bien quelques pointes implantées dans la surface cylindrique du tambour supérieur. Dans beaucoup de norias, on supprime aussi le tambour inférieur.

L'emploi de la noria est vulgaire dans le midi de la France, et dans toutes les contrées où la sécheresse estivale a indiqué de temps immémorial aux populations rurales la nécessité des irrigations. Dans nos départements méridionaux, on lui donne le nom de puits à roue. Les norias les plus communes coûtent 700 fr., et on peut en obtenir, avec un cheval ordinaire, de 20 à 25 mètres cubes d'eau par heure à la hauteur de 5 mètres. Le produit en eau est d'environ les 0.66 du travail dépensé. M. Pareto donne la formule suivante pour calculer le nombre N de chevaux ordinaires à employer pour élever avec une noria bien établie un volume d'eau Q exprimé en mètres cubes, à la hauteur H mesurée de la surface du bassin au-dessus de celle du puisard, r étant la distance verticale entre la surface du bassin et le point culminant auquel l'eau est portée :

$$ N = Q \frac{H + r}{120}. $$

Pour obtenir un bon emploi des norias, on doit les faire marcher lentement.

De simples forgerons de villages établissent sans peine ces sortes de machines. En Égypte, elles sont très-répandues; les paysans les fabriquent eux-mêmes; on les y appelle des *sakyeks;* elles consistent simplement en un treuil sur lequel s'enroule une corde garnie de pots en terre. Le treuil est mis en mouvement par un manége auquel sont attelés des bœufs.

On peut calculer de la manière suivante le travail obtenu par un sakyek des plus simples.

Deux bœufs sont attelés à l'extrémité d'un levier de $2^m.90$ de longueur au moyen duquel ils font tourner un arbre vertical qui porte un hérisson horizontal de $1^m.45$ de rayon. Les alluchons de ce hérisson, au nombre de 56, engrènent dans une roue verticale dentée, de 0^m.80 de rayon, armée de 36 alluchons ayant 0^m.20 de longueur. L'arbre tournant de la roue dentée a 2^m.70 de longueur et porte à son autre extrémité une roue de 1^m.20 de rayon, autour de laquelle se meut, par l'effet de la rotation, une échelle de corde portant 18 pots de terre cylindriques, placés à 0^m.50 de distance les uns des autres. Ces pots montent l'eau au plus haut point de la roue, à 3^m.20 au-dessus de la surface du fleuve, et la versent dans une auge, d'où elle est conduite par un petit canal sur les terres à arroser, et plantées en riz, en indigo, etc. La trace que suivent les bœufs a 18^m.8 de circonférence, et ils font 150 tours par heure. Deux bœufs marchant continuellement travaillent pendant trois heures, au bout desquelles ils sont remplacés par deux autres bœufs qui travaillent également trois heures. Quatre bœufs, se relevant ainsi, travaillent chacun six heures par jour, ce qui produit 1,800 tours de manège. Le hérisson horizontal ayant 56 alluchons et la petite roue verticale 36, celle-ci fait un tour et 5/9 à chaque tour du hérisson ou 2,800 tours, pendant qu'il en fait 1,800. Le diamètre de la roue qui porte les pots étant de 2^m.40, sa circonférence est de 7^m.54, tandis que celle de l'échelle des pots est de 9 mètres; les nombres de leurs tours sont en raison inverse des circonférences. L'échelle des pots fait donc 2,346 tours pendant que la roue en fait 2,800. Les pots ont à peu près 0^m.16 de diamètre sur 0^m.26 de profondeur; leur capacité est donc de 5 litres, ce qui produit, pour les 18 pots, 90 litres à chaque tour, et pour les 2,346 tours, 211^{mc}.14 d'eau élevée en douze heures, à 2^m.20 de hauteur, ou un travail de 675,648 kilogrammètres en eau élevée. Les quatre bœufs, ayant travaillé chacun six heures, ont, pendant ce temps, fourni un travail total (voir précédemment, p. 287) de 5,456,000 kilogrammètres; l'effet

IV. 19

utile rendu par le sakyek n'est donc que les 0.20 du travail dépensé. On voit que cet instrument, tout recommandable qu'il soit par sa simplicité, ne donne que le tiers de ce qu'on obtient avec une noria bien établie.

10° Chapelets.

Les chapelets sont des machines qui consistent en une chaîne sans fin, formée de chaînons de fer articulés les uns aux autres; ces chaînons sont munis de rondelles plates appelées grains ou patenôtres et qui ont leur centre sur la chaîne. La chaîne s'enroule sur le contour de deux poulies comme dans la noria; mais les grains passent, en montant, dans un cylindre appelé buse, qui est de même diamètre qu'eux, à très-peu près. La masse d'eau entraînée par les rondelles est forcée de s'élever dans la buse pour s'écouler par la partie supérieure. Le chapelet est dit vertical quand la buse est elle-même verticale, et que la poulie supérieure est exactement au-dessus de la poulie inférieure. Le chapelet est dit incliné quand les deux poulies ne sont pas situées dans la même verticale; la buse se compose alors d'un simple canal en bois.

Les poulies des chapelets sont des étoiles évidées ou bien des lanternes sur les fuseaux desquelles se placent les grains, ou bien encore des hérissons traversés par un arbre tournant, et armés de griffes qui saisissent les chaînons de la chaîne. Les rondelles étant garnies de cuir, de manière à entrer à frottement doux dans la buse, on obtient à peu près en effet utile les deux tiers du travail dépensé. Le chapelet vertical est employé pour les élévations d'environ 4 mètres.

11° Vis d'Archimède.

Inventée, il y a plus de deux mille ans, par le célèbre

géomètre de Syracuse, pour servir au desséchement de grandes étendues de marais formés dans la vallée du Nil, derrière les digues au delà desquelles pénétraient les grandes inondations, la vis d'Archimède n'a pas cessé d'être employée soit à des épuisements, soit à des arrosages, lorsqu'il ne s'agit que d'élever l'eau à de petites hauteurs. Anciennement elle consistait en un simple tuyau composé de tiges de bois (probablement d'osier); ce tuyau était monté sur un cylindre, de manière à y prendre la forme des spires d'hélice d'un filet de vis. Plus tard on a enroulé un tuyau de plomb sur un cylindre de bois mobile autour de son axe central, placé sur des pivots dans une position inclinée, la partie inférieure dans l'eau à élever, la partie supérieure en communication avec un engrenage convenable mis en mouvement par une manivelle et des hommes, ou bien par un manège et des bœufs ou des chevaux, ou bien encore par des moulins à vent. On conçoit qu'à chaque tour de rotation de la machine, l'extrémité inférieure du tuyau pénètre dans l'eau, prend une certaine quantité de liquide, et ensuite au sortir de l'eau une petite quantité d'air. On a ainsi des arcs dits *hydrophores* qui s'élèvent de spire en spire jusqu'à la partie supérieure de la machine pour s'écouler au dehors. Des orifices placés de distance en distance permettent à l'élasticité de l'air intérieur de s'équilibrer avec celle de l'air atmosphérique.

La machine telle que nous venons de la décrire était pesante et difficile à mettre en mouvement; aussi on a dû la modifier en substituant au tuyau une cloison hélicoïde contournée autour d'un noyau central, et se terminant à une enveloppe cylindrique extérieure. La surface hélicoïde se compose d'une infinité d'hélices dont chacune joue le rôle d'un petit canal suivant lequel l'eau s'élève. On s'arrange, en interrompant la surface hélicoïde, de telle sorte que l'air puisse circuler librement à l'intérieur tout le long du noyau, et il n'y a pas alors besoin des orifices que, dans le cas d'un simple tuyau, il faut pratiquer de distance en distance. Afin de diminuer le poids de la machine, on rend fixes le cylindre extérieur et le noyau intérieur; il n'y a de mobile que la surface hélicoïde, qui tourne en effleurant les deux cylindres entre lesquels elle est renfermée. L'enveloppe extérieure est faite avec des douves, elle porte le nom de *canon*.

On construit la surface hélicoïde ou la vis en clouant ordinairement sur trois directrices ou filets en spirale équidistants de petites planchettes en chêne dont les joints sont calfatés et goudronnés, et qu'on appelle les *marches*. L'angle d'inclinaison de la surface hélicoïde avec l'axe est d'environ 60°. La longueur de la vis est de 12 à 18 fois le diamètre du canon, qui est lui-même 3 ou 4 fois celui du noyau intérieur. On donne au diamètre du canon, de 0^m.33 à 0^m.66. On place la vis de telle sorte que son axe fasse de 30 à 45° avec l'horizon. Le niveau de l'eau dans le puisard doit monter un peu au-dessus du centre de la base du noyau. On élève avec avantage l'eau jusqu'à une hauteur de 2^m.50 à 3 mètres. On fait faire à la vis environ 40 tours par minute. On obtient, avec trois hommes, 7 litres d'eau par seconde, à cette hauteur, en employant une petite vis. Avec une vis de grande dimension, trois chevaux donnent 18 litres par seconde à la même hauteur. Ces résultats équivalent à environ les 0.75 du travail dépensé, et ils prouvent que les vis d'Archimède sont des machines dont l'emploi pourrait être fréquent dans les irrigations. Leur prix est d'ailleurs assez faible, 700 fr. environ pour une vis destinée à un manège.

12° Vis hollandaises ou hélices.

Les Hollandais ont simplifié la vis d'Archimède en supprimant le canon, et en le remplaçant simplement par un canal ou coursier demi-cylindrique en bois dans lequel la vis se meut avec une assez grande vitesse de rotation pour que l'eau ne se répande pas au dehors dans son mouvement ascensionnel entre les hélices et le coursier. Ces sortes de machines sont assez employées au desséchement des polders et des marais; elles sont mises en mouvement par des moteurs à vent.

13° Pompes.

On appelle pompes des machines à l'aide desquelles l'eau s'élève, parce qu'une paroi mobile dans un vase fait un vide d'un côté, exerce une espèce de succion, ce qui fait que le liquide s'introduit dans un compartiment convenable en vertu de la pression à laquelle ce liquide était soumis, et qui se communique dans tous les sens. Un autre mouvement de la même paroi, qui reçoit ordinairement le nom de piston, chasse ensuite le liquide vers le lieu où on veut le conduire. Des soupapes et des tuyaux facilitent ces mouvements de l'eau en dirigeant sa marche, en interceptant ou en rétablissant aux moments voulus les passages de communication.

Dans la plupart des pompes, le piston reçoit un mouvement rectiligne de va-et-vient, et se meut dans un cylindre creux vertical, en bois ou en métal, qu'on appelle le corps de pompe. Le piston est lui-même un cylindre dont le pourtour est parfaitement adapté à la surface intérieure bien alésée du corps de pompe; il est fait soit en bois de charme, avec garnitures de cuir; soit en fonte garnie de chanvre suifé et de rondelles de cuir gras; soit en caoutchouc, etc.

Pour les très-petites élévations, on se sert des *pompes foulantes;* le corps de pompe plonge dans l'eau qui y pénètre par une soupape s'ouvrant du bas vers le haut. Dans le mouvement d'ascension du piston, la soupape s'ouvre, et l'eau monte dans le corps de pompe. Quand le piston descend, la soupape se ferme, et le piston foule l'eau dans le tuyau d'élévation qui est placé latéralement et part du fond de la pompe.

Pour les élévations inférieures à 10 mètres, on se sert des *pompes aspirantes*. Un tuyau d'aspiration, ayant moins de 10 mètres, ou, pour mieux dire, ayant une hauteur moindre que la pression atmosphérique minimum du lieu où on l'établit exprimée en hauteur d'eau, vient aboutir au corps de pompe, avec lequel il communique par une soupape s'ouvrant du bas vers le haut. Dans le corps de pompe se meut le piston d'un mouvement de va-et-vient; il est traversé par une ouverture que ferme une soupape s'ouvrant aussi du bas vers le haut. Le piston doit avoir pour limite inférieure de sa course la base du corps de pompe où est établie la soupape du tuyau d'aspiration; s'il y avait une distance entre les points indiqués, il en résulterait une diminution dans la hauteur à laquelle l'aspiration pourrait faire monter l'eau. Au-dessus du point qui forme la limite supérieure de la course du piston se trouve le tuyau de déversement par lequel l'eau s'écoule d'une manière intermittente quand le piston s'élève, pour cesser quand le piston s'abaisse.

Une pompe simplement aspirante devient *élévatoire* quand le tuyau de déversement ne jette pas l'eau immédiatement au-dessus de la limite supérieure de la course du piston. On peut, en effet, élever l'eau à une hauteur indéfinie au dessus du piston; mais on est alors obligé de supporter un poids mesuré par celui d'une colonne d'eau ayant pour base la base du piston, et pour hauteur celle de l'élévation. Ce poids offrant, dans le cas d'une grande hauteur d'élévation, une résistance considérable, on adopte diverses dispositions pour alléger les organes de la machine. Par exemple, la tige du piston traverse une boîte à graisse et une boîte à étoupe, et le tuyau d'ascension, placé latéralement par rapport au corps de pompe, communique avec lui au moyen d'une soupape qui se soulève chaque fois que le piston monte, mais se referme aussitôt après, de telle sorte que la soupape du piston peut s'ouvrir sans éprouver trop de résistance.

Les pompes élévatoires sont dites à piston plongeur, quand le piston muni d'une soupape est constamment immergé dans l'eau. Elles sont à la fois aspirantes et foulantes, quand le piston est plein et qu'il y a deux soupapes, l'une au tuyau d'aspiration, qui se soulève pendant l'ascension du piston, et l'autre au tuyau d'ascension, qui se soulève pendant la descente du piston. Souvent, pour refouler l'eau à une grande hauteur, on l'envoie d'abord dans la partie inférieure d'un vase intermédiaire en forme de cloche, dont la capacité supérieure est remplie d'air qui se comprime à autant d'atmosphères plus une qu'il y a de fois 10 mètres dans la hauteur d'élévation. Ce principe est appliqué dans les pompes à incendie et dans plusieurs pompes agricoles. Pour les très-grandes hauteurs, telles que celle des puits de carrière, on fractionne souvent les distances, et l'on établit plusieurs étages de pompes.

Pour faire disparaître le mouvement intermittent de l'eau dans les tuyaux d'aspiration et d'ascension, on emploie le système du double effet, dans lequel, pour chaque coup de piston, il y a deux fois plus d'eau élevée que dans le système simple; mais alors il faut appliquer à la pompe une force motrice double.

La quantité d'eau qu'on peut obtenir avec une pompe dépend du diamètre intérieur du corps de pompe. On dit que la force de la pompe est petite lorsque ce diamètre est inférieur à 0m.12, et qu'elle est forte, lorsqu'il dépasse 0m.35; les pompes les plus puissantes ont de 0m.40 à 0m.50. La levée ou course des pistons dans les grandes pompes est comprise entre 1 mètre et 1m.50. La vitesse des pistons est de 0m.16 à 0m.25 par seconde. Dans ces conditions, il est très-facile de calculer, par les formules les plus simples de la géométrie, le volume d'eau qu'on peut obtenir par seconde. Pour obtenir le plus grand effet utile, l'aire de l'ouverture masquée par les soupapes doit être la moitié environ de celle du corps de pompe; les diamètres du tuyau d'aspiration et du tuyau de conduite doivent être égaux aux deux tiers de celui du corps de pompe; enfin l'espace nuisible qui reste au-dessous du piston, arrivé au point le plus bas de sa course, doit être réduit autant que possible. Les bonnes pompes rendent en eau élevée de 0.50 à 0.70 du travail dépensé.

Dans la machine célèbre établie à Marly sous Louis XIV (de 1675 à 1682) et qui a été reconstruite dans ces dernières années, huit pompes aspirantes et foulantes mues par deux très-grandes roues hydrauliques élèvent l'eau jusqu'à une hauteur verticale de 155 mètres pour les besoins de Versailles. Les pistons ont à vaincre une pression d'environ 17 atmosphères.

Pour l'alimentation de la rivière que l'administration de la liste civile impériale a récemment créée dans le bois de Vincennes, on a dû élever l'eau de la Marne. Cette rivière artificielle sert à l'irrigation des gazons et des près de la promenade publique, en même temps qu'à celle de la ferme, renfermant cent vaches laitières, qu'on y a construite. Deux turbines Fourneyron ont été, à cet effet, établies sur la Marne près du grand et célèbre moulin de M. Darblay; elles font marcher deux pompes accouplées avec réservoir d'air intermédiaire, construites par M. Farcot, au port Saint-Ouen, près Paris. Environ 3,000 mètres cubes d'eau par jour sont versés dans un réservoir placé à 35 mètres au-dessus du niveau de la Marne.

Dans la propriété de Martinvast, en Normandie, chez M. le général Dumoncel, de simples pompes fournissent 288 mètres cubes d'eau par vingt-quatre heures pour l'irrigation de 5 hectares de prairies.

On cite, parmi les bonnes pompes françaises, celles à soupapes en cuir de M. Letestu; à soupapes en caoutchouc de M. Perreaux; à soupapes sphériques de M. Delpech (de Castres), etc.

Nous avons dit que ces machines ne sont pas nécessairement à mouvement de va-et-vient; contrairement à la définition ordinaire, mais inexacte, qu'on donne du mot, les pompes peuvent être à mouvement continu, le piston tournant dans un corps de pompe où le vide se fait d'un côté, tandis que le liquide est repoussé de l'autre; ou bien encore, l'aspiration étant obtenue par un autre moyen que l'emploi du piston. Quelques pompes rotatives, telles que celles de M. Stolz, de Paris, sont employées dans les fermes pour les usages domestiques. Pour les irrigations ou les desséchements, nous ne connaissons guère que la pompe d'Appold qui puisse fonctionner avec avantage; cette belle machine a été présentée en 1855, à l'exposition universelle de Paris, par MM. Easton et Amos, de Londres. Nous emprunterons sa description à M. Tresca : « Elle se compose d'un axe horizontal animé d'une très-grande vitesse de rotation, armé d'un certain nombre d'ailes courbes qui tournent dans un cylindre fermé ou tambour. Ce cylindre communique avec le réservoir inférieur au moyen d'un double tuyau d'aspiration qui part, à droite et à gauche, de son centre, et qui est surmonté d'un tuyau vertical formant la colonne d'ascension pour la conduite de l'eau dans un réservoir supérieur. Par le mouvement rapide des ailes, l'eau est aspirée et chassée avec énergie dans la colonne d'ascension, qui lui offre un large débouché. Elle présente l'avantage d'être d'un prix peu élevé, relativement au volume d'eau qu'elle débite; son seul inconvénient est d'exiger un mouvement rapide de rotation, qu'il n'est possible d'obtenir que par des transmissions compliquées, cette rapidité devant augmenter en même temps que la hauteur à laquelle on doit élever l'eau. Cet appareil ne convient que pour de faibles élévations; mais, comme il ne contient aucun piston, aucune soupape, il n'est soumis à aucun dérangement. »

CHAPITRE XI

Machines élévatoires automobiles

Dans les machines élévatoires automobiles, le but que l'on se propose est d'élever l'eau à des hauteurs plus ou moins considérables, au moyen de chutes d'eau, c'est-à-dire qu'une masse d'eau étant donnée, on la fait tomber d'un certain niveau pour obtenir une puissance qui fasse parvenir une autre masse liquide d'un point inférieur à un niveau supérieur à celui-ci. Ces sortes de machines n'ont encore reçu que peu d'applications pour les arrosages et les dessèchements, et nous ne ferons que les indiquer. Les principales sont les fontaines de Héron, les bascules hydrauliques, les béliers, les machines à colonne d'eau, les moteurs-pompes.

Le principe de la fontaine de Héron, géomètre d'Alexandrie, vivant vers l'an 120 avant J. C., consiste dans l'emploi d'une chute d'eau dont la colonne exerce une pression sur un réservoir d'air destiné à transmettre cette pression, en vertu de son élasticité, à un réservoir contenant de l'eau qui pourra s'élever par conséquent à une hauteur approchée de la hauteur de descente de la chute. Ce principe est resté longtemps sans application sérieuse. Salomon de Caus, dans son célèbre ouvrage des forces mouvantes, a décrit une machine qui, par la compression de l'air selon le système de Héron, devait pouvoir élever une masse d'eau considérable. Mais ce n'est qu'en 1755 que l'ingénieur Holl se servit de l'idée ingénieuse du géomètre d'Alexandrie pour construire la célèbre machine qui sert à l'épuisement d'une partie des eaux des mines de Schemnitz, en Hongrie. Cette machine emploie, en 24 heures, 685 mètres cubes d'eau tombant de 45 mètres pour élever 411 mètres cubes à 31 mètres. Le travail produit est seulement les 0.41 du travail moteur. On voit qu'il ne faut guère penser à tirer parti de ce système pour l'irrigation.

Les bascules hydrauliques composées de deux augets placés aux extrémités d'un balancier, et dont l'un sert de contre-poids pour élever et déverser à un niveau supérieur l'eau contenue dans l'autre, sont depuis longtemps employées aux épuisements. Diverses dispositions ont été imaginées dans le but de perdre le moins d'eau possible; mais on n'est pas encore arrivé à résoudre ce problème d'une manière assez économique pour que l'on doive conseiller d'employer des machines de ce genre aux irrigations.

Le bélier hydraulique a été imaginé en 1796 par Montgolfier, l'illustre inventeur des aérostats ; la machine construite par Montgolfier lui-même sert à l'élévation des eaux nécessaires aux besoins du château de la Celle-Saint-Cloud, près de Paris. Le principe du système consiste à arrêter brusquement, de temps en temps, une colonne d'eau descendante,

ce qui produit un coup de bélier qui pousse une soupape de
manière à ouvrir momentanément un tuyau d'ascension
dans lequel l'eau s'élève, à cause de sa vitesse acquise, à une
hauteur beaucoup plus grande que la hauteur de chute. On
peut obtenir en travail exprimé par l'eau élevée, de 0.60 à 0.67
du travail moteur; mais on ne saurait employer ce système
pour fournir de grandes quantités d'eau à une irrigation.

On appelle machines à colonne d'eau des machines dans
lesquelles l'eau, qui descend d'une assez grande hauteur
dans un tube vertical, vient s'engager dans un cylindre pour
faire monter ou descendre un piston qui y est mobile et reçoit
ainsi un mouvement de va-et-vient qu'on utilise pour faire
marcher des pompes. Ces machines sont à simple ou à double
effet; elles font marcher elles-mêmes les robinets qui inter-
ceptent ou rétablissent l'écoulement de l'eau. Ce sont en quelque sorte des machines à vapeur où la vapeur est remplacée
par de l'eau. La puissance obtenue se mesure par le poids
d'une colonne d'eau ayant pour base celle du piston, et pour
hauteur la hauteur de la chute motrice. C'est une idée simple
qui toutefois ne remonte qu'au commencement du dix-hui-
tième siècle; elle est due à Denisant et La Deuille, qui présen-
tèrent le projet d'une machine de ce genre à l'Académie des
sciences, en 1731. Le célèbre architecte Bélidor proposa,
en 1739, des perfectionnements qui furent appliqués en 1751
par l'ingénieur hongrois Holl, que nous venons de citer
comme ayant fait le premier emploi en grand de la fontaine
de Héron. Reichenbach, en 1808, construisit, sur une très-
grande échelle, des machines à colonnes d'eau heureusement
modifiées, pour l'élévation des eaux des salines de Reichen-
hall en Bavière; elles élèvent le liquide salé à une hauteur
de 1,035 mètres, en lui faisant parcourir des tuyaux d'une
longueur de 109 kilomètres à travers un terrain montueux
très-accidenté. Une application très-belle du même système,

avec de nombreuses améliorations, a été faite en France par un ingénieur des mines, M. Juncker, à l'épuisement des eaux de la mine d'Huelgoat (Finistère); Arago a rédigé, en 1835, un rapport très-favorable sur l'œuvre de l'ingénieur français. (Voir le tome VII des œuvres de l'illustre savant, p. 498.) L'agriculture pourrait tirer un parti avantageux d'appareils de ce genre que l'industrie seule a su employer jusqu'à ce jour.

La machine à colonne oscillante, imaginée par M. de Caligny, est du genre des béliers; il ne s'y produit pas de chocs, et sa construction simple et peu dispendieuse la rendra propre à satisfaire aux besoins de l'agriculture. Cette machine élève l'eau à des hauteurs de 2 ou 3 mètres, en employant de très-petites chutes. On obtient environ les 0 40 du travail dépensé.

Les machines à colonne d'eau dont nous venons de dire quelques mots exigent de grandes hauteurs de chute; M. Girard a imaginé une nouvelle machine qu'il a appelée moteur-pompe, et qui est susceptible de fonctionner avantageusement sous une chute d'une petite hauteur donnant une grande quantité d'eau, pourvu que son régime soit assez constant. Le mouvement du piston du moteur étant utilisé pour faire marcher une pompe foulante, on a obtenu en effet utile les 0.80 du travail moteur développé.

CHAPITRE XII

Jaugeage de l'eau

1° NÉCESSITÉ D'EXÉCUTER DES JAUGEAGES POUR LES IRRIGATIONS.

Nous avons vu (p. 235 à 250) quelles sont les quantités d'eau qu'exige l'irrigation d'un hectare de pré ou de terre cultivée dans les différentes conditions de climat et de sol.

Nous avons reconnu qu'il existe un très-grand nombre d'appareils que l'on peut employer pour diriger, emmagasiner, élever l'eau. Le système d'arrosage qu'on adoptera, le choix de la machine à laquelle on aura recours, si cela est nécessaire, dépendent des circonstances dans lesquelles on sera placé. La circonstance principale est la quantité d'eau dont on peut disposer, et qu'il est absolument nécessaire de jauger. Trop souvent les agriculteurs ont fait, comme les usiniers, des dépenses considérables qui sont restées presque improductives, uniquement pour avoir négligé de procéder préalablement au jaugeage du cours d'eau ou de la source qu'ils possédaient. Ce jaugeage est donc une pratique journalière de l'irrigateur; on ne saurait trop recommander de l'effectuer. On doit exécuter des jaugeages lorsque les eaux sont basses, moyennes et hautes, afin de connaître ce que l'on pourra et devra faire dans tous les cas qui se présenteront; les jaugeages dans diverses saisons seront surtout utiles pour déterminer s'il sera possible d'avoir l'eau nécessaire aux irrigations de printemps, d'été, d'automne, et comment on pourra organiser les cultures arrosées.

Ce qu'il s'agit de savoir, c'est la quantité d'eau qu'on peut se procurer par seconde, et, par suite, en 24 heures, en multipliant la première par 86,400. Nous conseillerons d'exprimer simplement cette quantité en mesures métriques, c'est-à-dire en mètres cubes ou bien en litres (millièmes du mètre cube).

Deux méthodes simples peuvent seulement être conseillées aux irrigateurs, celle des flotteurs et celle des déversoirs. La première est applicable aux grands cours d'eau, la seconde aux petits cours d'eau et aux sources.

2° MÉTHODE DES FLOTTEURS.

Il est évident que, si l'on connaissait d'une part la vitesse réelle de l'eau, et d'autre part la surface d'une section mouillée faite dans le canal, on aurait la quantité d'eau débitée par ce canal en multipliant la première quantité par la seconde. Il faut donc trouver le moyen de mesurer facilement et la vitesse et la section mouillée.

On comprend sans peine que les inégalités du lit d'une rivière retardent diversement l'écoulement de l'eau; les filets liquides du fond et ceux qui coulent plus ou moins près des bords ne peuvent être animés de la même vitesse que ceux qui coulent à la surface et dans le milieu du cours d'eau. C'est une vitesse moyenne entre toutes les vitesses particulières des différents filets liquides qu'il s'agit de déterminer.

On jette à cet effet sur l'eau plusieurs flotteurs en bois de chêne qui immergent presque entièrement, et on mesure, à l'aide d'une montre à secondes, le temps qu'ils emploient à parcourir un espace donné. On doit choisir autant que possible un endroit où le cours d'eau soit rectiligne, où il ne présente aucun coude, où la pente soit uniforme, où les rives soient dépouillées de broussailles et débarrassées de tout obstacle qui pourrait entraver le libre écoulement de l'eau. On jette le flotteur un peu en amont du point où on commence à l'observer, afin qu'il ait pris entièrement la vitesse de l'eau. On répète plusieurs fois l'opération en jetant le flotteur à différentes distances des bords, puis dans le milieu. On se transporte successivement aux deux extrémités de la distance que l'on a mesurée sur une rive, et l'on note exactement sur la montre à secondes l'instant où le flotteur vient passer devant l'œil. On prend la moyenne des temps obtenus dans les diverses mesures, et, si l'on divise l'espace parcouru par le temps moyen mis à le parcourir, on a la vitesse à la surface de l'eau. La vitesse moyenne cherchée n'en est qu'une fraction qu'on estime être d'environ les 0.80 de la première, un peu plus ou un peu moins. La table suivante donne les rapports qui existent entre les deux vitesses, rapports qui ont été trouvés par des expériences entreprises à cet effet.

Vitesse à la surface en une seconde.	Rapport de la vitesse moyenne à la vitesse à la surface.
0m.10	0.760
0.50	0.786
1.00	0.812
1.50	0.832
2.00	0.848
2.50	0.862
3.00	0.873
3.50	0.883
4.00	0.891

Afin que le résultat du jaugeage soit exact, il faut aussi que la section mouillée, à l'endroit même où l'on détermine la vitesse, soit mesurée avec précision.

On obtient ce résultat pour les petits cours d'eau dont la largeur ne dépasse pas 1m.50, en y plaçant, sur une longueur de 15 mètres environ, un canal en bois à section rectangulaire, dont les parois soient appuyées sur le fond et sur les bords du ruisseau dressés à cet effet ; on note la hauteur à laquelle l'eau s'élève, et on n'a qu'à multiplier la largeur du cours d'eau par cette hauteur pour avoir la section mouillée.

Pour les cours d'eau dont la largeur est plus grande que 1m.50, mais ne dépasse pas 8 mètres, on dresse, sur une longueur de 30 à 40 mètres, les bords et le fond de manière à les rendre plans et à pente uniforme, en donnant à la section la forme d'un trapèze ; la profondeur verticale de l'eau multipliée par la demi-somme de la largeur au fond et de la largeur à la surface fournit l'aire de la section mouillée.

Lorsqu'on a affaire à un cours d'eau d'une largeur considérable, on ne peut plus dresser le lit en section régulière, ni y placer un conduit en bois; il faut se contenter d'en relever le profil transversal en trois ou quatre endroits distants les uns des autres de 30 à 40 mètres, dans la partie du fleuve le plus rectiligne possible, et en choisissant un endroit où la surface unie de l'eau indique que les aspérités du sol ne sont pas trop nombreuses, et qu'il n'y a pas de chutes brusques.

Pour relever le profil transversal d'un cours d'eau, on place un poteau sur chaque rive, et l'on tend une corde de l'une à l'autre, à une petite distance du niveau de l'eau. Sur la corde, on marque des traits également distancés, et en chacun de ces points on exécute un sondage vertical, en ayant soin d'en déduire exactement la profondeur de l'eau. On reporte ensuite sur le papier toutes les données expérimentales obtenues; on joint par des lignes continues les points qui marquent les profondeurs; on a ainsi un dessin très-approché du lit du cours d'eau, et il en résulte une série de trapèzes, dont on calcule facilement la surface par les formules les plus simples de la géométrie; la somme des aires partielles fournit l'aire totale de la section cherchée.

3° MÉTHODE DES DÉVERSOIRS.

La méthode des déversoirs est plus expéditive que la précédente, mais elle ne peut s'appliquer qu'au jaugeage des petits cours d'eau et des sources. Elle consiste à faire passer la totalité de l'eau au-dessus d'un déversoir mince. La manière la plus simple et la plus courte d'opérer est celle employée par M. Raudot dans les irrigations du département de l'Yonne (*Journal d'agriculture pratique*, 4e série, t. II, p. 179).

On prend une tôle de 30 centimètres de largeur sur 25 de hauteur. On maintient le pourtour de la tôle par un cadre ou un petit châssis en bois ou en fer pour l'empêcher de se courber; on y fait ensuite une coupure de 20 centimètres sur 20 (fig. 491). On place le cadre en travers du cours d'eau,

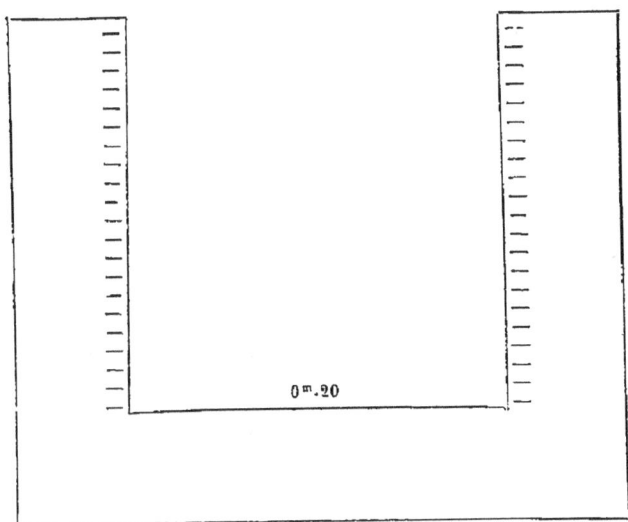

Fig. 491. — Déversoir pour le jaugeage d'un cours d'eau.

en empêchant avec des mottes de gazon et de la terre glaise l'eau de passer à côté ou au-dessous du cadre; tout s'écoule à travers l'ouverture. L'endroit où l'on opère doit être choisi de telle sorte que l'eau, en amont de la jauge, se tienne presque dormante; il faut que ce soit comme une sorte de réservoir dont le liquide excédant s'écoule lentement au-dessus du bord horizontal de la tôle. Les montants étant gradués, on n'a qu'à lire la hauteur H, à laquelle le niveau de l'eau se tient au-dessus de la base du déversoir; L étant sa largeur horizontale, g étant la vitesse qui, en vertu de la pesanteur, anime un corps au bout d'une seconde de chute ou 9m.8088, on n'a plus qu'à appliquer la formule suivante pour avoir la quantité d'eau Q débitée en une seconde :

$$Q = 0.405 \, L \, H \sqrt{2g \, H}.$$

Avec les dimensions ci-dessus indiquées pour la jauge, on peut employer la table suivante, qui donne tout effectués les calculs exigés par la formule, c'est-à-dire qui fournit le débit d'un déversoir en tôle mince de 20 centimètres de largeur seulement; les débits sont rapportés non plus à la seconde, mais à 24 heures :

Hauteur de l'eau au-dessus de la base du déversoir.	Débit par vingt-quatre heures.	Hauteur de l'eau au-dessus de la base du déversoir.	Débit par vingt-quatre heures.
MILLIMÈTRES.	MÈT. CUB.	MILLIMÈTRES.	MÈT. CUB.
5	14	80	715
10	31	85	783
15	58	90	854
20	88	95	926
25	125	100	1,000
30	164	110	1,154
35	207	120	1,315
40	253	130	1,482
45	301	140	1,639
50	353	150	1,837
55	408	160	2,024
60	464	170	2,230
65	524	180	2,415
70	585	190	2,619
75	689	200	2,829

Si cette jauge était insuffisante, on lui donnerait 10 centimètres de plus en largeur, et alors tous les chiffres en mètres cubes de la table devraient être augmentés de moitié; si on donnait à la largeur de la jauge 20 centimètres de plus au lieu de 10, il faudrait doubler ces chiffres.

CHAPITRE XIII

De la distribution des eaux.

L'eau est pour l'agriculteur un précieux agent de fertilité qu'il doit dispenser avec parfaite connaissance de cause, sans prodigalité et cependant sans parcimonie, pour en obtenir tout l'effet possible. Ce résultat ne peut être atteint

qu'autant qu'on sait exactement les quantités qu'on répand
à la surface du sol. Le plus souvent aussi, particulièrement
dans nos départements du Midi et en Italie, les canaux d'irrigation sont destinés à fournir l'eau nécessaire à l'arrosage
d'un certain nombre d'usagers qui doivent recevoir chacun
une quantité de liquide proportionnelle à l'étendue de leurs
terres, quantité qu'ils payent par une redevance fixée par
des règlements ou des conventions. Il est important alors
que chacun reçoive ce qui lui est dû. Ailleurs le gouvernement a établi des canaux pour en distribuer les eaux de la
manière la plus profitable à l'intérêt général; il faut que
l'on sache ce que chaque culture reçoit, afin qu'il y ait partout de l'eau en quantité suffisante, mais que l'excès en un
point ne corresponde pas à une privation en un autre endroit du territoire arrosable. Pour toutes ces raisons, on a
dû chercher depuis longtemps les moyens de mesurer avec
une approximation aussi peu éloignée que possible de l'exactitude absolue la quantité d'eau fournie par un canal ou par
un réservoir.

1° Des diverses unités de mesure de l'eau. — Pouce des fontainiers.
— Module de Prony. — Meule et moulan d'eau du midi de la France.
— Once milanaise.

Diverses unités ont été adoptées pour mesurer l'eau.
Les anciens fontainiers faisaient usage du pouce d'eau dont
il est encore nécessaire de connaître la valeur pour comprendre certains règlements locaux. Pour mesurer un
cours d'eau peu considérable, les fontainiers barraient le lit
à l'aide de planches dans lesquelles ils perçaient une rangée horizontale de trous circulaires d'un pouce ($0^m.027$) de
diamètre. Cela fait, ils débouchaient autant de trous qu'il
fallait pour que le niveau s'établît à une hauteur constante
d'une ligne ($0^m.00225$) au-dessus de la partie supérieure

des orifices. Dans cet état, il sortait par les orifices autant
d'eau que le cours d'eau pouvait en fournir.

L'expérience a prouvé qu'un pouce de fontainier équivaut

En 24 heures à 19,195l.3   ou 19me.1953.
En 1 heure à   799.8
En 1 minute à   13.53
En 1 seconde à   0.2222.

On voit que, d'après le nombre des orifices ouverts, il est
facile de calculer le débit d'un cours d'eau pour chacune de
ces unités de temps.

Pour des écoulements moins considérables, on emploie
des orifices circulaires ayant 1 ligne ou 1 ligne 1/2, ou
2 lignes ou 2 lignes 1/2, etc., de diamètre, et dont le centre
se trouve à 7 lignes au-dessus du niveau constant du liquide.
Dans ces conditions, la dépense pour un orifice d'une ligne
est la 144e partie du pouce d'eau, et le volume obtenu
s'appelle une ligne d'eau.

Cette méthode étant assez inexacte, surtout pour les sous-
divisions, de Prony a proposé d'employer à la place du
pouce d'eau une autre unité. Cette unité, qui est en rapport
avec le système métrique, est appelée module et correspond à un écoulement de 20 mètres cubes en 24 heures.
C'est la quantité d'eau qui s'écoule en 24 heures par un
orifice circulaire de $0^m.02$ de diamètre, ayant sur son
centre une charge de $0^m.05$ et garni d'un ajutage cylindrique extérieur de $0^m.017$ de long. La dépense est de
$15^l.8888$ à la minute et de $0^l.23148$ à la seconde.

Dans le Roussillon (Pyrénées-Orientales), on se sert, pour
le mesurage des eaux d'irrigation, de la *meule d'eau*. C'est
la quantité d'eau qui s'écoule par un orifice circulaire de
9 pouces (mesure catalane) ou $0^m.243$ de diamètre sous une
pression constante d'une ligne d'eau ($2^{mill}.25$) au-dessus du
bord supérieur de l'orifice; le débit est de $56^l.81$ par se-

conde. Une demi-meule correspond à un débit de 28^l.34 par seconde, et est obtenue par l'écoulement de l'eau sous la même pression à travers un orifice de 0^m.189 de diamètre. L'épaisseur des parois de cet orifice est de 0^m.081 à 0^m.095. Le nom de cette mesure viendrait, d'après M. Pareto, de ce qu'on emploie dans le Roussillon pour le mesurage des eaux d'irrigation de vieilles meules de moulin hors de service, qui sont percées au centre d'un trou circulaire de 9 pouces catalans de diamètre.

Dans la Provence et le Dauphiné, on emploie le *moulan*. Sur le canal des Alpines, le moulan représente, d'après le président Coppeau, un débit de 265 litres par seconde.

En Lombardie, l'unité de mesure est l'once milanaise, qui correspond à un débit moyen de 42 litres par seconde environ.

Il sera bon de toujours ramener les évaluations en unités métriques qui seules peuvent être comprises par tout le monde sans laisser dans l'esprit d'incertitude.

2° Débit de l'eau par les déversoirs et les vannes.

Lorsqu'on a un réservoir muni d'un déversoir, on peut sans difficulté savoir quelle quantité d'eau on déversera sur les terres, en se servant de la formule rapportée dans le chapitre précédent (p. 342).

Si un réservoir ou un canal sont munis d'une vanne qu'on élève plus ou moins, on calcule la quantité d'eau qui s'écoule, en se servant de la formule suivante,

$$Q = m\,l\,(H - h)\,\sqrt{2g\,\frac{H + h}{2}},$$

dans laquelle

Q est la quantité d'eau écoulée en une seconde exprimée en mètres cubes ;

m, un coefficient égal à 0.70 pour une vanne verticale, et à 0.75 pour une vanne inclinée;

l, la largeur de la vanne;

H, la hauteur du niveau de l'eau au-dessus du fond du coursier;

h, la hauteur du niveau de l'eau au-dessus de la partie inférieure de la vanne;

g, un nombre constant égal à l'action de la pesanteur, ou $9^m.8088$.

L'irrigateur peut faire ses calculs à l'avance, et graduer sa vanne de manière à la laisser débiter seulement la quantité d'eau nécessaire. Il faut qu'il fasse attention que le débit varie avec la hauteur du niveau de l'eau au-dessus du fond du coursier. Si la vanne peut se diviser en plusieurs parties qui s'ouvrent isolément (voir plus haut, p. 268), c'est l'élément *l* qu'on fait varier de manière à donner une quantité d'eau plus ou moins grande; cette quantité sera calculée par la même formule. On devra remarquer que, quand la vanne est entièrement levée ou ouverte, *h* devient égal à zéro.

3° Débit par les siphons.

L'emploi des siphons (voir plus haut, p. 278) permet aussi de connaître la quantité d'eau employée à un arrosage. « La grosseur que l'on doit donner aux siphons, dit M. Raudot, qui a fait de nombreuses expériences sur l'emploi de ce mode d'alimentation des rigoles d'arrosage (1), dépend du nombre d'hectares qu'on veut arroser et de la meilleure manière de les arroser. Pour produire, par exemple, un arrosement de 400 mètres cubes par hectare sur 5 hectares, le siphon devra débiter, en une seule fois,

_____

(1) *Journal d'agriculture pratique*, 4ᵉ série, t. II, p. 180 (5 septembre 1854).

2,000 mètres cubes. Mais il ne devra pas les débiter trop vite ; car l'eau, coulant avec trop de force, n'aurait pas le temps de pénétrer le sol, et une partie, coulant trop rapidement sur la surface, serait perdue. Il est bon de calculer sur un arrosement d'une durée de dix heures. »

M. Raudot, en s'appuyant, tant sur le calcul que sur son expérience, a établi la table suivante, qui pourra servir à calculer les diamètres à donner aux siphons selon le débit qu'on désirera obtenir ; la différence de niveau entre la bouche intérieure et la bouche extérieure du siphon est supposée de 0^m.30; la hauteur de l'eau au-dessus de l'ex-trémité de la bouche intérieure au moment où le siphon s'amorce est de 1 mètre :

Diamètre intérieur du siphon.	Débit en dix heures.
MILLIM.	MÈT. CUB.
135	1,000
162	1,440
189	2,000
216	2,560
244	3,280
270	4,040

Si la hauteur de l'eau au-dessus de l'extrémité de la bouche intérieure au moment où le siphon s'amorce est de 2 mètres au lieu de 1 mètre, la table devient :

Diamètre intérieur du siphon.	Débit en dix heures.
MILLIM.	MÈT. CUB.
135	1,250
162	1,800
189	2,500
216	3,200
244	4,100
270	5,050

Les débits sont indiqués dans l'hypothèse du jeu complet

des siphons en 10 heures. Il ne faudrait pas en conclure
que chaque heure donnerait le dixième des chiffres précédents, attendu que le débit est plus fort au commencement
qu'à la fin, la charge diminuant avec la hauteur de l'eau.
Le débit du commencement est au débit de la fin comme
5 est à 3, d'après M. Raudot. Ainsi, le siphon de 135 millimètres de diamètre intérieur débite dans la première heure
125 mètres cubes environ, et pendant la dernière 75 seulement. Il faut remarquer, en outre, que les débits sont
calculés dans l'hypothèse que rien ne gêne l'eau à la sortie
des siphons. En mettant un vase au-dessous de la branche
extérieure pour l'amorcer, on gêne plus ou moins le débit
selon que le vase est plus ou moins rapproché de l'extrémité
du tuyau et est plus ou moins large. M. Raudot profite de
ce fait pour diminuer à volonté le débit. Chaque irrigateur,
une fois qu'un siphon sera établi de manière à fournir les
plus grands résultats désirés, pourra le régler facilement
pour fractionner les débits selon les circonstances.

4° Des partiteurs.

Pour partager les eaux d'un canal entre les divers usagers,
sans s'occuper de la quotité elle-même du débit, on emploie
des ouvrages qui portent le nom de *partiteurs.* Ces ouvrages
sont assez nombreux en Italie; on n'en trouve que très-peu
d'exemples en France.

Supposons le cas le plus simple, celui où il s'agit de répartir l'eau d'une prise d'eau faite sur un canal en deux
parties égales. Un embranchement étant ouvert sur ce canal, l'eau s'y précipite dans une mesure qui dépend de la
largeur de la section et de la hauteur d'ouverture de la
vanne de prise, et l'on a un nouveau canal dont il faut partager les eaux en deux parties égales. On devra encaisser et
régulariser ce canal sur une longueur suffisante pour que la

IV.   20

ligne de plus grande vitesse de l'eau occupe exactement le milieu. Alors en ce milieu on construit en pierres de taille une pile aiguë qui forme la tête d'un mur de séparation, lequel dirige les eaux vers deux vannes placées un peu plus loin et constituant les têtes des deux canaux d'écoulement.

Il est évident que rien n'empêche de subdiviser elles-mêmes les premières branches ainsi établies; on arrivera donc exactement à obtenir la moitié, le quart, le huitième, etc., du volume coulant dans le canal de dérivation.

Les difficultés commencent lorsqu'on veut partager les eaux d'un canal soit en deux branches inégales, soit en trois ou plusieurs branches, égales ou inégales. On conçoit, en effet, que, la vitesse de l'eau étant inégale d'un bord du canal à l'autre, il y aura des branches où, la vitesse étant plus considérable, le débit sera aussi plus grand. On cherche par différents moyens qui varient selon les circonstances locales, à faire en sorte que la vitesse moyenne soit sensiblement la même à l'entrée de toutes les branches; alors les débits peuvent être considérés comme proportionnels aux largeurs. Pour atteindre le but désiré, on place souvent certaines branches dans une direction plus oblique par rapport à la direction du canal principal; d'autres fois, on change convenablement les pentes d'après des tâtonnements qui réussissent entre les mains d'ingénieurs habiles. Des variations dans la hauteur des seuils peuvent servir, dans certaines circonstances, à une répartition équitable. D'autres fois, enfin, on construit en amont, dans la direction médiane des branches centrales qui auraient un débit trop favorisé, de petites piles en maçonnerie qui ont pour effet de faire dévier l'eau vers les branches latérales.

Le canal des Alpines présente au bassin de Lamanon un ouvrage de ce genre qu'on peut prendre pour exemple d'un bon partiteur. Sept pertuis de 1ᵐ.30 de largeur, ayant leurs

seuils au même niveau, sont garnis de vannes, et sont sépa-
parés par des piles à arêtes pointues qui se prolongent en
avant et ont les unes $0^m.50$, les autres $0^m.70$ d'épaisseur.
Les deux ouvertures extrêmes alimentent, l'une la branche
de Salon, l'autre la branche d'Eyguières. La branche d'Arles, près de cette dernière, est alimentée par deux pertuis;
la branche du Congrès par trois. Le barrage en maçonnerie
qui contient les vannes s'appuie contre l'habitation de l'é-
clusier chargé de la garde et de la manœuvre des pertuis.

5° MODULE MILANAIS.

Dans les partiteurs simples, il n'est tenu aucun compte
des débits; toute l'eau qui peut passer est simplement par-
tagée : on a beaucoup d'eau quand les eaux sont hautes,
on en a peu quand elles sont basses. Dans ce dernier cas,
les usagers qui sont à l'amont prennent presque tout, et il ne
reste rien pour ceux qui sont à l'aval. Dans le premier cas,
on a plus d'eau qu'il n'est nécessaire, et il y a perte de l'eau
qui n'est pas employée. Cet inconvénient se présente plus
particulièrement en Provence, où l'eau est gaspillée par les
uns, tandis que les autres se plaignent de ne rien avoir
quand la Durance est dans ses étiages. Une plus grande surface pourrait être irriguée, et, dans tous les cas, la répartition serait plus égale si l'on avait les moyens d'obtenir un
écoulement régulier. Dès l'année 1572, il a été construit
pour les canaux de la Lombardie, aux environs de Milan,
un appareil ingénieux qui résout le problème, et que l'on
appelle le module milanais. L'invention en appartient à
Soldati.

Cet appareil régulateur garantit à la fois les intérêts des
usagers qui emploient l'eau en irrigations, et des propriétaires du canal qui perçoivent la redevance, en empêchant
toute fraude dans la répartition du liquide, et en fournissant

nécessairement et toujours le même volume, quel que soit
le niveau dans le canal d'alimentation sur lequel la prise
d'eau est établie. Il consiste dans l'emploi d'une bouche
d'écoulement *a* (fig. 492 et 493) dont la hauteur est inva-

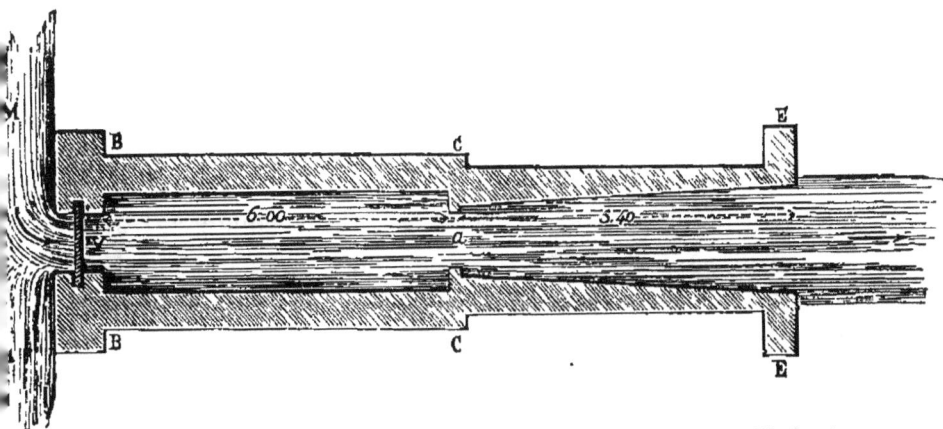

Fig. 492. — Plan du module milanais pour la distribution des eaux d'irrigation.

Fig. 493. — Coupe longitudinale du module milanais pour la distribution
des eaux d'irrigation.

riable, et dont la largeur seule est proportionnelle à la
quantité d'eau qu'on veut débiter ; cette bouche reçoit
l'eau d'un sas couvert BC où le niveau est constamment à la
même hauteur au-dessus de l'orifice *a*, par suite de l'élévation ou de l'abaissement de la vanne V, qu'on manœuvre
entre deux murs en bonne maçonnerie placés sur la prise

d'eau du canal alimentaire ; cette bouche enfin verse son
eau dans un sas découvert CE, et de là dans le canal qui
est à la disposition de l'usager. La comparabilité du débit de
cet appareil dépend absolument de l'observation exacte et
rigoureuse des dimensions de toutes ses parties, que nous
devons en conséquence expliquer dans tous leurs détails.

L'unité usitée dans les irrigations de la Lombardie,
ainsi que nous l'avons déjà dit (p. 241), est l'once d'eau,
dont la valeur moyenne est de 42 litres par seconde; c'est
la quantité d'eau qui s'écoule en une seconde à travers
un orifice rectangulaire ayant 4 onces milanaises de hauteur, 5 onces de largeur, avec une pression constante de
2 onces sur le bord supérieur de l'orifice. La mesure linéaire usitée étant le bras milanais, qui est égal à
$0^m.5949$, et qui se divise en 12 onces, la valeur de
l'once linéaire est de $0^m.04958$; nous pouvons écrire, sans
commettre d'erreur sensible, $0^m.05$. Par conséquent, 1 once
d'eau correspond à la quantité fournie par un orifice de
$0^m.20$ de hauteur, $0^m.15$ de largeur, avec une hauteur
d'eau constante au-dessus de l'orifice de $0^m.10$. Pour
avoir 2 onces d'eau, on donnera à l'orifice une largeur de
$0^m.50$; pour 5 onces, une largeur de $0^m.45$, et ainsi de
suite, en conservant les autres dimensions.

Les bouches sont déterminées par un cadre en fer que
l'on enchâsse avec soin dans une dalle en pierre de taille
taillée au ciseau. Il n'y a aucun ajutage ou autre appareil
accessoire pour faciliter l'écoulement de l'eau qui se déverse à travers de simples parois dont l'épaisseur dépend
seulement de la longueur des dalles, c'est-à-dire de la portée
des bouches.

Le seuil de la prise d'eau s'établit au niveau même du
fond du canal alimentaire M en construisant un radier en
blocage ou en dalles sur toute l'étendue qui peut être me-

nacée d'affouillements ; sa largeur est la même que celle de la bouche a.

Le sas couvert BC a 6 mètres de longueur ; sa largeur est celle de la bouche, plus $0^m.25$ en retraite de chaque côté. Le radier en est disposé en rampe montante depuis le seuil e jusqu'à la base inférieure de la bouche, de telle sorte qu'en f la hauteur du radier est de $0^m.40$ par rapport au fond ; c'est aussi la hauteur de la bouche a. Un plancher amortisseur $n\,p$ est établi à $0^m.10$ au-dessus de la base supérieure de l'orifice ; il a pour but, conjointement avec la rampe $e\,f$, de limiter l'exhaussement du niveau et d'empêcher l'agitation de l'eau qui s'introduit avec plus ou moins de violence sous la vanne V. L'entrée du sas, derrière cette vanne, est formée supérieurement par une dalle D dont le bord inférieur est placé dans un même plan horizontal avec la partie supérieure de la bouche a, c'est-à-dire à $0^m.60$ au-dessus du point e. Entre le parement de la muraille où joue la vanne, et la dalle D, on ménage un petit espace vide, à l'aide duquel on vérifie, au moyen d'une baguette, si la hauteur de l'eau au-dessus de e est bien égale à $0^m.70$, c'est-à-dire à la hauteur normale du module dans lequel l'eau doit effleurer seulement le plancher $n\,p$. Pour que l'appareil puisse fonctionner, il faut que la hauteur d'eau dans le canal alimentaire soit au moins de $0^m.20$ plus grande que celle de l'eau dans le sas couvert, c'est-à-dire en tout $0^m.90$.

Le sas découvert CE commence immédiatement à l'aval de la bouche a. Sa largeur à l'origine est celle de la bouche a avec une retraite de $0^m.10$ de chaque côté. Sa longueur est de $5^m.40$, sa largeur à l'aval est de $0^m.30$ plus grande que celle d'amont, c'est-à-dire que de C en E les bajoyers, qui sont formés, comme ceux du sas couvert, de murs verticaux, présentent chacun un évasement de $0^m.15$. La largeur en E est donc de $0^m.50$ plus grande que dans le sas couvert. Le radier commence avec une petite chute brusque de 0^m.05, et une chute pareille est répartie sur la longueur 5^m.40. A partir de E, le canal de dérivation n'est assujetti à aucune règle.

Le module milanais fonctionne très-bien en donnant un débit à peu près proportionnel à la largeur de la bouche, pourvu qu'on ne désire pas avoir plus de 3 à 4 onces d'eau. Déjà à 6 onces, terme au delà duquel l'administration publique en Lombardie et en Piémont, sur beaucoup de canaux, n'autorise pas de concession, le débit est notablement plus considérable que six fois celui d'une bouche d'une once. Les variations sont comprises entre 36 et 48 litres à l'once (moyenne 42 litres). Si le module doit débiter un volume d'eau plus grand que 6 onces, on construit habituellement plusieurs bouches de cette portée.

6° MODULE RÉGULATEUR DE M. KEELHOFF.

L'établissement du module milanais est assez coûteux, surtout s'il doit débiter de grandes quantités d'eau, telles que celles employées en France pour l'irrigation de certaines prairies (voir plus haut, p. 244). Pour avoir un débit de 900 à 1,200 litres par seconde, qui ne serait encore que peu considérable dans des cas très-nombreux, il faudrait dépenser de 15,000 à 20,000 francs pour la construction de quatre bouches d'une portée de 6 onces chacune. Un ingénieur belge, M. Keelhoff, a imaginé un appareil qui ne présente pas cet inconvénient; il est employé pour les irrigations de la Campine; il fonctionne avec une régularité et une exactitude qui ne laissent rien à désirer, notamment sur la prise d'eau faite sur le canal de jonction de la Meuse à l'Escaut, pour irriguer les prairies de Neerpelt. M. Keelhoff en a donné, dans son *Traité de l'irriga-*

tion des prairies, une description que nous allons résumer.

L'inventeur s'est proposé ce double but : 1° de trouver un moyen d'évaluer exactement le volume d'eau employé à l'arrosage d'une surface déterminée de prairies; 2° de construire un appareil régulateur propre à distribuer les eaux d'arrosage proportionnellement à la surface de prairies à soumettre à l'irrigation, et en adoptant le litre pour unité de mesure. M. Keelhoff ne suppose pas connue la quantité d'eau qui sera nécessaire à un champ; il veut au contraire la déterminer expérimentalement, afin de conclure du résultat obtenu la surface irriguable avec le volume d'eau dont on pourra disposer.

Si l'on suppose connue la quantité d'eau nécessaire à l'arrosage d'une certaine étendue de terre, le régulateur de M. Keelhoff, qui doit débiter cette quantité d'eau par seconde, se compose simplement d'un déversoir, d'un bassin placé en aval de la prise d'eau, avec un relief en fascinage et d'une vanne hydrométrique adaptée à la prise d'eau. On y joint un appareil jaugeur si l'on veut déterminer expérimentalement la quantité d'eau absorbée par l'arrosage, quantité qui varie avec la nature du sol, le climat et le système d'irrigation employé. La dépense de cette dernière partie de l'appareil n'est pas assez grande pour qu'on doive s'en passer, s'il s'agit d'une irrigation considérable; il résultera des renseignements qu'elle fournira, ou une économie d'eau ou une meilleure répartition, avantages qui couvriront amplement les frais M Keelhoff dit qu'un régulateur, lorsqu'il doit débiter 1,000 litres par seconde, coûte en moyenne 1,680 fr., savoir : 995 francs pour la prise d'eau avec la vanne hydrométrique qui y est adaptée; 185 francs pour le bassin en aval de la prise d'eau avec le relief en fascinage; 500 francs pour le déversoir. L'appareil jaugeur coûte, en outre, 1,500 à 1,800 francs.

Ayant voulu trouver expérimentalement le coefficient m de la formule de l'écoulement du déversoir

$$Q = m \, \text{L} \, \text{H} \sqrt{2g\,\text{H}}$$

pour la forme particulière qu'il a adoptée, M. Keelhoff a dû construire un édifice complet qui a coûté 7,900 francs dont 6,570 francs pour la partie servant à déterminer le débit du déversoir, et 1,530 francs pour celle qui sert à évaluer la quantité d'eau absorbée par l'arrosage. M. Keelhoff a trouvé $m = 0.514$; plus haut (p. 342) nous avons donné $m = 0.405$, nombre moyen déduit des expériences de MM. Poncelet et Lesbros.

Le principe du régulateur de la Campine consiste simplement à maintenir sur le seuil d'un déversoir de dimensions données, une hauteur d'eau constante H, au moyen de la vanne hydrométrique de la prise d'eau. La hauteur d'eau se déduit de la formule ci-dessus, quand on connaît le débit d'eau Q à fournir, débit qu'on se donne empiriquement d'après des approximations basées sur les considérations générales que nous avons rapportées précédemment (chap. IV, p. 235 à 250), ou qu'on trouve expérimentalement par le mesureur de M. Keelhoff.

Le déversoir se compose de deux murs élevés verticalement et parallèlement, distants entre eux de $1^m.05$, ayant $1^m.79$ de longueur sur $0^m.80$ de hauteur, reposant sur un radier dont la partie supérieure est recouverte en pierre de taille polie; ce radier est placé de niveau avec celui de la prise d'eau. Deux plaques en fonte peuvent être maintenues appuyées contre les murs latéraux à l'aide de barres de fer transversales; pour prévenir toute infiltration de l'eau, on remplit alors de terre glaise bien corroyée l'espace compris entre les plaques et les murs; dans tous les cas, la largeur du déversoir est amenée à être exactement de 1 mètre. Si le volume d'eau que le module doit débiter est faible, on peut donner au déversoir une largeur moindre; mais l'économie qui en résulte est peu considérable. Deux échelles graduées sont placées dans des chambres ménagées dans les murs en retour d'amont, les zéros étant au niveau du seuil du déversoir; ces échelles sont destinées à indiquer la hauteur de l'eau. Le débit du déversoir étant connu pour toutes les hauteurs d'eau sur son seuil, comprises entre 0 et $0^m.80$, on sait d'une manière rigoureuse la hauteur d'eau qu'il faut maintenir pour envoyer le volume d'eau jugé nécessaire à l'arrosage.

Le bassin qui est en amont du déversoir et en aval de la prise d'eau a 25 mètres de longueur sur autant de largeur. Vers son milieu se trouve l'ouvrage en fascinages de 4 mètres de largeur et 6 mètres de longueur, avec un relief de 1 mètre sur son plafond; il est destiné à neutraliser la vitesse dont l'eau est animée en sortant de la prise d'eau.

La prise d'eau a une ouverture plus ou moins grande selon la surface à irriguer; son seuil est placé à $1^m.10$ en contre-bas de la ligne moyenne de flottaison du canal alimentaire. Elle est pourvue d'une vanne hydrométrique, garnie de fonte à sa partie inférieure et glissant dans des coulisses en pierres de taille parfaitement polies. La manœuvre de cette vanne se fait au moyen d'une vis verticale qui s'engage par sa partie inférieure dans un écrou adapté à la vanne, tandis qu'elle est fixée à sa partie supérieure par un support horizontal, scellé sur la tablette de la prise d'eau. Si des exhaussements ou des abaissements se produisent dans le canal alimentaire, l'irrigateur chargé de la distribution des eaux, et qui conserve les clefs de l'appareil, ferme ou ouvre la vanne hydrométrique de manière à maintenir la hauteur d'eau au point des échelles du déversoir qui correspond au débit exigé.

Tel est le module régulateur imaginé et employé par M. Keelhoff; nous l'avons décrit en nous rapprochant autant que possible des termes eux-mêmes dont s'est servi l'inventeur, mais en abrégeant beaucoup ses explications. Il nous reste à parler de l'appareil jaugeur de la quantité d'eau nécessaire pour la localité où doivent être établies les irrigations.

L'appareil jaugeur est établi non loin du déversoir qui alimente la rigole principale de l'arrosage; il se compose d'un premier bassin qui doit servir de réservoir pour fournir l'eau aux expériences que l'on entreprend sur une portion de terre restreinte, bien mesurée, et que l'on dispose de la manière qui sera adoptée pour l'irrigation générale. Ce bassin, de 4 mètres de longueur sur $1^m.60$ de largeur, a une ouverture de $0^m.50$, dont le seuil est de niveau avec celui du déversoir précédemment décrit et avec le radier du bassin lui-même. Cette ouverture est munie d'une vanne simple à tige graduée destinée à régler l'arrosage des prairies sur lesquelles on veut faire les expériences. Dans le prolongement des faces intérieures de cette ouverture se trouvent des parois en pierre de taille de $1^m.50$ de longueur, ayant pour but de neutraliser l'action du remous de l'eau lors de son introduction dans le bassin. A la partie d'aval de ce bassin, et dans l'axe de l'ouverture dont il vient d'être question, se trouve une pile à avant-bec arrondi, qui partage la paroi opposée du bassin en deux parties égales, de telle sorte que l'eau puisse s'écouler, soit à droite dans la rigole qui conduit à la terre à arroser, soit à gauche dans un bassin mesureur. A cet effet, de chaque côté de la pile sont deux orifices en déversoir, symétriquement placés, de $0^m.50$ de largeur, ayant leurs seuils à la même hauteur que celui de l'orifice d'entrée. Le bassin mesureur a 4 mètres de longueur, 3 mètres de largeur et

1 mètre de profondeur; on le vide au besoin par une vanne convenablement disposée.

Les deux orifices symétriques du bassin d'alimentation sont fermés par deux vannes conjuguées, qui glissent dans des coulisses en fer bien alésées, de telle sorte que, quand elles se ferment, elles ne laissent place à aucune fuite d'eau. Pour rendre la fermeture plus hermétique, et pour éviter qu'en retombant les vannes ne brisent le seuil des déver‑ soirs, leur partie inférieure est garnie de feutre. La vanne placée sur l'orifice conduisant au bassin mesureur est en bois de chêne et pèse seulement 5 kilogrammes ; l'autre vanne, qui conduit au champ en expérience, est en fonte et pèse 200 kilogrammes. Ces deux vannes sont suspendues par des tiges de 0m.50 de hauteur à un balancier qui repose sur un support de 0m.525 de hauteur scellé dans la pile qui sépare les orifices. La distance des points d'attache des tiges des vannes au point d'appui du balancier est de 0m.562. Un déclic établi sur le mur du bassin d'alimentation du côté de la vanne de fonte permet de lever cette dernière vanne et de la tenir complétement ouverte, tandis que la vanne de bois est baissée et ferme exactement l'orifice qui conduit au bassin mesureur. Dans cette situation, on règle la vanne qui est à l'entrée du bassin d'alimentation de façon qu'on soit parfaitement satisfait des résultats de l'irrigation. Quand on s'est assuré que la terre est très-bien arrosée, que la dis- tribution de l'eau s'effectue rationnellement sans aucune perte d'eau, on dégage le balancier de son déclic, et alors la vanne de fonte tombe brusquement et interrompt l'arro‑ sage, tandis que la vanne de bois de chêne s'ouvre et donne passage à l'eau qui, au lieu de se diriger vers le champ soumis à l'arrosage, se déverse dans le bassin mesureur. Au moyen d'une montre à secondes, on constate le temps qui s'écoule depuis l'ouverture instantanée de la vanne jusqu'au complet remplissage du bassin, dont la capacité est de 12 mètres cubes. En divisant le volume d'eau par le nombre de secondes employées au remplissage, on obtient très-exactement la quantité d'eau dépensée par l'irrigation. On peut d'ailleurs vérifier que l'écoulement a eu lieu dans les deux cas de la même manière en plaçant des échelles graduées dans le bassin d'alimentation, et en constatant si le niveau de l'eau y est resté le même durant les deux parties de l'expérience.

On conçoit facilement qu'avec un appareil semblable on peut faire un grand nombre d'expériences intéressantes sur les résultats à attendre des irrigations opérées en différents temps et à différentes doses, et qu'il n'y a aucune incertitude sur les dépenses d'eau réelles. Une fois que l'on a obtenu l'écoulement convenable pour tel ou tel résultat à produire, on calcule facilement, par la formule ci-dessus rapportée (p. 357), la hauteur qu'il faut donner à l'eau au-dessus du déversoir général, pour que ce déversoir fournisse toute l'eau voulue à une étendue de terre quelconque.

Des expériences nombreuses faites par M. Keelhoff, et qui n'avaient encore été tentées par aucun ingénieur, on déduit les résultats suivants, qu'il sera utile de consulter pour la rédaction de projets d'irrigation de prairies analogues à celles de la Campine, établies sur un sol sablonneux très-perméable.

1° Pour arroser par déversement des prairies disposées en ados d'une largeur de 5 mètres sur 25 mètres de longueur (voir plus loin chapitre XXIV), et présentant une pente transversale de 0m.05 par mètre, avec des rigoles de déversement de 0m.28 de profondeur, il faut un volume d'eau, par seconde et par hectare, de 79l.66 pendant l'arrosage. Le volume d'eau consommé se décompose de la manière suivante :

IV. 21

Quantité d'eau absorbée en s'infiltrant dans la rigole
principale d'alimentation . . . . $5^l.72$
Quantité d'eau absorbée par l'infiltration des rigoles de
distribution 5.27
Quantité d'eau absorbée en s'infiltrant dans les rigoles
de déversement 64.17
Quantité d'eau employée pour opérer le déversement
sur les ailes des ados, par-dessus les crêtes des rigoles de déversement 4.50
                                        Total 79.66

2° Pour arroser par déversement des prairies de même
nature que les précédentes, lorsque la profondeur des rigoles de déversement est réduite à $0^m.05$, et les plafonds
fortement damés, il faut, par hectare et par seconde, un
volume d'eau de $31^l.59$ qui se décompose ainsi qu'il suit :

Quantité d'eau absorbée en s'infiltrant dans la rigole
principale d'alimentation . . . . $5^l.72$
Quantité d'eau absorbée par l'infiltration dans les rigoles de distribution 5.27
Quantité d'eau absorbée en s'infiltrant dans les rigoles
de déversement 16.12
Quantité d'eau employée pour opérer le déversement
sur les ailes des ados, par-dessus les crêtes des rigoles
de déversement 4.48
                                        Total 31.59

3° L'eau absorbée par mètre carré de surface infiltrante
des rigoles de déversement, lorsqu'elles ont $0^m.28$ de profondeur, est par seconde de $0^l.037$.

4° L'eau absorbée par mètre carré de surface infiltrante
des mêmes rigoles de déversement lorsqu'elles n'ont que
$0^m.05$ de profondeur, se réduit à $0^l.0232$ par seconde.

5° L'eau absorbée par mètre carré de surface infiltrante
des rigoles de distribution est de $0^l.0148$ par seconde.

6° L'eau absorbée par mètre carré de surface infiltrante
de la rigole principale d'alimentation n'a été par seconde

que de $0^1.0077$, nombre très-faible qui tient à ce que la rigole d'alimentation était établie sur un sol non remué et à ce que l'arrosage depuis quatre années avait déposé contre ses parois une couche de terre glaise d'une épaisseur de $0^m.01$ à $0^m.015$. Les rigoles de déversement au contraire étaient construites en remblai et les matières limoneuses déposées par l'eau en étaient enlevées annuellement.

CHAPITRE XIV

Du prix de revient de l'eau

Il ne suffit pas de savoir quelle quantité d'eau exigera l'irrigation d'un hectare, ni d'avoir déterminé les meilleurs moyens de se la procurer; il faut encore que tout propriétaire ou tout fermier d'une terre arrosable puisse se rendre un compte exact du prix de revient de chaque mètre cube d'eau qui lui sera livré par un canal, par un réservoir, par une machine. Lorsqu'un usager peut prendre l'eau à des canaux ou à d'autres ouvrages d'art établis, soit par le gouvernement, soit par des compagnies d'irrigation, il n'a à s'inquiéter que d'une chose, c'est du prix qu'on lui demandera. Il n'en est plus de même, lorsqu'il doit exécuter les divers travaux de conduite, d'élévation, de distribution; il est nécessaire de déterminer la rente du capital enfoui dans les travaux d'art, la dépense exigée par les travaux d'entretien, et le coût de la main-d'œuvre ou des divers moyens employés pour assurer la livraison de l'eau. Nous ne parlons, on doit le remarquer, que des dépenses à faire pour obtenir l'eau en tête des champs irriguables et non pas de celles qu'entraîne l'emploi de l'eau une fois qu'elle est fournie par la prise d'eau principale.

Il y a des localités où le prix de l'eau représente simplement une ancienne redevance féodale ou coutumière, qui n'a pas changé malgré les bouleversements des rapports de toutes choses ; ailleurs, des ordonnances de concession ont déterminé des droits invariables sans tenir aucun compte des variations de la valeur de l'unité monétaire. Voici quelques exemples des droits ainsi payés par les usagers.

Dans la commune de Lattes (Hérault), le propriétaire. du canal du Lez perçoit seulement 1 sol par carterée, c'est-à-dire 0ʳ.15 par hectare de prairie, qui reçoit toute l'eau nécessaire du 1ᵉʳ avril au 1ᵉʳ septembre.

Sur le ruisseau de Finestret (Pyrénées-Orientales), le prix de l'eau, pour l'arrosage, n'est que de 3 francs par hectare.

Sur les canaux alimentés par la Durance, les prix sont variables, mais encore très-faibles : — pour la branche de Salon du canal de Craponne, le prix est de 4 à 8 fr.; — sur la branche d'Arles du même canal, on paye 12 fr. pour les céréales, 24 fr. pour les prairies, 36 fr. pour les plantes potagères; — pour la branche de Saint-Chamas, l'arrosement d'un hectare coûte 55 fr.; — pour le canal des Alpines, la redevance fixée par une loi à 1ˡⁱᵗʳᵉ.5 de blé par are, soit 150 litres par hectare, correspond à 33 fr., au prix moyen de 22 fr. pour le blé; — sur la branche de Lamanon, les prix sont : prés, 85 fr.; haricots, 45 fr.; pommes de terre, 35 fr.; céréales, 8 fr.; semis et terres vaines, 100 fr.; pour 30 oliviers, 23 fr.; — pour les canaux de Saint-Jullien et du Vieux-Cabidan, l'eau par hectare arrosé coûte 7ʳ.50, 11 fr. ou 28 fr.; — pour le canal de Château-Renard, le prix s'abaisse à 2 fr.; — il s'élève à 60 fr. pour le canal de Marseille.

Sur le canal de Pierrelatte, alimenté par la Drôme, l'eau coûte 50 fr. pour un hectare de terre arrosé.

Nous estimons que ce dernier prix est en général celui auquel devrait être portée toute redevance pour couvrir les intérêts de la dépense primitive d'établissement d'un canal, mais on conçoit qu'elle peut varier dans la proportion même des frais que nécessite un tel travail pour lequel il est impossible d'avoir des règles fixes.

En Espagne, d'après Jaubert de Passa, les canaux sont des ouvrages publics dont quelques-uns datent du temps des Maures. Les usagers n'ont à payer que des droits représentant les frais d'entretien et d'administration, par exemple de 8ᶠ.75 par hectare arrosé sur le canal royal de Moncade, et de 2ᶠ.62 sur celui de Tormos; ces deux canaux sont alimentés par le Guadalaviar.

En Italie, le prix en capital pour l'usage perpétuel d'une once d'eau est, d'après M. Baumgarten (*Annales des ponts et chaussées*, 1854), de 12,000 à 18,000 fr., suivant la qualité de l'eau, suivant qu'elle est de colature et grasse, ou de première main et maigre. Cette quantité correspond à 3,600 mètres cubes par 24 heures (3,629 si l'on suppose l'once égale à 42 litres par seconde, voir plus haut, p. 241). La redevance ainsi payée une fois pour toutes, soit à l'État, soit à une compagnie, ne représente pas, bien entendu, les frais qu'il faudrait faire pour créer de toutes pièces une irrigation; elle suppose que le sol est déjà préparé à cet effet et qu'il n'a qu'à recevoir l'eau. « Si, sans payer le capital, ajoute le même ingénieur, on veut avoir une concession perpétuelle, on la paye de 500 à 1,000 fr. par an pour la saison d'été; si l'on ne veut l'eau que pour un temps restreint, on ne paye que de 400 à 800 fr. par an; l'eau d'hiver est peu employée, car les marcites sont rares, et elle n'est guère en usage pour les autres cultures. D'ailleurs, en hiver, les eaux sont peu abondantes et nécessaires à la navigation; ainsi, dès le 20 septembre, on suspend les irri-

gations sur le canal de la Murza, pour favoriser la navigation
de l'Adda. Les eaux, pour la saison d'hiver, se payent de
50 à 80 fr.; c'est le dixième du prix de celles d'été. Quelquefois on stipule de 40 à 80 fr. par hectare arable, avec la
condition de deux à trois arrosages par mois ; d'autres fois
on paye en nature un tiers ou une moitié de la récolte du riz
brute. Là où l'eau de la Murza peut arriver facilement, on
ne paye souvent que 15 ou 20 fr. par an et par hectare, et
ce prix s'élève jusqu'à 120 fr. lorsqu'il faut que l'eau vienne
de loin. »

Sur le canal d'Ivrée, en Piémont, le prix d'un écoulement
d'un litre par seconde est à peu près de 16 fr. par an.

Ces divers exemples doivent suffire pour montrer les sacrifices d'argent que l'on peut demander à l'agriculture pour
lui livrer de l'eau et par conséquent aussi ceux qu'elle doit
faire pour établir elle-même, soit un canal de dérivation, soit
une machine élévatoire. Ils prouvent qu'en employant la
simple pesanteur comme force et un canal d'irrigation avec
l'ouvrage de prise d'eau comme machine, on paye de 1 à 2
dixièmes de centime le mètre cube d'eau en moyenne.

D'après M. Pareto, les prix de revient de l'eau fournie par
divers réservoirs alimentés par l'eau de pluie ou de petits
cours d'eau seraient les suivants :

	Contenance des réservoirs.	Prix du mètre cube d'eau.
	MÈTRES CUBES.	CENTIMES.
Étang Berthonet..	1,700,000	0.62
Réservoir de Grosbois..	8,516,000	1.39
— de Chazilly.	5,281,000	3.10
— de Cercey..	3,741,200	3.18
— de Pauthier	1,836,400	1.78
— de Tillot.	598,940	3.77
— des bois de la Caroline (Berry)..	146,700	0.78

M. Hervé-Mangon donne des prix qui diffèrent notablement des précédents :

	Prix du mètre cube d'eau.
	CENTIMES.
Étang de Brévriande (Sologne).	0.26
Réservoir de Grosbois, canal de Bourgogne.	2.50
— de Chazilly, —	1.70
— de Cercey, —	0.70
— de Couzon, canal de Givers.	1.20
— de M. d'Angeville, à Lauprés.	0.94

M. Mangon rapporte, dans le *Dictionnaire des arts et manufactures,* que six puits artésiens forés aux environs de Tours et qui ont coûté ensemble 18,600 fr. fournissent 80 litres d'eau par seconde. Le produit est par année de 2,552,780 mètres cubes, et en ne comptant comme dépense que l'intérêt du capital à 5 pour 100, le prix d'un mètre cube d'eau revient seulement à 0°.037.

Cherchons maintenant à établir le prix du mètre cube d'eau qui serait obtenue par les divers moteurs examinés précédemment (chap. IX, p. 284 à 314), appliqués aux principales machines élévatoires que nous avons aussi passées en revue (chap. X, p. 314 à 334).

En supposant que la journée d'un ouvrier de 10 heures, dont 8 heures de travail effectif, coûte 1f.50, que celle d'un cheval avec conducteur soit de 5 fr., M. Pareto trouve les nombres suivants :

	Prix du mètre cube d'eau.	Prix de l'irrigation d'un hectare.
	CENTIMES.	FR.
Baquetage à bras.	4.80	86.40
Écopes ordinaires à bras.	4.70	84.60
Seaux à bascule à bras.	7.50	135.20
Puits ordinaire avec corde et poulie à bras.	10.70	192.60
Puits très-profond avec treuil à vo'ant et manivelle..	8.80	158.40
Noria mue par un cheval.	2.60	46.80

Pour les calculs précédents, M. Pareto a supposé que

500 mètres cubes d'eau sont absorbés par chaque arrosage
et qu'on donne 6 arrosages pendant l'été.

M. de Gasparin remarque avec raison (*Cours d'agriculture*, t. I, p. 497) que la valeur de l'eau élevée par les norias dépend de la profondeur du réservoir où elle est puisée.
L'illustre agronome suppose que la journée d'un cheval est
de 3 fr., et qu'il faut 1,000 mètres cubes d'eau par hectare;
il trouve alors :

Profondeur.	Prix du metre cube d'eau.	Prix de l'arrosage d'un hectare.
	CENTIMES.	FR.
2 mètres	1.29	12.80
4 —	2.56	25.60
6 —	3.84	38.40

M. Sainte-Preuve a donné, dans le *Bulletin de la Société
d'encouragement* (1845), le calcul du prix de l'eau élevée
par un moteur à vent de M. Amédée-Durand (voir précédemment, p. 294), et il a produit les chiffres suivants, qui correspondent à l'élévation de l'eau à 1 mètre de hauteur :

1° *Service pendant l'année entière.*

Produit $140^{mc} \times 365 = 51,100$ mètres cubes.

	fr.
Intérêt à 10 p. 100 du capital d'établissement. . . .	154.00
Entretien et renouvellement des voiles.	26.00
Entretien de la pompe.	12.00
Huile.	4.00
Salaire pour graissage, tension des voiles.	3.70
	199.70

Coût du mètre cube d'eau : 0° 39.

2° *Service pendant six mois.*

Produit $\dfrac{51,100}{2} = 25,550$ mètres cubes.

	fr.
Intérêt à 10 p. 100.	154.00
Entretien et renouvellement des voiles.	13.00
Entretien de la pompe.	6.00
Huile.	2.00
Salaire pour graissage, tension des voiles.	1.85
	176 85

Coût du mètre cube d'eau : 0°.69.

Il faut remarquer cependant que pour pouvoir employer d'une manière convenable et en temps opportun l'eau élevée, il faudra ajouter au prix de l'élévation celui de la construction d'un réservoir.

M. Peyret-Lallier a donné le compte suivant pour la dépense qu'exige l'élévation de l'eau faite par une machine à vapeur établie à Arles, la hauteur étant de 2 mètres :

Dépenses capitales.

	fr.
Achat d'une machine de la force de 5 chevaux-vapeur.	10,000
Construction d'une roue à tympan.	2,000
Transport, pose, bassin d'alimentation, logement du mécanicien.	8,000
	20,000

Dépenses annuelles.

	fr.
Intérêts du capital à 5 p. 100.	1,000
Entretien et dépréciation des machines	1,200
Un mécanicien et son aide pendant 6 mois.	800
5 kil. de houille par heure et par force de cheval, ou 600 kil. par jour, et 90,000 kil. en 150 jours à 2 fr. les 1,000 kil.	1,800
	4,800

On obtient 2,382,000 mètres cubes d'eau qui reviennent à 0ᶜ.201 le mètre cube. Il est à remarquer que les perfectionnements introduits dans la construction des machines à vapeur, depuis que M. Peyret-Lallier a publié son Mémoire sur les irrigations dans le delta du Rhône, ont permis de livrer ces machines motrices à un prix moindre et de faire une économie notable sur la consommation du combustible. Mais, d'un autre côté, le prix de l'eau augmente considérablement quand il s'agit de l'élever à de plus grandes hauteurs. Nous aurons à revenir sur cette question à l'occasion de l'emploi des engrais liquides par le système tubulaire.

Nous n'avons pas parlé du prix de revient de l'eau obtenue en employant les roues hydrauliques pour machines

21.

motrices ; dans ce cas, il n'y a absolument qu'à compter 10 pour 100 du capital d'établissement pour avoir le prix total de l'eau élevée. C'est généralement le moyen le plus économique de se procurer de l'eau, après l'application simple de la pesanteur dans les canaux.

Les exemples précédents doivent suffire pour guider les irrigateurs dans leurs calculs. Ils devront toujours avoir soin de tenir compte de la hauteur d'élévation dont l'accroissement amène une diminution proportionnelle dans le débit de l'eau obtenue. La table suivante, extraite de l'*Aide-mémoire de mécanique pratique* de M. le général Morin, complétera à ce sujet les détails précédemment donnés :

	Effet obtenu en kilogrammètres.
Baquetage à bras. Un homme travaillant 8 heures avec un seau léger	46,000
Écopes ordinaires. Un homme travaillant 8 heures par jour.	48,000
Écopes hollandaises. Un homme travaillant 8 heures par jour.	170,000
Seaux à bascule. Un homme travaillant 8 heures par jour au-dessus d'un puits de 2 à 5 mètres de profondeur.	65,000
Puits ordinaire avec corde et poulie. Un homme travaillant 8 heures par jour.	77,000
Puits très-profond avec treuil à volant et à manivelle. Un homme travaillant 8 heures par jour. .	170,000
Manége des maraîchers en 8 heures de travail :	
Un homme.	200,000
Un cheval ou un mulet.	1,166,000
Un bœuf.	1,120,000
Un âne.	534,000
Chapelet incliné, dont la vitessse ne doit pas être supérieure à $1^m.50$ en 1 minute, en 8 heures de travail :	
Un homme agissant à une manivelle faisant 50 tours en une minute.	68,000
Un cheval.	449,000
Chapelet vertical en 8 heures de travail :	
Un homme à la manivelle.	115,000

Un cheval.	647,000
Une bonne noria en 8 heures de travail :	
Un cheval.	671,000
Un âne.	554,000
Roue à tympan. Un homme agissant pendant 8 heures au bas d'une roue à marcher.	211.000
Vis d'Archimède. Un homme en 8 heures.	100,000

Dans cette table, l'effet utile est mesuré par le produit du poids de l'eau élevée, exprimé en kilogrammes (chaque kil. équivaut à 1 litre), et de la hauteur d'élévation exprimée en mètres.

CHAPITRE XV

Des études préalables à faire avant l'établissement d'un système d'irrigation

Avant de choisir un système particulier d'irrigation, avant même de décider qu'on doit soumettre un terrain à l'arrosage, il faut s'occuper d'études préalables qui ont pour but de donner des notions précises sur les travaux à entreprendre, sur la direction qu'on leur donnera, sur le meilleur parti à prendre. Il arrive souvent que, faute d'avoir dressé un plan suffisamment exact et d'avoir fait un nivellement rigoureux du terrain, on ne tire pas de la quantité d'eau dont on dispose tout le parti possible ; on place mal la prise d'eau principale, le canal de dérivation, les rigoles d'alimentation, de colature et d'écoulement ; on ne fait pas arriver partout la quantité d'eau nécessaire ; l'eau devient stagnante en certains points et nuit à la végétation ; on est forcé d'avoir recours à des travaux complémentaires coûteux et l'on n'obtient jamais tout le produit qu'on aurait eu du même terrain avec une moindre dépense première, si l'on n'avait pas négligé de faire une enquête complète sur tous les points que nous allons indiquer.

L'étude de la nature du sol et du sous-sol est indispensable, parce qu'elle donne un renseignement important sur la consommation d'eau probable. Si l'on a affaire à des terres très-fortes, l'irrigation ne sera donnée qu'avec une extrême réserve, et il sera même nécessaire d'avoir recours à des travaux préalables de drainage qu'on devra combiner avec ceux d'arrosage, ainsi que nous en donnerons plus loin quelques exemples. Si le sous-sol est imperméable, lors même que le sol serait formé de sable, ainsi que cela a lieu dans les landes et sur les dunes, il faudra avoir recours à des travaux de défoncement, à l'ouverture de tranchées qui brisent le plafond inférieur, pour tirer des irrigations un résultat favorable. Si le terrain a été formé par alluvion et qu'il repose sur des cailloux ou des graviers perméables, il faudra nécessairement qu'on possède de très-grandes quantités d'eau pour obtenir des récoltes abondantes. Ainsi une étude des lieux, faite d'après les principes donnés dans le chapitre II du livre V de cet ouvrage (t. II, p. 3 à 9), fournira les indications les plus précieuses; on pourra seulement se borner à quelques fouilles consistant en trous creusés soit à la bêche, soit à la pioche, soit avec la sonde à main.

Un plan du terrain, fait à l'échelle avec une grande exactitude, est indispensable pour connaître les longueurs et calculer les dimensions des canaux d'alimentation et des rigoles. On fera le levé du plan en suivant les indications données dans le chapitre III du livre V (t. II, p. 10 à 22).

Le levé du plan doit être suivi de l'exécution d'un nivellement très-exact qu'on fera en suivant les indications du chapitre IV du livre V (t. II, p. 22 à 29), en employant un des niveaux décrits dans les chapitres V et VI du même livre

(t. II, p. 29 à 59; voir aussi t. III, p. 246). On devra tracer sur le terrain un double système d'axes parallèles équidistants, se croisant à angles droits, et qui diviseront le terrain en compartiments ayant 100, 150 ou 200 mètres de côté. Aux points d'intersection de ces axes, qu'on inscrit sur le plan général, avec leurs cotes de hauteur, on fera bien de placer sur le terrain des repères fixes consistant en petites bornes en maçonnerie analogues à celles indiquées dans le chapitre xxvi du livre V (t. II, p. 232, fig. 370); sur cette borne, la cote sera gravée. Ces repères cotés sont très-utiles pour servir de guide et de vérification dans les nivellements partiels qu'on doit faire, soit pour l'établissement, soit pour la réparation des rigoles; ils sont essentiels lorsqu'on doit soumettre le terrain arrosé à une sorte d'assolement et en varier la culture. Toutes les cotes devront être autant que possible rapportées au niveau moyen de la mer; cette condition pourra être facilement remplie en France, grâce aux cartes du dépôt de la guerre, cartes très-détaillées, où tout irrigateur trouvera relevés certains points auxquels il pourra comparer ses nivellements.

Une fois le système d'axes précédents tracé, on a des bases d'opération suffisantes pour les irrigations même les plus considérables, et on procédera au tracé des lignes horizontales ou d'égal niveau qu'on rapprochera d'autant plus les unes des autres que le terrain présentera une plus grande pente. On suivra, pour trouver ces lignes, les règles données dans le chapitre vii du livre V (t. II, p. 66 à 81).

Les études préalables ainsi faites, on pourra choisir en connaissance de cause le système d'arrosage le plus convenable pour les cultures que l'on a en vue, et le plus économique en tenant compte du prix plus ou moins élevé de la main-d'œuvre du pays, car les divers modes d'irrigation ne demandent pas le même travail.

On devra aussi prendre en considération la qualité des eaux qu'on peut employer, et les engrais dont on peut dispo-ser. Nous reviendrons sur ce sujet dans le dernier livre de cet ouvrage, consacré à la théorie du drainage et des irrigations.

CHAPITRE XVI

Des terrassements

Il est indispensable, pour que l'irrigation donne tous ses effets, que l'eau puisse arriver partout en égale quantité, mais elle ne doit séjourner nulle part. Il faut donc faire disparaître, soit les dépressions de terrain, soit les faibles monticules. On a recours alors à des travaux de terrassement qu'on cherche en général à rendre rares à cause des dépenses assez fortes qu'ils entraînent. Dans ce but, on ne doit pas exiger que toutes les parties d'une même terre, par exemple d'une prairie, soient soumises au même système d'arrosage; on fait varier, au contraire, à l'imitation des célèbres irrigations allemandes de Siegen, les formes des diverses portions de la prairie de manière à plier l'art de l'irrigateur aux irrégularités du sol, tout en exécutant cependant les mouvements et les transports de terre nécessaires à une parfaite distribution des eaux.

Les terrassements les plus économiques sont ceux qui s'effectuent à la bêche pour couper les gazons, à la pioche pour fouiller le sol, à la pelle pour jeter la terre. Les ouvriers peuvent jeter à la pelle jusqu'à une distance de 4 mètres et même 4ᵐ.50. En dix heures de travail un pelleteur peut jeter 20 mètres cubes de terre à 3 mètres de distance horizontale, à 2 mètres de hauteur verticale; il fait la même quantité de travail en jetant la terre meuble dans une brouette ou un tombereau; il faut qu'il ait avec lui, pour faire ce travail, un piocheur dans les terres déjà fouillées, deux piocheurs dans les terres ordinaires, trois piocheurs dans les terres dures, jusqu'à cinq piocheurs si le sol exige que l'on fasse usage de la pince ou du pic.

Si les distances auxquelles doivent s'exécuter les transports sont assez petites pour que la terre arrive à sa destination en la faisant simplement jeter deux fois ou même trois fois à la pelle, ce procédé est le plus économique ; pour des distances plus grandes, depuis 13 mètres jusqu'à 100 mètres, on a recours aux brouettes ; les tombereaux à bras d'hommes servent pour les distances de 100 à 500 mètres ; au delà on emploie les tombereaux conduits par les chevaux.

Quand le sol est assez meuble et n'est pas collant, on a recours avec avantage, pour les mouvements de terre, à un instrument particulier auquel on attelle des chevaux ou des bœufs et qu'on appelle *ravale, pelle à cheval, niveleur à bœufs*. Cet instrument, qui est très-commode, mais qui ne peut servir que pour les transports à petites distances, a ordinairement la forme d'une plaque rectangulaire, légèrement courbe, de 1^m.30 de longueur sur 0^m.70 de largeur; la partie antérieure est garnie d'une lame de fer tranchante qui entre en terre quand on soulève les mancherons de l'appareil. Quand la ravale, traînée par l'attelage, a ramassé une assez grande quantité de terre, et l'a ensuite transportée aux distances où l'on veut la répandre, l'ouvrier vide l'instrument en le renversant d'arrière en avant.

La ravale, dans sa forme la plus usitée, présente un inconvénient consistant en ce que, le manche se renversant avec la pelle, l'ouvrier qui conduit l'instrument doit aller reprendre le manche entre les pieds des animaux pour remettre les choses en leur premier état. Il en résulte une perte de temps considérable, et souvent l'ou-

vrier court quelque danger. La ravale culbuteuse (fig. 494
et 495), imaginée par M. Hallié, constructeur de ma-

Fig. 494. — Ravale culbuteuse de M. Hallié pour le nivellement des terrains à irriguer.

chines agricoles à Bordeaux, permet à l'ouvrier et à l'attelage d'effectuer le travail de ravalement avec autant de promptitude que de facilité, l'instrument se chargeant,

Fig. 495. — Ravale culbuteuse après le renversement de la terre.

se déchargeant et se remettant de lui-même en place.

La figure 494 montre la ravale de M. Hallié dans la position qu'elle occupe au moment où elle va se charger, et la figure 495 la fait voir au moment où, ayant déposé sa charge, elle est prête à se retourner et à reprendre sa place pour être dirigée de nouveau vers l'endroit d'où elle doit enlever une nouvelle quantité de terre. Un homme tient les deux mancherons de l'instrument : en donnant à l'attelage le signal du départ, il les soulève de manière à faire mordre le tranchant et à forcer ainsi la terre, qui préalablement doit avoir été ameublie par une charrue, par un fouilleur, par un déchaumeur ou un scarificateur, de s'introduire dans la pelle. Il pèse ensuite sur les mancherons, afin d'empêcher le tranchant de rencontrer un nouvel obstacle; la machine, avançant alors comme une sorte de traîneau, transporte sa charge vers le lieu où le terrassier veut la déposer. En arrivant à ce point, l'ouvrier tire vers lui les mancherons fixés sur le cadre en fer qui se meut dans les tourillons au moyen d'une glissière; il fait ainsi sortir les crochets qui tiennent les goujons; il repousse ensuite le cadre, et, en le faisant passer en dessus de ces mêmes goujons, il soulève l'instrument et produit ainsi son renversement. Comme l'attelage continue à marcher, le conducteur n'a qu'à tirer à lui les mancherons pour forcer la machine à se retourner et à reprendre sa première position en s'appuyant sur deux pattes d'arrêt placées à l'arrière, et qui trouvent dans le terrain le point d'appui nécessaire à la nouvelle culbute. Ces mouvements ne demandent que quelques secondes pour leur exécution. La ravale de M. Hallié coûte 125 francs et pèse 80 kilogrammes.

Dans l'établissement d'un système quelconque d'irrigation, on doit s'arranger de telle sorte que les déblais suffisent aux remblais sans avoir besoin d'emprunter de la terre au dehors et sans qu'il en reste en excès. Dans ce dernier cas, s'il se présente, on fait un tas de la terre disponible pour obvier aux affaissements qui pourront se produire et pour remédier aux dégâts que feront les eaux; d'autres fois, on jette les terres en excès dans le canal de manière à les délayer et à les répandre comme par une sorte de colmatage.

CHAPITRE XVII

Des instruments de l'irrigateur

Les instruments de l'irrigateur sont simples et ne diffèrent pas beaucoup de quelques-uns de ceux employés par le draineur; les mêmes fabricants font tous ces outils, et l'on peut consulter à ce sujet les détails qui sont donnés sur les prix d'achat dans le chapitre xv du livre V de cet ouvrage (t. II, p. 152 à 164).

Pour les terrassements, on emploie les bêches ordinaires (fig. 283 et 284, t. II, p. 136), la pioche (fig. 313, n° 7, t. II, p. 155), et enfin la pelle (fig. 300, t. II, p. 142). Pour faire les fossés, on se sert de la pioche représentée par la figure 496.

Fig. 496. — Pioche de l'irrigateur.

Le tracé des rigoles s'effectue en ayant recours à des piquets en bois (fig. 327, t. II, p. 172) sur lesquels s'enroulent des cordeaux que l'on tend dans la direction voulue; cette direction est préalablement indiquée par de petites fiches en bois ou en fer que l'on enfonce à la main ou au maillet. On découpe les gazons, en se servant de la bêche, en forme de langue de bœuf (fig. 329, t. II, p. 173), de la hache (fig. 330, même page), ou bien de la roulette à dégazonner de M. Polonceau (fig. 331, t. II, p. 174; on a imprimé par erreur Poloneau). Avec ces instruments, on tranche le gazon des prés d'abord le long de la ligne indiquée par le cordeau tendu, puis, suivant une autre ligne parallèle, en se plaçant à une distance convenable de la première. Dans quelques pays, on se sert d'une sorte de coutre de charrue pourvu d'un manche en bois et d'un anneau auquel on attache une corde. Un ouvrier fait pénétrer le coutre dans le gazon et tient le manche un peu incliné en avant; un autre ouvrier tire la corde en marchant dans la direction de la rigole à ouvrir.

Quand les deux rives d'une rigole ont été découpées longitudinalement, on enlève les gazons, soit avec un crochet à deux pointes (fig. 332, t. II, p. 176), soit avec la pioche représentée par la figure 333 (même page); ce dernier instrument porte dans les Vosges le nom de *fossoir*. On achève le travail en employant la bêche cintrée (fig. 497), et quelquefois, pour les curer, la ratissoire (fig. 498).

Fig. 497. — Bêche à rigoles.

On a proposé de faire et quelquefois on a fait effectivement les rigoles en se servant d'une charrue rigoleuse telle que celle de Grignon (fig. 414, t. II, p. 313). Les outils manuels sont en général préférés par les irrigateurs, comme

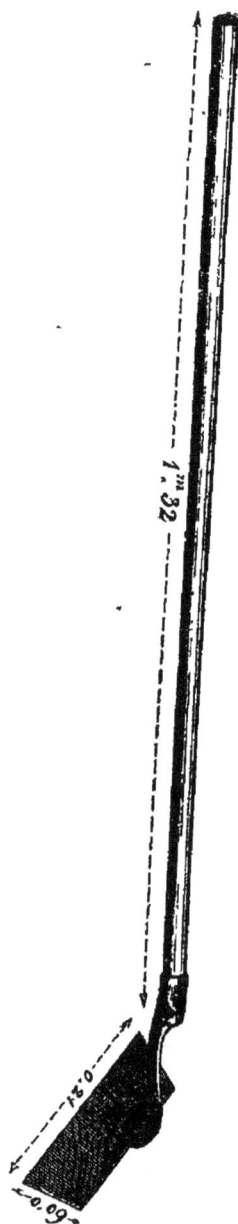

Fig. 498. — Ratis-
soire pour curer
les rigoles.

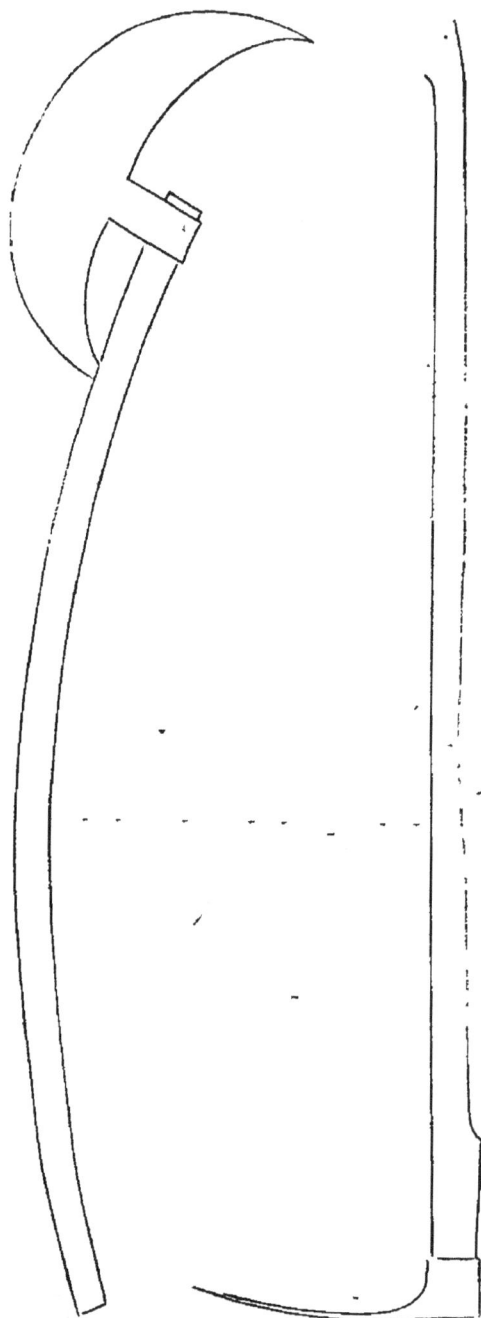

Fig. 499. — Croissant de
l'irrigateur au 10° de la
grandeur naturelle.

Fig. 500. — Ecobue de l'irrigateur emmanchée (au 10°
de la grandeur naturelle.)

se prêtant à un travail plus régulier. Les meilleurs instruments sont le croissant et l'écobue, décrits dans le *Manuel de l'irrigateur* de M. Villeroy, et dont nous re-

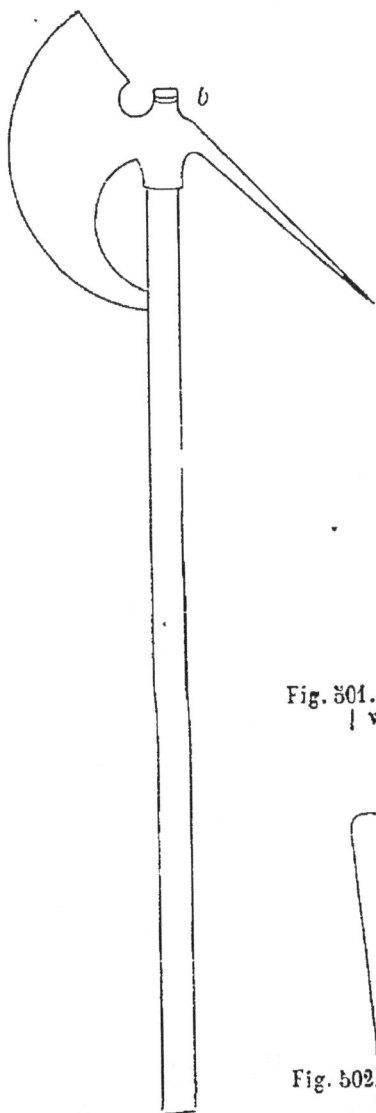

Fig. 501. — Fer de l'écobue vu de profil.

Fig. 502. — Fer de l'écobue vu de face.

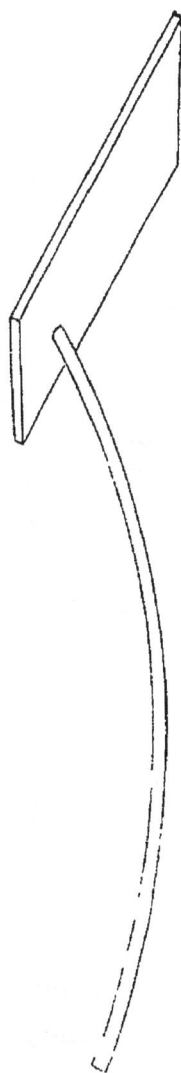

Fig. 503. — Croissant et écobue placés sur le même manche.

Fig. 504. — Batte de l'irrigateur.

produisons ici les dessins (fig. 499, 500, 501 et 502).
M. Keelhoff, qui a fait confectionner ces instruments pour
les irrigations de la Campine, d'après les figures que nous
en donnons, les déclare excellents. Le croissant (fig. 499)
sert à couper le gazon dans le sens longitudinal, en suivant
la ficelle tendue sur la tête des piquets; il est aussi employé
pour diviser transversalement le gazon qui se trouve entre
les deux parois de la rigole. L'écobue (fig. 500, 501 et
502) sert à enlever les gazons, à tailler la rigole suivant le
talus du haut, à la curer quand il y a de l'eau. Quelques
irrigateurs mettent les deux instruments sur le même manche (fig. 503), le croissant d'un côté, l'écobue de l'autre, ce
qui rend l'outil plus lourd et donne plus de force et plus de
sûreté aux coups du croissant.

On a quelquefois besoin d'affermir le terrain; on emploie
à cet effet des battes (fig. 504), qui se composent d'une
planche en chêne, ayant 0m.60 de longueur, 0m.30 de largeur et 0.06 d'épaisseur, qu'on attache à l'extrémité d'un
long manche légèrement courbé. On frappe le gazon avec
cet instrument, ou bien on emploie la dame, tout à fait
analogue au pilon du drainage (fig. 369, t. II, p. 210).

Pour s'assurer que les rigoles ont bien la pente voulue,
l'irrigateur se sert d'un niveau semblable à celui des ma-
çons (fig. 237, t. II, p. 475), ou bien du niveau simple que
représente la figure 505 : le fil à plomb MN indique la verticale; perpendiculairement est attaché un double mètre;
le long de l'une de ses branches est un curseur mobile D,
qui relève cette branche dans la proportion même de la
pente qu'on veut obtenir; le fil à plomb doit être dans l'axe
de l'instrument quand le fond de la rigole sur lequel repose le double mètre a la pente qu'on désire lui donner.

Tout irrigateur fait faire aussi un assez grand nombre
de petites vantelles ayant le profil des rigoles, et qui ser-

vent à interrompre le passage des eaux ; ces vantelles sont
en bois, en tôle, en fonte, en poterie ; elles ont à leur
partie supérieure un crochet, ou bien une ouverture ou
mortaise qui permet de les saisir facilement à la main.

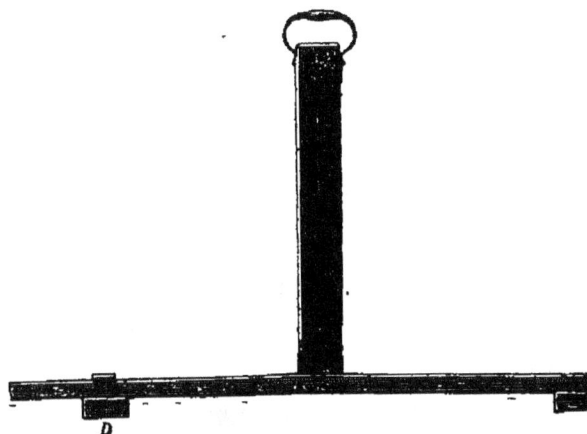

Fig. 505. — Niveau pour vérifier la pente des rigoles.

On voit que l'outillage proprement dit de l'irrigateur est
bien simple ; ajoutons qu'il ne faut pas manquer d'y joindre
de bons instruments de nivellement et de levé de plan
dont l'usage bien entendu rend les plus grands services
et épargne bien des frais inutiles.

CHAPITRE XVIII

Des divers systèmes d'irrigation

L'établissement d'une irrigation, dès que le nivellement
du terrain a été effectué et qu'on possède un plan exact,
n'est plus une chose difficile ; le choix du système est l'affaire délicate. Il faut en préparer le projet sur le plan ; il
n'y a ensuite qu'à porter des piquets sur le terrain pour
marquer la place des rigoles à creuser et des mouvements

de terre à effectuer; les ouvriers un peu habitués à se servir des outils que nous avons décrits se tirent très-bien de
ce travail dès qu'ils savent ce qu'ils doivent faire. Il arrive
très-souvent, ainsi que nous l'avons déjà dit, que la conformation tourmentée du sol ne permet pas l'emploi unique
d'un système; on a alors recours à une combinaison mixte
qui facilite l'arrivée et l'écoulement de l'eau sur toutes les
parcelles des champs à arroser. Quelles sont les conditions
de l'établissement de chaque système particulier, quels en
sont aussi les avantages? voilà les questions essentielles à
examiner.

Nous distinguerons huit cas distincts qui comprennent
l'irrigation proprement dite et diverses applications de l'eau
qui s'y rapportent :

1° *Irrigation par submersion;* on submerge le sol
sous une couche plus ou moins épaisse d'eau, pendant un certain temps, après lequel on la fait écouler pour submerger, le plus souvent, à son tour, un autre
partie de terrain placée à l'aval; ce système ne peut être
employé que lorsque le terrain peut être partagé en compartiments presque horizontaux ;

2° *Irrigation par rigoles de niveau et déversement;* on
amène l'eau dans une première rigole horizontale qui laisse
déverser l'eau en une mince couche uniforme sur toute la
longueur de son bord inférieur; une seconde rigole horizontale, placée au-dessous à une distance plus ou moins grande,
ramasse l'eau qui s'est ainsi répandue; cette rigole irrigue
de même une seconde parcelle de terrain bordée inférieurement par une troisième rigole horizontale qui recueille
l'eau et la livre à une nouvelle étendue de terre, et
ainsi de suite; cette méthode n'est applicable que dans
les terrains qui ont une pente assez grande, à moins
que la surface n'en soit très-petite, auquel cas on peut

IV.

22

l'employer malgré une pente faible; c'est un système très-économique qui ne demande pas une très-grande quantité d'eau;

3° *Irrigation en forme d'épi ou par razes;* ce système est particulièrement applicable sur un terrain qui présente une série de contre-forts et de petites vallées; il consiste à avoir de grandes rigoles distributrices desquelles partent des rigoles secondaires en forme d'épi de blé; il faut en général que la pente soit sensible sans être forte sur aucune des parties du sol irrigable;

4° *Irrigation par planches disposées en ados;* ce système consiste à établir, perpendiculairement à la pente, des planches disposées en ados; des rigoles de distribution creusées sur le dos de l'ados dégorgent les eaux uniformément sur les deux ailes, dans deux rigoles d'égouttement qui déversent dans une rigole de colature. Ce système est seulement applicable aux terrains presque plats, et il exige d'assez fortes dépenses d'établissement, mais il présente une grande régularité, un assainissement certain, et il doit être préféré à tous les autres dans les terrains marécageux;

5° *Irrigation par demi-planches superposées;* ce système est une modification de la méthode précédente, qui a pour but de la rendre applicable à des terrains présentant une pente assez grande; les demi-planches sont établies dans le sens horizontal, c'est-à-dire perpendiculairement à la pente du terrain; ce système convient particulièrement à un sol dans lequel on peut découper des bandes horizontales séparées par des talus rapides;

6° *Irrigation par infiltration;* ce système consiste à mouiller le terrain au moyen de petits canaux, où l'eau courante ou stagnante se tient toujours à une petite distance au-dessous du niveau du sol; il est seulement applicable aux terrains très-élevés, où l'on n'amène l'eau que très-difficilement ;

7° *Irrigation par dérivation des eaux pluviales ;* ce système est plutôt un moyen d'utiliser les eaux de pluie qu'un arrosage proprement dit; il est applicable seulement dans les pays de montagne; il consiste dans la création de rigoles de niveau qui retiennent l'eau, retardent son écoulement vers la vallée, s'opposent ainsi aux inondations, et augmentent la puissance de la végétation;

8° *Irrigation combinée avec le drainage ;* elle est employée quand des prairies se trouvent au-dessous de terrains drainés; elle doit être aussi recommandée quand le terrain est assez perméable pour que le drainage puisse nuire à de certaines époques ;

9° *Colmatage ;* l'irrigation avec colmatage s'emploie quand on a des eaux troubles avec le dépôt desquelles on exhausse et on enrichit un champ ou une prairie;

10° *Warpage ;* c'est un moyen de profiter des dépôts ramenés par la mer, lors des marées montantes ;

11° *Dessalage des terrains salés ;* ce mode d'irrigation est destiné aux terrains dans lesquels le sel ordinaire est en quantité assez grande pour nuire à la végétation;

12° *Irrigation par le système tubulaire souterrain avec regards d'épandage ;* c'est le système anglais de l'épandage des engrais liquides conduits dans les champs par des tubes souterrains; il n'est guère applicable, selon nous, que dans le cas où la pesanteur seule fait circuler l'engrais sans l'emploi de machines, et dans celui où le voisinage d'une ville fournit de grandes quantités d'engrais liquides à bas prix.

Nous allons successivement décrire chacun de ces systèmes, donner les moyens d'exécution, et indiquer leurs avantages particuliers.

CHAPITRE XIX

De l'établissement des rigoles et du rapport entre leurs dimensions et les quantités d'eau à débiter

Quel que soit le mode d'irrigation qu'on emploie, à l'exception toutefois du système tubulaire anglais, il faut creuser des rigoles dont la forme et les dimensions sont en rapport avec la nature et la configuration du sol, et avec la quantité de liquide que l'on se propose de répandre. Il est essentiel d'entrer à cet égard dans quelques explications générales qui contiendront les solutions de tous les cas particuliers qui pourront se présenter.

Les parois des rigoles peuvent être verticales, lorsque la profondeur n'excède pas $0^m.30$.

Dans le cas où la profondeur est plus grande, on doit tailler les parois en talus, dont les inclinaisons sont d'autant plus grandes que le sol est moins consistant et que la pente du fossé creusé est plus forte. La manière la plus commode de mesurer les dimensions d'un canal consiste à prendre la largeur en haut L, la largeur au fond l, et la hauteur h. On appelle base des talus d'un fossé la différence entre les deux largeurs ou $L-l$. Si l'on a $L-l=h$, on dit que la base des talus est simple ; c'est celle que l'on adopte pour les terres les plus consistantes. Si $L-l=2h$, on dit que la base est double ; on la prend pour les terres de moyenne consistance. Enfin, si l'on a $L-l=3h$, on dit que les talus sont à base triple ; ils ont alors l'inclinaison que prennent naturellement les terres meubles abandonnées à elles-mêmes. C'est cette inclinaison que nous avons indiquée précédemment (p. 261) pour l'inclinaison des talus des digues, qui ne sont pas autre chose que des fossés retournés. On comprend facilement qu'on peut prendre des bases intermédiaires entre les nombres 1, 2 et 3 que nous venons d'indiquer.

Lorsque la rigole n'a pas plus de $0^m.10$ de profondeur, on la creuse avec la hache de pré elle-même, ou avec le croissant. Le cordeau étant tendu, ainsi que nous l'avons dit, on taille avec cet instrument le long de la largeur tracée, puis, de l'autre côté, à la distance voulue. On divise ensuite la bande de gazon avec le croissant en morceaux de $0^m.30$, que l'on détache et que l'on enlève à la pelle ou au crochet, pour les mettre de côté.

Si la rigole doit avoir de $0^m.10$ à $0^m.30$, on opère encore comme nous venons de le dire, et l'on approfondit ensuite avec la bêche. On peut aussi se servir immédiatement de la bêche plate ou de la bêche dite en langue de bœuf. On emploie d'ailleurs, pour approfondir, les divers instruments indiqués dans le chap. xvii, selon la nature du sol et du sous-sol.

Pour creuser les fossés ou les canaux d'une profondeur plus grande, on opère d'abord comme nous venons de l'indiquer, en creusant comme si l'on devait faire une rigole à parois verticales, c'est-à-dire qu'on creuse d'abord une rigole ayant la largeur du fond. Ensuite on tend de nouveau le cordeau à une distance du bord égale à la moitié de la base des talus, et on donne d'un côté l'inclinaison voulue; puis on reporte le cordeau de l'autre côté pour y opérer de la même manière. Il faut avoir soin de faire que tous les ouvriers travaillent de manière à produire une inclinaison bien régulière, car une surface présentant des ressauts plus ou moins nombreux offrirait des obstacles à l'écoulement de l'eau, d'où résulteraient des affouillements et des dégradations, en même temps qu'une mauvaise répartition de l'eau. Quand la taille des parois est terminée, on nettoie le canal à la pelle et au rabot à niveler. S'il s'agit d'un ruis-

seau dont les eaux sont sujettes à pouvoir s'élever beaucoup
par les temps de pluie, il faut donner aux talus une très-
grande inclinaison, et autant que possible les recouvrir de
gazon. A cet effet, on enlève le gazon sur une largeur de 3
à 9 mètres, on creuse le fossé, on répand sur les deux rives
la terre fouillée, de manière à donner au sol une pente régulière, et on replace ensuite le gazon en commençant autant que possible dans le lit même du ruisseau et remon-
tant aussi loin qu'on peut arriver. Les eaux trouvent ainsi,
quand elles se gonflent, de l'espace pour s'étendre, et elles
ne causent aucun dommage, parce qu'elles coulent sur une
surface gazonnée.

Le canal principal d'alimentation d'une terre irriguée doit
avoir son origine un peu au-dessus du barrage, quand il reçoit son eau d'un cours d'eau ; dans tous les cas, il doit
avoir la ligne de flottaison supérieure à toutes les parties du
sol. On est souvent, à cet effet, obligé de l'établir en remblai. Dans tous les cas, on doit préférer augmenter sa largeur, plutôt que sa profondeur ; cette règle est d'ailleurs
applicable à toutes les espèces de rigoles. La profondeur
pour un canal destiné à l'arrosage de 50 hectares ne doit
pas, par exemple, excéder $0^m.75$. Une surélévation de la ligne
de flottaison au-dessus des terres, de $0^m.20$ à $0^m.50$ est la
plus convenable. Alors on construit de chaque côté des
digues ayant $0^m.30$ au-dessus de la ligne de flottaison avec
1 mètre de crête, et des talus de 3 mètres de base pour
1 mètre de hauteur ; ces talus seront gazonnés. Pour ces
sortes de canaux, la pente doit être de $0^m.00025$ à $0^m.00033$
par mètre, c'est-à-dire, très-faible. On conçoit cependant
qu'il n'est pas toujours possible de rester dans une limite
aussi faible.

Lorsque le canal principal d'alimentation sert à plusieurs
irrigations situées à droite ou à gauche, on crée des ca-

naux secondaires ou canaux de répartition, qui communiquent avec le premier par des écluses ou de simples vannes formées d'une planche. Un canal de répartition doit aussi avoir une pente très-faible.

En général, des canaux principaux ou secondaires d'alimentation doivent se rétrécir à mesure qu'on approche de leur extrémité, de manière à ne plus avoir qu'un tiers de la largeur initiale.

Le tableau suivant, que nous extrayons de l'ouvrage de M. Pareto, donne les pentes d'un certain nombre de canaux ou parties de canaux :

Noms des canaux.	Pentes par mètre.
Canal de Craponne	0.00086 0.0004 0.0023
Canal des Alpines	0.00008 0.002 0.0023 0.0003 0.0004 0.0005
Canal de Marseille	0.00046 0.00005 0.001
Canal de Pierrelatte	0.0004 0.00027 0.00013
Canal du Drac (Hautes-Alpes)	0.0028
Canaux d'Alaric et de Tarbes	0.0001
Canal de Perpignan	0.0053 0.0022
Canal du Bazet (Haute-Garonne)	0.00024 0.00032 0.00004
Canal d'Ivrée (Piémont)	0.0005 0.0009 0.0013
Canal de la Sesia (Piémont)	0.0004 0.0008 0.001

Noms des canaux.		Pentes par mètre.
Naviglio-Grande (Lombardie).	{	0.00072
		0.00113
		0.00155
		0.0002
		0.00068
		0.00116
		0.0003
		0.00055
		0.0008
Canal de Pavie (Lombardie)	{	0.00018
		0.0003
		0.00041
Canal de la Murza (Piémont).	{	0.00016
		0.00018
Rigole près le Mont-Dore { dans le roc. .		0.0085
{ dans la terre..		0.005
Rigole près de Briançon, dans un terrain schisteux.		0.0064
Rigole dans les Vosges.		0.0035
Rigole dans la Drôme.		0.0031
Rigole près de Chambéry (Savoie).		0.0042
Rigole près de Suza (Piémont).		0.00085
Dérivation particulière près de Lodi. . . .		0.00028
————————— Pavie.. . .		0.0007
————————— Côme . . .		0.00091

Les rigoles d'irrigation qui déversent directement l'eau dans les terres doivent avoir en général de petites profondeurs, et on doit plutôt en accroître la largeur que l'autre dimension. On a vu plus haut (p. 361) par les expériences de M. Keelhoff, que l'augmentation de la profondeur amène une plus grande déperdition d'eau. La profondeur de $0^m.05$ sera la meilleure et s'accordera bien avec une largeur de $0^m.25$ à $0^m.28$. Dans les prairies, ces dimensions n'empêchent en aucune façon le fauchage, n'arrêtent pas le passage des véhicules, de sorte que les détériorations et les réparations qui s'ensuivent sont peu considérables.

Les colateurs doivent avoir une profondeur telle, que la

ligne de flottaison de l'eau, à son origine, reste de 0ᵐ.05 à
0ᵐ.10 en contre-bas du plafond des rigoles d'évacuation qui
y aboutissent. On leur donne une largeur et une pente telles,
que jamais il ne puisse y avoir d'engorgement ; la largeur
sera calculée ainsi que nous allons le dire : on ne devra
guère dépasser une pente de 0ᵐ.003 par mètre, afin que la
vitesse trop grande qu'acquerrait l'eau n'amène pas de fréquentes dégradations. Les grands colateurs doivent être
gazonnés comme mesure de sûreté contre les affouillements.

Le volume d'eau que débite toute rigole, tout canal, dépend de la grandeur de la section mouillée et de la vitesse
de l'eau. La section mouillée se mesure par la hauteur de
l'eau, multipliée par la moyenne largeur entre le fond et le
haut, et la vitesse est déterminée par la pente. Il y a entre
ces divers éléments des relations qui les lient d'une manière
fixe, et que l'irrigateur doit connaître pour y soumettre ses
travaux.

Appelons :

Q la quantité d'eau que doit débiter une rigole ;
S la section mouillée de cette rigole ;
P le périmètre de cette section mouillée ;
V la vitesse moyenne de l'eau par seconde ;
i la pente par mètre, ou la différence de niveau de deux
points distants de 1 mètre dans le sens horizontal ;
On aura, d'après Eytelvein :

$$\frac{S}{P} i = A V + B V^2,$$
$$Q = SV,$$

les coefficients A et B ayant les valeurs suivantes :

$$A = 0.000024, \quad B = 0.000366.$$

Le périmètre de la section mouillée P dépend de la forme de la rigole; si cette forme est celle d'un rectangle dont la largeur est l, la hauteur de l'eau y étant h, on a :

$$P = 2h + 2l, \quad S = lh,$$

et il est très-facile, connaissant la valeur que l'on veut donner à Q, de trouver par les formules ci-dessus le rapport de l à h.

Dans le cas où la rigole est trapézoïde, on ne tient pas ordinairement compte dans la pratique de ce changement de forme; on prend simplement la largeur au plafond, et on néglige l'augmentation de surface qui en résulte pour compenser les obstacles qu'opposent à l'écoulement les herbes aquatiques.

On a simplifié les calculs imposés aux irrigateurs ; la formule suivante, due à Tadini, qui l'a vérifiée par un grand nombre d'expériences faites sur les canaux d'arrosage d'Italie, donne la largeur au plafond, étant connues la quantité d'eau Q à débiter, et la hauteur que cette eau doit occuper dans la rigole :

$$l = \frac{Q}{50h \sqrt{hi}}$$

Les angles avec l'horizon qui correspondent aux diverses valeurs de i ont été donnés dans le livre VI (t. III, p. 246).

Un bon irrigateur doit éviter que la vitesse de l'eau au fond des canaux et des rigoles puisse devenir assez grande pour en dégrader les parois. Les formules ci-dessus permettent de calculer la vitesse quand on connaît les autres éléments du problème, et la table qui suit indique les limites que cette vitesse ne doit pas dépasser selon la nature du terrain :

Nature du fond.	Limite de la vitesse au fond.	Limite de la vitesse moyenne.
	m	m
Terres détrempées..	0.076	0.101
Argiles tendres.	0.152	0 202
Sables..	0.305	0.406
Graviers.	0.609	0.810
Cailloux.	0.616	0.817
Pierres cassées, silex.	1.220	1.623
Cailloux agglomérés, schistes tendres. .	1.520	2.021
Roches en couches..	1.830	2.434
Roches dures..	3.030	4.060

Nous avons donné précédemment (p. 540) les rapports qui existent entre la vitesse moyenne et la vitesse à la surface.

En général, on doit, dans les irrigations ordinaires, maintenir la vitesse moyenne au-dessous de 0m.50 par seconde.

CHAPITRE XX

Des chemins et des ponts

Dans un terrain irrigué, l'enlèvement des récoltes par des chariots est une cause de détérioration pour les rigoles; on doit chercher à disposer les chemins de manière à rendre la circulation facile tout autour du champ et en travers. Pour les prairies, on arrose les chemins par des rigoles spéciales peu profondes, agissant par déversement et s'alimentant par de petites dérivations dans les canaux d'amenée. Ce doit être un sujet de préoccupation dans la rédaction même du projet d'arrosage; trop souvent on n'y songe que quand l'irrigation est établie, et il en résulte un accroissement considérable des frais d'entretien, non-seulement de l'irrigation elle-même, mais des harnais des animaux et du matériel roulant qui fatiguent beaucoup ; les chevaux ou les bœufs sont forcés à un grand développement de force de traction et exposés à se blesser.

Pour la traversée des canaux d'alimentation et des grandes rigoles d'amenée et de colature, on emploie des ponts volants ou des ponts fixes. Les ponts volants peuvent être formés par trois traverses d'environ 0m.15 d'équarrissage sur lesquelles on cloue de fortes planches; ils servent pour les passages peu fréquentés. Dans les points où, à chaque récolte, un canal ou un fossé se trouve souvent traversé par les voitures, on établit des ponts permanents, que l'on construit très-économiquement de deux manières : ou bien en plaçant en travers du fossé trois ou quatre pièces de bois de 0m.15 d'équarrissage que l'on recouvre de branchages; ou bien, surtout pour les fossés de peu de largeur, en entre-croisant en X 10 ou 12 piquets (fig. 506), en

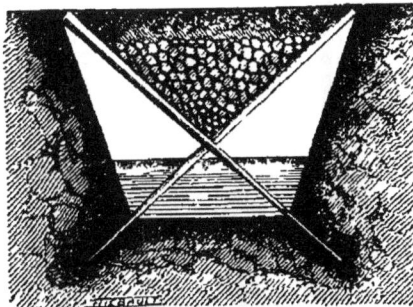

Fig. 506 — Pont formé de piquets croisés et de fascines.

remplissant l'angle supérieur par une fascine formée de branches fortement liées ensemble et en recouvrant le tout avec de la terre et du gazon ; c'est une disposition que conseille M. Villeroy, même pour l'écoulement des eaux souterraines, et qui dure de longues années, quoiqu'elle soit beaucoup moins coûteuse que toute construction en maçonnerie.

CHAPITRE XXI

Irrigation par submersion

Dans l'irrigation d'un champ par submersion (fig. 507), on a pour but de recouvrir toute sa surface d'une couche d'eau plus ou moins épaisse, et de le laisser ainsi inondé durant un certain temps. On doit à cet effet entourer le ter-

Fig. 507. — Compartiment d'irrigation par submersion.

rain d'une digue qui maintienne les eaux une fois qu'on les a mises. Pour les amener, on dispose sur le plus haut côté de la digue de circonvallation une vanne qui communique avec la rigole ou le canal d'alimentation. Pour retirer les eaux, on doit, la première vanne étant fermée, ouvrir une autre vanne disposée sur le côté le plus bas de la digue, et qui communique avec une rigole de desséchement ou de colature.

IV.   25

Il est évident que ce système est extrêmement simple, mais aussi qu'il exige un terrain presque plat, sans quoi la digue située du côté d'aval devrait avoir une très-grande hauteur, et en outre, il faudrait consommer une trop grande quantité d'eau. En général, on ne l'applique qu'à des champs présentant au plus 0ᵐ.001 de pente par mètre. Dans ce cas, on donne seulement à la petite digue qui circonscrit le champ une hauteur de 0ᵐ.15 à 0ᵐ 30, et on peut la construire à la charrue en adossant au besoin plusieurs fois.

La meilleure disposition à adopter est celle de compartiments carrés ayant 50 mètres de côté environ. Une rigole est placée dans le milieu, dans le sens de la plus grande pente du terrain; on lui donne 0ᵐ.50 de largeur au plafond, 0ᵐ.55 de profondeur à l'origine et 0ᵐ.40 à l'extrémité, ce qui correspond à une pente de 0ᵐ.001 par mètre. Deux côtés du carré sont horizontaux, l'un en amont, l'autre en aval; les deux autres sont dans le sens de la plus grande pente; mais les crêtes des quatre petites digues sont construites parfaitement dans le même niveau. A partir de la rigole d'arrosage du milieu, on dispose le terrain en deux plans inclinés qui remontent vers les deux digues latérales par une pente de 0ᵐ.005 par mètre; de cette manière, l'égouttement par la rigole qui a servi à inonder quand la vanne supérieure était ouverte se fera avec une complète efficacité par la même rigole, lorsque la vanne inférieure sera ouverte, l'autre étant fermée. La meilleure forme qu'on pourra donner aux digues consistera en un talus intérieur très-incliné, ayant par exemple 10 à 15 de base pour 1 de hauteur; on pourra alors avoir des récoltes sur toute la surface avec la plus grande facilité.

On conçoit que si le terrain avait une longueur dans le sens horizontal plus grande que 50 mètres, on pourrait donner cette longueur au compartiment; seulement, il serait bon de faire plusieurs rigoles distantes de 50 mètres, en adoptant toutes les dispositions que nous venons d'indiquer, les digues intermédiaires étant seules supprimées. C'est le système recommandé par Schvertz, et qui est le plus employé dans plusieurs parties de l'Allemagne ; on fait seulement très-souvent des planches qui n'ont que 5 à 6 mètres de large, et qui sont séparées par une rigole. La longueur, mesurée dans le sens de la pente, est aussi quelquefois plus grande que 50 mètres, mais il est mieux de s'y tenir et de disposer plusieurs compartiments étagés les uns au-dessous des autres, et s'arrosant successivement lorsque la forme du terrain se prête à la combinaison ; on utilise alors pour la submersion des compartiments inférieurs l'eau provenant de l'inondation des compartiments supérieurs. Il faut, pour cela, que la surface de la couche d'eau dans un bief inférieur soit en contre-bas du plafond de la rigole d'assainissement du bief immédiatement au-dessus de celui-ci. Dans le cas contraire, on dispose le canal d'alimentation de manière à donner de l'eau aux divers compartiments d'une manière indépendante ; par exemple, il traverse tous les compartiments successifs en faisant en même temps l'office de colature, ou bien on établit un ou deux canaux d'amenée qui longent les compartiments sur les deux côtés, et on construit un troisième canal au fond de la vallée pour recevoir les colatures. Le meilleur parti à prendre dans chaque cas ne peut être indiqué que par la discussion des circonstances révélées par une étude préalable du terrain et par un bon plan et un nivellement exact.

Pour être bien maître de l'eau, il est convenable de placer deux buses en bois, l'une en haut, l'autre en bas de la rigole qui traverse chaque compartiment par son milieu ; le jeu des vannes est alors plus certain.

Pour donner l'eau, on se contente de fermer la buse

d'aval et d'ouvrir la buse d'amont ; on laisse l'écoulement
se faire jusqu'à ce que l'eau ait atteint une épaisseur de
0ᵐ.02 à 0ᵐ.04 au côté supérieur, et par suite 0ᵐ.14
à 0ᵐ.17 vers la digue inférieure. Une fois l'eau introduite,
il n'y a plus qu'à maintenir la vanne d'amenée ouverte à une
hauteur assez grande pour remplacer l'eau perdue par l'é-
vaporation et par les infiltrations dans les couches inférieures
du sol

M. Keelhoff établit ainsi qu'il suit le compte des dépenses
à faire pour créer 1 hectare de prairie submersible, d'après
les travaux qu'il a effectués en Campine :

Tracé des travaux..	4 fr.
Défoncement du sol à la bêche, à 0ᵐ.60 de profondeur en moyenne.	150
Terrassements effectués de manière à donner à chaque compartiment de 50 mètres de long sur 50 mètres de large le profil ci-dessus indiqué ; ils sont nécessairement variables ; M. Keelhoff les évalue en moyenne à.	75
Creusement de la rigole et formation des petites digues.	15
Parachèvement des travaux..	20
Engrais.	350
Toilette des travaux après l'hiver.	15
Achat des graminées.	75
Frais d'ensemencement.	9
Plantations pour abri.	7
Buses de bois.	8
Brouettes, planches de roulage, etc.	5
Total.	733 fr.

Les principaux avantages de ce système consistent en ce
que les animaux nuisibles, tels que les taupes, souris,
courtillières y trouvent la mort, et surtout en ce que les eaux
limoneuses ont le temps d'abandonner sur le sol un dépôt
fertilisant. On peut à cet effet laisser l'eau dans les compartiments quinze jours et même un mois durant l'hiver ;
mais dès que la vie se manifeste dans la végétation, les
arrosages doivent être au plus de vingt-quatre heures.

CHAPITRE XXII

Irrigation par rigoles de niveau et déversement

Si l'on imagine que l'on ait creusé dans un terrain en
pente des rigoles de niveau, en suivant exactement les
lignes horizontales tracées d'après les règles que nous avons
données (liv. V, chap. VII, t. II, p. 66 à 78), si ensuite on
peut amener directement l'eau dans la rigole la plus élevée, il est évident qu'une fois cette rigole remplie, l'excès
de l'eau se déversera sur la pente du terrain, s'y infiltrera
et y coulera jusqu'à ce qu'elle soit recueillie par la seconde
rigole. Celle-ci se remplira à son tour, puis déversera son
eau en excès sur la seconde bande de terre qui s'imbibera
pour laisser encore l'excès d'eau s'assembler dans la troisième rigole, et ainsi de suite jusqu'à la partie la plus
basse du champ. Mais, une fois l'eau donnée, il faudra pouvoir assécher le sol; on y parvient si l'on a creusé des
rigoles de colature perpendiculaires aux lignes de niveau
ou, en d'autres termes, dirigées dans le sens de la plus
grande pente. Ces colateurs doivent être fermés pendant
l'irrigation. On les ouvre, au moment de l'assèchement,
après avoir interrompu l'émission de l'eau du canal d'a-
menée; comme ils coupent à angles droits les rigoles de
niveau, ils en enlèvent toute l'eau, qui s'assemble au bas
du terrain dans un canal d'écoulement.

Ce système d'irrigation (fig. 508) est le plus parfait que
l'on puisse imaginer, et il ne demande pas en général de
terrassements ; il faut seulement faire disparaître les monticules qui s'élèveraient au-dessus des rigoles de niveau les
plus hautes, et les cuvettes qui n'auraient aucun écoulement

et dans lesquelles l'eau s'accumulerait sans pouvoir s'échapper. Il permet de faire disparaître les ravinements causés par les grandes pluies dans les terrains en forte pente; à cet effet on barre les parties ravinées, et elles finissent peu à peu par se combler. Pour que le succès de l'arrosage soit complétement assuré, il ne faut pas que la pente naturelle du terrain soit inférieure à $0^m.008$ par mètre; elle peut s'élever jusqu'à $0^m.30$; la plus convenable est celle de $0^m.03$ à $0^m.10$.

Une fois les quelques terrassements nécessaires effectués,

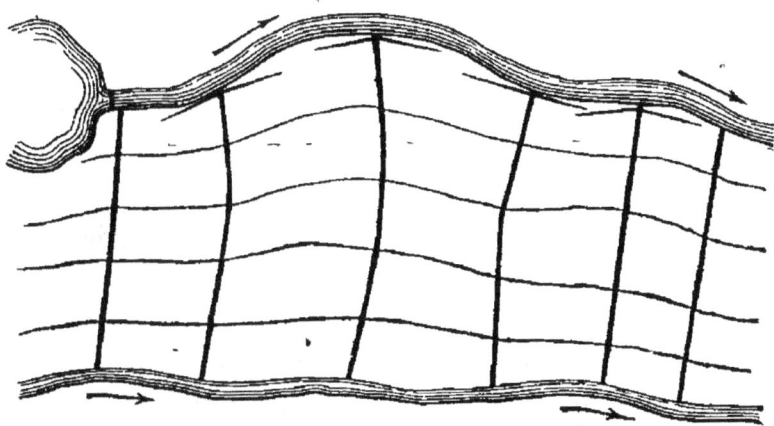

Fig. 508. — Irrigation par rigoles de niveau et déversement.

il faut procéder à l'exécution du canal d'alimentation, ensuite à celle des rigoles de niveau, puis des colatures et enfin du canal d'écoulement. Le tracé de tous ces travaux doit être fait préalablement sur le plan du terrain où toutes les cotes de nivellement ont été relevées et rapportées avec soin. Avec cette précaution, l'irrigateur réussit beaucoup plus sûrement à exécuter un travail qui demande une exactitude presque mathématique pour donner tous les résultats qu'on est en droit d'en attendre. Du reste, cette exactitude rigoureuse s'obtient assez facilement en s'assujettissant aux soins que nous allons indiquer.

Le canal d'alimentation doit fournir d'abord l'eau à la rigole de niveau la plus élevée, et le plus souvent aussi à des rigoles inférieures qui ne recevraient pas assez d'eau par le simple déversement sur les bandes de terrain supérieures. On lui donne une petite pente de $0^m.0003$ à $0^m.001$ par mètre, en le traçant de manière à lui faire couronner et contourner autant que possible toute l'étendue de terrain à irriguer. On lui donne une section déterminée par le débit qu'il doit fournir, et on le soutient du côté de l'aval par une digue qui permet de maintenir la ligne de flottaison à une hauteur suffisante au-dessus du terrain, en le partageant au besoin en biefs horizontaux successifs, à l'aide d'écluses. Cette disposition doit être adoptée lorsque les rigoles de niveau ont une grande longueur, parce qu'il serait alors impossible d'obtenir une irrigation régulière sur toute l'étendue à la fois; on procède par de grandes zones successives, du haut en bas du terrain, depuis la tête du canal jusqu'à son autre extrémité. On diminue quelquefois la largeur de la section à mesure qu'on s'éloigne de l'origine. Dans certaines irrigations, le canal d'amenée est lui-même la première rigole de niveau et on fait déverser l'eau tout le long de son bord situé vers la partie déclive du terrain. Il est préférable de n'y faire des prises à l'aide de buses fermées par des vannes que tous les quarante ou cinquante mètres.

Les rigoles de niveau ne sont que bien rarement en ligne droite; elles contournent le terrain en suivant les points situés à une même hauteur verticale au-dessus du plan auquel sont rapportées toutes les cotes de nivellement. On les établit en donnant à leurs bords inférieurs la forme d'un bourrelet présentant un relief de $0^m.05$; on le fait à l'aide des gazons provenant du creusement de la rigole à laquelle on donne une profondeur de $0^m.15$ au milieu de la distance comprise entre deux rigoles de colature et de $0^m.50$ à son intersection avec celles-ci, pour que l'eau s'écoule rapidement lorsqu'on veut la retirer. Le profil transversal de chaque rigole de niveau est triangulaire avec un talus insensible vers la partie supérieure du terrain, et une paroi verticale vers la partie inférieure. Les gazons formant le bourrelet sont bien tassés et damés de manière à effleurer exactement une ficelle tendue sur la tête de piquets qui ont été enfoncés de distance en distance le long du tracé de la rigole de manière à présenter des points bien situés sur une ligne horizontale; le directeur des travaux s'en assure à l'aide de coups de niveau donnés avec précision. A cet effet, on place un piquet en un point où l'on veut que passe une rigole; on l'enfonce jusqu'à ce que sa tête dépasse le terrain de $0^m.05$. Le niveau étant en un point convenablement choisi, on vise la mire placée sur ce premier piquet et on fixe son voyant; on promène ensuite la mire sur le terrain de 5 en 5 mètres en tatonnant jusqu'à ce qu'il y ait de nouveau coïncidence du voyant avec la ligne de visée qui reste dans le même plan horizontal; on enfonce un nouveau piquet en ce point, et ainsi de suite. L'excédant des terres provenant du creusement des rigoles de niveau est émietté sur le sol et utilisé pour remplir les petits creux. On doit vérifier plus tard, au moment où l'on donne l'eau pour la première fois, si la crête de déversement de chaque rigole est exactement horizontale; il faut pour cela que l'eau s'en écoule bien régulièrement sur tout son parcours sans produire de ravinements ou de petits ruisseaux; au moyen d'une batte, on amène facilement la crête à être rigoureusement de niveau avec la ligne de flottaison. L'eau qui s'écoule d'une rigole par-dessus la crête arrose la bande de terre qui la borde, et va se rassembler dans la rigole de niveau suivante qui devra en être d'autant plus rapprochée que le terrain sera plus perméable et que la pente sera plus forte. La raison en est facile à concevoir, car si le sol est très-perméable, l'eau sera absorbée en grande quantité à une petite distance de son déversement, et si la pente est forte, l'eau a une grande tendance à raviner et à se former en petits ruisseaux. M. Pareto dit qu'en règle générale, dans les terrains les plus plats et les plus imperméables, la plus grande distance entre deux rigoles ne doit guère dépasser 40 mètres, et que la plus petite distance, dans les circonstances contraires, ne doit pas être inférieure à 2 mètres. Selon M. Keelhoff, dans les sols perméables, la distance entre deux rigoles successives ne doit jamais dépasser 15 mètres, ni être au-dessous de 5 mètres. On voit que les limites indiquées par les praticiens laissent une large marge aux tâtonnements : en cette matière, l'habitude, le tact guident l'irrigateur. Du reste, deux rigoles de niveau voisines, d'après la nature même de leur tracé, sont inégalement distantes dans leur parcours, et il peut arriver que très-rapprochées en un point où la pente est très-forte, elles s'éloignent beaucoup en des points où la pente est moins sensible; dans ce cas, on doit même quelquefois intercaler une rigole intermédiaire entre les deux autres en la limitant à l'espace où l'écartement est jugé trop grand.

Les rigoles de colature doivent commencer dans le canal d'alimentation avec lequel elles communiquent par une buse en bois fermée par une vanne; elles coupent à angle droit toutes les rigoles de niveau. On leur donne une largeur de 0m.25 à l'origine, de 0m.55 à 0m.40 à l'extrémité, et une profondeur de 0m.50. Leur creusement s'opère en suivant la direction indiquée par une ficelle tendue; la terre qui en provient est émiettée et répandue sur le terrain pour le niveler. On rapproche les rigoles d'autant plus

les unes des autres que le sol est plus imperméable et la
pente plus faible. M. Keelhoff veut que, dans un terrain
perméable et à forte pente, la distance entre les colateurs
ne soit jamais supérieure à 50 mètres; M. Pareto étend
cette limite jusqu'à 80 mètres. Il ne peut y avoir aucun
inconvénient à augmenter le nombre de ces rigoles, qui
garantissent un bon assainissement. Quand on donne l'eau à
une rigole de niveau, on ferme avec un gazon ou bien
avec de petites vannes en bois, en tôle ou en poterie, tous
les colateurs qui en descendent. Lorsqu'on veut faire arriver l'eau directement du canal d'amenée dans une des
rigoles de niveau inférieures qui n'en recevraient pas assez
par le simple déversement par-dessus les crêtes des rigoles
placées plus haut, on ouvre quelques-uns des colateurs en
enlevant ces petites vannes, et l'eau arrive alors rapidement
au point voulu. On peut ainsi arroser un terrain par bandes
horizontales composées d'un nombre restreint de rigoles
de niveau.

Quant au fossé de colature générale, on doit le faire
passer par tous les points les plus bas qu'on cherche par
tâtonnement avec le niveau. On ne doit jamais l'établir en
remblai, mais on le creuse quelquefois en déblai, de
manière que la ligne de flottaison y soit toujours inférieure
au plafond des dernières rigoles de petite colature. On lui
donne une largeur croissante à partir de l'origine.

On admet qu'un ouvrier, dans une journée de dix heures,
peut généralement exécuter avec le croissant et l'écobue
100 mètres courants de rigoles de niveau ou 150 mètres
de rigoles de colature, ce qui correspond à 2,000 mètres
de rigoles exécutées par 16 ouvriers. Au prix de $0^f.015$ les
premières, et de $0^f.01$ les secondes, le mètre courant, la
journée de l'ouvrier est payée $1^f.50$. Dans ces conditions,
les travaux de rigolage proprement dits reviennent en

moyenne à 25 fr. par hectare. Il faut encore compter la préparation du travail; un irrigateur qui a une grande habitude du niveau et qui est accompagné d'un bon porte-mire, peut préparer en un jour la besogne de 50 à 80 ouvriers rigoleurs. Les canaux d'amenée et de grande colature sont payés généralement à raison de 0ᶠ.01 le mètre courant pour 0ᵐ.14 de largeur en tête, la profondeur étant de 0ᵐ.30 à 0ᵐ.40, les piquets indicateurs du tracé étant placés par les soins du directeur des travaux de telle façon que leurs têtes soient à 0ᵐ.40 ou 0ᵐ.50 de distance du fond du canal à creuser. On voit par ces données que ce système d'irrigation est un des moins coûteux à établir.

Le système d'irrigation que nous venons de décrire est celui que les irrigateurs anglais appellent *Catch-work irrigation.*

CHAPITRE XXIII

Irrigation en forme d'épi de blé ou par razes

Ce système d'irrigation (fig. 509), qu'on appelle aussi par

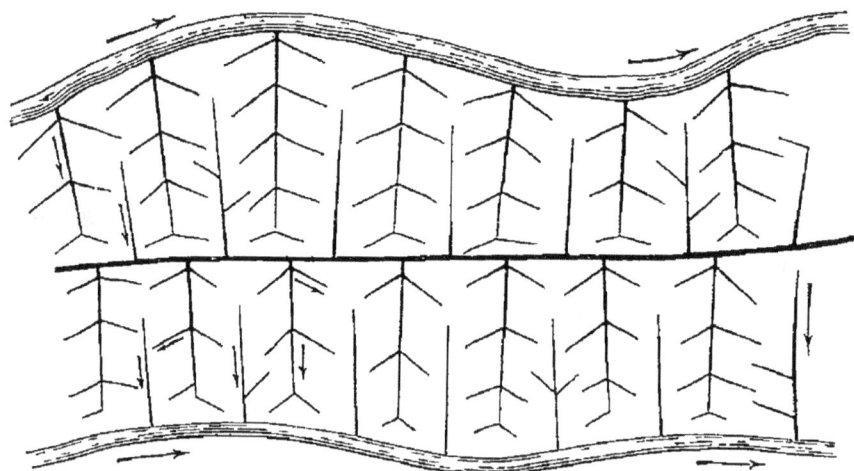

Fig. 509. — Irrigation par razes ou rigoles en épi de blé.

rigoles en pente, convient assez aux terrains tourmentés.
M. Pareto l'a exécuté sur des terrains qui n'avaient que de
$0^m.003$ à $0^m.008$ de pente ; on dit qu'il s'applique avec le plus
de succès quand la pente est comprise entre $0^m.02$ et $0^m.08$.
Dans le Luxembourg et en Auvergne on l'emploie avec des
pentes beaucoup plus fortes, mais on n'en obtient que des
arrosages assez irréguliers. En général, l'irrigation en épi ne
devrait servir que pour compléter l'irrigation par rigoles
de niveau. On pratique sur le faîte ou le dos des hauteurs,
dans le sens de la pente, des rigoles de distribution qui
partent du canal d'amenée et dans lesquelles prennent naissance de chaque côté des rigoles de déversement, diver-
gentes comme les barbes d'un épi de blé, qu'on appelle des
razes et dont la largeur diminue progressivement jusqu'à
leur extrémité où elles se terminent en pointe. Ces dernières rigoles ne pouvant plus, à mesure qu'elles se rétré-
cissent, contenir toute l'eau qui y coule, cette eau se déverse
assez régulièrement sur toute leur longueur. Dans les
thalwegs sont creusées des rigoles de colature qui conduisent l'eau, soit dans une rigole de niveau qui alors fait
l'office de rigole d'alimentation pour l'irrigation du terrain
inférieur, soit dans la rigole principale d'évacuation. Ainsi,
outre le canal d'amenée que l'on construit exactement
comme pour l'irrigation par rigoles de niveau, il faut faire
les rigoles de distribution, les rigoles de déversement ou
razes, les rigoles de colature, le fossé d'écoulement.

Les rigoles de distribution sont tracées suivant la ligne
de la plus grande pente. On les fait communiquer par une
buse en bois, munie d'une vanne, avec la rigole d'amenée.
On leur donne une largeur uniforme jusqu'à la première
paire de rigoles en épi ; on diminue brusquement cette
largeur à partir de ce point pour maintenir la nouvelle
section jusqu'à la deuxième paire de rigoles en épi, et

ainsi de suite. On laisse la profondeur constante de 0^m.20 à 0^m.25 sur toute la longueur. La largeur dépend de la quantité d'eau à déverser. Dans un terrain ordinaire, avec une pente de 0^m.007 par mètre, une longueur de 90 mètres et trois paires de rigoles en épi à alimenter, M. Pareto a donné au premier tronçon de la rigole de distribution une largeur de 0^m.45, au second 0^m.30, et au troisième 0^m.15; l'irrigation, pour laquelle il disposait de beaucoup d'eau, a très-bien réussi. On admet que, comme les rigoles en épi pour faire un déversement bien régulier ne doivent pas avoir plus de 25 mètres, il ne faut pas que la distance entre deux rigoles de distribution successives dépasse 50 mètres; quelques irrigateurs mettent jusqu'à 80 mètres; cela dépend beaucoup de la nature du terrain et de sa conformation superficielle. Il faut discuter avec soin le projet d'arrosage avant de l'exécuter sur le terrain pour avoir la certitude de tirer du système tout le parti possible. Ce n'est pas ce que font d'ordinaire les paysans qui opèrent par tâtonnements sur le terrain même, et souvent tracent tout simplement la rigole de distribution sur le faîte apparent du terrain, et exécutent ensuite les razes en se faisant suivre par l'eau, afin d'éviter l'emploi du niveau.

Les rigoles en épi ou razes, qui partent par paire de chaque côté de la rigole de distribution, ont à l'origine la profondeur de cette dernière, soit 0^m.20 à 0^m.25, et une largeur de 0^m.25; on fait diminuer la profondeur progressivement de manière à ne conserver que 0^m.15 à l'extrémité qui se termine en pointe. Elles sont établies non pas suivant des lignes de niveau, mais avec une petite pente régulière comprise entre 0^m.001 au moins dans les terrains imperméables et 0^m.005 au plus dans les terrains perméables. On fait généralement partir deux razes d'un même point de la rigole distributrice, mais cette règle n'a rien d'absolu. On limite les razes à une longueur d'environ 25 mètres. La distance entre deux paires de razes dépend et de la nature du sol et de la pente ; elle est généralement comprise entre 3 et 15 mètres, le minimum correspondant, comme dans le système d'irrigation par rigoles de niveau, à la plus forte inclinaison et à la plus grande perméabilité du terrain. On s'arrange de façon à placer les razes d'une rigole distributrice, non pas dans le prolongement de celles de la rigole distributrice voisine, mais en face du milieu du tronçon qui sépare deux paires de razes successives. Sur une même rigole distributrice, on ne met guère que trois paires de razes.

Les rigoles de colature sont établies dans le fond des vallées entre deux rigoles distributrices et aboutissent soit à une rigole principale d'écoulement, soit, lorsque le terrain présente une grande étendue, à une rigole de niveau qui fait à son tour office de canal d'amenée pour une bande de terrain inférieur. Cette rigole de niveau ne doit pas déverser les eaux qui y arrivent par-dessus son bord d'aval, mais les conserver pour les rendre à des rigoles de distribution disposées comme dans la bande supérieure. La distance entre ces rigoles de niveau chargées de faire fonction de rigoles d'amenée doit être comprise entre 60 et 100 mètres. Il est bien de les faire communiquer directement avec le canal d'amenée pour mieux répartir les eaux sur toute l'étendue de l'irrigation. Quand les vallées ne présentent qu'une pente faible, on dispose aussi, afin d'avoir un bon assainissement, des rigoles de colature en épi que l'on trace dans l'intervalle que laissent deux razes successives. On donne à toutes ces rigoles des dimensions proportionnées aux quantités d'eau qu'elles doivent recevoir.

Le mode d'exécution des rigoles dans le système d'irrigation en épi de blé est le même que celui employé dans le système d'arrosage par rigoles de niveau. Le prix des rigoles d'amenée, de distribution, de colature, est en moyenne de 1 centime le mètre courant; le prix des razes est évalué aux deux tiers de celui des rigoles de colature, c'est-à-dire à $0^c.67$ par mètre courant. Les grandes rigoles de niveau sont payées proportionnellement à leur largeur.

Pour donner l'eau, on ouvre les vannes des buses qui mettent en communication les rigoles d'alimentation avec les rigoles de distribution d'où le liquide s'écoule dans les rigoles en épi; quand celles-ci sont remplies, l'eau se déverse sur le terrain et est ensuite recueillie dans les colateurs. Quelque bien établi que soit le système, le déversement ne s'effectue jamais avec une régularité parfaite, et l'irrigateur doit intervenir pour placer des gazons ou de petites planches soit dans les rigoles distributrices à l'aval des razes pour y faire refluer l'eau, soit dans les razes elles-mêmes pour forcer l'eau à se déverser uniformément. On estime que ce système d'irrigation exige des frais de surveillance doubles de l'irrigation par rigoles de niveau. L'égouttement se produit sans difficulté quand on ferme les vannes des rigoles de distribution.

CHAPITRE XXIV

Irrigation par planches disposées en ados

Tous les irrigateurs s'accordent à regarder le système d'irrigation par planches disposées en ados ou par planches bombées comme étant le plus parfait qu'on puisse imaginer pour la distribution uniforme de l'eau et l'assainissement du terrain quand on cesse l'arrosage. Mais il exige des travaux de terrassement et de creusement de rigoles considérables qui le rendent souvent plus coûteux qu'un mode moins satisfaisant en apparence, mais dont les effets sont tout aussi grands.

Ce système consiste à diviser le champ à arroser en planches disposées perpendiculairement à la pente générale du terrain; ces planches sont formées de deux ados qui ont à leur crête supérieure de réunion une rigole de déversement; l'eau se répand à droite et à gauche en nappes minces qui viennent tomber dans des rigoles d'égouttement ménagées parallèlement dans le bas des ados. Une rigole de distribution longe la tête des ados dans le sens de la plus grande pente et alimente les rigoles de distribution. Une rigole de colature, qui longe le pignon des ados, recueille les eaux qui se sont amoncelées dans les rigoles d'égouttement. On met autant de planches en ados desservies par une même rigole de distribution que le permet la pente du terrain; lorsque l'inclinaison devient trop grande, on partage cette rigole en un certain nombre de biefs. Chacun de ces biefs alimente un ensemble de planches qui forment un compartiment d'irrigation qui est double lorsque la rigole de distribution peut donner de l'eau à droite et à gauche. En outre, l'eau de colature vient à l'extrémité du premier compartiment se déverser dans la rigole de distribution au point où cette rigole présente une chute destinée à racheter la pente du terrain. Cette disposition est indiquée dans la figure 510, qui représente un double compartiment de planches disposées en ados avec remploi d'eau pour le compartiment inférieur. Des chemins d'exploitation irrigables par des rigoles de déversement, et des banquettes plantées en arbres qui forment des abris, complètent l'ensemble du système.

On voit que dans cette méthode l'irrigateur doit s'occuper

de la disposition des planches, de la rigole de distribution, des rigoles de déversement, des rigoles d'égouttement et enfin de la rigole de colature.

Les planches, avons-nous dit, sont établies perpendiculairement à la plus grande pente du terrain ; cette disposition est celle qui demande le moins de mouvements de terre ; quelques ingénieurs adoptent cependant le sens

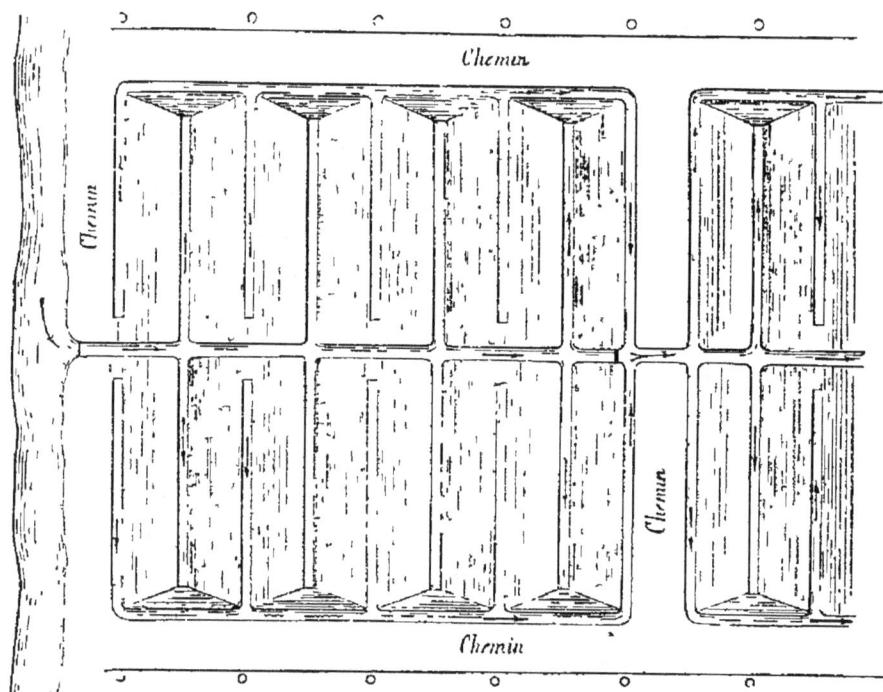

Fig. 510. — Irrigation par planches disposées en ados et par déversement.

même de la pente, ce qui exige que le côté du pignon des ados soit complétement en remblai et entraîne des frais considérables. La longueur que l'on donne aux planches est très-variable; M. Keelhoff a trouvé que dans la Campine la longueur la plus convenable est celle de 25 à 30 mètres, mais il a construit des ados variant entre 6 et 150 mètres. M. Puvis admet des longueurs de 100 et de 200 mètres.

M. Pareto pose en principe qu'il ne faut pas dépasser 80 à
90 mètres, et il ajoute que si la pente est assez forte pour
exiger que la longueur soit moindre que 40 mètres, la
méthode ne serait applicable qu'avec désavantage. On conçoit facilement que quand la longueur est trop grande, l'eau
n'arrive pas bien à l'extrémité des rigoles de distribution,
à moins qu'on ne donne à celles-ci une pente assez considérable, et alors la distribution ne se fait pas bien sur
chaque ados. Quant à la largeur, elle varie aussi beaucoup
d'après la nature du sol, qui exige que l'on donne à chaque
aile une pente plus ou moins considérable selon sa plus
ou moins grande perméabilité. « Un terrain consistant, peu
perméable, où une faible pente transversale peut être adoptée, permet, dit M. Pareto, la construction d'ados plus
larges qu'un terrain sablonneux, où une forte pente transversale est exigée. Pour fixer la largeur des ados, outre la
nature du sol, on doit encore prendre en considération la
régularité de l'arrosage, les facilités d'entretien, et surtout
l'économie dans la dépense de l'eau. » On comprend, en
effet, que l'eau qui tombe sur les deux ailes de la planche
de chaque côté de la rigole de déversement forme bien
d'abord une nappe assez uniforme, mais bientôt la nappe
se brise, des filets d'eau se produisent avec des écartements
divers, et les parties inférieures des planches ne sont pas
également arrosées. Mais, d'un autre côté, plus les planches
sont larges, moins nombreuses sont les rigoles de déversement, et plus petite est alors la perte d'eau qui se fait
principalement par infiltration dans les rigoles. La dépense
d'eau est énorme dans les contrées où on adopte les planches étroites. En Lombardie, d'après M. Nadault de Buffon,
les limites des largeurs sont de 7 à 8 mètres pour les planches
les plus étroites, de 40 à 50 mètres pour les plus grandes.
En Campine, la plupart des planches n'ont que 6 mètres,

soit 3 mètres pour chaque aile, mais M. Keelhoff rapporte que l'on se trouve mieux d'une largeur de 10 mètres dans les terrains sablonneux, et d'une largeur de 16 mètres dans les terres fortes. M. Pareto pose comme limites extrêmes 4 mètres dans les terres perméables, 30 mètres dans les terres argileuses, soit 2 et 14 mètres pour chaque aile. En général, la largeur de chaque aile doit être un multiple entier de ce qu'on appelle l'andain, c'est-à-dire de la largeur sur laquelle la faux coupe l'herbe ; si, par exemple, un faucheur, dans une contrée, coupe sur 2 mètres de large, on doit s'arranger pour que chaque aile ait 4, 6, 8 mètres... en tenant compte d'ailleurs de la largeur des rigoles de déversement et d'égouttement. Dans les Vosges, l'andain est de $1^m.90$; on y emploie la petite faux ; dans l'Ain, l'andain est de $2^m.05$, ailleurs il est, quand on emploie les grandes faux, de $2^m.20$ à $2^m.30$. Du reste, une même planche peut avoir une largeur variable d'une extrémité à l'autre lorsque la forme du terrain l'exige.

Les pentes des ados doivent être au moins de $0^m.01$ et au plus de $0^m.10$ par mètre; ordinairement, on adopte $0^m.05$, afin que la crête ne soit pas trop en contre-haut du niveau moyen du terrain, et que les travaux d'adossement ne soient pas trop considérables; dans le cas d'une largeur d'aile de 4 à 5 mètres, la crête est alors, en effet, à une hauteur de $0^m.20$ à $0^m.25$.

Le nombre de planches que l'on place les unes à côté des autres pour être arrosées par le même bief de la rigole de distribution dépend de la pente naturelle du terrain. On ne dépasse jamais dans la pratique une longueur de 200 mètres, c'est-à-dire que cette longueur ne se passe pas sans qu'on établisse au moins une chute avec une buse en bois et une vanne pour maintenir ou laisser écouler l'eau selon les besoins de l'arrosage. Chaque chute ne doit pas dépasser une hauteur de $0^m.50$; par conséquent, on établira au moins autant de biefs que la pente totale du terrain sur toute sa longueur contiendra de fois le nombre 0.50. La largeur des planches étant décidée d'après les diverses conditions que nous venons d'indiquer, ainsi que leur longueur, on voit combien on fera de rigoles de distribution arrosant chacune un compartiment formé d'un double rang de planches. Dès lors, toute incertitude cessera, et le tracé du projet d'irrigation devra être fait suivant des règles presque rigoureuses.

La profondeur qui paraît la plus convenable pour les rigoles de distribution est de $0^m.25$, avec une pente de $0^m.0005$ par mètre, une largeur de $0^m.50$ au fond, des talus à 45°, et par conséquent une largeur totale au sommet de 1 mètre; on devra s'arranger pour que l'eau y ait une hauteur de $0^m.20$, et à cet effet, le fond en sera établi au moins à $0^m.30$ en contre-bas de la flottaison de la rigole d'alimentation. Chaque rigole de distribution communiquera avec celle-ci au moyen d'une buse en bois de $0^m.20$ d'ouverture, et garnie d'une vanne. M. Keelhoff a mis ordinairement en Campine une distance de $61^m.60$ entre deux rigoles de distribution; cette distance se répartit ainsi :

	m. c.
Largeur de la rigole de distribution.	1.00
Longueur de la rigole de déversement.	23.50
Distance de l'extrémité de la rigole de déversement à la rigole de colature.	1.50
Largeur totale de la rigole de colature.	1.50
Largeur du chemin d'exploitation.	3.00
Rigole de déversement pour l'arrosage du chemin. . .	0.30
Banquette plantée d'arbres avec talus.	1.00
Autre chemin d'exploitation.	3.00
Rigole de déversement pour l'arrosage de ce chemin. .	0.30
Largeur de la rigole de colature du 2e compartiment. .	1.50
Distance de cette rigole de colature à la rigole de déversement.	1 50
Longueur de la nouvelle rigole de déversement jusqu'à la rigole de distribution suivante.	23.50
	61.60

Les crêtes des rigoles de distribution sont ou bien horizontales ou bien dirigées suivant une pente de $0^m.0005$ au plus.

Les rigoles de déversement placées au sommet des ados ont une largeur de $0^m.25$, et elles ne doivent avoir qu'une très-petite profondeur ; M. Keelhoff la fixe à $0^m.05$ seulement, mais beaucoup d'ingénieurs la font plus grande et adoptent même jusqu'à $0^m.20$ ou $0^m.50$. On a vu plus haut (p. 362) que l'augmentation de la profondeur accroît beaucoup la perte de l'eau, du moins dans les terrains perméables. On arrête ces rigoles à une distance de $1^m.50$ de l'extrémité de l'ados ; cette extrémité est coupée en plan incliné et se nomme pignon, à cause de sa forme, qui présente quelque analogie avec celle du toit d'une maison.

Les rigoles d'égouttement établies au bas des ailes des ados, parallèlement aux rigoles de déversement, commencent à une distance de 1 mètre de la rigole de distribution ; on leur donne une largeur de $0^m.25$ et une profondeur croissante, de $0^m.20$ à l'origine et de $0^m.25$ environ au point où elles se jettent dans une rigole de colature, afin d'assurer un parfait assainissement.

Les rigoles de colature longent les pignons des planches et sont parallèles aux rigoles de distribution. On en établit le fond à $0^m.25$ en contre-bas de celui des rigoles d'égouttement et on lui donne $0^m.50$ de largeur ; les deux talus ont également $0^m.50$ de base chacun. La pente doit être la même que celle des rigoles de distribution dans lesquelles elles viennent se jeter, lorsqu'on fait un remploi d'eau au point où se termine chaque bief.

On donne aux chemins d'exploitation qui longent les rigoles de colature une largeur de 3 mètres avec une pente transversale de $0^m.05$ par mètre ; on ménage longitudinalement à leur partie supérieure une rigole de déversement ayant 0ᵐ.50 de largeur, et une profondeur de 0ᵐ.10 à l'origine et de 0ᵐ.15 à l'extrémité. Quand on fait des banquettes plantées d'arbres, on leur donne 1 mètre de largeur; M. Keelhoff estime que ces banquettes sont indispensables dans les pays plats et peu abrités, comme la Campine; elles y garantissent les prairies de la funeste influence des vents du nord et du nord-est qui règnent souvent au printemps. L'essence que l'on préfère pour cette plantation est l'aune.

Pour procéder à l'exécution des travaux, une fois que le projet a été bien arrêté, on marque sur le terrain par des piquets placés de 10 mètres en 10 mètres la direction des rigoles de distribution, à partir de la rigole d'alimentation principale; on indique exactement les longueurs des biefs. Dans chaque bief on cherche la cote du terrain par laquelle passerait le plan horizontal moyen, si toutes les inégalités du sol disparaissaient; la crête des ados devra avoir la moitié de sa hauteur au-dessus de ce plan, pour que le mouvement des terres se fasse avec le moins de remblais et de déblais possible. Le plan moyen s'obtient facilement en prenant la moyenne des cotes des dépressions et des éminences, constatées par un nombre de coups de niveau suffisant. Un piquet étant placé et enfoncé solidement à la hauteur du plan moyen de chaque bief d'un compartiment, on fait la division en planches, et à cet effet on marque par des piquets convenablement enfoncés soit en contre-haut, soit en contre-bas du repère, l'origine et l'extrémité des rigoles de déversement et d'égouttement. Toutes ces opérations se font avec un niveau, des mires et des nivelettes, comme pour le tracé des travaux de drainage. Quand le tracé des travaux est ainsi indiqué, on achève de dessiner tout le système d'arrosage en dressant les crêtes des rigoles de distribution, de déversement, d'égouttement, de colature, des chemins d'exploitation, au moyen de gazons de $0^m.10$ de largeur et de $0^m.05$ à $0^m.05$ d'épaisseur. On défonce ensuite à une profondeur de $0^m.60$ à $0^m.70$, et on procède immédiatement à la confection des ados. L'emploi de la bêche est en général ce qui convient le mieux pour le défoncement, quoiqu'on emploie souvent la charrue; on jette les terres à la pelle, ou bien on les transporte à la brouette roulant sur des planches lorsque les distances sont un peu considérables. On achève ensuite toutes les rigoles en vérifiant avec soin les pentes et en rectifiant toutes les parties qui pourraient ne pas recevoir l'eau bien régulièrement. On égalise aussi la surface des ailes des ados à l'aide de rouleaux ou d'une charrue armée d'une forte planche.

La meilleure époque pour effectuer toutes les opérations qui viennent d'être décrites est la fin de l'automne ou le commencement de l'hiver. Les frimas qui arrivent avant le printemps achèvent, par l'alternative des pluies et des gelées, de désagréger les mottes de terre; le terrain se sature d'air atmosphérique, et le sol devient plus propre à recevoir les ensemencements qu'on fait au printemps. Avant de procéder aux semailles, on doit réparer les profils de tous les travaux qui auront subi des tassements inégaux depuis leur confection. A cet effet, on introduit l'eau dans les rigoles et on l'y maintient pendant quelques jours; on redresse alors les crêtes en les exhaussant ou en les rasant partout où cela est nécessaire pour que la distribution et le déversement de l'eau s'effectuent de la manière la plus parfaite qu'il sera possible de l'obtenir. Avant de confier les semences au sol, on répand aussi les engrais, et on les mélange à la terre avec des râteaux. Si le sol était préalablement gazonné, on remet les gazons au lieu de semer quand les ados sont formés.

Pour donner ou retirer l'eau, il n'y a qu'à lever les vannes

des rigoles de distribution, et fermer celles de colature, ou
réciproquement. Il faut que l'irrigateur parcoure souvent
toutes les parties du terrain, pour voir si l'eau coule partout en nappes égales, si elle ne devient stagnante nulle
part, si des amas de feuilles ou des trous de taupes n'en-
travent pas l'arrosage, etc. On estime qu'un bon irrigateur
peut soigner l'arrosage de 25 à 50 hectares de prairies.

Les frais qu'entraîne l'établissement du système d'irrigation par planches disposées en ados et par déversement sont
considérables. « Pour l'achèvement seulement, dit M. Pareto,
nous avons souvent payé 0ᶠ.01 par mètre carré et une fois
0ᶠ.015, ce qui porte à 100 ou 150 francs par hectare le prix du
seul achèvement des planches qui, lorsqu'elles sont assez élevées, exigent 5 et 6 labours pour avoir le bombement nécessaire. » Dans les Vosges, on paye le creusement des grandes
rigoles d'amenée ou d'écoulement 0ᶠ.10 le mètre cube ; les
petites rigoles coûtent 0ᶠ.005 le mètre courant ; enfin, l'enlèvement du gazon et sa remise en place 0ᶠ.02 le mètre
carré dans les prés ordinaires, et 0ᶠ.05 dans les prés marécageux.

M. Keelhoff donne l'estimation moyenne suivante pour
les dépenses nécessaires à la création d'un hectare de
prairie en planches disposées en ados; il s'agit de la Campine, où ce système d'irrigation a généralement prévalu :

	f.
Tracé des travaux et placement des gazons pour en déduire le profil.	10 00
Défoncement du sol à 0ᵐ,60 de profondeur.	150.00
Travaux de nivellements et de terrassements.	60.00
Parachèvement des travaux pour mettre les ados et les chemins d'exploitation sous la forme voulue.	50.00
Engrais.	350.00
Mise à niveau des rigoles de déversement et toilette des travaux après l'hiver.	50.00
A reporter.	650.00

Report. . . .	650f.00
Achat des semences.	75.00
Frais d'ensemencement et d'enfouissement des graines par le râteau de bois.	9.50
Plantations pour abris.	7.00
Buses de bois avec vannes pour introduire l'eau dans les rigoles de distribution et dans celles de déversement des chemins d'exploitation, ainsi que pour établir les chutes.	13.75
Brouettes et planches de roulage.	5.00
Journées d'ouvriers pour maintenir l'eau dans les rigoles de déversement pendant la sécheresse. . . .	8.50
Total.	768.75

« Cette évaluation, dit M. Keelhoff, n'est pas absolue; il y a des prairies formées en Campine qui ont coûté beaucoup moins, et d'autres dont la dépense a dépassé ce chiffre. La somme portée pour les engrais est un maximum qui sera plus que suffisant pour d'autres localités que la Campine, où l'on est obligé de faire venir les engrais de 15, 20 et même 25 lieues de distance. Quant aux autres articles, ils représentent de fortes moyennes. En ajoutant au total de l'évaluation qui précède le coût des travaux préparatoires à l'irrigation, qui a été en moyenne, en Campine, de 125 fr. par hectare, on aura, pour la dépense totale de la création d'un hectare de prairie irrigable, une somme de 893f.75, non compris le prix d'acquisition du sol, qui a été en moyenne de 130 fr. par hectare. »

Le système d'irrigation que nous venons de décrire est répandu dans toutes les contrées où l'eau est employée à l'entretien des prairies; on le retrouve en Allemagne, où on l'appelle la méthode de Siegen, parce qu'il a été introduit et perfectionné dans les environs de la ville de Siegen de 1750 à 1780 par le bourgmestre Dresler; en Écosse et en Angleterre, où il porte le nom de *bedwork* (travail par billons), et où il a été introduit vers 1796; en Italie, particulièrement dans le Lodézan et dans le Milanais, où il

IV. 24

est appliqué aux prés qui ont reçu le nom de marcites;
dans le comté de Nice; enfin en Suisse et en Hollande.

C'est particulièrement dans les Vosges, et surtout dans
l'arrondissement de Saint-Dié, que la méthode des adosse-
ments paraît avoir pris naissance en France; de là elle s'est
propagée dans un grand nombre de départements, principalement dans la Moselle, la Meurthe, l'Ain, grâce aux
exemples donnés par MM. Dutacq, Naville, Puvis, Binger, etc.
C'est la méthode la plus estimée des pays plats et marécageux, où elle peut s'introduire peu à peu, par une transformation graduelle de la surface en planches bombées,
sans qu'on soit obligé de faire les frais considérables
qu'entraîne la transformation immédiate. On peut opérer
en trois ou quatre années, ou bien beaucoup plus lentement, sur une prairie existante, et arriver ainsi à une
amélioration plus ou moins rapide. La dépense est très-
peu de chose dans le premier cas, car elle se borne à creuser les diverses rigoles et à ne faire de remblais et de nivellements qu'avec la terre qui provient de ce creusement et
avec le limon que donnera le curage annuel. Dans le second
cas, on échelonne le travail de déblais et de remblais sur
quatre années de telle manière que, la surface n'étant jamais complétement dénudée, on jouit de la prairie sans
aucune interruption, et on n'a pas à faire de grandes dépenses de semences. M. Puvis estime qu'en s'y prenant
ainsi on peut ne dépenser que 200 fr. environ, au lieu de
800 que coûte la création du système faite de toutes pièces.
Il faut convenir toutefois qu'on n'obtient pas alors immédiatement tous les résultats que l'on doit attendre d'une
bonne irrigation. Dans tous les cas, la transformation graduelle n'est applicable qu'aux prairies déjà existantes. Pour
créer des prairies sur un terrain neuf, il faut faire toutes les
dépenses que nous avons indiquées.

CHAPITRE XXV
Irrigation par demi-planches superposées

Le système d'irrigation par demi-planches superposées est une modification du système par planches entières; on l'emploie soit pour compléter ce dernier mode et dans un terrain où il reste quelques parties trop petites pour former des planches entières, soit lorsque la pente est trop prononcée pour qu'on puisse faire facilement des ailes vers l'amont de manière que l'eau s'y déverse. On désigne cette méthode sous le nom de demi-planches, par opposition au système de planches composées de deux adòs; mais on a évidemment affaire à de véritables planches à une seule aile.

La méthode consiste (fig. 511) à disposer le terrain en

Fig. 511. — Irrigation par demi-p anche superposées.

planches horizontales dans le sens de leur longueur et ayant une pente transversale plus ou moins grande selon les dispositions naturelles du sol. En haut de chaque planche se trouve une rigole de déversement, en bas une rigole de colature.

La rigole de distribution, qui prend naissance dans le canal d'amenée, est dirigée dans le sens de la plus grande pente, et doit être divisée en autant de biefs que l'on doit faire de planches. Les biefs successifs sont séparés par de petites diguettes pourvues chacune d'une buse en bois et d'une vanne, de telle sorte que l'on peut irriguer à volonté telle ou telle planche ou bien en retirer les eaux.

On donne à chaque planche une surface bien régulière. La pente doit en être comprise entre $0^m.02$ et $0^m.10$. M. Pareto fixe pour limites de leur longueur 30 et 90 mètres, et pour limites de leur largeur 3 et 25 mètres.

Les rigoles de déversement, placées aux faîtes des planches, puisent leurs eaux dans la rigole de distribution à l'aide de petites vannes; on leur donne une largeur de $0^m.25$, une très-légère pente, et du côté d'aval un léger rebord qui force l'eau à se répandre d'une manière uniforme sur toute la surface de la planche.

Les rigoles de colature, ayant aussi $0^m.25$ de large, commencent à une petite distance des rigoles de déversement, suivent d'abord la pente du terrain, et ensuite se dirigent, avec une légère inclinaison, le long du pied de la planche, vers la rigole de distribution, en tête du bief suivant et un peu avant le point où une nouvelle rigole de déversement prend naissance. Il y a ainsi remploi de l'eau. On voit d'ailleurs que cette méthode ressemble beaucoup à celle de l'irrigation par rigoles de niveau, à cela près que dans ce dernier système les rigoles de colature sont entièrement dirigées perpendiculairement aux rigoles de déversement, tandis qu'ici elles leur sont, au contraire, presque entièrement parallèles.

La rigole de colature d'une planche supérieure est séparée de la rigole de déversement de la planche immédiatement inférieure par une petite diguette de 0^m.50 de largeur et dont la crête est à 0^m.10 en contre-haut du pied de la planche supérieure.

On construit une prairie, d'après ce système d'irrigation, avec les mêmes soins et en suivant les mêmes règles que pour la méthode d'arrosage par planches bombées. On donne l'eau et on surveille sa répartition dans les rigoles de la même manière. Toutefois les diguettes qui séparent les rigoles de déversement et de colature sont exposées à de fréquentes dégradations, de telle sorte que les frais d'entretien sont assez considérables.

M. Pareto cite, parmi les meilleures irrigations de ce système que l'on puisse visiter, celles établies par les Frères Simon dans la propriété de M. de Montalembert dans le Nivernais.

CHAPITRE XXVI

Irrigation par infiltration

Si l'on imagine que de l'eau circule dans des rigoles ouvertes et plus ou moins distantes selon le degré de porosité et de capillarité du sol, on conçoit sans peine que le terrain compris entre les rigoles s'imbibera de l'eau qui y pénétrera par infiltration, sans que la surface ait besoin d'être jamais couverte par le liquide. Mais on comprend aussi qu'il sera bien difficile d'obtenir ainsi une humidité uniforme dans le sol; les places éloignées des rigoles d'irrigation reçoivent beaucoup moins d'eau que celles qui en sont rapprochées. C'est pourquoi ce système n'est pas employé d'une manière générale, quoiqu'il puisse rendre des services dans des circonstances particulières, et notamment pour obtenir des prairies suffisamment fraîches sur des terrains trop élevés pour qu'on puisse y mettre l'eau d'une autre manière. On peut obtenir aussi de bons effets de l'application du principe de cette méthode dans les prairies drainées, ainsi que nous le verrons plus loin dans le chapitre XXVIII. '

On dispose le plus ordinairement ce système de la manière suivante : le canal d'amenée verse son eau dans des rigoles de distribution en général horizontales ou du moins dirigées en travers de la pente du terrain avec une faible inclinaison; celles-ci se déchargent dans une rigole de colature destinée à assurer l'assainissement. Il faut, pour la bonne qualité des herbages, éviter que l'eau soit stagnante; mais très-souvent, afin de dépenser le moins possible de liquide, on ne permet qu'un écoulement extrêmement lent.

Les terrains qui conviennent à l'établissement de l'irrigation par infiltration sont ceux de perméabilité moyenne. Lorsque le sol est compacte ou très-perméable, les résultats obtenus sont également mauvais. On conçoit que dans ces deux cas, mais pour des causes agissant en sens inverse, l'eau ne saurait s'infiltrer latéralement à des distances sensibles. Or, pour qu'il y ait une action efficace, il est nécessaire que la couche superficielle s'imbibe d'eau sur une certaine épaisseur; la faculté plus ou moins grande qu'aura un sol d'attirer l'eau de proche en proche déterminera la plus grande distance qui puisse exister entre deux rigoles distributrices. Relativement à la pente qui est nécessaire pour que les effets soient certains, elle peut être très-variable. Les détails suivants, donnés par M. Pareto, résument très-nettement les diverses circonstances dans lesquelles l'infiltration peut se faire avec succès.

« Dans un terrain en pente, dit l'habile irrigateur, nous avons vu des rigoles à peu près de niveau qui prenaient l'eau dans un canal d'amenée à l'une de leurs extrémités et la rendaient à un canal de colature à l'autre extrémité. Nous avons vu aussi cette disposition modifiée de manière que les rigoles devenaient elles-mêmes le fossé d'amenée et de colature en parcourant le sol en lacet, avec une pente très-légère. D'autres fois, sur un sol à faible pente, on avait la première disposition de rigoles mais, au lieu de leur faire suivre une ligne sensiblement de niveau, on les plaçait suivant la direction de la pente. Enfin nous avons vu un canal unique parcourant le terrain avec une légère pente, sans aucune régularité. Dans toutes ces dispositions, l'eau était en mouvement dans les rigoles. Lorsque l'eau est stagnante, on peut appliquer la première disposition en supprimant le fossé de colature et en traçant les rigoles à niveau parfait, au lieu de leur donner une légère pente destinée à les égoutter. Cette même disposition, nous l'avons vue aussi employée soit avec des rigoles parallèles et droites, soit avec des rigoles suivant toutes sortes de contours dans un terrain presque plat. Le caprice est presque le seul guide qu'on suit dans le tracé de ces rigoles. »

On conçoit, d'après ces exemples, combien il serait illusoire d'essayer de donner de. règles pour les irrigations par infiltration, qui sont plutôt une affaire de tâtonnement qu'une affaire de principe. Tout ce que l'on peut dire, c'est que les rigoles que l'on ouvre en opérant d'ailleurs comme dans tout autre système d'irrigation doivent être assez multipliées pour que nulle partie de terrain n'échappe à l'action bienfaisante de l'eau; qu'il faut mieux augmenter la longueur de leurs circuits que les dimensions de leurs profils, et que les soins de l'irrigateur doivent surtout consister

dans un curage attentif des rigoles et dans l'épandage régulier du limon déposé par les eaux. Dans les plaines de la
Lombardie, certaines cultures, particulièrement la culture
du maïs, présentent la preuve de l'utilité que l'on peut retirer du système appliqué dans ces conditions.

'HAPITRE XXVII

Irrigation par dérivation des eaux pluviales

Les pluies qui tombent sur les terrains en pente, bientôt
après que le sol superficiel s'est saturé d'humidité, trouvent une certaine difficulté à s'enfoncer verticalement dans
les couches profondes, et s'écoulent suivant les plans inclinés
que leur présente la configuration des montagnes et des
collines. Mais leur écoulement ne se fait pas en nappe continue; les obstacles que l'eau rencontre dans sa course sont
inégalement répartis; des filets se forment, se rejoignent et
engendrent des torrents dans les replis du terrain. Des
ravinements se produisent, et dans le sens même de la
plus grande pente se creusent d'immenses fossés où s'en-
gouffrent des cataractes entraînant dans leur course furi-
bonde vers les plaines tout le sol des parties hautes qui a
été désagrégé par l'action lente des météores. Il ne reste
plus dans les montagnes que la roche nue. La dévastation
progresse du haut en bas; l'eau arrive vite à la mer en détruisant, au lieu de s'écouler lentement en fécondant. Il
appartient à l'homme de changer la scène, de fermer les
torrents, de commander à l'eau d'entretenir, à la place de
vastes pentes désolées d'où les plantes ont été arrachées et
où nul être vivant ne peut plus poser les pieds, une végétation luxuriante, protectrice, riche en produits utiles. Avant

tout, il faut retenir l'eau à mesure qu'elle tombe, avant que, par l'agglomération, elle ait acquis une masse dont la chute présente une puissance à laquelle rien ne saurait résister. Des fossés horizontaux, creusés de distance en distance dans la direction des lignes de niveau, perpendiculairement à la pente suivant laquelle se forment les torrents, sont de nature à résoudre le problème. En outre, l'eau qu'ils retiennent s'infiltre dans le sol, y entretient une humidité utile, ne s'écoule que lentement en sources et en ruisseaux ayant un régime presque constant, entretient à leur tour les rivières et les fleuves à un niveau plus rapproché du niveau moyen, à la fois propice aux usines, aux arrosages et à la navigation.

Les terrains dans lesquels il est avantageux d'employer ce système d'humectation par les eaux pluviales sont ceux dont la pente est au moins de $0^m.25$ par mètre s'ils sont imperméables, et seulement de $0^m.10$ et au delà s'ils sont perméables. On donne aux rigoles en général 1 mètre de largeur et $0^m.50$ de profondeur; elles peuvent ainsi contenir un demi-mètre cube par mètre courant. Il est bien rare qu'en vingt-quatre heures il tombe par heure des pluies formant une hauteur de $0^m.1$. En admettant que l'on dût chercher à se mettre en garde contre des accidents aussi extrêmes, on distancerait les grands fossés de 5 mètres seulement. On ne cite toutefois comme exemples que des fossés distants de 15 mètres. On conçoit que rien d'absolu ne puisse être fixé à cet égard. M. Polonceau, qui a beaucoup prôné l'emploi de ce procédé contre les inondations, donne 66 mètres comme distance moyenne, et il a adopté les dimensions que nous venons d'indiquer. M. Pareto dit que 25 à 30 mètres lui paraissent une distance convenable dans le plus grand nombre des cas, et il donne aux fossés une profondeur de $0^m.40$, une largeur de $0^m.50$ en tête, avec un léger bourrelet à l'aval.

Les fossés doivent être établis rigoureusement de niveau par les procédés qui ont été indiqués dans le chapitre XXII pour l'irrigation par rigoles de niveau. On ne doit creuser des colateurs qu'en les espaçant à de grandes distances, et on les maintient fermés avec des gazons. M. Chevandier, qui a fait faire beaucoup de ces fossés dans les Vosges, les a établis à niveau parfait et sans aucune issue, ils ont coûté 15 centimes le mètre courant; ils distribuent uniformément l'eau qu'ils retiennent.

Les fossés de niveau, creusés dans les montagnes, ont, d'après ce qui vient d'être dit, le double avantage de régulariser l'écoulement des eaux pluviales et d'employer ces eaux à des irrigations agissant principalement par infiltration. Les habitants des Cévennes, comme l'ont remarqué Chaptal et M. d'Hombres-Firmas ont dès longtemps reconnu le parti qu'on peut tirer de ce système. « Dans les montagnes des Cévennes, plantées de châtaigniers, dit M. d'Hombres-Firmas, des *valats* (tranchées) sont creusés de distance en distance pour recevoir les eaux du ciel et les diriger vers les ravins. Apres quelques instants de pluie, ces valats, remplis de celle qui tombe dans les intervalles qui les séparent, font couler l'eau, les uns à droite, les autres à gauche, sur les croupes des montagnes, et formeraient, dans toutes les gorges, des torrents impétueux si le Cévennais ne savait rendre leur cours moins rapide. Après avoir empêché les eaux de se creuser des sillons profonds en les recevant dans des valats qu'il a soin d'entretenir nettoyés, il les retient par des *rascassas* (pierrées) dans les ravins où elles déposent la terre qu'elles charrient, et forment des étages plans qu'elles arrosent, au lieu de se précipiter du haut de la montagne et de la décharner jusqu'au roc, comme cela arriverait sans ces précautions. »

Dans un excellent ouvrage intitulé les *Eaux relativement*

à l'agriculture, qui a été publié en 1846, M. Polonceau a décrit une irrigation par infiltration remarquable, faite avec des eaux de ravin, près d'Orsay (Seine-et-Oise), par M. Hauducœur, maire de Bures. « M. Hauducœur, dit M. Polonceau, avait acheté un terrain de six hectares en pente très-rapide et en friche, qui ne donnait qu'un très-maigre pâturage. On ne le labourait pas, parce qu'il était trop graveleux; on n'y mettait pas de fumier, parce que le terrain était considéré comme trop mauvais, et qu'à cause de la rapidité de la pente les eaux pluviales entraînaient trop facilement les engrais.

« Ce terrain, à la fois rapide et accidenté, est bombé dans son milieu; il a la forme générale d'une portion de cône ou d'un pain de sucre tronqué; il est bordé par deux ravins à pentes fortes et à cascades, l'un à droite et l'autre à gauche. Ces ravins sont formés par l'écoulement des eaux pluviales qui descendent d'un vaste plateau en culture situé au-dessus d'un terrain que l'on nomme la *pente;* les eaux, y arrivant en abondance et avec une grande vitesse à la suite des pluies, corrodaient fortement les rives et n'étaient que nuisibles. M. Hauducœur a arrêté à peu de frais les dégradations que causaient ces ravins et les a rendus utiles et fertilisants. Il a partagé le lit des ravins en plusieurs sections à peu près égales entre elles. A l'origine de chacune de ces sections, il a formé un barrage de deux ou trois rangs seulement de grosses pierres brutes; au pied de chacun de ces barrages, il a mis quelques grosses pierres pour former enrochement, rompre la chute et empêcher les affouillements. Sur le bord de chacun des petits bassins formés par les retenues du ravin de droite, il a fait sur son terrain une tranchée plus basse que le dessus du petit barrage de la retenue, et à la suite de cette tranchée il a ouvert une large rigole en pente très-douce, traversant ho-

rizontalement tout son terrain, jusqu'auprès du ravin de
gauche. Il a établi ainsi quatre rigoles, nᵒˢ 1, 3, 5 et 7,
dérivées du ravin de droite, et trois rigoles semblables,
nᵒˢ 2, 4 et 6, dérivées du ravin de gauche. Lors des crues,
les eaux qui arrivent aux premières retenues entrent naturellement du premier bassin du ravin de droite dans la rigole nᵒ 1, et du premier bassin du ravin de gauche dans la
rigole nᵒ 2. Lorsque ces premières rigoles sont pleines, les
eaux, passant par-dessus les deux premiers petits barrages, arrivent aux deux seconds et remplissent les rigoles
nᵒˢ 3 et 4, et ainsi de suite. Lorsqu'il arrive que l'un des deux
ravins donne beaucoup plus d'eau que l'autre, on fait descendre le trop-plein des rigoles qui en dérivent dans celles
qui appartiennent à l'autre ravin, par de petites rigoles rapides de communication des extrémités des unes aux têtes
des autres, et elles sont encore, même dans ce cas, toutes
également remplies. Par ce moyen, le terrain, bien que
pénétré par infiltration, est devenu très-productif; de plus,
les limons et les engrais, entraînés du plateau supérieur
par les eaux pluviales, et qui jadis se perdaient, se déposent dans les rigoles, donnent un très-bon engrais que l'on
répand sans transports, en les jetant à la pelle sur les zones intermédiaires entre les rigoles dont cette opération
fait le curage pour faire place à de nouveaux dépôts.

« Depuis ces travaux, ce terrain, anciennement inculte,
sur lequel on s'est borné à semer de la graine de foin, est
devenu une excellente prairie qui, sans être fumée, donne
d'abondantes récoltes de très-bon foin. Quand on n'a pas
besoin d'eau, on se borne à boucher les entrées des rigoles
avec des gazons. Quand il y a surabondance d'eau et quand
la saison est favorable, au moyen de petites saignées faites
dans les bords des rigoles, qui sont de niveau, on opère des
déversements partiels sur les parties des zones intermédiaires

entre les rigoles, et on réunit ainsi en même temps, à volonté, l'effet du déversement et celui de l'infiltration. »

Ce remarquable exemple démontre tous les avantages que l'on peut retirer de l'eau, même dans les circonstances en apparence les plus défavorables. Là où des désastres continuent périodiquement à se produire, l'industrie humaine pourrait faire régner la prospérité la plus complète.

CHAPITRE XXVIII

Irrigation combinée avec le drainage

La combinaison du drainage et de l'irrigation présente en quelque sorte l'idéal agricole : avoir toujours de l'eau, n'en avoir jamais trop; empêcher à la fois les plantes de souffrir de l'excès de la sécheresse et de l'excès de l'humidité, tel est le but qu'on doit poursuivre.

N'est-il pas naturel de mettre en réserve l'eau que fournit le drainage et d'utiliser les éléments de fertilisation qu'elle a dissous dans son passage à travers le sol? Toutes les dispositions du terrain qui permettent de recueillir les eaux entraînées par un drain collecteur doivent donc être mises à profit par l'ingénieur draineur-irrigateur, de manière que les eaux qui proviennent du sous-sol d'une partie d'un domaine arrosent la surface de l'autre partie.

Tout le monde a remarqué que l'obstruction accidentelle d'un drain ne tarde jamais à se manifester à la surface du sol par des aspects plus sombres et bientôt par de l'humidité nuisible. Il y a là l'indication d'un moyen à employer pour obtenir une irrigation par infiltration à l'aide des drains eux-mêmes, qu'il suffira de disposer de façon qu'on puisse les boucher et les déboucher facilement. Il sera même possible de faire refluer l'eau à la surface, de manière à l'employer en irrigations par rigoles et par déversement.

Ces deux principes ont été employés avec succès en différentes circonstances. Quelques exemples pris sur le terrain feront mieux comprendre tout le parti qu'on peut en tirer.

1° DRAINAGE ET IRRIGATION DU DOMAINE DE MONTCEAUX.

La planche XII offre l'exemple d'un drainage à circulation d'air et de l'utilisation de l'eau des drains pour la création de prairies arrosées. L'opération a été exécutée au printemps de 1857 sur le domaine de Montceaux (Aube), appartenant à M. le comte de la Mothe, sous la direction de l'ingénieur agricole Charles Barbier. Déjà, à plusieurs reprises, nous avons parlé des travaux de M. Barbier, qui est l'inventeur de la méthode d'étude géologique des sous-sols au moyen de puits et de sondages pratiqués méthodiquement sur les courbes de niveau, méthode décrite dans le livre V de cet ouvrage (fig. 250 et suiv., t. II, p. 81); cet ingénieur agricole est un de ceux qui ont le plus contribué au perfectionnement de l'art du draineur.

La pièce de terre que représente la planche porte le nom de Champ des Bons-Hommes; elle a une superficie de 27ʰ.0978; sur cette contenance, il été drainé 19ʰ.50. La partie qui est irriguée est, sur le plan, couverte de hachures; elle a une surface d'environ 7ʰ.50; l'eau y est répandue par des rigoles de niveau et par des razes.

Cette pièce de terre forme le versant occidental de la colline sur laquelle est situé le village de Montceaux. De grands bois et des plantations l'entourent au nord, au sud et au sud-est. La grande rue du village la domine à l'est et y déverse ses eaux. Elle présente à l'est et à l'ouest une pente moyenne de $0^m.022$ par mètre dans les deux tiers supérieurs et de $0^m.060$ dans le tiers inférieur. Cette pente aboutit au ruisseau le Verrien. La plus grande pente, dans la direction du nord-ouèst au sud-est, mesure 650 mètres sur 15 mètres de hauteur ou $0^m.023$ par mètre. Des lignes de niveau, distantes verticalement de 1 mètre, c'est-à-dire des sections horizontales de 1 mètre de puissance, indiquent le relief de la surface. La colline appartient au terrain diluvien; supérieurement est une terre limoneuse de consistance moyenne, perméable et d'une couleur jaune rougeâtre, avec de nombreuses traces d'oxyde de fer. La terre limoneuse recouvre un dépôt de gravier jurassique, assis sur une argile marneuse rétentive, souvent mélangée de craie, au-dessous de laquelle on trouve les sables et les argiles de Greensand. Ces stratifications affectent une grande régularité, ainsi qu'on le voit par les coupes géologiques faites suivant les lignes A′B′, E′F′ et C′D′ du plan (fig. 512, 513 et 514). La longueur de A′B′ est de 438 mètres, celle de E′F′ de 236 mètres, et celle de C′D′ de 368 mètres. Les graviers affleurent entre l'horizontale n° 12 et l'horizontale n° 9, et accusent une puissance d'environ 3 mètres. Ils sont l'élément le plus important de ces terrains, dont les argiles tégulines forment la base.

Sur toute la colline qui s'élève au sud par une légère pente à plus de 10 kilomètres de distance, les eaux traversent la terre limoneuse, noient les graviers et s'échappent à leurs affleurements, tantôt sous forme de sources qui suivent des veines de graviers plus gros ou moins terreux que la masse, tantôt sous forme de suintements, *mouillères* ou *surgeons*, qui occupent parfois de vastes étendues. Les eaux qui traversent les argiles marneuses se conduisent dans les sables verts de même que les eaux précédentes dans le gravier jurassique; elles y sont toute-

Sables infiniment fin et quartzeux

Glaise calcaïque

Argile marne calcaire

Sables verts et grès noirâtre.

Remblai de 2^{mèt}

Argile crétacé

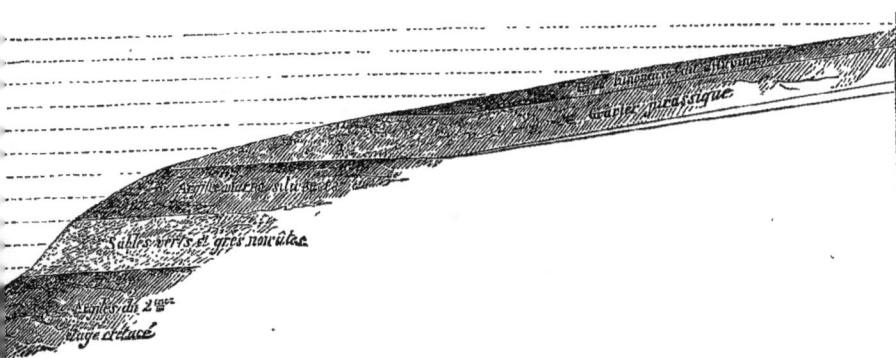

— Coupe géologique du drainage et de l'irrigation du domaine de Montceaux suivant la ligne A′B′ du plan (planche XII).

fois beaucoup moins abondantes, et elles ne forment de
sources que sur les grès noirâtres; ces sources sont faibles,
mais elles ne tarissent pas.

On voit, d'après ces données générales, que la pièce des
Bons-Hommes présentait des zones affectées de manières
bien différentes par l'humidité. Avec une épaisseur suffisante de la couche limoneuse, comme dans la figure 5 du
plan (planche XII), le sol se prêtait convenablement aux

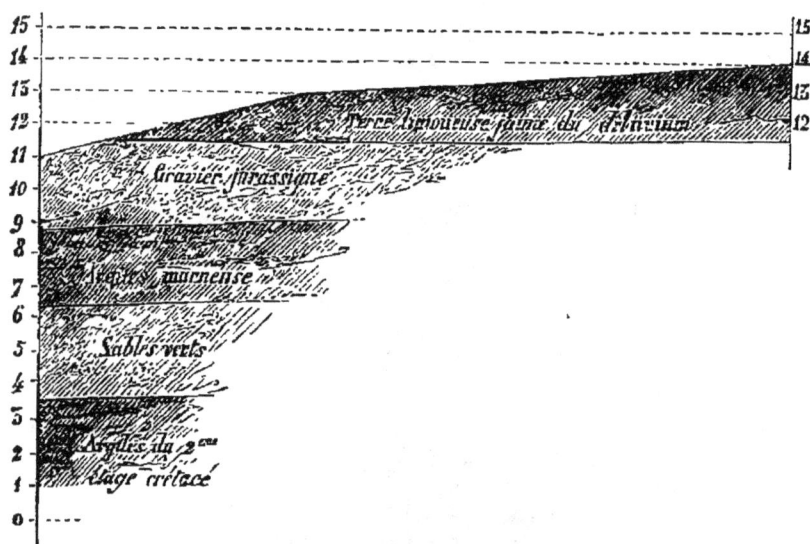

Fig. 513. — Coupe géologique du drainage et de l'irrigation du domaine de Montceaux suivant la ligne E′F′ du plan (planche XII).

cultures d'automne; il ne devenait rebelle aux labours
qu'au printemps par la saturation des graviers; l'humidité
persistait en proportion de l'assainissement de cette couche. En toute saison, les cultures restaient impraticables à
l'affleurement des graviers. Enfin les argiles sous-jacentes,
et surtout les sables verts, constamment imbibés, se cou-
vraient d'une végétation parasite indestructible. Pendant
l'automne de 1856, l'eau s'est maintenue à 0^m.40 environ de

la surface dans les puits d'étude creusés par M. Barbier dès le printemps dans les graviers ou les sables verts, tan-

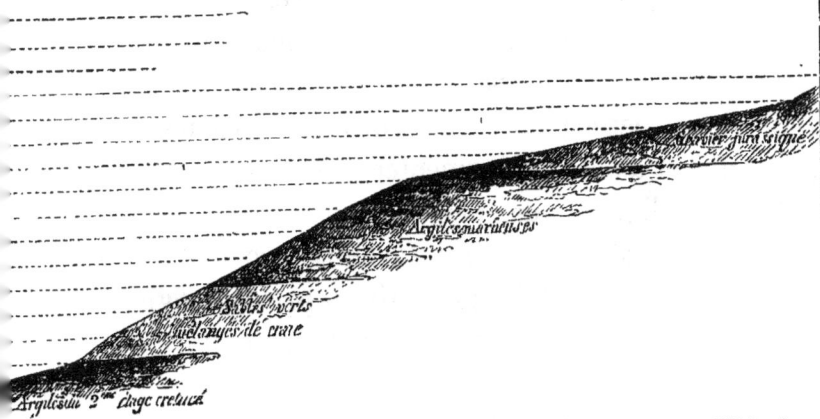

— Coupe géologique du drainage et de l'irrigation du domaine de Montceaux suivant la ligne C'D' du plan (planche XII).

dis qu'elle avait complétement disparu dans le courant de l'été des puits qui n'attaquaient que la couche limoneuse.

D'après ces indications, M. Barbier adopta pour les drains deux profondeurs : l'une de $1^m.20$ dans la couche limoneuse (n° 3 du plan), afin de lui procurer une aération active, tout en interceptant les eaux ascendantes; l'autre de $1^m.50$ (n°^{s} 1, 2, 4, 5 et 6 du plan) partout où la puissance de cette couche était moindre que $1^m.20$ et dans tous les affleurements de graviers. L'écartement varie de 14 à 16 mètres quand la profondeur est de $1^m.20$, et de 17 à 35 mètres quand la profondeur est de $1^m.50$, selon la pureté ou la grosseur des graviers. Les drains ont tous une direction normale aux lignes de niveau.

L'abondance des eaux provenant des couches supérieures, et que venaient d'ailleurs augmenter et enrichir les égouts du village, indiquait que, dans les marnes et les sables verts situés en aval du terrain, il fallait seconder la disposition herbifère du sol et le convertir en prairie irriguée; la rapidité de la pente y rendait d'ailleurs les cultures très-difficiles.

Les eaux ont été partagées en deux groupes principaux correspondant aux deux thalweg que présente la pièce. Chaque groupe reçoit une part des eaux du village proportionnelle à leur richesse et à l'étendue de la surface à arroser, et débouche en tête de la zone des marnes et des sables verts.

Le premier groupe se subdivise à son tour. Les égouts du chemin de Chante-Merle entrent, au point R, dans un aqueduc souterrain, débouchent au point J à la cote 12 des sections horizontales, et alimentent seuls six rigoles à niveau chargées d'irriguer une surface d'environ 6 ares. La décharge JŚ leur sert alternativement de colature et d'amenée directe. A la cote 7, ils rencontrent la rigole d'alimentation qui suit le tracé de cette section horizontale, et reçoit : 1° au point F, le collecteur FI (n° 5 de la planche XII); 2° au point Z, les collecteurs AI 'AB (n° 5), plus AB et AC (n° 4), et les égouts provenant de la mare T par le canal ouvert TXZ; 3°, enfin, au point Q, par le fossé du bois ME, le collecteur MK (n° 3) et un tiers du collecteur AM (n° 6). Ce groupe a ses décharges directes dans le ruisseau le Verrien, savoir : celle du point J, selon JS; celle du point F, selon FT; celle du point Z, selon ZV, et celle du point Q par le fossé du bois. La prairie qu'il irrigue comprend 5^h.50. Les eaux de drainage sont fournies par 13 hectares drainés environ. Leur débit moyen par jour de pluie peut s'élever à 2,190 mètres cubes par 24 heures de pluie moyenne (1); il a été calculé en appréciant l'étendue

(1) M. Barbier a ainsi calculé ce chiffre de 2,190 mètres cubes. Selon les observations faites par M. Coste pendant 7 années, — 1811 à 1819 — (Mémoires manuscrits), le chiffre moyen annuel des jours de pluie à Troyes (Aube) (la distance de Troyes à Montceaux est de 22 kilomètres, et leur altitude ne diffère guère que de 30 mètres), est de 120 donnant une hauteur d'eau de 605 millimètres ainsi répartis.

SAISONS.	MOIS.	JOURS DE PLUIE. par mois.	par saison.	QUANTITÉ D'EAU EN MILLIM^{es}. par mois.	par saison.
Hiver.	Décembre... Janvier.... Février....	10 jours. 9 — 9 —	28	42.6 45.5 25.1	113.2
Printemps.	Mars..... Avril..... Mai......	9 — 11 — 12 —	32	30.4 54.1 81.6	166.1
Été.	Juin..... Juillet.... Août.....	10 — 10 — 10 —	30	59.7 54.8 55.9	170.4
Automne.	Septembre.. Octobre.... Novembre...	9 — 8 — 13 —	30	46.2 26.2 83.2	155.6
	Totaux...	120 jours.	120	605.3	605.3

Le bassin d'alimentation de ce groupe est de près de 100 hectares non drainés. Même en admettant avec notre ancien camarade, M. l'ingénieur Lamairesse, que, sous le climat séquanien, donnant une hauteur d'eau de

du bassin d'alimentation où les couches aquifères prennent naissance, et en lui appliquant, comme coefficient, une moyenne d'observations directes faites sur les sources voisines situées dans des conditions analogues. Admettant que, pendant 90 jours de la saison d'irrigation, il donne seulement le tiers de ce chiffre, soit 700 mètres cubes, auxquels il faut ajouter 150 mètres cubes environ fournis par les canaux de la mare et des chemins, on aura par jour 850 mètres cubes. En divisant la prairie en trois zones, dont chacune sera arrosée pendant 30 jours à raison de six reprises de 5 jours chacune, on aura 850 mètres cubes appliqués sur le tiers de 5ʰ.50 ares, ou 1ʰ.83, soit par are 4ᵐᶜ.50, ou 450 mètres à l'hectare, ou une couche de 45 millimètres, ou, pour 30 jours, 1ᵐ.55 de hauteur par mètre de surface.

Dans le second groupe, les collecteurs AB et AK de la parcelle nᵒ 1, AB et AE de la parcelle nᵒ 2 de la planche XII, se réunissent en Y aux eaux du village, amenées par le canal ouvert VY. Ils ont leur décharge directe dans le fossé du bois selon YOP. Les collecteurs ABCD (parcelle nᵒ 3) et les deux tiers de AM (parcelle nᵒ 6) se réunissent en A, ont leur décharge selon AN, et, de même que les précédents, desservent la rigole alimentaire de la cote 8. La partie irriguée par ce second groupe comprend 2ʰ.14. Les eaux de drainage sont

600 millimètres, l'évaporation soit de 474 et la filtration seulement de 126, il y a lieu ici de modifier ces chiffres en raison de la nature perméable du sol, du voisinage des forêts, etc., et de réduire l'évaporation à 360 sur ces terrains non drainés. Il restera 240 de filtration, qui, divisés par 120 jours de pluie, donnent par jour 2 millimètres de hauteur ou 20 mètres cubes par hectare, et les 90 hectares du bassin d'alimentation donneront, à 20 mètres cubes l'un, 1,800 mètres. Maintenant, en admettant que la filtration d'un terrain drainé soit de 55 pour 100 supérieure à la filtration du même terrain non drainé, les 15 hectares drainés donneront, à 30 mètres l'un, 390 mètres cubes à ajouter, soit, par jour de pluie, 2,190 mètres à écouler, ou, pour 600 millimètres de hauteur d'eau tombée dans l'année, 262,800 mètres cubes.

fournies par 6^h.50. En leur appliquant les mêmes éléments d'appréciation que précédemment, on trouve, comme débit, 1,125 mètres cubes par jour de pluie, dont le tiers pendant 90 jours est 375, auxquels il faut ajouter 50 mètres cubes environ fournis par la grande rue du village; en tout, 425 mètres cubes par 24 heures. Par la division de la prairie en trois zones comme précédemment, ces 425 mètres cubes, appliqués sur 71 ares, donnent par are 6 mètres ou 600 mètres à l'hectare, ou une couche de 60 millimètres, ou, pour 30 jours d'irrigation, 1^m.80 de hauteur par mètre de surface.

M. Barbier estime que, en raison de la qualité des eaux, ces volumes, prévus comme des minima, pourraient diminuer de près de moitié sans que l'irrigation fût compromise.

Le système d'irrigation par les rigoles de niveau et par déversement, le seul qui puisse utiliser complétement un débit irrégulier comme l'est celui fourni par des eaux de drainage et de pluie, a été appliqué dans toute la partie supérieure des deux prairies, tant que la pente n'est pas descendue au-dessous de 0^m.06 par mètre. L'espacement des rigoles varie de 4 à 18 mètres proportionnellement à cette pente.

La partie inférieure du terrain est arrosée par des razes dont les rigoles distributrices s'alimentent directement dans la rigole de niveau qui leur est immédiatement supérieure et restent solidaires de son débit. Leurs colatures sont d'autant plus énergiques, que la pente s'affaiblit.

Les colatures des rigoles de niveau sont, ainsi que les décharges des groupes, établies de telle sorte qu'elles servent de rigoles d'amenée directe à volonté. Ce changement de fonctions s'opère par la simple manœuvre de deux gazons ou de deux petites vannes en bois ou en tôle. Cette disposition permet l'aménagement des eaux par zones horizontales ou par zones selon la pente, aussi étendues ou aussi restreintes que l'exigent la saison ou le volume d'eau débité. Enfin chaque rigole de niveau et chaque raze peuvent recevoir au besoin toute l'eau débitée par les drains et les canaux du groupe, selon qu'on voudra augmenter l'épaisseur de la nappe dans un temps donné.

Des collecteurs d'air, HEDC (parcelle n° 1 de la planche XII) et BCD (parcelle n° 2), etc., relient en tête les drains de chaque système de drainage. En assurant une circulation d'air active, ils s'opposent à l'engorgement résultant de l'introduction des racines et permettent impunément la culture des plantes pivotantes sur toute la partie drainée. Ils sont établis de manière à pouvoir être également reliés entre eux et rendus plus puissants, si le besoin l'exige, par des appels d'air pratiqués au sommet des lignes de faîte.

Les tuyaux employés sont du diamètre intérieur de $0^m.10$, $0^m.07$, $0^m.06$, $0^m.05$ et $0^m.04$. Ces derniers sont munis de manchons. On a également utilisé, sur quelques mètres de longueur, en tête de certains drains, des tuyaux du diamètre intérieur de $0^m.025$ restant d'un ancien approvisionnement. Les collecteurs d'air ont un diamètre de $0^m.04$. Tous les raccords sont pratiqués au moyen d'un tuyau manchon. Les tuyaux ont été pris à l'usine de Courcelles, distante de 9 kilomètres environ. Elle appartient à M. le comte de Launay, qui la dirige avec tout le soin d'un homme convaincu de l'importance qu'on doit attacher au bon conditionnement des tuyaux. La fabrication ne laisse rien à désirer et peut être regardée comme l'une des plus parfaites qui existent en France. Le prix à l'usine et le poids de chaque mille ont été les suivants :

Diamètre des tuyaux.	Prix à l'usine.	Poids par mille.
M.	FR.	
0.025	18.00	500 kilog.
0.040	26.30	785 —
0.050	36.00	1130 —

Diamètre des tuyaux. M.	Prix à l'usine. FR.	Poids par mille.
0.060	40.00	1220 kilog.
0.070	48.60	1625 —
0.095	82.80	2550 —
0 070 pour manchons.	49.60	1540 —
0.050 — —	37.00	1000 —

Les prix de revient des travaux de drainage ont été les suivants, selon la nature du sol et selon la profondeur, en les rapportant au mètre courant :

Fouille, règlement de fonds et pose à 1ᵐ.50 dans le gravier.	0ʳ.420
— — — dans la terre.	0.250
— — — 1.20 dans le gravier.	0.300
— — — dans la terre.	0.170
Achat des tuyaux à l'usine de 0ᵐ.10	0 265
— — 0.07	0.156
— — 0.06	0.128
— — 0.05	0.115
— — 0.04	0.084
— — 0.025	0 058
Achat des manchons pour tuyaux de 0ᵐ.04	0.040
— — 0.025	0.030
Transport, chargement et déchargement des tuyaux seuls ou avec manchons. — Tuyaux de 0ᵐ.10	0.020
— — 0.07	0.015
— — 0.06	0.015
— — 0.05	0.013
— — 0.04	0.013
— — 0.025	0.011
Valeur et placement de la paille ou du foin employés en couverture pour les tuyaux de 0ᵐ.05 à 0ᵐ.10	0.010
Placement des tuyaux sur le bord de la tranchée et premier remplissage à 0ᵐ.20	0.010
Deuxième remplissage pour les tranchées de 1ᵐ.50	0.030
— — — 1ᵐ.20	0.020

Il résulte de là que selon les dimensions des tuyaux et la profondeur, le drainage est revenu par mètre courant :

	Gravier à la profondeur de		Terre à la profondeur de	
	1ᵐ.30	1ᵐ.20	1ᵐ.30	1ᵐ.20
Tuyaux de 0ᵐ.10. . .	0ᶠ.755	0ᶠ.625	0ᶠ.585	0ᶠ.495
— 0.07. . .	0.641	0.511	0.471	0.581
— 0.06. . .	0.615	0.485	0.445	0.555
— 0 05. . .	0 598	0.468	0.428	0.338
— 0.04. . .	0.596	0.466	0.426	0.536
— 0.025 . .	0 556	0.427	0.586	0.297

D'après tous ces chiffres et d'après la planche XII, il est facile de se rendre un compte très-exact du prix de revient de chaque parcelle drainée; les dépenses ont été renfermées dans les limites que nous avons indiquées dans le livre VIII de cet ouvrage.

Quant aux travaux d'irrigation, ils sont revenus aux prix suivants :

D'abord dans la prairie d'aval, d'une superficie de 2ʰ.14 :

220ᵐ	de rigoles d'amenée à raison de 10ᶠ les 100ᵐ.	22ᶠ.00
140	de décharge à 4ᶠ.	5 60
505	de grands colateurs à 5ᶠ.	9.15
2,670	de rigoles d'irrigation à niveau à 6ᶠ.	160.20
3,335	mètres coûtant.	196.95

Le prix a donc été de 92ᶠ.03 par hectare.

Ensuite, dans la prairie d'amont, d'une contenance de 5ʰ.50 :

567ᵐ	de rigoles d'amenée à 10ᶠ les 100ᵐ.	56ᶠ.70
560	de décharge à 4ᶠ.	22.40
444	de grands colateurs à 5ᶠ.	13.25
797	de colateurs ordinaires à 2ᶠ.	15.94
3,143	de rigoles d'irrigation à niveau.	188.58
814	de razes à 2ᶠ.	16.22
6,319	mètres coûtant.	315.07

Le prix de revient a donc été de 52ᶠ.92 par hectare.

II. — Drainage avec irrigations et emploi d'engrais liquides.

Dans l'exemple que nous allons maintenant exposer et que nous a communiqué M. Dajot, ingénieur en chef des ponts et chaussées, il s'agissait d'enlever aux sols de la ferme de Villiers (planche XIII) l'eau en excès par le drainage, de leur rendre le degré d'humidité nécessaire à la végétation, de donner enfin aux plantes, à un moment opportun, leur nourriture au moyen d'engrais liquides. Les études nécessaires ont été faites par le service hydraulique de Seine-et-Marne.

La ferme de Villiers, située à une hauteur de 130 mètres au-dessus du niveau de la mer, dépend des communes de Salins et de Laval dans l'arrondissement de Fontainebleau. Sur la carte géologique du département, les terrains de cette ferme sont indiqués comme formés du calcaire lacustre inférieur, comprenant des argiles à meulières inférieures, des tufs calcaires, des glaises vertes et des marnes blanchâtres; c'est un groupe qui, dans l'échelle géologique, est placé immédiatement au-dessous des sables supérieurs comprenant les sables et les grès de Fontainebleau. Le sol de la couche arable est généralement un mélange d'argile et de sable siliceux, jusqu'à 1 mètre de profondeur, dans les parties élevées, avec un lit discontinu de pierres meulières; dans les parties basses, cette couche n'a plus que de 0m.30 à 0m.60 d'épaisseur, elle est sans meulières et repose sur de la marne blanchâtre; dans certains endroits, de la terre crayeuse affleure le sol. La couche productive n'est pas d'une nature très-rétentive; elle n'est rendue humide que par l'imperméabilité des couches inférieures. Le sous-sol est partout formé de marnes blanches crayeuses ou vertes. Aucune source n'ayant été rencontrée dans les fouilles, toute l'humidité du sol vient de

Planche XIII. PLAN DE DRAINAGE ET D'IRRIGATION DE LA FERME DE VILLIERS (SEINE-ET-MARNE). T. IV. Pl.

Légende

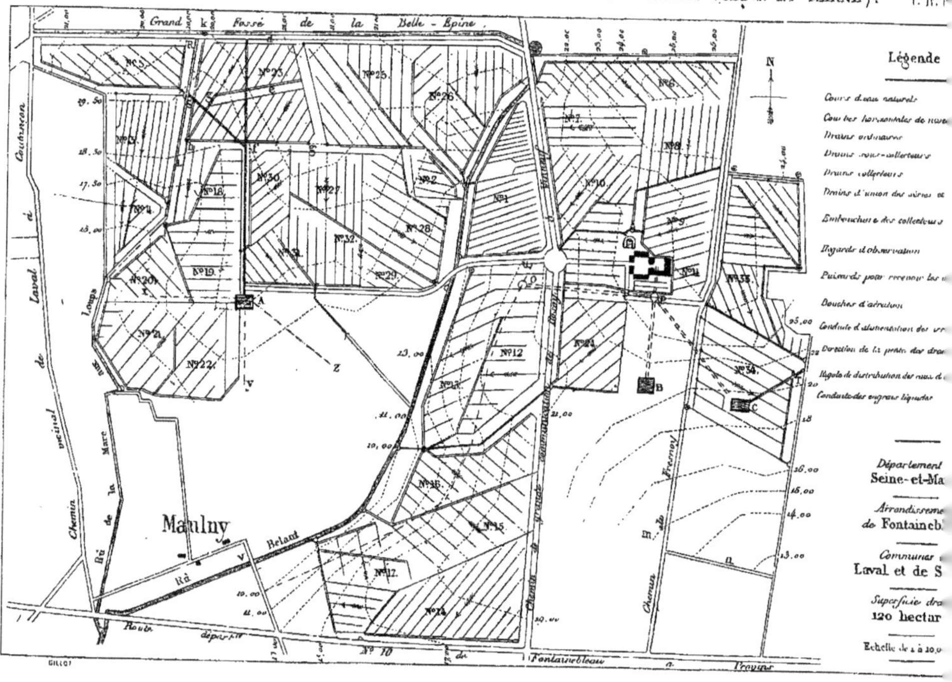

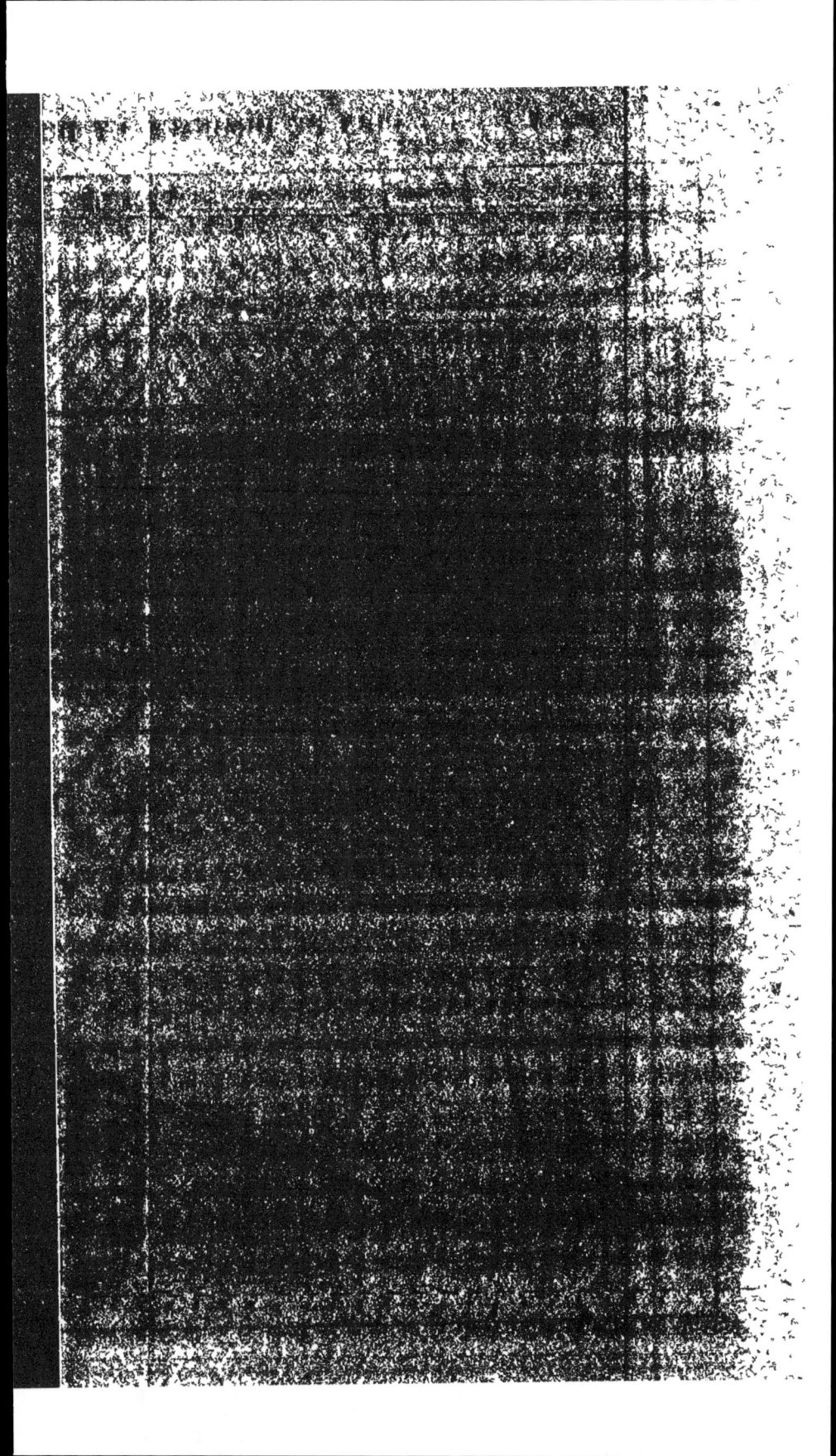

sa nature argilo-siliceuse un peu rétentive, et bien plus encore d'un sous-sol marneux; l'humidité remonte à la surface par capillarité.

Les courbes horizontales généralement superposées de mètre en mètre, qu'on aperçoit sur le plan (planche XIII), démontrent que la surface générale de la ferme de Villiers se compose d'un grand nombre de petits plans différemment inclinés qu'il devait être important de suivre pour que les eaux fussent recueillies par les drains sur le plan même où elles coulaient à la surface. Il en est résulté pour les drains des directions très-variées qui ont été tracées suivant les plus grandes pentes, c'est-à-dire à peu près perpendiculairement aux courbes horizontales, quand la surface était peu inclinée, comme dans les séries n°s 6 à 11 que montre la planche XIII, mais transversalement, quand les pentes étaient fortes, ainsi que cela se voit dans les séries n°s 12, 13, 15, 17.

La nature du sous-sol généralement calcaire et saturé d'eau à 1^{m}.20 de profondeur, a permis de compter sur un effet énergique des drains, s'ils étaient placés un peu plus bas dans la couche aquifère. Leur niveau a donc été descendu le plus bas possible, surtout celui des drains transversaux; il est moyennement à 1^{m}.35 au-dessous de la surface. En général, la pente du fond dépasse 0^{m}.01 par mètre. L'écartement des drains a varié de 15 à 30 mètres, selon les pentes; la nature uniforme du sous-sol a permis de ne pas tenir compte des autres éléments de variation. Dans la parcelle n° 13, les drains ont pu être placés à 30 mètres, avec des pentes naturelles à la surface de 0^{m}.03 à 0^{m}.05 par mètre, et ont donné un assainissement complet, tandis que dans la parcelle n° 8 avec des pentes naturelles de 0^{m}.005, les drains espacés à 20 mètres n'ont pas fourni un résultat aussi satisfaisant.

Pour fixer le diamètre des tuyaux, on a supposé qu'ils devaient écouler en 36 heures la moitié des eaux pluviales tombées à la surface en 24 heures, et évaluées à une couche de $0^m.05$, c'est-à-dire à 50,000 litres par hectare; on a alors appliqué la formule de l'écoulement des eaux dans les tuyaux. Par exemple, le collecteur de la série n° 26, dont la pente est de $0^m.015$, et qui correspond à une surface de $7^h.81$, a été établi avec des tuyaux de $0^m.07$ de diamètre pouvant écouler 590,484 litres.

La pente influe considérablement sur le débit des tuyaux. Ainsi, un tuyau de $0^m.06$ de diamètre, avec une faible pente de $0^m.002$, ne donne qu'un débit de 98,884 litres en 36 heures, tandis qu'un tuyau de $0^m.035$ de diamètre avec une forte pente de $0^m.030$ fournit un débit de 104,976 litres dans le même temps. Ces chiffres indiqués par la théorie ont été vérifiés par l'expérience.

Des drains de ceinture ont été établis dans chaque série pour recevoir et arrêter au passage les eaux étrangères; à ces drains de ceinture correspondent les principaux drains de chaque série avec des bouches d'air chargées d'activer les courants dans le sous-sol. « Ces courants d'air, dit M. Dajot, ont lieu en effet de bas en haut, quand la température est au-dessous de 12 degrés qui est à peu près celle des tuyaux à $1^m.20$ de profondeur; et de haut en bas, quand la température est au-dessus de 12°. Or, d'après le tableau des températures moyennes en 1856, la température a été au-dessous de 12° pendant 244 jours et au-dessus pendant 122, et ce va-et-vient d'un air humide ou d'un air sec dans le sous-sol produit des effets assez favorables pour que les fermiers anglais drainent, pour l'obtenir, des sols qui n'ont pas besoin d'être assainis. »

Chaque série de drains a été établie avec un collecteur particulier, pour que l'on pût facilement vérifier si elle fonctionnait bien, et toutes les séries ont été reliées entre elles, comme cela est indiqué au plan par les lignes pointillées, pour les rendre solidaires en cas d'accident dans les conduites principales. Des petits puisards en tuyaux d'un grand diamètre, comme l'indique la série 1 du plan, ont été établis à la jonction des drains plus particulièrement destinés aux courants d'air, à la rencontre des drains ordinaires avec les collecteurs sous un angle trop ouvert, et aussi au milieu des drains pour recevoir les dépôts difficiles à éviter pendant l'exécution des travaux. De grands regards maçonnés ont été établis à la jonction de plusieurs collecteurs pour permettre une inspection facile et détaillée de tout le système. Tous ces détails ont été particulièrement appliqués aux séries n°s 23 et 33.

Les travaux de drainage ont été commencés en 1854 sur les séries n°s 1 et 2 du plan; à cette époque les ouvriers draineurs étaient rares dans l'arrondissement de Fontainebleau, et le propriétaire a dû avoir recours à des étrangers; mais bientôt les ouvriers du pays se sont instruits de la pratique du drainage, un outillage complet a été confectionné dans la localité, et le travail a pu être exécuté à forfait pour la grosse terrasse, moyennant des prix débattus pour chaque série; les ouvriers régleurs de fond et le chef d'atelier ont seuls été payés à la journée, pour plus de garantie d'une bonne exécution qui, dans ces conditions, a été parfaite. Les besoins de la culture ont gêné un peu la marche régulière des travaux, ainsi que l'indique le numérotage des séries conforme à leur ordre d'exécution. Certaines limites de séries en ont été la conséquence, il y a eu quelques répétitions de collecteurs, mais en général les dispositions essentielles ont été conservées.

La direction très-variée des drains et la division de la surface en un grand nombre de séries ont eu pour but de

profiter de tous les plis du terrain pour recueillir les eaux
sur le petit bassin même sur lequel elles s'écoulaient. La
profondeur, la pente, l'écartement des drains et le diamètre
des tuyaux employés ont été calculés d'après la corrélation
que ces éléments ont entre eux. C'est ainsi que la connaissance d'un sous-sol calcaire généralement de 1 mètre à 1^m.40
de profondeur et des pentes naturelles au-dessus de 0^m.03
ont pu déterminer dans les séries n°s 13, 16, 21 un écartement de 30 mètres; qu'un sous-sol moins perméable avec des
pentes au-dessous de 0^m.01 dans les séries n°s 10, 14, 27,
n'a permis que des écartements de 20 mètres, quoique la
nature du sol de ces diverses parcelles fût à peu près la
même jusqu'à 1 mètre de profondeur.

A ces éléments de succès, il a été ajouté diverses combinaisons destinées à augmenter les effets du drainage.
M. Dajot cite particulièrement :

1° L'établissement de drains de ceinture pour arrêter et
recueillir les eaux qui pourraient provenir des parcelles voisines et aussi pour former un grand couloir de circulation
où chaque drain vient pour ainsi dire respirer ;

2° L'établissement de drains transversaux pour couper
les sillons imperméables du sous-sol qui pourraient exister
parallèlement aux directions des drains ordinaires ;

3° La réunion des séries entre elles par le prolongement
de certains drains, pour que, si un accident venait à se produire dans l'une d'elles, les eaux pussent s'écouler dans les
séries voisines, et aussi pour multiplier les moyens
d'aérage ;

4° L'établissement de puisards pour recevoir les dépôts
impossibles à empêcher pendant l'exécution et les incrus-
tations qui se détachent des tuyaux ;

5° La confection de regards pour faciliter l'écoulement
des eaux à l'air libre, et pour permettre une inspection frè-

quente de tous les systèmes après de grandes pluies.

En jetant les yeux sur la série n° 13 du plan, on verra assez clairement l'ensemble de l'opération : *d* est un drain de ceinture ; *e* un drain transversal ; *f*, un drain de jonction ; *g* sont des puisards ; *h* est un grand regard, et enfin *k* une bouche d'air.

Les résultats ont été complets, et l'assainissement s'est manifesté immédiatement. La ferme de Villiers étant d'ailleurs merveilleusement située pour l'application de l'irrigation et l'emploi des engrais liquides, on a songé à en joindre les avantages à ceux du drainage. Le sol est naturellement divisé en quatre petits versants à pentes bien caractérisées, ayant une direction générale du nord au midi. La ferme reçoit toutes les eaux des terrains supérieurs par deux grands fossés évacuateurs qui la traversent ; elle domine d'ailleurs tous les terrains de l'exploitation. La distribution des eaux pour l'irrigation et celle des engrais liquides peuvent se faire au moyen de simples rigoles ; on voit, en effet, sur le plan, que les courbes horizontales donnent une différence de niveau de $0^m.50$ pour des espacements de 30 à 60 mètres.

Le réservoir A (planche XIII), placé sur un sommet et dont le niveau est fixé à la cote $18^m.50$ du nivellement général, peut arroser dans les trois directions X, Y, Z, toutes les parties placées au-dessous, c'est-à-dire tout le terrain compris entre ce réservoir et les cours d'eau dont la différence de niveau est de $8^m.50$; il pourra donc être créé des prairies naturelles le long de ces cours d'eau. Ce réservoir A sera alimenté par le grand fossé de la Belle-Épine, qui règne en haut de la propriété, et dont les eaux abondantes proviennent d'une partie en culture de la ferme d'Égrefin et des bois voisins. Un vannage R en tête du rû de la Mare-aux-Loups arrêtera les eaux de superficie ; un vannage S,

immédiatement au-dessus de l'embouchure du collecteur
de la série nº 5 enlèvera les eaux de fond simultanément
ou isolément, suivant que les eaux seront plus ou moins
abondantes ou que les besoins varieront.

Le réservoir B établi dans une ancienne marnière et fixé
à la cote 20ᵐ.50, c'est-à-dire à 2ᵐ.50 au-dessous de la cour
de la ferme, sera particulièrement destiné aux engrais liquides, qu'il recevra directement au moyen d'une conduite
en tuyau au fur et à mesure de leur production dans les
écuries. Il servira à arroser tout le terrain placé au-dessous de son niveau, c'est-à-dire depuis la cote 20ᵐ.50 jusqu'au point *m* à la cote 15ᵐ.00.

Le réservoir C placé à la cote 19ᵐ.00, c'est-à-dire à
4 mètres au-dessous de la cour de la ferme, est aussi destiné
à emmagasiner des engrais liquides; il recevra les eaux du
drainage de la partie supérieure au moyen du vannage T
placé au-dessous de l'embouchure du collecteur de la
33ᵉ série de drains; il arrosera toutes les parties du terrain placées au-dessous de son niveau, et qui s'étendent
jusqu'au grand fossé *n*.

Le vannage R sera à 1ᵐ.50 et le vannage S à 1 mètre
au-dessus du réservoir A. Le vannage T sera à 1ᵐ.50 plus
haut que le réservoir C. En outre, un vannage U, placé sur
le fossé du chemin d'exploitation, à la cote 20ᵐ.00 du
plan général, dirigera les eaux de drainage du lavoir et
de l'abreuvoir sur la partie du versant que l'on voudra convertir en prairie naturelle, soit au moyen d'une simple rigole à la charrue, soit au moyen d'une conduite en tuyaux.

Entre les puisards O et P, une conduite en tuyaux sera établie pour pouvoir à volonté mêler les engrais liquides aux
eaux de l'irrigation.

Un vannage V sera établi vers l'aqueduc du chemin de
Maulny pour arroser la parcelle de prairie qui se trouve

au-dessous, et, au fur et à mesure que des prairies auront été créées le long des cours d'eau, il pourra être établi des vannages d'irrigation.

Un vannage L, arrasé à la cote 18ᵐ.50, sera établi sur le rû de la Mare-aux-Loups, pour alimenter une rigole-d'irrigation et arroser ainsi toute la partie au-dessous dont les pentes accidentées rendent la culture à la charrue difficile, et qui pourra ainsi être convertie en prairie.

On voit que, pour appliquer l'irrigation et les engrais liquides sur la ferme de Villiers, il suffira de creuser dans le sous-sol imperméable trois réservoirs d'une dimension proportionnée aux besoins de l'agriculture et qui ne demanderont pas de revêtements en maçonnerie; d'établir trois lignes de conduites principales avec tuyaux de drainage pour l'alimentation de ces réservoirs; de construire six petits vannages sur les fossés d'écoulement, et l'on aura à sa disposition des masses liquides placées naturellement de 1 à 10 mètres au-dessus de la plus grande partie des terrains de la ferme.

III. — IRRIGATION PAR INFILTRATION ET PAR DÉVERSEMENT COMBINÉE AVEC LE DRAINAGE SUR DES PRAIRIES DE LA VENDÉE.

M. Jacquet, agriculteur et propriétaire de la terre du Vigneau, située commune de Pouzauges, dans l'arrondissement de Fontenay-le-Comte (Vendée). a exécuté des travaux de drainage et d'irrigation combinés qui méritent de fixer toute l'attention des agronomes. Sa propriété est située dans le Bocage, sur un sol granitique, très-accidenté, où la couche arable est peu profonde et repose en général sur des roches qui souvent s'élèvent de plusieurs décimètres au-dessus de la surface supérieure. C'est que les pluies ont entraîné la couche meuble du sol dans les bas-fonds où naturellement se trouvent des prés. Mais des sources abon-

dantes y entretenaient une humidité permanente qui favo-
risait le développement des joncs et d'autres plantes aquatiques, de telle sorte qu'on ne récoltait qu'un mauvais
fourrage, dont la dessiccation était en outre très-difficile
sur un sol constamment imbibé d'eau. En 1833, M. Jacquet
conçut l'idée d'assainir les prairies en y pratiquant des rigoles souterraines. Les pierres et le sable se trouvant sur les
lieux, la chaux du prix de 1 fr. l'hectolitre n'étant qu'à
18 kilomètres de distance, il se décida à faire construire à
la profondeur de $0^m.50$ de petites rigoles en maçonnerie
ayant de $0^m.15$ à $0^m.18$ de diamètre. Il y eut, dès la première année, une amélioration sensible, quoique les rigoles
fussent placées à une trop grande distance les unes des
autres. Les joncs ayant reparu sur plusieurs points, M. Jacquet se détermina à faire faire de nouvelles rigoles entre
les premières, et, en 1835, le fourrage récolté acquit de
meilleures qualités, quoique le pré fut privé de l'irrigation
par l'eau des sources qui s'écoulait entièrement par les
rigoles souterraines. Ce premier succès engagea le propriétaire à établir le même système d'assainissement ou de
drainage (mot qui n'était pas encore connu à cette époque)
sur un autre pré d'une plus grande étendue; seulement,
fort de l'expérience de deux années, il étudia à l'avance
avec soin le terrain, en dressa le plan, disposa ses tranchées
plus régulièrement et leur donna une profondeur de $0^m.66$.
Les travaux se firent à la fin du mois de septembre, après
que les regains avaient été pacagés; le gazon fut enlevé
avec soin, pour être replacé après la confection des tranchées, dont la largeur était de $0^m.50$. Quelques années après
l'exécution de ce drainage, M. Jacquet s'aperçut que ses prés,
tout en donnant de meilleur foin, fournissaient cependant
une moindre quantité de fourrage. Il attribua ce résultat à
un asséchement trop énergique et songea à y remédier par

l'irrigation. Retenir l'eau dans les rigoles souterraines, la forcer à reparaître à la surface pour la répandre sur le sol à l'aide de rigoles ouvertes, tel est le problème qu'il se posa. Il puisa l'idée de la solution qu'il pouvait être avantageux de donner à ce problème, dans l'efficacité de l'emploi de petits réservoirs construits dans les parties supérieures de quelques-uns de ses prés, réservoirs dont les bondes, levées à de certaines époques, lui donnaient un courant d'eau assez fort pour aller au loin par des rigoles porter un arrosement favorable à la végétation. Il imagina alors de faire faire par son charpentier de petites auges en planches de bois de chêne ou de châtaignier, ayant de $0^m.04$ à $0^m.05$ d'épaisseur, auges percées d'un trou qui pût se fermer avec une bonde. Ayant arrêté les points où il pouvait être utile d'établir ses bondes sur son drain collecteur, il fit ouvrir des tranchées au-dessous de ces points pour mettre à découvert la rigole en maçonnerie, qu'il démolit sur une certaine longueur; ayant fait creuser dans le fond, il y fit assujettir une auge maçonnée avec pierres et mortier de sable et de chaux hydraulique, de telle sorte que son dessus répondît exactement au-dessous de la partie d'amont de la rigole souterraine et au-dessus de la partie d'aval de cette rigole. Au-dessus du trou de bonde, il fit construire un regard en élevant en maçonnerie une espèce de cheminée ayant la forme d'un entonnoir et montant à la hauteur du sol du pré, moins l'épaisseur d'une bonne pelouse qui devait recouvrir la bâtisse sur ses quatre côtés. Chaque regard a $0^m.20$ de côté en bas et $0^m.35$ en haut. La figure 515 représente le plan de cette construc-

Fig. 515. — Plan d'un regard pour irrigation avec les eaux souterraines.

tion, qui doit, quand la bonde (fig. 516) est entrée dans l'orifice de l'auge s'opposer à toute fuite de l'eau qui arrive par la partie du drain en amont. Les choses étant en cet état, il est évident que l'eau, continuant à arriver par le drain dans le regard, s'y élève jusqu'à ce qu'elle le remplisse complétement, et alors elle se déverse à droite et à gauche dans des rigoles d'irrigation convenablement disposées à la hauteur du pré. Il s'opère ainsi une double irrigation, *sur gazon* par l'eau qui passe au-dessus du regard, et *sous gazon*, par l'eau qui remplit les drains en amont et imbibe le sous-sol.

Il est facile de voir que, si la prairie que l'on veut, après l'avoir drainée, arroser par ce procédé, présente une pente convenable et est d'une certaine étendue, la même eau peut en grande partie servir à l'arrosement autant de fois qu'il y a de regards munis de leurs bondes. En

Fig. 516.— Bonde pour fermer l'issue des regards d'irrigation.

effet, supposons que le sens de la pente soit AC (fig. 517) et que le drain collecteur dans lequel se jettent des drains d'assèchement D, D, etc., soit KX. Si les bondes sont partout placées en O, O, etc., dans les auges NN, etc., il arrivera que l'eau qui s'écoulera du premier regard supérieur R se répandra en irrigation sur la bande de terre placée au-dessous et se réunira, par les drains qui s'y trouvent sous-jacents, dans le second bief du drain collecteur pour monter dans le second regard; l'eau se conduira de la même manière par rapport à la troisième bande de terre et au troisième regard, et ainsi de suite.

Ce système fonctionne avec un plein succès dans les prés de la propriété du Vigneau. Le desséchement s'opère d'une manière prompte et complète : il suffit d'enlever dans une promenade rapide les bondons qui fermaient tous les regards pour voir l'eau s'enfoncer sous terre et disparaître comme par enchantement. Cette facilité que l'on a d'arroser et de retirer l'eau favorise extraordinairement la croissance de l'herbe ; la qualité et la quantité s'en ressentent également. M. Jacquet a pu ainsi transformer de très-mauvais prés en prairies d'excellente qualité avec une augmentation considérable dans le produit.

La fig. 518, qui représente le plan d'un pré d'une contenance de 2ʰ.70, fera bien comprendre tous les détails de l'opération. Ce pré a été drainé pour la moitié en 1853 et pour le reste pendant 'hiver de 1854 suivant. Au point le plus élevé surgissait une source et se rendaient en outre des eaux provenant des terrains supérieurs. Un réservoir A R E, d'une profondeur de 1ᵐ.50, y a été construit. Ce réservoir se vide par une bonde O dans le drain irrigateur maçonné R R S. Les points marqués O sur cette ligne sont

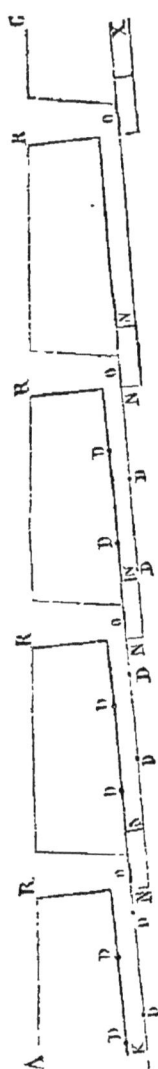

Fig. 517. — Coupe d'un drain collecteur de regards irrigateurs.

autant de regards munis de bondes et desquels partent à droite et à gauche de petites rigoles d'irrigation tracées en lignes ponctuées sur la figure. A l'endroit où sont marqués deux points noirs O, le drain maçonné se bifurque et présente un regard fait en long, un peu plus grand que les autres et où sont placées deux bondes qui se touchent. Ces bondes servent soit à élever l'eau à la surface du pré, soit

IV.   26

à la laisser s'écouler par l'un ou par l'autre des drains maçonnés. De la sorte, l'eau du réservoir A R E peut être
portée, soit vers R, soit vers I C. Quand le réservoir A R E
est rempli, son trop-plein s'écoule par deux déversoirs 'Q

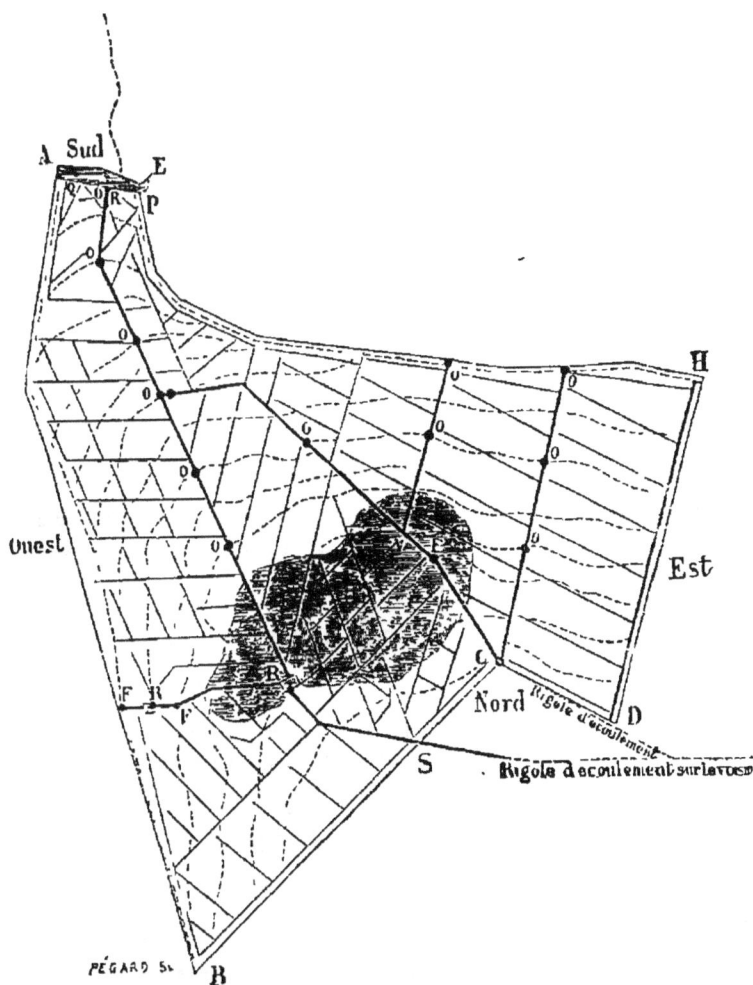

Fig. 518. — Prairie drainée et irriguée sous gazon et sur gazon.

et P dans deux rigoles creusées le long des haies, l'une en
A F B à l'est, l'autre en P O H à l'ouest. La ligne F R F R
s'empare dans son passage de quatre sources qui peuvent,
au moyen de bondes, être déversées sur le sol par des ri-

goles pratiquées à cet effet. Les deux drains collecteurs O V et O C reçoivent aussi de l'eau en assez grande abondance d'un pré supérieur et la conduisent dans des réservoirs, tandis qu'autrefois la partie centrale du pré, à la place marquée par des hachures, était rendue marécageuse au point que les bestiaux ne pouvaient en approcher sans y rester embourbés.

Pendant que les derniers travaux de drainage s'exécutaient, M. Jacquet a fait répandre sur la prairie 20 mètres cubes de chaux éteinte, puis il a donné un hersage énergique qui fut enfin suivi d'un labour profond opéré avec la charrue de Grand-Jouan. Des terrassements furent en outre faits à bras d'homme et à l'aide de traîneaux formés de planches sur lesquelles des espèces de caisses munies de poignées étaient placées sans difficulté. Ces traîneaux pouvaient contenir 6 à 7 hectolitres de terre ; ils étaient conduits par des bœufs, et, quand la charge était rendue à destination, on enlevait la caisse pour pouvoir répandre la terre sur le pré. 500 mètres cubes de terre furent ainsi rapportés. Au mois d'avril 1854 on fit passer des râteaux pour arracher de petites pierres qui y existaient en assez grande quantité, et qui furent ramassées par des femmes et des enfants. On répandit alors des graines fourragères composées de ray-grass, trèfle rouge, trèfle blanc, trèfle jaune et balayures de granges à foin. Il ne fut pas possible de faire alors convenablement toutes les rigoles d'irrigation, à cause de l'époque avancée de la saison. Cependant cette prairie, qui, auparavant, ne produisait que 4,500 kilogrammes d'un fourrage si mauvais, que les bêtes à cornes qui en mangeaient prenaient des poux, donna dès la première coupe, à la mi-juillet, 10,000 kilogrammes d'un fourrage déjà très-amélioré. Les rigoles d'irrigation furent alors terminées; on eut un bon regain qui a été consommé en vert, mais qu'on ne peut pas évaluer à moins de 2,000 kilogrammes. En résumé, le produit a au moins triplé. Les résultats obtenus ont été si satisfaisants, que M. Jacquet a établi successivement 15 hectares de prés ainsi drainés et aménagés. Seulement les rigoles souterraines, au lieu d'être faites en maçonnerie, l'ont été en tuiles courbes placées à $0^m.95$ de profondeur et recouvertes de pierres concassées.

Les dépenses pour les $2^h.70$, dont le plan est représenté par la figure 518, se sont ainsi réparties :

556 mètres de drains maçonnés, matériaux compris, à $0^f.60$ l'un.. . . . .   333^f.60

94^{m}q.50 de maçonnerie à $0^m.60$ d'épaisseur, matériaux compris, à $1^f.50$ l'un, pour les 3 réservoirs. . . .   142.75

Déblai de 218 mètres cubes de terre pour creuser les 3 réservoirs, à $2^f.25$ l'un. 43.70

19 auges et bondes pour les réservoirs et les regards à $2^f.25$.. . . . .   42.75

Le posage des bondes et confection des regards à $0^f.75$ l'un.. . . . .   14.25

2,765 mètres de drains ordinaires, tuiles placées, terre retournée en place, $0^f.10$ l'un. 276.50

28 mètres cubes de pierres cassées, conduites et placées sur les tuiles, à 3 fr. 84.00

7,000 tuiles rendues sur place, à 35 fr. le mille. .   245.00

Transport et épandage des terres qui se sont trouvées en trop après les drains rémplis et les réservoirs achevés 50.00

Le drain collecteur DH, de 106 mètres de longueur, creusé à $0^m.90$ de profondeur sur $0^m.66$ de largeur, a été rempli à $0^m.60$ du fond en pierres ramassées sur un champ voisin, en ménageant un petit aqueduc pour faciliter l'écoulement des eaux; 42 mètres cubes de pierres ont été employés; ce travail a coûté. 36.55

20 mètres cubes de chaux non délitée, rendus à 13 fr. l'un. 260.00

500 mètres cubes de terre mêlée à cette chaux, transportée et étendue sur tout le pré. 160.00

A *reporter*. . . . . 1,689^f.10

Report. 1,689ʳ.10

Râtelage de la terre et temps passé à ramasser les
pierres 50.00

Graines semées	Trèfle rouge, 20 kilog.	16 fr.	70 fr. . .	70.00
	Trèfle blanc, 7ᵏ 5. . .	15		
	Lupuline, 50 litres . .	12		
	Ray-grass, 25 kilog. . .	20		
	Graines de foin ensemencement	7		

Total général. . . 1,809ʳ.00

Comme on le voit, le drainage et les travaux appliqués
à ce système d'irrigation ont entraîné une dépense de
1,269 fr.; le mélange de terre et de chaux transporté sur
le pré, les graines fourragères semées sur cette terre avec
le travail nécessaire à ces différentes opérations, ont fait
une dépense de 540 fr.

La dépense totale par hectare a été de 670 fr.

IV. — COMBINAISON DE L'IRRIGATION ET DU DRAINAGE AVEC CONDUITES ÉTANCHES.

Dans le livre V de cet ouvrage (t. II, p. 238 à 241), nous
avons décrit l'ingénieux système avec conduites étanches
et tuyaux verticaux imaginé par M. Rerolle, professeur à
l'école d'agriculture de la Saulsaie, et nous avons dit qu'il
était de nature à rendre des services dans le cas où l'on
voudrait combiner le drainage à l'irrigation; c'est ici le lieu
de donner la description complète du système d'après l'inventeur lui-même.

Les conduites (fig. 519) sont formées de tuyaux ordinaires de drainage, assemblés d'une manière étanche et
munis de tuyaux verticaux par lesquels l'eau arrive dans
les conduites en vertu du principe de l'équilibre des vases
communicants. Les tuyaux verticaux, dont l'écartement
maximum doit être égal à l'écartement des tranchées entre

elles, sont placés au milieu de cailloux qui facilitent l'arrivée
de l'eau. Voici comment M. Rerolle explique lui-même l'établissement de ces conduites étanches et de leurs tuyaux.

Fig. 519. — Profil en long de deux drains d'assèchement à conduites étanches et à tuyaux verticaux.

Fig. 520. — Exécution d'une conduite bitumée.

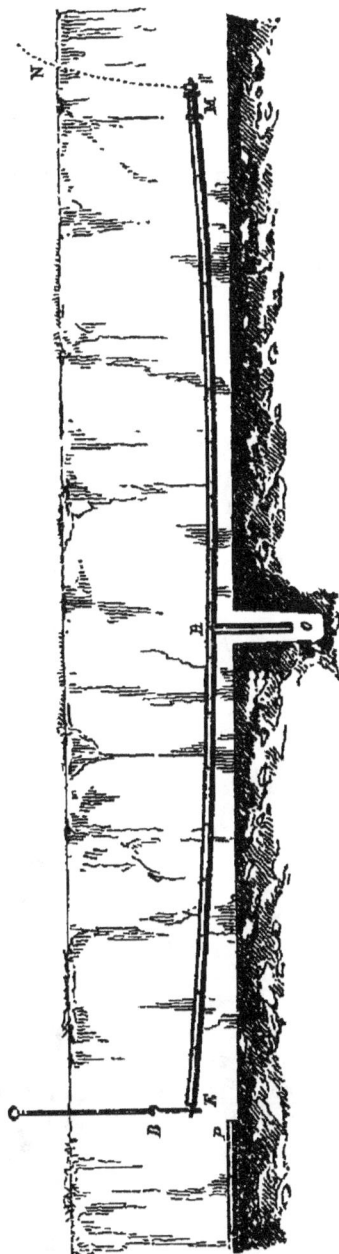

Fig. 521. — Pose d'une conduite bitumée au fond de la tranchée.

On fait usage d'une barre de fer A (fig. 520), dont la longueur ne peut guère dépasser 6ᵐ.50 sans offrir des difficultés de manœuvre. L'une des extrémités de cette barre est armée d'un filet de vis et de son écrou; l'autre est percée d'un trou dans lequel on peut visser une petite tige B.

On pose cette barre sur deux chevalets (fig. 520); on enlève l'écrou, on met en place la petite tige B, on soulève l'extrémité D de la barre avec une main, et de l'autre on l'introduit dans les tuyaux que l'on pousse vers la tige B. Quand la barre est entièrement garnie, on met l'écrou en place et on le serre fortement, de manière à bien presser les tuyaux les uns contre les autres. Pour éviter d'avoir à visser l'écrou pendant trop longtemps, on a de petits tuyaux en bois qu'on place, s'il est nécessaire, avant de mettre l'écrou, de manière à racheter l'inégale longueur des tuyaux.

Un de ces tuyaux en bois M (fig. 521) porte une gorge et doit toujours être placé avant l'écrou pour faciliter l'extraction de la barre, comme nous le verrons. La corde M N se met entre les tuyaux de bois M et l'écrou.

Les tuyaux pressés les uns contre les autres forment une conduite dont on n'a plus qu'à rendre les joints étanches. Dans ce but, on a eu soin de faire préalablement fondre du bitume ordinaire (celui dont on fait les trottoirs) avec environ 1/15 de son poids de goudron; on se munit d'un petit appareil très-commode, le moule à rondelles (fig. 522

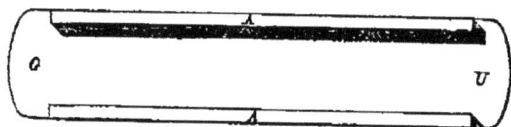

Fig. 522. — Plan du moule à rondelles de bitume.

et 523), qui se compose simplement d'une bande de cuir G U, armée de

Fig. 523. — Coupe en travers du moule
à rondelles de bitume.

deux petits bourrelets A A, également en cuir, ayant l'épaisseur que l'on veut donner aux rondelles.

On plonge le moule dans l'eau, on le remplit ensuite de bitume fondu; puis, prenant les extrémités G et U, on l'applique sur le point de jonction des deux tuyaux en faisant rejoindre les extrémités du bitume. Le bitume adhère à lui-même et aux tuyaux, et sert le joint en se refroidissant.

Cette opération, qui s'exécute plus rapidement qu'elle ne se décrit.

se répète pour chaque joint et donne une conduite parfaitement étanche E M (fig. 521).

La mise en place de cette conduite n'offre aucune difficulté : deux hommes la saisissent, l'un par la corde M N (fig. 521), l'autre par une tige à crochet B K, la portent au fond de la tranchée et l'étendent sur le sol où elle s'applique sans se déranger, en vertu de l'élasticité des joints; puis on procède à l'extraction de la barre.

On ôte la tige B; un des ouvriers appuie sur la fourche R (fig. 524) qui embrasse le tuyau de bois M et le maintient en place, l'autre manœuvre le *tire-corde* EB; cet instrument, espèce de petit châssis ayant une poulie E à l'une de ses extrémités et à l'autre un treuil B muni d'une manivelle, se met en place, comme l'indique la figure 524. En tournant la manivelle, la corde s'enroule sur le tambour, et la barre sort de la conduite, qui se trouve ainsi parfaitement posée.

Lorsque le fond de la tranchée est résistant, il convient de placer préalablement sous les tuyaux un peu de terre ou mieux de boue liquide pour empêcher le léger porte-à-faux dû aux rondelles.

Il reste encore à dire comment on réunit la conduite que l'on pose à celle qui est déjà en place, et comment on forme les conduites verticales.

Soient P et E (fig. 521) les deux tuyaux qu'il s'agit de réunir par un joint étanche, au fond de la tranchée, au milieu de l'eau et sans descendre dans le fossé. On a eu soin, avant de les mettre sur la barre, de tremper les extrémités P et E de ces tuyaux dans un bain de bitume fondu mi-chaud, afin d'amorcer ; on enlève sous la place du joint un peu de terre, de manière à faire un petit trou demi-cylindrique. Au moment où l'on met la conduite au fond du fossé, on introduit l'extrémité de la barre dans le tuyau P, on enlève la tige B, on pousse la barre de ma-

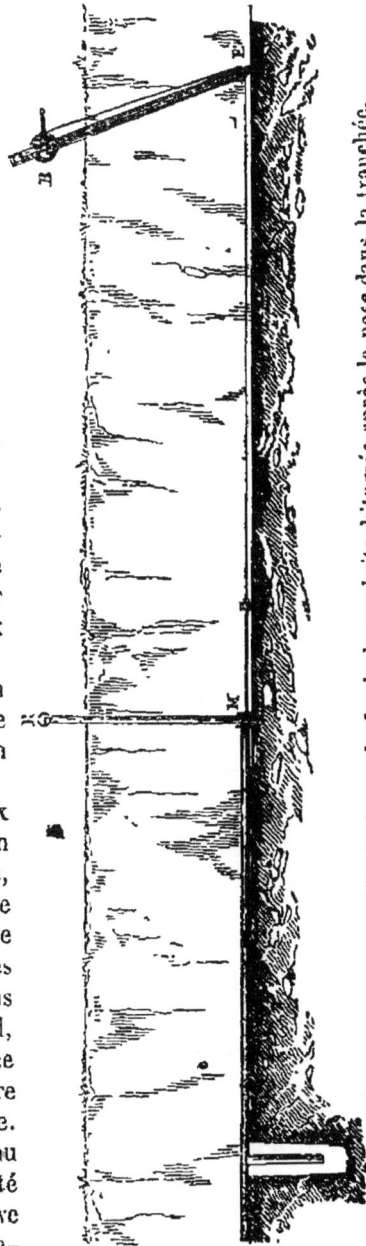

Fig. 524. — Extraction de la barre de fer de la conduite bitumée après la pose dans la tranchée.

nière à faire joindre les bouts des tuyaux, puis on laisse tomber
l'extrémité M de la barre ; alors on verse du bitume fondu sur le joint
ce bitume descend sous les tuyaux, remplit le vide, arrive aux tuyaux auxquels il adhère, grâce à l'amorce, et forme une semelle sous les tuyaux
en même temps qu'une rondelle sous le joint ; on laisse refroidir un
instant et on enlève la barre comme il a été dit.

Pour former les conduites verticales, nous employons des tuyaux de
0ᵐ.06 de diamètre intérieur et de 0ᵐ.50 de long, préparés d'avance, ou,
à leur défaut, de simples collecteurs ; ces tuyaux sont échancrés avant la
cuisson, comme on le voit dans la figure 525, de manière à recevoir un
petit tuyau percé, en son milieu, d'un trou qui le fait
communique avec le tuyau vertical. On soude ces deux
tuyaux formant T (fig. 524) avec du bitume fondu, et on
place ce T comme les tuyaux ordinaires sur la barre ; il
faut creuser le trou vertical R O de manière que le T
tombe dans le milieu, et on ne met les pierres que quand
on a soudé le trou de conduite avec celui qui le précède.

Cette manière de faire les conduites étanches est très-
économique ; il n'entre pas pour plus de 15 fr. de bitume
et de goudron par 1,000 mètres, et la main-d'œuvre pour
le bitumage et la pose ne saurait être estimée à plus de
20 fr. pour la même longueur. Les joints tiennent bien
l'eau, surtout si l'on a eu soin de plonger les extrémités
des tuyaux dans du bitume fondu, très-chaud, avant de
placer les rondelles.

Lorsqu'on aura des tuyaux poreux et qu'on craindra
l'invasion des racines, il conviendra de les plonger dans
un bain de bitume liquide ; la couche mince qui les re-
couvrira entièrement empêchera, selon tout probabilité,
l'introduction des racines.

Fig. 525.—Tuyau ascensionnel d'irrigation.

Les conduites étanches sont particulièrement propres à l'établissement d'irrigations
dans le genre de celles qui ont été établies
en Vendée par M. Jacquet. De son côté,
M. Rerolle a été conduit à son système en ob-
servant que les terres drainées, soit avec des pierres, soit
avec des tuyaux posés bout à bout, étaient difficiles à irriguer, que les eaux se perdaient dans les drains sans avoir
produit tout leur effet sur la végétation, en entraînant une
grande quantité de matières fertilisantes, et en produisant
en outre des obstructions. A l'aide de son système, M. Re-

rolle est parvenu, dès le commencement de 1855, sur 50
hectares appartenant à M. de la Tournelle, à Coligny
(Rhône), à utiliser parfaitement l'eau en la ramenant plusieurs fois à la surface. Il a employé pour cela des regards-vannes en bois placés sur les collecteurs de telle
façon, qu'on puisse les fermer ou les ouvrir à volonté au
moyen d'un bondon conique. Quand l'orifice du collecteur
est fermé, l'eau remonte à la surface et tombe dans une
rigole d'irrigation. La disposition qui a été adoptée est
assez coûteuse. Les drains d'assèchement sont dirigés
suivant la plus grande pente du terrain, mais les collecteurs sont établis au contraire presque tous suivant les
courbes de niveau avec pente artificielle. M. Rerolle a
songé à modifier ce système de façon, dit-il, à obtenir ces
quatre avantages :

1° De maintenir l'eau dans le terrain à un niveau qu'on déterminera
à volonté, de telle sorte qu'on aura tantôt une terre drainée à une
grande profondeur, tantôt une terre drainée à une faible profondeur, et
même une terre qui ne le sera pas;

2° D'irriguer souterrainement les terrains drainés;

3° D'irriguer les terres drainées comme si elles ne l'étaient pas, par
n'importe quelle méthode d'irrigation, et même d'obtenir, en se servant
des collecteurs pour conduire l'eau, une irrigation plus régulière et plus
économique que s'il n'y avait pas de drainage.

4° Enfin de pouvoir s'assurer, quand on le jugera à propos, si chaque
drain fonctionne bien.

Pour obtenir ces avantages, M. Rerolle a recours à des
regards-vannes dont il décrit la construction et le jeu
ainsi qu'il suit :

Les regards-vannes employés forment deux types principaux, l'un,
que nous désignons par le numéro 1, est représenté par les figures 526
et 527; l'autre, le numéro 2, est indiqué par les figures 528 et 529.

Le regard numéro 1 se compose de deux tuyaux verticaux K et H
communiquant avec le collecteur E chacun par un trou. Le trou D du
tuyau H est conique et peut être fermé par un bondon; des trous CC font

communiquer ces deux tuyaux entre eux à diverses hauteurs, un trou H reçoit les drains d'asséchement FF.

Le regard numéro 2 est formé également de deux tuyaux verticaux X, y, dont la communication a lieu, dans le haut en A, par un ou plusieurs trous que l'on bouche à volonté, et dans le bas, par deux orifices V et S;

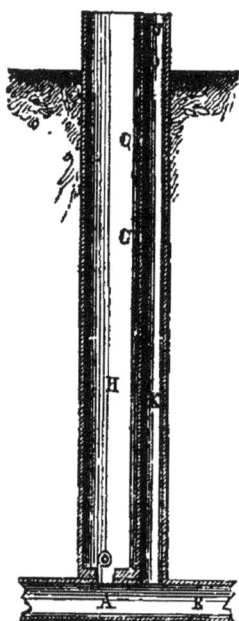

Fig. 526.— Regard-vanne
n° 1 (coupe verticale).

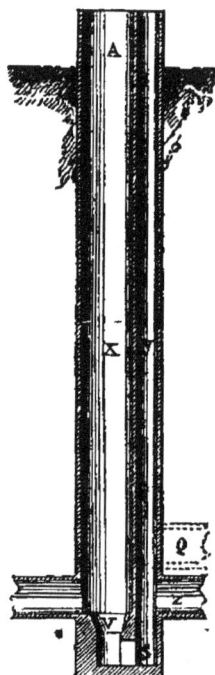

Fig. 528. — Regard-vanne
n° 2 (coupe verticale).

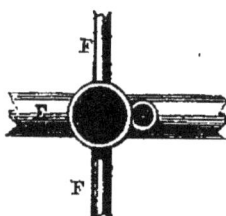

Fig. 527.—Regard-vanne
n° 1 (plan).

Fig. 529. — Regard-
vanne n° 2 (plan).

l'orifice S est toujours ouvert, mais l'orifice V peut se fermer et s'ouvrir à volonté par un bondon conique.

Ces regards, exécutés en mortier de ciment, peuvent être estimés, main-d'œuvre comprise, pour une hauteur de 1ᵐ.50, à 2 fr. chaque. On les établit sur place en même temps qu'on pose les conduits. Il faut pour faire le corps du regard trois moules en zinc. Deux sont des cylindres ayant le diamètre des tuyaux X et y, et le troisième a la forme extérieure des regards. On pose ce dernier à l'endroit où la construction doit s'élever, et on accumule de la terre plastique autant que possible tout autour sur une hauteur de 0ᵐ 40. On presse cette terre, puis on enlève le moule. Dans l'espace laissé libre on place les deux cylindres de zinc, de manière à avoir partout un vide égal entre les moules et entre le zinc et la terre; puis on coule le mortier de ciment dans ce vide, et, au moment où il commence à durcir, on tourne les moules cylindriques pour empêcher l'adhérence. Dans quelques minutes le ciment a fait prise, on enlève les cylindres et on recommence l'opération, qui marche très-rapidement. Deux hommes peuvent faire un regard-vanne en une heure; les trous se ménagent dans le fond au moyen de moules coniques en zinc et dans les parois minces avec de simples bouchons de liége.

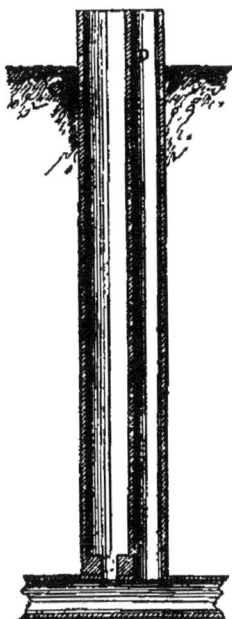

Fig. 530.— Regard-vanne n° 5 (coupe verticale).

Si on craint les dépôts salins, on emploiera à la place du regard numéro 1 le numéro 5 (fig. 530 et 531); à la place du regard numéro 2 (fig. 528 et 529) ce même regard numéro 2, ayant l'orifice de l'écoulement en Q au lieu de l'avoir en Z; dans ces derniers regards les orifices des tuyaux d'amenée sont constamment noyés.

Lorsqu'on veut combiner le drainage avec l'irrigation, on dirige (fig. 519, 532 et 533) le collecteur AB (fig. 532) suivant la plus grande pente; et les drains d'assèchement, à peu près suivant des courbes de niveau; ils ont une légère pente artificielle. On place vis-à-vis chaque couple de drains d'assèchement un regard numéro 1, et de distance en distance sur le collecteur des regards numéro 2, en réglant leur écartement de telle sorte, que la différence de niveau soit environ de 0ᵐ.30 à 0ᵐ.40; le nombre des regards devra donc en être d'autant plus petit que le terrain aura moins de pente : un seul pourrait suffire dans un terrain plat pour une grande étendue.

Fig. 531.— Regard-vanne n° 5 (plan).

La figure 533 montre la disposition des regards; on a placé en R un regard numéro 2 qui puise l'eau dans la fosse d'amenée; si on ne veut pas irriguer, on ferme l'orifice V (fig. 528); l'eau s'élève dans le tuyau X au niveau qu'elle a dans le canal d'amenée et reste stationnaire. Si on veut prendre peu d'eau, on fait usage de l'orifice A placé à une certaine

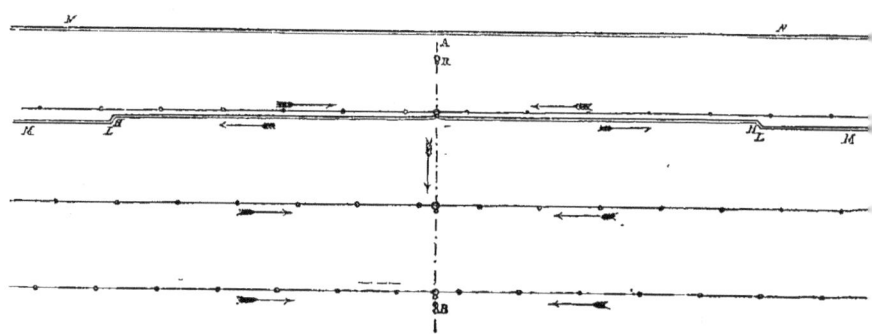

Fig. 552. — Plan de drainage et irrigation combinés.

Fig. 553 — Coupe longitudinale d'un collecteur pendant l'irrigation.

face V, l'eau s'écoule rapidement par S et de là par Z, où elle reprend le collecteur.

IV.

27

Le drainage une fois établi de la sorte, il est facile de retenir l'eau dans le terrain à une hauteur déterminée. Il suffit pour cela de mettre les bondons dans les trous D des regards numéro 1 (fig. 526 et 527) et d'ouvrir les trous C C placés au niveau où l'on veut que l'eau s'arrête ; l'eau du drainage ne peut plus couler, elle s'élève dans les tuyaux H ; les drains d'asséchement étant dirigés suivant des horizontales, l'eau est maintenue dans le terrain au niveau qu'elle atteint dans les tuyaux H.

Pour que le drainage soit anéanti momentanément, il suffit que l'eau soit maintenue dans les regards au niveau de la surface.

Si, dans le canal d'amenée M N (fig. 552), on dispose d'eau claire et qu'on veuille faire une irrigation souterraine, on ouvre l'orifice V du regard numéro 2 placé en R, et on ferme les orifices V des autres regards numéro 2 ; l'eau prend alors dans les regards sensiblement le niveau indiqué par les lignes ponctuées A C (fig. 553), et se répand de là dans les drains d'asséchement qui la fournissent à la terre.

Pour irriguer superficiellement sans profiter du drainage, on ferme les trous D et C des regards numéro 1 (fig. 526 et 527) afin d'anéantir le drainage. Quand on veut se servir du drainage pour l'irrigation superficielle, on peut le faire de deux manières.

Si on a des eaux troubles, il faut fermer les trous D et C des regards numéro 1 et ceux V des regards numéro 2, excepté dans le regard en R (fig. 552), qui est ouvert ; l'eau se précipite dans le collecteur E E, monte dans le tuyau X du premier regard numéro 2 qu'elle rencontre, passe par le trou A dans le tuyau Y, et de là s'écoule dans le collecteur pour remonter dans le premier regard numéro 2 qu'elle trouve, et ainsi de suite ; mais, en même temps que l'eau s'élève dans les regards numéro 2, elle monte aussi dans les tuyaux K des regards numéro 1 et s'écoule par les trous U dans les rigoles horizontales H H (fig. 553) ; ces rigoles déversent l'eau en nappes minces sur le pré par leur bord inférieur. Si leur longueur est trop grande pour pouvoir déverser uniformément, on les divise par sections M L, H H, horizontales et communiquant entre elles par des portions de rigoles verticales qui fournissent une quantité d'eau déterminée.

Lorsque l'eau est claire, il y aurait peut-être moyen d'éviter les rigoles de niveau : on pourrait mettre de distance en distance, sur les drains d'asséchement, des tuyaux verticaux A B (fig. 525) qui ramèneraient l'eau à la surface comme autant de petites sources : l'extrémité de ces tuyaux serait protégée par une calotte sphérique percée de petits trous.

Pour assécher la terre irriguée il suffira de faire fonctionner le drainage en levant les bondons. Lorsqu'on veut s'assurer que les drains fonctionnent bien, on les examine dans les regards numéro 1, au moment où le terrain est imprégné d'eau.

Il est évident que l'irrigation par les regards-vannes pourrait s'effectuer même avec les drains ordinaires, sans avoir recours aux conduites étanches; mais alors il faudrait employer une pente assez grande d'au moins 0ᵐ.01 par mètre pour chasser les matières qui s'introduiraient dans les tuyaux. Dans le système avec conduites étanches, la terre ne pouvant s'introduire dans les drains, il ne faut que la pente justement nécessaire pour que le débit de l'eau puisse s'effectuer. Il est donc certain que cette méthode donne plus de sécurité que toute autre et qu'elle mérite d'être recommandée.

M. Duponchel, ingénieur des ponts et chaussées, a appliqué aux arbres de l'esplanade de Montpellier le drainage avec l'irrigation souterraine, et il a obtenu des résultats remarquables.

CHAPITRE XXIX
Colmatage

L'opération du colmatage, mot italien francisé qui signifie combler, consiste à amener des eaux troubles ou boueuses sur un terrain où on les laisse déposer les matières qu'elles tiennent en suspension; si on fait ensuite écouler les eaux devenues claires par un repos suffisamment prolongé, on obtient un sol plus ou moins modifié, selon la plus ou moins grande abondance du dépôt formé.

Les données sur la quantité de limon que les eaux des différents fleuves en France roulent avec elles ne sont pas nombreuses; elles sont cependant utiles à connaître pour calculer les effets que l'on peut attendre du colmatage.

Les eaux qui passent pour être les plus propres aux opérations du colmatage entreprises par des particuliers sont celles de l'Hérault, du Vidourle, de la Durance, de l'Aude, de l'Ardèche, de la Drôme, de l'Ouvèze. Les matières charriées par la plupart des fleuves ne sont pas, du reste, recueillies sur leur parcours ; elles sont portées jusqu'à la mer, et elles forment souvent des atterrissements vers les embouchures des grands cours d'eau ; nous verrons dans le chapitre suivant, sous le titre de *Warpage*, les résultats que l'on obtient sur les côtes maritimes en aménageant convenablement les terrains conquis sur les limons que la mer n'engloutit pas, mais ramène sans cesse vers les rivages.

« Il est des eaux qui, comme celles de la Durance et surtout de l'Aude, dans leurs crues, dit M. Nadault de Buffon, contiennent moyennement 2 à 5 millièmes de substances terreuses, et, dans quelques cas, la proportion va même au delà de ce chiffre. Mais il est très-difficile de préciser au juste cette proportion : 1° parce qu'elle peut varier considérablement d'une crue à une autre ; 2° parce qu'il en est à peu près de cette question comme de celle des diverses vitesses d'un cours d'eau, et que les couches inférieures contiennent non-seulement plus de limon, mais un limon d'une autre nature que les couches superficielles. »

Ces remarques sont extrêmement justes ; il n'est possible d'obtenir sur cette question que des chiffres approximatifs, et on ne doit employer ces chiffres qu'avec une grande circonspection.

Quoi qu'il en soit, on voit que M. Nadault de Buffon admet que, dans les crues, les eaux de la Durance et de l'Aude renferment par mètre cube 2 à 5 kilogrammes de limon ; on a trouvé jusqu'à 4ᵏ.2 dans de très-fortes crues ; on donne 500 grammes comme moyenne.

« Pendant une de ces crues de la Garonne, qu'on appelle à Bordeaux une *souberne*, dit Arago, laquelle eut lieu le 1ᵉʳ avril 1828, et qui, du reste, fut très-peu considérable, on constata que la matière tenue en suspension dans l'eau du fleuve était en poids les 0.000022 du total

(220 grammes par mètre cube). » M. Baumgarten, ingénieur en chef des ponts et chaussées, a trouvé par des
observations suivies, faites à Toulouse de 1839 à 1846
inclusivement, que la Garonne a un débit moyen de 787^{mc}.7
par seconde, transportant 185^{k}.14 de vase également par
seconde, ce qui correspond à une quantité moyenne de
255 grammes par mètre cube ; le chiffre du plus fort dépôt
a été de 400 grammes par mètre cube le 8 août 1844 ; mais
jamais dans un an il n'y a eu plus de neuf jours qui aient
donné au-dessous de 100 grammes par mètre cube. D'après
les observations faites par les ingénieurs de la navigation
sur les eaux claires et les eaux troubles, on a compté en
moyenne, sur 15 années (1851 à 1843), 244 jours pour les
eaux claires et 121 jours pour les eaux troubles. M. Maitrot
de Varenne, également ingénieur des ponts et chaussées,
qui a publié un très-bon livre sur les irrigations et les
desséchements du département de la Haute-Garonne, a
trouvé 800 grammes par mètre cube pour la grande crue
du 3 juin 1855, 300 à 400 grammes pour les petites
crues, et en général des quantités très-minimes, entre 50 et
100 grammes.

D'après les observations de la commission hydrométrique
de Lyon, publiées par M. Fournet, les eaux du Rhône, en
1844, ont renfermé au maximum 493 grammes de dépôt
par mètre cube, au minimum 7 grammes, et en moyenne
151^{gr}.7. Dans la crue de 1840, qui a occasionné une
grande inondation, M. Lortet a trouvé un maximum de
1^{k}.25, le 30 octobre. M. Gorse, ingénieur des ponts et
chaussées, donne, dans un Mémoire sur la Camargue, des
chiffres plus considérables ; le Rhône charrierait 750
grammes par mètre cube en moyenne, 214 grammes en
temps d'étiage, 65^{k} en temps de grandes crues. « La quantité de limon, remarque M. Boussingault (*Économie rurale,*

t. II, p. 144), varie d'ailleurs considérablement sur les
divers points du fleuve; à la sortie du lac de Genève, elle
est presque nulle. » M. Surrell a trouvé à Beaucaire, en
1847, une moyenne de 482 grammes par mètre cube; la
plus forte proportion recueillie a été, le 17 mai 1846, de
17ᵏ.58 à la surface et de 21ᵏ.78 à une profondeur de
5 mètres; ce jour-là, le Rhône marquait 4ᵐ.7 à l'échelle
de Beaucaire.

D'après la commission hydrométrique de Lyon, déjà citée
plus haut, la Saône, en 1844, a contenu au plus 184ᵍʳ.1 de
dépôt, au moins 8ᵍʳ.4, et en moyenne 96 grammes par
mètre cube.

M. Monestier-Savignat, ingénieur des ponts et chaussées,
auteur d'un livre remarquable sur les eaux considérées au
point de vue des inondations, estime à 555 grammes par
mètre cube la quantité moyenne de vase tenue en suspension uniformément dans l'eau trouble charriée par l'Allier.

M. Marchal, ingénieur des ponts et chaussées, ayant recueilli de l'eau de la Seine à Rouen, en octobre 1852, après
des pluies qui avaient grossi et fait déborder le plus grand
nombre des affluents du fleuve, n'y a trouvé que 22ᵍʳ.5 de
limon par mètre cube.

Des expériences faites pendant tous les jours d'un mois
(décembre 1849) au pont de la Goffe, à Liège, sur les eaux
de la Meuse, ont donné, d'après ce que rapporte M. Hervé-
Mangon, au minimum 14 grammes, au maximum 474
grammes, en moyenne 100 grammes par mètre cube.

M. Hévaz (*Cours d'agriculture de M. de Gasparin*, t. I,
p. 241), ayant cherché la quantité de limon contenu dans
les eaux du Rhin lors de leur passage à Bonn, a trouvé, le
fleuve étant très-bas, au mois d'avril, 48 grammes, et, le
fleuve étant très-haut, en novembre, 80 grammes par mètre
cube.

Le Pô, d'après M. Lombardini, charrie en moyenne 749 grammes de limon par mètre cube.

Le Nil, d'après le grand ouvrage *Description de l'Égypte* dû à la célèbre expédition française, roulerait, lors de ses inondations, une quantité de limon plus considérable encore; elle ne serait pas moindre que 833 grammes par mètre cube en moyenne.

Pour compléter ces renseignements, nous ajouterons les chiffres suivants, relatifs aux quantités d'eau débitées par divers fleuves.

Noms des fleuves.	Débit annuel en eau. MILLIONS DE MÈTRES CUBES.	Limon charrié annuellement. MÈTRES CUBES.	Sources des observations.
Rhône. . .	54,236	21,000,000	M. Surrell.
Seine.. . .	16,000	368,000	M. Marchal.
Garonne . .	24,841	5,691,716	M: Baumgarten.
Allier.. . .	5,005	1,365,803	M. Monestier.
Pô.	54,242	40,637,000	M. Lombardini.
Nil.	3,700,000	4,380,000,000	M. Girard.
Gange. . .	560,000,000	700,800,000,000	M. Rennel.
Mississipi. .	〃	2,277,600,000	id.
Koang-Hô. .	〃	525,600,000	M. Barrow.

L'exhaussement du terrain des vallées du Nil produit par le limon, malgré l'énorme quantité de matières tenues en suspension dans ses eaux, n'est, d'après M. Girard, que de $0^m.126$ par siècle.

M. Monestier-Savignat a calculé que le limon de l'Allier couvrirait la Limagne, dont la superficie est de 12,000 hectares, d'une couche de $1^m.13$ de vase par siècle.

Nous ajouterons enfin que la densité des divers limons paraît-être comprise entre 1.4 et 1.5, mais que leur composition varie beaucoup avec la nature des roches que les eaux qui les entraînent ont corrodées.

D'après l'analyse qu'en a faite M. Hervé-Mangon, le limon de la Loire et le limon de la Gironde ont la composition

suivante; j'ajoute au tableau la composition du limon du
Rhin et du limon de la Marne, d'après M. Muller.

	Loire.	Gironde.
Eau combinée et matières organiques.	8.59	9.51
Sels solubles	0.22	0.20
Carbonate de chaux et de magnésie. .	4.75	6.61
Alumine et peroyde de fer.	12.05	13.66
Silice et argile insolubles dans les acides.	74.59	70.22
Totaux.	100.00	100.00
Azote pour 100.	0.24	0.20

	Rhin.	Marne.
Eau combinée et matières organiques.	5.10	5.05
Carbonate de chaux.	4.60	37.96
Carbonate de magnésie.	2.10	0.33
Alumine	55.50	5.97
Peroxyde de fer.	15.65	0.80
Silice.	17 05	16.61
Sable siliceux pur.	»	33.30
Totaux	100.00	100.00

Pour exécuter des colmatages, on ouvre sur la rive du
cours d'eau des espèces de coupures nommées *épanchoirs*,
qui livrent dans des canaux spéciaux la quantité d'eau calculée pour produire l'effet que l'on a en vue; cette eau est
dirigée sur les bas-fonds qu'il s'agit d'exhausser. L'épan-
choir est une prise d'eau formée d'un seuil et de deux murs
latéraux; l'eau y pénètre soit par des vannes de fond, soit
par déversement sur des poutrelles mobiles. On s'arrange
de telle façon que les eaux troubles introduites à l'époque
des crues n'aient pas d'écoulement; elles deviennent bientôt
stagnantes et déposent les matières qu'elles tenaient en
suspension. Quelque temps après leur introduction et au
fur à mesure qu'elles se dépouillent de leurs sédiments,
on les fait écouler avec précaution pour en amener de nouvelles. On comprend que l'opération marchera d'autant
mieux et d'autant plus vite qu'on pourra amener les eaux

troubles dans des canaux ayant une pente s'approchant davantage de la pente du cours d'eau alimentaire, et qu'en même temps on pourra faire écouler les eaux claires plus lentement par leur surface supérieure. On obtient ce résultat à l'aide de barrages à poutrelles (voir page 269); et, comme il s'agit de constructions essentiellement provisoires, on a recours au bois, et non pas à la maçonnerie.

Selon la nature de l'eau employée et aussi selon la quantité qu'on peut amener et renouveler, on obtient des résultats très-différents. Il n'est pas rare, sur les bords de l'Aude, de la Durance, de l'Hérault, de l'Orbe, etc., d'avoir par campagne un exhaussement de $0^m.15$ à $0^m.20$; ailleurs on ne peut guère obtenir que $0^m.05$ à $0^m.05$, mais cet effet est déjà très-important.

Comme exemple de la manière de procéder et des résultats qu'on peut obtenir, nous citerons les travaux de colmatage de M. Thomas, aux environs d'Avignon. M. Thomas possédait une propriété de 150 hectares presque entièrement composée de grèves ou *garrigues*; il pouvait en outre dériver du canal de Crillon 400 litres d'eau par seconde. Dans l'impossibilité de transformer une propriété tout entière exclusivement en prairies, M. Thomas a eu la pensée de créer des terres arables sur les cailloux de ses garrigues. Le procédé qu'il a employé a été décrit par M. Conte, ingénieur des ponts et chaussées, de la manière suivante (*Journal d'agriculture pratique*, 5ᵉ série, t. III, 1851):

La terre à colmater (fig. 554) est d'abord entourée d'un fossé destiné à l'isoler des terres riveraines, et à recevoir les infiltrations; les déblais du fossé servent à établir une chaussée qui s'élève à $0^m.70$ environ au-dessus de la terre à colmater. Cette terre est ensuite coupée en zones a, a', a'', a''', a^{iv}, a^v, de plus en plus petites au fur et à mesure qu'on s'éloigne du canal qui doit fournir les eaux. Ces zones sont formées par de petites chaussées; le couronnement de la première est à $0^m.50$ au-dessus du terrain, et les autres sont disposées de façon que la terre con-

27.

serve une inclinaison vers la direction aa^v; dans le chantier représenté
par la figure 534, le couronnement de la seconde chaussée est placé à
0ᵐ.10 en contre-bas de celui de la première, et ainsi de suite; le couronnement de chaque chaussée étant de 0ᵐ.10 au-dessous de celui qui
précède. Les eaux sont introduites dans le compartiment a au moyen du
canal bb. Lorsque ce compartiment se trouve rempli, les eaux se déversent dans le compartiment a' par-dessus la chaussée $b'b'$; elles se
rendent ensuite successivement dans chacun des autres compartiments, où

Canal d'écoulement.

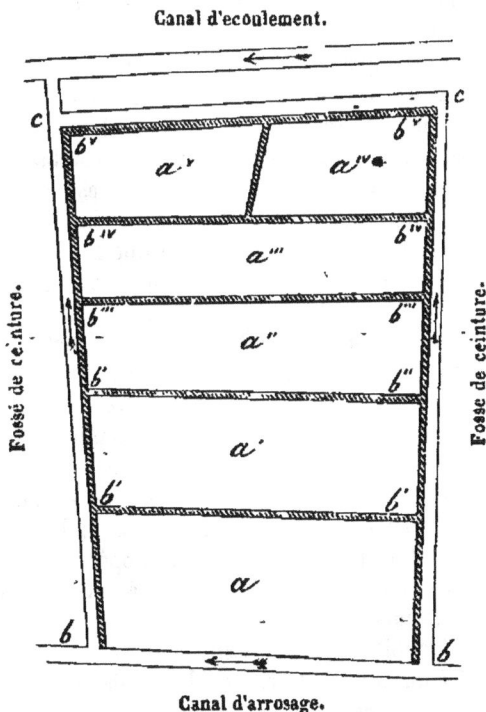

Fig. 534. — Procédé de colmatage employé aux environs d'Avignon.

elles déposent tous les sédiments qu'elles tiennent en suspension; puis
elles sont reçues dans le fossé cc, et de là elles se rendent dans le canal
d'écoulement, où elles arrivent aussi claires que de l'eau de roche.

Le premier compartiment a est bientôt colmaté; aussitôt qu'il a reçu
la couche de limon qui paraît convenable, on creuse un fossé le long de
la chaussée $b'b'$ dans le compartiment a pour l'isoler du reste du chantier; on renforce cette chaussée, et le compartiment a'' devient à son
tour tête du colmatage.

On continue ainsi jusqu'à ce que chacun des compartiments ait été
suffisamment colmaté. Les divers compartiments a, a', etc., recevant
successivement les eaux, les dépôts les plus grossiers se font d'abord
dans les premiers compartiments et les dépôts les plus ténus dans les

derniers; mais les eaux de première main étant tour à tour amenées dans chaque compartiment, toutes les natures de dépôts s'y forment et sont d'ailleurs parfaitement mélangées par les charruages.

Lorsque le terrain n'a pas beaucoup d'inclinaison, les petites chaussées $b'b'$, $b''b''$, $b'''b'''$, etc., sont établies de niveau, et, sur la fin de l'opération, on fait arriver les eaux par les deux extrémités opposées, et le choc des deux vitesses opère le mélange des dépôts.

La dernière chaussée du chantier est placée à 4 ou 5 mètres du canal d'écoulement. Les charruages annuels amènent sur cette partie la terre qui lui est nécessaire pour participer à l'amélioration dont tout le terrain est l'objet, et cette disposition permet de conserver vers l'extrémité une pente qui favorise l'écoulement des eaux pluviales.

Le colmatage une fois terminé, on laboure la terre au moyen d'une charrue à dix colliers qui enlève les chaussées, comble les fossés, nivelle le terrain et mélange les diverses couches amenées par le colmatage.

Il est une précaution indispensable pour empêcher les colmatages d'être des foyers d'infection, c'est de veiller à ce que la couche d'eau répandue sur le terrain ait au moins 0m.50 d'épaisseur; car, sans cela, cette eau presque stagnante s'échauffe aux rayons solaires, et entraîne la décomposition des végétaux qui poussent sous l'eau. C'est pour arriver à ce résultat que la terre à colmater est divisée en petits compartiments; car, lorsque le premier compartiment est près d'être colmaté, l'eau qui passe dans ce compartiment est animée d'une vitesse plus grande que lorsque le colmatage commence; elle entraîne donc une grande partie des troubles qu'elle tenait en suspension; mais ces troubles se déposent dans les compartiments suivants. Si on n'avait qu'un seul compartiment, les troubles que l'eau entraînerait à la fin de l'opération seraient perdus, ou bien il faudrait réduire la quantité d'eau à amener dans le compartiment, ce qui serait nuisible à la salubrité de la contrée.

L'absence des troubles et la nécessité d'employer les eaux aux irrigations, réduisent à quatre mois l'espace de temps pendant lequel on peut appliquer les eaux aux colmatages. La surface colmatée par M. Thomas est de 9 hectares en 3 ans, ce qui fait 3 hectares par an; la couche de limon apportée sur le terrain ancien est de 0m 50 à 0m.70.

La dépense pour 3 hectares de terre, d'après les résultats constatés sur 40 hectares déjà colmatés, est la suivante :

Taxe au canal Crillon.	150 fr.
Privation de récolte pendant 2 ans.	500
Curage des fossés..	100
Construction des fossés, 1,500 mc. à 0f.30.	450
Entretien des chaussées.	150
Mise en culture	150
Total pour 3 hectares. . . .	1,500 fr.

La dépense est donc de 433 fr. par hectare. Les bénéfices sont énormes,

puisqu'on transforme ainsi des terrains qui valent 1,200 fr. l'hectare
terres à blé de 7,000 fr., et qu'en outre ces terres portent sept ou huit
récoltes de blé sans qu'il soit nécessaire d'y mettre aucun engrais.

M. Conte estime qu'une grande partie du territoire d'Avignon pourrait être soumise à cette opération, à condition
toutefois, vu le morcellement excessif de la propriété, qu'il
se formerait une association volontaire entre les divers propriétaires de garrigues. M. Conte estime aussi que le colmatage des déserts de la Crau serait extrêmement facile
avec les eaux de la Durance; il n'y aurait qu'à agrandir les
canaux pour augmenter le débit pendant l'hiver, et l'on
pourrait, avec 50 mètres cubes d'eau par seconde, créer
annuellement 500 hectares de terres labourables.

Les créations de prairies qui ont été faites sur les grèves
de la Moselle par MM. Dutac, Naville, Binger, etc., sont
dues à de véritables colmatages effectués avec les eaux de
cette rivière. La quantité de limon déposé étant beaucoup
plus faible que dans les exemples précédents, on n'obtient
pas sur les rives de la Moselle des terres labourables, mais
on forme des surfaces gazonnées qui fixent les lits de graviers, et dont on augmente la fertilité par des irrigations
continues. La méthode employée pour obtenir une transformation si remarquable de graviers mouvants en prairies
donnant par an 5,000 kilog. de foin et 2,500 kilog. de regain a consisté à diviser la surface à conquérir en bassins
susceptibles d'être arrosés par une même prise d'eau principale et des canaux secondaires et n'ayant que juste la
pente nécessaire pour produire un écoulement. Les prises
d'eau ont lieu par la surface ou par des vannes de fond,
suivant les hauteurs relatives des canaux. Les eaux, après
avoir parcouru tout le terrain, sont ramenées dans la rivière par des rigoles de décharge. Les nivellements doivent
être faits de telle sorte que le résultat à atteindre ne soit

contrarié par aucun obstacle; on laisse le terrain dans son état naturel, lorsque cela est possible; on forme des planches en ados dans les parties qui sont déjà gazonnées. Le prix moyen des terrassements et du creusement des canaux varie de 600 à 1,200 fr. par hectare. Lorsque le terrain est convenablement disposé, on sème sur toute la surface de la graine de foin au printemps ou à l'automne, et ensuite on fait arriver les eaux, d'abord de manière à humecter seulement, puis en quantité croissante à mesure que la végétation se développe. Un léger dépôt de limon se produit lentement, et au bout d'un an ou de dix-huit mois les prairies sont formées et commencent à donner du fourrage. Au bout de deux ans, on réduit les irrigations au moment où la végétation est la plus forte, pour que l'herbe ne se couche pas et qu'elle ne soit pas détériorée par le limon. L'interruption de l'irrigation n'a toutefois lieu que pendant un mois environ pour chaque coupe, tant pour sécher le sol et les plantes et faciliter la maturité des graines que pour enlever la récolte. Nous avons dit précédemment (p. 244) combien sont considérables les quantités d'eau employées dans ces irrigations avec colmatage.

Le lecteur connaît maintenant des exemples extrêmes de la transformation du sol avec des eaux diversement chargées de matières limoneuses : ici le dépôt est très-lent et minime, là il est relativement rapide et considérable. L'homme peut imiter la nature et produire des colmatages artificiels de telle intensité qu'il le désire. L'illustre Thaër en a décrit le moyen, sous le nom de *terrement*, dans son grand ouvrage d'agriculture; il y a consacré de nombreux détails que nous ne ferons que résumer. Thaër rapporte que l'opération s'est effectuée sur une très-grande échelle, dans une grande partie de l'Allemagne, et particulièrement dans les contrées sablonneuses et dans les bruyères des duchés de Lunebourg et de Brême, et que tous les détails en ont été donnés dans la deuxième année des *Annales d'agriculture de la Basse-Saxe*, par son ami J. F. Meyer. Le terrement consiste à faire charrier par un cours d'eau les terres d'une élévation qui domine une vallée sur les terres plus basses, le plus souvent marécageuses, de manière à créer une surface plane, doucement inclinée, susceptible de devenir rapidement une excellente prairie arrosée.

D'après M. de Gasparin (*Cours d'agriculture*, 1re édition, tome Ier, page 509), on peut diluer dans une eau courante une quantité de matières terreuses égale aux quatre cinquièmes de son propre poids. On conçoit que, si on fait arriver une eau animée d'une vitesse suffisante, c'est-à-dire roulant suivant une assez grande pente contre un banc de terre, celui-ci s'éboulera et finira par être entraîné. Le résultat sera bien mieux et plus vite atteint si, d'une part, des ouvriers détachent la terre avec des bêches et la jettent dans les endroits où le cours d'eau a le plus de force, et si, d'autre part, des ouvriers, placés sur l'endroit même où l'eau opère ou sur le talus nouvellement formé, divisent les mottes de terre et les poussent en avant avec des houes. Un canal étant donc creusé de manière à couper la butte de terre à enlever, on dirige l'eau par une tranchée le long du flanc de cette butte de manière à la ronger; à mesure qu'une partie en est enlevée, on amène l'eau plus près, en redressant l'autre bord par quelques clayonnages. « La largeur sur laquelle on doit opérer à la fois, dit Thaër (§ 873), dépend de la quantité d'eau dont on dispose et de la nature du terrain. Si le volume d'eau est grand et que la terre soit de nature à être facilement transportée par cette eau, on peut étendre l'eau sur 3 à 4 mètres de largeur, parce que la terre est suffisamment entraînée et qu'elle se répartit et se dépose plus également, sans l'intervention des bras. Mais, si le cours d'eau est petit, et que la terre présente plus de résistance, il ne faut donner à la nappe d'eau que 1^m.30 à 1^m.50 de largeur, afin que la force y soit plus concentrée. » Le canal qui amène l'eau ne doit avoir que très-peu de pente, environ 0^m.005 par mètre; mais, à partir du point où la terre doit être enlevée jusque dans le bas-fond que l'on veut relever, il faut que l'inclinaison soit au moins de 0^m.06 par mètre, si le fond du canal a 0^m.60 de largeur et que l'eau s'y élève à 0^m.45. Si les dimensions du canal sont plus grandes, la pente peut être moindre. Dans ces conditions, on peut compter que la terre en suspension dans l'eau sera parfaitement charriée jusqu'à une centaine de mètres. Lorsque le terrain est argileux et difficile à entraîner, la pente doit être double de ce qui suffirait pour un sable léger. On fait déborder l'eau et on la maintient par de petites digues dans les endroits à combler, exactement comme on opère pour les colmatages avec des eaux naturellement limoneuses.

C'est en Italie et particulièrement en Toscane, dans la vallée de la Chiana, que l'on trouve les plus beaux colmatages qui aient été faits. Leur origine est célèbre. Les plus savants hydrauliciens du dix-septième siècle s'en sont occupés. Il s'agissait d'assainir le pays jadis florissant qui s'étend depuis Avezzo jusque vers Orvieto, sur une longueur de 87 kilomètres et une largeur de 5 kilomètres. Les guerres du moyen âge avaient fait abandonner tous les soins qui rendaient merveilleuse la fertilité de cette terre. Des marais empestaient une contrée jadis couverte de jardins. Au dix-septième siècle, la famille des Médicis provoqua, pour trouver les moyens de ramener la prospérité dans les marécages, une discussion à laquelle prirent part

Galilée, Castelli et Torricelli. Ce dernier savant, l'inventeur du baromètre, préconisa le colmatage. Le nouveau système fut adopté de préférence au simple creusement et à l'approfondissement des canaux d'écoulement. Depuis cette époque, les travaux n'ont pas cessé; d'autres ingénieurs célèbres y ont participé, entre autres M. Fossombroni, puis M. Alexandre Manetti, ancien élève de notre école polytechnique. Un illustre hydraulicien, M. de Prony, en a rendu compte en France. On achève aujourd'hui ces immenses travaux, qui, avec les colmatages effectués dans les maremmes et surtout dans les marais de Castiglione, près Grossetto, font de la Toscane la véritable école pratique des ingénieurs agricoles.

Le colmatage se recommande donc entre tous les procédés de desséchement, et par l'autorité des hommes considérables qui l'ont appliqué, et par l'importance des travaux effectués.

CHAPITRE XXX

Warpage

Nous donnons le nom de warpage à un genre de colmatage qui a d'abord été pratiqué dans la Grande-Bretagne, et que les Anglais appellent *warping*. L'opération consiste à exhausser des terrains situés sur les côtes maritimes au moyen du limon siliceux et calcaire que les eaux de la mer rejettent lors des marées montantes, particulièrement près des embouchures des cours d'eau. Quelques applications de cette méthode ont été faites récemment et avec succès en France dans la baie Saint-Michel et aux environs de Cherbourg. Mais c'est surtout dans quelques comtés d'Écosse et d'Angleterre, et particulièrement dans ceux de Lincoln et d'York, que l'on trouve les plus beaux warpages. Les travaux faits à l'embouchure de l'Humber et vers les points où il reçoit la Trent et l'Ouse sont les plus célèbres; ils ont été commencés en 1821 par M. Ralph Creyke. Le limon ou warp des bouches de l'Humber, analysé en 1850 par M. Herapath (*Journal de la Société royale d'agriculture d'Angleterre*, t. XI, p. 102), a été trouvé avoir la composition moyenne que nous allons rapporter. Nous le supposons desséché. Tel qu'il est, par sa simple exposition à l'air, il renferme de 4 à 6 pour 100 d'eau; quand il est à l'état frais, la dose d'humidité s'élève à 48 pour 100 :

Matières organiques..		6.927
Sels solubles 1,473	Chlorure de magnésium.	0.105
	Chlorures de sodium et de potassium.	0.959
	Sulfate de magnésie..	0.176
	Sulfate de soude.	0.313
Carbonate de chaux.		8.177
Carbonate de magnésie.		0.512
Sulfate de chaux..		0.104
Alcalis des silicates décomposés..		0.469
Chaux.		0.677
Magnésie.		2.604
Oxyde de fer.		5.052
Alumine.		8.177
Oxyde de manganèse.		traces.
Phosphate de peroxyde de fer		1.040
Acide silicique..		9.062
Sable, silicates indécomposés		55.866
	Total.	100.000

Azote pour 100 . . . . . . 0.245

Il y a une grande analogie entre ce warp et les tangues que l'on trouve, en France, sur les côtes des départements de la Manche, du Calvados et d'Ille-et-Vilaine, particulièrement à l'embouchure des rivières de la basse Normandie et de la basse Bretagne; on reconnaît cette analogie en rapprochant de l'analyse précédente les analyses suivantes faites par M. Isidore Pierre, quoiqu'elles aient été exécutées sur un plan différent de celle de M. Herapath; les tangues sont seulement beaucoup plus calcaires que le warp.

	Tangues de				
	St-Malo.	Moidrey.	Avranches.	Mont-Martin sur-mer.	Pont de la Roque.
Matières organiques.	6.90	2.96	4.08	7.27	4.51
Chlore.	0.55	0.74	0.40	0.27	0.03
Acide sulfurique.. .	0.66	0.34	0.42	0.07	0.30
Acide phosphorique.	0.57	1.38	0.25	0.72	0.55
Carbonate de chaux.	25.25	39.25	40.26	45.45	41.45
Magnésie..	0.87	0.19	0.09	0.19	0.16
Soude et potasse . .	1.06	1.01	0.71	0.32	0.27
Silice soluble. . . .	0.51	2.25	0.01	traces.	0.69
Alumine et oxyde de fer.	0.50	1.33	0.10	0 35	2.41
Sable et argile. . .	63.05	50.43	53.41	45.26	50.53
Totaux.	100.00	100.00	100.00	100.00	100.00
Azote pour 100. . .	0.162	0.112	0.071	0.160	0.096

	Tangues de				
	Lessay (havelée).	Lessay (bêchée).	Cher-bourg.	Brevands.	Isigny.	Solle-nelles.
Matières organiques.	3.59	2.21	2.45	3.25	1 43	3.31
Chlore.	0.92	0.14	0.32	0.01	0.11	0.05
Acide sulfurique.	0.41	0.08	0.02	traces.	0.05	traces.
Acide phospho-rique.. . . .	0.28	0.12	0.15	0.12	0.18	0.08
Carbonate de chaux	52 12	31.12	24.24	23.45	27.71	46.22
Magnésie. . . .	0.16	0.11	0.57	0.27	0.10	0.27
Soude et potasse.	1.13	0.13	0.26	traces.	0.15	0.03
Silice soluble. .	traces.	//	traces.	//	//	0.09
Alumine et oxyde de fer.. . . .	0.35	0.35	0.14	0.31	0.32	0.29
Sable et argile..	41.10	65.45	71.91	72.76	69.67	49.12
Totaux.. . .	100.00	100.00	100.00	100.00	100.00	100.00
Azote pour 100.	0.137	0.026	0.042	0.040	0.035	0.071

Des analyses faites par M. Marchal, ingénieur des ponts et chaussés, donnent pour la composition des tangues des embouchures des trois rivières de la baie du Mont-Saint-Michel, la Sée, la Séline et le Couesnon, les résultats suivants :

	Tangues		
	de la Seline.	de la See.	du Couesnon.
Matières organiques.	5.01	3.79	8.18
Sels solubles. . .	0.21	0.29	0.78
Carbonate de chaux.	38.37	41.44	30.81
— de magnésie.	1.63	0.95	1.52
Alumine.	5.88	5.81	6.59
Oxyde de fer. . . .	5.90	6.01	5.54
Silice.	40.27	39.89	45.19
Totaux.	99.00	99.57	100.00

Ici le dosage de l'azote et de l'acide phosphorique n'a pas été fait.

Enfin M. Hervé-Mangon a publié l'analyse de quelques vases d'eau de mer qui complètent les renseignements que l'on possède sur la question :

	Vases des ports de				
	la Rochelle.	Royan.	Redon.	Vannes	Lorient.
Matières organiques.	13.72	7.63	13.67	8.02	8.87
Sels solubles. . . .	1.17	0.68	0.19	4.56	3.59
Carbonate de chaux.	14.03	11.47	0.00	1.32	17.68
Alumine et peroxyde de fer.	7.50	9.24	9.92	14.30	5.17
Silice et argile insolubles dans les acides.	63.58	70.96	76.22	71.80	64.84
Totaux. . . .	100.00	100.00	100.00	100.00	100.00
Azote pour 100. . .	0.35	0.29	0.29	0.67	0.29

L'acide phosphorique n'a pas été déterminé dans ces analyses.

Quelque incomplète que soit encore l'étude de tous les limons de la mer, on voit qu'ils contiennent une dose de matières organiques azotées dont la richesse est comparable à celle du fumier de ferme, c'est-à-dire de 0.4 à 0.6

pour 100. Il est possible en outre qu'ils renferment aussi des nitrates dont la recherche n'a pas été faite. Quant aux sels solubles qui s'y trouvent, ils sont formés presque en entier par du sel marin.

Dans tous les cas, il s'agit de profiter de cet immense apport que la mer peut faire sur les côtes, particulièrement sur les rives des rivières et des fleuves soumis à l'action de la marée ; c'est une restitution de ce que les vagues enlèvent ailleurs par une corrosion continue, qui, annuellement, ne dévore pas moins de 10 millions de mètres cubes de matières grosses et fines sur les seules côtes de France et d'Angleterre dans la Manche, ainsi que l'a démontré M. l'ingénieur Marchal (*Annales des ponts et chaussées*, 3e série, t. VII, p. 201). Voici comment l'opération du warpage est décrite dans *Morton's Cyclopedia of Agriculture;* la méthode anglaise ne diffère pas beaucoup de celle qui est suivie en France.

On construit sur le bord de la rivière une prise d'eau, munie d'une écluse à deux ventaux, dont la section ne représente que le tiers de celle de la tranchée qui reçoit l'eau et qui sert de canal d'irrigation. On entoure d'une digue le terrain que l'on veut warper. La digue porte de 0m.60 à 0m.90 de largeur au couronnement, et ses talus sont ordinairement inclinés de manière à présenter 1m.25 ou 1m 50 de base pour 1 mètre de hauteur. Son élévation dépend du niveau du sol. On doit déterminer préalablement par un nivellement les hauteurs respectives de ce sol et de la rivière, afin de calculer les dimensions de la digue, qu'il n'est pas nécessaire d'élever autant que la surface de la rivière, parce que le reflux commence avant que l'eau soit parvenue à sa hauteur maximum dans la pièce de terre. Lorsque l'on veut opérer le colmatage, on ouvre les deux ventaux de l'écluse, qui se ferment d'eux-mêmes sous la pression de la rivière, et on les maintient par des tirants. L'eau chargée de vase se précipite dans le canal, mais, lorsqu'elle s'étend sur le sol, le ralentissement de son mouvement permet aux troubles de se déposer. Le canal d'amenée se prolonge sur le terrain à arroser, côtoie la partie la plus élevée de la digue, et ne livre qu'au point le plus éloigné de la pièce de terre l'eau qui se trouve ainsi forcée de rétrograder lentement pour se jeter de nouveau dans le canal, lorsque le niveau s'y est abaissé par l'effet du reflux. Pour y rentrer, elle traverse un ponceau muni d'une vanne et ménagé dans la partie la moins élevée de la digue. Lorsque la pièce de terre la plus éloignée a reçu une couche suffisante de limon, le liquide est admis sur une pièce plus proche, par une ouverture que l'on perce dans la digue. Si l'on ne suivait pas cette méthode de colmatage successif, les parties limoneuses les plus fines des troubles, tenues en suspension beaucoup plus longtemps que les sables légers, seraient portées beaucoup plus loin, et l'opération rendrait le terrain trop sablonneux dans certaines places, et trop limoneux dans d'autres. La répartition des courants d'eau par rigoles d'admission demande beaucoup de soin et de jugement, si l'on veut atteindre une distribution des limons égale en épaisseur comme en qualité, et un nivellement uniforme de la surface; car il est très-important d'obtenir des champs qui ne présentent pas de dépressions. L'eau qui a inondé le terrain retourne dans le canal d'amenée, dépouillée de tout ce qu'elle a déposé sur le sol, mais elle conserve encore un aspect vaseux, et enlève, durant son retour, tout ce qu'elle avait pu laisser dans ce canal.

C'est pour cela que l'on ne se sert guère que des hautes marées du printemps, parce que ce sont les seules qui fournissent assez d'eau et assez de différence de niveau pour effectuer dans le canal des chasses suffisantes de retour. L'eau commence à laisser un dépôt aussitôt qu'elle perd sa vitesse en s'étendant; on la fait écouler dès que le reflux le permet, afin de pouvoir répéter l'opération. On s'en délivre d'ailleurs le plus complétement possible, afin que la nouvelle eau, en arrivant, ne trouve aucun obstacle capable de produire un ralentissement, et par conséquent un dépôt nuisible dans le canal d'amenée. Lorsque le terrain à warper est à 6 ou 8 kilomètres de la rivière, il faut souvent laisser passer deux ou trois marées, afin de donner à l'eau précédemment admise le temps de s'écouler.

L'épaisseur de la couche de limon ainsi obtenue varie de $0^m.30$ à $0^m.90$, et se forme en 1, 2 ou 2 1/2 années. Il arrive quelquefois que les terrains marécageux et spongieux s'affaissent sous le poids de cette couche, et réclament plus tard un second colmatage; mais un seul suffit généralement.

La dépense varie nécessairement beaucoup selon les circonstances. En y comprenant les frais des larges canaux de dérivation et des autres ouvrages d'art, on peut, en moyenne, l'évaluer de 750 à 1,250 fr. par hectare; mais, sur les terres voisines des canaux publics, elle reste sans doute beaucoup au-dessous de la moitié de cette somme. Le warpage, malgré ces déboursés, mérite néanmoins d'être fortement recommandé; car il convertit les marais les plus inutiles en terres fermes, bien asséchées et productives, valant de 3,700 à 6,200 fr. et se louant de 150 à 180 fr. par hectare, et souvent plus.

Lorsque les nouveaux limons se sont à peu près consolidés, on divise le terrain en quatre soles, on y ouvre des sillons à la bêche, et on le laisse exposé à l'air pendant tout un hiver. On y sème ordinairement au printemps pour fourrage des graminées mêlées d'avoine, et l'on y fait paître des moutons pendant deux ans, après lesquels la terre a perdu, par l'influence des pluies, la plus grande partie de sa salure. On fait suivre cette première culture par des fèves, du froment et du lin, jusqu'à ce que le terrain soit un peu fatigué et qu'il soit nécessaire de le mettre en jachère, pour le rompre ensuite et le nettoyer.

Les résultats obtenus par cette espèce de colmatage sont vraiment remarquables. Il n'est pas rare d'avoir en un an un dépôt d'une épaisseur de 0^m.40 à 0^m.50 par les seules grandes marées de la nouvelle et de la pleine lune. La fertilité de la terre que l'on a créée est assez grande pour qu'on puisse lui demander plusieurs récoltes sans avoir recours au fumier, et la salure n'est pas assez considérable pour qu'on ne puisse pas en quelques lieux semer des céréales dès la première année.

CHAPITRE XXXI

Dessalage des terrains salés — Relais de mer — Polders Watringues — Moères — Dunes

Il existe sur les côtes de l'Océan et de la Méditerranée de grandes étendues de terrains infertiles à cause de l'excès de sel marin qu'ils contiennent; c'est à peine s'ils donnent un maigre pâturage pour les moutons; ils ne produisent guère que des varechs et des soudes. Beaucoup de ces terrains sont envahis par les eaux de la mer à l'époque des grandes marées ou pendant les violents orages. Dans ce cas, il faut les défendre contre les inondations par des digues auxquelles on donne une grande base et un talus très-doux du côté de la mer. Ces digues, dont l'efficacité est déterminée par leur forme plutôt que par la résistance des maté-

riaux qui les composent, suffisent pour mettre à l'abri des
hautes marées les parties des plages dont le niveau a été peu
à peu élevé par des ensablements et des envasements, et qu'on
appelle des lais et relais de la mer. On dit que ces terrains
sont mûrs lorsqu'ils sont déjà recouverts d'une végétation
vigoureuse de plantes des terres salées; on peut alors les garantir par des digues et par des épis saillants contre de nouvelles submersions pour les livrer avec succès à la culture.
Dans la Flandre, on appelle schoores les relais de mer non
encore endigués, et polders ceux qui sont défendus par des
digues. Au nord de la France, dans les arrondissements de
Dunkerque, de Calais, de Boulogne et de Saint-Omer, les
relais de mer ont reçu le nom de watringues. Les grandes
moères françaises et belges étaient anciennement un grand
lac d'une superficie de 3,500 hectares; elles se trouvent à
l'est du périmètre soumis à l'administration des watringues,
et elles y sont même en grande partie enclavées. La partie
française ou occidentale des grandes moères est aujour-
d'hui séparée de la partie belge ou orientale par une digue
qui forme la frontière des deux États sans tenir compte de
la limite des héritages, de telle sorte que plusieurs sont
situés de part et d'autre de cette frontière. La petite moère
est un ancien lac insalubre, aujourd'hui desséché, d'une
contenance d'environ 430 hectares, et qui est enclavé dans
la quatrième section des watringues du département du
Nord.

Les associations connues sous le nom de watringues
s'occupent de l'administration de vastes terrains qui ne couvrent pas moins de 51,000 hectares dans l'arrondissement
de Dunkerque et de 40,000 hectares dans les arrondissements de Calais, Saint-Omer et Boulogne (Pas-de-Calais). Elles ont pour but de garantir contre les flots cet
immense territoire, placé à un niveau plus bas que la

haute mer. Leur origine remonte à plus de dix siècles,
les propriétaires du sol ayant compris de bonne heure que
des travaux d'ensemble pouvaient seuls défendre chaque
parcelle contre l'invasion des vagues de la Manche. Le
terrain présente une légère pente du sud au nord, c'est-
à-dire vers la mer. Il est encaissé à peu près en tous sens
par des bourrelets formés, d'une part, par les dunes du
littoral, d'autre part, par les digues des canaux ou des
rivières canalisées. Ces cours d'eau sont de petite navigation et se relient avec les lignes navigables du nord de la
France; ils servent en outre d'artères à un réseau complet
de canaux de desséchement, dont les principaux portent le
nom de *watergands;* c'est dans ces derniers que viennent
déboucher de très-nombreuses ramifications qui permettent
un écoulement toujours facile et complet des eaux pluviales.
Le tout est complété par des travaux d'art consistant en
ponts et en ouvrages éclusés, c'est-à-dire munis de portes, de
vannes ou de clapets que l'on ferme contre la haute mer, et
que l'on ouvre à la marée basse. Quelques-unes de ces écluses
sont automobiles, mais leur fonctionnement est peu régulier à cause de l'ensablement, et on préfère les appareils
placés directement sous la main d'agents spéciaux. Les
travaux d'art sont généralement en maçonnerie, dès qu'ils
ont des dimensions un peu considérables; les petites ouvertures ont des buses en charpente qui, placées presque entièrement sous terre, se conservent assez bien. Pour faire
face à l'entretien des chemins d'exploitation et de tous les
travaux d'art, au curage des canaux, au redressement
des talus, à la réparation des fascinages et des gazonne-
ments, etc., on opère une répartition proportionnelle des
frais, qui s'élèvent de 2^f.40 à 4^f.60 par hectare et par an.
Pour l'administration, qui se fait par des délégués élus, les
watringues du département du Nord sont divisées en quatre

sections et celles du département du Pas-de-Calais en huit
sections. Les propriétaires de 5 hectares et au-dessus ont
seuls le droit de voter aux élections, et chaque étendue de
5 hectares donne droit à une voix dans les votes de chaque
section, votes qui ont pour but les élections des membres
des commissions syndicales.

Un décret en date du 12 juillet 1806 forme la première
base de l'administration moderne des watringues. Un règlement organique, rendu le 28 octobre 1809, conformément à l'article 2 de la loi du 14 floréal an XI (voir t. III,
p. 618), a déterminé le régime des watringues du Pas-de-
Calais. C'est aux sages dispositions qu'il a établies qu'on
doit et la conservation et la fertilité de ce riche et vaste
territoire. Quant aux watringues du département du Nord,
leur administration nécessita un bien plus grand nombre
d'arrêtés ou de décrets pour mettre en équilibre les anciens usages locaux avec les lois relatives au curage et à
l'entretien des cours d'eau, et à la conservation de tous les
ouvrages de desséchement. Des décrets, ordonnances ou
arrêtés se succédèrent le 8 février an VIII, le 8 floréal
an IX, le 21 floréal an X, le 12 juillet 1806, le 28 mai 1809,
le 12 juin 1824, le 26 mai 1833; enfin ,le 29 janvier 1852,
a été rendu un dernier décret pour régler les droits et les
obligations des associés.

Les travaux de desséchement des moères ont été commencés en 1627; ils ont consisté : 1° dans la construction
d'un canal de ceinture qui reçut le nom de Rynsloot; 2° dans
l'ouverture de fossés et de petits canaux de 2 à 3 mètres
de largeur au plafond qui divisent la surface en carrés de
5 hectares chacun, et qui débouchent dans huit canaux principaux de 5 mètres de largeur, à l'extrémité desquels se
trouvent un moulin et une machine d'épuisement pour rejeter dans le canal de ceinture les eaux qui arrivent de l'in-

IV.

térieur. Mais le Rynsloot n'avait pas été convenablement endigué, et d'ailleurs des guerres successives dévastèrent le pays, de telle sorte que les concessionnaires du dessèchement des moères furent ruinés sans que le pays profitât de l'opération qui avait été entreprise. Une nouvelle compagnie, fondée dans le cours du siècle dernier, ne fut pas plus heureuse; ses travaux, d'ailleurs mal dirigés et incomplets, furent encore détruits par les guerres de la Révolution. Ce n'est qu'à partir de 1826 que l'association actuelle des propriétaires a pu rétablir tout l'ensemble des travaux nécessaires pour assurer la régularité du dessèchement. Le Rynsloot a 22 kilomètres de parcours; sa largeur est de 6 mètres au plafond et de 9 mètres au niveau de la plaine; sa profondeur est de $1^m.50$; il est pourvu du côté des moères d'une digue continue gazonnée ayant $3^m.60$ à 4 mètres de largeur au couronnement, avec des talus inclinés à 45°. Ce canal reçoit les eaux pluviales venant des terres environnantes, et, ce qui est sa destination principale, l'eau provenant du dessèchement des bas-fonds et qu'élèvent des vis d'Archimède et une paire de roues à palettes; toutes ces machines élévatoires sont mues par huit moulins hollandais. Ces appareils sont établis dans les conditions que nous avons indiquées précédemment (voir p. 290, 320 et 327). Il y a des époques où la quantité d'eau élevée pour chaque machine d'épuisement est de plus de 500 litres par seconde, à une hauteur de 2 mètres à $2^m.20$, ce qui suffit pour la rejeter dans le canal de ceinture; les deux roues à palettes, mues par l'un des moulins à vent, sont étagées l'une au-dessus de l'autre, parce que chacune n'élève l'eau qu'à une hauteur de $1^m.18$. L'association des moères ne compte qu'environ quarante propriétaires; à cause de l'ancienneté de son origine, elle est reconnue et régie par la loi du 4 pluviôse an VI (voir t. III, p. 61).

Les moëres et les watringues sont des exemples de terres qui, autrefois envahies par la mer, sont désormais défendues contre ses atteintes par des travaux convenables et que les eaux pluviales ont fini par dessaler complétement. Il y a des cas où la salure propre du terrain exige des remèdes permanents. On en trouve de nombreux sur le littoral de la Méditerranée.

Quand le sous-sol est perméable, on peut se contenter, pour obtenir un dessalage complet, de faire une inondation avec de l'eau douce qui entraîne le sel dissous dans les profondeurs du terrain. Toutefois il arrive très-souvent que le dessalage ainsi obtenu n'est que momentané; avec le temps, et par suite d'un effet de capillarité, le sel remonte à la surface et vient former à l'air des efflorescences manifestes. Il faut alors dessaler par une nouvelle inondation.

Lorsque le sous-sol est imperméable, on établit, si le terrain est à peu près de niveau, le système d'irrigation par submersion et par compartiments (chap. XXI, p. 597); après que l'eau a séjourné pendant quatre ou cinq jours, on la fait écouler en ouvrant les vannes de décharge. Si le terrain est en pente, on irrigue, soit par des rigoles de niveau, soit par des razes, et plus on peut faire arriver d'eau douce, plus vite on produit un dessalage suffisant, après lequel on obtient des récoltes en général abondantes.

Tandis que la mer corrode certaines parties des côtes, elle jette incessamment ses alluvions sur d'autres parties du littoral, et il arrive en quelques lieux, notamment dans le golfe de Gascogne, que le sable, poussé à la fois par le flot et par le vent, envahit les terres cultivées, engorge les cours d'eau et fait naître un grand nombre d'étangs insalubres. Pour arrêter les désastres que cause l'accumulation des sables, il faut arriver à fixer les collines sablonneuses ou *dunes* mobiles entre lesquelles se trouvent des plaines sujettes à être souvent comblées. Il faut établir des digues et des palissades, des travaux en clayonnages et en fascinages; ces travaux ont pour effet de protéger, contre l'action des vents et des vagues de la mer, les semis et les plantations que l'on effectue sur le sol mouvant, pendant un temps suffisant pour que la végétation puisse se développer et former une sorte de fourré qui donne au sable de la stabilité. Les travaux remarquables de Brémontier ont démontré l'efficacité de ces procédés. Des pins maritimes, des chênes de diverses espèces, des arbustes tels que l'ajonc, le tamarix, l'arbousier, l'alaterne, l'épine blanche, etc.; puis d'autres plantes, telles que le topinambour, l'élyme, l'onagre, etc., ont pris possession du sol le long de la côte et ont arrêté le fléau dévastateur partout où l'exemple de l'illustre inventeur du système a été suivi. Des côtes, le même système d'assainissement et de mise en culture a pu s'étendre sur toutes les landes de Gascogne. M. Chambrelent, ingénieur des ponts et chaussées, a fait voir, par une grande expérience exécutée sur 500 hectares et commencée en 1849, qu'on peut obtenir rapidement des plantations d'un grand revenu sur des terrains jadis arides et malsains. M. Focillon, rapporteur du jury de la classe forestière de l'exposition universelle de Paris en 1855, s'exprime ainsi à ce sujet :

Le sol sur lequel M. Chambrelent voulait exploiter est une vaste plaine inculte nourrissant à peine quelques fougères, quelques bruyères rabougries; il se compose d'une couche de sable épaisse de $0^m.50$ à $0^m.60$, et reposant sur un sous-sol imperméable, nommé dans le pays *alios*, et formé de sable imprégné d'acide humique. Cet alios mesure de $0^m.20$ à $0^m.50$ d'épaisseur, et en dessous est un sable pur toujours baigné d'eau. En été, ce terrain est un désert aride ; en hiver, c'est un marais couvert de $0^m.10$ à $0^m.20$ d'eau. La méthode de M. Chambrelent repose sur trois principes : 1° assainir la lande par un système de fossés d'écoulement; 2° partager le terrain en plates-bandes de 10 mètres de largeur sur 90 mètres de longueur, disposées suivant la direction la plus habituelle des vents, alternativement ensemencées et laissées libres pour assurer la circulation de l'air; 3° forer à travers l'alios et jusqu'à la couche d'eau sous-jacente des puits destinés à fournir durant l'été l'arrosement nécessaire dans le premier âge des arbres. Dans ce système, chaque hectare contient 400 mètres de fossés et 6 plates-bandes ensemencées. Il peut, au bout de trente ans, d'après les calculs de M. Chambrelent, donner environ 150 pieds d'arbres d'une valeur d'environ 1,500 à 1,800 francs; mais. dès la sixième année, il commencerait à rapporter, à l'aide d'éclaircies successives. Quant aux dépenses, il résulte des documents fournis par M. Chambrelent que chaque hectare a coûté 52f.20 pour frais d'ouverture des fossés, défrichements, fourniture de graine et ensemencements. Le forage d'un des puits d'arrosement ne revient pas à 1f.50 pour une ouverture de 1 mètre de largeur sur 1m.50 à 2 mètres de profondeur.

On voit que des procédés efficaces pour l'assainissement de tous les terrains du littoral maritime et pour leur mise en culture sont dès aujourd'hui expérimentés sur une grande échelle, et que leur application ne peut trouver d'autre obstacle que l'absence des capitaux. Les résultats obtenus en quelques points démontrent que les produits de la culture de cette nature de terre peuvent donner un revenu suffisamment rémunérateur. Aussi les projets pour l'amélioration ou l'assainissement définitif des marais, tels que de l'embouchure de la Seine près de Quillebeuf, des étangs salés et insalubres des bouches du Rhône, etc., ne peuvent plus rencontrer d'objections sérieuses.

En résumé, des digues pour protéger contre les inondations de la mer; des épis saillants perpendiculaires à la côte et submersibles en tout ou en partie pour empêcher les atterrissements d'être attaqués ou même pour les réparer; des canaux d'arrosement pour dessaler les terres si cela est nécessaire; des machines élévatoires pour enlever l'eau qui s'accumule dans les bas-fonds; des plantations pour fixer les dunes, tels sont les moyens découverts pour cultiver les lais et relais de la mer. Il faut, du reste, qu'on sache que l'article 538 du Code Napoléon déclare propriétés doma-

niales les parties du littoral alternativement couvertes et
abandonnées par les flots; mais l'article 41 de la loi du
16 septembre 1807 (voir t. III, p. 624) permet au gouvernement de concéder, aux conditions qu'il aura réglées, et le
droit d'endigage et la propriété de tous les atterrissements
et alluvions, non-seulement de la mer, mais encore des
fleuves et des torrents.

CHAPITRE XXXII

Des Engrais liquides

1° Précis historique.

Tout démontre que la végétation est d'autant plus active que le sol fournit aux plantes une plus grande quantité de matériaux qu'elles puissent s'assimiler. On admet
généralement que les parties des engrais qui sont immédiatement solubles dans l'eau sont aussi les plus assimilables.
De là la pensée de ramener tous les engrais à l'état liquide
et de les répandre par des moyens coûteux peut-être pour
le premier établissement, mais finissant par fournir une
économie définitive, à cause du bas prix de revient du transport et de la répartition sur le sol de chaque mètre cube
du liquide contenant la matière fertilisante.

Il est trois sortes d'engrais qui se présentent à l'état
liquide : ce sont les vidanges des fosses d'aisances, les
eaux des égouts des villes et le purin des étables et des
écuries. Si dans beaucoup d'exploitations rurales on
opère la solidification de ces liquides en les faisant absorber soit par la paille de la litière, soit par le tas de fumier,
soit enfin par des matières terreuses, on rencontre beaucoup d'agriculteurs qui les répandent dans leur état natu-

rel. Il serait difficile de fixer avec précision l'époque à laquelle cette pratique a été trouvée avantageuse et s'est généralisée. Dans beaucoup de contrées, il y a encore de grands préjugés contre l'emploi des vidanges des fosses d'aisances, mais presque partout en Europe on connaît l'importance du purin, et on ne néglige plus de s'en servir que dans les cultures mal soignées et livrées à des routines ignorantes.

Les auteurs grecs ou latins qui ont écrit sur l'agriculture font tous quelques vagues mentions de l'emploi comme engrais des excréments de l'homme; plusieurs (Varron, liv. I, ch. xxxviii; Columelle, liv. II, ch. xiv) placent ces excréments immédiatement après ceux des oiseaux sous le rapport de leur action sur la végétation. L'usage de verser au pied des arbres, tels que les pruniers, les oliviers, la vigne, les citronniers, les grenadiers, etc., de l'urine humaine putréfiée ou de l'urine de divers animaux domestiques en y ajoutant de l'eau de manière à en doubler ou à en tripler le volume, est indiqué par les anciens agronomes (Columelle, *De re rusticâ*, liv. II, ch. xiv; id., *De arboribus*, ch. xxiii; Pline, liv. XVII, ch. vi; Palladius, liv. IV, ch. viii, x; liv. XI, ch. viii.)

Soit que le sujet parût aux divers écrivains qui, depuis Palladius jusqu'au siècle dernier, se sont occupés d'agriculture, présenter des détails trop rebutants; soit que l'importance des engrais liquides, quelle que soit leur origine, n'ait pas été comprise des agronomes du moyen âge et de la renaissance, il n'en est pas moins vrai qu'on ne trouve sur leur emploi aucun renseignement détaillé dans les plus célèbres écrits qui nous soient parvenus. Ni Bernard Palissy, ni Olivier de Serres, ne parlent de l'application à l'agriculture des urines des divers animaux ou des vidanges des fosses d'aisances.

Cependant, dans les Flandres, en Alsace, en Suisse, dans

le Dauphiné, en Italie, les cultivateurs avaient pris l'habitude de ne négliger aucune de ces matières, et ils en avaient reconnu depuis longtemps la grande efficacité sur la végétation, puisque nous les voyons les recueillir avec le plus grand soin et s'en servir par des procédés que leurs ancêtres leur ont légués sans qu'ils sachent à quelle époque remonte leur invention ou leur importation. L'épandage des engrais liquides se fait dans ces contrées soit à la main et à l'aide d'écopes, soit au moyen de tonneaux.

Mais, si la disposition des lieux le permet, ne faut-il pas faire en sorte que toutes les matières des égouts, soit d'une exploitation rurale, soit d'un plus grand centre d'habitants, tel même qu'une grande ville, puissent se rendre dans un cours d'eau ou bien dans un bassin où elles seront mélangées à de l'eau, de manière à former un liquide bon à être employé en irrigations fertilisantes sur des espaces plus ou moins vastes?

Dès le moyen âge, la Vettabbia a recueilli les eaux des égouts de Milan pour en féconder de nombreuses prairies situées le long de son parcours sur une longueur d'environ 20 kilomètres.

Cette même méthode a été introduite en Écosse au commencement de ce siècle. Les prairies de Craigentinny, appartenant à M. Miller et aux comtes d'Haddington et Moray, aux environs d'Edinburgh; celles des environs de Maybole, dans l'Ayrshire, appartenant à M. Quentin Kennedy; enfin celles que possédait près de Crieff M. Alexandre M'Laurin, furent irriguées à ciel ouvert par les produits des eaux des égouts et des vidanges provenant de ces villes.

De 1850 à 1850, le même système d'arrosage a été employé en Angleterre : à Tavistock, par M. le duc de Bedford; à Harrow, à Crediton, à Pusey; à Clipstone, chez le duc de Portland.

En France, l'emploi en irrigations d'engrais liquides produits par le mélange de matières fécales avec de l'eau agitée par un malaxeur marchant par l'action d'un moteur à vent, et ensuite envoyés sur les terres dans des canaux, a été fait en 1849 par M. Batailler, ancien ingénieur en chef des ponts et chaussées, dans le domaine du Portail, situé aux environs de Montargis (Loiret).

Les émanations que répandent les engrais liquides le long de leur parcours avaient attiré l'attention; elles paraissaient un obstacle à la généralisation de ce mode d'emploi. Dès 1839, M. Chadwick, secrétaire du conseil supérieur de salubrité d'Angleterre (General Board of Health), proposa de faire circuler les matières des égouts et des vidanges à travers des tuyaux de poterie, de manière à fertiliser la couche inférieure du sol où les plantes puisent leur nourriture; c'était l'application aux engrais liquides du mode d'arrosage souterrain employé à Hofwyl, en 1805, par Fellemberg, qui refoulait dans des tuyaux de bois situés sous le gazon l'eau nécessaire pour détremper la couche de terre environnant les racines des plantes. M. Chadwick ne put arriver à faire faire des applications suffisantes de ce système; mais il fut plus heureux pour la méthode de distribution des engrais liquides à l'aide de jets fonctionnant par des tubes flexibles armés de lances et recevant le fluide d'un réservoir supérieur, dans lequel il serait envoyé par la vapeur. Il persuada, pendant l'été de 1842, à M. Henry Thimpson, de Clitheroe, d'en faire l'essai, et de substituer ce mode de transport et d'épandage à celui du chariot qu'il employait jusqu'alors. M. Thimpson établit une conduite flexible qui pouvait avoir 750 mètres de longueur et qui était faite de bouts de tuyaux en toile ayant chacun 27 mètres, et que l'on ajustait les uns à la suite des autres, selon les besoins. Telle est l'origine du système tubulaire appliqué au transport des engrais liquides.

Peu de temps après l'expérience de M. Thimpson, le conseil de salubrité publique ayant défendu à M. Harvey, directeur d'une tres-grande distillerie de grains et d'une vacherie aux portes de Glasgow, de continuer à jeter ses vinasses dans le canal Calédonien, M. Smith, de Deanston, conseilla à cet habile industriel d'avoir recours au système tubulaire, en partie souterrain, en partie mobile à la surface, et d'arroser les terres de sa ferme avec les vinasses et les déjections de sa vacherie. M. Harvey établit le système tubulaire en 1844. Il paraîtrait que déjà en 1829 un M. William Harley avait employé à Glasgow même ce mode d'irrigation.

C'est un peu plus tard, vers 1848, que M. Huxtable, de Sulton-Waldron, dans le Dorsetshire, introduisit, sur l'une de ses fermes, le transport souterrain et la distribution des engrais liquides sur diverses parties de ses terres à l'aide de tuyaux en poterie.

Un rapport sur les essais déjà effectués ayant été envoyé en 1849 par M. Chadwick à M. James Kennedy, celui-ci le remit à M. F. W. Kennedy, fermier de la ferme de Myer-Mill, près de Maybole, dans l'Ayrshire. C'est alors seulement que le système tubulaire fut établi à Myer-Mill. On voit ainsi que c'est à tort que ce système a été nommé en France le système Kennedy; mais l'influence de la première habitude est telle, qu'on persistera sans doute à le désigner sous cette appellation.

M. Telfer, à Canning-Park, près d'Ayr, ne tarda pas à imiter M. Kennedy; puis vinrent, toujours dans le même comté d'Ayr, M. Ralston sur la ferme de Dunduff, à Leg, et M. le marquis d'Ailsa à New-Ark.

Outre les sept exploitations rurales que nous venons de citer, il y en a actuellement dans la Grande-Bretagne vingt-deux autres qui ont établi, de 1850 à 1857, le système tubulaire sous différentes formes pour l'emploi des engrais des fermes. En voici la liste :

Angleterre et pays de Galles. — M. Mechi, à Tiptree-Farm, près de Kelvedon, Essex;

M. J. Daw, à Saint-George's-Clist, près d'Exeter (Devon);

Comte d'Essex, à Cashiobury, près de Watford (Hertshire);

La ferme de Hulme-Walfield, près de Congleton (Cheshire);

M. H. Littledale, à la ferme de Liscard, près de Birkenhead (Cheshire);

M. Robert Neilson, à la ferme de Halewood, près de Liverpool (Lancashire);

Le duc de Sutherland, dans son *home-farm* de Hanchurch, près de Trentham (Staffordshire);

Lord Grey, à Howich, près d'Alnwick (Northumberland);

Le rev. R. W. Bosanquet, près d'Alnwick;

M. F. Stainer, dans le Staffordshire;

M. Cholmelcy, dans le Lincolnshire;

M. James Wheble, à Bulmarshe-court, près de Reading (Berkshire);

M. Naylor, près de Welshpool (Glamorganshire);

MM. Romilly, à la ferme de Porth-Kerry, près de Cardiff (Glamorganshire).

Écosse. — M. James Kennedy, dans le Dunfrieshire;

M. F. Mac-Connell, dans le Dunfrieshire;

M. D. Baird, dans le Dunfrieshire;

M. M. N. Malcolm. dans l'Argyleshire;

Le duc d'Argyle, dans l'Argyleshire;

Lord Strathallan, dans le Perthshire.

Irlande. — La ferme modèle de Glasnevin;

M. J. Fagan, à Turvey-House.

Il faut mettre à part les exploitations rurales qui ont établi le système tubulaire pour employer les eaux des égouts ou les vidanges des villes; nous ne connaissons dans la Grande-Bretagne que les quatre exemples suivants :

Travaux de M. Walker, à Newbold Grange, pour les vidanges de Rugby;

— De M. Worsley, pour celles de Rusholme, petite ville voisine de Manchester;

— Du comte d'Essex, pour les vidanges de Watford;

Enfin ceux exécutés pour l'application comme engrais des vidanges de la prison de Dartmoor.

La compagnie métropolitaine des engrais des villes avait aussi, vers 1850, exécuté quelques travaux dans le but de livrer à l'agriculture une partie des engrais que

Londres produit, mais ses tentatives n'ont pas été couronnées par le succès.

C'est l'application du système tubulaire à l'épandage des vidanges de Paris que MM. Moll et Mille expérimentent sur la ferme de Vaujours, près de Bondy. En 1856, MM. Moll et Mille avaient commencé, avec une subvention de 20,000 francs donnée par l'administration municipale de Paris, à essayer les effets des vidanges sur différentes natures de récoltes. A la date du 25 juillet 1857 une société par actions au capital de 120,000 francs a été constituée par des amis éminents du progrès agricole pour l'exploitation de la ferme de Vaujours, qui forme une sorte de clairière dans la forêt de Bondy, et qui est située sur les bords du canal de l'Ourcq. Les matières des vidanges sont apportées par des bateaux, où des pompes les puisent pour qu'elles soient ensuite répandues sur les terres de la ferme. La ville de Paris a alloué à cette entreprise une somme de 50,000 francs, et M. le ministre de l'agriculture, du commerce et des travaux publics deux subventions montant ensemble à 7,000 francs. Ces marques de vif intérêt données par les plus hautes autorités du pays montrent qu'aujourd'hui on connaît l'importance des matières fertilisantes formées par les déjections urbaines. On sait qu'on pourrait transformer en viande, en pain, en vêtements, les immondices des villes, en les purifiant par l'agriculture au lieu de les laisser se perpétuer en foyers pestilentiels. Mais le système tubulaire résout-t-il toutes les difficultés de l'application des vidanges à l'agriculture? Faut-il généraliser ce système au point de conseiller de liquéfier les fumiers des fermes? Un système dont l'essai demande un capital d'exploitation de 157,000 francs pour environ 90 hectares n'est-il pas trop coûteux? Ce sont des questions qui doivent être examinées avec attention, sans aucune préoccupation

d'amour-propre d'inventeur ou de critique. Il se peut que
cette solution du problème, qui d'ailleurs se présente sous
des formes bien diverses, ne soit pas jugée universellement
applicable, sans qu'on refuse pour cela de reconnaître ce
qu'elle présente d'ingénieux et de rendre hommage aux
services rendus par ceux qui s'en sont faits les promoteurs.
La science et l'invention n'ont pas de limites; pourquoi ne
trouverait-on pas mieux que ce qui a été d'abord imaginé?
Des tentatives d'amélioration se sont déjà produites, et elles
prouvent qu'on ne doit pas désespérer de l'avenir parce
que le présent ne satisfait pas complétement.

L'application du système tubulaire pour l'arrosage par les
engrais liquides des fermes est essayée d'une manière
plus ou moins complète par quelques agriculteurs des départements de l'Orne, du Pas-de-Calais, du Bas-Rhin; en
Allemagne, il se fait aussi quelques expériences à cet égard;
enfin M. Wolowski se propose de l'établir sur une grande
échelle, en Pologne, aux environs de Varsovie.

2° Arrosage par les écopes.

Les cultivateurs flamands considèrent comme très-pré-
cieux l'engrais liquide qu'ils préparent avec les vidanges
des latrines; ils ne s'en servent qu'après lui avoir fait subir
une sorte de fermentation dans des citernes qu'ils appellent des caves, et ils le répandent à l'écope. Cette méthode
produit d'excellents résultats. Est-elle plus coûteuse que
tel autre système? On l'affirme ailleurs que dans les Flandres; mais les difficultés qu'on a rencontrées tiennent peut-
être à ce qu'on n'a pas bien su se servir de procédés cependant très-simples. Nous reproduisons la description
qu'a donnée en 1820 M. Cordier, membre de l'Académie
des sciences, dans l'ouvrage si remarquable qu'il a publié

sous le titre d'*Agriculture de la Flandre française*. Nous prenons ce parti, parce que la description de M. Cordier est encore aujourd'hui, comme nous l'avons constaté, d'une exactitude complète. La sanction d'une très-longue expérience est d'une importance qui n'échappera à personne. En outre, on ne pourra pas reprocher à des observations datant de quarante ans d'être faites avec un esprit prévenu contre les systèmes récemment prônés.

Voyons d'abord la description de la cave aux engrais telle qu'elle est établie aux environs de Lille. En général, le cultivateur flamand la construit sur le bord des routes pavées, à l'extrémité de sa principale pièce de terre; souvent il réunit plusieurs caves à la suite les unes des autres lorsque son exploitation est considérable; mais ordinairement chaque fermier n'a qu'une cave, placée à quelques centaines de pas de son habitation. Chaque cave contient 52 mètres cubes d'engrais liquide. M. Cordier en décrit la construction dans les termes suivants :

La cave est faite de briques; elle a, en général, environ 4^m.50 de largeur, 5 mètres de longueur, et 0^m.90 de hauteur de pied-droit, et 2^m.10 de hauteur sous clef, le tout mesuré en œuvre. Les murs des pieds-droits et la voûte sont faits de maçonnerie de briques avec mortier de chaux et sable; l'épaisseur des murs est d'une brique et demie ou deux briques. Le fond de la cave est aussi en maçonnerie : on pose sur un bain de mortier deux rangs de briques à plat, on recouvre l'assise supérieure d'une couche de mortier, sur laquelle on établit un pavé en grès avec mortier de chaux et sable, afin d'empêcher les filtrations, soit du dehors au dedans, soit du dedans au dehors... A chaque cave sont pratiquées deux ouvertures : l'une horizontale, et dans le milieu de la voûte s'ouvre au moyen d'un volet portant cadenas; l'autre, plus petite, est placée sur la face verticale tournée vers le nord. La première sert à remplir et à vider la cave; la seconde à fournir de l'air atmosphérique pendant la fermentation continuelle qui s'opère. Il est essentiel que cette cave soit maintenue à une température constante et peu élevée,.. c'est pourquoi elle est creusée dans la terre, et la voûte est recouverte d'une forte couche de terre, ou d'un toit en paille, épais et très-bas.

Le fermier flamand met à profit toutes les journées de ses chevaux.

Lorsque les travaux de la campagne sont moins pressants, il fait charrier dans la cave aux engrais les vidanges des latrines des villes, et la remplit ainsi pendant l'hiver. Au printemps, il continue d'en transporter à mesure qu'il en fait usage. Il attache tant d'importance à cette espèce d'engrais, qu'il n'épargne aucun sacrifice pour s'en procurer, et fait peu de cas des autres. Aussi refuse-t-il d'acheter des fumiers de chevaux et de vaches, à des prix qui paraîtraient peu élevés dans d'autres pays. Il s'occupe peu de la conduite des fumiers ordinaires; mais il fait grand cas des urines de chevaux et de vaches, qu'il fait recueillir et bien employer. Il entretient avec autant de soin sa cave aux engrais que sa maison, construite quelquefois de pisé et couverte de paille, tandis que sa cave est voûtée en bonne maçonnerie et bien entretenue.

On pourrait introduire l'usage des caves aux engrais près de toutes les grandes villes, et en retirer des revenus considérables; mais autant les bénéfices sont énormes pour les cultivateurs, autant l'odeur en est insupportable aux voyageurs et surtout aux étrangers. C'est un supplice d'être forcé de traverser les campagnes aux époques où l'on emploie ces engrais. Du reste, on peut assurer que les vapeurs, quelque repoussantes qu'elles soient, ne sont pas malsaines.

Chaque voiture qui va chercher les vidanges des latrines des villes porte de 7 à 15 tonneaux, selon qu'elle est attelée d'un ou de deux chevaux. Ces tonneaux sont du poids de 125 kilog. environ chacun; ils sont bouchés par des bondes ou par de forts tampons de paille; ils sont vidés dans les caves à l'aide d'un chenal en bois qui s'appuie d'une part sur la voiture, d'autre part sur la porte de la voûte. Quelquefois on y verse aussi les urines des bestiaux, mais le plus souvent celles-ci sont employées directement comme engrais. Il y a des fermiers qui augmentent les effets fécondants de l'engrais en jetant dans les caves des tourteaux de colza réduits en poudre.

M. Cordier estime qu'une ferme des environs de Lille, d'une contenance de 25 hectares 50 ares, emploie annuellement 765 tonneaux de bon engrais liquide auquel on donne le nom de courte-graisse, de gadoue, d'engrais flamand, soit 30 tonneaux par hectare ($3^{mc}.75$); il dit que l'achat en ville coûte $0^f.30$, le transport de la ville à la cave $0^f.30$, et que le transport de la cave sur les champs et l'emploi reviennent à $0^f.60$. Un mètre cube coûte donc, selon M. Cordier, $4^f.80$ d'acquisition et préparation, et $4^f.80$ d'épandage. Voici quel est le mode d'emploi; nous supprimons dans le texte quelques passages d'explications chi-

miques qui ne sont plus en harmonie avec l'état actuel de
la science :

L'engrais flamand est principalement réservé à la culture des plantes
oléagineuses, du colza, du lin, des œillettes et camelines, et surtout du
tabac; on s'en sert aussi pour arroser les semis des plantes légumineuses
destinées aux bestiaux, comme carottes, navets, etc. On le répand sous
forme liquide avant ou après les semailles, ou après le repiquage des
jeunes plants... Avant de semer, le cultivateur passe plusieurs fois la
herse et le rouleau, jusqu'à ce que la surface du champ soit parfaitement
unie, et la terre bien émiettée et comme réduite en poussière. Il donne
un dernier coup de herse avec des dents courtes et serrées, qui ouvrent
de petites lignes très-rapprochées, et de $0^m.03$ à $0^m.05$ de profondeur.
Pendant qu'il marche en semant, un rouleau le suit et recouvre la graine;
on roule deux ou trois fois de suite, afin de presser la terre sur la graine,
de la plomber et de la garantir du contact immédiat de l'air, de l'eau,
de la lumière et surtout des engrais. Le même soir, le cultivateur conduit sur le champ ensemencé une voiture de 7 à 15 tonneaux d'engrais
tiré de la fosse, ainsi que tous les instruments qui sont nécessaires à
l'arrosage. Il dépose à l'une des extrémités du champ un tonneau défoncé,
ou une cuve d'un quart de mètre cube; il y verse un tonneau d'engrais
et répand le liquide à 7 mètres autour de lui, à l'aide d'une perche de
4 mètres de long, terminée par une poche ou cuiller de bois contenant
environ 2 kilogrammes. Lorsque la cuve est vide, les garçons de ferme
la transportent de place en place ; la voiture suit et on verse successivement les tonneaux dans cette cuve, d'où l'engrais est pris de la même
manière et jeté tout autour, en sorte que la surface des champs en est
également recouverte... Souvent les plantes germent en moins de 36
heures, lorsque la terre et la graine ont été convenablement préparées...

Lorsque l'on repique les plants de colza, ou de choux cavaliers et
autres, on répand de nouveau et de la même manière cet engrais à leurs
pieds; mais on a soin de n'en pas jeter sur les feuilles, qui seraient tachées
et brûlées si le temps était sec. On choisit toujours les soirées et des
temps couverts et humides...

Quelques cultivateurs sont dans l'usage de répandre l'engrais flamand
immédiatement avant de semer. On choisit de même des temps de
brouillard et couverts, d'autant plus que l'engrais doit alors être jeté le
matin.

L'emploi du même engrais pour la culture des plantes à larges
feuilles, après qu'elles ont été repiquées, donne des résultats encore
plus prompts et plus surprenants. Les carottes, les betteraves et les choux
reprennent très-vite et développent en peu de temps des feuilles abondantes. On réserve surtout cet engrais pour la culture du tabac, dont les
produits peuvent plus tôt rembourser les fortes avances qu'elle exige...

L'agriculteur flamand combine son ouvrage de chaque jour, de manière à faire le repiquage d'un certain nombre de plantes quelques heures avant le coucher du soleil; aussitôt après. il ouvre un petit trou à $0^m.15$ de chaque plante et dans la ligne des plantes; un garçon le suit et remplit ces trous d'engrais flamand. L'action de cet engrais, soit sur la plante, soit sur ses feuilles, qu'il ne touche cependant pas immédiatement, est presque instantanée. Après 36 heures, les racines plantées dans une terre bien nettoyée, amendée, humide et échauffée par l'engrais, reprennent, et les feuilles, enveloppées d'une atmosphère chaude et chargée de gaz acide carbonique, se relèvent, s'enflent rapidement et couvrent la terre en quelques jours.

Le lendemain de son travail, le fermier ouvre une ligne de $0^m.15$ de profondeur, dans le sens de la plus grande distance des plants, afin que l'eau des pluies ne puisse laver la terre et entraîner l'engrais. Les rigoles pratiquées pour les récoltes d'été sont horizontales, tandis que celles ouvertes en hiver sont tracées suivant la plus grande pente.

La quantité employée sur une ferme de $25^h.50$, d'après les chiffres donnés par M. Cordier, que nous avons rapportés plus haut, n'est qu'une moyenne qui exprime la part pour laquelle l'engrais liquide entre dans la fumure du sol, fumure qui exige encore 255 charretées de fumier d'étable, 102 paniers de cendres, 5,200 tourteaux (*Agriculture de la Flandre*, p. 478). La statistique agricole du département du Nord, par MM. les inspecteurs généraux de l'agriculture, dit qu'on emploie la courte-graisse dans la proportion de 150 à 160 tonneaux par bonnier ($1^h.42$); cela correspond à environ 12 mètres cubes par hectare. Dans une note communiquée à M. Boussingault (*Economie rurale*, 2e édition, t. I, p. 798), M. Kuhlmann affirme que la dose répandue s'élève parfois à 150 mètres cubes. Il y a entre ces chiffres des différences qui peuvent provenir de quelque erreur. D'après des détails que nous tenons de M. Demesmay, cultivateur à Templeuve, près de Pont-à-Marcq, l'un des agriculteurs les plus distingués du département du Nord, il sort chaque année de Lille 700,000 tonneaux, soit 87,500 mètres cubes de matières fécales allongées de plus ou moins d'eau. Chaque tonneau rap-

porte 0f.25 aux domestiques de la ville, et coûte maintenant 0f.40 aux cultivateurs, qui ont à payer un courtier qui
indique les maisons où les latrines sont pleines et qui aide
le charretier vidangeur.

L'emploi des engrais liquides constitués par les vidanges
des latrines s'effectue encore à l'écope dans d'autres contrées que la Flandre, et notamment en Alsace, en Dauphiné,
en Suisse. Voici dans quels termes M. Boussingault décrit
la méthode usitée en Alsace :

La méthode pratiquée en Flandre pour utiliser les vidanges est
certainement des plus rationnelles. C'est celle que l'on suit en Alsace,
dans le voisinage des villes; j'y trouve cette seule différence, que le cultivateur se dispense d'emmagasiner la matière, parce qu'il va la chercher
au moment où il veut l'employer. On l'applique comme en Flandre, ou
bien on l'incorpore à des substances absorbantes comme de la paille, du
fumier. A Strasbourg, on effectue le transport dans des voitures formant
un coffre de forme parallélipipédique parfaitement étanche, fermée par
un couvercle mobile, et d'une capacité de 36 hectolitres.

Le prix d'achat de 36 hectolitres de matières est. . .	9f.00
Frais de vidange.	5.00
Droit de sortie payé à l'octroi	1.10
Gratification allouée au valet de ferme.	2.00
Total.	17.10

Ces frais portent le prix de 1 hectolitre, sur place, à 0f.48. On donne
ordinairement dix voitures de gadoue par hectare de chanvre, de tabac,
de choux ou de navette.

Dans le Dauphiné, on ne fait grand usage des matières
des vidanges que dans le canton de Meizieux, près de Saint-
Marcellin, et aux environs de Grenoble. La statistique du
département de l'Isère, par MM. les inspecteurs généraux
de l'agriculture, donne à ce sujet les renseignements suivants :

Dans les communes qui avoisinent Lyon, Vaux, Villeurbanne, Brou,
Meizieux, etc., les cultivateurs vont s'approvisionner de matière fécale

à la ville même. Les uns la conservent dans des fosses creusées en terre et l'emploient après qu'elle y a séjourné quelque temps; les autres, et c'est le plus grand nombre, en font usage immédiatement. L'hiver est la seule saison pendant laquelle on puisse se procurer cet engrais; les règlements de police en interdisent le transport dans les grandes chaleurs. On emploie 50 à 60 tonneaux par hectare; le prix du tonneau, contenant 5 hectolitres, est de 3 à 4 fr. rendu à 2 ou 5 lieues de Lyon. On répand la matière fécale sur le froment et le seigle d'hiver, lorsque la terre est déjà un peu scellée par les gelées; au printemps, on l'applique principalement à l'orge, quelque temps avant de mettre la semence en terre; il en est de même pour le chanvre et les pommes de terre. Dans le pays de Vaux, on n'emploie que la *grosse*, c'est-à-dire la matière solide; les parties liquides, suivant les cultivateurs de cette commune, produisant peu d'effet sur le sol, qui est une terre grasse d'alluvion...

M. Paulet, dans son livre intitulé l'*Engrais humain*, ajoute ces détails :

Pour répandre les urines ou bien la gadoue sur les champs, le paysan du Dauphiné déverse d'abord les matières dans une caisse carrée, rétrécie par en bas, de 0ᵐ.30 de profondeur, dont le bord supérieur a 1ᵐ.50 et le fond 0ᵐ.90 de long. Cette caisse est portée par deux hommes au moyen de poignées; un troisième manœuvre y puise les liquides avec une espèce d'écope et les projette sur le sol.

Si on se borne à prendre la dose d'azote pour la mesure de l'action fertilisante de l'engrais liquide extrait des latrines, on trouve, d'après une analyse faite par M. Boussingault, qu'un litre contient environ 2 grammes d'azote, et que, par conséquent, il en faut environ 2 mètres cubes pour équivaloir à 1,000 kilogrammes d'un bon fumier moyen. Ce résultat démontre que l'engrais flamand soumis à l'analyse était étendu d'une très-grande quantité d'eau. En effet, nous avons trouvé d'une part que l'urine humaine contenait en moyenne 0.9 d'azote pour 100, et les excréments solides, 1.8 pour 100; leur mélange devrait avoir une richesse en azote comprise entre ces deux nombres. Nous avons d'ailleurs déterminé cette richesse par cinq expériences directes faites sur cinq personnes; nos expériences ont donné les résultats suivants :

Personnes soumises à l'expérience.	Urine émise chaque jour.	Excréments de chaque jour.	Azote. Total des urines et des excréments.
	GR.	GR.	GR
Un homme de 29 ans.	1.125	142	13.7
id.	1,024	75	11.1
Un enfant de 6 ans. .	521	84	4.9
Un homme de 59 ans.	1,787	176	17.8
Une femme de 32 ans.	1,156	35	22.4
Moyennes par jour.	1,120	105	14.0

1,225 grammes.

D'après ce tableau, un litre de vidanges devrait contenir 11gr.4 d'azote. On peut donc dire, en s'appuyant sur ces résultats et sur l'analyse de l'engrais flamand due à M. Boussingault, que dans les villes on étend les matières des latrines d'environ cinq fois leur volume d'eau, en raison des eaux ménagères qu'on jette dans les fosses, ou bien qu'il y a une forte déperdition par suite de la fermentation. Quoi qu'il en soit, on peut évaluer à 1,225,000 kilogrammes ou à 1,225 mètres cubes par jour et à 446,395 mètres cubes par an la quantité de déjections tant solides que liquides que fournit en moyenne une population de 1 million d'habitants, et à 14,000 kilogrammes par jour la quantité d'azote qui pourrait être utilisée; c'est la production d'une bonne fumure pour une surface de près de 5 hectares. On peut affirmer qu'aujourd'hui en France les trois quarts de cette mine de richesses végétales ou animales sont complétement perdus.

3° ARROSAGE PAR LES TONNEAUX.

Dans beaucoup d'exploitations rurales de France, d'Angleterre, de Belgique et d'Allemagne, les engrais liquides sont transportés et répandus dans les champs par le moyen de tonneaux conduits par des chevaux, des bœufs ou des ânes. Il est rare qu'on se serve à cet effet d'une hotte portée

par un homme ou d'un tonneau placé sur une brouette conduite à bras; on n'a recours à ces moyens que pour transporter l'engrais liquide sur des terrains en pente où les
voitures ne peuvent pénétrer. Le plus souvent on pose le
tonneau sur un chariot derrière lequel on a mis en travers
une caisse en bois dont le fond est percé de trous; le liquide
qui sort du tonneau par un robinet ou un chenal en bois
tombe dans la caisse et de là sur le sol en passant à travers
les trous. Quelquefois le robinet, placé à l'arrière de la voiture, projette l'engrais, soit sur une planche inclinée de
l'arrière à l'avant, ou bien sur deux planches inclinées,
l'une à droite, l'autre à gauche, ou bien encore sur une espèce de champignon. Toutes ces dispositions ont pour but
de faire rejaillir le liquide en une sorte de pluie qui se ré-
partisse sur une largeur de 1^m.50 à 2 mètres; on règle le
pas du moteur de manière que le sol reçoive une quantité
suffisante d'engrais en une seule passée.

En Angleterre, on emploie souvent, pour répandre les engrais liquides, une voiture prismatique en tôle ou en bois,
garnie postérieurement d'un tuyau percé de trous par lesquels le liquide sort en pluie. Ces voitures ne diffèrent de
celles employées à Londres pour l'arrosage des rues que
par la largeur des jantes des roues, qui est très-grande,
pour ne pas couper les terres labourées. On a souvent aussi
primé dans les concours agricoles d'Angleterre la charrette
à engrais liquide de M. Thompson, de Lewes (Sussex). C'est
une charrette ordinaire (fig. 535), dont le fond s'ouvre
comme une porte à deux battants, se replie sur les ridelles
et découvre ainsi l'essieu, ployé de manière à s'adapter à la
forme bombée du tonneau. Un appareil régulateur du centre de gravité, placé sur le devant, fournit le moyen d'élever la partie antérieure de la caisse à mesure de l'écoulement du liquide. A l'arrière de la voiture, une auge, percée

de trous dont la dimension est convenablement réglée par

Fig. 555. — Charrette à engrais liquide de Thompson.

une petite vanne, permet l'arrosage, soit en gerbe, soit en

lignes. Dans les terrains en pente, la chaîne qui suspend l'auge peut être raccourcie d'un côté, de manière à mainte-nir cette auge dans une position horizontale. On règle l'é-coulement du liquide au moyen d'un robinet placé à l'ar-rière du tonneau. En enlevant ce dernier et la caisse de distribution, on peut rendre le véhicule aux usages ordi-naires de l'agriculture. Cette charrette coûte 425 fr.

Il est évident que, dans un tombereau muni d'un robinet ou d'une bonde à sa partie inférieure, l'écoulement du li-quide est déterminé par une pression variable, celle mesu-rée par la distance du centre de l'orifice au niveau du li-quide; cet écoulement est en conséquence nécessairement inégal; il est plus abondant au commencement, très-faible à la fin. L'arrosage se fait donc d'une manière très-inégale. La figure 536 représente la coupe d'un chariot à engrais li-

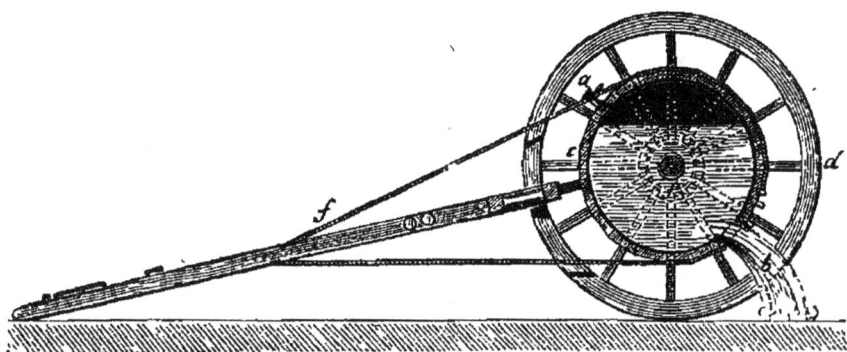

Fig. 536. — Chariot à engrais liquides de Stratton.

quide inventé par M. Stratton, et dans lequel l'écoulement peut être rendu uniforme et plus ou moins abondant, selon la volonté du conducteur. Ce chariot consiste en un tonneau cylindrique *acbd* monté sur deux roues dont l'essieu passe par l'axe *f* du cylindre; il porte sur l'une des douves dont le cylindre est formé une ligne d'orifices *b* à travers lesquels le liquide s'écoule, lorsque cette ligne occupe une position in-férieure au niveau du liquide. Par le moyen d'une corde ou

d'une chaîne *fab*, on fait tourner graduellement et facilement le cylindre jusqu'à ce que les orifices *b* soient à la
distance que l'on désire du niveau supérieur que l'on peut
toujours examiner, et auquel on donne de l'air par l'ouverture *a*, munie d'une bonde ou d'un robinet. En faisant tourner le cylindre à mesure qu'il se vide, on rend l'écoulement à peu près uniforme.

Les mêmes résultats sont obtenus d'une manière plus
parfaite encore dans le chariot à engrais liquide de Chandler (fig. 537), qui est souvent accouplé à un semoir, de

Fig. 537. — Chariot à engrais liquide de Chandler.

telle sorte que la semence et l'engrais sont distribués en
même temps. Outre une chaîne mue par une vis sans fin *f*
et une roue dentée, qui permet d'incliner plus ou moins
la caisse à engrais *a*, il se trouve dans cet appareil une
noria dont la chaîne à godets *c* tourne autour des deux poulies *d* et *e*. Le liquide, puisé par les godets, est projeté à
travers un orifice que présente la cage *b* contre une planche *p* pour s'écouler par *r*. Il est évident que, suivant la
plus ou moins grande inclinaison de la caisse, il se videra
dans le même temps un plus ou moins grand nombre de
godets à travers l'orifice *r*, mais que l'écoulement sera le
même, quel que soit le niveau intérieur du liquide.

Les dispositions ingénieuses et variées que présentent
en Angleterre les tonneaux à engrais liquide témoignent
de l'importance de ce mode de distribution. Nous verrons
d'ailleurs que même là où on a établi le système tubulaire
souterrain, on est encore obligé d'avoir recours à des distributeurs menés par des chevaux. En France, la distribution du purin, des matières des vidanges des latrines et
autres engrais liquides, par le moyen des tonneaux, a reçu
aussi divers perfectionnements. Nous citerons, entre autres, le tonneau employé par M. Félix Vidalin pour recueillir les vidanges de quelques latrines de la ville de Tulle
(Corrèze) et les transporter sur les terres de sa ferme de
de Tintignac. Au-dessous de chaque lunette de latrine se
trouve une tinette mobile de la contenance de 55 à 60 litres, qui peut être facilement enlevée de la fosse et déversée dans le tonneau; une capacité plus grande exigerait un
travail trop difficile. Dix tinettes remplissent le tonneau
qui sert à la fois au transport et à l'épandage (fig. 538). Ce
tonneau est embrassé dans un essieu cintré; il est d'un ma-
niement très-commode; M. Vidalin le décrit en ces termes :

Le cintrage de l'essieu a un double avantage : il abaisse le centre de
gravité, augmente la stabilité et rend la voiture maniable dans les pentes
d'un pays de montagnes. Puis il ne porte qu'à 1m.20 la hauteur de l'entonnoir par lequel on verse dans le tonneau. Les ouvriers vident donc
directement la tinette sans avoir recours à une échelle, inconvénient qui
augmente leurs embarras et leur fatigue. Lorsqu'il s'agit d'élever des
poids, chaque centimètre gagné en moins correspond à une diminution
de forces. Il est étonnant que cet abaissement du tonneau par le cintrage
n'ait pas été adopté par les agriculteurs qui emploient pour leurs arrosements des tonneaux haut montés, comme ils étaient obligés de le faire
avec les anciens essieux de bois. L'orifice de sortie est fermé, non par un
robinet, mais par une vanne maniable au moyen d'un levier, ce qui permet d'en régler le débit. Le jet, en tombant, est coupé par une simple
planche qui le fait rejaillir en gerbe et rend sa distribution bien uniforme.
En avant du tonneau se trouve une place suffisante pour recevoir au besoin un ou deux sacs de grains ou quelques bottes de fourrages; on peut

du reste poser des attelles par derrière et charger encore, de manière à
utiliser le voyage d'aller vers la ville.

Le tonneau part avec son seul conducteur, qui se fait aider par un
homme de peine de la ville, payé à raison de 0ᶠ.10 par tinette. Ce tonneau
distribue les matières par arrosement d'après le mode suivant : Durant
l'hiver, d'octobre en mars, époque où la végation est arrêtée, elles sont

Fig. 558. — Tonneau pour le transport des vidanges et pour l'arrosage direct. — A, entonnoir;
B, vanne pour la sortue; C, levier régulateur; D, planche pour la dispersion du liquide.

répandues à l'état de pureté sur des prairies naturelles, laissant aux
neiges, aux pluies, aux brouillards, le soin de les diluer. Dès que la végétation commence, le tonneau est déversé dans des réservoirs d'irrigation, et les matières se trouvent ainsi étendues d'eau sans frais de mani-
pulation. Un mois avant la fauchaison, toute distribution cesse dans les
prairies. L'engrais est alors répandu sur les jachères prêtes à l'ense-

mencement d'abord des avoines, puis des sarrasins, etc. Enfin, durant les
derniers mois d'été, le tonneau est vidé dans des tas de fumier déposés
dans les champs, pour les semailles d'hiver. J'essaye ainsi, d'arriver, dans
ce service, à la main-d'œuvre la moindre possible, car il n'y a pas de
ces manipulations longues et repoussantes qu'exige la fabrication des
composts et des poudrettes. De plus, l'engrais se trouve soumis à la déperdition la plus faible possible. Quant aux conditions de transport, ma
propriété se trouve à 10 kilomètres de la ville, à laquelle me relie une
route impériale. La concession des vidanges m'a été faite à un prix minime, à la condition d'opérer toute l'installation à mes frais. Ces frais
peuvent être évalués à 56 fr. par tinette répartis ainsi : plaque, 20 fr.;
frais de maçonnerie, traverses, 10 fr.; tinette, 6 fr.

M. Vidalin a donné dans le *Journal d'agriculture pratique* (année 1858, t. I, p. 342) les dessins des latrines
qu'il établit selon les termes de son marché. Il serait de
l'intérêt général que ce système fût imité; que les muni-
cipalités et les compagnies de vidanges des villes s'enten-
dissent pour l'organiser. La question des distances à parcourir ne saurait être objectée. En Suisse et en Toscane, il
y a des cultivateurs qui envoient chercher les matières des
vidanges à des distances de plus de 50 kilomètres. D'ailleurs, partout où il y a des canaux ou des chemins de fer,
l'expédition de ces engrais peut se faire à assez bas prix,
soit dans des bateaux, soit dans des tonneaux manœuvrés
par des trucs. Nous avons déjà dit que la ferme expérimentale de Vaujours, dirigée par M. Moll, reçoit les vidanges de
Paris par des bateaux circulant sur le canal de l'Ourcq;
nous ajouterons une application curieuse des deux modes
de transport combinés que M. Hervé-Mangon rapporte dans
l'article *Agriculture* du *Dictionnaire des arts et manufactures*. Le savant ingénieur s'exprime ainsi :

L'une des compagnies qui s'occupent de la mise en culture des
bruyères de la Campine a fait construire un petit chemin de fer de
1,500 mètres environ de longueur, pour transporter les engrais du canal
sur son terrain, d'une étendue de 209 hectares. La voie est formée de
bandes de fer de 0m.055 de hauteur, placées de champ; elle se déplace
facilement toutes les fois que les besoins du service l'exigent. Les wagons,

d'un mètre cube de capacité, sont au nombre de six; ils ont coûté
1,800 fr.; ils sont en tôle. Le chemin de fer, non compris les wagons,
a coûté 6,059 fr. Deux chevaux et deux hommes suffisent au service des
wagons. Le mètre cube de matière, transporté à 1 kilomètre, revient à
0ʳ.25, y compris le chargement, le déchargement et les faux frais.

On conçoit que, dans les villes où l'on a l'habitude de jeter dans les latrines une grande quantité d'eau qui décuple
le volume des déjections tant solides que liquides, le transport par les tonneaux devient trop dispendieux. On a proposé pour les grandes villes un système d'écoulement libre
pour les parties liquides des fosses, système basé sur la
distribution d'eau à domicile, sur l'emploi d'appareils divi-
seurs retenant les parties solides, et sur la jonction directe
de chaque maison à l'égout. Ce système, qui paraît devoir
être adopté pour Paris, ne laisse plus, pour le transport par
tonneau, que les déjections solides, qui pourraient être
vendues directement aux agriculteurs. Quant aux liquides
versés dans les égouts, il faut espérer qu'on reconnaîtra la
nécessité de ne plus les déverser dans les grands cours
d'eau et de les employer en irrigations. D'après un mémoire de M. Mille (*Annales des ponts et chaussées*, 3ᵉ série,
t. VII, p. 150) en 1853, le cube des vidanges de Paris a été
de 350,000 mètres cubes; on a versé dans les ruisseaux
150,000 mètres cubes, et on a porté à Bondy 200,000 mètres cubes, dont 160,000 mètres cubes à l'état liquide, par
une conduite souterraine et la force de la vapeur, et 40,000
mètres cubes à l'état solide par bateau. La proportion des
liquides versés sur la voie publique a encore augmenté depuis cette époque.

C'est avec le tonneau qu'en général on répand en Suisse
l'engrais liquide appelé lizier ou gülle; on se sert aussi à
cet effet de caisses ayant 4 mètres de longueur et 0ᵐ.80 de
profondeur et de largeur, et posées sur des chariots. Le
lizier est un liquide assez épais qui donne lieu à un dépôt

abondant; on brasse le tout fortement au moment de l'emploi, quand on doit appliquer l'engrais sur la terre nue; on ne répand que la partie claire sur les plantes en végétation. On fait le lizier en recueillant avec soin toutes les parties liquides des déjections du bétail. Les étables sont construites de manière que les animaux soient placés sur un plan légèrement incliné d'avant en arrière; au bas de ce plan se trouve une rigole de 0ᵐ.50 de largeur sur 0ᵐ.20 de profondeur qui aboutit à un premier réservoir de 2 à 4 mètres cubes de capacité, enterré dans le sol et fermé par un couvercle. On fait arriver de l'eau dans la rigole, et on la remplit à moitié; les urines s'y rendent naturellement, et on y fait tomber et délayer les excréments solides; on y lave aussi la litière avant de la porter sur le tas de fumier. Quand la rigole est pleine, on ouvre une éclusette qui laisse écouler tout le liquide dans le premier réservoir, qui se vide à son tour dans un plus grand où s'effectue une fermentation de cinq à six semaines de durée. On fait aussi arriver dans ce réservoir les vidanges des latrines. On ajoute environ 500 grammes de sel ordinaire (chlorure de sodium) par chaque hectolitre de lizier fabriqué. La quantité produite par une vache entretenue à l'étable toute l'année est évaluée à un hectolitre par jour. On emploie de 25 à 80 mètres cubes de lizier pour fumer un hectare; on le répand en le faisant couler en nappe mince.

4° IRRIGATION PAR RIGOLES OUVERTES.

L'irrigation avec les engrais liquides, quand on peut employer les rigoles ouvertes pour la distribution, n'offre aucune difficulté. Les eaux d'irrigation qui ont reçu préalablement les matières fécondantes sont amenées dans des canaux principaux d'où le liquide s'écoule suivant les usa-

ges des irrigations ordinaires. Le terrain doit être disposé
de manière qu'il y ait toujours reprise d'eau, afin que le
canal d'écoulement n'emporte pas de principes fertilisants.
Selon la conformation des lieux, les systèmes par rigoles de
niveau et déversement (chap. xxii, p. 401), par razes
(chap. xxiii, p. 407), par planches disposées en ados dans
des compartiments successifs (chap. xxiv, p. 411), par
demi-planches superposées (chap. xxv, p. 423), pourront
être employés avec un égal succès.

Si les terrains sont de nature perméable, de constitution
sablonneuse, on peut même avoir recours à l'irrigation par
infiltration (chap. xxvi); c'est à ce procédé que s'est arrêté
M. Batailler sur son domaine du Portail (Loiret); nous
avons dit précédemment (p. 501) que cet habile ingénieur fait malaxer les matières fécales avec de l'eau dans
une cuve ou réservoir spécial; un moulin à vent de la
forme des panémores met l'appareil en mouvement. Après
que le réservoir, qui a une fermeture hydraulique, a reçu
un dixième de sa capacité en matières fécales, on complète les neuf autres dixièmes avec de l'eau ordinaire qu'on
amène par un siphon. On malaxe durant six heures; puis
on arrête l'action du vent et on laisse reposer le liquide;
les matières lourdes non dissoutes étant tombées au fond,
on décante le liquide clair animalisé, qui est envoyé dans
le canal d'écoulement, où il se mélange avec de l'eau ordinaire. Lorsqu'on a enlevé par plusieurs lavages successifs
toutes les matières solubles dans l'eau, il ne reste dans la
cuve, en dépôt sur le radier, que les parties insolubles,
dont on se débarrasse en ouvrant la bonde d'un tube de
gros calibre, après avoir un peu brassé la masse. M. Batailler envoie cette masse dans une fosse, où elle se des-
sèche, ce qui lui procure une poudrette inodore qu'il emploie comme engrais solide. On conçoit que, le système

d'irrigation employé par M. Batailler étant l'infiltration, il faut prendre ces précautions, puisqu'il est important que les rigoles d'arrosage ne s'obstruent pas.

L'irrigation avec les eaux des égouts de Milan est décrite dans les termes suivants par M. le comte Arrivabene dans une lettre adressée à M. Chadwick, et publiée en 1852 dans la brochure du *general Board of Health*, intitulée *Minutes of information collected on the practical application of sewer water and town manures to agricultural production.*

La ville de Milan se compose de trois cercles concentriques, dont deux sont décrits par des canaux constamment alimentés avec de l'eau courante, et dont le troisième est formé par les remparts.

Le canal intérieur ou la Sevese, qui est le plus ancien, enceint le noyau primitif de la cité romaine; il est entièrement couvert et sert uniquement à l'assainissement. L'autre canal, le Naviglio, qui enceint le second cercle, enveloppe la partie de la ville qui date du moyen âge; il est à ciel ouvert et sert à la fois pour l'assainissement et la navigation. La Sevese enlève les eaux du drainage des deux cercles intérieurs, et le Naviglio celles de l'extérieur.

Toutes les rues de la ville présentent dans leur axe un égout souterrain construit en briques et de dimensions en rapport avec la quantité d'eau qu'il peut recevoir, eu égard à la longueur de la rue et à la profondeur des maisons qui la bordent. La pluie des toitures du devant des rues est reçue dans des tuyaux verticaux placés sur les façades des maisons et qui aboutissent directement dans l'égout. La pluie des toitures de derrière et des cours, ainsi que les eaux ménagères, sont dirigées par des conduits spéciaux dans l'égout de la rue. Les maisons se déchargent du même coup par ces deux conduites des matières demi-fluides provenant des latrines et autres officines.

Les produits du drainage de la ville ne sont pas portés directement à la Sevese ou au Naviglio par les égouts des rues ou les conduites qui entourent les maisons, mais bien dans un canal avec lequel les égouts se raccordent aux profondeurs convenables.

L'administration de l'assainissement de Milan est divisée en trois sections, les égouts, la Sevese et le Naviglio. Voici le mode d'administration de la section de la Sevese, sur laquelle est calquée celle du Naviglio.

Les maisons et tous les lieux qui déchargent leurs eaux dans la Sevese forment un district et leurs propriétaires forment une association; cette association est représentée par un comité élu par les propriétaires. Les membres du comité sont soumis à la réélection tous les deux ans. Le comité se compose de douze membres et d'un président, qui est changé chaque année. Le président promulgue les décisions du comité qui sont prises pour les cas ordinaires à la majorité des voix. Pour les affaires extraordinaires, il peut être fait appel à une assemblée générale des propriétaires. Le comité est assisté d'un inspecteur. d'un caissier, d'un secrétaire, d'un surveillant des travaux et d'un agent du contentieux.

L'assiette de l'impôt pour l'entretien de la Sevese est faite tous les neuf ans; l'inspecteur vérifie la nature et la quantité des eaux de chaque maison, la longueur et la profondeur de chaque habitation située sur le canal, et constate tout changement qui a pu se produire dans la division des propriétés.

La quantité de dépôt terreux qui peut se former dans la Sevese est facilement constatée par un nombre suffisant de bornes en granit placées sur le fond de ce cours d'eau. La Sevese est curée deux fois par an, en avril et en septembre, époques pendant lesquelles le canal en est détourné. Les travaux sont mis en adjudications par parties distinctes, pour lesquelles des repères spéciaux sont indiqués.

L'estimation de la dépense de ce travail est faite tous les neuf ans par l'inspecteur d'après les résultats constatés pendant la période précédente et le présent exercice. Les contributions à payer pour l'entretien et le curage sont proportionnelles à la quantité de drainage; la répartition en est faite d'après ces trois points : 1° L'estimation de la dépense pour la prochaine période de neuf ans; 2° le diviseur de l'estimation ; 3° le contingent qui forme l'unité de répartition. Le diviseur de l'estimation est proportionnel aux façades des maisons placées le long du canal et à la quantité et à la nature du drainage qui sont représentées par un certain nombre de pieds carrés, constituant le contingent de chaque maison. Les maisons sont en conséquence imposées en proportion de leurs façades et de la nature spéciale de leur drainage. Ainsi. un abattoir pour bœufs est classé pour 76 pieds; un abattoir pour vaches et porcs, à 56; les teintureries, latrines, hôtels, laiteries, et généralement tous les lieux non compris dans les deux premières catégories, 38; une écurie contenant de 1 à 4 chevaux, 19; une écurie contenant de 4 à 8 chevaux, 38; une écurie contenant de 8 à 16 chevaux, 56; une maison particulière, 19; une cour, 11; une pompe, 7.

Eu égard à une vieille coutume fondée sur un plus ou moins grand usage du canal, les maisons faisant face au canal, dans le quartier le plus populeux de la ville, sont imposées en proportion de leurs dimensions actuelles, et celles situées dans le quartier le moins populeux, en raison des deux tiers de ces dimensions; les maisons construites au-dessus du canal sont imposées dans les mêmes proportions et comme si elles avaient une double façade.

La Sevese reçoit ses eaux du Naviglio par le moyen de trois aqueducs, l'un de 0^m.45. le second de 0^m.25, et le troisième de 0^m.15, en trois points séparés. Ces eaux sont recueillies par un autre canal appelé Vetra. lequel, après avoir reçu une nouvelle quantité d'eau du Naviglio prend le nom de Vettabia.

La Vettabia s'échappe de la partie méridionale de la ville, et après un parcours de 16 kilomètres se jette dans la rivière Lambro, après avoir fertilisé une étendue considérable de prairies. On peut facilement concevoir combien est grande la puissance fertilisante de la Vettabia qui charrie les déjections d'une population de 150,000 habitants, et combien sont riches les matières entraînées par ses eaux, par ce fait qu'il est nécessaire d'enlever de temps en temps une certaine épaisseur de la surface arrosée pour conserver un niveau qui permette de continuer l'irrigation Le dépôt qu'on enlève est lui-même un excellent engrais, et il est employé comme tel par les agriculteurs des environs. La Vettabia possède en outre la propriété précieuse de préserver de la gelée les prairies qu'elle arrose, à cause de la haute température qu'elle acquiert dans son passage sous la ville.

Les moines cisterciens furent les premiers qui songèrent à employer utilement les eaux bourbeuses de la Vettabia; ils établirent le système d'irrigation qui forme le caractère distinctif de l'agriculture de la Lombardie.

Les eaux du Naviglio, après s'être mélangées au produit ou drainage du reste de la ville, sont aussi employées à arroser une très-grande étendue de terrain.

Il y a peut-être lieu d'ajouter ici une courte description des prairies irriguées qui en Lombardie sont appelées les *marcites*. Ces prairies sont divisées en planches rectangulaires d'environ 6^m.7 de large, par le moyen de rigoles rectilignes qui servent alternativement l'une pour l'arrosage, l'autre pour l'égouttement. Les planches sont disposées de manière à présenter une inclinaison d'environ 0.^m15 de la rigole d'irrigation à la rigole de colature. L'eau de la rigole d'alimentation qui est placée sur un des côtés de la prairie de manière à couper à angles droits les rigoles d'arrosage, pénètre dans celles-ci, les remplit et déborde des deux côtés en couvrant les deux ailes de chaque planche d'une nappe d'eau qui conserve la vie des plantes et excite leur végétation. L'eau des rigoles d'égouttement est recueillie dans un autre canal qui la conduit sur une autre prairie pour l'arroser par le même système Les prés marcites ne sont arrosés en été que pendant un certain nombre d'heures et durant une semaine; puis, de la fin de septembre à la fin de mars, ils sont irrigués d'une manière permanente, l'eau étant détournée seulement pour qu'on puisse faucher l'herbe. Durant l'irrigation des prairies, l'eau est si abondante que les propriétaires sont autorisés par l'usage à la conduire sur leurs terres en passant sur les terres de leurs voisins. C'est à ce très-ancien usage que l'on doit attribuer une grande partie de la richesse agricole de la Lombardie.

Quelques-unes des prairies irriguées par les eaux des égouts de Milan produisent une rente nette de 525 fr. par hectare; elles payent un impôt de 61f.10 pour frais d'administration, d'entretien des constructions, etc. Elles sont fauchées en novembre, janvier, mars et avril pour la nourriture à l'étable; en juin, juillet et août, elles donnent trois coupes de foin pour l'hiver; en septembre, elles fournissent encore une abondante pâture pour le bétail avant que recommencent les irrigations d'hiver.

Les résultats obtenus en Angleterre et en Toscane par l'irrigation des prairies à l'aide des eaux des égouts, conduites dans des rigoles ouvertes, n'ont pas été moins remarquables qu'en Lombardie.

Les prairies de Craigentinny, près d'Edinburgh, ont une surface d'environ 125 hectares; elles sont arrosées par les eaux du *Foul-Burn* dans lequel se jettent les égouts de la moitié de la ville environ; elles comprennent 90 hectares de vieilles prairies, 15 hectares de prairies de mer, et 50 hectares de prairies de haut niveau. L'irrigation des vieilles prairies remonte à la fin du siècle dernier; les prairies de mer ont reçu l'engrais liquide vers 1827. Les prairies de haut niveau ont été établies à une époque beaucoup plus récente; elles sont à une hauteur de $4^m.5$ au-dessus du niveau du Foul-Burn, dont les eaux y sont élevées par une machine à vapeur de 8 chevaux, et par conséquent suffisante pour donner de l'eau à une surface beaucoup plus grande; aussi la machine sert-elle au battage des grains et à différents autres usages. D'après M. Lee, inspecteur du Board of Health, ces prairies exigeraient par hectare les dépenses qui suivent :

	Dépenses d'établissement.	Intérêt à 7 1/2 pour 100.	Dépenses annuelles en main-d'œuvre, etc.	Totaux des dépenses annuelles.
	fr.	fr.	fr.	fr.
Vieilles prairies. . . .	740.10	55.46	32.68	88.14
Prairies de mer. . . .	1,151.30	86.52	32.68	119.00
Prairies de haut niveau.	1,984.00	148.69	116.66	265.35

L'irrigation a lieu d'une manière continue, à l'exception

des dimanches, et elle dure toute l'année, hiver et été. Deux hommes, travaillant en tout trois semaines ou un mois, suffisent pour les travaux d'entretien et de surveillance dans toute la partie arrosée par la gravitation seule. Chaque irrigation des prairies de haut niveau exige 10 jours. La quantité d'eau que fournit le Foul-Burn est d'ailleurs considérable ; elle s'élève à 99 litres par seconde. Le liquide se répand par des rigoles dirigées dans le sens de la pente et dans lesquelles on fait des arrêts par de petites vannes; les colateurs versent généralement les eaux qu'ils emportent dans des citernes de décantation où elles abandonnent des matériaux solides recueillis comme engrais.

« Les prix énormes que payent les nourrisseurs d'Edinburgh pour jouir des produits de ces prairies, lit-on dans *Morton's Cyclopædia*, sont la meilleure preuve de leur valeur. La récolte est vendue aux enchères par lots d'un quart d'hectare au prix de 1,500 à 2,500 francs l'hectare. L'acheteur coupe l'herbe 4 ou 5 fois durant l'été et rend la prairie le 20 octobre. »

Le drainage de la ville de Tavistock a été entrepris en 1850 par M. le duc de Bedford, et le produit des égouts et des latrines est déversé à ciel ouvert sur 10 hectares de prairies appartenant au faire-valoir du duc, et sur 36 hectares exploités par des fermiers. Les dépenses d'établissement se sont élevées à 812 francs par hectare; les dépenses d'entretien sont de 46ᶠ.80. L'irrigation a lieu toute l'année, sauf quand l'herbe est haute.

Les prairies du parc de Clipstone, dans le Nottinghamshire, qui appartiennent au duc de Portland, présentent un des plus beaux exemples d'irrigation que l'on puisse citer. L'opération a été commencée en 1819 sous la direction de M. Tebbett. M. Evelyn Denison, qui l'a menée à terme, a fait connaître en 1840 ce magnifique travail dans le premier volume du Journal de la société d'agriculture d'Angleterre. La rivière Mann, qui passe à travers la ville de Mansfield, reçoit les égouts de cette ville et est ensuite dérivée dans un canal endigué, ayant une longueur de 11 kilomètres. 160 hectares sont arrosés. La dépense d'établissement n'a pas été moindre que 7,500 francs par hectare, ce qui fait, au taux de 7 1/2 pour 100, une rente annuelle de 562^r.50; les dépenses annuelles de main-d'œuvre ne sont que de 31^r.20; la rente produite est de 760 francs.

Nous ne ferons que signaler les résultats que l'on a obtenus dans les prairies du Wiltshire, près de Salisbury, avec les eaux de la rivière Wiley après son passage dans la ville de Warminster; l'emploi des égouts de la ville d'Harrow sur la ferme de M. Chapman; l'irrigation d'une petite étendue de prairie par les vidanges du *Lunatic asylum* d'Exminster; l'arrosage de 13 hectares avec les eaux provenant du drainage du Crediton. Mais nous devrons faire une mention plus expresse des prairies irriguées de M. Pusey, à Pusey (Berkshire); il s'agit ici d'une opération à part; c'est avec les engrais liquides de la ferme, mélangés aux eaux d'irrigation ordinaires, que M. Pusey arrose 40 hectares. La dépense d'établissement a été de 278^r.12 par hectare; l'intérêt étant compté à 7 1/2 pour 100, donne par hectare 20^r.83; il y a 23^r.69 de main-d'œuvre; les frais annuels totaux sont de 44^r.52. La terre, qui ne donnait qu'un revenu de 12^r.50 par hectare, produit maintenant six coupes d'excellent foin par an.

Nous n'avons pas en France à citer une seule ville qui ait organisé ses égouts de manière à en livrer le liquide fécondant à l'agriculture; mais un propriétaire intelligent et dévoué au progrès, M. le comte du Couëdic, a donné le bon exemple de faire installer des latrines dans la ville de Quimperlé (Finistère), et d'en faire porter les produits dans des réservoirs qu'il a établis sur sa terre de Lezardeau, située non loin de là. Il lui a suffi, pour retenir les eaux des vallons ou des ravins, de construire quelques murs. Les moindres sources et les eaux pluviales ont été emmagasinées, et M. du Couëdic s'est procuré un volume d'eau, 1,200,000 mètres cubes, qui lui sert à irriguer 50 hectares, après qu'il y a ajouté environ 1,000 mètres cubes de vidanges de la ville et toutes les immondices qu'il peut se procurer. Ces travaux ont été commencés en 1854; alors le domaine ne produisait que 4,120 francs; après une dépense de 83,000 francs seulement, et au bout de 5 ans, le revenu est monté à 15,000 francs.

M. Jacques, cultivateur à Lespinat, près d'Étain (Meuse), qui a remporté en 1857 la grande prime d'honneur du gouvernement pour l'exploitation la mieux cultivée, a disposé les cours de sa ferme et ses fosses à purin de manière qu'un conduit, qu'on ouvre par une bonde, amène de temps à autre tous les liquides obtenus dans un bassin où se rendent les eaux du drainage d'un terrain supérieur; on irrigue ensuite une prairie inférieure avec le mélange fertilisant ainsi préparé.

Nous avons vu précédemment (chap. xxii) que le système d'irrigation le plus simple, le meilleur et le plus économique, lorsqu'il pouvait être établi, est celui par rigoles de niveau et par déversement. Il est partout très-usité, et on s'en sert notamment en Angleterre, mais non pas toujours avec la perfection que nous avons indiquée, les rigoles de niveau n'étant pas en général assez rapprochées et étant trop profondes. M. Bickford, à Crediton, a appliqué, vers 1837, ce système d'une manière complète et avec une grande entente de l'art de l'irrigation ; ce n'est pas toutefois une raison pour lui en attribuer l'invention, comme l'a fait, en 1857, M. Austin, inspecteur général du Board of Health. Mais on doit se joindre à M. Austin pour conseiller l'emploi des rigoles de niveau dans le but de répandre les engrais liquides étendus, qui proviennent des égouts des villes ou des citernes des fermes, chaque fois que les dispositions des terres le permettent.

5° SYSTÈME TUBULAIRE SOUTERRAIN POUR IRRIGUER AVEC L'ENGRAIS LIQUIDE
DES FERMES.

Dans le système tubulaire souterrain pour l'irrigation au moyen de l'engrais liquide des fermes plus ou moins dilué, on se propose d'abord de préparer l'engrais, ensuite de l'envoyer dans des réservoirs d'où il puisse circuler, sous une pression convenable, dans des tuyaux placés sous le sol, à travers toutes les terres qu'on veut arroser; de distance en distance sont placés des regards munis de robinets sur lesquels on adapte des tuyaux flexibles qui servent à l'arrosage sur toute la surface des champs. Selon la disposition des lieux, les détails de l'exécution du système peuvent beaucoup changer. Les réservoirs de préparation serviront aussi de réservoirs d'émission, si la ferme domine les terres à arroser; mais, dans le cas contraire, il faudra avoir recours à un moteur : manége, roue hydraulique, moteur à vent, machine à vapeur, et à des pompes pour élever le liquide. Si les différences de niveau des parcelles à arroser sont considérables, les tuyaux souterrains seront soumis à des pressions très-grandes; au lieu de tubes en poterie, en tôle bituminée, il faudra alors des tubes en fer ou en fonte avec des joints bien hermétiques. Les longueurs des tuyaux souterrainement placés varieront beaucoup avec la forme des terres du domaine, avec la position plus ou moins excentrique des bâtiments d'exploitation. Les dépenses en force motrice dépendront également de la facilité qu'on trouvera à se procurer la quantité d'eau nécessaire pour amener l'engrais à l'état convenable.

On conçoit d'après ces remarques sommaires qu'on ne peut apprécier convenablement les résultats qu'il faut attendre du système que par un examen attentif de chaque cas particulier. Il y a eu des exagérations, des erreurs manifestes dans les rapports faits en Angleterre au *Board of Health*; naturellement ces exagérations, ces erreurs, qu'on ne pouvait soupçonner, ont été reproduites dans des articles qui ont fait connaître, en France et en Allemagne, le nouveau mode de transport et d'application des engrais. De là sont venus beaucoup de critiques et de débats passionnés dans les journaux agricoles et dans les réunions de cultivateurs. Une des plus fortes erreurs a consisté à attribuer uniquement à l'engrais liquide, dont on calculait le prix de revient, des résultats qui étaient produits en même temps par l'emploi d'autres engrais dont le prix n'entrait pas en ligne de compte. Des bénéfices extraordinaires sont ainsi apparus; mais un examen plus attentif a montré qu'ils n'étaient pas justifiés. Des publications subséquentes du *Board of Health* lui-même ont dû rectifier les premiers comptes publiés; mais ces comptes avaient paru dans toutes les publications agricoles, non-seulement d'Angleterre, mais encore de diverses parties de l'Europe et de l'Amérique; mais on n'a pas fait attention que la multiplicité des publications n'ajoutait aucune autorité à des calculs qui n'étaient que la reproduction du même tableau imprimé en décembre 1851, dans *Minutes of information collected on the practical application of sewer water and town manures to agricultural production*. Aussi n'est-ce que par des détails froidement discutés qu'on peut espérer de faire luire la vérité, en se gardant également et de l'enthousiasme et du scepticisme.

A. Ferme de Tiptree.

Nous avons visité trois fois, depuis sept ans, la ferme de Tiptree, près de Kelvedon (Essex), appartenant à M. Mechi; elle est située au milieu d'un comté que nous croyons pouvoir appeler la Sologne de l'Angleterre. C'est sur un plateau élevé, au milieu d'une lande couverte de bruyères et d'ajoncs, que M. Mechi a établi une maison d'habitation, des bâtiments d'exploitation et tous les engins de l'agriculture la plus avancée. Les terres cultivées n'ont qu'une étendue de 68 hectares; elles ont été complétement drainées. M. de la Tréhonnais décrit ainsi, dans la *Revue agricole de l'Angleterre* (1859, p. 318), l'application du système tubulaire faite par M. Mechi à partir de 1852 :

Les animaux, au lieu de reposer sur une litière de paille, sont placés sur des grilles de bois, sur lesquelles on fait passer plusieurs fois par jour le jet d'une pompe à incendie, et tous les excréments se trouvent entraînés par des égouts jusque dans la citerne. Là, une pompe à air, mue par la machine à vapeur, fait constamment bouillonner la masse et facilite la solution des matières solides. Lorsque cette masse est suffisamment liquéfiée, on fait jouer les pompes aspirantes et refoulantes, qui font refluer le liquide par des tuyaux en fer jusqu'à l'extrémité de l'exploitation. Ces tuyaux se ramifient de manière à déboucher dans chaque champ sur une ouverture à laquelle on visse une manche en gutta-percha, comme celle d'une pompe à incendie, et au moyen de laquelle on asperge toute la surface dans un certain rayon. Ces ouvertures sont espacées de manière que les rayons se joignent et que la surface entière puisse être irriguée. La quantité d'engrais liquide qu'on peut ainsi répandre par jour sur une surface de 4 hectares est d'au moins 250 mètres cubes, pour une dépense d'à peu près 15 francs. La longueur de tuyaux nécessaire pour irriguer les 68 hectares de M. Mechi est de 2,560 mètres, soit environ 36 mètres à l'hectare. Les tuyaux ont 3 mètres de longueur et 0^m.08 de diamètre. Les pompes ont un parcours de piston de 0^m.55; le diamètre du cylindre est de 0^m.15, et, avec une vitesse de 23 coups de piston à la minute, les pompes peuvent lancer 400 litres d'engrais liquide par minute. La grande citerne a 9 mètres de profondeur et autant de diamètre; l'eau nécessaire au mélange des engrais solides y tombe d'une hauteur de 4 mètres. Cette eau est abondamment fournie par une source détournée d'un des champs de l'exploitation, où, avant les travaux de drainage entrepris par M. Mechi, elle avait produit un véritable bourbier marécageux sur lequel il était impossible de s'aventurer. En drainant cette source à une profondeur de 4 mètres, on a pu en détourner les eaux par un aqueduc collecteur souterrain qui les amène dans un vaste réservoir situé dans le jardin de l'habitation, où elles forment une charmante pièce d'eau. C'est de ce réservoir que l'eau tombe dans la citerne à fumier. Cette source débite jusqu'à 150 mètres cubes d'eau par jour et coule uniformément hiver comme été. Les tuyaux sont joints avec un bourrelet de chanvre goudronné recouvert de plomb fondu. Il existe un orifice d'irrigation par 4 hectares et demi, et au moyen d'une manche en gutta-percha de 200 mètres, on peut atteindre tous les points de la surface de l'exploitation.

Les frais de l'installation de ce système, c'est-à-dire les pompes, la citerne, les tuyaux, etc., se sont élevés à près de 15,000 fr., soit à peu près 200 fr. l'hectare. Les pompes sont agencées de façon qu'on puisse à volonté pomper l'engrais liquide ou l'eau pure des réservoirs, selon les besoins de l'exploitation...

M. Mechi n'emploie son engrais liquide que sur les récoltes fourragères proprement dites, c'est-à-dire sur le ray-grass d'Italie, le trèfle, les vesces, etc., mais principalement sur le ray-grass, de sorte que l'aspersion par l'engrais liquide a lieu tous les ans sur le tiers de l'exploitation. Cette application continuelle a ce double avantage : c'est qu'elle donne au sol une humidité constante dans la saison où il en a le plus besoin, en même temps qu'une fumure énergique; et, de plus, tout en étant immédiatement utile à la récolte fourragère qui l'occupe, elle laisse encore dans le sol une certaine quantité d'éléments de fertilité qui profite à la récolte céréale qui vient après. M. Mechi fume ses betteraves et ses fèves avec de l'engrais solide, mais il n'ajoute jamais rien pour le blé qui est récolté tous les deux ans, et quelquefois même deux années de suite. A l'époque de l'année où les animaux gras sont livrés à la boucherie, et où, par conséquent, les engrais sont moins riches et moins abondants, M. Mechi verse dans sa citerne quelques sacs de guano, pour compenser l'absence du fumier de ses étables et rétablir l'équilibre de fertilité dans son engrais liquide.

Voici d'après *Morton's Cyclopædia* les comptes de l'établissement du système tubulaire sur la ferme de Tiptree :

	fr.
Citerne pour 363 mètres cubes.	2,500
Machine à vapeur de la force de 4 chevaux. . . .	2,500
Pompes.	1,500
Tuyaux de fer, pose, regards..	8,750
Tubes distributeurs de gutta-percha.	1,250
Robinets, vaisseaux à air et arrangements divers. . .	1,500
Total.	18,000

Au moment où le système a été établi, le fer ne coûtait que 125 francs la tonne; il en a été employé 50 tonnes;
chaque tuyau, de 2ᵐ.75 de longueur et de 0ᵐ.76 de diamètre, pèse environ 51 kil. Les frais journaliers sont les
suivants :

	fr.
Houille à 1ᶠ.25 les 50ᵏ.8.	7.50
Un mécanicien.	2.08
Trois ouvriers et un enfant pour manœuvrer 2 jets et changer de place les tubes mobiles.	3.13
Réparation et usure.	3.13
Intérêts à 7 1/2 pour 100 du capital employé, 1,350 fr. pour 300 jours; soit par jour..	4.50
Total.	20.54

D'après *Morton's Cyclopædia* la quantité d'engrais liquide
serait de 130 mètres cubes par jour, ce qui porte à 0ᶠ.15
le prix de l'épandage du mètre cube. Ce prix est faible, quoique plus élevé que celui indiqué par M. de la Tréhonnais
dans la citation que nous avons faite ci-dessus; il démontre
que le système tubulaire avec machine à vapeur permet de
distribuer l'engrais liquide économiquement, à la condition
qu'on en ait une grande quantité à répandre. Mais on doit
remarquer qu'en fin de compte la dépense se monte, par
an, à 6,102 fr., rien que pour répandre une partie de la fumure. Que dépenserait-on par le système ordinaire, et quel
est l'accroissement de récolte produit par le système tubulaire? Ce sont deux questions que les comptes fournis ne
permettent pas de résoudre. Mais M. Mechi affirme que « ce
système lui donne sur la moitié du domaine ce qu'il ne pourrait pas avoir, par la méthode de culture ordinaire, sur la totalité, et qu'il diminue ainsi de moitié la rente de la terre,
les impôts, les taxes, les dépenses d'attelage et de main-
d'œuvre, l'usure des instruments, l'entretien des chemins
d'exploitation, le péage des routes, etc. » M. Mechi ajoute

encore que « dans bien des cas, et particulièrement sur les
terres pauvres, mais à la condition d'un drainage préalable,
le produit serait doublé comme quantité et fort amélioré
comme qualité par l'application des engrais liquides ainsi
répandus. »

B. Ferme de Saint-George's clist.

La ferme de Saint-George's clist, cultivée par M. John
Daw, contient environ 40 hectares d'une argile grasse;
elle est située à 10 kilomètres d'Exeter. Il y a été posé sur
15 hectares, préalablement drainés, des tuyaux de $0^m.076$
de diamètre pour y appliquer l'engrais liquide provenant
du bétail et de l'habitation. Dans son rapport, fait en
1857, au président du *General Board of Health*, M. Austin
décrit ainsi le système adopté :

La force nécessaire pour la distribution est fournie par une roue
hydraulique de $5^m.18$ de diamètre. L'arrosage se fait seulement pendant
8 heures, un jour de la semaine en moyenne, mais plus souvent en hiver
et dans les temps de pluie, pour épargner l'eau qui serait nécessaire pour
diluer l'engrais qui est employé dans l'état même où il est recueilli dans
le réservoir.

Le réservoir a une capacité de 100 demi-pièces (*hogsheads*), soit de
24 mètres cubes; cette quantité d'engrais est employée chaque fois qu'on
fait marcher la machine sur une surface de 60 ares.

Il y a 8 regards pour attacher les tubes distributeurs. Le prix de
l'arrosage, non compris la force motrice qui est employée à tous les autres
besoins de la ferme, est d'environ 512^f.50 par hectare.

C. Ferme de Hulme-Walfield.

La ferme de Hulme-Walfield, près de Congleton (Cheshire), contient environ 44^h.5; le fermier actuel l'a louée pour
vingt-deux ans, le 25 mars 1853, au prix de 7,000 fr. par
an, sans compter les impôts, les taxes ecclésiastiques,
celles des pauvres et des routes. Le système tubulaire y est
appliqué d'une manière simple et économique. Nous en avons

eu les détails par la note suivante que nous en a remise
M. Chadwick en 1856 :

Les terres de Hulme-Walfield avaient été fatiguées par la culture de
récoltes toutes à vendre; elles étaient infestées de chiendent et de toutes
sortes de mauvaises herbes.

La nature du sol est très-variable; il s'y trouve des terres limoneuses,
tourbeuses et sableuses; le tout repose sur un sous-sol tantôt argileux,
tantôt graveleux, et tantôt sablonneux, imprégné d'oxyde de fer.

La ferme est bien située. Elle était divisée au moment de l'entrée
du fermier en dix-huit pièces. Dans sa partie inférieure, on a arraché presque toutes les haies, de manière à réunir en quatre champs seulement
les douze qui s'y trouvaient originairement. On y a gagné 1ʰ.21, plus un
large chemin qui passe au milieu de l'exploitation. Comme le terrain
était très-humide, on l'a drainé à l'aide de tuyaux et de manchons placés
à une profondeur variable de 1ᵐ.52 à 3ᵐ.05. Cette opération est revenue
à 556 fr. l'hectare. Au point de décharge de l'un des drains se trouve une
machine hydraulique qui fait remonter l'eau sur la vacherie à une distance de 457 mètres, et à une hauteur de 27ᵐ.43.

On a remanié entièrement les bâtiments, et on a construit une nouvelle étable à vaches, pouvant contenir 50 têtes de bétail attachées ou
26 têtes en boxes. Au-dessous se trouve une citerne profonde de 2ᵐ.43,
large de 4ᵐ.87 et longue de 22ᵐ.20, dans laquelle se rend tout l'engrais
à travers des tubes de gutta-percha lavés par l'eau du toit. L'étable a
7 mètres de large et 22 mètres de longueur; elle est couverte par une
simple voûte de briques; les parois sont asphaltées. Le bétail est placé
sur des planches qu'on lave deux fois par jour. Les mangeoires, qui
s'étendent sur toute la longueur de l'édifice, sans séparations, sont remplies d'eau deux fois par jour, et restent pleines environ une heure chaque
fois, puis on les vide à l'aide d'un trou bouché par un tampon. Par ce
moyen, le bétail peut boire à volonté, et les mangeoires sont toujours
propres et exemptes de mauvaise odeur.

La citerne communique par un conduit de 0ᵐ.50 de diamètre pourvu
d'une vannette, avec une autre citerne située à environ 75 mètres de
distance, et d'où partent des tuyaux en bois qui vont irriguer les terres
du bas par la seule pesanteur du liquide, à l'aide de regards et de tubes
de gutta-percha. La citerne la plus basse a une porte par laquelle on fait
sortir l'engrais solide, qu'on mélange dans le champ voisin avec de la
terre; on jette aussi dans le compost les mauvaises herbes, le chaume,
et toutes les ordures dont on peut disposer, puis on arrose le tout d'engrais liquide; on obtient tous les ans par ce moyen une grande quantité
d'excellent engrais solide.

Les tuyaux souterrains sont des billes de bois de 0ᵐ.152 d'équarrissage, percées d'un trou de 0ᵐ.051 de diamètre; leurs extrémités s'a-
justent les unes dans les autres. Ils reviennent tout posés à 2 fr. le mètre.

On les fait en aune, en saule ou en peuplier; comme ils sont toujours mouillés et placés à l'abri de l'air, on présume qu'ils dureront longtemps.

Une machine à vapeur locomobile de la force de 4 chevaux fait mouvoir la machine à battre. le hache-paille, le coupe-racines, les concasseurs, les pompes, et sert à faire cuire les aliments. En été comme en hiver, toute la nourriture des animaux est coupée. On emploie fort peu de foin; pour en tenir lieu, on échaude de la paille hachée qu'on mélange avec une bouillie de graine de lin ou de mousse d'Irlande.

Avant 1853. la ferme de Hulme-Walfield nourrissait environ 25 têtes de bétail et produisait des céréales sur environ 8 hectares. En 1856, elle nourrissait 50 têtes de bétail. portait des céréales sur 16 hectares et sur la même surface des récoltes vertes; les produits de 4 hectares ont été vendus comme légumes. Dès l'exercice de 1854-1855, quoique les améliorations ne fussent pas terminées, l'excédant de revenu couvrait l'intérêt du capital avancé. Les récoltes dues à l'engrais liquide étaient magnifiques.

D. Ferme de Liscard.

La ferme de Liscard est située à environ 6 kilomètres de Birkenhead, dans le comté de Chester, près de la Mersey, en face de Liverpool. M. Harold Littledale, qui en est le fermier, cultive 180 hectares sur lesquels 60 seulement sont soumis à l'irrigation par l'engrais liquide. Voici le compte des frais d'établissement :

Réservoir de 555 mètres cubes de capacité. . . .	5,000.00
Machine à vapeur de 10 chevaux, qui n'est employée qu'un jour par semaine à la préparation et à la distribution de l'engrais liquide pour un contingent de 4 chevaux; part des frais d'acquisition et d'établissement..	1,500.00
Deux pompes de 0m.11 de diamètre, de 0m.60 de course et pouvant élever 187 mètres cubes par journée de 10 heures.	1,750 00
Achat et pose de tuyaux de fer de 0m.076 de diamètre. d'une longueur totale de 3,200 mètres.	7,882.92
Onze regards placés à 274 mètres de distance les uns des autres.	247.50
68m.50 de tuyaux de gutta-percha de 0m.051 de diamètre.	234.37
63m.50 de tuyaux de gutta-percha de 0m.038. . .	187.50
Total.	16,802.29
Dépense d'établissement par hectare..	280.58

Les frais annuels sont donnés en ces termes :

Intérêt à 7 1/2 pour 100 de 16,802f.29	1,260f.17
Combustible.	107.92
Main-d'œuvre	330.42
Total. . . .	1,698.51
Frais annuels par hectare.	28.30

On arrose 4 hectares par journée de 10 heures avec 187 mètres cubes d'engrais liquide. Puisque l'irrigation ne se fait qu'une fois par semaine, la quantité totale d'engrais distribué est de 9,724 mètres cubes ou 166 mètres cubes par hectare. Le prix d'épandage du mètre cube est de 0f.17. L'engrais est produit par 81 vaches à lait, 2 taureaux, environ 100 porcs et 12 chevaux.

E. Ferme de Halewood.

La ferme de Halewood, cultivée par M. Robert Neilson, est située à environ 13 kilomètres de Liverpool; elle se compose de 140 hectares, sur lesquels 48 sont fertilisés avec l'engrais liquide, appliqué par une machine à vapeur, des tubes souterrains en fer, des tuyaux flexibles et la lance. Le sol appartient à la formation géologique du nouveau grès rouge. Toute la ferme a été drainée à une profondeur de 0m.90 et à un écartement de 9 mètres avec des tuiles courbes et des semelles. M. Neilson, qui est négociant à Liverpool en même temps qu'agriculteur, a été son propre ingénieur, et tout a été parfaitement établi. Voici le détail des frais :

Réservoir construit en briques de 5m.48 × 5m.48 × 7.32 ou de 220 mètres cubes de capacité. . .	3,375f.00
Machine à vapeur de la force de 12 chevaux, mais qui est employée à tous les usages de la ferme en même temps que pour préparer, agiter et répandre l'engrais liquide; M. Neilson admet que seulement 1 cheval 1/3 doit être compté. .	552.62
A reporter..	3,927f.62

Report.	5,927f.62
Deux pompes de 0m.20 de diamètre et de 0m.60 de course, élevant en général 15 mètres cubes par heure..	1,959.00
Acquisition et pose de tuyaux en fonte de 0m 76 de diamètre à 2f.09 le mètre; plus un regard coûtant 25 fr. pour chaque longueur de 185 mètres, de telle sorte qu'un homme et un enfant puissent arroser 5h.60 par jour, avec 91m.5 de tubes flexibles..	6.500.00
45m.75 de tubes de caoutchouc.	703.12
45m.75 de tubes de gutta-percha.	156.25
Total.	15,056.99
Frais d'établissement par hectare..	271.60

Pour répandre l'engrais, un homme et un enfant sont occupés deux jours par semaine seulement. On donne sept applications d'engrais aux 48 hectares soumis au système. La machine à vapeur consomme 250 kil. de houille pendant 12 heures, à 6f.25 la tonne; elle travaille aussi deux jours par semaine. Les dépenses annuelles sont en conséquence les suivantes :

Intérêts annuels de 15.040 fr. à 7 1/2 pour 100. .	978f 00
Combustible et mécanicien.	170.62
Main-d'œuvre pour la distribution..	525 55
Total.	1,471.05

La dépense annuelle ainsi calculée est de 30f.66 par hectare irrigué.

Le bétail dont les déjections sont employées à la préparation de l'engrais liquide se compose de 45 à 50 vaches à lait, 150 à 200 porcs et 10 chevaux. Chaque fois qu'on enlève la litière on la porte dans la fosse à purin, et quand la fermentation s'est produite, on lave la masse avec de l'eau pour envoyer le liquide dans le réservoir. Du guano, de la suie, du sel sont ajoutés dans le réservoir au purin des étables et à de l'eau pure. Le tout est agité avant d'être envoyé par les pompes dans les tubes souterrains. On y ajoute souvent de l'eau de chaux. On applique l'engrais au ray-grass et à quelques cultures de racines.

F. Home-Farm de Hanchurch.

Le Home-Farm de M. le duc de Sutherland est à Hanchurch, près de Trentham dans le Staffordshire; il se compose de 120 hectares; mais 33^h.2 seulement de terres situés autour des bâtiments d'exploitation sont soumis à l'irrigation par l'engrais liquide. Une machine à vapeur, deux réservoirs, deux pompes sont employés à la préparation et à l'épandage de l'engrais liquide qui provient de 40 bêtes bovines d'engrais, de 12 chevaux, de 15 porcs, de 120 moutons et de l'habitation. La machine à vapeur est de la force de 12 chevaux, mais elle fait marcher tous les appareils de la ferme, et on estime qu'un sixième seulement de sa force est employé pour l'arrosage, qui ne se fait qu'une fois par semaine. Deux réservoirs, l'un de 90 mètres cubes, l'autre de 114 mètres cubes, reçoivent l'engrais liquide. Le coût d'établissement du système se détaille ainsi :

Un sixième du prix de la machine à vapeur. . .	1,035^f.57
Deux réservoirs..	5,000.00
Deux pompes..	1,750.00
Achat et pose des tuyaux de fonte de 0^m.076 de diamètre, regards, etc.	4,725.00
185 mètres de tubes de gutta-percha.	500.00
Total.	13,010.57
Dépenses d'établissement par hectare.	591.88

Les frais annuels d'épandage sont ainsi établis dans le rapport de M. Lee :

Intérêts de 13,010^f.57 à 7.5 pour 100	975^f.89
52 jours de combustible à 500 kil. par jour, la tonne coûtant 7^f.50.	195.00
52 journées d'un homme à 2^f.19 et d'un enfant à 0^f.94, pour l'irrigation; plus une partie du salaire du mécanicien.	260.00
Total.	1,430.89
Dépense d'arrosage par hectare.	43.10

On arrose 4 hectares par jour et toute la surface irriguée reçoit 6 arrosages par an. L'engrais liquide est à peu près exclusivement appliqué aux plantes fourragères.

G. Home-Farm de Bulmarshe Court.

Le Home-Farm de M. James Wheble, à Bulmarshe Court, près de Reading dans le Berkshire, se compose d'environ 502 hectares, dont 80 hectares sont soumis à l'application des engrais liquides. Le système employé se compose de quatre citernes, une pompe, une machine à vapeur, un réservoir élevé, des tubes en fonte placés dans les champs, un tube flexible et une lance pour appliquer l'engrais sous forme de jet. C'est le même système que nous retrouvons ailleurs; mais M. Lee, dans son rapport au *General Board of Health*, n'en fait pas moins une vive critique; c'est qu'il faut expliquer comment, dans les cultures de Bulmarshe Court, l'engrais liquide se montre un peu inférieur par ses effets au fumier de ferme ordinaire. Voici le résumé des objections de M. Lee :

Les quatre citernes ont chacune 2^m.75 de diamètre et 3^m.65 de profondeur, et leur capacité totale est de 87 mètres cubes. Si l'engrais était dilué dans trois fois son propre volume d'eau, la quantité ci-dessus pourrait servir à arroser une fois 7^h.4. Mais cette dilution n'a pas lieu. Les citernes sont sous un hangar sur lequel s'ouvre l'étable et ne sont couvertes que d'un plancher à claire-voie; la fermentation s'y effectue de telle sorte qu'il y a à la fois perte considérable de matières fertilisantes par évaporation et danger d'émanations malsaines pour le bétail qui est à côté. La pompe à vapeur pour élever l'engrais a seulement 0^{m}13 de diamètre et 0^m.30 de course, et elle ne donne que 10 coups de piston par minute. Sans tenir compte des déperditions, elle ne peut élever que 25 mètres cubes en 10 heures de travail, et il lui faut près de quatre jours pour vider les quatre citernes. Or, en supposant que cette pompe travaillât tous les jours de l'année, excepté les dimanches, et en admettant que d'autres moyens fournissent l'eau nécessaire pour étendre l'engrais de 3 fois son volume d'eau afin qu'il fût dans l'état le plus convenable à la végétation. elle serait à peine suffisante pour donner six irrigations par année à chacun des 80 hectares soumis au système. La machine à vapeur, de la force de 5 chevaux, est à haute pression; elle fait marcher tous les appareils de la ferme; elle serait capable de mouvoir des pompes additionnelles pour l'engrais liquide. Le réservoir supérieur est en fonte et contient 91 mètres cubes; il n'est pas couvert, et il est placé sur une excellente construction en briques; il est élevé de 15 mètres au-dessus du sol. La dépense de ce réservoir et de sa tour a été considérable et elle n'était nullement nécessaire; il est préférable d'envoyer l'engrais liquide directement par la pompe dans les tubes souterrains. Ces tubes ont une longueur de 5,200 mètres; ils sont établis avec regards et avec vannes; leur diamètre est de 0^m.076; l'achat et la pose ont coûté 4^f.12 le mètre, tandis que le prix maximum par mètre devrait être de 5^f.20... Le tube flexible a 67 mètres de longueur; il est presque entièrement en cuir; une petite partie seulement est en toile enduite de gutta-percha. Il faut ajouter qu'une seconde tour, haute de 52 mètres, supporte un réservoir pour fournir l'eau des bâtiments d'exploitation et du château, qui est distant de 270 mètres. Il y a un four à gaz composé de quatre cornues pour l'éclairage du château, de ses dépendances de toute nature, de l'habitation du régisseur, de la ferme, etc. On dit que l'engrais liquide est dilué, quand cela est nécessaire, avec de l'eau pure, mais que les eaux de l'habitation du régisseur suffisent généralement. Un examen attentif démontre que l'engrais est généralement employé à un trop grand état de concentration qui nuit aux récoltes. Les animaux qui fournissent l'engrais liquide se composent de 400 moutons, 80 à 100 porcs, 10 vaches à lait, 10 bêtes à l'engrais, 10 bêtes d'élève, 12 chevaux de travail, 50 chevaux de chasse et de voitures, et environ 100 chiens courants. Tous les bâtiments et la cour à engrais solides sont drainés, de manière qu'aucun liquide ne soit perdu. L'engrais liquide est appliqué aux prairies, aux turneps, aux betteraves et au blé avant la semaille. Un essai fait comparativement sur des betteraves dont une partie avait reçu 25 tonnes de fumier et dont l'autre partie avait été arrosée trois ou quatre fois avec l'engrais liquide, a montré une légère supériorité du fumier. Cela tient à ce que l'engrais n'était pas dilué; d'ailleurs, il résulte de l'enquête que le prix de l'application de l'engrais liquide n'est littéralement rien par comparaison avec celui que coûtent le transport et l'épandage du fumier.

H. Ferme de Cliterhoe.

C'est dans la ferme de M. Henri Thimpson, à Clitheroe (Lancashire), que le système tubulaire a pris naissance (voir précédemment, p. 501). Le réservoir employé, et dans lequel une pompe à vapeur envoie l'engrais, a 18^m.50 de longueur, 9^m.15 de largeur et 5^m.66 de plus grande profondeur;

il est voûté en dessus, l'arc commençant latéralement à
$0^m.61$ du fond; sa capacité est de 363 mètres cubes environ;
il est situé au point le plus élevé du terrain, à une hauteur
variant de $4^m.57$ à $25^m.90$ au-dessus d'une prairie de $32^h.40$,
la plus grande distance à atteindre pour l'arrosage étant de
751 mètres. Le tube flexible, de $0^m.065$ de diamètre, est
fait en toile de chanvre garnie d'étoupes et goudronnée;
chaque bout est long de 27 mètres et s'adapte au suivant
par un assemblage à vis; une lance de $1^m.50$ de longueur et
du même diamètre que le tube et se terminant par un orifice de $0^m.016$, forme le jet d'arrosage. Des expériences
variées ont montré à M. Thimpson que le mieux est de
s'arranger de manière que le jet ait de 4 mètres à $4^m.5$ de
longueur et s'élève à environ 6 mètres. Dans ces conditions
on peut répandre 9 mètres cubes d'engrais liquide par heure;
cette quantité ne change pas beaucoup lorsque les tubes
flexibles mis bout à bout ont seulement 54 mètres ou bien
751 mètres de longueur; elle est suffisante pour une surface de $0^h.4$, et elle est obtenue par le travail de deux
hommes, l'un dirigeant le jet, l'autre changeant le tube
flexible de place. En un jour de 10 heures, on répand ainsi
90 mètres cubes sur une surface de 4 hectares. La dépense
des tubes qui ont remplacé l'épandage au tonneau d'abord
employé, a été de 1,285 francs. M. Thimpson estime à 15
pour 100 l'intérêt annuel, tant pour l'amortissement que
pour l'usure. Tout compté, l'arrosage de l'hectare revient à
$7^f.50$ par le système tubulaire; il coûtait $12^f.50$ par le
tonneau.

I. Ferme de Sutton Waldron.

Si le système tubulaire flexible a d'abord été employé par
M. Thimpson, c'est dans une des fermes de M. Huxtable,
à Sutton Waldron (Dorsetshire), que les tuyaux souterrains

ont été établis pour la première fois, du moins en Angleterre;
car M. Harvey, de Glasgow, paraît avoir commencé en Écosse
(voir p. 502 et p. 546). M. Huxtable ayant été un des premiers
à adopter la stabulation permanente pour son bétail, avec
les planchers à claire-voie, et l'alimentation à la paille hachée
mélangée avec les racines et autres sortes de nourriture, il
avait à sa disposition une grande quantité d'engrais liquide.
Trouvant que le transport avec les tonneaux était trop coûteux, excepté toutefois pour les terres très-voisines des
bâtiments d'exploitation, il songea à conduire ses purins
sur une prairie de 24 hectares, en les faisant circuler dans
des tuyaux placés à 0ᵐ.60 sous le sol. Après divers essais,
il s'arrêta à l'emploi de tubes en poterie avec des joints en
ciment. De 180 mètres en 180 mètres se trouvent des regards verticaux par le moyen desquels on vient prendre
l'engrais liquide dans des tonneaux légers qui n'ont qu'un
petit parcours à faire pour venir se remplir quand ils ont
arrosé; M. Huxtable préfère cette méthode à des. tubes
flexibles de toile, de gutta-percha ou de caoutchouc qui
s'usent très-rapidement. Non-seulement l'engrais liquide
des animaux, mais encore du guano, des os dissous dans un
réservoir sont ainsi envoyés par une pompe, et à une distance de près de 2 kilomètres. M. Huxtable, comme le dit
M. de Lavergne dans son *Essai sur l'économie rurale de
l'Angleterre*, est un des plus hardis pionniers de l'agriculture
anglaise; mais il ne donne rien au luxe et à l'apparence; il
recherche seulement l'utile.

J. *Ferme de Porth Kerry.*

La ferme de Porth Kerry, située à 16 kilomètres de
Cardiff, dans le Glamorganshire, et appartenant à M. Romilly, est d'une contenance d'environ 120 hectares, sur lesquels 33 hectares sont soumis à l'irrigation par les engrais

liquides. Les travaux ont été commencés en octobre 1849 et le système a fonctionné au printemps de 1850. Sur les 55 hectares, il y en a 15 en prairies arrosées par tous les produits du drainage de la maison d'habitation, les eaux vannes, etc.; ces liquides, étant rassemblés dans un ré- servoir de 28 mètres cubes de capacité, sont élevés par une pompe à bras et distribués par un tube de gutta-percha sur le pré. La principale opération est celle qui est établie pour la ferme. On y a construit 4 réservoirs d'une capacité totale de 145 mètres cubes; trois sont destinés à recevoir les en- grais, et le quatrième à faire les mélanges avec l'eau ; un cinquième réservoir, de 254 mètres cubes de capacité, réunit l'eau du drainage d'une partie des terres de la ferme. Ces constructions seraient suffisantes pour l'application du système à toute la ferme. Il n'y a pas de machine à vapeur; la gravitation seule conduit le liquide dans des tubes de fonte souterrains, et de là, par des regards, dans un tube flexible. Les frais d'établissement ont été de 7,500 francs. Le bétail, qui fournit l'engrais liquide, se compose de 36 bêtes à cornes, 210 moutons, 9 chevaux de travail, un che- val de voiture, 4 ou 5 poulains, et 20 à 30 porcs; on n'en- voie dans les réservoirs aucun liquide de la maison d'habi- tation. Un homme, payé 2^f.50, répand en un jour 36 mètres cubes environ sur 1^h.6. On fait huit applications par an. L'arrosage coûte, en comptant l'intérêt du capital à 7.5 pour 100, 40^f.60 par an et par hectare, pour 180 mètres cubes de liquide. L'épandage du mètre cube d'engrais re- vient à 0^f.23.

K. *Ferme de M. Harvey, à Glasgow.*

Nous reproduisons le compte rendu que nous avons pu- blié dans le *Journal d'agriculture pratique* de la visite que nous avons faite en 1857 à la ferme très-intéressante de M. Harvey, placée tout près de Glasgow :

Il paraîtrait que, dès 1829, un M. William Harley aurait imaginé le système suivi maintenant par M. Robert Harvey. Quoi qu'il en soit, ce dernier, qui dirige une distillerie de grains extrêmement importante, a commencé à établir son arrosage vers 1844, afin d'échapper aux reproches qui lui étaient faits d'empoisonner les eaux du canal calédonien qui passe devant son usine. Le mal était devenu si grand, les plaintes étaient si nombreuses, qu'il fallait absolument faire cesser ce que dans le pays on appelait *an intolerable nuisance.* M. Harvey résolut d'arroser ses terres avec les eaux vannes de sa distillerie, et d'y mêler les urines des vaches de sa laiterie; celle-ci était alimentée par les résidus si nourrissants de la distillation des grains. Une difficulté se présentait : c'est que l'usine était en contre-bas de la plus grande partie des terres voisines. M. Harvey dut avoir recours à une force mécanique pour résoudre le problème qu'il s'était posé. Du reste, il n'utilise pas seulement pour la nourriture de ses vaches, dont le nombre varie entre 700 et 1,000, les résidus de sa propre usine; il consomme aussi ceux de plusieurs distilleries placées à côté de la sienne.

Les vaches de M. Harvey sont de la race d'Ayr et de la race d'Ayr-Courtes-cornes. Il n'élève pas; il achète les vaches pleines ou les fait remplir, et il s'en débarrasse à la fin de la lactation. Nous avons vu deux taureaux, l'un de la race d'Ayr, l'autre de la race courtes-cornes améliorée (Durham). Les vaches sont distribuées dans neuf étables à double travée, et dans deux étables à travée simple. Chaque travée peut recevoir 50 vaches, qui y sont placées deux par deux dans des stalles. Les résidus de distillerie coulent dans les mangeoires. Derrière chaque rangée de 50 vaches se trouve une rigole étanche de 0ᵐ.50 de largeur et 0ᵐ.15 de profondeur. Cette rigole conduit les urines dans une citerne commune d'une capacité de 180 mètres cubes, qui reçoit aussi les eaux vannes de la distillerie. Les déjections solides sont recueillies à part, et le fumier qu'elles forment est vendu aux cultivateurs voisins à raison, nous a-t-il été déclaré, de 8 francs la tonne anglaise de 1,015 kilog.; en 1856, il aurait été vendu 5,200 tonnes de fumier. Les étables sont construites en planches; elles sont ouvertes seulement aux deux extrémités, et elles présentent au centre sur toute leur longueur, au faîte de la couverture, un petit toit surélevé et ayant des jours sur les deux côtés, de sorte que la ventilation est toujours très-active; malgré la température assez élevée de l'air à l'époque de la visite (4 août 1857) que M. de Guaita et nous avons faite de la ferme de M. Harvey, il n'y avait dans les étables aucune mauvaise odeur. Les urines étaient extrêmement claires et abondantes; les fientes étaient peu épaisses; lorsque celles-ci tombaient dans les rigoles que nous venons de décrire, les garçons d'étable les ramassaient à la pelle pour les porter sur le tas de fumier.

Chaque étable de vaches sort tour à tour pendant deux ou trois heures.
Les animaux sont conduits sur une pâture voisine. Nous avons vu une
étable revenir, les vaches paraissaient très-empressées d'aller retrouver
leur nourriture intérieure. Outre les résidus de distillerie, cette nourriture se compose d'un mélange de drèche, de farine de maïs, de pois et
de fèves, de turneps coupés et cuits. A l'automne, lorsqu'on n'envoie
plus les vaches au pâturage, on leur donne des choux cabus qui sont
récoltés sur la ferme. On ajoute aussi à la nourriture du foin, dont nous
avons vu faire des meules immenses. Seize hommes sont occupés à
préparer la nourriture. Il y a en outre, pour les traites et les soins des
étables, quarante autres hommes et huit filles de basse-cour.

Les vaches sont traites trois fois par jour. Le lait est en grande partie vendu immédiatement, en partie aussi il est écrémé, et la crème
sert à faire du beurre. La ville de Glasgow, comptant maintenant une
population de 400,000 habitants, offre un écoulement facile aux produits
de la laiterie de M. Harvey. Aussi le lait non écrémé se vend à raison
de 6 pence la pinte écossaise (5ł.41), c'est-à-dire à raison de 0f.18 le
litre. Le lait écrémé se vend un peu moins cher, 0f.15 le litre seulement.
Le rendement moyen par jour et par tête est de 7ł.5 de lait. Des charrettes, au nombre de 10 à 15, contenant 6 vases du volume de 45 litres
chacun, servent à transporter le lait qui est vendu dans la ville. Les vases
pour l'écrémage sont en bois; ils ont la forme circulaire et sont à fond
plat; ils ont un diamètre de 0m.50 et une profondeur de 0m.12. La baratte
qui sert à faire le beurre n'est pas autre chose qu'une baratte ordinaire
à mouvement de va-et-vient vertical, construite sur une grande échelle
et mue par la vapeur. Le beurre se fait en une heure et demie à deux
heures.

Le moteur général de l'usine et de la ferme est une machine à vapeur
de 25 chevaux; cette machine a été achetée après la démolition d'un bateau à vapeur, et elle a été payée à un très-faible prix, 6,250 francs.
Elle consomme 2,000 kilog. de charbon par jour et elle occupe deux mécaniciens. Elle fait mouvoir : 1° un moulin qui fournit la farine de maïs,
de pois et de fèves qui sert à la nourriture du bétail; 2° une pompe qui
fait monter du canal voisin l'eau nécessaire à tous les besoins de la distillerie et de la ferme; 5° deux pompes qui élèvent les résidus de la distillerie dans un réservoir d'où ils se répandent dans les différentes étables,
4° trois pompes accouplées qui font monter toutes les urines de la citerne
où nous avons vu qu'elles sont rassemblées dans neuf cuves en bois
élevées sur divers points culminants de la ferme. On aperçoit deux de
ces réservoirs dans le dessin ci-joint (fig. 539); ce sont des cuves de
brasseurs en bois, d'où le liquide se répand sur les terres par la seule
force de la gravitation en circulant dans des tuyaux souterrains en fonte.
Ils sont à environ 50 mètres au-dessus de la citerne. Le prix de cette
citerne et des cuves est de 5,250 francs. Les tuyaux principaux qui
amènent le liquide de la citerne dans les cuves, et des cuves dans les

[Fig. 559. — Système d'arrosage par les engrais liquides employé par M. Harvey, à Glasgow.

champs, et qui font en outre communiquer les cuves les unes avec les autres, ont $0^m.10$ de diamètre intérieur et 2 mètres de long environ. Ces tubes sont agencés de façon qu'une des extrémités de l'un entre dans l'autre extrémité renflée du tuyau précédent. Ils constituent ainsi un système d'écoulement général placé à une profondeur moyenne de $0^m.50$ et dirigé sur la crête des champs principaux. Quelques tuyaux verticaux s'embranchent de distance en distance sur les premiers, de manière à présenter un nombre suffisant de regards fermés par des robinets, d'où il est possible de conduire, à l'aide de tuyaux volants également en fonte, l'engrais liquide dans toutes les parties des 400 acres (160 hectares, si ce sont des acres impériales; 203 hectares si ce sont des acres écossaises; il ne nous a pas été possible de bien éclaircir ce point et les rapports officiels ne sont pas d'accord à cet égard), dont se composent les terres de la ferme. Ces terres sont de nature argileuse et présentent une surface très-ondulée, comme le montre la figure 559.

Les tuyaux souterrains ont une longueur totale de 7,200 mètres et ont coûté $5^f.50$ le mètre, la pose non comprise. Les tuyaux volants ont chacun $1^m.82$ de long. Ils sont agencés de la manière suivante, que sert à faire comprendre la figure 559. Un regard vertical est fermé par un robinet en fonte à une petite hauteur au-dessus du sol, et présente une rondelle sur laquelle on attache par trois écrous une autre rondelle placée à l'extrémité courbe d'un premier tuyau en fonte ayant environ $0^m.05$ de diamètre intérieur. A son autre extrémité, ce dernier tuyau, de $1^m.82$ de long, présente un renflement dans lequel on introduit une extrémité d'un tuyau droit également en fonte, renflé à son autre extrémité. Nous avons compté, au moment de notre visite, 70 tuyaux ainsi mis bout à bout et constituant un long tuyau solide extérieur. A l'extrémité de cette conduite se trouvait enfin un tuyau flexible de 18 mètres de long, fait d'une toile recouverte de gutta-percha.

On a arrosé des turneps en notre présence; ils étaient semés en lignes sur billons, de manière à présenter des sillons dans le sens de la pente du terrain. Un ouvrier commençait à biner avec une houe le sillon dans le haut duquel se répandait l'engrais liquide; cet ouvrier, marchant à reculons, préparait la voie au ruisseau formé naturellement par la masse liquide noirâtre et d'une assez mauvaise odeur. Un sillon étant arrosé, on passait au suivant pour lui faire subir la même opération. Un enfant d'une douzaine d'années allait et venait pour ouvrir plus ou moins le robinet, pour déplacer le bout du tuyau flexible, pour boucher les fuites avec un peu de terre glaise, etc. Cet homme et cet enfant arrosaient ainsi 40 à 50 ares par jour.

On voit qu'on ne verse pas, chez M. Harvey, l'engrais liquide directement sur les racines; on nous a dit qu'on traitait de même les choux, et que l'arrosage ne s'effectuait que pendant le jeune âge des plantes. Pour les céréales et le ray-grass, on irrigue par jet direct, mais sans mettre de lance à l'extrémité du tuyau flexible et en versant abondamment sur chaque place. Les ouvriers nous ont déclaré qu'ils évitaient en général de donner l'engrais aux feuilles, parce que celles-ci en étaient brûlées

Comme il y a à la disposition des irrigateurs 1,638 mètres de tuyaux volants, on conçoit qu'il est facile, avec un petit nombre de regards placés sur les tuyaux souterrains, d'atteindre toutes les parties de la ferme Cependant sur une colline assez élevée on a placé une cuve dans laquelle on amène le liquide par une pompe spéciale qui puise dans un des tuyaux principaux.

Les turneps que nous avons vus étaient en bon état, mais ils ne présentaient point l'aspect d'une végétation extraordinaire. Un champ de choux cabus était de toute beauté; ces choux n'avaient reçu de l'engrais liquide qu'une seule fois, alors qu'ils étaient très-peu avancés ; trois semaines avant notre visite on leur avait donné une fumure de guano. Nous avons vu des avoines très-serrées, ayant beaucoup de paille, mais peu de grain. On nous a dit que les meilleurs effets étaient obtenus avec le ray-grass d'Italie, auquel on appliquait l'engrais liquide immédiatement après chaque coupe. On a pu, une fois, faire trois coupes ayant la première 1m.20 de haut, la seconde 1m.27, et la troisième 0m.45. Ce résultat est cité comme exceptionnel.

Tel est le tableau fidèle de ce que nous avons vu en visitant la ferme de M. Harvey. On peut dire que l'application du système a coûté en frais d'établissement :

Pour la machine à vapeur.	6.250 fr.
Pour les réservoirs.	5,250
Pour les tuyaux souterrains..	28,800
Pour les tuyaux mobiles en fonte.	6,500
Pour la gutta-percha.	80
Totaux.	46,880 fr.

Soit 293 francs par hectare.

Quelle est la dépense d'irrigation? Nous avons vu qu'un homme et un enfant ne peuvent faire que 50 ares au plus par jour; cette partie seule de la main-d'œuvre est donc de 4 francs. Il faut maintenant compter le combustible et les mécaniciens. D'après les comptes qui ont été donnés, et parce que à Glasgow le charbon est à bon marché, il y aurait une dépense de 3,000 francs par an en charbon, et de 3,000 francs en salaires. En ne mettant que la moitié au compte de l'irrigation, on trouve 19 francs par hectare pour cet article. Enfin, il faut compter 20 pour 100 d'entretien pour les machines, réservoirs, tuyaux, robinets, etc., soit en tout 9,376 francs, ou par hectare, 59 francs. Ainsi, à notre compte, une fumure par engrais liquide coûterait 82 francs par hectare. Mais que vaut une telle fumure? Il est très-difficile d'apprécier quelle est la part des engrais liquides dans la production du sol chez M. Harvey, et quelle est

celle du guano, celle des autres engrais. M. Harvey nous a déclaré qu'il
lui était impossible de rien préciser à cet égard. Pour qu'on ne nous
accuse pas d'avoir mal compris l'éminent distillateur, nous citerons du
reste à cet égard la phrase suivante du rapport fait en mars 1857, par
M. Henry Austin, *chief superintending inspector* du conseil de salubrité
d'Angleterre : « Nous n'avons pu obtenir de détails, dit M. Austin, sur
les dépenses des travaux ni sur les produits de cette ferme. M. Harvey
n'avait pas envie de donner des renseignements; il nous a assuré qu'il
ne tenait aucun compte qui pût le mettre en état d'estimer avec quelque
exactitude le prix coûtant ou le résultat de cette opération, séparément
des autres branches de son exploitation. »

Aussi nous nous contenterons de dire que nous avons vu nourrir à la
porte d'une grande ville, avec les résidus de la distillation des grains,
une étable nombreuse contenant 1.000 vaches, donnant du lait pour une
somme de 400,000 francs par an, du fumier pour une somme de
40,000 francs, et enfin de l'engrais liquide qui coûtait 14,000 francs
à répandre sur 160 hectares. L'industriel qui fait cette opération a surtout pour spéculation de distiller des quantités considérables d'avoine,
d'orge, de blé et d'autres grains. Forcé de trouver un moyen de se débarrasser des eaux de sa distillerie, condamné à renoncer à les jeter
dans les cours d'eau du pays, il a regardé comme un mal nécessaire de
les utiliser en les élevant par des pompes, de manière à les répandre en
irrigations. Très-probablement, il y a plutôt perte que gain dans cette
manière d'agir; mais il faut mettre la perte au compte de la distillerie,
obligée de donner à ses eaux nuisibles un écoulement nécessairement
coûteux.

Nous n'ajouterons que quelques mots, c'est qu'en 1852,
le rapport de M. Lee sur la ferme de M. Harvey, rapport
dont les calculs et les termes ont été traduits en allemand
et en français, n'a compté que 36,250 francs de frais d'é-
tablissement au lieu de 46,880 francs, n'a porté à l'entretien des machines, réservoirs, etc., que 7.5 pour 100
au lieu de 20 pour 100 par an, a calculé enfin que la dépense d'irrigation était de 43 francs par hectare au lieu de
82 francs. On peut discuter sur tous ces points. Mais tout
le monde est d'accord pour dire que l'exploitation de
M. Harvey est une rare exception; car on y vend le fumier
solide, on y achète divers engrais commerciaux et notamment du guano et des phosphates; on y emploie enfin les

liquides de la plus grande vacherie et peut-être de la distillerie la plus considérable qui existent.

L. Ferme de Myer-Mill.

Pour la description de cette ferme, désormais célèbre, nous devrons nous borner à rapprocher des textes.

En 1852, M. Moll s'est exprimé en ces termes (*Journal d'agriculture pratique*), 5ᵉ série, t. V, p. 45 et 177) :

La contrée où est située la ferme de Myer-Mill, au sud-est environ de la ville d'Ayr, est accidentée. Ce sont des ondulations douces, formant une série de collines peu élevées. La ferme même est assise sur le sommet d'une de ces collines, à peu près au centre de 400 acres d'Écosse, ou 200 hectares, qui en composent le territoire. (Lors de notre visite, en juillet 1851, M. Kennedy avait ajouté 150 hectares à l'étendue primitive dans l'intention de les soumettre au même système de culture.) Le sol est un sable siliceux, parfois assez fin et mêlé d'argile, par conséquent d'une certaine compacité, qui repose sur un sous-sol perméable plus généralement sur un sous-sol glaiseux imperméable.

Les terres ont été drainées deux fois : la première fois, à 1ᵐ.50 de profondeur; la seconde, à 1ᵐ.20, le premier drainage s'étant montré insuffisant.

Quant au climat, c'est celui de la côte occidentale de l'Écosse : humide et frais en été, humide et froid en hiver. Si j'en crois ce qu'on m'a dit, notre resplendissant soleil et notre ciel bleu n'y seraient guère connus que théoriquement.

Autrefois la branche essentielle des produits était à Myer-Mill, comme dans tout le comté d'Ayr, la laiterie et la fabrication du beurre. On y entretenait 100 et quelques vaches de cette excellente et jolie petite race d'Ayrshire, presque aussi bonne que notre race bretonne pour les qualités laitières, et supérieure à elle pour l'aptitude à l'engraissement.

Plus tard, M. Kennedy avait successivement substitué à cette spécialité celle de l'engraissement des bêtes bovines, ovines et porcines, qu'il trouvait plus profitable; et, par des achats de guano et d'os, il était parvenu à augmenter la fécondité des terres, et partant le nombre des animaux entretenus à Myer-Mill, sans cependant qu'il eût jamais pu dépasser une tête de bêtes à cornes ou 5 moutons pour 1 hectare de la superficie totale. On faisait, en outre, dans cette ferme, du blé, de l'avoine et des turneps, c'est-à-dire qu'un tiers environ de la surface était en labour, et le reste en herbages permanents et en herbages temporaires; ces derniers établis suivant le mode anglais, avec un mélange de plusieurs trèfles, de minettes et de graminées, notamment de ray-grass commun.

Ajoutons que M. Kennedy payait et paye encore aujourd'hui 2 livres par acre, soit 100 francs par hectare de fermage.

Tel était l'état des choses à Myer-Mill, lorsqu'en 1846, la grande réforme de sir Robert Peel... vint menacer M. Kennedy comme la plupart de ses confrères du Royaume-Uni, non-seulement dans ses bénéfices à venir, mais dans son existence même. C'est alors, quand M. Kennedy eut acquis l'intime conviction de son impuissance à lutter contre la concurrence étrangère avec l'ancien système de culture, qu'il s'ingénia et réussit à en trouver un nouveau qu'il a mis à exécution avec une habilité et une persévérance qui, à elles seules, seraient dignes d'un grand succès. Il lui a fallu une forte dose de ces deux qualités, car ce nouveau système n'est rien moins que le renversement complet de ce qui existait auparavant et de ce qui constitue encore aujourd'hui le cachet spécial de l'agriculture anglaise. On sait, en effet, qu'un des traits caractéristiques et en même temps un des grands avantages de cette agriculture, avantage qu'elle doit au climat doux et pluvieux, c'est la nourriture du bétail au pâturage pendant toute ou presque toute l'année. Or, le système de M. Kennedy implique forcément la stabulation permanente.

J'arrive à l'exposé de ce système; en deux mots, c'est la *transformation de tous les engrais en engrais liquide.*

Mais, dira-t-on, c'est de l'histoire ancienne et très-ancienne, qui reçoit encore une application journalière plus ou moins complète en Suisse, en Hollande, dans les Vosges, etc.

C'est, en effet, de l'histoire ancienne, mais si bien revue, corrigée et augmentée, qu'on ne reconnaît plus rien de l'œuvre primitive.

D'abord, la confection même de l'engrais liquide est singulièrement améliorée. Quatre immenses réservoirs couverts, contenant ensemble 1,817 mètres cubes, et munis d'agitateurs qui empêchent le dépôt des substances solides, reçoivent toutes les matières excrémentitielles provenant du bétail. Les logements de celui-ci sont disposés de la manière la plus favorable pour l'écoulement de ces matières dans les réservoirs. Le sol de la porcherie et de la bergerie est à claire-voie, suivant le système Warnes. Les matières stercorales et les urines passent au travers et tombent dans un canal où circule l'eau qui les entraîne dans l'un ou l'autre des réservoirs. Des dispositions différentes, mais généralement bien appropriées, permettent aussi de supprimer la litière dans les boxes des bêtes à cornes et d'en diriger les excréments dans les réservoirs.

Toutes les matières excrémentitielles du nombreux bétail de Myer-Mill-Farm sont ainsi transformées en engrais liquide qu'on laisse fermenter pendant 3 à 4 mois avant de les employer, temps durant lequel les agitateurs, en remuant souvent le mélange, empêchent la formation d'un dépôt et favorisent la décomposition des matières solides contenues dans le liquide.

À cette masse d'engrais, M. Kennedy ajoute des quantités notables de guano et d'os, ces derniers préparés avec l'acide sulfurique. Tout cela est jeté dans les réservoirs et ajouté au lizier. Préparé de la sorte, celui-ci est trop épais et trop riche pour pouvoir être employé pur. On y mêle, avant l'emploi, de 1 à 4 fois son volume d'eau, suivant que le temps est humide ou sec.

Un grave obstacle s'opposait à l'adoption du projet de M. Kennedy : l'absence d'eau. A force de chercher, il trouva une source abondante à environ un demi-kilomètre de distance et à 22^m,5 de profondeur. Au moyen de deux corps de pompes aspirantes et foulantes, donnant 365 litres par minute, il amène l'eau de cette source dans un bassin placé au milieu de sa ferme et à un niveau qui lui permet de la diriger sans peine dans tous les bâtiments.

Pour ce travail, de même que pour faire mouvoir les agitateurs, une force motrice était nécessaire. Ai-je besoin de dire qu'il la trouva dans cette annexe presque obligée de toute grande ferme écossaise, dans ce serviteur si puissant, si commode et si économique à la fois, en un mot dans une machine à vapeur? Celle de M. Kennedy est de la force de 12 chevaux; elle consomme 750 kilogrammes de charbon par jour de 12 heures, c'est-à-dire un peu plus de 5 kilogrammes par heure et par cheval. Le charbon, du reste, ne revient qu'à 6^f.16 les 1,000 kilogrammes rendus à la ferme.

Cette machine sert non-seulement aux usages indiqués, mais encore à battre les céréales, à couper les racines, à concasser le grain et les tourteaux, à hacher tous les fourrages et la paille pour le bétail, et enfin à l'opération importante que je vais décrire.

Ce que j'ai dit jusqu'à présent du système de M. Kennedy ne sort pas essentiellement de la confection habituelle et bien entendue des engrais liquides. Cette opération est seulement plus parfaite et plus complète chez M. Kennedy qu'ailleurs.

Mais voici qui, à ma connaissance, n'a d'analogue nulle part. On sait que l'application du lizier aux terres se fait de deux façons : dans les pays de montagnes, par des rigoles qui le conduisent et le répandent sur les prés situés au-dessous de la ferme; dans les plaines et sur les terres arables, par le moyen de tonneaux ou de caisses montées sur des roues et qui se vident par une ouverture placée à la partie inférieure en face d'un obstacle, ordinairement une planchette contre laquelle donne le jet et qui le dissémine d'une manière assez égale dans la largeur de la voie. Il y a encore la méthode flamande, qui s'applique non-seulement à la matière fécale étendue d'eau, mais encore au purin, et qui consiste à répandre, au moyen de puisoirs et par un jet d'une grande portée, l'engrais liquide amené aux champs par un des moyens indiqués, tonneau, cave ou caisse; méthode qu'on emploie également dans les jardins maraîchers, sauf que là on arrose ordinairement chaque plante isolément.

On comprend déjà, sans qu'il soit nécessaire de les développer longuement, les inconvénients de ces divers systèmes. Le premier a pour lui l'économie et la simplicité; mais, d'abord, il ne s'applique qu'à l'étendue souvent très-restreinte du terrain qui est situé immédiatement auprès et au-dessous de la ferme. Ensuite, pour peu que le sol soit perméable, une partie du purin s'infiltre dans les rigoles. Enfin, même en suppos-ant les circonstances les plus favorables, on a toujours une très-grande irrégularité dans la répartition de l'engrais. A moins d'ajouter à celui-ci un volume d'eau considérable, il n'y a que les parties supérieures et tout au plus les bords des rigoles dans les parties centrales du terrain ainsi fumé qui profitent réellement de l'engrais. Aussi n'est-il pas rare d'y voir en même temps excès de richesse et de misère....

Quant aux autres moyens qui sont les seuls d'un emploi général, on comprend déjà que leur défaut capital c'est l'élévation des frais de trans-port, frais qui peuvent dépasser la valeur de l'engrais, et qui, en tous cas, font que presque toujours on évite d'ajouter au purin la quan-tité d'eau qui serait nécessaire pour en obtenir le plus d'effet pos-sible.

Éviter l'irrégularité et les pertes d'engrais du premier système, les frais de conduite et de distribution du second, arriver à une économie telle, sous ce rapport, qu'on peut, dans l'occasion et avec un grand avan-tage, employer de l'eau pure, tel est le problème que M. Kennedy s'est attaché à résoudre.....

Tout le monde connaît le mode de conduite et de distribution de l'eau et du gaz dans les villes par des tuyaux de fonte de dimensions variables.

C'est là le moyen adopté par M. Kennedy. Des tuyaux de fonte de 0m.05 à 0m.07 de diamètre intérieur partent de la ferme, comme cen-tre, et, rayonnant dans toutes les directions, conduisent l'engrais liquide jusque dans les parties les plus éloignées de la propriété. Ces tuyaux sont placés à environ 1 mètre de profondeur. Ils sont joints les uns aux autres avec toutes les précautions usitées en pareil cas pour éviter les fuites.

Comme une partie des terres est à un niveau égal ou supérieur à celui de la ferme, et qu'il importe que l'engrais liquide circule rapidement dans les tuyaux et s'en échappe avec force, c'est une pompe foulante, mue par la machine à vapeur, et communiquant avec tous les tuyaux, qui refoule le liquide dans ceux-ci. J'ai à peine besoin d'ajouter que des robinets permettent de diriger le liquide dans l'un ou l'autre de ces tuyaux. Voilà pour le transport.

Voici maintenant pour la distribution. De distance en distance, chaque tuyau porte ce que les Anglais appellent des *hydrants*, qu'on pourra tra-duire par *regards* ou *têtes*.

Ces têtes sont des tuyaux verticaux vissés sur une ouverture du tuyau de conduite, portant à la partie inférieure un appareil de fermeture qui permet de clore à volonté ce dernier tuyau, de manière à forcer le li-quide à sortir par la tête, dont l'orifice supérieur est fermé par un cou-vercle vissé.

Quand on veut fumer le terrain qui dépend d'un regard, on enlève le couvercle de celui-ci, et à sa place on visse un tube de gutta-percha, terminé par une lance ordinaire de pompe à incendie.

Ces tubes de gutta-percha ont 0^m.05 de diamètre et une longueur d'environ 9 mètres. Ils portent à chaque extrémité un tube très-court en cuivre, dont l'un est taraudé intérieurement et l'autre extérieurement, de façon que chaque tube puisse à volonté, soit se fixer par un bout sur le regard et recevoir à l'autre la lance de distribution, ou se fixer sur un premier tube et en recevoir un troisième à son extrémité; en d'autres termes, chaque tube peut agir isolément, ou, suivant les besoins, s'ajouter à d'autres, et former un seul et unique boyau d'une longueur plus ou moins grande.

M. Kennedy en a de quoi faire un conduit flexible de 276 mètres de longueur. C'est du luxe, car les regards sont échelonnés de façon que chacun n'arrose que 12 acres ou 6 hectares. J'ajouterai que les boyaux sont l'objet le plus cher dans tout le système Kennedy, non-seulement à cause des frais d'acquisition, mais encore à cause de l'usure, quoique, du reste, la fabrique reprenne les tubes hors de service pour environ un tiers de leur valeur.

Voici maintenant comment on procède : un homme et un enfant, chargés du nombre de tubes nécessaires, s'en vont sur le terrain qu'il s'agit de fumer. Ils ferment le tuyau de conduite, ouvrent le regard et vissent sur celui-ci un premier tube armé de sa lance. Au signal qu'ils donnent, le mécanicien applique la machine à vapeur à la pompe foulante après avoir fermé tous les tuyaux, sauf celui qui doit fonctionner.

Au bout de quelques secondes, le liquide arrive. L'ouvrier tient la lance inclinée à 50 ou 60° au-dessus de l'horizon. Le jet s'élance à 12 ou 14 mètres de hauteur et retombe en pluie fine sur le sol.

Je prie le lecteur de remarquer cette méthode; M. Kennedy y attache de l'importance. Jamais le jet n'est dirigé contre le sol.

Quand l'ouvrier juge que la surface circulaire qu'il peut atteindre avec son premier tube est suffisamment fumée, il arrête la pompe par un signal, enlève la lance, met à la place une ou deux longueurs de boyaux, y ajoute la lance et recommence. L'enfant n'est utile que lorsque le boyau a atteint une assez grande longueur. Il se tient au milieu et aide à le changer de place.

On conçoit qu'il faut un coup d'œil exercé à l'ouvrier distributeur pour répartir l'engrais d'une manière parfaitement égale et mettre partout la quantité voulue. Mais, avec de l'intelligence et de l'esprit d'observation, ce coup d'œil s'acquiert encore assez promptement, au dire de M. Kennedy.

Le volume ordinaire d'engrais liquide pour une fumure est de 43^{mc}.6 par hectare. Répartie sur 10,000 mètres carrés qui forment l'hectare, cette quantité équivaut à une nappe de liquide de 0^m.0044 d'épaisseur. C'est l'équivalent d'une pluie moyenne de plusieurs heures.

On remarquera l'exiguïté de ce chiffre, comparativement à celui d'un arrosage par les moyens ordinaires, qui est de 400 à 1,000 mètres cubes par hectare. Cet avantage est dû en entier au mode de distribution de l'engrais liquide et à la manière dont il arrive sur le sol.

Quant au nombre de fumures, M. Kennedy ne s'astreint à aucune règle : cela dépend de la récolte et du sol. En général, il fume ses herbages après chaque coupe, ses terres arables après chaque semaille. Mais il fume en outre dans l'intervalle, quand cela lui paraît nécessaire. En moyenne, il donne de 6 à 12 fumures par an au même terrain. On comprendra, du reste, qu'il ne craigne pas de les multiplier, lorsqu'on saura qu'un homme et un enfant, dans une journée de 10 heures, fument 5 hectares, et que les frais de main-d'œuvre, en y comprenant l'ouvrier qui est à la machine, ne s'élèvent qu'à 50 francs par semaine.

C'est là ce que ce système a d'admirable, et ce que je recommande à l'attention toute spéciale des agriculteurs français.

J'ai déjà dit que M. Kennedy fait varier la densité de l'engrais suivant les circonstances. Dans les rares moments de sécheresse qui règnent en été, il ajoute jusqu'à quatre parties d'eau pour une d'engrais ; d'habitude, il n'en met que trois, deux, et même en hiver une seule.

Si, comme j'ai lieu de le croire, ce système s'introduit en France, on trouvera souvent de l'avantage à augmenter notablement la proportion de l'eau, et même, dans certaines circonstances, à arroser avec de l'eau pure...

Voici les frais d'établissement tels qu'ils m'ont été donnés par M. Kennedy, et corroborés par des chiffres obtenus plus tard du mécanicien même qui a établi, organisé toute l'affaire, M. Young, à Ayr.

Réservoirs.	7,500 fr.
Machine à vapeur.	5,750
Pompes.	2,000
Tuyaux en fonte et regards.	25,000
Boyaux de distribution en gutta-percha. . . .	1,400
Total.	59,650 fr.

Ce qui fait 198f.25 par hectare.

Les dépenses annuelles sont les suivantes :

Intérêts et amortissement à 7.5 pour 100. . . .	2,975f.75
Salaires annuels, etc..	2,600.00
Combustible.	1,462.50
Total.	7,036.25

Ce qui fait 35f.18 par hectare.

Les os et le guano achetés par M. Kennedy ne sont pas portés ici, par la raison qu'avant l'introduction de ce système il en achetait déjà des quantités à peu près égales.

Vous l'entendez, messieurs les apôtres de l'économie quand même, vous qui repoussez tout progrès, toute innovation, même la plus fructueuse, sous prétexte de dépenses colossales sans compensations; vous l'entendez, 198 francs de frais d'établissement et 35 francs de frais annuels pour l'application de ce système qui constitue l'innovation la plus grande, la plus radicale qui ait peut-être été tentée de nos jours en agriculture...

On a vu plus haut quelle était la branche principale du produit à Myer-Mill : la laiterie anciennement, plus tard et aujourd'hui encore l'engraissement. Ajoutons, pour confirmer ce que nous avons déjà dit précédemment, que le chiffre le plus élevé des bestiaux de graisse entretenus dans cette ferme avec l'ancien système avait été de 80 à 100 bêtes à cornes, et de 400 à 500 moutons.

Aujourd'hui, M. Kennedy tient en moyenne, pendant tout le cours de l'année, 200 bêtes à cornes, 140 porcs et 1,400 moutons. Tout cela est à l'engrais, et, l'engraissement se continuant sans interruption pendant toute l'année, les bêtes grasses qui partent sont remplacées presque immédiatement par des bêtes maigres.

J'oubliais, pour compléter ce chiffre déjà si élevé, de mentionner 5 à 15 vaches laitières, entretenues pour le service de la maison.

Ces chiffres sont déjà très-significatifs par eux-mêmes, car, encore une fois, l'engraissement du bétail est la branche principale, j'allais dire exclusive du produit. Les denrées végétales, même le blé, ne sont que tout à fait accessoires.

J'ajouterai que M. Kennedy n'est nullement un de ces riches Anglais, affligés de plusieurs millions de rente et tourmentés du besoin de les dépenser plus ou moins excentriquement. C'est tout simplement un modeste fermier, ayant un grand besoin de gagner, travaillant à cela avec une incroyable persévérance, dès lors pas le moins du monde disposé à faire la guerre à ses dépens, dans l'intérêt d'un principe quelconque.

Disons enfin, ce qui est plus concluant encore, que, d'après ses calculs, les 1,000 kilog. de fourrage sec ne lui reviennent qu'à 8 francs...

Le fourrage par excellence pour M. Kennedy est le ray-grass d'Italie, qu'il sème en mars et qu'il garde 2 ans. Il en obtient de 5 à 7 coupes par année, qui lui donnent en moyenne, 142,000 kilog. par hectare, lesquels étant séchés se réduisent à un peu plus de 30,000 kilog. En outre il met, après chaque coupe, pendant quelques jours, des moutons pour pâturer ce qu'a laissé la faux.

M. Kennedy nous disait qu'en été il avait souvent observé une croissance de plus de 0m.05 par 24 heures.

Comme il fait consommer une grande partie de ses fourrages en vert, et que la situation de sa ferme sur un mamelon isolé rendait le transport de cette masse énorme cher et difficile, il a fait établir, sur la partie inclinée des chemins qui aboutissent à sa ferme, un rail-way, une voie de fer disposée de façon à pouvoir servir aux voitures ordinaires...

Après le ray-grass vient du blé dont le rendement varie entre 35 et 45 hectolitres à l'hectare, puis des turneps, et enfin du blé ou de l'avoine...

La nourriture d'hiver des bœufs à l'engrais, chez M. Kennedy, est la suivante : 1 partie en poids de tourteau de lin ; 2 parties de féveroles concassées ; 1 d'orge concassée ; 12 de foin et de paille hachés.

Ces matières, après avoir été bien mélangées dans de grandes cuves, sont arrosées d'eau bouillante (fournie par la machine à vapeur) en quantité suffisante pour que foin et paille en soient imprégnés et ramollis. On les laisse digérer quelques heures dans les cuves couvertes et on les donne pour le repas de midi dans la proportion de 7ᵏ.5 de matières sèches par bœuf. Les repas du matin et du soir ne se composent que de turneps et de betteraves.

La nourriture d'été, qui dure de 7 à 8 mois, suivant les années, consiste en ray-grass d'Italie, donné en vert à discrétion, et en 2ᵏ.266 de tourteau de lin sec par tête.

M. Kennedy n'engraisse guère que de jeunes bœufs et génisses de 2 à 3 ans, que la montagne lui fournit en grande quantité. Ce sont généralement des bêtes croisées des races d'Angus, Aberdeen et Westhigland avec des durhams. Achetés de 125 à 200 francs, ils sont revendus, après 4 à 6 mois d'engraissement, 275 à 400 fr. pièce. Ceux qu'avait M. Kennedy au moment de notre visite, et qu'il avait payés 3 mois auparavant 125 fr.. venaient de lui être demandés au prix de 275 francs. Il avait refusé, espérant les mieux vendre encore, en les conservant plus longtemps...

J'ai déjà dit un mot des étables de Myer-Mill. J'ajouterai que la face antérieure du bâtiment qui regarde la cour n'est fermée que par des cloisons en planches qu'on enlève avec facilité, de manière à transformer à volonté l'étable en hangar ouvert d'un côté. Chaque bœuf a, du reste, sa boxe formant un carré de 5 mètres de côté. Quoique ce système de logement soit le plus cher de tous, la place d'un bœuf ne revient ici qu'à 162ᶠ.50 de frais d'établissement, tout compris, grâce au bas prix des bois... La nourriture est donnée dans des auges basses. Chaque animal a la sienne.

Les porcs sont de la race de Cumberland, blanche, bien faite et d'assez grande taille. Convaincu, par expérience, du mauvais effet du froid sur l'engraissement de ces animaux, M. Kennedy chauffe la porcherie en hiver, au moyen de la vapeur circulant dans des tuyaux. C'est également par des tuyaux munis de robinets, que les aliments liquides (farines de céréales, de légumineuses et de tourteaux de lin, délayées dans de l'eau chaude), sont distribués dans les auges. Des dispositions analogues se rencontrent dans toutes les grandes et bonnes fermes anglaises...

Les moutons qu'engraisse M. Kennedy sont principalement de la race dite *blackface* (face noire), race très-répandue dans le midi de l'Écosse, et qu'on élève en grande quantité dans les monts Grampians, soit pure, soit croisée avec les southdown et même les new-leicester (dishley);

puis les cheviots, race excellente importée du nord de l'Angleterre, vers
le commencement de ce siècle, dans la haute Écosse par feu la duchesse
de Sutberland, lorsqu'elle transforma le comté de ce nom en un immense
pâturage à moutons.

M. Kennedy paye 0f.80 les journalières, qui travaillent de 6 heures du
matin à 6 heures du soir. Les charretiers et autres employés à l'année,
sont ici, comme dans toute l'Angleterre, des hommes mariés. Les premiers ont 11f.25 par semaine; les autres reçoivent 10 francs. Ils ont, en
outre, les uns comme les autres, un petit logement avec jardin à proximité de la ferme, et le fourrage nécessaire à l'entretien d'une vache. Ils
reçoivent de plus, annuellement, trois sacs de pommes de terre et autant
de farine d'avoine, qui constitue la base de la nourriture des classes
inférieures en Écosse.

Les capitaux nécessaires à l'établissement de son curieux et admirable
mode de culture ont été fournis à M. Kennedy par le propriétaire même
de la ferme, à un intérêt de 4 pour 100 ..

M. Kennedy n'a pas, bien entendu, converti tout le monde à ses idées.
Ainsi que cela arrive habituellement, ses voisins les plus proches sont
les plus incrédules. J'ai eu occasion de voir plusieurs de ces opposants,
soit dans le pays, soit à Londres, et, parmi eux, des agriculteurs distingués dont la renommée était menacée par la renommée grandissante de
M. Kennedy; eh bien, je n'ai pas entendu sortir de leur bouche une seule
parole malveillante, un seul sarcasme. Tous m'ont paru suivre avec un
vif intérêt les progrès de leur rival, et animés pour lui des meilleurs
sentiments. Ils doutent de son succès définitif, mais ils l'appellent de
tous leurs vœux et déclarent que, si M. Kennedy réussit, il aura rendu à
l'Angleterre le plus signalé service. En attendant, et quoi qu'il arrive,
ils n'hésitent pas à le reconnaître comme un homme d'une haute intelligence qui honore grandement la classe à laquelle il appartient.

Lorsque, en 1857, nous avons visité le comté d'Ayr, la
ruine de M. Kennedy était un fait accompli; il s'était retiré
de Myer-Mill; un autre fermier avait pris sa culture, mais
il ne s'était pas encore servi du système tubulaire; les
pompes et la machine à vapeur étaient inactives.

Au mois de mars de cette même année 1857, M. Austin,
inspecteur général du conseil de salubrité, s'exprimait
ainsi dans son rapport officiel sur l'exploitation de Myer-
Mill :

A la ferme de Myer-Mill, dans l'Ayrshire, qui vient d'être louée tout
récemment par M. James Kennedy, le système d'application de l'engrais

liquide a été établi depuis plusieurs années, et il a été antérieurement décrit dans le rapport du premier conseil de salubrité (1). On doit y remarquer que l'eau nécessaire pour diluer l'engrais liquide est élevée à une hauteur de 21ᵐ.33. Les tuyaux sont posés sur environ 400 acres impériales (2) d'un sol de nature très-variable. Les liquides de la ferme sont recueillis dans quatre réservoirs couverts et séparés, dont la capacité intérieure totale est de 1,269 mètres cubes et suffisante pour contenir tout ce que l'exploitation fournit en trois mois. Un agitateur est placé dans chaque réservoir, mais il n'est jamais efficacement mis en mouvement. Un cinquième réservoir de 6 mètres de diamètre et de 4ᵐ.56 de profondeur est placé sur une hauteur à une certaine distance; l'engrais liquide y est élevé pour être de là distribué sur une partie de la ferme par la gravitation.

Les tuyaux sont en fonte; ils ont 0ᵐ.013, 0ᵐ.076 et 0ᵐ.051 de diamètre, et de distance en distance des regards y sont implantés pour attacher les tubes flexibles de gutta-percha destinés à la distribution. La machine à vapeur est de la force de 12 chevaux, mais elle n'est pas uniquement employée à faire mouvoir les pompes, elle fait aussi marcher tous les instruments de la ferme. Les pompes peuvent élever des réservoirs de 14 à 18 mètres cubes à l'heure. *L'engrais liquide n'avait pas été employé depuis trois mois* lors de ma visite, M. Kennedy ayant précisément quitté la ferme à cette époque; mais l'agent m'a appris que l'on avait l'habitude de faire cinq ou six applications dans le cours d'une année et de répandre 68 mètres cubes chaque fois par hectare. L'odeur cessait d'être perceptible un ou deux jours après l'opération.

Outre l'engrais liquide produit par environ 130 vaches et de 1,600 à 1,800 moutons, on avait employé sur la ferme une grande quantité d'autres engrais, fumier, guano et eaux ammoniacales. Il était d'usage de semer le guano et ensuite d'arroser avec la lance. L'engrais liquide était employé l'hiver et l'été.

La main-d'œuvre consistait dans un homme à la machine, et un homme et un enfant à la distribution; leurs salaires étaient inférieurs à 50 francs par semaine.

Je n'ai pu obtenir un compte exact des dépenses; mais, comme il n'y a rien d'exceptionnel dans les dispositions adoptées, on peut admettre que, comme dans les cas ordinaires, les frais ont été en moyenne de 344 fr. et ont pu varier de 281 à 406 fr. par hectare.

Les réservoirs sont extraordinairement grands, mais ils sont économiquement construits en pierres trouvées dans le voisinage. Le fer est ici à meilleur marché que dans toute autre localité; mais une dépense additionnelle a été nécessaire pour fournir l'eau employée à diluer l'engrais.

----

(1) Rapport de 1851, dont les détails sont complétement conformes à ceux donnés dans l'article de M. Moll reproduit ci-dessus.

(2) 160 hectares, et non pas des acres écossaises ou 200 hectares, comme cela a été dit dans le rapport de 1851; cette correction augmente d'un quart les prix de revient à l'hectare qui ont été alors donnés.

En 1859, M. Moll a publié l'explication suivante sur la retraite de M. W. Kennedy de la ferme de Myer-Mill :

La soi-disant ruine de cet agriculteur et le soi-disant abandon du système se réduisent à ceci : M. W. Kennedy, ayant, pour des raisons étrangères au mode de culture, cessé de s'entendre avec M. James Kennedy, propriétaire de Myer-Mill, a quitté cette ferme, où il a été remplacé d'abord par un M. Smith, puis par un M. Duncan. Et s'il y a eu, pour nous servir de l'expression de M. Kennedy, crise de personnes, il n'y a pas eu crise de système, car ce dernier n'a cessé de fonctionner un instant. Ajoutons que M. Duncan, en 1857, payait une rente presque double de celle de M. W. Kennedy.

M. Ferme de Canning-Park.

Les faits que présente à l'observation la ferme de Canning-Park appartenant à M. Telfer ayant donné lieu, comme ceux constatés à Myer-Mill, à des polémiques, nous nous bornerons également à citer des textes ; le lecteur jugera. Voici la traduction littérale du passage consacré à Canning-Park, dans le rapport de M. Lee en date du 31 décembre 1851, publié par le *Board of Health* :

C'est une petite ferme à vaches laitières de 20 hectares, presque de niveau avec la mer, située à 2 kilomètres et demi environ à l'ouest de la ville d'Ayr. Le sous-sol est un gravier de galets mélangé d'une légère quantité d'argile. L'eau y est très-abondante, elle reste stagnante à environ $0^m.51$ de la surface, et s'élève encore plus en hiver. Tous les arrangements de l'étable, de la chambre à cuire les aliments, de la vacherie, etc., sont admirables, à ce point que qui que ce soit visiterait cet établissement avec plaisir.

On n'emploie point de litière ; les vaches reposent sur des paillassons de fibres de coco. La ventilation est excellente, et l'air plus pur que dans beaucoup d'habitations humaines.

Derrière les stalles des animaux, il y a un long rang de plaques percées, de $0^m.46$ de large ; l'urine les traverse et s'écoule dans des canaux à section demi-circulaire jusqu'à la citerne, placée au bout de l'étable, où elle est étendue, comme à Myer-Mill, de trois ou quatre volumes d'eau pendant la sécheresse, et d'une moindre quantité pendant la pluie. La citerne n'a pas coûté plus de 750 francs. La machine, de la force de trois chevaux, sert à élever le liquide, et aussi à battre le beurre, à moudre l'avoine, à hacher le foin, à pomper l'eau pour le bétail, etc.

L'étendue comparativement petite de la ferme fait qu'on n'a besoin que de temps en temps de la machine pour l'irrigation; et, comme la surface de la ferme est plate et que l'engrais n'a pas besoin d'être élevé très-haut, la machine peut faire, en même temps que ce service, les autres travaux nécessaires à l'exploitation. Cette machine a coûté 1,500 francs; il y a deux pompes à engrais liquides, qui ont chacune un corps de 0m.10 et qui donnent 25 coups par minute. Elles peuvent donc lancer environ 144l.15 par minute, ou environ 863 hectolitres par journée de 10 heures. La quantité de liquide répandue par hectare à chaque application étant d'environ 445 hectolitres, on pourrait fumer au besoin toute la ferme en 10 jours, du moins eu égard à la capacité des pompes seulement. Des tuyaux de fonte de 0m.076 s'étendent de la machine jusque dans les champs; ils sont posés de la manière que nous avons décrite plus haut, et ne reviennent pas à plus de 125f.55 par hectare. Le tuyau flexible est en gutta-percha; il a une longueur totale de 157 mètres, et a coûté. avec sa lance, environ 500 francs. On m'a dit qu'en moyenne on employait la machine pour l'irrigation pendant six heures par semaine; les gages du chauffeur et du distributeur, et le charbon, ne devraient donc être portés au compte de l'irrigation que pendant 31 jours sur 12 mois; sur cette base, le montant des dépenses annuelles serait de 275 francs. La dépense du système entier me semble être celle-ci chez M. Telfer :

Citerne.	750 fr.
Machine.	1,500
Tuyaux en fonte et regards.	2,500
Tube de gutta-percha, lance, etc.	500
Total des dépenses d'établissement.	5,250 fr.

Intérêts annuels de 5,250 francs et usure à 7 1/2 pour 100..	393f.75
Main-d'œuvre et combustible.	275.00
Total des dépenses annuelles. . . .	668.75

Cette somme, divisée par le nombre d'hectares, ne donne que 33f.44 sur un ensemble de 20 hectares.

L'engrais liquide est appliqué à toutes sortes de récoltes sur la ferme de M. Telfer, quoiqu'il préfère surtout le ray-grass d'Italie; il l'emploie aussi sur les turneps, les betteraves, les choux, la rhubarbe et les fruits.

En été, les vaches reçoivent une certaine quantité de tourteaux d'huile et d'herbe ; en hiver, on leur donne des betteraves ou des turneps, de la farine de fève ou d'orge, et du foin haché ou de l'herbe, le tout cuit ensemble à la vapeur. Miss Bell, cousine de M. Telfer, surveille la laiteric, et nous a dit que l'année dernière (1850, on avait acheté pour 750 à 1,000 francs de foin, et qu'elle croyait qu'on avait acheté pour près de 5,000 francs de grain. En général, le reste de la nourriture est fourni par la ferme. Quant au produit de l'herbe, qui est l'objet principal, la première coupe de cette année, à la fin de mars, avait 0^m.46 de haut; la seconde avait de 0^m.46 à 0^m.61; la troisième avait de 0^m.91 à 1^m.56; la quatrième était à peu près semblable; la cinquième avait 0^m.61, et la sixième, que l'on coupait au moment de notre visite, avait 0^m.46. En prenant la moyenne dans les cas où j'ai indiqué deux hauteurs pour la même coupe, je trouve que la totalité venue et coupée sur cette ferme, en sept mois, est de 4^m.34. Tout cela, cependant, est consommé sur place, et les seuls produits vendus par la ferme sont le lait et le beurre.

Quant à la quantité et à la valeur vénale de ces derniers, miss Bell nous a dit que, dans la semaine précédente, elle avait vendu en tout 234 livres ou 106 kilogrammes de beurre (1), à raison de 1 shelling la livre ou 2^f.76 le kilogramme, et qu'elle regardait ce rendement et ce prix comme moyens. La vente du beurre rapporterait donc 292^f.76 par semaine, ou 15,223 francs par an. Elle nous a dit, de plus, que, pendant huit mois de l'année, le lait écrémé se vendait le même prix que le beurre. Pendant l'été, dans les chaleurs, cette denrée ne rapporte guère que la moitié de ce que rapporte le beurre. D'après ces bases, le lait rapporte environ 12,675 francs par an.

La recette provenant à la fois du lait et du beurre se monte à 27,898 francs par an.

Nous devons ajouter qu'avant l'adoption de ce nouveau système agricole ces 20 hectares ne pouvaient nourrir qu'à grand'peine huit ou neuf vaches, et auraient été bien loués pour 73^f.40 par hectare.

Nous allons maintenant rapprocher du texte précédent le procès-verbal de la visite que nous avons faite à Canning-Park, le 7 août 1857, en compagnie de M. de Guaïta. Ce procès-verbal a été rédigé le soir même de notre visite, sans que nous ayons sous les yeux autre chose que les notes prises pendant notre conversation avec M. Telfer. Cet éminent agriculteur nous a donné avec une complaisance complète tous les détails que nous avons demandés sur sa très-curieuse exploitation.

(1) M. Telfer nous a donné pour rendement de ses vaches 9 litres de lait par jour, et il obtient environ 4 pour 100 de beurre. Par conséquent, le rendement en beurre par semaine pouvait s'élever à 121 kilog. Nous ne savons pas si dans le texte anglais il s'est agi de livres anglaises ou de livres du Ayrshire.

La ferme de Canning-Park, appartenant à M. Telfer, négociant à Ayr, est située à environ 2 kilomètres à l'ouest de cette ville. Elle est placée sur le bord de la mer; elle se compose de 50 acres anglaises (20 hectares), dont la moitié peut recevoir des arrosages par le système de tuyaux souterrains. Le sol est formé uniquement de sable siliceux sur une grande épaisseur; il constitue une sorte de crible sur lequel la végétation ne peut devenir luxuriante qu'à la condition de très-abondantes fumures. Le terrain est légèrement ondulé, la maison d'habitation et les bâtiments d'exploitation sont situés sur deux dunes un peu plus élevées que le reste du sol. Nous avons vu sur pied de très-beaux blés, des pommes de terre à feuillage extrêmement élevé et dru, qu'on était en train d'arracher; les tubercules étaient nombreux, mais petits; elles appartenaient à une variété précoce ayant beaucoup de ressemblance avec le marjolin. Nous avons vu également de beaux rutabagas et des betteraves fort grosses, et enfin un magnifique ray-grass d'Italie. La ferme est soumise à l'assolement quadriennal. Les bâtiments d'exploitation se composent d'une étable contenant 48 vaches de la race d'Ayr; d'une laiterie; d'une chambre à battre le beurre; d'un laboratoire d'essais; d'une cuisine pour la cuisson de la nourriture du bétail; d'une écurie pour 6 chevaux; d'une chambre pour la machine à vapeur, qui est fixe et de la force de 4 chevaux; d'une chambre contenant une chaudière de la puissance de 12 chevaux. Dans une cour se trouvent deux vastes citernes dans lesquelles tombent d'une part les urines de l'étable, et d'autre part de l'eau qu'y projette une pompe d'aspiration. On agite le liquide des citernes avec une grande perche; on ne met jamais aucun solide dans les citernes; on laisse reposer avant de se servir du liquide, de façon à pouvoir décanter; une pompe prend l'engrais liquide, qui est extrêmement étendu d'eau, pour l'envoyer dans les tuyaux souterrains, qui sont en fonte, et sur lesquels sont placés des regards armés de robinets. Ces regards sont distants les uns des autres de 180 mètres; il y a par hectare un tuyau souterrain d'une longueur de 100 mètres. Pour arroser, on implante sur chaque regard une rondelle en fer qu'on y visse; cette rondelle porte un emmanchement dans lequel se trouve placé un tuyau de gutta-percha de $0^m.039$ de diamètre. Ce tuyau mobile ne dure que deux ans; son prix est d'environ 4 francs le mètre courant; la longueur totale est de 80 mètres. On arrose en tenant le bout du tuyau mobile à quelques centimètres au-dessus du sol seulement, en ayant soin de ne laisser aucune place sans engrais liquide. On projette à plein jet et sur une largeur d'environ $0^m.50$ à la fois, en produisant ainsi des bandes parallèles arrosées jusqu'à ce que tout le terrain ait reçu sa dose. Cet arrosage vient immédiatement après une fumure au guano : pour les ray-grass, on en met 500 kilogrammes par hectare, et l'on arrose immédiatement. Après chaque coupe, on répète la même fumure, tant en guano qu'en engrais liquide.

Si le ray-grass a été semé avant l'automne, il fournit cinq coupes; on n'obtient que trois coupes quand le ray-grass est semé au printemps, et il n'y a alors que deux fumures et deux arrosages. La moyenne du rendement par coupe est de 58 à 40 tonnes par hectare; quelquefois M Telfer a obtenu jusqu'à 64 tonnes sur la même surface. Le ray-grass que nous avons vu avait été fait au printemps, et M. Telfer a estimé sa production totale pour toutes les coupes de 110 à 120 tonnes de foin frais par hectare. Le rendement de pommes de terre est, d'après M. Telfer, de 1.500 francs par hectare. Il nous a été dit qu'il obtenait jusqu'à 80 bushels de blé par acre anglaise (72 hectolitres à l'hectare).

L'arrosage par l'engrais liquide n'a pour objet absolument que d'enterrer le guano; M. Telfer ne lui attribue qu'une faible puissance fertilisante par lui-même. « Ce n'est qu'un véhicule pour le guano; ce qui s'y trouve ne nuit pas, mais ce n'est presque rien. » Telles sont les expressions de M. Telfer.

L'étable est disposée sur deux rangs avec passage au milieu et par derrière; les bêtes se regardent; derrière chaque rangée de bêtes se trouve une rigole de 0m.10 de profondeur et de 1m.40 de largeur. Cette rigole est fermée par une plaque de fonte percée de 0m.02 en 0m.02 de petits trous pour le passage des urines. Une raclette roulante, ayant les dimensions exactes de la rigole, la nettoie rapidement de tous les matériaux solides tombés sur la plaque.

Nous n'avons vu comme litière qu'une très-petite quantité de paille hachée; l'étable est ventilée par la partie supérieure à l'aide de cheminées; les portes et les fenêtres sont à coulisse, et rentrent dans l'épaisseur des murs. Dans cette même épaisseur rentrent des cadres sur lesquels sont tendus deux filets en corde de fibres de coco, ce qui arrête le passage des mouches; les mêmes dispositions se retrouvent dans la laiterie. Des robinets fournissent de l'eau dans toutes les parties de l'établissement. Nous avons vu cuire la nourriture des vaches; des tourteaux en poudre grossière et de la paille hachée étaient placés dans une sorte de cuvier mobile autour d'un axe horizontal, de façon à pouvoir basculer; un tuyau de vapeur, arrivant au fond du cuvier, déterminait la coction du mélange; une brouette, amenée au-dessous du cuvier, recevait la décharge de ce dernier.

M. Telfer laisse monter la crème de son lait dans des vases en fer-blanc; il vend le lait écrémé et fait du beurre avec la crème. Il obtient de 5 à 6 pour 100 de beurre; ses vaches lui donnent en moyenne 2 gallons (9 litres) de lait par jour et par vache; il vend le lait écrémé pour une somme de 7,500 francs par an. Il lave son beurre avec une eau contenant un peu de sous-carbonate de soude pour l'empêcher de rancir.

On peut voir, d'après ce qui précède, qu'outre beaucoup d'autres différences entre le récit officiel et celui que nous a fait M. Telfer lui-même :

1º Le système souterrain n'est appliqué que sur la moitié de la ferme, et les frais par hectare, par conséquent, sont précisément le double de ceux qui ont été accusés jusqu'à ce jour;

2º On n'avait tenu aucune espèce de compte des énormes fumures au guano dont se sert M. Telfer; on avait attribué à l'engrais liquide seul les résultats produits par 1,000 et même par 2,000 kilog. de guano par hectare. Les calculs que l'on a faits sur les produits nets doivent être diminués d'une somme d'environ 12,000 francs rien que pour achat de guano.

M. Moll a fait une réponse aux remarques qui précèdent, mais en s'attachant seulement à ces mots que M. Telfer nous avait dits : « L'engrais liquide n'est qu'un véhicule pour le guano; ce qui s'y trouve ne nuit pas, mais ce n'est presque rien. » Or discuter seulement ces mots, c'est avouer toutes les erreurs que nous avons relevées. Voici comment M. Moll, après avoir fait un voyage en Écosse, s'est exprimé dans le compte rendu qu'il a lu à l'assemblée générale des actionnaires de Vaujours, le 12 juillet 1859 :

On sait que, chez M. Telfer, tout le fumier est transformé en engrais liquide. Or comment admettre, en effet, que le fumier de 52 vaches. maintenues en stabulation presque permanente et parfaitement nourries, ne soit *presque rien* pour la petite surface de 10 hectares (1) qui reçoit toute cette masse d'engrais, lorsqu'on sait, par expérience, que le fumier d'une seule vache suffit pour porter au minimum de production un hectare de terre dans les circonstances ordinaires, et qu'il n'a encore été donné qu'à bien peu de fermes de réaliser cet idéal de la bonne culture : une tête de bête bovine ou l'équivalent par hectare? Mais il y a mieux : M. Telfer, en apprenant le langage qu'on lui faisait tenir, a déclaré positivement qu'il n'avait jamais rien dit de semblable; que l'opinion étrange qu'on lui prêtait ne pouvait venir que d'un malentendu; que, loin de nier l'efficacité de l'engrais à l'état liquide, il avait toujours l'intime conviction de sa grande supériorité sur le même engrais à l'état solide L'un de nous

(1) En 1852, M. Moll avait dit 20 hectares.

rédigea, séance tenante et d'après la conversation qui venait d'avoir lieu, une note que M. Telfer lut avec une grande attention et qu'il n'hésita pas à signer. Voici cette note : « M. Telfer pense que l'engrais liquide de ses vaches peut suffire pour certaines plantes qui contiennent beaucoup de potasse, mais qu'il n'est pas assez riche en ammoniaque pour le ray-grass d'Italie, pour lequel il faut ajouter du guano. Du reste, il est convaincu que la même quantité d'engrais de bétail produit quatre fois plus d'effet à l'état liquide qu'à l'état solide. M. Telfer pense que le ray-grass d'Italie spécialement, donnant cinq coupes par an, épuiserait promptement le sol de son phosphate de chaux, si on ne lui donnait pas de guano ou tout autre engrais riche en phosphate et en ammoniaque. — *Signé* A. B. Telfer. »

Le résumé des développements dans lesquels l'habile agriculteur voulut bien entrer dans le cours de la conversation, c'est que, exportant, sous forme de lait, de fromage, de viande, une quantité considérable de phosphates et de substances azotées tirées, grâce à l'efficacité de l'engrais liquide, d'une surface très-restreinte (10 hectares), il faut que cette exportation si considérable soit compensée par une importation équivalente de ces matières, si l'on ne veut pas épuiser le sol.

Pour corroborer et justifier son opinion sur la puissance de l'engrais liquide, M. Telfer nous conduisit devant une pièce de ray-grass qui présentait des différences notables de végétation. « Cette pièce entière, nous dit-il, a été coupée il y a environ cinq semaines, et a reçu immédiatement après, une fumure de guano à raison de 450 livres par acre (510 kilogrammes par hectare). La partie gauche, où le ray-grass n'a que 6 à 7 pouces de hauteur, n'a rien eu en sus du guano; ce qui est devant vous, et qui est déjà mieux, mais pas encore bon à faucher, a été arrosé sur le guano, mais avec un engrais très-faible, trop dilué; enfin, ce que l'on coupe, et qui, comme vous le voyez, a plus de 2 pieds de hauteur, a reçu, outre le guano, un arrosage avec un engrais liquide riche en déjections animales. » Ajoutons que cette dernière partie était d'un vert foncé, tandis que les deux autres, et surtout la première, étaient d'un vert jaune.

Nous n'avons pas besoin de dire que nous avons la conviction que l'engrais liquide est quelque chose, mais nous cherchons ce qu'il produit. Dans le cas particulier de la ferme de M. Telfer, on ne sait quelle part revient à l'engrais liquide de la ferme, quelle part revient au guano. On avait attribué tous les produits à l'engrais liquide, et on avait passé sous silence l'emploi du guano. D'ailleurs, il ne faut pas confondre la valeur de l'engrais lui-même avec le mode d'emploi qui est seul en discussion. Voici ce qu'avait dit M. Moll en 1852 (*Journal d'agriculture pratique*, 5ᵉ série, t. V, p. 181) :

La valeur totale des produits est de 27,875 francs, qui, diminués de 5,875 francs pour foin et grains achetés, et d'environ un millier de francs pour frais spéciaux de fumure, de fauchage et rentrée des fourrages verts, laissent encore une somme de 21,000 francs, c'est-à-dire de plus de 1,000 francs par hectare qui représentent, sinon le bénéfice net, du moins le produit débarrassé de toutes les dépenses spéciales au mode de culture adopté par M. Telfer.

Or, des 21,000 francs ici supputés, il est accordé maintenant qu'il faut déduire 12,000 francs de guano, et il ne reste que 9,000 francs pour représenter les bénéfices et payer en outre les frais d'entretien de l'étable, de culture, etc., etc. On avait trop voulu prouver en faveur du système tubulaire. Nous avons cherché la vérité; elle se trouve dans une appréciation modérée.

N. Ferme de New-Ark.

La ferme de New-Ark, près d'Ayr, appartient à M. le marquis d'Ailsa. L'irrigation par le système tubulaire y est établie sur environ 15 hectares. Les tuyaux souterrains destinés à conduire l'engrais des réservoirs dans les champs sont en grès vernissé; ils n'ont à supporter qu'une pression de 9 à 10 mètres. Le liquide s'y répand par la seule gravitation.

O. Ferme de Dunduff.

La ferme de Dunduff, cultivée par M. Ralston, à Leg, entre Ayr et Maybole, a ses bâtiments situés sur une hauteur, de telle sorte que l'engrais liquide est distribué par l'action seule de la pesanteur sur une surface d'environ 20 hectares de terres placées de 7 à 21 mètres au-dessous des récipients. Les liquides qui proviennent du bétail sont reçus dans des tuyaux en poterie qui les conduisent à une distance de 180 mètres dans trois réservoirs circulaires construits en briques, ayant chacun 5ᵐ.50 de diamètre et 3ᵐ.66 de profondeur, et dont la capacité totale est de 259 mètres cubes. Des réservoirs aux champs, l'engrais liquide circule, en vertu de la différence de niveau, dans des tubes en fonte de 0ᵐ.076 de diamètre dont le prix est de 2ᶠ.73 le mètre; la tuyauterie, sa pose et les regards ont coûté environ 123 francs par hectare. La distribution se fait à l'aide d'un tube flexible armé d'une lance, par un homme et un enfant recevant un salaire de 13ᶠ.25 par semaine, et arrosant les 20 hectares en 5 jours, de telle sorte que 8 arrosages par an ne coûteraient en main-d'œuvre que 87ᶠ.50. M. Lee établit dans son rapport au *Board of Health* le compte suivant :

Tuyaux de conduite du purin des boxes du bétail aux réservoirs.	625 fr.
Réservoirs.	900
Tuyaux en fonte et regards.	2,500
Appareil de distribution.	750
Frais d'établissement. . . .	4,775 fr.

Soit par hectare, 238ᶠ.75.

Intérêts et amortissement de 4,775 francs à 7.5 pour 100.	358ᶠ.12
Salaires annuels..	87.50
Frais d'arrosage	445.62

La dépense n'est, d'après ce compte, que de 22ᶠ.28 par hectare, « ou, dit M. Lee, que le prix de 3,000 kilog. de fumier ordinaire, et le résultat obtenu est trois fois plus grand que celui d'une fumure de 40,000 kilog. » L'engrais liquide est spécialement appliqué au ray-grass et au trèfle.

P. Sur la meilleure manière d'appliquer les engrais de ferme à l'état liquide.

Les détails dans lesquels nous avons pu entrer précédemment sur l'application des engrais liquides par le système tubulaire dans quinze fermes différentes montrent que l'on est loin d'être d'accord en Angleterre sur la meilleure organisation à adopter; ils font voir également que les frais d'installation sont assez coûteux, même lorsque l'on n'a pas besoin d'avoir recours à des machines élévatoires et que les dispositions des terres sont telles, que la gravitation suffit à la distribution. Quant aux frais de main-d'œuvre, ils sont évidemment très-restreints, quoique l'usure des appareils soit plus considérable qu'on ne l'avait admis d'abord, et qu'il soit certain que le taux de 7.5 pour 100 ne couvre pas l'amortissement.

Les publications du *Board of Health* admettent que pour répandre la même quantité pondérale de 15 *loads* par acre impériale, ou de 37 *loads* 1/4 par hectare, la dépense est la suivante :

Fumier de ferme solide par chariot.	84f.37
Engrais liquide par tonneau.. . . . . .ᴠ.	58.60
Engrais liquide par le système tubulaire souterrain avec machine à vapeur fixe.	1.55

Dans cette dernière dépense ne sont pas compris l'intérêt et l'amortissement du capital nécessaire pour l'installation du système. Les Anglais admettent que 15 *loads* (voitures ou tas) de fumier de ferme par acre·forment une bonne fumure; la voiture ou charge est de 750 kilog. environ; c'est donc 25,000 kilog. de fumier par hectare, et, par suite, le même poids d'engrais liquide pour chaque arrosage. Il en résulte que, pour pouvoir réellement comparer la main-d'œuvre exigée par les diverses fumures, il faut multiplier 1f.55 par le nombre d'arrosages, qui est de 7 ou 8 chaque année. Il y a de plus, dans le système tubulaire, à compter la charge provenant de l'intérêt et de l'usure de l'installation, outre que des deux côtés il faut compter aussi les frais de préparation de l'engrais. L'intérêt et l'usure forment une charge que, dans les rapports du *Board of Health*, on porte à 7.5 pour 100. On reconnaît d'ailleurs que, suivant la forme et l'étendue du terrain, il faut une longueur différente de tuyaux et un nombre variable de regards ou prises d'eau. Cinq exemples montreront, d'après le *Board of Health*, quelles dispositions on peut adopter.

1. Soit une surface de 640 hectares de forme rectangulaire; on pourra mettre la machine au milieu du plus grand côté du rectangle, et diviser celui-ci en 40 carrés de 16 hectares, au milieu de chacun desquels il y aura une prise d'eau. Un premier tuyau aura deux embranchements pour deux carrés voisins, puis il se bifurquera pour former deux conduites principales perpendiculairement auxquelles se trouveront de chaque côté 6 embranchements et 19 regards. Il faudra des tubes flexibles d'une longueur de 273 mètres au maximum pour arroser dans toutes les parties des carrés. Les frais d'établissement seront :

548 mètres de tuyaux de fonte de 0m.178 de diamètre à 9f.80 le mètre, y compris la pose. . .	5,370f.40
1,698 mètres de tuyaux de 0m.126 à 5f.50. . . .	9,339.00
1,132 mètres de tuyaux de 0m.101 à 4f.12. . . .	4,663.84
15,282 mètres de tuyaux de 0m.076 à 3f.20. . .	48,902.40
40 regards à 25 fr..	1,000.00
5 tubes flexibles de 273 mètres à 1f.85 le mètre .	1,498.77
3 lances à 25 fr..	75.00
Dépense totale pour 640 hectares.	70,849f.41

Dépense par hectare.	110f.70
Intérêt à 7.5 pour 100 par hectare.	8.30

Longueur de tuyaux par hectare, 29 mètres.

2. Soit une surface carrée de 400 hectares divisée en 25 carrés de 16 hectares chacun. La machine étant placée au milieu de l'un des côtés, on peut en faire partir un tube principal qui porte 5 regards, un embranchement perpendiculaire étant articulé dans l'un des premiers carrés donnera naissance à quatre tuyaux de distribution parallèles au premier. La plus grande distance à atteindre avec le tube flexible sera encore de 273 mètres. On aura la dépense suivante :

380 mètres de tuyaux de fonte de 0^m.152 de dia-
mètre à 6^f.86 le mètre.. . . . . 2,606^f.40
1,600 mètres de tuyaux de 0^m.127 à 5^f.50. . . . 8,800.00
4,000 mètres de tuyaux de 0^m.101 à 4.12. . . . 16,480.00
4,000 mètres de tuyaux de 0^m.076 à 3.20. . . . 12,800.00
25 regards à 25 fr.. . . . . 625.00
546 mètres de tuyaux flexibles en deux parties, à
1^f.83 le mètre. 998 18
2 lances à 25 fr. 50.00

Dépense totale pour 400 hectares. 12,359^f.58

Dépense par hectare. . . . . 105^f.89
Intérêt à 7 5 pour 100 par hectare. 7.94
Longueur de tuyaux de fonte par hectare, 24^m.90.

3. Soit une surface rectangulaire de 270 hectares divisée en 30 carrés de 9 hectares chacun. La machine sera placée sur le plus petit côté du rectangle, et le mode de distribution des tuyaux sera le même que dans l'exemple précédent; la plus grande distance à atteindre par le tube flexible sera de 209 mètres. La dépense pourra s'estimer ainsi :

1.500 mètres de tuyaux de fonte de 0^m.127 à 5^f.50. 8.250^f.00
3,000 — — 0^m.101 à 4^f.12. 12,360.00
4.500 — — 0^m.076 à 3^f.20. 14,400.00
30 regards à 25 fr. 750.00
209 mètres de tubes flexibles à 1^f.83 le mètre. . 382.47
1 lance. 25.00

Dépense totale pour 270 hectares. 36,167^f.47

Dépense par hectare. . . . . 133^f.92
Intérêt à 7.5 pour 100 par hectare.. . . . 10.04
Longueur de tuyaux de fonte par hectare, 33^m.33.

4. Soit une ferme de 42^h.8 de forme oblongue et irrégulière. On pourra la partager en 7 parties telles qu'une longueur de 182 mètres de tubes flexibles atteigne les points les plus éloignés des regards. On aura le compte suivant :

1,381 mètres de tuyaux de 0^m.076 à 3^f.20. . . . 4,419^f.20
7 regards à 25 fr. 175.00
182 mètres de tubes flexibles en toile de 0^m.050
de diamètre à 1^f.82 le mètre.. . . . . 333.06
1 lance. 25.00

Dépense totale pour 42^h.8. . . 4.952.26

Dépense par hectare. 115.71
Intérêt à 7.5 pour 100 par hectare.. . . . 8.68
Longueur de tuyaux de fonte par hectare, 32^m.25.

5. Soit enfin une ferme de 16 hectares; il ne faudra qu'une seule conduite de tuyaux en fonte et 2 regards ainsi qu'il suit :

410 mètres de tuyaux de 0^m.076 à 5^f.20.	1,312^f.00
2 regards à 25 fr.	50.00
182 mètres de tubes flexibles à 1^f.83..	333.06
1 lance.	25.00
Dépense totale pour 16 hectares.	1,720.06

Dépense par hectare. . . . . 107^f.50
Intérêts à 7.5 pour 100 par hectare. . . . 8.06
Longueur de tuyaux en fonte par hectare, 25^m.6.

Les dépenses pourraient être un peu réduites, si l'on plaçait la machine au milieu des terres et non pas sur un des côtés.

. M Collignon, ingénieur des ponts et chaussées, dans un très-bon Mémoire sur l'agriculture du comté de Lincoln (*Annales des ponts et chaussées*, 1856), a fait ces remarques judicieuses sur les vices du système :

Le diamètre des tuyaux décroît en même temps que la distance au réservoir augmente : il en résulte que la vitesse du liquide dans les tuyaux croît à mesure qu'on s'approche de l'orifice. Le liquide pénètre dans un long tuyau, doué d'une certaine élasticité, qui change son mouvement irrégulier en un mouvement continu. Il y a dans une telle distribution plusieurs défauts de détail, tels que les changements brusques de la section des tuyaux, de la direction du jet, et les coups de bélier qui sont à craindre dans une si longue conduite.

La pratique a effectivement démontré que l'usure était beaucoup plus considérable qu'on ne l'avait supposé dans l'origine, et on a été conduit à diminuer la longueur des tubes flexibles, et à multiplier les regards. On en a établi un en général pour une superficie de 4 à 5 acres ou de 1^h.60 à 2 hectares. Malgré cela, les inconvénients sont restés très-grands, ainsi qu'on le lit dans un Mémoire de M. Peter Love, inséré dans le tome XX du *Journal de la Société royale d'agriculture d'Angleterre* (1859). Nous donnerons des extraits de ce Mémoire intéressant d'après une traduction que nous devons à M. Viollet. Voici comment s'exprime M. Love :

La méthode de répandre l'engrais liquide, simple et expéditive en apparence, occasionne néanmoins dans l'exécution beaucoup de travail pour visser les tubes flexibles et les traîner sur toutes les parties du terrain. Elle amène aussi des pertes de liquide par suite de l'inégalité de la distribution, une usure considérable et dispendieuse du tube flexible, et une perte de temps pour les déplacements à peu près égale à la durée de l'irrigation proprement dite. Ces inconvénients présentent surtout de la gravité lorsque la pression nécessaire pour la circulation du liquide dans les tuyaux est fournie par le travail de la vapeur ou des animaux; ils sont moindres lorsque la pression est due à la gravité.

Dans la saison sèche, époque de l'année où l'on arrose le plus, il est néanmoins très-urgent que le travail soit exécuté sans interruption, et, autant que possible, pendant la dernière partie du jour, afin que l'évaporation soit moins considérable ensuite, et que la terre ait le temps d'absorber l'engrais pendant la nuit. J'ai été vivement frappé de la perte que peut causer la vaporisation lors d'une visite que j'ai faite, pendant l'été de 1854, à la ferme de Myer-Mill, près d'Ayr. M. Kennedy appliquait alors l'engrais liquide à des choux nouvellement plantés, et répandait environ 135 mètres cubes par hectare, quantité représentant une lame d'eau de 0m.135 d'épaisseur, répartie sur la surface de la terre, qui était fort sèche, ainsi que l'atmosphère. Il suffisait de quelques heures pour que tout le liquide fût évaporé, ce qui faisait disparaître presque entièrement l'avantage de l'arrosement; tandis que, quand l'engrais était distribué le soir, la perte produite par la vaporisation était peu considérable.

Les personnes qui n'en ont pas fait l'expérience s'imaginent qu'il est facile d'entraîner les tubes flexibles sur le terrain; mais on ne doit pas oublier que 28m.80 courants de tubes de 0m.063 de diamètre, ou 21m.60 de tubes de 0m.076, pèsent 100 kilogrammes.

M. Peter Love ajoute que, malgré ses imperfections, le système tubulaire souterrain doit prendre de l'extension à cause des grands avantages que présente l'arrosage pour les cultures fourragères, et particulièrement pour le ray-grass d'Italie et les choux. On obtient ainsi des récoltes très-nutritives et d'une abondance qui paraît presque fabuleuse.

M. Love continue ainsi :

Le sol est toujours parfaitement nettoyé après avoir produit du ray-grass d'Italie pendant deux ans. Durant ce temps, on a exécuté dix ou douze coupes.

Après chaque coupe, on fait une irrigation de 56 à 258 mètres cubes d'engrais liquide par hectare. La quantité d'eau que l'on doit mêler à l'engrais est déterminée par la sécheresse de la saison et du sol. Si la terre est déjà pénétrée d'eau, on ne doit donner, par hectare, que 56 mètres cubes d'engrais non étendu; mais, si le sol est crevassé et que l'on ne puisse espérer de la pluie, on doit ajouter une quantité d'eau suffisante pour que la totalité du liquide s'élève, par hectare, à 258 mètres cubes, volume équivalent à une lame d'eau de $0^m.258$ d'épaisseur, ou à une pluie moyenne de 10 heures, ce qui produit un effet très-avantageux. Comme la quantité de l'engrais liquide dépend de celle du bétail, qui elle-même est liée à celle des fourrages récoltés, on doit préférer les plantes qui peuvent donner une succession de coupes aussi rapprochées que possible. Le ray-grass d'Italie satisfait éminemment à cette condition; aussi constitue-t-il, en quelque sorte, le pivot de la culture par le système tubulaire; car c'est le seul fourrage qui puisse fournir des coupes très-nutritives et très-fréquentes, sans culture, sans ensemencement répété, et sans qu'il soit nécessaire d'y joindre, pour alimenter le bétail, du foin, de la paille ou d'autres plantes.

Les récoltes de grains n'exigent aucun engrais, et elles sont même exposées à pousser avec trop de vigueur, après une sole de ray-grass ainsi arrosée. Cette plante est toujours coupée avant d'avoir complétement épié, en sorte qu'au lieu d'absorber les principes qui servent à la formation des grains, elle leur permet, au contraire, de s'accumuler au profit des récoltes futures. Le ray-grass laisse encore le sol exempt de mauvaises herbes et tout engraissé pour la production des grains. La récolte la plus convenable après le ray-grass est l'avoine semée de bonne heure, parce qu'elle craint moins que les autres céréales la surabondance de la végétation, et qu'elle se trouve bien d'un labour profond, exécuté selon la méthode de Kent, c'est-à-dire avec retournement complet de la tranche levée par la charrue. Après l'avoine, on peut semer du froment et attendre une récolte très-satisfaisante par la quantité et la qualité. Pour la préparer, il faut donner un labour peu profond, enterrer le gazon, et laisser exposée à l'action de l'air la terre qui se trouvait au-dessous de la surface. Dans le froment, on sème de la graine de trèfle, on passe la herse en avril. Ce trèfle doit être fumé pendant l'hiver, et fauché deux fois pour fourrage durant l'été suivant, puis rompu et labouré à peu de profondeur pour faire place au froment, après lequel on cultive la terre à une profondeur moyenne pour y semer de l'orge. On prépare alors, par des façons profondes et par un engrais abondant, le terrain pour une récolte de turneps; puis on recommence la rotation par deux années de ray-grass d'Italie. Au moyen de cet assolement, on peut, avec des achats modérés d'engrais, obtenir des produits abondants en grains, en bœufs et en moutons.

Des observations attentives et une expérience de deux ans dans l'emploi des engrais liquides nous ont convaincu que les cultures des plantes fourragères, et notamment du ray-grass d'Italie, sont les seules que cette méthode améliore assez pour que l'on en retire des bénéfices. En effet, si l'on se rappelle qu'en Angleterre les comtés les plus secs sont ceux où l'on recueille les grains les meilleurs et les plus abondants, on reconnaît que les fourrages sont les seules récoltes qui rétribuent suffisamment les frais considérables d'un système de distribution d'engrais liquides.

On voit que dans les idées de M. Love le système tubulaire étendu à toute une exploitation ne peut servir que pendant une partie de la rotation de l'assolement auquel les terres sont soumises. La conséquence de cette opinion, c'est qu'il est nécessaire de chercher à diminuer les frais de premier établissement et d'atténuer, par un meilleur mode d'application, les frais de distribution de l'engrais et d'usure des appareils. Voici les dispositions que M. Love propose dans ce but :

Une seule conduite principale, enfouie en terre, traverserait par le milieu la pièce à arroser; des conduites secondaires portatives seraient posées parallèlement de chaque côté sur la surface et transportées du champ de ray-grass d'Italie, récemment rompu, au champ actuellement ensemencé de la même plante.

En ne cultivant, pour la production du ray-grass, que la portion des terres qui avoisinent immédiatement la ferme, on peut diminuer beaucoup les frais de transport et la longueur de la conduite principale.

La rotation de l'assolement, dans ce système, doit être la suivante :

1° Du froment; 2° des turneps; 3° du ray-grass d'Italie; 4° la même plante; ou bien : 1° des turneps; 2° des pois à courte tige; 3° du ray-grass d'Italie semé au moment où les pois viennent d'être récoltés, c'est-à-dire en juillet ou au commencement d'août, ce qui donnerait au ray-grass un avantage encore plus marqué, mais aux dépens de la différence entre la valeur du froment et celle des pois, dont la récolte est plus hasardeuse.

Pour réaliser ce programme, M. Peter Love a imaginé la machine de distribution représentée en plan et en coupe par les figures 540 et 541, et qui permet de laisser de grands intervalles entre les tuyaux en métal. Cette machine

IV.   33

consiste en un tambour B porté par deux roues H, qui font
corps en général avec l'essieu; cependant, lorsque l'on veut
tourner court, on rend mobile la roue de gauche. Sur le
tambour s'enroule le tuyau flexible C, attaché d'une part à

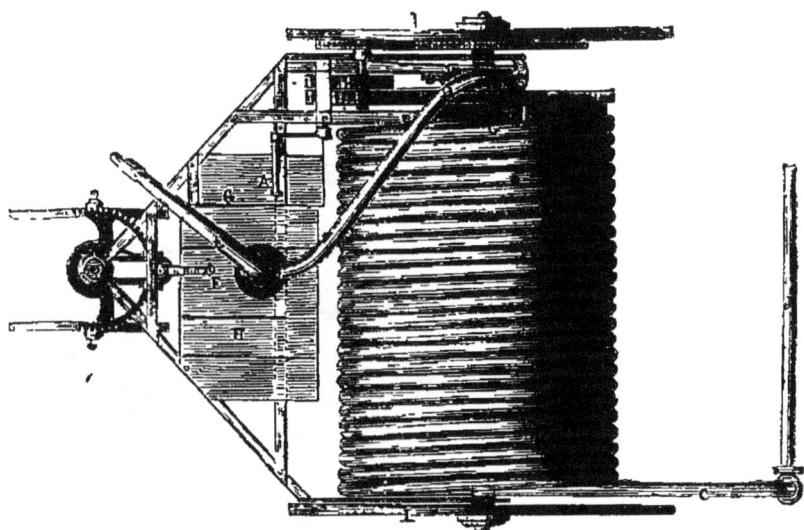

Fig. 540. — Plan de la machine de .M. Peter Love pour la distribution
des engrais liquides.

la bouche qui fournit l'engrais liquide, et d'autre part, par
l'intermédiaire du tube D, à la lance E. Cette lance est
montée de manière que l'homme qui est chargé de la manœuvre, et qui est placé sur le palier H, peut la faire mouvoir doucement de la droite vers la gauche, et *vice versâ*,
pour répartir uniformément l'engrais sur une largeur d'environ 20 mètres. Pendant ce temps, un aide, qui se tient
sur le palier G, imprime à l'appareil un mouvement de
translation au moyen de la manivelle A et des engrenages
que montrent les figures.

On dirige la marche de la machine en agissant sur la
roue de devant par l'intermédiaire de la manivelle F, qui
commande par un pignon une demi-couronne dentée per-

pendiculaire au plan de la roue et liée invariablement avec cette roue. On comprend que, quand la machine avance, le tuyau flexible se déroule sans que le liquide cesse jamais de l'alimenter. On passe sur les conduites portatives K, pla-

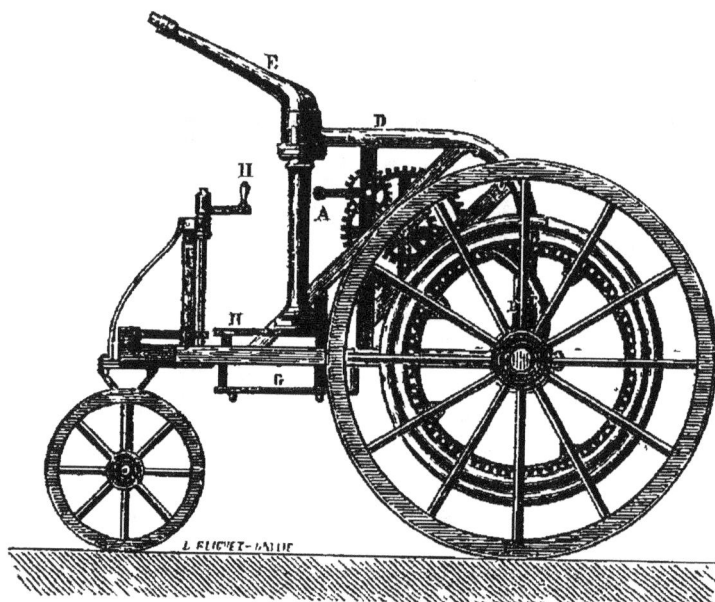

Fig. 541. — Coupe verticale de la machine de M. Peter Love pour la distribution des engrais liquides.

cées simplement sur le terrain, sans les endommager, à l'aide du pont volant J que représente la figure 542. Selon

Fig. 542. — Pont volant pour protéger les conduites portatives dans le système de M. Love pour la distribution des engrais liquides.

que la machine marche plus ou moins vite, on répand moins ou plus d'engrais; en conséquence, on a des engrenages de rechange qui permettent de porter à volonté la quantité de liquide distribuée de 22 à 258 mètres cubes par hectare. Comme on arrose sur une largeur de 20 mètres, il n'y a besoin que d'un déplacement de 500 mètres pour arroser un hectare. A ce sujet, M. Love donne les indications suivantes :

Une bonne machine hydraulique fait passer par minute 363 litres d'eau dans un tube de $0^m.076$ de diamètre; pour distribuer 22 mètres cubes sur un hectare, il faut donc 60 minutes et demie. La machine devra, en conséquence, pour arroser un hectare au minimum, parcourir un peu plus de 8 mètres par minute; mais, comme il faut qu'elle repasse sur le terrain, on fera bien d'en doubler la vitesse. La vitesse sera seulement de $0^m.7$ à la minute pour arroser au maximum.

Un seul homme, au moyen de la manivelle, peut aisément promener la machine sur le terrain, si les roues sont munies de rails portatifs en bois dans le genre de ceux imaginés par M. Boydell. Le poids de l'appareil, au moment du départ, lorsqu'il est chargé de tout le tube flexible plein de liquide, ne dépasse pas 1,250 kilogrammes et s'allége de 50 kilogrammes par chaque distance de $10^m.80$ parcourue, et sur laquelle elle dépose une longueur égale de tube rempli de liquide. Le travail devient donc d'autant plus facile à mesure que l'on s'éloigne de la bouche d'eau et de la conduite portative, mais d'autant plus difficile qu'il y a sur la machine une plus grande longueur de tube flexible enroulée.

Quand on a arrosé toute une bande de 20 mètres de large, on fait avancer l'appareil jusqu'au milieu d'une autre bande de même largeur, ou bien sur toute autre largeur que l'on a déterminée d'avance.

En une heure environ, on peut répandre plus de 22 mètres cubes d'engrais liquides sur un hectare de terrain, ou sur une superficie plus ou moins grande, selon que l'on hâte ou que l'on ralentit la translation de la machine, sans modifier la vitesse de l'écoulement. Cette vitesse, qui est de 363 litres par minute pour un tuyau de $0^m.076$ de diamètre, se réduit à 254 litres pour un tuyau de $0^m.063$, et à 163 litres pour un tuyau de $0^m.051$.

La vitesse de la machine et l'étendue sur laquelle on distribue le jet de la lance déterminent la quantité de liquide répandue par hectare.

Dans l'appareil à simple tambour, représenté par les figures 540 et 541, il n'y a d'enroulés que 110 mètres de tube flexible; mais on pourrait sans difficulté rendre le tambour double et enrouler plus de 220 mètres.

Comme il faut $201^m.60$ de tubes de $0^m.076$ de diamètre pour contenir 1,000 kilogrammes d'engrais liquide, on pourrait placer les premières conduites métalliques portatives avec bouches de prise d'eau à une distance de 200 mètres des bâtiments; cette distance peut, au reste, être augmentée ou diminuée selon la disposition de la ferme et de ses terres.

Quelques chiffres sont nécessaires à connaître pour appliquer convenablement le système tubulaire sous ses différentes formes. M. Peter Love les a réunis en tableaux que nous allons reproduire en transformant les mesures anglaises en mesures françaises.

Le tableau suivant exprime le nombre des mètres cubes et des tonneaux de 1,000 kilogrammes qui correspondent à des lames d'eau d'épaisseurs croissantes de dixième en dixième de pouce anglais (ou par $0^m.00254$) pour une acre de terrain ($0^h.405$), la densité de l'engrais liquide étant supposée 1.13; il indique aussi les diamètres des réservoirs circulaires qui peuvent contenir les quantités correspondantes d'engrais; la profondeur de chaque réservoir est constamment supposée de 10 pieds anglais ($5^m.058$), à partir de la voûte concave qui en forme le fond.

Épaisseur de la lame de liquide repandu.	Mètres cubes repandus par $0^h.405$.	Tonnes de 1.000 kil. répandues par $0^h.405$.	Diamètres des réservoirs contenant les quantités d'engrais liquide necessaires par $0^h.405$.
M.	MC.	T.	M.
0.00254	10.3	11.63	2.081
0.00508	20.6	23.26	2.944
0.00762	30.9	34.89	3.605
0.01016	41.2	46.52	4.163
0.01270	51.5	58.15	4.648
0.01524	61.8	69.78	5.078
0.01778	72.1	81.41	5.486
0.02032	82 4	93.04	5.867
0 02286	92.7	104.67	6.248
0.02540	103.0	116.30	6.577

Les prix d'établissement des réservoirs sont les suivants. La fouille est estimée $0^f.54$ le mètre cube au minimum; elle est plus ou moins coûteuse selon la dureté du terrain et les obstacles que l'on peut rencontrer. Le corroi d'argile qu'il faut placer derrière la maçonnerie pour prévenir les fuites est évalué à $1^f.65$ le mètre cube. La maçonnerie est en briques; elle doit avoir $0^m.228$ d'épaisseur dans son pourtour, $0^m.101$ au fond, $0^m.228$ à la voûte, au milieu de laquelle on doit ménager un regard de 1m.066 de diamètre. La dépense pour les briques, le mortier, la pose, l'exécution du corroi d'argile, peut être d'environ 45 francs par 1,000 briques. Le fond concave est une calotte sphérique ayant 0m.60 de flèche et dont le rayon est égal au diamètre du réservoir; la voûte supérieure est de la même forme. La profondeur uniforme de 3m.05 est mesurée à partir de la naissance de la voûte. La fouille aura une profondeur de 3m.657. Le diamètre, de 7m.62, est regardé comme étant un maximum qu'on ne doit pas dépasser avec une épaisseur de 0m.228. M. Love dit qu'il en coûterait aussi cher pour construire un seul réservoir avec un mur de 0m.556 d'épaisseur que pour en faire deux d'une même contenance totale et ayant des murs de 0m.228. C'est afin de ne pas déranger l'harmonie des calculs basés sur cette épaisseur que nous avons laissé tous les chiffres rapportés à l'acre anglaise (0h.405). On comprend qu'on pourrait faire croître la capacité en augmentant la profondeur; mais les dimensions ci-dessus paraissent les plus convenables.

Mètres cubes d'engrais liquide.	Diamètres des reservoirs.	Diamètres de la fouille.	Mètres cubes de fouille.	Argile du corroi en mètres cubes.	Briques pour le mur, la voûte et le fond. (Dimensions ordinaires.)	Dépense totale de construction
M.C.	M.	M.	MC.	MC.		FR.
10.3	2.081	2.743	21.40	4.53	4,200	207.71
20.6	2.944	3.605	37.46	6.12	6,100	305.00
30.9	3.605	4.267	54.99	7.84	7,900	396.66
41.2	4.163	4.824	66.52	9.57	9,600	483.75
51.5	4.648	5.306	81.04	10.70	11,000	556.66
61.8	5.078	5.739	94.80	11.97	12,400	629.37
72.1	5.486	6.144	107.00	13.12	13,700	696.25
82.4	5.867	6.555	123.10	14.52	15,000	770.31
92.7	6.248	6.882	137.60	15.79	16,500	843.75
103.0	6.577	7.258	152.10	16.82	17,900	916.25

M. Peter Love ajoute, relativement à la production d'engrais liquide que peut donner l'engraissement des bœufs par le ray-grass, les détails suivants, qui seront certainement lus avec un grand intérêt :

On doit construire aussi un bassin pour les mélanges, afin d'y combiner l'engrais liquide avec le guano, le biphosphate de chaux, le nitrate de soude, les tourteaux pulvérisés, et les autres engrais nécessaires pour porter le sol au degré de fertilité exigé. Ce bassin doit avoir une capacité double au moins de celle du réservoir, afin que l'on puisse y faire à la fois le mélange nécessaire pour le service entier de la journée.

La quantité moyenne d'urine rendue quotidiennement par le bétail nourri avec du ray-grass d'Italie, de bons turneps ou d'autres plantes aqueuses, peut être évaluée à 10 litres par chaque centaine de kilogrammes que l'animal pèsera lorsqu'il sera propre à la boucherie, après avoir été engraissé pendant cinq mois. L'eau nécessaire pour délayer convenablement l'engrais solide peut atteindre le double de cette quantité. Par conséquent, en tenant compte de l'urine, des excréments solides et de l'eau nécessaire, on trouve une moyenne de 123 litres par jour et par tête. On doit y proportionner la capacité des réservoirs.

Le produit moyen d'un hectare de ray-grass d'Italie peut suffire à nourrir pendant un jour 445 têtes de bétail, qui, d'après l'estimation précédente, donneront 54^{mc}.75 d'engrais liquide, quantité qui, si on la répandait le soir sur la même prairie artificielle, produirait de l'herbe propre à être coupée de trois à cinq semaines après. En supposant le plus long espace de temps, on trouve que 35 hectares suffiraient à l'entretien de 445 têtes de bétail, et que la capacité des réservoirs doit être de 1^{mc}.549 pour chaque hectare de ray-grass d'Italie. Mais, comme, par le système de l'auteur, on pourrait se regarder comme certain de faucher le ray-grass au bout de quatre semaines seulement, au moins pendant les mois d'été, la récolte suffirait en réalité pour un nombre de têtes proportionnellement plus grand, ce qui obligerait de porter la contenance des réservoirs à 1^{mc}.964 par hectare de ray-grass d'Italie.

Ce calcul suppose que les réservoirs sont vidés tous les jours; mais, afin de pourvoir aux accumulations possibles, on devra construire des réservoirs supplémentaires, et en proportionner l'étendue au roulement que l'on se proposera d'adopter. On partira toujours des données qui viennent d'être établies, c'est-à-dire que chaque jour on remplira un réservoir contenant autant de fois 1^{mc}.164 que l'on possède d'hectares de ray-grass d'Italie dans l'assolement de l'année courante.

Il est nécessaire de connaître aussi la quantité de liquide qui restera dans les tubes souterrains, et qui devra être envoyée, dans une longueur déterminée de tuyaux, avant que le jet puisse jaillir. Voici, à ce sujet, un tableau traduit du *Board of Health* :

Diamètre des tuyaux.	Liquide contenu dans une longueur de 100 mètres.
M.	MC.
0.0254	0.049
0.0381	0.111
0.0508	0.198
0.0635	0.309
0.0762	0.446
0.1016	0.803
0.1270	1.239
0.1524	1.752

Nous ajouterons, pour qu'on ait sous les yeux tous les renseignements possibles sur l'établissement des divers systèmes tubulaires, quelques tableaux qui, en faisant connaître plusieurs détails intéressants, montrent, en outre quelles économies peut apporter l'adoption des appareils de M. Love.

Le tableau suivant est relatif à une ferme de 408 acres (165 hectares) dont les terres sont exploitées par le système tubulaire le plus ordinaire, c'est-à-dire par un système de tuyaux régnant sous toute l'étendue du sol avec des prises d'eau de distance en distance :

1,247 mètres courants de conduite principale souterraine en tuyaux de 0m.127 de diamètre, à emboîtement, pose comprise, à 7f.49 le mètre..	9,341f.00
10 robinets de 0m.127 à 37f.50.	375.00
10 tubulures de 0m.101 à 18f.75.	187.50
10.700 mètres courants de tuyaux secondaires souterrains de 0m.101 à 5f.47 le mètre.	58,550.00
90 tubulures pour joindre les bouches d'eau avec les tuyaux secondaires de 0m.101, à 30 fr.. . .	2,700.00
90 bouches d'eau pour tubes de 0m.076 à 50. . .	4,500.00
87m.80 de tubes flexibles en caoutchouc de 0m.076 à 14f.34 le mètre.	1,259.00
Lance pour la distribution avec un robinet complet.	62.50
Tambour pour l'enroulement des tubes flexibles et chariot.	162.50
Machine hydraulique et pompes des réservoirs.. .	2,000.00
Total, non compris la machine à vapeur et les réservoirs..	79,137f.50

L'autre tableau qui suit est relatif à une ferme semblable à la première; il donne les mêmes calculs pour un système consistant en un tuyau principal de conduite, enfoui sous le sol, et en tuyaux portatifs de distribution que l'on établit sur la surface pour en desservir les trois huitièmes à la fois.

1,247 mètres courants de conduite principale, en tuyaux de 0ᵐ.127 de diamètre, à emboîtement, pose comprise, à 7ᶠ.49 le mètre..	9,341ᶠ.00
10 robinets de 0ᵐ.127 à 57ᶠ.50.	575.00
10 tubulures de 0ᵐ.101, à brides fixes, à 21ᶠ.25.	212.50
4,281 mètres de tuyaux portatifs, à brides fixes, de 0ᵐ.101 de diamètre, avec rondelles en caoutchouc, à 7ᶠ.49 le mètre.	32,160.00
40 tubulures pour assembler les bouches d'eau avec les tuyaux portatifs, à 30 fr..	1,200.00
40 bouches d'eau, pour tubes de 0ᵐ.076, à 50 fr..	2,000.00
87ᵐ.80 de tubes flexibles en caoutchouc, à 14ᶠ.34 le mètre..	1,259.00
Lance pour la distribution avec un robinet complet.	62.50
Tambour pour l'enroulement des tubes flexibles et chariot.	162.50
Machine hydraulique et pompes des réservoirs.	2,000.00
Total.	48,772ᶠ.50

L'économie réalisée sur les frais d'établissement par le système des tubes portatifs est donc de 30,365 francs. On évite aussi, par ce système, l'usure et la corrosion des tuyaux pendant le non-usage. En effet, dans le système tubulaire ordinaire, une partie des tuyaux ne sert que rarement et alors se détériore très-vite, tandis que l'emploi continuel et actif qui a lieu dans le système portatif, dit M. Love, contribue puissamment à ralentir les effets des causes de destruction.

Nous donnons encore, d'après M. Love, des devis comparatifs pour une ferme de moindre étendue, de 102 acres (41ʰ.27) seulement. Les dépenses dans le système tubulaire ordinaire seraient :

33.

463 mètres de conduite principale souterraine, de 0ᵐ.101 de diamètre, à emboîtement, à 5f.47 le mètre..	2,530f.00
4 robinets de 0ᵐ.101 à 50 fr..	120.00
4 tubulures de 0ᵐ.076 à 15f 62..	62.48
2,205 mètres de conduites secondaires souterraines de 0ᵐ.076, à emboîtement, à 4f.55 le mètre. .	10,050.00
20 tubulures pour joindre les bouches d'eau avec les conduites, à 25 fr.	500.00
20 bouches d'eau pour des tubes flexibles de 0ᵐ.063, à 42f.50.	850.00
91ᵐ.50 de tubes flexibles de 0ᵐ.063, en caoutchouc, à 13f.67 le mètre..	1,250.00
Ajustage en cuivre, avec robinet en laiton et lance de distribution.	50.00
Tambour pour l'enroulement des tubes flexibles, et voiture.	137.50
Total des frais dans les champs. .	15,529f.98

Sur la même ferme, le système tubulaire, établi avec des tubes portatifs, coûterait, pour desservir la moitié des terres à la fois :

463 mètres de conduite principale souterraine, de 0ᵐ.101 de diamètre, à emboîtement, à 5f.47 le mètre.	2,530f.00
4 robinets de 0ᵐ.101 à 50 fr.	120.00
4 tubulures à brides fixes pour des tuyaux de 0ᵐ.076 à 18f.75.	75.00
1,102ᵐ.50 de tuyaux de 0ᵐ.076, à brides fixes et à boulons, avec des rondelles de caoutchouc, pour les conduites portatives, à 5f.47 le mètre. . .	6,028.00
12 tubulures pour assembler les bouches d'eau avec les tuyaux, à 25 fr.	300.00
12 bouches d'eau, pour des tubes de 0ᵐ.063, à 42f.50..	510.00
91ᵐ.50 de tubes flexibles en caoutchouc, de 0ᵐ.063, à 13f.67 le mètre.	1,250.00
Manchon en cuivre, avec robinet en laiton, et lance de distribution.	50.00
Tambour pour l'enroulement des tubes flexibles, et voiture.	137.50
Total des frais dans les champs. . .	11,000f.50

Dans les deux tableaux précédents, on a supposé l'emploi des tuyaux portatifs, mais non pas celui de la machine de distribution de M. Love : si l'on se sert de cette machine, les frais peuvent se calculer de la manière suivante pour la même ferme de 41ʰ.27 :

301ᵐ.70 de conduite principale souterraine, à emboîtement, en tuyaux de 0ᵐ.101, tout posés, à 5ᶠ.47	1,650.00
2 robinets pour la conduite principale de 0ᵐ.101, à 30 fr.	60.00
2 tubulures à brides fixes, pour des tuyaux de 0ᵐ.076, à 18ᶠ.75.	37.50
612ᵐ.60 de tuyaux à brides fixes de 0ᵐ.076, pour les conduites portatives, à 6ᶠ.15.	3,770.00
10 tubulures pour l'assemblage des bouches d'eau avec les conduites portatives, à 25 fr..	250.00
10 bouches d'eau pour des tubes flexibles de 0ᵐ.063, à 42ᶠ.50.	425.00
182ᵐ.80 de tubes flexibles en caoutchouc à 13ᶠ.67.	2,500.00
Machine pour la distribution..	1,000 00
Total.	9,692.50

L'économie sur le système ordinaire est alors de. 5,857ᶠ.48

Il faut maintenant compter les frais de l'établissement intérieur, qui peuvent être évalués comme il suit :

Moitié d'une machine à vapeur de 6 chevaux.. . .	2,000 fr.
Machine hydraulique et pompe des réservoirs.. . .	1,500
4 réservoirs pour 50 acres (20ʰ.23) de ray-grass d'Italie, à 40 mètres cubes chacun.	1,900
1 bassin pour les mélanges, pouvant contenir 80 mètres cubes..	750
Total..	6,150 fr.

De là on conclut la comparaison suivante pour les frais totaux d'établissement du système tubulaire de distribution de l'engrais liquide sur une ferme de 41ʰ.27 dans les trois modes ci-dessus décrits :

Système ordinaire avec tuyaux souterrains fixes, un
    tube flexible et une lance. 21,679f.98
Système modifié par l'emploi de tuyaux portatifs. 17,150.50
Système avec emploi de tuyaux portatifs et de la
    machine de distribution de M. Love.. . . . . 15,842.50

Les dépenses respectives par hectare sont de 525f.32, 415f.57, 383f.89.

Ainsi près de 400 francs par hectare, quand on doit élever le liquide par la machine à vapeur et les pompes, et lors même qu'on a recours aux procédés les plus économiques, telle est la somme qu'exige l'établissement du système tubulaire pour la distribution des engrais liquides.

6° Système tubulaire pour irriguer avec l'engrais liquide des villes.

Employer à l'agriculture tout l'engrais produit dans les villes sans en rien perdre, sans avoir recours d'ailleurs à aucune des manipulations repoussantes et nauséabondes qui attristent les courses nocturnes à travers les rues des grandes cités, c'est là un problème digne de fixer l'attention. Ce problème malheureusement n'a été complétement résolu que dans quelques cas particuliers.

La solution n'est pas autre chose que la réalisation de la loi du *Circulus* formulée par Pierre Leroux vers 1834. Aucune parcelle de matière ne se perd. La nourriture de l'homme, après avoir traversé son corps, se répartit entre la terre et l'atmosphère. La partie qui a pris la forme gazeuse est redissoute par les pluies et ramenée vers le sol pour être de nouveau assimilée par les végétaux, mais sans qu'il paraisse possible à l'intelligence humaine de trouver le moyen de hâter ce retour. Quant à la partie qui, liquide ou solide, tombe directement sur l'écorce solide du globe, il nous appartient de l'employer immédiatement et intégralement comme un riche engrais, au lieu de la laisser se perdre improductive ou du moins de n'en tirer qu'une bien mince utilité.

Ce n'est pas l'Angleterre qui a fait les premières applications des engrais des villes. Ce n'est pas non plus dans la Grande-Bretagne que la grande loi du *Circulus* a été formulée ni même appliquée pour la première fois. Nous croyons que les agriculteurs et les savants ne doivent pas hésiter à en rendre l'honneur à Pierre Leroux.

Le système tubulaire paraît, dans quelques cas, la forme la plus convenable que l'on puisse donner à la solution du problème. Nous allons en montrer les divers exemples que l'on peut citer.

A. Emploi des eaux des égouts et des vidanges de la ville de Rugby.

La petite ville de Rugby est située à environ 132 kilomètres au nord-ouest de Londres; elle est voisine d'une jonction principale de plusieurs chemins de fer. Nous l'avons visitée au mois d'août 1857. Nous allons reproduire le procès-verbal succinct de nos observations, tel que nous l'avons rédigé à cette époque et communiqué, au retour de notre voyage, à la Société impériale et centrale d'agriculture.

Rugby compte de 7,000 à 8,000 habitants. C'est une ville extrêmement propre. On s'est arrangé de manière à recueillir toutes les eaux de terres voisines qui ont été drainées à cet effet, afin de fournir une quantité d'eau suffisante dans l'intérieur de chaque habitation. La ville elle-même a été complétement drainée en 1854. Toutes les eaux ménagères et les vidanges des fosses d'aisances se rendent par des tubes souterrains dans des égouts placés au milieu des rues, et qui se réunissent tous dans une conduite en poterie pour venir tomber dans un bassin servant de réservoir. Cette conduite a un diamètre intérieur de 0m.51; le liquide y circule par la seule gravitation. Pour se servir de ce liquide et l'employer à l'agriculture, M. Walker, propriétaire du domaine de Newbold-Grange, situé aux portes de Rugby, paye une rente annuelle de 750 francs. L'utilisation du *sewage*, ainsi déversé dans le réservoir aux frais de la ville, se fait par des pompes qui, mues par une machine à vapeur de la force de 12 chevaux, puisent le liquide dans le bassin pour le faire refluer dans un système de tuyaux en fonte placés sous terre à une profondeur de 0m.50 à 0m.38, et répartis sur une surface de 202 hectares qu'ils sont destinés à arroser, ainsi que le montre la planche ci-jointe (planche XIV) par un certain nombre de prises d'eau H sur lesquelles on adapte un tube flexible en gutta-percha duquel le liquide jaillit par simple écoulement et sans lance.

Les tuyaux souterrains en fonte ont 2m.7 de long et 0m.076 de diamètre intérieur; ils ont coûté 4f.80 le mètre, y compris la pose. Ils sont emboîtés les uns dans les autres au moyen d'un renflement que présente une de leurs extrémités. A l'aide de robinets de direction que l'on tourne convenablement, le liquide, refoulé par la pompe, s'engage dans telle ou telle branche de la conduite souterraine que montre le plan pour jaillir par celle des prises d'eau H, sur laquelle se trouve placé le tube flexible en gutta-percha.

Chaque prise d'eau est formée, comme le montre la figure 545. par

Fig. 545. — Prise d'eau du système tubulaire de la ferme de Newbold-Grange, près de Rugby.

un tuyau courbe d, qui part de la conduite souterraine ee. Cette branche d est encore, en plusieurs endroits fermée par une soupape à boulet que la pression intérieure force à appuyer contre l'orifice extérieur. On recouvre cet orifice d'une plaque de fonte c, vissée avec des écrous, lorsque la prise d'eau doit rester inactive. Quand il s'agit d'arroser, on place le tube flexible a dans un collier b, qui lui-même est fixé sur une tubulure qu'on attache sur la prise d'eau (fig. 544). A cet effet, on enlève la première plaque c pour en mettre une seconde (fig. 545) qui présente un orifice sur lequel est implantée d'un côté la tubulure; de l'autre côté se trouve un rebord destiné, quand on serre les écrous, à repousser le boulet de la soupape, ce qui permet au liquide de jaillir. Maintenant on renonce à ces soupapes, sujettes à se boucher, et on laisse libres les orifices, les robinets n'étant tournés qu'au moment de l'arrosage et les pompes ne marchant qu'à un signal donné par un petit drapeau.

L'irrigation se fait tous les jours, excepté le dimanche. La surface totale arrosée est de 202 hectares. sur lesquels 81 hectares appartiennent à M. Campbell, de Bilton-House, lieu célèbre par la résidence d'Addison. Les 121 autres hectares dépendent de la ferme de Newbold-Grange, appartenant à M. Walker, mais sont loués à un fermier à bail, M. Congrève, homme distingué, qui nous a donné avec empressement tous les renseignements possibles sur le système. L'engrais liquide ne s'applique qu'aux prairies; des essais ont été faits sur des céréales, sur des turneps et quelques autres cultures, mais ils n'ont pas réussi. M. Congrève est

Fig. 544. — Prise d'eau recouverte du tube flexible pour l'arrosage par l'engrais liquide de Rugby.

resté convaincu que les eaux d'égout ne sont d'aucune utilité sur les terres arables, et qu'à l'état où il les emploie elles sont positivement nuisibles aux récoltes non fourragères.

La quantité de liquide employée est considérable; elle ne s'élève pas à moins de 1,400 mètres cubes par hectare et par an. Six ou sept ouvriers choisis parmi des vieillards sont constamment occupés à ce travail; ils reçoivent 1f.25 par jour. Chaque homme arrose une acre (0h.405) en un

Fig. 545. — Plaque de recouvrement des prises d'eau de la ferme de Newbold-Grange, près de Rugby.

jour. Quoique la citerne circulaire qui reçoit les eaux des égouts ait 15m.2 de diamètre et 5m 66 de profondeur, et par suite une capacité de 994 mètres cubes environ; quoique les pompes et l'irrigation marchent tous les jours, ainsi que nous l'avons déjà dit, cette citerne ne suffit pas pour contenir toutes les eaux des égouts de la ville. Un trop-plein conduit l'excédant dans l'Avon, comme le montre le plan (planche XIV), tous les dimanches, et en outre toutes les nuits durant l'hiver. C'est un inconvénient auquel le conseil de salubrité a voulu remédier en ordonnant l'établissement d'un filtre qu'on est en train de construire. Les eaux, avant de se rendre à la rivière, devront traverser des couches de poussier de charbon et de sable. Cette précaution arrête bien les matières en suspension dans le liquide; mais elle n'empêchera pas les matières dissoutes de s'échapper avec les eaux clarifiées, mais toujours impures, qui se dirigeront dans le cours d'eau. Le jour de notre visite était un lundi; la citerne était pleine, couverte d'une sorte de mousse faisant chapeau; la masse fermentait manifestement et répandait une mauvaise odeur sensible. Le liquide que versait le tuyau flexible était noirâtre et d'un aspect repoussant. Une bouteille du *sewage*, que nous avons prise pour en faire l'analyse, a sauté par suite du dégagement de l'acide carbonique. Il paraît que, dans le courant de la semaine, la fermentation n'a pas lieu. Le repos du dimanche et la grande chaleur de la saison expliquent les faits que nous avons constatés.

On ne fauche la prairie qu'une seule fois; on fait ensuite pâturer. On obtient 2 tonnes de foin par acre, 5,000 kilogrammes par hectare, et en plus la nourriture suffisante pour *finir* une tête de gros bétail. Là spéculation de M. Congrève consiste à acheter des animaux déjà en état, à les mettre en bonne graisse et à les revendre sur le marché de Londres. Les animaux qui lui donnent les meilleurs résultats à cet effet sont, dans l'espèce bovine, les bœufs de la race d'Hereford, et, dans l'espèce ovine, les moutons de la race des cotswolds de Gloucester. Par an, il engraisse 200 bœufs et 500 moutons. Il ne garde guère les animaux que quatre mois. Il nous a dit que les bêtes qui restent sur la prairie trop longtemps sont sujettes à contracter la dyssenterie et la pourriture.

La ferme cultivée par M. Congrève a une étendue de 283 hectares, dont 111 en terres labourables.

A la suite de ce procès-verbal, nous mettrons la traduction du passage relatif à Rugby, qui se trouve dans le rapport officiel de M. Austin du mois de mars 1857, et dont nous n'avons eu connaissance qu'après notre visite.

Le plus important et le plus complet exemple d'un système de distribution des eaux des égouts des villes est celui que M. G. H. Walker, de Newbold-Grange, a établi aux environs de Rugby pour employer directement sur ses terres le *sewage* de cette ville.

Les travaux pour le drainage et l'alimentation d'eau de Rugby ont seulement été achevés dans ces dernières années sous l'influence du *Public Health Act*. Le *sewage* est évalué provenir d'une population d'environ

7,000 habitants, et il est calculé former une quantité d'environ 712 mètres cubes par jour. Toutes les fosses d'aisances ont été supprimées dans la ville, et les plus humbles habitations ont été pourvues de *water-closets*, de telle sorte que la totalité des matières fécales est entraînée de l'intérieur des maisons et déchargée dans l'égout avant d'avoir eu le temps de se décomposer.

L'égout avait été originairement construit pour se diriger dans la rivière Avon, et cela a lieu quand quelque cause s'oppose à ce que l'application du liquide se fasse sur le sol; mais ordinairement l'égout se décharge dans un réservoir en briques de 15^m.2 de diamètre et de 3^m.66 de profondeur, construit sur la propriété de M. Walker.

De ce réservoir le *sewage* est refoulé dans un système souterrain de tuyaux en fonte par la puissance d'une machine à vapeur de la force de 12 chevaux faisant marcher une pompe ordinaire de 0^m.30 de diamètre et de 0^m.60 de course de piston. La plus grande élévation à laquelle le liquide est envoyé est de 18^m.5 au-dessus du réservoir; mais une partie considérable de la prairie est seulement à une hauteur de 6 mètres, et quelques portions sont même à 6 mètres au-dessous.

La machine fait marcher aussi une petite pompe à air pour agiter le *sewage* dans le réservoir et prévenir le dépôt des matières solides. A cet effet, un tube de gutta-percha, de 0^m.038 de diamètre, va de la pompe à air au réservoir et y jette de l'air sous forme de bulles qui paraissent entretenir dans toutes les parties du liquide une sorte d'ébullition.

Les tuyaux sont placés sur 190 hectares d'une terre presque totalement engazonnée, et ont une longueur de 8.850 mètres, soit 46^m.5 par hectare. Ils n'ont pas été convenablement gradués dans leurs dimensions; les conduites principales ont 0^m.152 de diamètre, les embranchements 0^m.076.

Sur les tuyaux, à des distances variant selon les exigences du sol, sont placées 66 prises d'eau, sur lesquelles on attache un tube mobile en gutta-percha chaque fois que l'on veut répandre le sewage tout autour.

Jusqu'à ces derniers temps, il n'y avait que 59 de ces prises d'eau; mais on a trouvé qu'elles étaient à des distances incommodes. Il y a actuellement, en moyenne, 1 prise d'eau ou regard pour une surface de 2^h.87.

M. Walker employait originairement, pour fermer les prises d'eau, des soupapes sphériques; mais il n'eut pas à s'en féliciter, à cause des matières solides qui empêchaient constamment le contact des valves. Les prises d'eau sont maintenant sans soupapes et simplement fermées par le moyen de deux plaques à écrous entre lesquelles sont interposées des rondelles de gutta-percha. Le tuyau flexible est placé sur une embouchure qu'on substitue à la plaque servant de couvercle dans un moment où la machine n'envoie pas de liquide dans la branche de la conduite souterraine où l'on veut opérer.

Pour distribuer le sewage, on peut attacher à l'extrémité d'une longueur d'environ 127 mètres de tuyaux de 0^m.070 de diamètre deux autres
longueurs de 91 mètres chacune de tuyaux ayant 0^m.038 de diamètre.
Les tuyaux de 0^m.070 sont par bouts de 18 mètres que l'on place à la
suite les uns des autres avec des embrasses à écrou. Cinq ou six des
tubes distributeurs de 0^m.038 sont constamment employés. On a essayé
des tuyaux flexibles en toile, mais ils durent trop peu de temps. La
gutta-percha est bien résistante, excepté pendant les chaleurs.

Les tubes flexibles sont sujets à s'engorger à la jonction des petits
tuyaux avec ceux de 0^m.070, ce qui occasionne bien des ennuis; on
pourra obvier à cet inconvénient par de meilleures dispositions destinées
à empêcher la pompe d'envoyer dans les conduites des matières solides.

Les frais d'établissement ont été d'environ 75,000 francs, ou d'environ
594 francs par hectare.

M. Walker estime qu'avec l'expérience maintenant acquise, 312^f.50
suffiraient par hectare; d'ailleurs, eu égard à la quantité de sewage disponible, il n'y aurait pas, si c'était à recommencer, lieu d'étendre le système à une aussi grande surface.

Environ 1,156 mètres cubes sont répandus annuellement sur chaque
hectare pour le prix de 62^f.50, c'est-à-dire que l'intérêt du capital d'établissement, la rente du sewage, le charbon, la culture, et toutes les autres dépenses, ne montent qu'à cette somme par année.

M. Walker paye au Local Board of Health de Rugby une somme de
1.250 francs par an pour le loyer du sewage.

La terre n'est pas drainée : on se propose de faire bientôt cette amélioration, le sol étant, pour la plus grande partie, d'un caractère marneux.

Je n'ai pu percevoir une odeur sensible soit près du réservoir, soit sur le
sol complètement saturé; c'est à peine si l'on sentait quelque chose en se
promenant autour des jets de liquides eux-mêmes. Il faisait un temps
froid lors de ma visite; mais M. Walker assure qu'il n'a jamais été constaté d'odeur désagréable sur la prairie, quoique l'irrigation se fasse
constamment jusque dans le voisinage immédiat de sa propre maison et
des habitations d'alentour.

Il ne se fait pas d'arrosage le dimanche, et on dit qu'il y a une odeur
très-sensible le lundi près du réservoir, le sewage ayant été abandonné
durant plusieurs heures à la décomposition avant d'être absorbé par
le sol.

L'irrigation a lieu en hiver comme en été, et se fait environ durant
trois cents jours par an depuis que le système est établi, à l'exception
seulement d'une interruption pendant six semaines de gelée en 1854, interruption pour laquelle une action fut intentée contre le bureau local
pour pollution de la rivière par la décharge du sewage.

Durant l'hiver de 1855, le travail ne fut arrêté que deux jours.

B. *Irrigations avec les eaux des égouts de Rusholme.*

M. Worsley a commencé vers 1853 à employer à l'irrigation de ses terres une très-petite partie du drainage de la ville de Rusholme, près de Manchester. La quantité de liquide amenée par jour est de 68 mètres cubes; elle est recueillie dans un réservoir d'une capacité de 109 mètres cubes. La surface irriguée est de 52 hectares. Le liquide est refoulé dans un système de tuyaux placés sous le sol, au moyen d'une machine à vapeur de la force de 3 chevaux faisant marcher deux pompes de $0^m.089$ de diamètre et de $0^m.25$ de course de piston. Les tuyaux sont en partie en fonte, en partie en bois. Le diamètre des premiers est de $0^m.076$, celui des seconds de $0^m.051$. Il a été posé environ 500 mètres de tuyaux de chaque espèce.

La plus grande hauteur à laquelle le liquide est élevé est seulement de 9 mètres; cependant les tubes en bois, la plupart en peuplier, ne peuvent résister à cette pression et exigent constamment des réparations et des renouvellements. Les tubes flexibles en gutta-percha, qu'on adapte sur les regards placés de distance en distance, ont $0^m.051$. La quantité journalière de 68 mètres cubes de sewage est répartie sur $0^h.81$ en 10 heures. A 300 jours de distribution par an, on trouve 638 mètres cubes par an par hectare, ou un peu plus de la moitié de la quantité employée à Rugby. L'odeur est très-peu perceptible. L'établissement du système a coûté 12,000 francs, soit 391 francs par hectare. Deux hommes et un enfant sont employés tant à la machine qu'à l'arrosage, et leurs salaires sont respectivement de $18^f.75$, $12^f.50$ et $7^f.50$ par semaine. La quantité de charbon consommé hebdomadairement est d'environ 1,500 kilogrammes, au prix de $8^f.75$ la tonne. On peut, en conséquence, d'après M. Austin, établir ainsi qu'il suit le prix de revient de l'emploi des eaux d'égout à Rusholme :

Main-d'œuvre et combustible par an.	2,697f.50
Intérêt et dépréciation sur 12,500 fr. à 7.5 p. 100.	937.50
Total.	3,635.00

Soit par an et par hectare, 113f.60.

M. Worsley se loue de l'emploi du système. On estime que les 32 hectares irrigués sont fécondés par les immondices de 150 maisons.

C. Emploi des vidanges de Watford.

La ville de Watford ayant été drainée en vertu du *Public Health Act*, le comte d'Essex a conclu avec le bureau de santé local un traité en vertu duquel il a le droit d'employer en irrigation, sur les terres de son domaine de Cashiobury, les eaux des égouts durant quinze ans, moyennant une redevance annuelle de 375 francs par an; il a, en outre, donné le terrain pour la construction de la citerne qui reçoit le liquide, et il paye 5 pour 100 de la dépense qu'a entraîné son établissement. Une machine à vapeur a été élevée, et des tuyaux de fonte de 0m.127, 0m.101 et 0m.076 ont été posés sur une étendue de 80 hectares.

D. Emploi des vidanges de la prison de Dartmoor.

La prison de Dartmoor est située à environ 440 mètres au-dessus du niveau de la mer; cette position permet d'employer toutes les eaux vannes de l'établissement à l'irrigation de prairies voisines et à fumer quelques récoltes vertes. Toutefois, rapporte M. Austin, les engrais secs sont préférés pour les terres en culture dont le sol est généralement humide. Les bâtiments sont drainés avec des tuyaux de poterie de 0m.152 de diamètre; tous les produits sont réunis dans une fosse voûtée, d'où le liquide est élevé par

une pompe jusqu'à un réservoir placé à une hauteur de
65 mètres et à une distance de 683 mètres. Ce réservoir,
qui domine la campagne, se déverse par des siphons dans
deux autres réservoirs placés au-dessous; ces derniers, au
moyen de vannes, se déchargent dans des tubes souterrains sur lesquels sont placés des regards. L'arrosage se
fait par des tubes flexibles.

E. Emploi des vidanges de Paris sur la ferme de Vaujours.

Le domaine de Vaujours est situé à 20 kilomètres de Paris sur la route d'Allemagne. Il forme une sorte de clairière de 2,200 mètres de longueur et de 89 hectares de superficie au milieu de la forêt de Bondy. Il est coupé par le
canal de l'Ourcq en deux parties (fig. 546), dont l'une, sur
la rive gauche ou au sud du canal, est de 22 hectares, et
l'autre, sur la rive droite ou au nord, d'environ 67 hectares. Les nombres exacts sont $65^h.4756$ de surface cultivable et $1^h.1221$ de fossés et chemins au nord; $21^h.5757$ de
surface cultivable et $0^h.5790$ de fossés et chemins sur la
partie sud. Le canal passe à 8 mètres au-dessous de la
plaine. Le chemin de fer de Soissons suit le pied du cavalier de la rive droite du canal; il y aura une station à
Sevran, à 3 kilomètres de distance de la ferme. La formation géologique du pays consiste en un diluvium de sable
argileux qui s'est déposé dans les faibles dépressions des
marnes inférieures du gypse et des marnes blanches du
calcaire lacustre. Le sol est donc un sol argileux frais; il est
très-peu calcaire sur la rive gauche; il contient plus de
chaux sur la rive droite; il a une profondeur qui varie de
$0^m.30$ à 2 mètres. Le sous-sol, formé de marne calcaire,
est peu perméable.

Cette ferme a été prise par M. Moll en 1857; voici le dé-

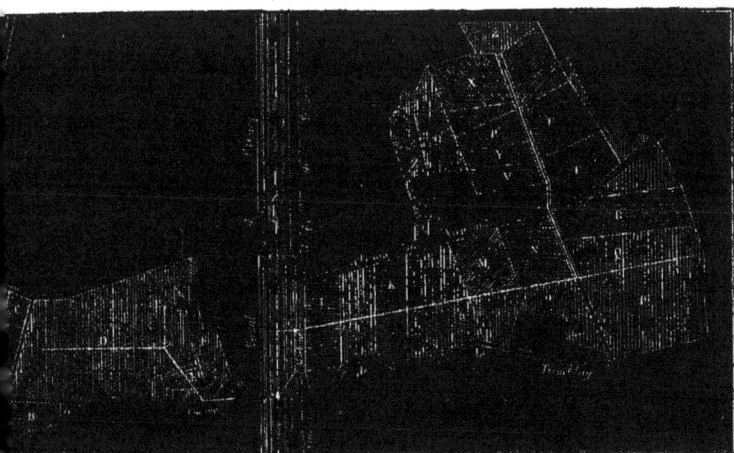

Signes conventionnels.

—

Céréales.

Prairies.

Plantes in-
dustrielles.

Racines.

an du domaine de Vaujours, irrigué avec les vidanges de Paris. (Échelle de 0m.00005 pour 1 mètre.)

tail des cultures auxquelles l'habile agriculteur a soumis ses terres :

Lettres de la figure 546.	Désignation des cultures. 1858.	1859.	Superficie. HECTARES
A	Betteraves et pommes de terre	Betteraves.	1.50
B	Blé.	Pommes de terre et choux.	1.50
C	Blé.	Seigle.	0.60
D	Luzerne.	Luzerne.	14.00
E	Marais.	Marais desséché.	"
F	Avoine..	Pré.	1.50
G	Mare.	Mare.	"
H	Jachère..	Seigle vert et luzerne. . .	1.00
I	Blé.	Avoine avec semis de pré.	2.80
J	Avoine avec luzerne. . .	Luzerne.	2.80
K	Colza.	Blé.	2.80
L	Blé, puis semis de seigle avec luzerne.	Seigle vert, puis luzerne.	2.80
M	Avoine.	Colza	2.80
N	Pommes de terre, betteraves et moutarde. . .	Blé.	2.80
O, O, O	Prés.	Prés.	8.00
P	Ray-grass..	Ray-grass	8.00
Q	Jachère, puis semis de luzerne et ray-grass. . .	Luzerne et ray-grass. . .	4.00
R	Blé.	Avoine avec semis de pré.	4.00
S	Avoine avec semis de pré.	Pré.	2.00
T	Partie ray-grass, partie betteraves.	Partie ray-grass, partie blé.	2.60
U	Jachère..	Blé.	2.00
U'	Jachère	Colza..	2.50
V	Oseraie..	Avoine.	1.30
Y	Avoine.	Avoine.	1.20
R'	Blé	Avoine.	2.50
Z	Jachère, puis semis de pré.	Pré.	4.65
X	Lentillons.	Avoine..	2.50

Résumé.		HECTARES.
	Prairies composées. .	14.50
	— artificielles .	52.00
	Céréales	27.00
	Plantes industrielles.	5.50
	Racines.	5.00
	Total.	82.00

La ferme de Vaujours doit être drainée. L'étude de cette amélioration, jugée indispensable pour que les engrais liquides produisent tous leurs effets, a été faite par M. Charles Barbier, ingénieur draineur dont nous avons plusieurs fois cité les excellents travaux. Un émissaire recueillera les eaux dans la mare, et de là elles seront conduites vers le puits de la machine.

Les engrais liquides sont amenés par bateaux circulant sur le canal et allant se remplir sous le robinet des bassins de Bondy. Trois bateaux, jaugeant chacun 40 tonnes, accomplissent ce service, non-seulement pour la ferme de Vaujours, mais encore pour d'autres agriculteurs qui viennent prendre l'engrais aux ponts placés sur les croisements des routes à Sevran, à Mitry, à Messy, à Claye. A Sevran, un cultivateur, M. Moreau, a établi (fig. 547) un grand réservoir de 250

Fig. 547. — Vidange d'un bateau d'engrais à Sevran.

mètres cubes, formé par un remblai de terre : d'un côté, une pompe à manége puise l'engrais dans le bateau; de l'autre côté du réservoir, une rampe permet aux tonnes de se remplir en venant se placer sous un robinet de fond. Sur la Seine, dit M. Moll, la grande navigation par péniches de 180 tonnes s'est mise aussi en route, et a porté des vidanges d'un côté à Ris et à Soisy, de l'autre à Maisons-Laffitte. L'engrais, qui ne coûte que 3 francs le mètre cube dans la vallée de l'Ourcq, est accepté à 5 francs sur la Seine. En raison d'un traité particulier, la ferme de Vaujours ne paye le mètre cube que 1f.05, plus les frais de transport. Voici, d'après les comptes de la compagnie Richer, concessionnaire de la ville de Paris, les livraisons de vidanges faites depuis 1857 :

Années.	Ferme de Vaujours.	Agriculteurs sur l'Ourcq et la Seine.	Totaux.
	MC.	MC.	MC.
1857	1,150	3,150	4,300
1858	3,100	4,700	7,800
1859 (1er sem.)	3,140	6,197	9,337

L'accroissement est marqué, et prouve que l'exemple donné par Vaujours sera imité, du moins quant à la consommation de l'engrais

L'engrais, arrivé par bateaux à Vaujours, est aspiré par des pompes Letestu, mues par une locomobile à vapeur de la force de 6 chevaux du système Gargan; il est refoulé soit vers une cuve montée sur le haut du cavalier du canal, rive droite (fig. 546), soit vers les conduites de distribution qui courent dans la plaine. Les pompes sont à simple effet, à deux corps, avec cloche à air au milieu; elles peuvent élever 25 mètres cubes par heure à la hauteur de 40 mètres. Elles doivent non-seulement faire monter et refouler les vidanges telles qu'elles arrivent dans le bateau, mais encore puiser de l'eau dans un puits, de manière que l'engrais liquide soit plus ou moins dilué selon la saison. Une cuve de 60 mètres cubes de capacité sert de réservoir.

Les conduites qui servent à la distribution sont celles de la rive droite et de la rive gauche. Sur la rive droite (fig. 546 et 548), on a les longueurs suivantes :

Ligne principale. . . .	1,553 mètres.
Branchement droit. . . .	274
Branchement gauche. . .	112
Total.	1,939 mètres.

Sur la rive gauche, la conduite, après avoir passé le canal sous le trottoir du pont de Villepinte, dessert une grande

IV.   54

,pièce de luzerne, et présente (fig. 546 et 549) ces deux longueurs :

Ligne principale.	989 mètres.
Branchement.	113
Total.	1,102 mètres.

L'ensemble offre donc une longueur de 5,041 mètres. Les tuyaux sont en tôle bituminée de 0^m.108 de diamètre. De distance en distance sont des prises marquées sur le plan par des points. Les premières prises qui ont été établies sont des robinets à clapets, espèces de tampons qui bouchent ou découvrent une tubulure verticale à l'aide d'un mouvement de vis. « Mais, dit M. Moll, la vis s'usait, le clapet s'engorgeait et ne fonctionnait plus. Il a fallu renoncer à un modèle trop compliqué et lui substituer le robinet-boisseau. » Ce robinet est représenté par la figure 550; il est complètement en fonte, du diamètre de 0^m.081 ; la lumière, pratiquée dans le cône du boisseau, est circulaire pour ne pas déformer la veine liquide. Cet appareil, qui ne coûte que 65 francs, se manœuvre en un tour de clef. Une tête courbe, également en fonte, cou-

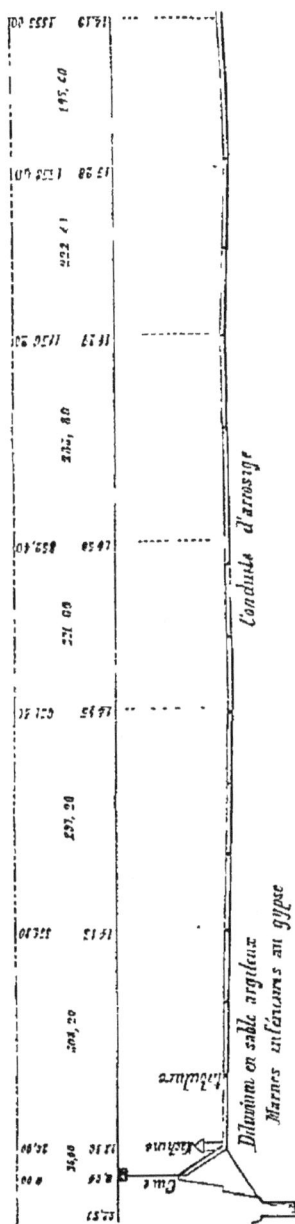

Fig. 548. — Profil des terres de la ferme de Vaujours, suivant l'axe de distribution de l'engrais liquide sur la rive droite du canal de l'Ourcq.

ronne le robinet en s'y adaptant par deux boulons. Afin
de pouvoir diriger l'arrosage dans tel sens que l'on veut,

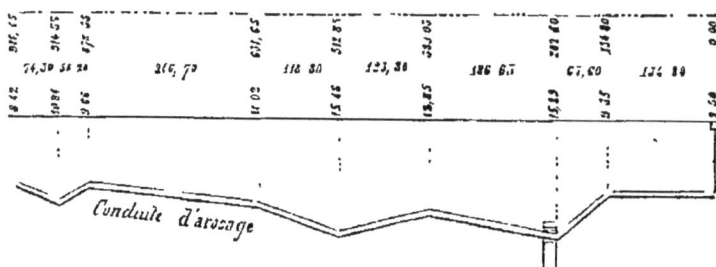

Fig. 549. — Profil des terres de la ferme de Vaujours suivant l'axe de
distribution de l'engrais liquide sur la rive gauche du canal de l'Ourcq.

on a rendu cette tête courbe pivotante au moyen d'un
presse-étoupes. Le liquide, qui chemine dans la conduite

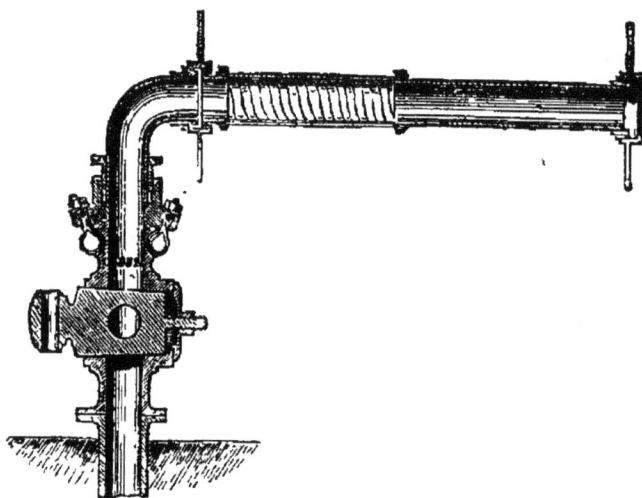

Fig. 550. — Robinet-boisseau à tête pivotante employé pour former
les prises de distribution de l'engrais liquide.

souterraine, jaillit verticalement à travers le robinet et est
abaissé par la partie courbe de la tête pour se diriger suivant la conduite mobile. Celle-ci s'assemble sur la tête du

robinet par un raccord à baïonnette (fig. 551 et 552), qui

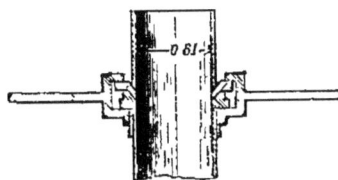

Fig. 551. — Coupe du raccord à baïonnette des éléments de la conduite
mobile, soit avec la tête du robinet de prise, soit entre eux.

sert également pour mettre bout à bout les éléments de la
conduite mobile.

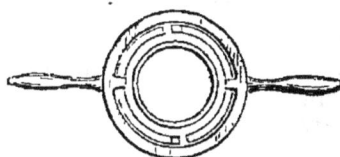

Fig. 552. — Plan du raccord à baïonnette des éléments de la conduite
mobile, soit avec la tête du robinet de prise, soit entre eux.

A Vaujours, la conduite mobile, qui sert à faire l'épandage à une distance de 200 mètres de la ligne maîtresse,
se compose d'éléments métalliques c (fig. 553) de 8 mè-

Fig. 553. — Élément de la conduite mobile du système tubulaire
de Vaujours.

tres de longueur, de 0m.081 de diamètre intérieur, présentant d'un côté en a un demi-raccord de bronze, bout
mâle du raccord à baïonnette; de l'autre côté d'abord un
joint flexible b, en caoutchouc et fixé par des colliers, et
ensuite un demi-raccord d en bronze, constituant le bout
femelle du raccord à baïonnette. L'arrosage se fait à la

lance, ainsi que le montre la figure 554. Dans son compte

Fig. 554. — Manœuvre de la conduite mobile du système tubulaire de Vaujours
et mode d'arrosage à la lance.

rendu de 1858-1859, M. Moll décrit ainsi les avantages de
ce système :

Les lignes rigides ont 8 mètres de portée; à une extrémité est un bout
flexible de 0^m.80, en caoutchouc renforcé par des spires intérieures en
fil de fer. L'articulation plie sans qu'il y ait déformation du diamètre. Au delà du caoutchouc, à gauche, est le bout mâle d'un raccord à
baïonnette; à l'autre extrémité, à droite, le bout femelle, avec la baïonnette, qui, pour opérer le serrage, monte le plan incliné d'un demi-pas
de vis, porté en saillie par le bout mâle. Des colliers en fer fixent l'articulation sur les métaux; une mannette, en moins d'un demi-tour, presse
ou dégage le raccord. Rien n'est facile comme les manœuvres d'assemblage des éléments sur le terrain; une charrette en roule assez pour
en former un serpent de 160 à 200 mètres; les hommes portent les
tuyaux à l'épaule, les jettent sur place; puis, à l'aide d'un X en bois, les
soulèvent pour les emmancher l'un dans l'autre. Un enfant reste au
robinet; il ouvre ou ferme au commandement, tandis qu'un aide attire
au râteau les points qu'il faut déplacer : c'est le chef d'atelier qui tient
la lance d'arrosage; il entraîne avec lui un court branchement de caoutchouc constituant le dernier élément, et susceptible d'enroulements plus
courts. On prendra une idée du travail, quand on saura qu'en avril l'é-
pandage fut de 1,000 mètres environ en 25 jours, soit 40 mètres cubes
par jour. Comme la matinée était employée à amener le bateau d'engrais de Bondy, l'après-midi seule restait; l'atelier faisait à peine demi-
jour. En juillet, époque de sécheresse, où l'on mêle 3 parties d'eau contre
1 d'engrais, l'atelier fait des journées pleines et distribue 150 mètres
cubes de liquide dilué.

Le prix d'un élément de la conduite mobile, en tuyaux de 0^m.081, est
d'environ 10 francs, soit le double de la conduite courante, d'égale section: la facilité de pose, la sécurité du raccord, sont telles, qu'il n'y aurait aucun inconvénient à prendre, au lieu du 0^m.081, du 0^m.108, et à
continuer l'artère elle-même sans changement de diamètre, depuis l'origine de l'aspiration jusqu'à l'orifice d'arrosage ; on utiliserait mieux
ainsi et la charge dont on dispose et les frais de main-d'œuvre.

On peut voir cependant, d'après le plan de la ferme
(fig. 546), que l'on ne peut atteindre toutes les parties des

34.

champs avec une conduite mobile de 200 mètres au maximum. Une part des cultures appartient encore à la distribution de l'engrais liquide par le tonneau. Pour rendre
cette distribution plus facile, on attache à l'extrémité de la
conduite mobile (fig. 555) un tuyau debout, soutenu par

Fig. 555. — Vue du tonneau d'arrosage de M. Moreau, avec son champignon de
distribution et un tuyau debout pour le chargement à l'extrémité de la conduite mobile du système tubulaire de Vaujours.

trois petites perches en guise de haubans. M. Moll décrit ce
système en ces termes :

Le tuyau (vertical) remplit l'office de grue hydraulique; un branchement de toile conduit à la bonde le liquide qui coule avec assez de force
pour remplir facilement en deux minutes des capacités de 1 mètre à
1^m.20. L'épandage est aussi simplifié depuis les dispositions introduites
par un cultivateur de Sevran, M. Moreau. Un orifice de 0^m.05, ouvert au
point le plus bas de la tonne, est bouché par un tiroir dont on découvre
la lumière en poussant un levier horizontal. L'engrais s'échappe, et le
jet, rencontrant sur sa route un petit cône de métal, un champignon,
diverge en une verge qui s'étale entre les deux roues. Dès que le che·
val se met en marche, le paraboloïde liquide dessine une bande très-
nette et sans vides à la surface du champ. C'est par ce procédé que les
cultivateurs de la vallée d'Ourcq versent 40 mètres cubes à l'hectare

sur les cultures industrielles ou maraîchères, 20 mètres et 10 mètres sur les céréales. L'égalité du travail est plus grande peut-être qu'à la lance. Un tonneau portant 1 mètre cube coûte, garni du tiroir et du champignon, 520 francs.

L'installation du système a été faite sous la direction de M. Mill. Voici les détails du prix de revient :

Terrassements pour gare de bateaux, tranchées de conduites, etc.	2,700 fr.	
Tunnel, de 1m.40 sur 1m.80 et 47m.50.	2,000	
Hangar de 6m sur 9m et 9m de hauteur.	1,250	
Puits et caveau des pompes.	900	
Cuve de 60 mètres cubes sur piliers. . .	1,750	
Total pour la construction. . .	8,600	8,600 fr.
Pompes Letestu élevant 25 mètres cubes par heure à 40 mètres.	2,100 fr.	
Robinets d'arrêt, cloches à air, etc. . .	950	
Locomobile Gargan de la force de 6 chevaux et transmission.	6,250	
Total pour les machines. . . .	9,300	9,300
3,000 mètres de tuyaux Chameroy en tôle bituminée de 0m.108 de diamètre, à 6 fr., pose comprise.	18,000 fr.	
Robinets : 4 vannes pour l'arrêt, 12 à clapets, et 12 à boisseau pour les prises.	2,400	
Conduite mobile (système Gargan) avec raccords à baïonnette.|.	2,400	
Frais accessoires, poutres armées. . . .	1,400	
Total pour les conduites . . .	24,200	24.200
Bateau jaugeant 40 mètres.	1,500 fr.	
3 tonneaux à 200 fr., et une voiture à bras.	800	
Total pour le matériel d'arrosage.	2,300	2,300
Surveillance par l'ingénieur.	700	
Frais divers.	600	
Total pour les frais généraux..	1,300	1,300
Total général.		45,700 fr.

Soit 519 francs par hectare.

M. Moll fait figurer dans ses comptes l'amortissement de ce matériel à raison de 10 pour 100 pour la partie fixe, évaluée à environ 59,500 francs, et à raison de 20 pour 100 pour la partie mobile, évaluée à environ 5,500 francs; il estime que ces taux d'amortissement sont trop élevés. Mais il est bien difficile de se prononcer à cet égard; car le système en 1859 n'avait pas encore marché complétement pendant une année. On ne peut rien conclure encore non plus de ce que l'exercice 1857-1858 a donné une perte de 4,444f.25, et celui de 1858-1859 une autre perte de 7,256f.65, ce qui fait en tout 11,700f.90, non comprise l'absence de rente pour un capital d'exploitation de 157,000 francs, dont 120,000 francs seulement en actions et le reste en subventions. Le système ne pourra être jugé qu'après quelques années.

Des faits intéressants ont cependant déjà été mis en évidence.

D'abord, en ce qui concerne le système tubulaire lui-même, il est certain qu'une fois les dépenses d'établissement faites (500 francs par hectare), c'est un moyen économique de répandre l'engrais liquide; cela résulte de la comparaison suivante donnée par M. Moll :

	Système tubulaire complet et épandage avec la lance.	Système tubulaire combiné avec le tonneau venant se remplir à l'extrémité de la conduite mobile.	Épandage au tonneau venant se remplir au bord du canal avec une pompe à bras.
Achat de l'engrais. . . .	1f.050	1f.050	1f.050
Transport sur le canal. .	0.265	0.265	0.265
Vidage du bateau.	0.110	0.110	0.470
Épandage de l'engrais. . .	0.113	0.303	1.020
Intérêt et amortissement du capital.	0.462	0.462	0.200
Totaux. . . .	2.000	2.190	3.005

A Vaujours, il y a deux choses à considérer : le système

tubulaire en lui-même, et l'emploi des matières des vidanges de Paris telles qu'elles sont fournies au robinet de Bondy. Nous ne connaissons pas exactement la composition de ces matières, et il est probable qu'elle n'est pas constante. Quoi qu'il en soit, il résulte des expériences de M. Moll que la vidange pure de Paris ne doit être employée qu'avec une grande circonspection sur certaines récoltes, notamment sur les pommes de terre et la moutarde blanche; qu'en outre il a suffi de 6,000 mètres cubes répandus pendant l'automne, l'hiver et le printemps de 1858-1859, sur 88 hectares des terres de la ferme (soit 68 mètres cubes à l'hectare), pour produire la verse de presque toutes les cultures, du blé, de l'avoine, du colza, des fourrages eux-mêmes. Sur ce sujet, M. Moll a donné les très-intéressantes explications qui suivent :

La verse des fourrages est un accident tellement rare, que bien peu de personnes la connaissent ou s'en préoccupent. Lorsqu'elle arrive avant l'époque de la coupe, elle n'a d'autre inconvénient que de rendre le fauchage plus difficile. Mais, lorsqu'elle survient immédiatement après l'émission de la tige ou même avant, comme cela a été observé dans de jeunes ray-grass, le mal est grave. Il faut se hâter de couper, sans quoi les plantes pourrissent au pied; le fourrage ne peut être desséché que difficilement; il se réduit à peu de chose et prend une vilaine nuance. Son seul emploi avantageux serait comme nourriture verte.

Aucun ouvrage d'agriculture ne parle de la verse des fourrages. Mais le rapport des commissaires que le gouvernement anglais a envoyés à Milan a révélé un fait curieux : c'est que les 1,600 hectares de prairies arrosées par les eaux du canal de la Vettabia, l'émissaire général des égouts de Milan, acquièrent par cet arrosage une richesse telle, qu'on est obligé périodiquement (tous les trois ans ou même deux ans) d'en enlever la surface enherbée qui se vend comme engrais. Sans cette précaution, dit le rapport, la végétation deviendrait tellement luxuriante, que l'herbe se coucherait en croissant et ne serait plus fauchable (1)...

Quel est le point qu'il ne faut pas dépasser, afin de ne pas atteindre la verse et d'arriver cependant au rendement maximum? L'observation a appris que les blés bleus, de Kessingland et Hunters ont mieux résisté

(1) Voir précédemment, page 525, une autre explication du fait de l'enlèvement de la couche superficielle des prairies arrosées par la Vettabia.

que ceux du pays, et le mélange de ces trois variétés mieux que chacune isolément. L'avoine de Hongrie et l'avoine de Sibérie ont supporté un excès de fumure mieux que les espèces ordinaires. Une semaille tardive et claire éloigne les chances de verse : il en est de même du hersage au printemps. Le pâturage, et surtout le fauchage des blés et avoines, sont encore des moyens assez efficaces, mais dont l'emploi exige des précautions, et dont l'effet est sujet à varier. Ils doivent être appliqués le plus tard possible pour agir, et cependant avant que la tige ne commence à se montrer; et, malgré ce soin, s'il survient immédiatement après une sécheresse persistante, on risque de n'avoir qu'une fort pauvre récolte.

Toutes choses égales d'ailleurs, on éloigne d'autant plus les chances de verse, et l'on élève par conséquent d'autant plus le maximum à atteindre avant d'arriver au point de verse, que la fumure a été appliquée à la terre plus longtemps avant la semaille, et qu'après cette application la terre a été mieux et plus profondément remuée. Il semble, en effet, que la verse vient, avant tout, d'un manque d'équilibre entre les aliments organiques et les aliments minéraux, et que ce manque d'équilibre résulte surtout d'une fumure trop récente qui n'a pu encore réagir sur le sol, et rendre libres, solubles et assimilables les substances minérales qu'il contient, et qui sont nécessaires aux plantes. De là il résulte qu'on doit éviter les fumures en couverture ou ne les donner que fort légères (15 à 20 mètres cubes par hectare)...

Ce qui précède s'applique également au colza, avec cette différence qu'il est moins sujet à la verse que les céréales.

Quant aux fourrages vivaces, les seuls cultivés à Vaujours, la question est tout autre. Ce ne sont guère que les prairies artificielles ou naturelles (composées) récemment établies, les graminées, surtout le ray-grass d'Italie, qui versent, et encore n'est-ce jamais que la première coupe. Dans les autres conditions, cet accident s'est rarement produit à Vaujours. Les conséquences à tirer de ces faits sont :

1° D'observer dans l'établissement d'une prairie la règle indiquée plus haut pour les céréales : de laisser entre la fumure et la semaille un certain intervalle qu'on utilise pour cultiver et remuer le sol de façon à lui incorporer parfaitement l'engrais;

2° De n'arroser que modérément pendant l'hiver partout où l'on craint la verse, et de forcer au contraire sur les arrosages d'été pour les deuxième et troisième pousses, qui ne versent jamais;

3° De préférer la luzerne et les prairies composées au ray-grass d'Italie;

4° Enfin, de faire pâturer les herbages trop forts jusque vers la mi-avril et même plus tard.

M. Moll conclut encore de ses expériences, en ce qui

concerne les quantités de vidange à employer par hectare,
qu'on devra rester au-dessous de 50 mètres cubes pour les
céréales, mais qu'on devra dépasser ce chiffre pour les
fourrages dans les trois arrosages qui leur seront donnés,
un d'hiver et deux d'été, les arrosages d'été se faisant avec
un mélange de trois quarts ou même de quatre cinquièmes
d'eau. Le rendement des fourrages, ray-grass, jeunes prés
et luzernes, a été remarquable en 1859, surtout eu égard
à la sécheresse anormale pour le climat de Paris qui a ré-
gné fort longtemps : la première coupe a donné 24,400
bottes de 5ᵏ.5 sur 30 hectares, ou 815 bottes par hectare;
les deuxième et troisième coupes ont fourni 7,942 et 4,611
bottes, soit par hectare 264 et 154 bottes Les trois coupes
réunies forment un total de 56,955 bottes, soit 1,252 bottes, ou 6,776 kilogrammes à l'hectare.

Un autre fait intéressant a été mis en évidence par des
analyses dues à M. Houzeau; le fourrage, arrosé avec la vidange, s'est trouvé être beaucoup plus riche en matières
azotées que le fourrage de même nature venu sans irrigation, ainsi qu'il résulte du tableau suivant :

	Foin d'un jeune pré récolté le 9 mai 1858.		4ᵉ pousse de ray-grass d'Italie récoltée le 11 septembre 1858.	
	Non arrosé.	Arrosé avec 27 mètres cubes de vidange par hectare.	Non arrosée.	Arrosée avec 45 mètres cubes de vidange par hectare.
Eau.	13.52	14.64	15.20	18.20
Matière organique.	80.00	77.84	74.06	71.98
Cendres.	6.48	7.52	10 74	9.82
Totaux. . . .	100.00	100.00	100.00	100.00
Azote pour 100. .	1.20	1.94	1 60	2.90

Il faut bien le remarquer, les faits constatés à Vaujours n'ont qu'une valeur relative aux circonstances dans
lesquelles ils se sont produits : l'engrais liquide, tel qu'il

est fourni à Bondy, est dans un état de concentration qui
en fait une substance tout différente de l'engrais si dilué
de Rugby, par exemple. D'un autre côté, les liquides qui
ont subi une fermentation prolongée, comme cela a lieu
dans les Flandres, peuvent avoir une action bien différente
de celle exercée par des substances conservant encore une
partie de la nature chimique qu'elles possédaient au moment où elles sortaient du corps de l'homme ou des animaux. La constitution géologique, physique et chimique du
sol doit jouer aussi un rôle considérable dans les phénomènes si complexes de la nutrition végétale. Dans une terre
drainée, l'effet ne sera pas le même que dans une terre non
drainée. L'oxygène de l'air modifie les réactions selon qu'il
peut affluer en plus ou moins grande quantité; en son absence, il y a réduction des matières minérales oxygénées
par les matières organiques et altération des tissus des végétaux qui ont absorbé les engrais liquides. Tous ces phénomènes doivent varier selon la manière d'opérer, selon les
circonstances locales, et il faut se garder de généralisations
prématurées.

CHAPITRE XXXIII

Pratique des irrigations

Quelque ingénieuses que soient les dispositions du système tubulaire, quels que soient les avantages que puisse
présenter dans certaines circonstances la combinaison du
drainage et de l'irrigation ou souterraine ou superficielle,
quelque importants enfin que soient les procédés de colmatage et de terrement, l'irrigation par rigoles découvertes et
par déversement, sous ses différentes formes, est toujours la

méthode la plus générale et la plus féconde que l'on puisse employer pour donner aux plantes l'eau et les aliments dissous nécessaires à une luxuriante végétation.

Une fois que sont faits l'établissement des rigoles et le dressement des surfaces à arroser, des règles assez précises, fruit de l'observation et de longues années de pratique, dirigent l'irrigateur dans la manière de donner de l'eau et dans les soins d'entretien.

C'est surtout aux prairies que l'irrigation s'applique, notamment dans les contrées septentrionales. Au midi, on emploie des arrosages abondants pour un grand nombre d'autres récoltes, mais les fourrages y ont aussi plus besoin d'eau que toutes les autres cultures.

On conçoit que, selon les climats, selon les sols, et aussi selon la nature de l'eau disponible, les règles de l'irrigation doivent varier et même subir des modifications profondes. Nous ne pouvons mieux faire connaître les différences que les nécessités locales ont introduites dans la pratique des irrigations qu'en reproduisant les préceptes donnés par les maîtres dans les principaux pays.

1° CALENDRIER DE L'IRRIGATEUR EN ANGLETERRE.

Le calendrier suivant a été écrit par M. Hugh Raynbird pour l'*Encyclopédie d'agriculture de Morton;* il est bien entendu que les indications données sont relatives à une année moyenne, et que l'on doit se plier dans leur application au plus ou moins d'avance de la saison, à la douceur inusitée de l'hiver, ou à toute autre particularité de temps ou de climat.

Novembre et décembre. — On commence à arroser. Souvent l'on peut rassembler l'eau dans les parties les plus élevées de la ferme, de manière à arroser quelques prairies basses; à l'aide de fossés bien faits, on peut aire passer l'eau de l'endroit où elle est nuisible dans celui où elle sera plus productive qu'une fumure. Il vaut mieux que l'eau soit toujours courante et jamais stagnante.

Janvier. — On doit irriguer pendant la gelée pour protéger l'herbe; mais il faut donner de l'air à peu près tous les quinze jours, et dessécher la terre le plus possible pendant quelques jours. Si la gelée a produit une nappe de glace sur la prairie, on ne la recouvre pas d'eau; car, en s'attachant à la terre, la glace y forme des inégalités et en détruit le niveau.

Février. — Dans le courant de ce mois, les prairies demandent beaucoup d'attention. Si l'on fait couler l'eau sur l'herbe plusieurs jours de suite sans intervalle, il se forme une écume blanche très-nuisible; si l'on retire l'eau, et qu'il survienne pendant la nuit une forte gelée sur l'herbe mouillée, elle la détruit. Pour éviter la production de l'écume, on arrose la nuit, et on retire l'eau le jour, de peur de la gelée. Une méthode plus facile, mais moins bonne, consiste à retirer l'eau de bonne heure le matin par un jour de beau temps, et à ne pas la remettre de quelques jours; car l'herbe qui a séché pendant un jour est tout à fait capable de résister à la gelée. A partir du milieu de ce mois, il faut être moins prodigue d'eau qu'en hiver; on irrigue plutôt pour favoriser la pousse que pour protéger l'herbe contre la gelée; à la fin du mois, il y aura déjà une bonne « bouchée » pour les mères et les agneaux.

Mars. — Au commencement de ce mois, les vieilles prairies irriguées donneront une nourriture abondante à toute espèce de bétail. Si l'on veut y mettre du gros bétail, il faudra retirer l'eau huit jours auparavant, afin de laisser sécher et affermir le sol. Si la saison est froide pendant la première semaine, on donne un peu de foin le soir, afin de corriger l'effet de cette nourriture trop aqueuse. Mais c'est surtout aux mères et aux agneaux que cette nourriture est profitable; on les y parque comme sur du turneps. On endommagerait les sols tourbeux en y mettant autre chose que des bêtes à laine ou tout au plus des veaux à cette époque.

Avril. — Dans ce mois, l'usage des prairies pour les brebis et les agneaux est encore plus grand que dans le précédent, et le fermier qui en possède une certaine étendue n'aura guère besoin d'autre chose pour nourrir son troupeau; mais il faut se rappeler qu'il ne faut pas faire pâturer plus tard que ce mois, ou l'on nuirait beaucoup à la récolte de foin.

Mai. — On retire les agneaux et leurs mères le dernier jour d'avril, après leur avoir fait raser les prairies. Beaucoup de fermiers croient que plus elle a été tondue près, et plus la qualité du foin sera supérieure. On arrose alors pendant huit jours; on examine avec soin chaque rigole d'alimentation et d'assainissement; on jette ensuite l'eau sur d'autres prairies, de manière à avoir des intervalles d'arrosement et d'assèchement. Les arrosages doivent être d'autant plus courts que le temps devient plus chaud. En cinq, six ou sept semaines, le foin sera bon à couper.

Pendant ce mois, les circonstances sont favorables à l'établissement de nouvelles prairies irriguées; mais toute l'année, excepté pendant les gelées, on peut en créer.

Juin. — C'est l'époque de la fauchaison et de la fenaison. L'herbe, étant plus aqueuse, demande plus de soin que celle des prairies ordinaires, et risque davantage de s'échauffer si l'on n'y prend garde.

Aussitôt que l'herbe est enlevée, on met sur le pré des bêtes à cornes (non des moutons, qui pourraient souffrir de l'humidité) pour manger l'herbe que les faucheurs ont laissée et celle venue dans les rigoles. Alors on fait couler de l'eau, mais le plus doucement possible. car cette saison est la plus chaude de l'année, et, au bout de deux ou trois jours, on change l'eau de prairie.—L'effet sera surprenant, et la verdure extrêmement riche, comparée à celle des autres prairies; mais on doit faire attention à ne pas laisser l'eau sur le pré trop longtemps pendant la chaleur, car il se produirait une substance blanche semblable à de la crème; si on la négligeait, elle se transformerait en une écume épaisse comme de la colle forte, et presque aussi forte que du cuir, qui s'établirait sur le pré et tuerait toute l'herbe.

Juillet, août, septembre, octobre. — Lorsqu'on a laissé le bétail tard sur les prairies, c'est au commencement de juillet qu'on fait les foins; ensuite on arrose pendant un court espace de temps, et on fait manger le regain par des chevaux et des vaches, car le regain est nuisible aux moutons à cette époque.

En Angleterre, l'irrigation n'est réellement pratiquée sur une échelle un peu grande que dans les comtés du Sud, et encore l'*Encyclopédie de Morton* calcule-t-elle qu'il ne s'y trouve guère que 40,000 hectares de prairies arrosées. Voici la traduction du passage de l'article *water-meadows* qui décrit ces prairies :

Les comtés renommés pour leurs irrigations sont : — le Wiltshire, avec ses prairies arrosées sur l'Avon. et ses prairies célèbres d'Orcheston, connues sous le nom de Prés à la longue herbe, dont la récolte de foin est si énorme, que la dîme en fut une fois vendue 500 francs l'hectare; le Hampshire, avec ses prairies sur l'Avon, le Test et l'Itchen, si utiles aux propriétaires de troupeaux à cause de leur voisinage des dunes (downs) et du pâturage précoce qu'elles fournissent pour les brebis mères et les agneaux; le Gloucestershire, qui possède sur les bords de la Severn, de l'Avon et de la Ledden de nombreuses prairies irriguées dont le foin s'achemine soit vers les villes, soit vers les mines de houille du pays de Galles.

Le Worcestershire a des prairies irriguées sur ses nombreux cours d'eau, grands et petits; dans beaucoup d'endroits, l'eau est amenée d'une distance considérable par des canaux qui servent à plusieurs fermes sur la même propriété. Ici, comme dans bien d'autres endroits, les moulins sont nuisibles à l'irrigation, et empêchent, soit d'introduire l'arrosement, soit de profiter de tous les avantages qu'il offre lorsqu'on l'a introduit.

Le Dorsetshire possède 2,400 hectares de prés arrosés; il y en a de remarquablement fertiles dans le val de Blakmore, arrosé par la rivière Stour. Les pentes du Devonshire sont couvertes d'irrigations par rigoles de niveau, sans compter d'autres prés irrigués sur les bords de ses principales rivières.

Le Berkshire présente d'excellentes prairies arrosées le long de la rivière Kennet; l'eau s'y loue, du 25 mars au 1er mai, à raison de 90 à 125 francs l'hectare; on récolte de 4,000 à 5,000 kilogrammes de foin par hectare.

Les principaux comtés d'Écosse où l'on rencontre de nombreuses prairies irriguées sont le Caithnesshire, le Clackmannanshire, le Peeblesshire, le Pertheshire. D'après le remarquable livre de M. George Stephens, intitulé *the Practical irrigator and drainer*, les irrigations ont pris une assez grande extension en Écosse à dater de 1792, et il est juste de reporter l'honneur de l'initiative à Charles Stephens, son père. M. George Stephens a fait de grands travaux d'assainissement et d'irrigation non-seulement en Écosse et en Angleterre, mais encore en Suède. On sait qu'un des meilleurs ouvrages d'agriculture que l'on ait aujourd'hui, *the Book of the Farm*, est de M. Henry Stephens; on y trouve aussi d'intéressants détails sur les arrosages. La glorieuse famille agricole des Stephens s'est ainsi tout entière consacrée à montrer les grands avantages de l'irrigation et du drainage.

2° CALENDRIER DE L'IRRIGATEUR POUR LA BELGIQUE.

M. Keelhoff, l'auteur de l'excellent traité de l'irrigation des prairies que nous avons cité plusieurs fois, distingue seulement trois époques d'arrosage : 1° celle d'automne,

2° celle du printemps, 3° et celle d'été. Voici un résumé des principes que donne cet ingénieur, qui a surtout en vue les terres de la Campine :

Automne. — L'irrigation d'automne commence après la coupe du regain, dans la seconde quinzaine de septembre, et se continue jusqu'au moment des gelées. C'est la plus importante, l'eau étant très-riche à cause des engrais qu'elle entraîne. Immédiatement après la récolte du regain, on cure toutes les rigoles, rétablit les crêtes des rigoles de déversement, répare les talus, les digues et tous les ouvrages d'art; répartit soigneusement les terres enlevées, de manière à niveler, autant que possible, les parties qui présentent des dépressions ou des élévations. On donne ensuite l'eau en abondance pendant quinze jours ou même un mois sur les sols sablonneux ou graveleux, beaucoup moins longtemps sur les terrains glaiseux peu perméables. Dès que les gelées sont à craindre, on doit cesser l'irrigation, afin que la prairie soit bien égouttée au moment où les rigueurs de l'hiver se font sentir.

Printemps. — La saison d'irrigation du printemps commence vers le mois de mars pour finir vers la fin de mai. On ne doit donner l'eau que lorsque les froids à glace ne sont plus à craindre, sinon les jeunes pousses que l'arrosage fait croître sont détruites par les gelées. Avant d'arroser, on répand les buttes de terre formées par les taupes et on distribue les engrais. Pendant la première quinzaine, on n'arrose pas par déversement; on met seulement de l'eau dans les rigoles pour maintenir le sol humide. Si pendant l'arrosage on craint une gelée blanche, la prairie doit être mise à sec avant le soir, ou bien, si l'on a suffisamment d'eau à sa disposition, on donne un arrosage abondant. L'irrigation doit être de moindre durée qu'en automne, et les plantes sont soumises alternativement avec avantage à l'action de l'eau et à l'action de l'atmosphère. Lorsque la végétation est assez avancée pour qu'on puisse distinguer les mauvaises herbes des bonnes, on extirpe les premières avec soin. Plus on avance dans la saison, moins les arrosages doivent être longs; on en diminue la durée à mesure que l'herbe grandit et que la température devient plus chaude. Quelques jours avant la fenaison, on cesse complétement l'irrigation.

Été. — L'époque de l'irrigation d'été commence immédiatement après la fenaison et se prolonge jusque vers le 15 août. On ne donne de l'eau que huit ou dix jours après la coupe de l'herbe. Si les tiges des plantes qui ont été tranchées par la faux sont desséchées, on arrose avec prudence; on ne donne de l'eau que la nuit, pendant les fortes chaleurs, lorsque l'herbe jette ses premières pousses; ensuite on fournit assez d'eau pour tenir toujours la prairie dans un état de fraîcheur convenable. On arrête l'irrigation huit jours avant la coupe du regain.

Si l'on a des eaux troubles, on n'arrose plus au printemps et en été
dès que l'herbe a acquis une certaine longueur, sans quoi on n'a qu'un
foin sali des matières tenues en suspension dans l'eau, rempli de poussière et nuisible au bétail.

3° CALENDRIER DE L'IRRIGATEUR POUR LE NORD-EST DE LA FRANCE
ET LA BAVIÈRE RHÉNANE.

M. Félix Villeroy pratique en grand les irrigations sur sa
belle exploitation du Rittershof (Bavière rhénane); il connaît bien l'agriculture de la Lorraine et de l'Alsace; on peut
être certain que le calendrier qu'il a placé dans son manuel de l'irrigateur est fondé sur des observations très-
exactes. Il divise l'irrigation, selon les saisons, en irrigation d'automne, d'hiver, de printemps et d'été. L'année
d'irrigation commence le 1er octobre, et l'irrigation d'automne comprend les mois d'octobre, de novembre et de décembre.

Octobre. — Le curage des canaux et rigoles et tous les autres travaux
des prés doivent être terminés à la fin du mois de septembre, afin de
pouvoir profiter des premières pluies d'automne pour l'irrigation. On ne
peut, pour ainsi dire, pas trop arroser dans le mois d'octobre. Seulement, sur la glaise, quand on voit qu'elle commence à s'amollir, il faut
interrompre l'irrigation. Mais, sur tous les autres sols, on peut laisser
couler l'eau sans interruption.

Novembre. — Si l'on a pu arroser complétement en octobre, de manière que la surface du pré soit d'un vert foncé, on n'arrose en novembre que par intervalles, en mettant le pré à sec. après quelques jours
d'irrigation. Si le mois d'octobre a été sec, on donne en novembre une
irrigation complète. La neige, à cette époque, ne doit pas arrêter l'irrigation; mais, si l'on craint la gelée. on ôte tout de suite l'eau des prés
et on les met complétement à sec.

Dans la plupart des exploitations, on a ordinairement le temps d'exécuter à cette époque des transports et des travaux d'amélioration qui
n'ont pu être faits en septembre.

Décembre. — Pendant ce mois, l'irrigation dépend uniquement de la
température. Si le temps est doux, on continue à arroser comme en
novembre, en arrosant et mettant alternativement à sec pendant quelques jours. Dès qu'on craint la gelée, on cesse complétement d'arroser.

Janvier et février. — Pendant ces deux mois, l'irrigation est ordinairement interrompue. A la fonte des neiges, on peut encore arroser les prés tourbeux et marécageux. L'eau chargée de sable ou de limon peut leur être utile, surtout s'ils n'ont pas été arrosés complétement en automne.

Mars. — Ce mois appartient encore à l'hiver; il est ordinairement sec; les gelées blanches y sont fréquentes. L'eau, si l'on arrose, fait croître de jeunes pousses que la gelée détruit ordinairement plus tard. Mieux vaut ne pas arroser du tout et laisser les prés complétement à sec, lors même qu'il semblerait que le gazon est tellement sec, qu'il est tout à fait mort. En cet état, les gelées ne peuvent lui nuire, et il végète d'autant plus vigoureusement lorsqu'ensuite une température plus douce permet d'arroser de nouveau.

C'est dans ce mois qu'on répand les engrais pulvérulents. tels que la cendre et le plâtre, qui produisent des effets remarquables sur les prés arides.

Quant aux composts, on profite, pour les transporter, des moments où la terre n'est pas couverte de neige et est assez gelée pour porter les voitures et les bêtes de trait. Autant que possible, on les répand immédiatement, puis au mois de mars on les divise complétement; on les étend avec le râteau, et on enlève les petites pierres et toutes les ordures qui ont pu être apportées avec eux.

Avril. — Aussitôt que le printemps donne aux plantes une nouvelle vie. à la fin de mars ou au commencement d'avril, on peut recommencer à arroser; mais l'irrigation ne doit pas être prolongée comme en automne, et elle doit être régulière. On laisse couler l'eau sur les prés pendant deux ou trois jours. puis on les met à sec pendant un jour ou deux.

A cette époque de l'année, on ne doit pas arroser avec de l'eau trouble. Si l'on craint une gelée blanche, qui est d'autant plus nuisible que la saison est plus avancée, on met le soir l'eau sur les prés. Si on a été surpris par une gelée blanche, on arrose le matin, ainsi que nous l'avons déjà dit, et on laisse l'eau jusque vers neuf heures.

Dans le courant de ce mois, les prés doivent être complétement nettoyés; si les taupes ont fait de nouvelles buttes, on les répand.

Mai. — Au commencement de ce mois, on arrose encore régulièrement comme en avril; mais on diminue l'irrigation à mesure que l'herbe grandit et que la température devient plus chaude.

Si le temps est sec, on arrose tous les deux jours, mais pendant la nuit seulement.

Juin. — Si la température est pluvieuse, on n'arrose plus du tout pendant ce mois. Si elle est sèche, on arrose tous les trois jours pendant la nuit seulement.

Huit jours avant la fenaison, on cesse complétement d'arroser.

Juillet. — Après la récolte du foin, on laisse les prés à sec pendant quinze jours. Lorsque les tiges des plantes qui ont été tranchées par la faux sont desséchées, on recommence à arroser, mais avec ménagement. On ne donne d'abord l'eau que pendant la nuit.

On se trouve très-bien aussi de transporter les composts et de les répandre immédiatement après la récolte du foin. C'est une méthode recommandée par les Anglais. En général, pour tous les travaux de l'agriculture, en est si souvent contrarié par les circonstances atmosphériques, qu'on doit se hâter de profiter de tous les moments favorables et ne jamais remettre au lendemain ce qu'on peut exécuter tout de suite.

Août. — Lorsque dans ce mois l'herbe a déjà acquis quelque hauteur, les prés n'ont plus besoin que d'être humectés tous les deux ou trois jours.

Les prés tourbeux et marécageux demandent une plus grande quantité d'eau.

Les prés humides et arides, qui ne craignent pas la sécheresse, ont rarement besoin d'être arrosés à cette époque.

Septembre. — C'est ordinairement dans ce mois qu'a lieu la récolte du regain. Quinze jours avant, on cesse toute irrigation.

Après que la récolte du regain est rentrée, on commence les travaux préparatoires de l'irrigation d'automne.

Nous ajouterons au calendrier qui précède les règles données par Schwerz pour l'irrigation par submersion, et qui peuvent se résumer ainsi qu'il suit :

Automne. La première inondation d'automne, selon que le sol ou le sous-sol sont moins compactes et plus perméables, peut durer deux à trois semaines et même plus longtemps. Ensuite on met l'eau et on l'ôte à des intervalles plus rapprochés, jusqu'à ce que l'hiver commence. Une condition indispensable, c'est que le pré soit parfaitement desséché avant d'y remettre l'eau. C'est ce desséchement préalable qui détermine le moment où l'on peut de nouveau inonder.

Hiver. — Si l'on est surpris par l'hiver après avoir submergé un pré, et que l'eau se couvre de glace, on laisse les choses en l'état. Mieux vaut s'arranger de façon que les prés soient à sec pendant l'hiver.

Printemps. — La première inondation du printemps peut durer une à deux semaines, selon la nature du sol. Les inondations suivantes sont de plus courte durée, et on cesse entièrement de donner de l'eau, à moins que l'on n'excède pas une hauteur de $0^m.04$ à $0^m.05$, lorsque l'herbe commence à pousser.

Été. — On ne submerge pas pendant l'été.

4° Calendrier de l'irrigateur dans les Vosges.

Un bon Mémoire sur la pratique de l'irrigation des prairies, publié dans le *Journal d'agriculture pratique* (1850) par M. Schwartz, ingénieur irrigateur à Charmes, nous permet d'établir pour les Vosges le calendrier suivant :

Automne. — Immédiatement après l'enlèvement des regains, on répare les vannes, les barrages, les écluses, cure les canaux et les rigoles. Il s'agit de procéder aux irrigations les plus importantes, à cause du limon apporté et déposé par les eaux. Une fois les rigoles prêtes, on donne l'eau de manière à couvrir complétement la prairie, sans que la couche soit trop épaisse pour que l'écoulement, qui est nécessaire, occasionne des entraînements dans les fossés de décharge. Si l'eau est abondante, on arrose pendant dix à quinze jours, au bout desquels on supprime l'irrigation pour laisser les parties arrosées se bien sécher et absorber l'air, surtout si le temps est beau et s'il fait du soleil. Quand il fait frais et pluvieux, on laisse l'eau plus longtemps, trois ou quatre semaines. Si l'eau n'est pas assez abondante pour qu'on puisse prolonger aussi longtemps l'arrosage d'une partie de la prairie sans nuire aux autres, on réduit au besoin la durée de l'irrigation à trois ou quatre jours.

Hiver. — Quand l'hiver est doux, on pratique l'irrigation de la même manière qu'en automne, en conduisant l'eau surtout sur les places maigres ou infectées de mauvaises herbes. On doit tâcher d'arrêter l'eau et d'assécher avant les gelées. On s'occupe des curages, des nivellements, des nouveaux tracés de rigoles, lorsque la terre n'est pas trop gelée. On répand du fumier ou d'autres engrais.

Printemps. — Après les gelées de l'hiver, on attend quelque temps que le sol et l'eau se soient un peu réchauffés. On détruit les taupières, et on en répand la terre sur les prairies; on s'efforce de tuer les taupes, et on bouche tous les trous qu'elles ont pratiqués, surtout près des prises d'eau. On cure les rigoles, resème avec de la graine de foin les places dégarnies d'herbes que l'on a dû avoir eu soin de fertiliser pendant l'hiver soit par l'irrigation, soit par de la bonne terre, soit par du fumier. On commence ensuite à irriguer, d'abord plus abondamment et plus longtemps, ensuite d'autant plus légèrement et plus rarement, que la végétation avancera davantage. A l'époque des gelées blanches, on arrose aussi largement que possible sans arrêter.

Quand on ne craint plus les gelées, si l'on a assez d'eau à sa disposition, on irrigue tous les deux ou trois jours pendant vingt-quatre ou trente-six heures. Plus tard, quand l'herbe s'est assez développée pour tenir le sol à l'ombre, on ne met l'eau que durant quelques heures, tous les deux ou trois jours, sur les terres qui s'échauffent fortement, tous les six à huit jours sur les parties plus froides dont le sol retient fortement l'humidité. Quand la température devient plus chaude, on choisit la nuit ou un temps couvert pour mettre l'eau.

Été. — On ne fait plus, comme au printemps, qu'arroser pendant quelques heures, tous les cinq à huit jours, les parties argileuses, tous les deux ou trois jours les parties graveleuses. On met à sec les terres fortes six à huit jours avant la fauchaison; pour les parties graveleuses, il suffit d'un ou de deux jours de sec. Après l'enlèvement des foins, on répare les dégâts causés par les ouvriers et les voitures, et on se hâte de donner de l'eau pendant cinq ou six jours pour cicatriser les plaies faites par la faux, en suivant, dès que le regain commence à pousser, toutes les règles ci-dessus indiquées.

5° CALENDRIER DE L'IRRIGATEUR DANS LES PRAIRIES A SOUS-SOL IMPERMÉABLE ET ARGILEUX DU NIVERNAIS

Dans ses excellentes études hydrographiques sur le bassin de la Seine, insérées en 1852 dans les *Annales des ponts et chaussées*, M. Belgrand a donné les résultats d'une enquête qu'il a faite sur les saisons où les irrigations doivent être pratiquées dans cette région; nous en avons profité pour composer le calendrier suivant pour les prairies d'embauche établies dans le Nivernais sur des terrains argileux imperméables :

Automne. — A la suite des grandes pluies de novembre, le bétail, par son piétinement, fait beaucoup de mal aux prés, dans lesquels il ne trouve plus d'ailleurs qu'une nourriture malsaine et insuffisante; on le retire, et on commence les irrigations, qu'on continue jusqu'aux grandes gelées.

Les eaux sont alors ordinairement troubles, et elles agissent surtout en colmatant. La durée moyenne des arrosages est d'environ un mois.

Hiver. — Au mois de février, après les grandes gelées, les embaucheurs du Nivernais recommencent les irrigations, auxquelles ils attachent une grande importance; leur but est d'humecter profondément le sol pour que la végétation ne soit pas arrêtée par le hâle de mars. Pendant ce dernier mois, les irrigations sont suspendues pour éviter le mal que les gelées du matin feraient aux prés s'ils étaient noyés alors que l'herbe commence à pousser. Les irrigations d'hiver durent donc en moyenne un mois.

Printemps — Les irrigations recommencent en avril, afin que le sol

ne puisse se crevasser sous l'action des premières chaleurs du printemps, et elles durent souvent jusqu'au 15 mai. Pendant ce temps, on
arrose deux ou trois fois si on n'a pas assez d'eau pour que l'irrigation
soit continue. Lorsque les prés sont destinés aux embauches, on suspend
les irrigations quelques jours avant d'y mettre le bétail, et alors on arrête souvent les irrigations dès le 15 avril.

Été. — Dans les situations assez rares où l'on a de l'eau pendant l'été,
on commence les irrigations après l'enlèvement de la récolte, du 10
au 15 juillet, et on les prolonge jusque vers le 20 septembre. Le nombre
des arrosages est de quatre; on n'a jamais d'eau pour les donner d'une
manière continue.

Les irrigations de juillet sont les plus fertilisantes; celles d'août donnent encore de bons résultats. Là on ne coupe pas le regain, et c'est
l'usage le plus habituel, on cesse de donner l'eau quelques jours avant
de lâcher le bétail dans les pâturages, c'est-à-dire du 1er au 15 septembre.

6° CALENDRIER DE L'IRRIGATEUR DANS LES PRAIRIES A SOUS-SOL PERMÉABLE DE LA NORMANDIE.

D'après le règlement du 27 février 1804, arrêté pour
l'irrigation et la police des eaux de la rivière d'Avre, règlement rapporté par M. Belgrand, on peut établir le calendrier suivant pour l'irrigation en Normandie sur des sols
perméables et crayeux :

Automne et hiver. — Du 25 septembre au 22 mars, les irrigations
n'ont lieu que le samedi, depuis huit heures trente minutes du soir
jusqu'au lundi suivant à trois heures du matin, et le mardi depuis huit
heures trente minutes du soir jusqu'au mercredi à trois heures du matin.
Chacun exerce son droit rigoureusement, et les prairies qui ont droit à
l'irrigation sont arrosées une fois par semaine.

Printemps. — Du 22 mars au 29 juin, les eaux de la rivière sont affectées en totalité aux irrigations les dimanches et les fêtes conservées
par le concordat. et toutes les nuits de sept heures trente minutes du
soir à trois heures du matin. Chaque portion de pré est arrosée deux fois
par semaine, mais on ne donne l'eau que la nuit.

Été. — Les irrigations recommencent le 24 juillet et se continuent
deux fois par semaine durant les nuits sur chaque portion de pré jusqu'au 23 septembre. Pendant ce temps, la totalité des eaux de la rivière
est livrée à l'agriculture les dimanches et les fêtes, et toutes les nuits de
sept heures trente minutes du soir à trois heures du matin.

Dans les autres vallées de la Normandie à versants crayeux, celles de l'Eure, de l Iton, etc., il existe des règlements du même genre que celui de l'Avre. L'intermittence des irrigations est de trois jours et demi au printemps et en été, et de sept jours en automne et en hiver. Dans ces prairies, on récolte 6,750 kilogrammes de foin à la première coupe et 3,000 kilogrammes de regain.

7° CALENDRIER DE L'IRRIGATEUR EN BOURGOGNE.

Voici les règles suivies dans la vallée de l'Ource (arrondissement de Châtillon-sur-Seine, Côte-d'Or) pour l'irrigation des prairies qui sont à sous-sol très-perméable appartenant à la formation géologique dite la grande oolite :

Automne et hiver. — On arrose d'une manière continue en novembre et en décembre. Les gelées n'ont alors aucun inconvénient pour les prés couverts d'eau.

Printemps. — On n'arrose en mars que quand on ne craint pas les gelées; dès que l'herbe pousse, on évite soigneusement de donner de l'eau par les temps de gelée. Les irrigations se continuent en avril et mai. et ne cessent que lorsque l'herbe est trop grande et qu'on craint que l'eau ne la couche en courant. On arrose plus ou moins abondamment, suivant le degré de-sécheresse; on donne l'eau pendant quelques jours, puis on suspend pour recommencer dès que le sol paraît se dessécher.

Été. — On recommence les irrigations après la fenaison; on les continue jusqu'à la récolte des regains.

Dans ce système d'irrigations très-fréquentes qui se renouvellent jusqu'à vingt fois dans les saisons de printemps et d'été, on maintient l'eau jusqu'à la fenaison pour empêcher l'herbe de se flétrir sans arriver à la maturité. On récolte en moyenne de 5,000 à 5,500 kilogrammes de foin à l'hectare en première coupe, et 2,500 kilogrammes de regain.

8° CALENDRIER DE L'IRRIGATEUR EN PROVENCE.

En Provence et notamment dans l'arrondissement de Vaucluse, d'après un mémoire de M. Conte (*Annales des ponts et chaussées*, 2ᵉ série, t. XX), on irrigue d'avril à septembre, de la manière suivante, selon les natures de culture :

Prairies naturelles. — On arrose par compartiments submergés. Pour les prairies naturelles établies sur des terrains d'alluvion, on arrose tous les douze jours en donnant chaque fois une épaisseur d'eau de 0ᵐ.10. L'arrosage sur les garrigues se répète tous les sept jours avec une couche d'eau de 0ᵐ.05 à 0ᵐ.07, si l'on opère avec des eaux claires, et tous les trois ou cinq jours avec une épaisseur de 0ᵐ.04 à 0ᵐ.05, si l'on emploie des eaux troubles. On fait trois coupes, dont le total s'élève de 12,000 à 15,000 kilogrammes de fourrage sec.

Prairies artificielles. — La plus importante de toutes les prairies artificielles est la luzerne. On arrose par compartiments en mettant autant d'eau qu'il en faut pour que toute la surface soit mouillée. On fait cinq coupes par an. Chaque luzerne arrosée dure en général trois ans. Le produit annuel est d'environ 16,000 kilogrammes de fourrage sec. A Cavaillon, les luzernes sont arrosées tous les sept jours avec une lame d'eau de 0ᵐ.06; à Avignon, elles le sont tous les dix à douze jours avec une lame d'eau de 0ᵐ.08; dans les communes d'Entraigues, de Vedennes, de Bédarrides, les arrosages ne se font qu'après chaque coupe, c'est-à-dire cinq ou six fois dans la saison, avec une lame d'eau de 0ᵐ.10. A Avignon, la terre qui doit porter une luzerne reçoit 100 mètres cubes de fumier environ par hectare, puis une semaille de blé; au mois de mars, on répand la graine de luzerne dans le blé; après la moisson, on donne une irrigation; la luzerne est prête à produire dès le mois d'avril suivant. A Cavaillon, on établit les luzernes sur les terres qui ont porté des melons ou des légumes, en profitant de l'excédant de fumure donnée précédemment au terrain et en entretenant la fertilité pendant la durée de la luzerne au moyen de terre grasse prise dans les alluvions vierges de la Durance.

Haricots. — Au mois d'avril, on sème les haricots sur des terrains préparés pour être irrigués par submersion et compartiments, comme pour les prairies. On arrose tous les cinq jours avec une couche d'eau de 0ᵐ.05 environ.

La récolte commence au mois de mai et dure jusqu'à la fin de juillet; les haricots de mai et de juin se mangent verts; on a des haricots blancs en juillet.

Un second semis de haricots se fait au mois de juin sur le chaume de blé après la moisson partout où l'on a de l'eau pour les arrosages, qui ont lieu aussi tous les cinq jours; la récolte des haricots de cette seconde période commence au mois d'août et finit au mois d'octobre.

Légumes divers. — Les légumes divers qui se cultivent en grand à Cavaillon sont : les artichauts, qui produisent dix mois de l'année: les melons, courges et potirons, qui produisent en juillet, août et septembre; les céleris, les oignons et les aulx, qui ne donnent lieu qu'à une seule récolte. La terre est préparée par une fouille à 0^m.80 de profondeur, puis ameublie et divisée en zones de 1^m.75 de largeur, entre lesquelles se trouve creusé un fossé de 0^m.25 à 0^m.30 de largeur et de profondeur.

Les plantes sont disposées sur un seul rang pour les artichauts et les melons, sur plusieurs rangs pour les autres légumes. On irrigue par imbibition tous les cinq jours, à raison de 1.000 mètres cubes par hectare environ chaque fois, de telle sorte que les rigoles absorbent à peu près six fois leur volume d'eau dans chaque arrosage.

Garances. — Les garances sont semées sur des bandes d'une largeur de 0^m.60 à 0^m.65, entre lesquelles on creuse un fossé dont la terre est placée sur les plantes. On arrose au plus une fois par mois, par imbibition, comme pour les légumes, et on procède à un binage après chaque arrosage. Dans les paluds, on arrose seulement à l'époque de la récolte pour ameublir la terre.

Chardons. — Les chardons destinés au peignage des draps se sèment en même temps que le blé; on arrose immédiatement après la moisson, puis pendant la saison d'arrosage de l'année suivante, de mois en mois; on opère par submersion et compartiments en donnant une lame d'eau de 0^m.10 d'épaisseur.

9° CALENDRIER DE L'IRRIGATEUR DANS LE LANGUEDOC.

Un Mémoire de M. Maffre, ingénieur des ponts et chaussées, inséré dans le recueil des Mémoires de la Société centrale d'agriculture (1847), nous permet d'établir le calendrier de l'irrigateur dans les prairies du Languedoc, aux environs de Béziers et de Montpellier :

Automne. — Après l'enlèvement du regain, on profite des crues d'automne, qui apportent avec elles de nombreux limons, pour féconder les prairies qui peuvent être amendées par les matières apportées par les eaux. On n'irrigue que si ces matières sont reconnues fertilisantes.

Avant que les eaux troubles n'arrivent, on arrose tous les cinq à six jours, pendant quelques heures, pour favoriser la croissance des herbes qu'on livre aux troupeaux pendant la saison d'hiver.

Hiver. — L'entrée des troupeaux dans les prairies a lieu vers la fin de décembre, et leur sortie vers les premiers jours de février. Le pacage a lieu pendant environ quarante jours; il donne lieu à un loyer qui s'élève jusqu'à 80 francs par hectare.

Les bœufs et les vaches sont regardés comme améliorant les prairies; les moutons finissent par les détériorer.

Printemps. — A moins d'une grande humidité sur les terres ou à moins qu'il ne gèle, on recommence les irrigations dans le courant de février. On ne laisse les terres submergées que pendant trois ou quatre heures; on enlève l'eau, et ce n'est que cinq ou six jours après qu'on procède à de nouveaux arrosages. On fait de cette manière cinq à six arrosages par mois, et environ vingt-cinq jusqu'à la première coupe des fourrages, qui a lieu dans le courant du mois de juin ou de juillet.

Été. — Si la terre est très-abreuvée au moment de la coupe, on évacue entièrement les prairies des eaux qu'elles contiennent trois ou quatre jours avant la fauchaison; si, au contraire, le sol est ferme, les faucheurs évacuent eux-mêmes ces eaux en avançant leur travail, l'expérience ayant montré que la faux coupe alors le fourrage avec plus de facilité. Immédiatement après l'enlèvement des foins, on arrose de nouveau, comme pour la première coupe; la seconde se fait dans le courant du mois d'août : c'est ce qu'on appelle le regain; huit arrosages ont eu lieu entre les deux coupes. Après le regain, on arrose pour la pousse d'herbe de pacage.

10° Calendrier de l'irrigateur en Italie.

Pour donner des indications précises sur les saisons des irrigations en Italie, nous avons pensé que nous ne pouvions mieux faire que de traduire le passage qui leur est consacré dans le grand ouvrage de M. Carlo Berti Pichat, *Instituzioni d'agricoltura.* Les hommes de chaque pays nous paraissent pouvoir mieux déposer que tous autres sur les faits d'observations qui les touchent. En Italie, comme en Provence, l'irrigation ne s'applique plus seulement aux prairies, comme cela a lieu presque exclusivement dans le Nord.

M. Berti Pichat remarque d'abord qu'en été il faut irriguer vers le soir et jamais le matin ni dans la journée; qu'au contraire, au printemps, en irriguant de jeunes plantes et des blés nouveaux au crépuscule du soir, on augmenterait encore le préjudice que leur causent des nuits ordinairement assez froides. Le savant auteur s'exprime ensuite en ces termes (vol. III, p. 1454) :

Hiver. — En cette saison, on irrigue pour deux buts principaux : ou pour colmatages et pour restaurer des prairies avec du limon et des eaux troubles de bonne qualité, ou bien pour le développement de l'herbe dans les prés marcites.

Quand on a en abondance des eaux à température tiède, il est très-utile dans la saison des glaces de couvrir les prairies au moyen d'une sorte de voile mobile d'eau courante. Dans le cas où la prairie est riche en trèfles ou en d'autres légumineuses, l'irrigation continuelle en hiver peut les perdre, car elle n'est bonne qu'aux graminées, qui, en vertu de leur tissu siliceux, peuvent supporter une humidité incessante.

Printemps. — Si, après que le danger des gelées est passé, on irrigue d'abord les portions maigres et couvertes par la mousse des prairies qui ne sont plus jeunes, l'eau favorise le développement des meilleures plantes.

Mais, pour les prairies en bon état, il vaut mieux attendre jusqu'à ce que le sol et l'eau se soient un peu réchauffés. On ne doit jamais exagérer la quantité d'eau; il vaut mieux irriguer peu et souvent, afin que la prairie ne soit pas trop humide lorsqu'elle serait surprise par des vicissitudes de saison.

Ensuite, comme dans l'hiver les dépouilles des plantes se sont accumulées et les résidus des engrais se sont éparpillés sur la superficie du sol, trop d'eau ne pourrait manquer d'amaigrir la prairie. Il faut donc que l'irrigation soit très-légère et se fasse très-doucement pour que l'eau puisse pénétrer dans les racines et y amener les bonnes substances restées sur la superficie du sol. S'il survient des givres ou des gelées blanches, et que l'on ait de l'eau à une bonne température, on doit faire couler cette eau lentement et incessamment sur la prairie.

Outre les prairies, il peut être avantageux au printemps d'irriguer des terrains pour favoriser la germination des semences dans le cas où cette germination serait contrariée par une sécheresse excessive. On doit recommander d'une manière générale la plus grande parcimonie d'eau dans l'irrigation soit des plantes vivaces pendant que leur sève est en mouvement, soit des plantes annuelles à peine germées. Il ne faut donner de l'eau abondamment que lorsque les jeunes pousses sont entrées en plein développement.

Été. — L'irrigation de nuit est la plus favorable au moment des fortes chaleurs. Si, en ayant peu d'eau, on veut irriguer pendant les heures chaudes de la journée des herbes à fourrage ou autres quelconques, on court le risque de faire fermenter (*subbollire*) le terrain, comme disent les hommes pratiques, et non-seulement on ne rafraîchit pas les plantes et on n'humecte pas le sol, mais on produit des effets contraires.

Dans les prairies, après le fauchage du foin, il est bon d'arroser promptement pour aider les petites plantes à se rétablir des dommages que la faux leur a causés. Si l'on veut irriguer du chanvre ou du froment, etc., comme dans la journée la tige de ces plantes se trouve dans une atmosphère souvent très-chaude, si en même temps on submerge leurs racines dans de l'eau relativement froide, on produit un trouble physiologique dans leur végétation. En arrosant le matin, on se sert d'eau qui, dans le courant de la nuit, s'est trop refroidie, et le contraste est trop grand avec la chaleur que le soleil a accumulée sur les plantes; en arrosant le soir, l'eau est chaude, parce qu'elle est restée toute la journée exposée au soleil, et la plante se trouve ainsi à une température suffisamment modérée.

Automne. — La troisième coupe des foins est souvent due à d'abondantes et fréquentes irrigations d'automne. Quelques personnes commencent à cette époque à laisser couler les eaux d'une manière presque continue sur les prairies; et beaucoup d'autres personnes, à tort, y laissent ces eaux stagnantes. Quelques personnes pensent aussi favoriser les semailles d'automne à l'aide d'arrosements.

De l'eau et de l'engrais, voilà en Italie la source des admirables résultats qu'y donne l'agriculture; il faut y joindre, pour la Lombardie, un climat dans lequel la température en été est constamment comprise entre 23° et 33°, et où le soleil luit la moitié ou les deux tiers de l'année. Toutes les circonstances s'aidant, il arrive que, par exemple, dans un triangle de 20 kilomètres de côté, entre Milan, Pavie et Lodi, sur 17,000 hectares on compte 100,000 têtes de gros bétail, 100,000 porcs gras, 25,000 chevaux. Nous avons vu en outre que les égouts de Milan servent à l'arrosage d'environ 1,600 hectares. Tant d'engrais répandu sur le sol et mis à la disposition des plantes, puis une masse d'eau énorme (voir plus haut, p. 211), voilà ce qui explique la puissante fécondité de cette terre privilégiée.

11e Calendrier de l'irrigateur en Algérie

Nous avons demandé à M. Charles de Thury, qui connaît
si bien l'agriculture algérienne et qui a fait une étude très-
approfondie des arrosages dans nos possessions d'Afrique.
de vouloir bien nous remettre le calendrier de l'irrigateur
en Algérie. On sait que les Arabes ont compris de bonne
heure l'utilité de l'eau dans la culture, et il y a dans les
pratiques anciennes d'excellentes règles pour les colons
modernes. Voici le travail que nous a remis M. de Thury :

Octobre. — On donne les derniers arrosages aux cultures du tabac et
du cotonnier; puis, si on a de l'eau de reste, on l'utilise sur les terrains destinés aux céréales.

On continue à arroser les jardins.

Novembre. — Commencement de l'irrigation des céréales.

Il faut attendre, pour arroser l'orge, que cette céréale soit bien levée;
le blé peut être arrosé aussitôt qu'il vient d'être semé.

A l'imitation des Arabes, les colons algériens devront chercher à utiliser pour leurs céréales le moindre filet d'eau.

L'eau bourbeuse, après de fortes pluies. est la plus précieuse. Il est
nécessaire de préparer son terrain à recevoir l'eau immédiatement après
l'ensemencement au moyen de rigoles maîtresses faites par deux traits
de charrue et de rigoles secondaires. Un peu d'habileté donnera vite au
coup d'œil la sûreté nécessaire pour tracer ces rigoles sans avoir besoin
du niveau.

On continue à arroser les jardins si la nécessité s'en fait sentir.

Décembre. — On continue à arroser les céréales et on arrose les jardins si c'est nécessaire.

Si l'eau devient abondante, surtout après de fortes pluies, on pourra
commencer à l'utiliser pour donner une forte irrigation aux plantations
de vignes, mûriers, oliviers, figuiers, etc. Le surplus des eaux devra être
utilisé sur les portions où l'on voudra faire pousser de l'herbe.

Janvier. — Si l'hiver est sec, toute l'eau sera absorbée par les jardins, orangeries et cultures des céréales. S'il y abondance d'eau, le colon algérien devra continuer à s'occuper à ne pas la laisser perdre inuti-
lement. Les prairies peuvent en recevoir et absorber beaucoup, et de
fortes irrigations données aux plantations pendant l'hiver, surtout dans
les terrains légers, fourniront assez d'humidité à la terre pour que les arbres poussent vigoureusement tout l'été.

Février. — Mêmes travaux d'irrigations que dans le mois précédent. On donne, quand on le peut, une seconde irrigation aux céréales.

Mars. — Les beaux jours et la chaleur arrivent. L'eau commence à diminuer. On l'utilise néanmoins comme dans le mois précédent pour les irrigations des céréales semées tardivement et les plantations. On ne devra pas arroser les céréales dont l'épi va commencer à sortir du tuyau; la rouille en serait la conséquence fort probable.

Les jardins et orangeries commencent à avoir besoin d'être arrosées régulièrement.

Vers le 15, dans certaines années, on peut recommencer à repiquer du tabac et semer le cotonnier. Il est nécessaire d'arroser pour ces deux opérations.

Si on a de l'eau en très-grande abondance, on fera des luzernières, qui est la culture qui exige la plus grande quantité d'eau, puisqu'après chaque coupe il faut une irrigation. Il faut arroser les luzernières au moins une fois au commencement de mars.

Avril. — Toute l'eau est utilisée pour les jardins et orangeries et pour les cultures du tabac, du cotonnier, du maïs, etc., etc. Si on le peut, dans les terres faites surtout, on donnera une faible irrigation aux plantations, la vigne exceptée. Le mûrier, après l'enlèvement des feuilles et la taille, devra être arrosé.

On doit éviter d'arroser les oliviers pendant qu'ils sont en fleurs; c'est même une règle à peu près générale pour tous les arbres fruitiers.

Mai. — L'eau est devenue rare et précieuse. Les colons devront non-seulement l'utiliser avec la plus grande économie, mais chercher à s'en procurer par tous les moyens possibles. L'usage des norias ou roues à chapelet, partout où elles pourront être établies, leur sera fort utile; mais, outre le capital que ces machines absorbent, l'extraction de l'eau du sol exige de la force et de la surveillance. L'irrégularité du vent a fait renoncer à l'emploi de ce mode. Peu de puits fourniraient assez d'eau pour pouvoir alimenter une petite machine à vapeur. Il faudrait pour cela un puits central où serait établie la machine; ce puits rayonnerait au moyen de galeries souterraines où l'on aurait placé des conduits avec d'autres puits creusés à une certaine distance du premier, et créerait ainsi un vaste et puissant drainage.

La noria en fonte, avec chaîne de fer, godets de bois et zinc, et mue par des animaux, sera donc encore la machine à puiser de l'eau dans le sol. Malheureusement c'est un appareil qui coûte cher, et qui, avec le puits et le bassin ou réservoir qui généralement est nécessaire, revient au moins de 4,000 à 5,000 francs.

A moins d'avoir de l'eau à une faible profondeur, 3 à 4 mètres au plus, la noria ne peut être utilisée d'ordinaire que pour les jardins et orangeries;

mais elle peut dans certains cas, même pour les grandes cultures, rendre des services en aidant, dans les années sèches surtout, soit à sauver une récolte qui, faute d'irrigation, périrait, soit à arroser les plantations.

Ce serait donc une excellente chose pour chaque ferme d'avoir une noria à sa disposition. Le bétail surtout s'en trouvera fort bien. Mais généralement l'eau est profonde et peu abondante; on peut cependant calculer, d'après les bases suivantes :

A 2 mètres, avec cheval. . . . . . } on pourrait extraire du
A 4 mètres, avec deux chevaux. . .

sol 4 litres à la seconde; et, la noria étant mue au moyen de relais, on peut songer à faire de la culture en grand pendant l'été : tabac, coton, etc.

Au delà de 4 mètres, l'eau devient trop coûteuse pour être utilisée autrement que pour jardins et plantations.

Au delà de 10 mètres, il n'y a que près des villes ou pour jardins d'agrément que l'on puisse songer à extraire l'eau du sol pour irriguer.

Si l'on remplace les chevaux par des bœufs ou des vaches, il faudra augmenter la dimension des godets dans le rapport de la vitesse de marche de ces animaux, environ comme 2 est à 3.

Mais les colons algériens devront bien faire attention, avant de construire des norias, à la qualité de l'eau. Les eaux par trop saumâtres ou chargées de magnésie sont infertiles; en second lieu, les eaux extraites du sol même de bonne qualité ne sont pas fertilisantes; comme les eaux courantes, de bonnes fumures sont nécessaires, sans celles-ci le sol serait, par le fait même des irrigations, rendu promptement infertile.

Juin. — Mêmes travaux qu'en mai et mêmes soins à apporter dans l'emploi économique de l'eau. Les orangeries exigent de l'eau tous les quinze jours. La plantation des mûriers, figuiers, oliviers, est arrosée environ tous les mois.

Juillet. — Les Arabes, quand ils ont de l'eau en abondance, sèment du beniche ou doura sur chaume d'orge ou de blé; mais c'est un si mauvais emploi de l'eau, que le colon pourrait toujours l'utiliser avec plus d'avantage. Les cultures du tabac et du cotonnier avec les jardins, plantations et orangeries, continueront à absorber, avec tous les soins des colons, toutes les eaux naturelles ou extraites artificiellement du sol.

Quand on le pourra, l'irrigation devra avoir lieu de préférence en dehors des heures chaudes de la journée.

Août. — Mêmes soins, mêmes travaux que dans le mois précédent. On peut, si on a un peu d'eau à sa disposition, l'utiliser pour des plantations assez en grand de haricots, qui réussissent mieux quand la floraison a lieu vers le 15 septembre que vers le 15 juin, à cause de la diminution de la chaleur.

Septembre. — A moins des crues causées par des orages et qui durent peu, c'est dans ce mois que l'eau est en plus minime quantité pour les irrigations. Le besoin, il est vrai, en est un peu moins grand. Le sol, tassé par les irrigations précédentes, en absorbe moins; le sol est plus ombragé, les nuits sont plus longues, aussi l'effet des irrigations dure plus longtemps.

Les orangers et les oliviers doivent recevoir de fortes irrigations, afin d'activer la végétation et augmenter la grosseur du fruit.

Les autres plantations n'ont plus besoin d'arrosages; les jardins continuent à en exiger.

CHAPITRE XXXIV

Du choix des plantes qui entrent dans la composition des prairies arrosées

Dans la création des prairies, on s'arrange pour recouvrir, autant que possible, le sol de gazon; on affermit ce gazon avec un rouleau après l'avoir placé. Mais il arrive souvent qu'on ne peut se procurer du gazon, et qu'on est obligé d'avoir recours à des semis, quoique tout sol convenablement arrosé finisse toujours par se couvrir d'herbe. On peut se procurer la graine nécessaire en choisissant un bon pré et en le partageant en deux parties, comme le conseille M. Villeroy. On fauche la première moitié lorsque les herbes hâtives sont arrivées à maturité, et la seconde lorsque les herbes tardives ont mûri à leur tour. Le mélange des deux graines obtenues par le battage des deux sortes de récoltes donne la certitude qu'on aura des semences mûres de toutes les plantes utiles. Comme l'irrigation favorise la croissance des bonnes plantes, et surtout de celles qui conviennent à la terre sur laquelle elles végètent, on est certain que les mauvaises plantes qui par hasard se trouveront dans le mélange, ou qui ne seront pas propres à la nature du sol de la prairie arrosée, finiront par disparaître. On peut prendre aussi les balayures des greniers à fourrage pour s'en servir comme semence. Quand on est obligé d'acheter la graine dans le commerce, le mieux est de faire des mélanges déterminés des principales herbes de bonne qualité qui peuvent convenir au sol sur lequel la prairie est placée.

L'utilité de mélanger diverses sortes de graines n'a pas besoin de commentaire; on comprend que c'est le moyen le plus simple et le plus rationnel de faire que la récolte triomphe des intempéries qui frappent inégalement les diverses plantes, d'obtenir un fourrage agréable pour le bétail, d'assurer enfin la constante abondance des coupes. Les graminées conviennent seulement à des prairies fréquemment arrosées; cependant, et quoiqu'elles finissent par disparaître, il est bon d'ajouter dans les mélanges quelques légumineuses qui assurent le succès des semis en abritant les plantes plus délicates et en garnissant les places nues, et qui, d'ailleurs, donnent elles-mêmes un produit dès la première campagne.

Les auteurs ont indiqué des mélanges en très-grand nombre; ces mélanges varient avec les climats, avec la nature du sol, et un peu aussi suivant des habitudes locales qui font estimer plus ou moins telle ou telle sorte de foin. Les proportions relatives des diverses espèces varient également à l'infini. Nous choisirons les exemples qui offrent le plus de garantie par l'autorité dont jouissent les auteurs qui les ont essayés ou conseillés. Nous ne reproduirons pas les longues listes qui ont été données pour la création des prés ordinaires; nous n'avons en vue que les prés irrigués. On doit chercher à arriver, pour les semences à employer sur les prairies arrosées, à la composition la mieux en rapport avec la croissance rapide qu'il s'agit d'obtenir.

Nous ne donnerons que des formules complètes, c'est-à-dire dans lequelles les proportions des différentes semences sont déterminées et rapportées à l'hectare. A côté du nom commun français, nous placerons le nom botanique.

M. Henry Stephens, dans le *Book of the Farm*, conseille les trois mélanges qui ont été composés avec le concours de M. Peter Lawson, l'éminent grainetier d'Edinburgh; ces mélanges peuvent se semer sans avoir recours à une récolte de blé et sont appropriés à des terres légères, moyennes et fortes, ainsi qu'il suit :

Noms des semences.	Terres legeres.	Terres moyennes.	Terres fortes.
	kil.	kil.	kil.
Agrostis traçant (*Agrostis stolonifera*).	2.55	2.84	5.12
Vulpin des prés (*Alopecurus pratensis*).	1.42	1.70	1.99
l'étuque queue de rat (*Festuca loliacea*).	1.14	2.26	3.39
Fétuque des prés (*Festuca pratensis*). .	2.84	2.84	2.84
l'étuque élevée (*Festuca elatior*). . . .	1.70	2.26	2.26
Baccone (*Glyceria fluitans*)..	2.55	2.84	5.12
Ray-grass d'Italie (*Lolium italicum*). . .	6.79	6.79	6.79
Ray-grass anglais (*Lolium perenne*). . .	7.95	7.95	7.95
Alpiste roseau (*Phalaris arundinacea*) .	1.14	1.42	1.70
Timothy (*Phleum pratense*).	2.26	3.39	3.97
Paturin commun (*Poa trivialis*). . . .	3.12	3.39	3.68
Lotier élevé (*Lotus major*)..	2.26	2.26	2.26
Totaux pour 1 hectare. .	35.70	39.92	43.05

Pour protéger les jeunes plantes, il est bon, dit M. H. Stephens, d'ajouter par hectare 90 litres de seigle si l'on sème à l'automne, et 90 litres d'orge si l'on sème au printemps. Les prix des mélanges sont respectivement, chez M. Lawson, de 86f.75, 100f.80 et 112f.50.

De l'Écosse nous passerons à la Belgique où nous trouverons employées des proportions de graines beaucoup plus considérables.

Après différents essais, M. Keelhoff est arrivé à trouver que le meilleur mélange pour la Campine est le suivant :

Ray-grass anglais (*Lolium perenne*).	16 kilog.
Timothy (*Phleum pratense*).	6
Vulpin des prés (*Alopecurus pratensis*).	25
Houque laineuse (*Holcus lanatus*).	25
Crételle à crêtes (*Cynosurus cristatus*).	5
Paturin des prés (*Poa pratensis*).	5
Flouve odorante (*Anthoxanthum odoratum*).	10
Lupuline (*Medicago lupulina*).	4
Trèfle des prés (*Trifolium pratense*).	4
Total pour 1 hectare.	100 kilog.

« Ce mélange paraîtra exorbitant à beaucoup de personnes, dit M. Keelhoff; cependant ce n'est que par suite des mauvais résultats obtenus avec des dosages plus faibles qu'il a été adopté. » L'ensemencement se fait en avril ou en mai et par un temps calme; le sol est entretenu dans un état de fraîcheur convenable et permanent par simple infiltration, l'eau étant introduite dans les rigoles de manière à les maintenir pleines, mais sans produire de déversement.

M. Nadault de Buffon donne le mélange suivant comme celui qu'il a employé avec le plus d'avantage pour la création de nouveaux prés arrosables dans des terres à blé; ce mélange a été composé avec le concours de M. Louis Vilmorin :

	KIL.
Ray-grass anglais (*Lolium perenne*).	10.0
Ray-grass d'Italie (*Lolium italicum*).	10.0
Fétuque élevée (*Festuca elatior*).	2.0
Fétuque des prés (*Festuca pratensis*).	2.0
Fromental (*Avena elatior*).	10.0
Timothy (*Phleum pratense*).	2.0
Dactyle pelotonné (*Dactylis glomerata*).	2.5
Flouve odorante (*Anthoxanthum odoratum*).	2.0
Houque laineuse (*Holcus lanatus*).	5.0
Paturin des prés (*Poa pratensis*).	2 5
Paturin commun (*Poa trivialis*).	2.5
Vulpin des prés (*Alopecurus pratensis*).	5.0
Trèfle blanc (*Trifolium repens*).	1.0
Trèfle hybride (*Trifolium hybridum*).	1.0
Lotier velu (*Lotus villosus*).	1.0
Total pour 1 hectare.	58.5

Ce mélange revient à environ 100 francs; il réussit parfaitement sur les terrains frais.

M. Louis Vilmorin a donné à M. Moll la formule suivante pour la composition des prés de la ferme de Vaujours :

	KIL.
Fromental (*Avena elatior*)	15.0
Ray-grass anglais (*Lolium perenne*)	8.0
Ray-grass d'Italie (*Lolium italicum*)	8.0
Houlque laineuse (*Holcus lanatus*)	2.0
Vulpin des prés (*Alopecurus pratensis*)	5.0
Dactyle pelotonné (*Dactylis glomerata*)	2.0
Timothy (*Phleum pratense*)	2.0
Paturin commun (*Poa trivialis*)	0.5
Paturin des prés (*Poa pratensis*)	0.5
Flouve odorante (*Anthoxanthum odoratum*)	1.0
Lupuline (*Medicago lupulina*)	1.0
Trèfle blanc (*Trifolium repens*)	2.0
Trèfle hybride (*Trifolium hybridum*)	0.5
Jacée (*Jacea pratensis*)	0.2
Persil (*Apium petroselinum*)	1.0
Total pour 1 hectare	46.7

D'après ce que rapporte M. Nadault de Buffon, les prairies nommées marcites, dans le Milanais, sont ensemencées avec le mélange suivant :

Fromental (*Avena elatior*)	26 kilog.
Ray-grass (*Lolium perenne*)	5
Trèfle des prés (*Trifolium pratense*)	15
Total pour 1 hectare	41 kilog.

Aux plantes qui viennent d'être indiquées, M. Nadault de Buffon joint les suivantes, comme étant également très-bonnes dans les prairies arrosées :

Agrostis commun (*Agrostis vulgaris*),
Agrostis des chiens (*Agrostis canina*),
Fétuque ovine (*Festuca ovina*),
Avenette (*Avena pratensis*),
Avoine bulbeuse (*Avena bulbosa*),
Brome des prés (*Bromus pratensis*),
Brome divariqué (*Bromus divaricatus*),
Panic traçant (*Panicum stoloniferum*).

D'après M. Lecoq, les plantes suivantes conviennent plus particulièrement aux *terres sablonneuses* irrigables :

> Timothy (*Phleum pratense*),
> Agrostis commun (*Agrostis vulgaris*),
> Houque laineuse (*Holcus lanatus*),
> Paturin commun (*Poa trivialis*),
> Trèfle blanc (*Trifolium repens*),
> Luzerne tachée (*Medicago maculatus*),
> Gesse des prés (*Lathyrus pratensis*),
> Fétuque élevée (*Festuca elatior*),
> Ivraie ou ray-grass (*Lolium perenne*),
> Avoine pubescente (*Avena pubescens*),
> Vesce des haies (*Vicia sepium*),
> Lotier corniculé (*Lotus corniculatus*),
> Trèfle des prés (*Trifolium pratense*).

Pour les *sols calcaires* arrosables, on doit employer :

> Boucage saxifrage (*Pimpinella saxifraga*),
> Lupuline (*Medicago lupulina*),
> Scabieuse colombaire (*Scabiosa columbaria*).
> Mille-feuille (*Achillea millefolium*),
> Pimprenelle (*Poterium sanguisorba*),
> Coronille variée (*Coronilla varia*),
> Silène enflé (*Silene inflata*),
> Dactyle pelotonné (*Dactylis glomerata*),
> Fétuque ovine (*Festuca ovina*).

Les plantes les mieux appropriées aux *terrains argileux* susceptibles d'irrigation sont :

> Timothy (*Phleum pratense*),
> Vulpin des prés (*Alopecurus pratensis*),
> Paturin commun (*Poa trivialis*),
> Fétuque des prés (*Festuca pratensis*),
> Fétuque élevée (*Festuca elatior*),
> Pencedan officinal (*Pencedanum officinalis*),
> Luzerne tachée (*Medicago maculata*),
> Trèfle des prés (*Trifolium pratense*),
> Gesse des prés (*Lathyrus pratensis*),
> Vesce des haies (*Vicia sepium*).

Enfin M. Lecoq conseille pour les *terrains sablonneux salés* ou placés sur les bords de la mer :

Troscart maritime (*Triglochin maritimum*),
Vulpin bulbeux (*Alopecurus bulbosus*),
Paturin maritime (*Poa maritima*),
Paturin des rivages (*Poa littoralis*),
Jonc de Bothnie (*Juncas bothnicus*),
Arroche étalée (*Atriplex patula*),
Arroche rose (*Atriplex rosea*),
Plantain maritime (*Plantago maritima*),
Trèfle fraisier (*Trifolium fragiferum*),
Luzerne maritime (*Medicago maritima*),
Lotier maritime (*Lotus maritimus*).

A côté des bonnes plantes, nous placerons, d'après M. Nadault de Buffon, les plantes nuisibles aux prairies irriguées. Les plantes nuisibles qui naissent dans les *prairies épuisées*, et dans celles dont l'arrosage est *mal dirigé* ou fait avec de mauvaises eaux, sont :

Mousse des prés (*Hypnum palustre*),
Renoncule âcre (*Ranunculus acris*),
Petite douve (*Ranunculus flammula*),
Bouton d'or (*Ranunculus repens*),
Mort-aux-vaches (*Ranunculus sceleratus*),
Colchique d'automne (*Colchicum automnale*),
Souchet allongé (*Cyperus longus*),
Grand plantain (*Plantago major*),
Pas d'âne (*Tussilago Farfara*),
Persicaire (*Polygonum persicaria*),
Pédiculaire des marais (*Pedicularis palustris*),
Mélampyre des prés (*Melampyrum pratense*),
Épilobe velu (*Epilobium hirsutum*).

Les plantes nuisibles, dues à l'*excès de l'arrosage*, à l'absence ou à l'insuffisance des moyens d'écoulement, sont :

Queue-de-cheval (*Equicetum limosum*),
Souci d'eau (*Caltha palustris*),
Sauge des prés (*Salvia pratensis*),
Menthe aquatique (*Mentha aquatica*),
Menthe des champs (*Mentha arvensis*),
Fluteau plantain d'eau (*Alisma Plantago*),
Grande laîche (*Carex maxima*),
Laîche dioïque (*Carex dioica*),

Laîche pendule (*Carex pendula*),
Roseau odorant (*Acarus calamus*).

Les plantes nuisibles aux prairies arrosées, et qui croissent principalement le *long des fossés et des rigoles*, sont :

Eupatoire chanvrin (*Eupatorium cannabinum*),
Barbe à petites feuilles étroites (*Sinum angustifolium*).
Patience (*Rumex patientia*),
Rumex aquatique (*Rumex hydrolapathum*),
Lysimaque commune (*Lysimachia vulgaris*),
Berce commune ou angélique sauvage (*Heracleum sphondilium*),
Herbe aux coupures ou grande cousoude (*Symphitum officinale*),
Narcisse des poëtes ou Jeannette des prés (*Narcissus poeticus*).

Pour faire disparaître les premières espèces de plantes, il faut arroser plus convenablement, ou bien améliorer au moyen d'engrais les eaux employées; pour les plantes de la seconde classe, des curages et les redressements des rigoles finissent toujours par les extirper des places qu'elles ont envahies; quant aux dernières, on doit nécessairement les arracher une à une pour les faire disparaître.

C'est une erreur trop répandue que celle de croire qu'une prairie n'a pas besoin d'engrais. Sans doute l'eau suffit quand elle est riche en matières dissoutes ou en matériaux tenus en suspension; mais le plus souvent il est bon d'y ajouter des matières fertilisantes. Dans tous les cas, pour la création des prairies, il faut, quand on le peut, avoir recours à des engrais tels que les boues des villes, le guano et les autres engrais du commerce, et aussi aux couches végétales de terres cultivées qu'il est possible d'apporter. On doit s'arranger de manière à amener : *sur les terres sablonneuses*, des engrais calcaires, des boues prises dans des villes placées dans des bassins argileux, des terres végétales argileuses; *sur les terres fortes*, des matières siliceuses et calcaires, des cendres, etc.

Les composts faits avec de la chaux et des gazons de

mauvaise qualité, de bruyères et de plantes marécageuses, seront répandus un mois avant les graines. Le guano sera semé, immédiatement avant les graminées, par un temps sec, et recouvert au moyen d'un coup de râteau de bois. Les autres engrais azotés et phosphatés seront employés de la même manière. Pour les fourrages, comme pour toutes les plantes, la matière première est l'engrais; l'eau chimiquement pure n'est qu'un véhicule.

CHAPITRE XXXV

Sur les résultats des irrigations

Les résultats des irrigations ne sont contestés par personne; aussi il suffira de quelques indications pour en faire apprécier l'importance. Nous ne donnerons en détail qu'un seul exemple récent, celui des irrigations faites sur le domaine du Lude, appartenant à M. le marquis de Talhouet. Les travaux ont été exécutés, sous la direction de M. de Hennezel, ingénieur en chef des mines, par M. Harel; ils ont été l'objet d'un rapport approbatif fait à la Société centrale d'agriculture en 1857 par M. le comte de Kergolay; nous extrairons de ce rapport les détails intéressants qui suivent:

La terre du Lude est composée de plus de 4,000 hectares; elle est située près de la petite ville de ce nom, sur les bords du Loir, qui la traverse. Le sol est, pour la plus grande partie, formé d'un sable de dune entièrement siliceux, reposant à des profondeurs variables, quelquefois considérables, sur un sous sol calcaire qui fournit une pierre tendre connue sous le nom de tuffaut. Avant les améliorations, quelques pièces de terre seulement, entourées de haies et de fossés qui en formaient les clôtures, étaient louées au prix de 25 à 26 francs l'hectare; le tout ne produisait qu'une rente de 2,858 francs.

M. le marquis de Talhouet résolut de tirer parti des eaux du Loir pour l'irrigation de ses terres. Une différence de niveau de 1m.30 existant entre le point où le cours d'eau pénètre sur la propriété et le point où il l'abandonne sous la terrasse du château du Lude, il fut facile d'établir une retenue en un point (fig. 556) où était autrefois le moulin de Malidor, et d'obtenir un canal de dérivation destiné à alimenter un système de rigoles ayant le Loir lui-même pour colateur. Toutefois le niveau de l'eau n'étant pas assez élevé pour atteindre certaines parties du périmètre qu'on voulait arroser, on a eu recours à une turbine faisant mouvoir une hélice qui élève l'eau à 1m.80 au-dessus du niveau ordinaire du bief du canal principal. La turbine dont nous avons déjà parlé (liv. X, chap. ix, p. 506) a été construite par M. Leblanc, ingénieur des ponts et chaussées; elle a 1m.40 de diamètre et 0m.25 de hauteur; l'arbre est en fonte, les bras sont en fer et les aubes en forte tôle. L'hélice élévatoire se meut avec une grande vitesse; elle fait environ 900 tours à la minute; son diamètre est de 0m.50. Cette machine élève près de 100 litres par seconde à la hauteur de 1m.80, ce qui représente en eau montée une force de 2ch.40. Tout le mécanisme, y compris la maçonnerie et la charpente nécessaires à son installation, a coûté 4,527 francs.

Les berges du canal principal, surtout dans les parties en remblai, ont été pourvues de corrois de glaise, à cause de la nature siliceuse et très-perméable du sol. En même temps qu'on effectuait ce travail, on a dressé le sol de la rivière, puis on a établi les embranchements des canaux secondaires, et enfin les rigoles d'irrigation. L'excédant des terres de déblai a été employée à combler les bas-fonds compris dans le périmètre arrosable. Toutes les clôtures ont été détruites.

Après les travaux préliminaires, le terrain a été ensemencé en graine de foin dans la proportion ordinaire; il s'est aussitôt converti en une prairie de bonne qualité, qui a donné par hectare 2,200 kilogrammes de foin dès la deuxième année et 3,500 kilogrammes à la troisième.

Dans l'été de 1856, la situation de l'entreprise se résumait ainsi : 62 hectares de prairies nouvelles, nivelées, ensemencées et irriguées; 6h.50 de bois taillis et de sapinères également irrigués; 19 hectares de nouveaux prés préparés pour être irrigués en 1857. Le périmètre total arrosable est de 165 hectares. Les frais généraux ont été de 4,527 francs pour l'établissement de la machine élévatoire et de son moteur, et de 3,604 francs pour l'ouverture du canal principal et de ses embranchements. Les frais d'établissement par hectare peuvent se calculer ainsi :

Quote-part dans les frais généraux.	49f.30
Terrassements et rigolages.	85.70
Graines, ensemencements, main-d'œuvre.	87.00
Total.	222.00

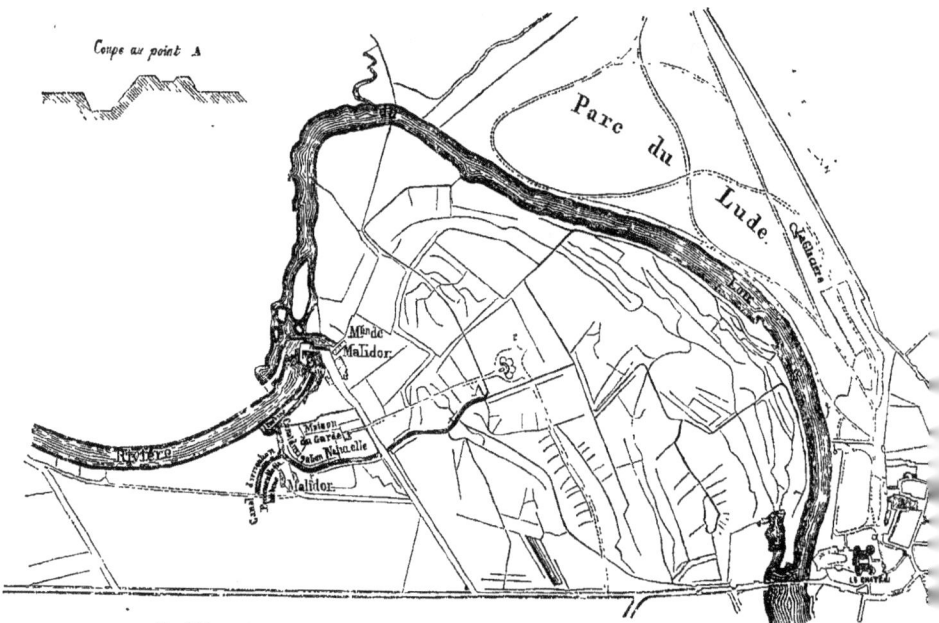

Coupe au point A

Parc du Lude.

M^lin de Malidor.

Maison du garde

salon Nouvelle

RIVIÈRE

Canal

Malidor.

Lude

LE CHATEAU

Fig. 556. — Plan des irrigations de la terre du Lude appartenant à M. le marquis de Talhouet.

Quant aux dépenses annuelles, elles s'établissent ainsi .

Intérêts de 224 fr. à 5 pour 100. . . . .   11ᶠ.20
Entretien des rigoles. 10.00
Ancien fermage. 26.00

                                Total. 47.20

Dès 1856, la vente du foin a donné un produit de 109ᶠ.10, tous frais
de récolte, fanage et rentrage payés; il reste, par conséquent, un bénéfice net de 61ᶠ.90 ou de plus du double de l'ancien fermage.

Des résultats plus considérables encore ne sont point
exceptionnels, ainsi qu'il résulte des faits suivants :

Les irrigations faites à Laupies (Ain) par M. d'Angeville, quoiqu'elles
aient coûté 55,480 francs pour 40 hectares, soit plus de 800 francs par
hectare, donnent un revenu de plus de 10 pour 100; en effet, la surface
irriguée ne rapportait avant les travaux que 1,440 francs; elle produit depuis 5,280 francs; l'excédant est de 5,800 francs.

Dans le même département de l'Ain, un éminent agronome, M. Puvis,
a irrigué 92ʰ.43 d'anciens prés en dépensant 19,000 francs; il a obtenu un
excédant de production de 207,000 kilogrammes de foin de meilleure qualité que celui récolté avant l'irrigation, c'est-à-dire un revenu d'au moins
25 pour 100 de la dépense, en portant le foin au plus bas prix possible.
Le même agronome a créé 58ʰ.59 de prés avec une dépense de 20,150
francs, et le rendement total est de 217,500 kilogrammes, soit de 5,700
kilogrammes à l'hectare.

D'après les expériences de M. Chevandier, une semence de pin qui
ne produirait en cent ans, sans arrosage, qu'un arbre d'une valeur de
7 francs, donnera par l'irrigation un arbre valant 85 francs.

L'irrigation a porté la valeur des terrains arrosés de 900 francs l'hectare à 5:000 francs dans l'Autunois, de 300 francs à 3,000 francs dans les
Landes de Bretagne, de 240 francs à 4,800 francs en Auvergne.

Les grèves de la Moselle, sans valeur avant l'irrigation, se vendent
5.000 francs l'hectare au bout de quelques années, et les dépenses sont
seulement d'environ 1,200 francs.

Dans le département de Vaucluse, à Cavaillon, 1 hectare arrosé et planté
en légumes donne un revenu net de près de 2,000 francs.

Malgré d'incontestables progrès, l'eau est une fortune
que malheureusement on gaspille encore en 1860 comme
en 1789, alors qu'Arthur Young s'étonnait que les deux
tiers de la France ignorassent l'irrigation et accusait les
sociétés d'agriculture de manquer au sens commun en ne
la vulgarisant pas.

LIVRE XI

THÉORIES DU DRAINAGE ET DES IRRIGATIONS

CHAPITRE PREMIER

Phénomènes à expliquer ou à démontrer

Jusqu'à ce jour, les auteurs qui ont écrit sur les irrigations et sur le drainage n'ont pas donné une théorie réelle de ces opérations. En général, ils sont partis d'idées préconçues sur ce que devaient produire soit l'emploi de l'eau, soit l'assèchement du sol, et ils ont cherché à prévoir les faits qui devaient se produire.

Nous n'avons pas suivi cette marche. Durant plus de huit années d'études approfondies sur la question, nous nous sommes attaché à réunir tous les faits bien constatés, soit en France, soit à l'étranger. C'est sur l'observation que nous avons voulu étayer quelques principes qui pourront désormais servir de guides certains.

Nous avons choisi surtout, parmi tous les phénomènes démontrés par l'expérience, ceux qui ne s'exprimaient pas par des phrases plus ou moins vagues, mais qui pouvaient se traduire en nombres ou en résultats positifs. Nous avons ensuite cherché à les rattacher aux lois établies par les maîtres de la science, les Boussingault, les Gasparin, les

Schwertz, les Thaer, et aux principes connus de la physiologie, de la mécanique, de la physique et de la chimie. Nous avons spécialement donné notre attention à montrer ce qui restait encore à découvrir, en nous efforçant de ne pas aller au delà de ce qu'on pouvait regarder comme parfaitement prouvé. Il en résulte que, si nous n'offrons pas encore des théories tout à fait complètes, nous avons pu tracer une limite nettement définie entre ce qui est aujourd'hui connu et ce qui est encore à expliquer, et poser des principes sur lesquels l'on pourra s'appuyer dans le choix des systèmes à adopter et dans l'exécution des travaux arrêtés.

Ceux qui auront parcouru cet ouvrage avec quelque attention ne s'étonneront pas de nous voir réunir la théorie du drainage et la théorie des irrigations. Dans les deux cas, il s'agit de faire écouler de l'eau, de niveler des plans, de faire circuler de l'air dans le sol, d'augmenter la puissance d'assimilation des végétaux; les deux opérations sont tellement liées l'une à l'autre, que chacune ne produit tous ses effets que quand l'autre la complète.

Nous avons emprunté à tous nos prédécesseurs, et nous nous empressons de rendre hommage aux travaux de MM. Stephens, Parkes, Gisborne, Charnock, Thomas Way, Clutterbuck, etc., en Angleterre; Keelhoff et Leclerc, en Belgique; Hugo Schober, Stöckhardt, etc., en Allemagne: Nadault de Buffon, Villeroy, Delacroix, Hervé-Mangon, etc., en France. Ce sont toutes les expériences faites jusqu'à ce jour, soit par nos devanciers, soit par nous, qui nous ont permis d'accomplir l'œuvre que nous nous étions imposée.

Dans les livres précédents, tout en décrivant les procédés pratiques des travaux à effectuer, nous nous sommes attaché à résumer tous les faits connus en ce qui concerne :

1° La simplification des procédés de culture ;

2° Les effets mécaniques constatés par un changement dans la constitution physique du sol;

3° L'action exercée sur les phénomènes de la végétation ;

4° Les effets produits sur le rendement des diverses natures de récoltes, effets qui sont en quelque sorte, pour les agriculteurs, l'intégrale de tous les autres;

5° Les effets hygiéniques sur la santé des hommes, des animaux et des plantes;

6° Les effets physiques relatifs à la température du sol, à sa faculté de laisser filtrer ou de laisser évaporer une plus ou moins grande quantité d'eau.

Nous avons aussi fait connaître les divers jaugeages exécutés avec quelque précision dans le but de mesurer exactement les débits des décharges des terrains drainés de diverses natures, ainsi que les déterminations des quantités d'eau exigées par l'irrigation dans les différents climats.

Nous aurons en conséquence à montrer :

1° Pourquoi l'eau s'écoule par les tuyaux de drainage de manière à assainir non-seulement le terrain immédiatement supérieur, mais encore toute l'étendue d'un champ, et à en modifier les propriétés physiques, telles que la cohésion, la porosité et même la composition chimique;

2° Comment il se fait qu'un sol drainé est plus chaud que le sol non drainé de même nature;

3° Pourquoi l'évaporation d'un sol drainé est moindre que celle d'un même sol non drainé, et cela dans un rapport qui est à déterminer pour les divers climats, les diverses natures de terre, les diverses sortes de culture;

4° Pourquoi les brouillards deviennent moins nombreux quand une région a été drainée sur une grande échelle:

5° Pourquoi les drains plus profonds débitent une plus grande quantité d'eau, de sorte qu'on peut espacer davantage les lignes de drains quand on les place plus profondément, et quel est le rapport qui doit exister entre l'écartement et l'enfoncement;

6° Pourquoi les racines des plantes pénètrent plus avant dans les terres drainées que dans les terres non drainées;

7° Pourquoi la maturité des récoltes est avancée par le drainage; ·

8° Comment il se fait que les terrains produisent davantage en vertu du drainage et des irrigations et à quelles conditions l'augmentation de fertilité peut persister.

Eh bien, l'examen attentif de tous les faits onstatés, de toutes les questions à résoudre, démontre péremptoirement que le simple enlèvement de l'eau excédante d'un terrain ou la simple introduction d'une eau courante ne peuvent rendre compte des nombreux phénomènes observés, ne peuvent donner l'explication des effets reconnus par l'expérience, et qu'il faut avoir recours à l'intervention de l'air dans le drainage et dans les irrigations pour en donner une théorie plausible.

Nous nous occuperons donc avant tout et de prouver l'introduction d'une grande quantité d'air dans le sol par le fait du drainage et par les eaux d'arrosage, et de chercher le rôle que cet air doit jouer tant au point de vue physique que sous le rapport des affinités chimiques.

CHAPITRE II

De l'aération du sol

L'aération du sol est certainement le but principal des travaux de culture. Augmenter cette aération est un moyen

énergique d'accroître la fertilité du sol, de le mettre en
état de produire plus avec une masse d'engrais suffisante.
On avait la conviction que le drainage activait fortement
l'introduction de l'air dans le sol, mais on n'en avait pas de
preuve directe, lorsqu'en 1855 M. Eugène Risler a fait connaître sur ce fait l'ingénieuse démonstration que nous allons reproduire (1). Elle repose sur une petite expérience
facile à comprendre et à répéter.

Des recherches indépendantes du drainage avaient amené
M. Risler à faire végéter diverses espèces de plantes dans
des cônes en terre d'environ 0ᵐ.55 de hauteur et 0ᵐ.25
de diamètre à leur base.

Tous ces cônes, dit-il, étaient remplis de la même terre, en même
quantité. J'avais laissé les uns ouverts à la partie inférieure, après que
j'y avais mis un décimètre environ de petits cailloux qui y produisaient
un drainage parfait. Quelques-uns d'entre eux furent, au contraire,
hermétiquement bouchés. Il paraît que, depuis le commencement de mes
expériences, les pluies n'ont jamais été assez abondantes pour verser
dans les cônes une quantité d'eau plus grande que la terre n'en pouvait
absorber, car il n'en a point passé du tout à travers les cônes drainés.
Ainsi donc, il ne pouvait pas y avoir d'eau stagnante dans les cônes bouchés. Ces cônes représentaient une terre qui n'aurait pas besoin d'être
drainée, si toutefois il était vrai que le drainage n'agit, comme on le
croit assez généralement, qu'en permettant à l'excès de l'eau de s'écouler. Et cependant les plantes furent très-vigoureuses dans les cônes drainés, tandis qu'elles se montrèrent souffrantes dans les cônes non drainés. Je ne pus trouver d'autre explication de ce fait que celle-ci : les
cônes drainés ont été mieux aérés que les autres.

M. Risler a voulu s'assurer de la justesse de sa conclusion, en imaginant une expérience où seraient reproduites autant que possible les conditions dans lesquelles
se trouve une terre drainée, et où, en même temps, il y aurait
une disposition qui rendît visible toute entrée ou toute sortie

(1) *Journal d'agriculture pratique*, 4ᵉ série, t. IV, p. 71.

d'air. La figure 557 indique comment, avec quelques usten-

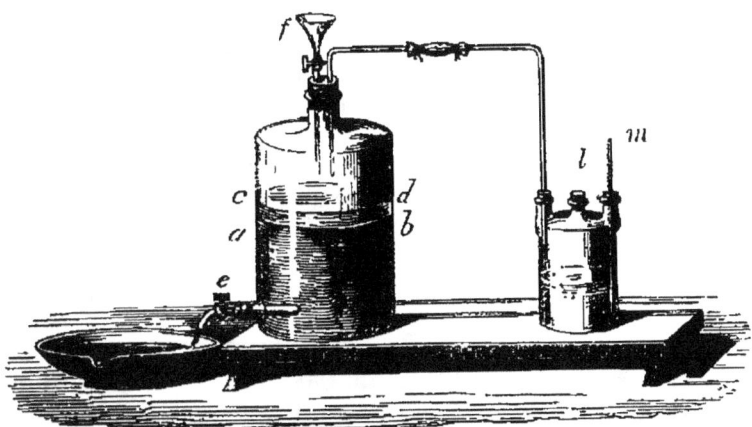

Fig. 557. — Expérience destinée à démontrer l'aération du sol produite par le drainage.

siles qu'on rencontre dans tous les laboratoires de chimie, on peut obtenir la démonstration directe cherchée par M. Risler, que nous allons encore laisser parler.

J'ai mis, dit-il, une hauteur de $0^m.15$ environ de terre légèrement humide dans un flacon muni à sa partie inférieure d'un robinet e, dont le tube pénètre à une petite distance dans l'intérieur de la terre et peut représenter, par conséquent, un drainage avec assez d'exactitude. L'ouverture supérieure du flacon est fermée hermétiquement au moyen d'un bouchon, à travers lequel passent, d'une part, un tube à robinet f qui sert à introduire l'eau, et, de l'autre, un tube qui communique avec l'intérieur d'un flacon à trois tubulures rempli en partie d'eau et arrangé de telle manière que l'air qui y entrerait par le tube m serait obligé de passer à travers l'eau et de rendre ainsi son entrée visible à l'œil.

Je commence par fermer le robinet c, j'enlève le bouchon l du petit flacon, et j'introduis à travers le tube f assez d'eau pour représenter une forte pluie; puis je ferme le robinet f, et je remets le bouchon en l.

Tant que le robinet e reste fermé, c'est-à-dire tant que le drainage ne s'opère pas, l'eau introduite occupe la position $abcd$, et ne pénètre que très-lentement sous le sol, en déplaçant l'air qui s'y trouve renfermé, et le forçant à sortir par le haut en bulles qui crèvent à la surface du liquide. Dans ce cas, l'eau prend la place d'une certaine quantité d'air; elle amène, il est vrai, l'oxygène qu'elle porte en solution; mais elle n'en amène évidemment pas assez pour compenser celui qu'elle a fait sortir; par conséquent, le sol renferme après chaque pluie moins d'oxygène qu'il n'en renfermait avant cette pluie, et c'est seulement quand l'eau ainsi introduite sera évaporée qu'il pourra rentrer de l'air.

Mais, si nous ouvrons le robinet e, si nous établissons le drainage, nous verrons les choses changer complétement de face. L'air renfermé dans la terre, trouvant à s'échapper par en bas, ce qui devient aisément visible si l'on plonge l'extrémité du robinet dans un vase d'eau, l'eau *abcd* s'infiltre graduellement dans la terre, et, tandis que l'air corrompu est chassé d'un côté. il arrive par en haut de l'air pur que nous voyons traverser le flacon laveur par le tube *m*. Ainsi le drainage agit avant même qu'il s'écoule de l'eau par les tuyaux. Quand cet écoulement commence, l'aération cesse, pour reprendre aussitôt que l'eau aura cessé de garnir la partie supérieure du sol.

Les drains n'agissent donc pas seulement lorsqu'ils débitent de l'eau. On peut dire qu'il y a :

Aération chaque fois qu'il tombe de la pluie, qui chasse devant elle l'air corrompu séjournant dans le sol ;

Écoulement de l'eau chaque fois que les pluies donnent une quantité de liquide qui dépasse la faculté d'absorption du sol ;

Nouvelle aération chaque fois que l'eau s'égouttant peu à peu laisse des vides que l'air remplit pour être chassé de nouveau après une pluie.

Dans le cas où il n'y a ni drainage, ni sous-sol perméable, les pluies ne peuvent pénétrer qu'à de très-petites profondeurs et n'entraînent avec elles, par conséquent, qu'une petite quantité de l'oxygène nécessaire à la végétation. Après le drainage, il y a sortie d'air corrompu, c'est-à-dire privé d'une partie de son oxygène, et entrée d'air nouveau et pur.

Faut-il croire cependant que le drainage ne produit pas d'autre effet que celui de créer un sous-sol perméable permettant à l'air corrompu du sol supérieur et à l'eau en excès de s'échapper inférieurement. Nous croyons que, par les bouches des drains laissées ouvertes, l'air atmosphérique peut pénétrer dans l'ensemble des tuyaux souterrains, et de là dans le sol pour l'aérer par un courant dirigé du bas vers le haut.

Lorsque par les irrigations on fait arriver de l'eau sur la surface du sol, la nappe formée pénètre en grande partie dans le sol, et elle doit alors nécessairement avoir pour effet de chasser ou de dissoudre les gaz contenus dans les pores de la terre arrosée. On a vu que la pratique des irrigations a montré la nécessité des intermittences des arrosages dans tous les pays. Après avoir retiré l'eau par les rigoles de colature, on laisse pénétrer l'air dans le sol à la place de l'eau, et ce n'est qu'au bout d'un certain temps, quelquefois au bout de 5, de 7, de 10 jours, d'autres fois au bout d'un intervalle d'un mois qu'on amène de nouveau de l'eau. Les irrigations doivent donc évidemment renouveler l'air des terrains arrosés. Ce renouvellement se fait d'une manière plus complète et plus facile lorsque le drainage est combiné avec l'irrigation, ainsi que nous l'avons indiqué dans le livre précédent de cet ouvrage (p. 433 à 471) et ainsi que M. Corbière, propriétaire à Escoussens (Tarn), l'a proposé le premier (1).

CHAPITRE III

Effets des actions successives de l'air et de l'eau pour changer la constitution physique des terrains

Nous allons essayer de montrer comment l'air et l'eau doivent se comporter soit dans le mode de drainage le plus généralement adopté, soit dans les divers systèmes d'irrigation pour changer la constitution physique des terrains.

Pour bien comprendre ce qui se produit dans un terrain

(1) *Journal d'agriculture pratique*, 5e série, t. IV, p. 447 (juin 1852).

drainé avec des tuyaux, nous considérerons trois cas : celui
où les tuyaux coulent pleins, celui où ils coulent à moitié,
celui où ils ont cessé de couler. Ces trois cas sont représentés dans la figure 558 par les lettres A, B, C.

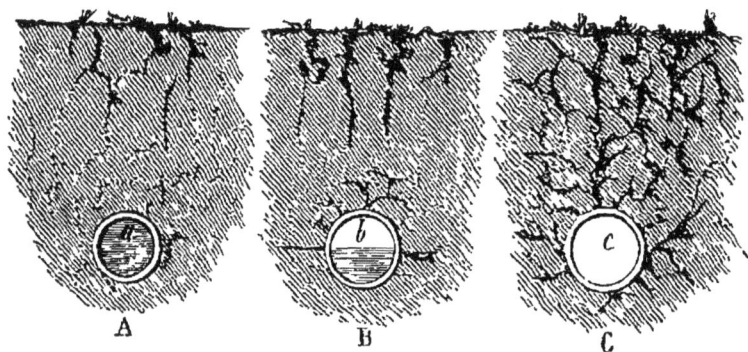

Fig. 558. — Effets de l'air et de l'eau dans le drainage.

D'abord on sait que les tuyaux laissent surtout entrer
l'eau à travers les intervalles qui restent entre chacun d'eux,
à la distance de 0^m.30 à 0^m.33. Ces intervalles doivent être
très-petits, afin que l'eau ne puisse s'écouler qu'après avoir
été complétement filtrée. La porosité de la poterie non
vernissée, dont on se sert pour faire les tuyaux, peut
bien aussi jouer un rôle; mais ce rôle est moins considérable que celui des interstices laissés entre deux bouts de
tuyaux. En tout cas, le rôle des pores des tuyaux et
celui des interstices sont identiques, que les tuyaux soient
pleins d'eau ou qu'ils soient vides. L'eau s'introduit dans
les tuyaux en vertu de sa pesanteur, dès qu'elle est en excès
dans le sol qui entoure le tuyau, partout où il existe un vide.
Elle arrive peu à peu, goutte à goutte, en se filtrant, se cla-
rifiant, se purifiant de la plus grande partie des matières
étrangères qu'elle tient en suspension, comme fait l'eau des
fleuves, de la Seine, par exemple, en passant à travers les
filtres de charbon, de sable et de coton, où la poussent de

puissantes machines hydrauliques ou à vapeur. Peut-être aussi que, pendant que l'eau filtre à travers le sol, les matières qui s'y trouvent dissoutes éprouvent des modifications considérables; nous étudierons cette question particulière dans un autre chapitre.

Quand un drainage vient d'être effectué au sein d'une argile compacte, l'eau a d'abord de la peine à s'écouler. Cependant, supposons qu'elle ait atteint la profondeur du drain (nous verrons comment cela sera possible), elle remplit le tuyau a, s'échappe en vertu de la pente de ce tuyau, et alors, si de nouvelles pluies ne surviennent pas, quelques fentes se font dans la partie supérieure du sol, comme on le voit en A (fig. 558), et l'air y pénètre.

Il arrive nécessairement un moment où le tuyau n'a plus assez d'eau pour couler plein, comme on le voit en B. Alors un espace vide b se forme à sa partie supérieure; il est évident que de l'air s'introduira dans cet espace b, puisque le vide ne peut exister en présence de fluides sur lesquels agit la pression atmosphérique. A travers les interstices des tuyaux, cet air sera nécessairement en contact avec l'argile, et dès lors celle-ci tendra à se dessécher par le bas, et il s'y formera des fissures, de telle sorte que l'amélioration du sol se fera à la fois par le haut et par le bas, comme le montre la figure. Cette amélioration continuera à se produire dans les deux sens, à mesure que l'eau diminuera de quantité dans le tuyau; et bientôt, comme on le voit en C, où l'intérieur c du tuyau est vide d'eau, les fissures du bas et du haut se rejoignent. L'air circule alors facilement. Il est d'ailleurs pompé par l'action du soleil, car on sait que la chaleur donne à une masse d'air un mouvement ascensionnel.

La nécessité de l'oxygène de l'air dans l'acte de la germination n'est ignorée par personne depuis les belles expériences de Sennebier et de Saussure; il faut en même temps la présence d'une certaine quantité d'humidité et une température convenable. Ces conditions sont mieux remplies dans un terrain drainé et convenablement ameubli que dans tout autre. C'est ce qui a été démontré par un agronome anglais, le Dr Madden, d'une manière saisissante. D'abord nous avons vu (liv. IX, chap. XII, p. 129 à 141) qu'un sol drainé est plus chaud qu'un sol non drainé de même nature. Ensuite, dans un sol drainé, l'évaporation est moindre et la dessiccation est moins complète que dans la même espèce de sol non drainé. Cela rappelé, il est facile de comprendre les explications du Dr Madden que M. Hervé-Mangon a déjà traduites dans ses études sur le drainage à peu près dans les termes suivants :

Considéré d'une manière générale, le sol arable se compose de particules plus ou moins grosses, depuis les pierres et les graviers jusqu'à la poussière la plus impalpable. Les diverses particules, en raison de leur variété de forme et de grosseur, ne sauraient être en contact intime; de sorte qu'il existe entre elles une série de vides communiquant les uns avec les autres et formant de véritables canaux non interrompus. Mais, examinées isolément, les diverses particules qui composent la terre sont elles-mêmes plus ou moins poreuses; par conséquent, dans un terrain donné existent toujours deux séries de petites cavités, les unes *intérieures* aux particules constituantes du sol, les autres *extérieures* à ces particules et produites par l'ensemble des vides laissés entre elles.

Si le sol est parfaitement sec (fig. 559), tous les pores extérieurs des

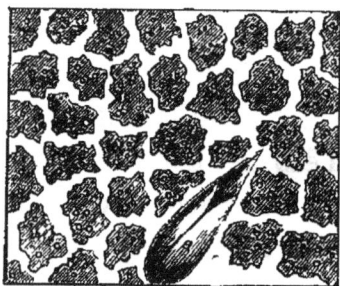

Fig. 559. — Germination dans un sol trop sec.

Fig. 560. — Germination dans un sol trop mouillé.

particules et des vides formant canaux laissés entre elles sont naturellement remplis d'air. La graine *a* ou bien les racines des plantes sont parfaitement approvisionnées de ce gaz, mais tout à fait privées d'eau.

Dans la figure suivante (fig. 560), au contraire, les pores et les canaux sont remplis d'eau, celle-ci ayant pris la place de l'air. Le sol est *très-mouillé*, et les plantes aquatiques pourraient seules y prospérer (la graine *a* gonflera, mais la germination ne s'accomplira pas). Au contraire, si l'eau n'existe plus que dans les pores, si les canaux (fig. 561) sont remplis d'air, la graine *a* se trouve alors dans les conditions les plus convenables; elle est en contact à la fois avec l'air et avec l'eau; le sol est alors *humide,* mais il n'est pas *mouillé*. C'est l'état le plus favorable à la végétation; la terre paraît imbibée d'eau, mais elle s'écrase sans faire pâte entre les mains.

Si le sol se trouve dans des circonstances telles que les particules du terrain se sont agglomérées les unes aux autres (fig. 562) et forment des

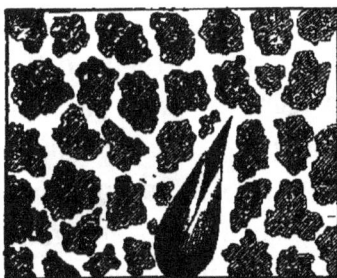

Fig. 561. — Germination dans un sol drainé et convenablement ameubli et humide.

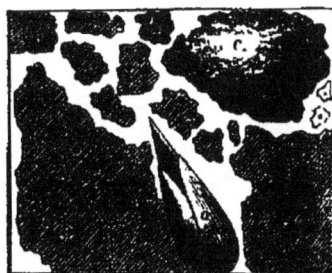

Fig. 562. — Germination dans un sol non drainé et non ameubli.

mottes plus ou moins volumineuses, il arrive que les pores de ces mottes *b* contiennent de l'eau; mais les canaux sont oblitérés, et l'air ne peut plus traverser la masse. La plumelle de la graine *a* qui germe ne peut pas plus pénétrer dans ces mottes *b* que dans la pierre *c;* les racines ne peuvent non plus y entrer pour profiter de l'eau qui s'y trouve.

Ainsi la division du sol en particules entre lesquelles l'air peut circuler, et dont les pores peuvent s'imbiber d'air et d'eau, telle est la condition essentielle pour que les phénomènes de la végétation puissent s'accomplir, et on peut ajouter pour que la nourriture des plantes se prépare par les réactions de l'oxygène de l'air sur les matières organiques et minérales du terrain.

Dès 1850, M. Payen signalait comme d'une haute utilité pour la végétation l'effet que devait produire le drainage, en augmentant la vitalité des radicelles des plantes ayant ainsi l'oxygène nécessaire à leur rapide développement.

En discutant dans un autre chapitre les effets chimiques qui peuvent se produire dans le drainage ou dans les irrigations, nous verrons que l'air agit sur les matériaux divers contenus dans le sol, et que notamment son oxygène, brûlant les matières organiques, doit produire de l'acide carbonique, et à la suite désagréger et dissoudre les calcaires, décomposer les phosphates, peroxyder le fer, etc. De là nécessairement cette conséquence, que le terrain s'émiette et acquiert la porosité nécessaire à une bonne végétation. Quand de nouvelles pluies surviendront ou bien quand on irriguera, l'eau chassera en partie l'air introduit d'abord, air altéré, ayant perdu son oxygène, et qui, par conséquent, sera renouvelé au grand profit de la végétation.

Ce n'est pas seulement au-dessus des tuyaux que ces effets se produisent; ils se manifestent à droite et à gauche, jusqu'à une certaine distance, qui dépend et de la nature du terrain et de la profondeur à laquelle est placé le drain. Nous aurons à rechercher quelle est la relation qui doit exister pour chaque terrain entre l'écartement et la profondeur des drains, pour que les effets complets de l'assainissement soient suffisants dans toutes les parties d'un champ.

Nous venons de dire que dans les terrains drainés, l'air monte du bas vers le haut, à travers le sol dont les fissures se multiplient à l'infini. Ce n'est souvent qu'au bout d'un temps assez long, de deux, trois ou quatre ans, que cette dessiccation de bas en haut s'effectue, et ce fait explique pourquoi certains drainages n'ont commencé à fonctionner qu'au bout de quelques années. Cependant, une fois que l'air a pénétré dans les fissures du sol, il est très-difficile de le déloger complétement. C'est un fait bien connu de tous les physiciens. On sait qu'il faut agir par frottement sur deux plans de verre bien polis pour chasser l'air qui existe entre eux, afin de pouvoir les faire juxtaposer; on sait aussi que, quand on jette un corps poreux dans l'eau, un morceau de sucre, par exemple, il faut un temps très-long pour que l'air en soit complétement délogé et remonte à la surface. Eh bien, un phénomène analogue se produira dans le drainage avec des tuyaux souterrains dans les terrains irrigués. L'air ne sera jamais complétement chassé du sol; le sol argileux ne reprendra jamais sa consistance, sa compacité première, à cause des intermittences des arrosages et des pluies. A droite et à gauche d'un drain, l'air pénètre entre les particules de terre, de manière à maintenir leur ameublissement. C'est en cela surtout que le drainage à tuyaux souterrains diffère du drainage à fossés ouverts, tel que celui représenté par la figure 565. L'eau se rend dans les fossés A, en coulant souvent simplement à la surface, sans pénétrer dans la terre, si ce n'est à une petite profondeur, et l'air ne peut tendre à remonter à travers le sol. Les fissures qui se forment latéralement dans les fossés A ne se prolongent pas d'ailleurs très-loin, et il arrive que les parois de ces fossés se lissent, deviennent des espèces de murailles imperméables; on n'a donc qu'un assainissement tout à fait incomplet.

Sous le même point de vue, un drainage avec de petites

Fig. 565. — Assainissement incomplet du sol dans un drainage à fossés découverts.

pierres, sans un canal souterrain continu et conservé tout du long des tranchées, ne saurait valoir un drainage fait avec des tuyaux, parce que l'air ne peut s'y mouvoir avec facilité pour remplacer l'eau dès qu'elle s'est écoulée ; l'eau, de son côté, ne s'en échappe que plus lentement, parce qu'elle rencontre plus de frottement, plus de résistance sur son parcours.

Enfin, le même principe nous montre aussi que des drains venant aboutir dans un drain collecteur qui se déverse, non pas dans un fossé ouvert à l'air, mais seulement dans un puits perdu, dans une sorte de boit-tout, ne sauraient remplir exactement le même but que les drainages débouchant à ciel ouvert, puisque alors l'air ne pourrait plus rentrer en dessous avec facilité. Dans le cas des boit-tout, on n'a que l'effet que peuvent donner l'air dissous dans l'eau, l'air pénétrant par la couche supérieure, et enfin l'absence d'un excès d'humidité.

Lorsque l'air peut rentrer dans les drains, il exerce une action physique spéciale, dont nous devons aussi dire quelques mots. L'air passe des couches plus basses vers les supérieures. Or les couches plus basses sont saturées d'humidité ; il leur prend cet excès d'humidité pour la porter sur les couches plus élevées où se trouvent les racines. Il rafraîchit donc durant la sécheresse, comme beaucoup de draineurs l'ont remarqué.

Pendant la nuit, le sol se refroidit ; en conséquence, l'air qui y est contenu diminue de volume, et cela beaucoup plus rapidement que ne sauraient le faire les pores de la terre ; il en résulte que de l'air extérieur pénètre alors dans le sol et y apporte la rosée dont les draineurs disent avoir constaté l'abondance plus grande dans les terrains soumis à l'assainissement par les tuyaux.

CHAPITRE IV

Expérience sur un drainage à courant d'air

Nous penchons à croire que la pluie est le plus puissant moyen d'aération des terres, et qu'elle agit à ce point de vue avec plus de facilité dans les sols drainés que dans les sols ordinaires. Cependant nous ne pouvons pas ne pas admettre aussi que, tandis que l'eau coule dans les drains qui descendent le long de la plus grande pente du terrain, en suivant des tuyaux qui ne sont pas remplis de liquide en entier, il peut y avoir une circulation d'air en sens contraire. Cet air doit entrer par la partie inférieure des drains collecteurs, pour remonter, comme dans les cheminées, vers la partie supérieure du champ, en se disséminant dans le sol à travers les interstices laissés entre les bouts de tuyau, tous les 30 ou 33 centimètres.

Nous avons dit précédemment (liv. IX, chap. III, p. 74) que l'oxygène introduit dans le sol devait y produire de l'acide carbonique, en se combinant avec les matières carbonées des engrais qui s'y trouvent renfermés. En hâtant la décomposition de ces engrais, l'oxygène de l'air introduit dans un sol drainé peut être appelé à augmenter le rendement des récoltes que ce sol fournira. Nous avons entendu au congrès agricole de Valenciennes, en 1852, des chimistes illustres s'appuyer sur ces vues théoriques pour conseiller l'emploi de cheminées verticales placées au haut des champs drainés, et mises en communication avec les drains, de manière à faire un appel d'air énergique. Nous avons même entendu parler de ventilateurs qui injecteraient de l'air dans les drains à leur partie inférieure. De pareilles propositions, qui semblent au premier abord de véritables jeux de l'esprit, ne doivent pas être rejetées sans examen. En effet, la très-curieuse expérience que nous allons rapporter démontre qu'une circulation d'air plus hâtive dans un terrain drainé en a augmenté les produits.

Cette expérience a été faite par M. Simon Hutchinson (1), sur une terre exploitée par M. Stafford, de Marnham, près Newark.

Un champ de 4 hectares, consistant en un fort loam (terrain composé de sable, d'argile et de carbonate de chaux, où toutefois l'argile domine), reposant sur un sous-sol argileux, a été drainé en 1843 par 25 drains parallèles, profonds de 0^m.61, espacés de 4^m.57 les uns des autres, et se rendant tous dans un même drain principal.

Au commencement de l'automne de 1846, ce champ a été divisé en 5 parcelles contenant chacune 5 drains. Rien n'a été changé à l'état des deux parcelles des deux bouts, ni à la parcelle du milieu. Mais, dans les deux parcelles n°² 2 et 4, les cinq drains ont été réunis à leur partie supérieure par un canal permettant de hâter la circulation de l'air, comme on le voit par la figure 564, où la ligne pleine moyenne est le drain col-

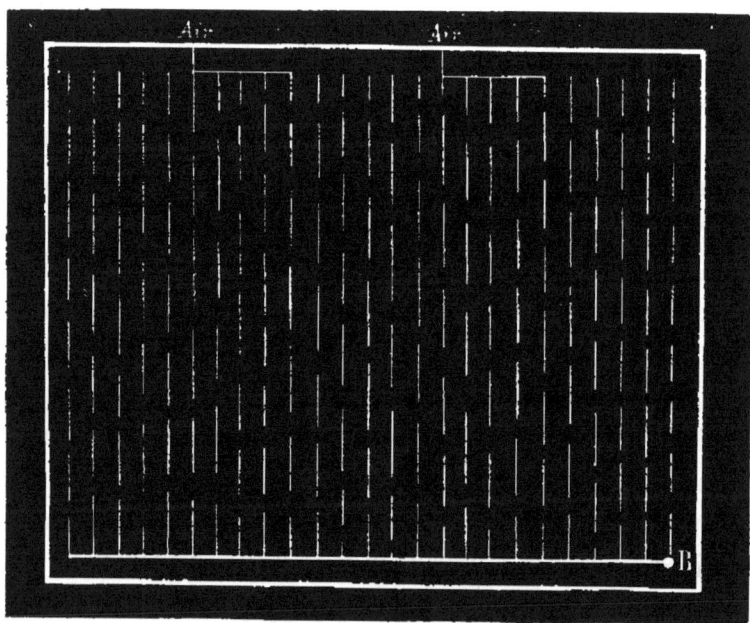

Fig. 564. — Expérience sur le drainage avec circulation d'air souterraine.

(1) *Journal of the royal agricultural Society of England*, t. IX, p. 340.

lecteur ayant sa décharge en B, et où enfin les lignes pleines les plus petites figurent les canaux souterrains à circulation d'air.

Le champ tout entier fut cultivé en turneps et ensuite en blé; les labours, les engrais, et toutes les façons données à la terre, furent identiquement les mêmes pour chacune des cinq parcelles; voici les résultats obtenus par hectare :

	Turneps.	Blé.	
		grain.	paille.
	kil.	hectolitres.	kil.
Champ drainé avec circulation d'air.. .	26,080	25.8	3,470
Champ drainé sans circulation d'air.. .	17.500	18.8	2,600
Avantage en faveur de la circulation d'air.	8,780	7.0	870

Dans une seconde expérience, le même observateur a obtenu :

	Turneps.	Blé.	
		grain.	paille
	kil.	hectolitres.	kil.
Champ drainé avec circulation d'air.. .	40,626	31.4	4,500
Champ drainé sans circulation d'air.. .	34,105	26.7	3,785
Avantage en faveur de la circulation d'air.	6,521	4.7	715

M. Hutchinson ajoute que le blé recueilli sur le sol drainé avec courant d'air eut à la vente une faveur de 0ᶠ.85 par hectolitre, et que la paille en était plus belle et meilleure.

Il est vrai de dire que, dans l'expérience précédente, la profondeur des drains n'était pas aussi grande que dans les cas ordinaires, et qu'en conséquence le courant d'air, en facilitant l'évaporation, a pu avoir une influence physique, et non pas seulement l'action chimique de l'introduction et de l'absorption de l'oxygène de l'air.

CHAPITRE V

Phénomènes chimiques du drainage et des irrigations

Les phénomènes chimiques que produisent le drainage et les irrigations nous paraissent devoir occuper un rang à part par leur importance et par leur nombre. Ils expliquent certainement une grande partie des effets physiologiques, physiques, mécaniques, hygiéniques et économiques que nous avons décrits. C'est le propre de l'affinité chimique d'être modifiée constamment par les agents physiques, et notamment par la chaleur et l'électricité, en même temps qu'elle n'est jamais mise en jeu sans donner naissance à des phénomènes calorifiques, électriques ou même lumineux, quand les premiers ont une grande intensité.

Les réactions chimiques dans le drainage et les irrigations proviennent des réactions exercées par l'eau, par l'oxygène dissous dans cette eau, et surtout par l'oxygène de l'air sur les matériaux du sol, sur les engrais organiques et sur les engrais minéraux ou amendements, qu'on ajoute à la couche arable dans toute culture perfectionnée.

L'air intervient dans les effets chimiques du drainage, non pas seulement en se mettant en contact avec la partie supérieure du terrain rendue plus poreuse, mais encore parce qu'il remonte d'en bas, à travers les fissures des tuyaux et celles du sol, lorsque celui-ci a été égoutté, et surtout parce que chaque pluie, en s'écoulant à travers le sol drainé, chasse devant elle l'élément gazeux de l'air qui n'a pas été absorbé par le sol, et laisse ensuite des vides qu'un nouvel air pur vient remplir ; enfin, l'eau a la propriété de dissoudre les deux éléments principaux de l'air atmosphérique, l'oxygène et l'azote, mais de telle sorte, qu'il y a proportionnellement plus d'oxygène dissous que d'azote ; cet oxygène produit une action éminemment utile sur la végétation. Le fait est ici d'accord avec la théorie. Il faut donc se garder, selon nous, de ne voir dans le drainage qu'un simple égouttage du sol arable destiné à le rapprocher simplement de l'état qu'il présente dans les terrains à sous-sol perméable.

Au surplus, nul chimiste ne voudrait nier la très-grande

probabilité de l'action énergique de l'air dans le drainage. Pour abriter notre opinion sous des autorités puissantes, nous n'avons qu'à invoquer le témoignage d'un des savants dont la parole est le plus respectée dans la science, celui de M. Chevreul. Voici, en effet, ce que nous lisons dans le Bulletin de la Société centrale d'Agriculture du 19 juin 1850 :

> M. Chevreul fait observer qu'il y a dans la pratique du drainage un fait digne d'attention, c'est le renouvellement de l'eau, qui détermine toujours l'introduction d'une certaine quantité d'air dans le sol; or cette circonstance exerce une grande influence sur le bon résultat de la végétation. L'eau privée d'air qui séjourne dans le sol y cause toujours des effets nuisibles, ainsi qu'on le remarque pour les arbres des boulevards de Paris, dont le milieu terrestre se trouve souvent dans des conditions telles que l'air qui peut y pénétrer a perdu son oxygène avant de pouvoir être absorbé par les racines, l'oxygène s'étant porté sur les matières organiques qui existent ou qui entrent dans le sol.
>
> M. Chevreul ne doute pas qu'un des grands avantages du drainage ne tienne à cette circulation de l'air qu'il établit entre l'atmosphère et le sol au moyen du mouvement de l'eau.

L'oxygène de l'air, arrivant en beaucoup plus grande abondance dans le sol, doit former de l'acide carbonique ; il doit ainsi hâter la décomposition de toutes les matières organiques du sol et fournir aux plantes une nourriture mieux appropriée à leurs besoins ; car l'acide carbonique paraît être le principal dissolvant à l'aide duquel le carbonate de chaux, le phosphate de chaux, le phosphate de fer, et enfin l'oxyde de fer, sont charriés dans la sève des plantes. Peut-être aussi l'azote de l'air n'assiste-t-il pas indifférent à toutes ces réactions. On sait enfin que, dans les terres calcaires ou renfermant des matières alcalines, il se forme, par la combustion lente des matières organiques d'origine animale, des nitrates qui, à leur tour, peuvent exercer également une influence sur la végétation. En présence de tant de phénomènes qui doivent très-probablement se passer dans le sein d'une terre drainée, on s'explique bien l'accélération de la pousse des plantes, la plus hâtive maturité des récoltes, la vertu plus nourrissante des herbages, phénomènes que les draineurs proclament évidents.

Nous venons de dire plusieurs fois, *il est probable*, ou bien, *il y a une très-grande probabilité*. Cette formule d'affirmation incomplète a été employée à dessein ; car la plupart des réactions que nous venons d'énoncer, si elles sont vraies en chimie, n'ont pas été prises sur le fait dans les terrains drainés. Il reste à les vérifier directement, par des expériences comparatives, faites à la fois et simultanément, dans des terres drainées et dans des terres de nature identique, mais non drainees. Ce n'est qu'après ces dernières vérifications que les théories scientifiques passent du degré de probabilité à celui de certitude.

Les auteurs qui ont écrit sur le drainage en Angleterre s'appesantissent surtout sur l'action que l'oxygène, introduit par cette amélioration du sol, produirait en détruisant les matières nuisibles à la végétation et en oxydant le fer ; mais ils ne disent nulle part quelles sont les matières nuisibles qui peuvent être détruites ni quel avantage peut produire l'oxydation du fer. Le mémoire datant de 1846, que M. Chevreul a publié en février 1854 dans les Mémoires de la Société centrale d'agriculture, sur *plusieurs réactions chimiques qui intéressent l'hygiène des cités populeuses*, et les notes qui accompagnent ce beau travail, nous paraissent jeter un jour complet sur ces deux effets de drainage, trop vaguement signalés jusqu'à ce moment.

Nous avons cité un peu plus haut l'opinion énoncée en 1850 par M. Chevreul sur les effets de l'air dans le drainage. En reproduisant cette opinion à la fin du mémoire dont il s'agit, M. Chevreul a ajouté :

Ayant montré l'inconvénient de la présence des matières oxygénables

pour la végétation dans un sol où l'oxygène ne pénètre pas, j'ai pu envisager le drainage ainsi que je l'ai fait en 1850, dès que les bons effets
en furent constatés; car la théorie de l'assainissement du sol reposant sur
la réaction de l'oxygène et des matières organiques combustibles, j'ai
montré la nécessité du mouvement de l'eau aérée dans le sol pour brûler
ces matières, et, d'un autre côté, l'heureuse influence des puits pour
concourir à ce résultat en appelant les eaux qui sont en amont de leur
fond. En se représentant une série de puits sur une même ligne, il est
évident qu'ils figurent une ligne de tuyaux de drainage qui serait à découvert. Si nous ajoutons la nécessité de l'eau aérée pour les racines des
végétaux et le mouvement de l'eau, qui ne peut avoir lieu que dans un
sol meuble ou non compacte, l'explication du bon effet du drainage sera
complète.

Nous n'ajouterons qu'un mot aux termes généraux de
cette explication, à savoir, que ce n'est pas seulement l'eau
aérée qui circule dans une terre drainée, mais que l'air lui-
même y pénètre directement pour produire en très-grande
partie les effets énoncés par M. Chevreul. Toutefois, quelle
que soit la manière dont l'air s'introduise dans le sein de la
terre arable pour se mettre en contact avec des matières
organiques, ou naturelles, ou amenées par les engrais, les
réactions chimiques sont les mêmes, et elles nous paraissent pouvoir se résumer de la manière suivante :

1° Ainsi que M. Chevreul l'a démontré, il y a de l'hydrogène sulfuré, ou, autrement dit, de l'acide sulfhydrique ou
hydrosulfurique produit, lorsque des matières organiques
se putréfient en présence des sulfates. On sait que l'acide
sulfhydrique, corps qui a l'odeur des œufs pourris, et qui
noircit l'argent, le plomb, le cuivre, est un poison énergique
pour les animaux et les végétaux. Cet acide sulfhydrique,
il est vrai, se combine avec les radicaux des alcalis pour
former des sulfures fixes; mais, en présence des acides
organiques que fournit aussi la putréfaction des matières
animales ou végétales contenues dans le sol, l'acide sulfhydrique peut être mis en liberté et nuire énergiquement à la

végétation. L'influence de l'air a pour effet direct de fournir de l'oxygène aux sulfures, s'ils sont formés, et de les empêcher de pouvoir donner naissance à de l'acide sulfhydrique. Quand les sulfures ne sont pas encore produits, l'oxygène de l'air brûle directement les matières organiques, surtout en présence des alcalis, et alors il ne se forme aucun corps nuisible à la végétation.

2° Quand un sol n'est pas aéré et qu'il contient de l'oxyde de fer, il arrive que cet oxyde de fer abandonne de l'oxygène aux matières organiques en putréfaction pour les brûler lentement, en se réduisant à un état d'oxydation inférieur, jusqu'à ce qu'il ne puisse plus céder aucune parcelle d'oxygène. Le sol devient bientôt improductif si l'air ne peut pas s'y renouveler. On aura beau y ajouter des engrais : en l'absence d'oxygène, ces engrais ne fourniront que des produits nuisibles aux plantes. Supposons qu'au bout de quelque temps l'air puisse intervenir ; son premier effet sera de réparer les désastres passés, c'est-à-dire de régénérer du peroxyde de fer.

3° Il arrive que beaucoup de sols contiennent des pyrites ou sulfures de fer. Ces pyrites ne seront pas dangereuses si de l'air peut être donné au sol, car l'oxygène de cet air transformera leurs éléments ; l'un, c'est-à-dire le soufre, en acide sulfurique ; l'autre, c'est-à-dire le fer, en oxyde de fer. C'est ce qui se produit dans la préparation des cendres pyriteuses que l'on fabrique pour l'agriculture au bord de certaines carrières, par la simple accumulation dans des tas où l'on permet à l'air d'intervenir. Mais supprimez l'introduction de l'air dans les terres pyriteuses ; vous aurez beau les fumer, elles continueront à rester, sinon stériles, au moins peu fertiles.

4° Dans un certain nombre de sols, il se trouve des composés de fer à un degré d'oxydation inférieur à celui qu'ils

peuvent avoir en présence de l'air ; dans ce cas, le drainage hâte leur transformation et met le sol en état de pouvoir être plus rapidement rendu fertile.

Tel est le développement que nous croyons qu'on peut
donner, dans l'état actuel de la science, pour expliquer l'assainissement des sols humides à l'aide du drainage, et on
voit bien qu'il ne s'agit pas seulement d'un écoulement
d'eau, mais encore d'une circulation d'air. Le drainage,
effectué à l'aide des tubes souterrains, produit ainsi, comme
nous avons eu soin de le faire ressortir (p. 658), un effet
tout autre que celui des fossés ouverts à l'air libre ou même
de fossés remplis de pierres et couverts.

On nous permettra de constater ici que les idées précédentes, revendiquées en 1858 comme des découvertes par
quelques chimistes, ont été émises par nous dans la première édition de cet ouvrage, publiée dans le courant de
l'année 1854 (p. 719 à 727).

L'effet du drainage est analogue à celui des labours qui
ont aussi pour but d'aérer le sol en même temps que de
l'ameublir, et qui ne peuvent aussi bien remplir cette fonction dans les sols imperméables non drainés que dans ceux
drainés. A cet égard, nous citerons encore les observations
judicieuses suivantes de M. Eugène Risler :

Chaque fois qu'une pluie tombe sur une terre drainée ou à sous-sol
naturellement perméable, elle y amène non-seulement l'eau nécessaire
pour dissoudre les substances qui sont prêtes à servir d'aliments, c'est-
à-dire que l'oxydation a déjà rendues solubles; mais elle y entraîne à sa
suite une autre nouvelle portion d'oxygène qui va préparer de nouveaux
aliments et les mettre à la disposition de la pluie, qui prochainement
viendra les porter dans le sein des végétaux. Chaque fois, au contraire,
qu'une pluie tombe sur une terre à sous-sol imperméable et non drainée,
elle diminue la proportion d'oxygène que cette terre contient, et puis,
restant stagnante dans le sous-sol, elle produit d'autres effets nuisibles,
l'abaissement de température, etc., que l'on a souvent constatés; c'est
seulement à mesure que le soleil évapore cette eau qu'elle peut faire

place à l'air. Dans les terres à sous-sol imperméable, l'aération ne peut se faire sous nos climats qu'à une très-faible profondeur; au-dessous de cette profondeur, les substances qui s'y trouvent renfermées restent à l'état de poison, et voilà pourquoi il vaut mieux, dans les sols d'une telle nature et surtout dans ceux qui, en plus, sont très-ferrugineux, ne donner que des labours superficiels.

Cette dernière remarque démontre comment il se fait que le drainage seul permette dans les terrains imperméables de faire des labours profonds ou des sous-solages avantageux.

S'il est vrai que les eaux d'irrigation agissent aussi dans le sol, comme le fait le drainage, par l'oxygène qu'elles y apportent, on doit pouvoir constater une diminution dans la quantité d'oxygène dissous après que l'eau a traversé le terrain arrosé. L'expérience est assez délicate à faire, parce qu'il ne faut pas opérer sur l'eau qui, courant à la surface, peut constamment reprendre à l'air les gaz qui manquent à la satisfaction complète de son affinité. M. Maitrot de Varenne, ingénieur en chef des ponts et chaussées, a seul tenté de résoudre le problème. Voici la solution :

On sait que l'air atmosphérique est composé pour 100 parties de 79.10 d'azote et de 20.90 d'oxygène, et qu'il contient en outre de 0.04 à 0.06 d'acide carbonique. Comme l'air est un mélange et non pas une combinaison définie des éléments qui le constituent, l'eau dissout de chacun de ces éléments gazeux des quantités proportionnelles d'une part à ses propres affinités, d'autre part aux pressions que chacun exercerait s'il était seul. L'air dissous dans l'eau peut ainsi être beaucoup plus riche en oxygène et en acide carbonique que l'air atmosphérique; on trouve, par exemple, que le rapport de l'oxygène à l'azote peut être de 33 à 67, au lieu de 21 à 79. Si le sol irrigué prend l'oxygène de l'eau d'arrosage, on devra voir l'oxygène se réduire de 33 à un nombre très-inférieur. Or voici deux expériences de M. Maitrot de Varenne (1) qui ne laissent aucun doute à cet égard :

(1) *Des irrigations et desséchements dans le département de la Haute-Garonne* p. 379 (1857).

1. Eau prise à Bagnères de Luchon, et venant de la cascade de Montauban, par un beau temps et un beau soleil.

	Avant l'irrigation, le 3 octobre 1855, a 5 heures du soir.		Après l'irrigation d'un pré nouvellement fauché, prise à la même heure.		Après l'irrigation faite abondamment toute la nuit, prise le 4 octobre au matin.	
	cent. c. par litre.	p. 100.	cent. c. par litre.	p. 100.	cent. c. par litre.	p. 100.
Azote.	15.50	73.8	3.00	15.0	3.70	81.03
Oxygène.	5.50	26.2	17.00	85.0	15.30	18.97
Acide carbonique.	1.75		3.50		3.00	

2. Eau venant de la Garonne, et prise près du canal de Valentine le lendemain d'une journée de pluie.

	Avant l'irrigation, le 6 octobre 1855.		Après. l'irrigation d'un pré.		Après l'irrigation d'un autre pré.		Après une irrigation plus en aval.	
	cent. c. par litre.	p. 100.	cent. c. par litre.	p. 100.	cent. c. par litre.	p. 100.	cent. c. par litre.	p. 100.
Azote. . .	14.50	67.45	16.25	69.9	17.50	75.00	16.00	76.2
Oxygène.	7.00	32.55	7.00	30.1	5.10	25.00	5.00	23.8
Acide carbonique.	4.00		6.25		5.25		5.00	

3. Eau prise à Encausse le 24 juillet 1855 par un beau temps, et venant du Job.

	Eau naturelle du Job.		Eau ayant arrosé une prairie.	
	cent. c. par litre.	p. 100.	cent. c. par litre.	p. 100.
Azote.	14.9	21	14.50	84.1
Oxygène.	6.1	29	2.75	19.9
Acide carbonique.	5.0		7.00	

Ainsi il est bien constant que l'irrigation fait perdre à l'eau de l'oxygène et lui fait gagner de l'acide carbonique et de l'azote, ou, en d'autres termes, que l'irrigation donne au sol de l'oxygène, phénomène que nous tenions à mettre en évidence.

CHAPITRE VI

Analyse d'un terrain avant et après le drainage

Deux analyses faites par M. le professeur Johnston (1) vérifient complétement l'action exercée par le drainage sur la composition chimique des terrains. Ces analyses portent sur deux terrains tourbeux qui n'avaient de différence qu'en ce que l'un avait été drainé; elles ont donné les résultats suivants pour 100 de matière desséchée à 100 degrés centigrade :

	Terrain tourbeux drainé.	Terrain tourbeux non drainé.
Matière cireuse et résineuse soluble dans l'alcool.	1.75	1 63
Acides ulmique et humique dissous par la potasse.	6.56	14.62
Matières organiques insolubles dans les alcalis..	78.18	47.15
Matières minérales ou cendres.	13.51	36.60
Totaux.	100.00	100.00

On voit que l'effet du drainage a été de diminuer d'abord dans une forte proportion les matières minérales que l'écoulement des eaux a enlevées; la quantité relative de matière organique de la tourbe a alors été beaucoup plus considérable, et cependant les acides humique et ulmique ont diminué de plus de moitié par rapport à la même quantité de tourbe. Ce résultat est, du reste, conforme à de précédentes observations de Sprengel, qui avait reconnu que l'exposition de la tourbe à l'air en altérait les acides. On peut en conclure que, dans des terrains tourbeux drainés, la chaux produira de meilleurs effets que dans les mêmes terrains non drainés, puisqu'une partie de la chaux de

(1) *Transactions of the Highland and agricultural Society of Scotland*, mars 1848, p. 237.

chaque chaulage ne sera plus immédiatement employée à
diminuer seulement l'acidité du sol.

CHAPITRE VII

Composition des eaux de drainage, des eaux d'irrigation et des engrais liquides

Pour résoudre la question importante de savoir quels
sont les principes que les eaux de drainage peuvent enlever
au sol, il n'y a qu'une chose à faire, c'est d'analyser les
eaux débitées par les décharges de divers terrains drainés.

Les premières analyses qui aient été faites, à notre connaissance, sont celles exécutées en Angleterre en 1844, par
M. John Wilson, sur de l'eau écoulée des mêmes drains,
l'une en avril, l'autre en mai : dans l'intervalle, on avait ensemencé de l'orge avec du guano. Ces analyses sont rapportées par M. Mangon (1) en mesures anglaises, et avec
quelques inexactitudes indépendantes de la volonté de cet
auteur ; nous les avons calculées de la manière suivante :

Première analyse. — Pour un litre d'eau, on a obtenu, par évaporation, 50 milligrammes de résidu, dont la composition a été trouvée
être :

	Milligr.
Matière organique	12.3
Chlorures de sodium, de calcium et de magnésium	21.3
Phosphate de chaux	1.1
Protoxyde de fer	7.7
Sulfate d'alumine	3.2
Silice et argile	4.4
Total	50.0

(1) *Etudes sur le drainage*, p. 128.

Deuxième analyse. — Pour un litre d'eau, on a obtenu, par évaporation, 92 milligrammes de résidu sec, dont la composition a été trouvée être.

	Milligr.
Matière organique.	28.2
Chlorures de sodium, de calcium et de magnésium.	19.5
Phosphate de chaux.	11.2
Protoxyde de fer.	9.4
Sulfate d'alumine.	20.9
Silice et argile.	2.8
Total.	92.0

Dans ces analyses, on n'a dosé ni l'acide nitrique, ni l'ammoniaque, dont le rôle n'était pas alors bien connu.

En 1849, M. Thomas Way, chimiste de la Société royale d'agriculture de Londres, a fait l'analyse d'une eau écoulée d'un drainage effectué avec des pierres depuis vingt ans sur un champ formé d'un terrain calcaire reposant sur un sous-sol argileux imperméable (1). Les drains étaient complétement bouchés en certains endroits. Voici les résultats que M. Way a obtenus ; nous les transformons en mesures françaises.

Un litre d'eau a donné, par l'évaporation, un résidu sec pesant 562 milligrammes, dont la composition a été trouvée être la suivante :

	Milligr.
Matière organique.	18.0
Chlorure de sodium.	25.0
Carbonate de chaux.	242.9
Sulfate de chaux.	30.9
Carbonate de magnésie.	6.6
Silice.	58.6
Total.	562.0

Cette eau avait abandonné une concrétion calcaire dans les tuyaux.

Nous avons fait à notre tour, en 1854, une analyse d'une eau de drainage provenant d'un terrain argilo-siliceux.

(1) *Journal of the royal agricultural Society of England*, t. X, p. 121.

IV.   58

L'évaporation de 5^{kil}.340 de cette eau a laissé un résidu sec de 1^{gr}.033, soit, par litre d'eau, 193 milligrammes ayant la composition suivante :

	Milligr.
Matière organique	5.1
Acide azotique (anhydre)	41.8
Chlore	12.7
Acide sulfurique (anhydre)	48.0
Silice	5.0
Chaux	47.6
Magnésie	10.6
Potasse	5.1
Soude	14.7
Alumine	6.4
Oxyde de fer	traces.
Total	193.0

Quand on sait que l'eau de la Seine, en amont de Paris, contient par litre 240 milligrammes, et en aval, 432 milligrammes ; que l'eau du puits de Grenelle en renferme 149, celle d'Arcueil 590, celle du canal de l'Ourcq 590, celle de la Moselle 116, on voit que les eaux écoulées de drainage ne sont pas plus chargées de matières étrangères que les eaux de rivière, et qu'elles n'enlèvent au sol qu'elles ont traversé que de petites quantités de substances solubles, soit organiques, soit minérales. Cependant nous devons dire que les analyses précédentes, non plus que celles de M. John Wilson, ne résolvent pas complétement la question que nous avons posée. En effet, l'évaporation à 100 degrés d'une eau quelconque pour avoir le résidu solide laisse échapper les sels ammoniacaux et principalement le carbonate d'ammoniaque, sel éminemment propre à la végétation. Or on peut craindre que l'eau du drainage n'enlève l'ammoniaque des terrains fumés. Nous avons démontré, d'un autre côté, par des recherches longtemps suivies (1), que les eaux de pluie peuvent être regardées

_____

(1) *Recherches analytiques sur les eaux pluviales*, approuvées par l'Académie des sciences et continuées sous ses auspices.

comme apportant au sol de 1 à 3 milligrammes d'ammoniaque et une quantité à peu près égale d'acide azotique
(nitrique). Cette richesse des eaux météoriques, qui,
nous le croyons, donne en partie l'explication des jachères,
est-elle perdue pour une partie, à cause de l'écoulement
d'une portion des eaux de pluie à travers les tuyaux de drainage? La question méritait d'être étudiée à l'aide d'expériences directes.

Nous avons fait en conséquence, par les procédés de
dosage particuliers employés pour les eaux de pluie,
l'analyse des eaux du drainage d'un terrain situé dans les
argiles des meulières supérieures, à Brunoy (Seine-et-Oise),
près de la forêt de Sénart, sur la propriété de M. Christofle, où nous avions aussi un udomètre pour recueillir de
la pluie tombée en pleine campagne. Le drainage avait été
exécuté par MM. Chauviteau et Campocasso.

Nous avons donné plus haut l'analyse du résidu sec laissé
par l'évaporation de la même eau. Nous avons reconnu que
cette eau ne contenait, pour 5 litres, que 4 milligrammes,
ou par litre 0.8 milligrammes d'ammoniaque, c'est-à-dire
notablement moins que l'eau de pluie. Il y a lieu de remarquer en outre que la pièce de terre d'où provenait cette eau
analysée avait été fortement fumée en novembre 1853, que
l'eau a été recueillie en février 1854. M. Boussingault est
arrivé à des résultats analogues en analysant des eaux de
drainage recueillies par M. Gareau à Bréau (Seine-et-
Marne).

L'évaporation laissant aussi perdre une partie de l'acide
nitrique contenue dans une eau, nous n'avons pas dû nous
contenter de l'examen du résidu sec laissé par l'évaporation
de l'eau de drainage; nous avons recherché encore par
les méthodes que nous avons fait connaître dans notre travail sur les eaux pluviales, la quantité d'acide nitrique exis-

tant dans un litre d'eau de drainage, et nous avons trouvé 76.6 milligrammes de cet acide supposé anhydre, c'est-à-dire douze fois plus environ que n'en contient l'eau de pluie d'orage la plus chargée en acide nitrique. Ce fait très-important confirme bien cette vue démontrée précédemment (p. 664), que l'oxygène de l'air, dans le drainage, doit jouer un rôle spécial par rapport à la formation d'une plus grande quantité d'acide nitrique ; il explique aussi la présence dans certaines plantes, telles que le tabac, les betteraves, etc., de quantités considérables de nitrates.

Depuis que nous avons fait connaître les résultats précédents, l'importance de l'analyse des eaux de divers drainages a été mieux comprise, et on a senti la nécessité d'y rechercher particulièrement l'ammoniaque et l'acide nitrique en entrant dans la voie que nous avons ouverte. Aussi nous pouvons donner le résumé d'un mémoire très-curieux que M. Thomas Way a publié en 1856 dans le *Journal de la Société royale d'agriculture d'Angleterre* (1). Ce chimiste a complétement confirmé la découverte que nous avons faite d'une part de la faible proportion d'ammoniaque, et, d'autre part, de la très-forte quantité d'acide nitrique contenue dans les eaux du drainage. Nous ferons remarquer que nous avons publié ces deux faits dès 1854. Ce qu'il y a de nouveau dans le travail de M. Thomas Way, c'est l'examen d'un très-grand nombre d'eaux provenant de terrains drainés ayant reçu des fumures très-différentes et ayant porté des récoltes très-diverses.

Voici d'abord la composition de sept échantillons d'eaux de drainage pris le 25 et le 27 décembre 1855 par M. Paine dans les décharges de sept terrains drainés dans le Surrey. Les drains étaient restés longtemps sans couler,

(1) T. XVII. p. 123.

et on peut regarder les eaux obtenues comme provenant d'un premier rinçage du sol après la saison de la sécheresse. Nous donnerons quelques détails sur chacune des eaux en particulier après avoir traduit en mesures françaises les résultats des analyses de M. Way. Ainsi que nous avons conseillé de le faire, on a dosé l'ammoniaque et l'acide nitrique dans des portions d'eau mises à part, indépendamment des portions qui avaient servi à trouver les principes fixes.

Les quantités de matières diverses trouvées par litre sont les suivantes, exprimées en milligrammes :

	NUMÉROS DES ÉCHANTILLONS.						
	1	2	3	4	5	6	7
Potasse.	traces.	traces.	0.3	0.8	traces.	5.1	traces
Soude.	14.2	30.9	32.2	12.4	20.2	19 8	45.1
Chaux.	69.1	102.5	86.2	32.2	55.9	82.9	185.5
Magnésie.	9.7	32.8	55.5	5.8	2 9	13.2	55.6
Oxyde de fer et alumine.	5.7	0.7	1.4	0.0	18.5	4.9	7.1
Silice.	13.5	6.4	7.8	17.1	25.6	9.2	12.1
Chlore.	4.9	15 6	18.1	11.5	17.9	17.2	37.8
Acide sulfurique. . . .	23.5	73 4	62.7	24.5	18.3	44 4	135.5
Acide phosphorique. .	traces	1.7	traces	traces	1.1	0.9	1.7
Totaux / Matières minérales.	150.6	264 0	244.0	104.1	140.4	193.6	460.2
Totaux \ Matière organique.	99.8	105.5	178.2	79.8	81.2	82.7	105.5
Totaux \ Ammoniaque. . .	0.5	0.3	0 5	0.2	0 3	0.5	0.1
Totaux \ Acide nitrique. . .	102.2	210.1	181.5	27.8	49.2	114.8	163.2

Dans un huitième échantillon d'eau de drainage remis par M. Paine M. Thomas Way a trouvé par litre :

milligr.

Ammoniaque. 0.3
Acide nitrique. 55.7

L'échantillon n° 1 provenait d'un maître-drain d'un champ drainé en 1852, puis défoncé. Le sous-sol est formé d'argile plastique sur laquelle repose une couche sablonneuse de 1ᵐ.50 à 1ᵐ.20 d'épaisseur. Ce champ fut d'abord chaulé à la dose de 143 hectolitres par hectare, et ensuite fumé avec du sang desséché ou du guano et du superphosphate de chaux. Il fut ensemencé en rutabagas. En 1853, les racines furent mangées sur le terrain par des moutons qui recevaient en outre des rations de tourteaux et de foin, et on prit une bonne récolte de blé. En 1854, on sema des rutabagas sans engrais; en 1854-1855, on employa 500 kilogrammes de guano par hectare pour faire du blé, et le champ n'avait pas reçu d'engrais depuis un an au moment où on recueillit l'eau du drainage.

L'échantillon n° 2 a été donné par un long drain simple placé dans un champ aussi drainé dans l'hiver de 1852-1853. C'était une misérable prairie ne valant presque jamais la peine d'être fauchée; le sous-sol est formé d'argile plastique, recouverte d'une bonne couche de terre végétale de 0^m.45 d'épaisseur. Après le drainage, on défonça le pré, et on le planta en houblon. En 1854, on répandit 650 kilogrammes de guano et autant de superphosphate de chaux par hectare; en 1854, 1,900 kilogrammes de râpure de corne et 180 hectolitres de chaux; en 1855, enfin, 2,500 kilogrammes de débris de peaux de lapins et 575 kilogrammes de guano. Le houblon présente une végétation luxuriante.

L'eau n° 3 s'est écoulée d'un long drain placé dans un enclos drainé durant l'hiver 1853-1854, et qui formait un misérable pâturage commun, des trous duquel on avait bien souvent de la peine à retirer le bétail. Le sous-sol est aussi d'argile plastique recouverte d'une faible couche de terre végétale. En 1854, le champ a été fumé avec 500 kilogrammes de guano et 750 kilogrammes de superphosphate de chaux par hectare; enfin, en 1855, il a reçu 3,750 kilogrammes de chiffons de laine.

L'échantillon n° 4 provient du maître-drain d'un champ drainé depuis 10 ans environ. Le sol sableux repose sur un sous-sol argileux. La dernière récolte produite a été du blé venu sur une fumure de 500 kilogrammes de guano donnée à l'automne de 1854. Auparavant la terre était dans ce qu'on appelle un bon état de culture; elle était principalement fumée chaque année avec du guano ou du sang desséché et du superphosphate de chaux, et elle avait été chaulée à la dose de 145 hectolitres de chaux quatre ans auparavant.

Le champ d'où a été recueillie l'eau n° 5 avait été drainé et défoncé en 1852-1853. Le sous-sol est formé d'une argile recouverte d'une couche de graviers d'une épaisseur variant de 0.50 à 2^m.40. Avant le drainage, il était dans un misérable état. En 1853, il reçut une fumure de sang desséché et de superphosphate de chaux pour turneps. Les racines furent mangées sur place par des moutons qui recevaient en outre du tourteau. Le champ fut ensemencé en blé au printemps de 1854. On l'emblava de nouveau en blé à l'automne de cette année, en lui donnant 500 kilogrammes de guano par hectare.

L'échantillon n° 6 s'est écoulé du maître-drain d'un champ drainé depuis environ 14 ans. Le sol est un riche loam de 0^m.90 à 2^m.40 de profondeur reposant sur du gravier. Il est employé à la culture du houblon depuis environ 25 ans, et quant à son état de fumure, on doit le regarder comme étant dans les conditions les plus riches, puisqu'il a reçu chaque année par hectare, ou bien 75,000 kilogrammes de bon fumier, ou bien 5,800 kilogrammes soit de chiffons ou de crins, soit l'équivalent de quelque autre engrais. L'année où l'eau a été recueillie, il reçut 100,000 kilogrammes de fumier par hectare.

L'échantillon n° 7 provient du maître-drain d'un champ drainé en 1846, défoncé, puis planté en houblon. Depuis cette époque, ce champ a été abondamment fumé chaque année. L'engrais employé en 1855 a consisté en 1,880 kilogrammes de râpure de corne et une bonne dose de silicate de chaux.

Enfin l'échantillon n° 8 a été pris à la décharge d'un champ drainé en 1854-1855, qui était précédemment couvert d'une plantation de mélèzes. Après le drainage, le champ a été planté en houblon, et il a reçu à l'automne 750 kilogrammes de guano.

Ainsi tous les terrains dont l'eau de drainage a été recueillie avaient été fumés plus ou moins richement. La chaux contenue dans toutes les eaux y était dissoute en grande partie par l'acide carbonique que le sol cultivé avait fourni en quantité abondante. La présence de l'acide sulfurique en proportions parfois considérables s'explique, non parce que le terrain est gypseux, mais bien parce qu'on a employé dans la culture, soit beaucoup de superphosphate de chaux qui contient une forte quantité de sulfate de chaux, soit plusieurs substances animales, telles que des chiffons, des râpures de corne, etc., contenant du soufre.

Selon M. Way, les proportions assez grandes de soude et de magnésie retrouvées dans les eaux du drainage ne provenaient pas des engrais, mais bien du terrain, et elles sont en rapport intime avec l'acide nitrique. La potasse et l'acide phosphorique se sont rencontrés en proportions trop faibles pour ne pas étonner. Cependant on doit tenir compte de la difficulté que présente leur recherche. Mais le fait important qui est confirmé par les recherches de M. Way, et que nous avions démontré, c'est, d'une part, la faible proportion d'ammoniaque qu'on trouve dans les eaux de drainage, et, d'autre part, la très-grande quantité d'acide nitrique qui s'y rencontre constamment.

On devra remarquer que la proportion de matière organique soluble entraînée par les eaux de drainage n'a pas, à beaucoup près, autant varié que celle de l'acide nitrique dans les différentes analyses de M. Way. Ce chimiste pense que cette matière organique n'est pas azotée et qu'elle se rapproche surtout par sa nature des acides ulmiques, assez mal définis, mais principalement riches en carbone, qui ont déjà été signalés dans les diverses terres cultivées.

La dose d'acide nitrique retrouvée par l'analyse chimique est d'autant plus grande que l'on a employé plus d'engrais pour fumer les champs d'où les eaux proviennent. Ce fait démontre que nécessairement il y a formation de sels salpêtrés (les nitrates ou azotates sont des salpêtres) dans l'intérieur de la terre sous l'influence du drainage. Or ces sels ne peuvent se former que par l'action de l'oxygène sur les matières

organiques azotées, en présence de sels de chaux, de potasse, de soude, de magnésie, ainsi que l'ont prouvé de
très-anciennes expériences, auxquelles l'illustre Lavoisier
a attaché son nom. Le drainage amenant l'oxygène, comme
nous l'avons démontré plus haut, il est tout naturel qu'il
se produise des nitrates dès qu'on a fumé, chaulé, et ainsi
introduit tous les autres éléments nécessaires à cette action
chimique.

On sait, d'un autre côté, soit par l'antique emploi comme
engrais de l'azotate ou nitrate de soude (nitre cubique), soit
par les expériences si démonstratives de M. Boussingault,
l'utilité des nitrates dans la végétation. Par conséquent la
théorie chimique des effets du drainage s'éclaire d'une vive
lumière par la constatation de ce fait général de la présence
de l'acide nitrique dans toutes les eaux provenant des
champs drainés.

Les expériences que nous venons déjà de rapporter dans
ce chapitre sont suffisantes, nous le croyons, pour mettre
hors de doute la vérité du principe de l'oxygénation du sol
par le drainage. Cependant M. Way a pensé devoir rechercher l'acide nitrique dans des eaux de drainage d'autres
provenances. Il a analysé six échantillons que lui a remis
M. Acland, et quatre autres eaux que lui a envoyées M. Wren
Hoskyns; voici les résultats que lui ont fournis ces nouvelles
recherches :

Nᵒˢ des échantillons.	Acide nitrique par litre. MILLIGR.	Ammoniaque par litre. MILLIGR.
1.	68.1	0.1
2.	40.4	traces.
3.	8.9	0.2
4.	2.0	0.2
5.	6.9	traces.
6.	28.1	"
7.	66.0	"
8.	62.7	"
9.	15.6	"
10.	16.7	"

Voici maintenant quelques détails sur les terres d'où ces différentes eaux se sont écoulées. Elles ont été recueillies en janvier 1856, après plusieurs semaines d'un temps très-pluvieux.

Le champ d'où provenait l'échantillon n° 1, drainé depuis environ 6 ans, à une profondeur d environ 0ᵐ.90, est formé d'un fond argileux très-misérable ; il avait été fumé pour la récolte en terre avec du fumier et 200 kil. de superphosphate de chaux, auquel on avait ajouté du guano et des cendres de bois; la décharge donnait un écoulement constant depuis trois semaines au moment de la prise d'eau ;

L'échantillon n° 2 provenait d'un drain établi récemment dans une mauvaise terre argileuse, ne donnant que 7 hectolitres de blé par hectare, après une jachère nue ; l'eau coulait depuis trois semaines;

Le troisième avait été pris à la décharge d'un drainage établi depuis un an et coulant sans interruption dans un pâturage en pente, non fumé et non irrigué ;

Le quatrième provenait d'un pré arrosé, recevant chaque jour les eaux ménagères de la ferme ;

Le cinquième avait été recueilli dans un pâturage établi sur un sol sableux, non fumé, drainé à 1ᵐ.20 de profondeur, depuis un an, et dont l'écoulement ne s'était pas encore arrêté ;

Les renseignements manquent sur l'échantillon n° 6 ;

L'échantillon n° 7 provenait d'une terre forte, reposant sur une argile, drainée en 1851, à 1 mètre de profondeur, dont les billons avaient été ensuite supprimés. Un trèfle de deux ans avait été rompu au mois de novembre précédent, pour être emblavé en blé ; après la semaille on répandit 250 kilog. de guano par hectare avec une égale quantité de sel ; le champ avait été paccagé par des moutons tout l'été, mais il n'avait reçu aucune autre fumure que celle produite par ce parcage;

L'échantillon n° 8, s'était écoulé d'un champ de consistance moyenne, drainé en 1845, à la profondeur de 0ᵐ.90. Après un blé on y avait semé des turneps en culture dérobée, après un chaulage à raison de 150 hectolitres par hectare, et un parcage ; le semis de turneps fait en ligne a été exécuté en mélangeant du superphosphate de chaux à la semence ;

L'eau n° 9 avait été prise dans un champ de consistance médiocre, drainé en 1844 à 0ᵐ.90 par des fossés couverts. Un chaume de blé avait été retourné à l'automne pour un semis de fèves ; le blé avait été fumé avec 250 kil. de guano, moitié à l'époque de l'ensemencement, moitié au printemps suivant;

Enfin l'échantillon n° 10 provenait d'une terre tourbeuse reposant sur un sous-sol argilo-sableux, drainée en 1843 à la profondeur de 0ᵐ.75 ; la pièce était en trèfle venu sur blé, et elle n'avait pas été fumée.

Nous croyons que pour tous ceux qui examineront attentivement les faits précédents, il restera démontré que la quantité d'acide nitrique contenue dans les eaux de drainage suit les lois suivantes :

1° Elle est d'autant plus grande que le terrain d'où elle provient a été mieux fumé ;

2° Elle est plus grande aussi quand l'écoulement de l'eau reprend après une interruption plus ou moins longue, et que dans l'intervalle la fumure a été plus abondante ;

3° Cette quantité d'acide nitrique augmente aussi quand le drainage est mieux fait, que le sol est rendu plus poreux encore par des sous-solages, et que d'ailleurs on a introduit dans la terre de la chaux en même temps que du fumier.

L'importance de ces faits n'échappera à aucun de ceux qui connaissent aujourd'hui le rôle important que les nitrates jouent dans la végétation. Depuis longtemps on savait que le nitre ou salpêtre, qu'il fût à base de potasse ou à base de soude, exerçait une action favorable quand on l'employait comme engrais. Virgile (*Géorgiques*, liv. I) rapporte que des laboureurs ne sèment leurs légumes qu'après avoir détrempé les graines dans de l'eau de nitre ; les bons effets du salpêtre sont signalés en 1670, dans l'ouvrage *Sylva sylvarum* de Bacon. Toutefois ce n'est que vers 1825 qu'on a commencé en Angleterre des expériences décisives sur les bons effets, tant du nitrate de potasse que du nitrate de soude sur diverses cultures, à la dose de 120 à 125 kilogrammes par hectare. Depuis 1840, grâce aux publications de M. David Barclay, de M. Pusey et de beaucoup d'autres agronomes, l'usage du nitrate de soude du Pérou s'est beaucoup répandu dans l'agriculture britannique. Des essais confirmatifs ont été faits en France par M. Kuhlmann. Mais le nitre était-il utile par son alcali ou par l'azote de son acide nitrique, et ce dernier acide ne subissait-il pas

une transformation en ammoniaque par suite de son contact
avec des matières organiques en décomposition pour devenir assimilable pour les végétaux? Telles étaient les questions encore pendantes, lorsqu'en 1855 M. Boussingault a
montré (1) que du salpêtre et de l'acide carbonique suffi-
saient, avec quelques cendres des plantes à récolter, pour
obtenir des végétaux complets dans un sol complétement
stérile d'ailleurs. De là il résulte que l'azote de l'acide
nitrique est directement apte à être fixé dans l'organisme
végétal, et on ne peut plus douter de l'importance des nitrates dans les eaux d'irrigation, lesquels nitrates concourent,
comme l'ammoniaque, à l'alimentation des plantes. C'est
donc avec raison qu'en 1848, M. H. Sainte-Claire Deville
ayant constaté la présence des nitrates dans les eaux d'un
grand nombre de rivières et de sources, disait : « Ces sels
jouent certainement un rôle important dans l'influence de
l'irrigation sur le rendement des prairies naturelles (2). »
De notre côté, en présence des mêmes faits, et après avoir
constaté des proportions considérables de nitrate dans les
eaux du drainage, nous avons conseillé d'employer ces
eaux à l'irrigation dans toutes les circonstances où les dispositions des lieux le permettraient, et dût-on avoir recours
à des machines élévatoires pour utiliser une richesse qui
sans cela serait perdue pour le propriétaire du fonds drainé.
La pratique a vérifié la justesse de cette vue théorique ; —
M. de Béhague a irrigué dans sa propriété de Dampierre
(Loiret) 6 hectares de près avec des eaux de drainage,
et ces hectares ont présenté le plus bel aspect; — M. Boussingault a vu drainer une terre à Bechelbronn (Bas-Rhin),
et diriger sur une prairie les eaux qui en provenaient. On
en a obtenu d'excellents résultats. Depuis cette époque,

(1) *Annales de chimie et de physique*, 3ᵉ série, t. XLVI, p. 5.
(2) *Ibid.*, t. XXIII, p. 55.

les petits cultivateurs de la localité s'empressent de diriger les eaux de drainage sur leurs prairies.

Il est regrettable que dans la seule expérience comparative qui ait été faite sur l'irrigation avec des eaux de bonne et de mauvaise qualité sur deux prairies voisines, expérience due à M. Chevandier et Salvetat (1), les nitrates n'aient pas été recherchés spécialement; un jour plus complet eût été jeté sur les phénomènes qu'il s'agissait de dévoiler. Quoi qu'il en soit, cette expérience exécutée en 1848 mérite d'être rapportée; l'irrigation avait duré du 15 avril au 31 mai; voici les résultats par hectare :

	Eau employée. M³.	Foin récolte. KIL.	Regain. KIL.
Mauvaise source.. . . .	126,275	1,786	965
Bonne source..	150,511	7,579	5,100

MM. Chevandier et Salvetat se sont livrés à un grand nombre de recherches pour expliquer des différences si considérables produites par deux sources semblablement situées; ils n'ont pas toutefois fait un contrôle utile qui eût consisté à intervertir l'année suivante les arrosages, c'est-à-dire à envoyer les eaux de la mauvaise source sur le terrain qui avait reçu précédemment les eaux de la bonne source et réciproquement; en outre, ils n'ont pas tenté de reconnaître la présence ou l'absence des nitrates : ils ont conclu que les bons effets de la source fertilisante n'étaient dus ni aux gaz tenus en dissolution par l'eau, ni aux sels alcalins ou terreux solubles, ni à la silice, ni aux composés ferrugineux, ni même à la masse de matières organiques dissoutes, mais qu'elles tiennent à la proportion d'azote entrant dans la composition de la matière organique dissoute. Plus la matière organique dissoute dans une eau

---

(1) *Annales de chimie et de physique*, 3ᵉ série, t. XXXIV, p. 501.

d'irrigation serait riche en azote, et plus cette eau serait fertilisante. Dans le cas examiné par MM. Chevandier et Salvetat, la matière organique de chaque source avait la composition suivante :

	Mauvaise source.	Bonne source.
Carbone.	54.54	51.46
Oxygène.	37.52	37.12
Hydrogène.	5.56	5.69
Azote.	2.38	5.73
Totaux.	100.00	100.00

Chose remarquable et que nous avons déjà signalée précédemment (p. 611) à propos des foins récoltés à Vaujours par M. Moll, les fourrages provenant des irrigations avec la bonne source étaient les plus riches en matières azotées, ainsi qu'il résulte des dosages suivants faits par MM. Chevandier et Salvetat :

	Azote pour 100.	
	Foin.	Regain.
Mauvaise source..	1.65	1.42
Bonne source.	1.85	1.95

La qualité des eaux exerçant la plus grande influence sur les résultats de l'irrigation, il est important d'en faire une étude attentive. La constitution géologique d'une contrée peut donner des indications à cet égard, surtout en ce qui concerne la proportion de salpêtre qui peut s'y rencontrer. Voici ce que dit à cet égard M. Boussingault [1] :

Dans les lacs creusés dans la syénite, les eaux n'offrent que des traces à peine appréciables de nitre; celles qui sortent du grès rouge ou du grès quartzeux des Vosges ne paraissent pas en avoir plus de 0ᶠ.5 par mètre cube, tandis que dans les terrains calcaires, qu'ils appartiennent au trias, au terrain jurassique, au groupe crétacé ou aux dépôts tertiaires supérieurs à la craie, les eaux de sources ou de rivières fournissent par mètre cube l'équivalent de 15 grammes de nitrate de potasse, et la proportion varie de 6 à 62 grammes.

[1] *Journal d'agriculture pratique*, 4ᵉ série, t. VII, p. 109 (1857).

IV. 39

La question qui se trouve soulevée ici se rattache aux problèmes les plus difficiles que la chimie agricole puisse se proposer, à l'explication de la nutrition des végétaux, à la détermination des substances contenues dans le sol directement utiles aux plantes et des substances qui ont besoin d'être transformées pour devenir assimilables. Si, comme cela paraît très-probable, les matières azotées ont besoin d'être transformées en nitrates et les matières carbonées en acide carbonique pour que les végétaux se les assimilent, on conçoit facilement l'importance de l'aération du sol, et on est conduit à admettre qu'à défaut de l'oxygène de l'air, l'oxygène des matières minérales du sol, telles que le peroxyde de fer et les sulfates alcalins ou terreux, est employé dans certains cas à l'oxydation des matières organiques déjà contenues dans la terre arable ou qu'on y ajoute par les fumures. M. Kuhlmann, M. Paul Thenard, M. Hervé-Mangon, se sont rangés, dans des communications faites à l'Académie des sciences en 1859 (1), à l'opinion (déjà formulée par nous en termes explicites en 1854) de la cession facile d'oxygène que ferait aux matières organiques le peroxyde de fer. Ce phénomène se produirait sur une grande échelle et serait un des moyens employés par la nature pour transformer en composés assimilables par les plantes les matières organiques d'abord inertes. Mais, une fois ce phénomène accompli, si l'air atmosphérique ne pénètre pas à son tour dans le sol contenant encore un excès de matières organiques non transformées, ce sol, selon l'expression de M. Chevreul (2), devient infect. De là la nécessité des labours et du drainage dans les terres fertiles, de là aussi la convenance d'employer

(1) *Comptes rendus hebdomadaires des séances*, t. XLIX.
(2) *Bulletin de la Société centrale d'agriculture*, 2ᵉ série, t. XIV p. 55

dans certaines terres des fumiers pailleux, de là enfin les insuccès quelquefois constatés des engrais liquides qui, tombant sur un sol tassé, y pénètrent, s'y incorporent sans qu'il y ait assez d'oxygène pour les modifier de manière à les rendre assimilables par les plantes. Nous devons dire toutefois que l'azote sous forme d'ammoniaque paraît aussi être très-facilement assimilable par les végétaux, de telle sorte qu'un engrais qui contient des sels ammoniacaux tout formés, et notamment du carbonate d'ammoniaque, doit être regardé comme particulièrement précieux.

Les considérations précédentes rendent compte des effets divers constatés jusqu'à ce jour dans l'emploi des engrais liquides, lorsque d'ailleurs on connaît la composition de ces engrais. A ce sujet, nous allons donner les résultats des analyses faites jusqu'à ce jour.

Dans 1 litre de purin d'une vacherie des environs de Paris, nous avons trouvé en décembre 1859 :

	GR.
Matières organiques et sels ammoniacaux.	14.4
Matières minérales.	11.8
Total des matériaux dissous. . .	26.2
Azote à l'état d'ammoniaque.	1.40
Azote des matières organiques.	0.99
Azote total.	2.39
Soude et potasse.	3.90

Pour faire l'équivalent de 1,000 kilogr. de fumier, il faudrait 1ᵐᶜ.675 de ce purin. M. le comte d'Essex, un des agriculteurs les plus distingués parmi ceux qui ont appliqué le système tubulaire, estime qu'il faut le purin de 18 vaches par hectare pour féconder une terre qui ne reçoit pas d'autre engrais.

Dans les liquides troubles chassés dans la conduite qui va du dépotoir de la Villette à Bondy, et qui constituent les engrais liquides employés à Vaujours par M. Moll (voir précédemment, p. 597 à 612), M. Mangon a trouvé pour 1 litre :

	GR.
Matières organiques non compris les sels ammoniacaux.	15.75
Matières minérales.	11.55
Total.	27.30
Azote à l'état d'ammoniaque.	3.07
Azote des matières organiques.	0.95
Azote total.	4.02
Soude et potasse.	2.08
Acide phosphorique.	1.22

Ces résultats doivent être rapprochés de ceux que nous avons déjà rapportés [p. 511 et 512 (1)]; nous avons vu que 1 litre de vidanges devrait théoriquement contenir 11^{gr}.4 d'azote; on ne retrouve dans les liquides de Bondy qu'environ le tiers de cette quantité.

Comme 1,000 kilogrammes de fumier renferment en moyenne 4 kilogrammes d'azote, on voit que les engrais liquides de Bondy, qui contiennent aussi 4 kilogrammes d'azote par mètre cube ou par 1,000 kilogrammes environ, peuvent être considérés comme formant, sous le rapport du dosage en matières azotées, l'équivalent du fumier de ferme ordinaire.

M. Vœlker a publié dans le journal de la Société royale d'agriculture d'Angleterre (2) les analyses de six espèces d'engrais liquides recueillis dans des circonstances très-variées, savoir :

Engrais liquide de Westonbirt, près de Tetbury, dans le Gloucestershire, recueilli dans un réservoir récemment construit, bien couvert, recevant principalement les liquides d'écuries et seulement une petite quantité d'urines de vaches ou de porcs :

(1) A la page 512 de ce volume, ligne 15, il faut lire : une surface de 175 *hectares* au lieu de : 3 *hectares*.
(2) T. XIX, p. 522 à 541 (1858).

Par litre.
GR.

Matières organiques et sels ammoniacaux non volatils à 100°.	2.22
Matières minérales.	5.75
Total.	5.97
Azote à l'état de sels volatils d'ammoniaque.	1.27
Azote de la matière organique.	0.07
Azote total.	1.34
Potasse et soude.	2.01
Acide phosphorique.	0.04
Silice soluble	0.03

Engrais liquide de Badminton, provenant principalement d'étables à vaches et des cours de la ferme du duc de Beaufort, ayant 1.007 pour densité à 17°, recueilli dans un réservoir découvert où il avait séjourné longtemps :

Par litre.
GR.

Matières organiques et sels ammoniacaux non volatils à 100°.	3.41
Matières minérales.	5.16
Total.	8.57
Azote à l'état de sels ammoniacaux volatils.	0.14
Azote des matières organiques.	0.13
Azote total.	0.27
Potasse et soude. . :	2.37
Acide phosphorique.	0.14
Silice soluble.	0.14

Engrais liquide de la ferme du collège royal agricole de Cirencester, *recueilli en* 1857. provenant d'un réservoir placé près de la fosse à fumier, et où se rassemblent tous les engrais de la ferme, tous les égouts du collège, tous les débris animaux de l'exploitation :

Par litre.
GR.

Matières organiques et sels ammoniacaux non volatils à 100°.	0.67
Matières minérales.	1.05
Total.	1.72
Azote à l'état de sels ammoniacaux volatils.	0.27
Azote des matières organiques.	0.04
Azote total.	0.31

Par litre.

GR

Potasse et soude.	0.35
Acide phosphorique.	0.03
Silice soluble.	0.02

*Engrais liquide de la ferme du collége royal agricole de Cirencester.
recueilli en* 1858, ayant une densité de 1.0014 à 17°.

Par litre.

GR.

Matières organiques et sels ammoniacaux non volatils à 100°.	0.29
Matières minérales.	1.30
Total.	1.59
Azote à l'état de sels ammoniacaux volatils.	0.42
Azote des matières organiques.	0.02
Azote total	0.44
Potasse et soude.	0.50
Acide phosphorique.	0.07
Silice soluble.	0 24

Engrais liquide clair de Tiptree-Hall, ferme de M. Mechi (voir plus
haut, p. 532), ayant à 17° une densité de 1.0006 seulement :

Par litre.

GR.

Matières organiques et sels ammoniacaux non volatils à 100°.	0.11
Matières minérales.	0.31
Total.	0.42
Azote à l'état d'ammoniaque.	0.08
Azote des matières organiques.	0.01
Azote total.	0.09
Potasse et soude.	0.05
Acide phosphorique.	0.03
Silice soluble	0.02

Engrais liquide trouble de Tiptree-Hall, bien agité :

Par litre

GR.

Matières organiques et sels ammoniacaux non volatils à 100°.	0.72
Matières minérales.	0.65
Total.	1.37

	Par litre.
	GR.
Azote à l'état de sels ammoniacaux non volatils. . . .	0.07
Azote des matières organiques.	0.03
Azote total.	0.10
Potasse et soude.	0.04
Acide phosphorique.	0.05
Silice soluble.	0.09

On voit, d'après ces résultats, combien les divers engrais liquides diffèrent les uns des autres, et en outre combien peu sont riches quelques-uns d'entre eux. A ce sujet, M. Vœlker fait les rapprochements suivants :

En transformant en ammoniaque tout l'azote des six engrais liquides que j'ai examinés, on trouve par litre : -

		GR.
Engrais liquide de Westonbirt.	1.627
— — Badminton.	0.318
— — Cirencester (1857).	0.580
— — Cirencester (1858).	0.555
— — Tiptree-Hall (clair).	0.057
— — Tiptree-Hall (trouble).	0.078

On trouve dans le rapport officiel adressé en 1857 au gouvernement britannique par M. Austin sur les moyens de désinfecter et d'utiliser les eaux des égouts des villes, à propos du compte rendu sommaire d'une visite faite à M. Mechi, et parmi plusieurs détails relatifs aux dépenses de la distribution de l'engrais, que la quantité répandue quotidiennement pendant 10 heures de travail est d'environ 150 mètres cubes, et que M. Mechi estime les frais de l'irrigation de 0f.15 à 0f.20 le mètre cube; enfin que la quantité moyenne répandue sur chaque hectare pour toute l'année est de 561 mètres cubes. D'après la composition ci-dessus rapportée, on voit donc qu'on répand à Tiptree-Hall une quantité d'azote correspondant à 561,000 × 0gr.078 ou à 43 kilogrammes d'ammoniaque par hectare. Comme le guano du Pérou contient une proportion d'azote qui correspond de 16 à 18 pour 100 d'ammoniaque, il ne faudrait que 255 kilogrammes de ce guano pour remplacer, sous le point de vue des matières azotées, les 561 mètres cubes d'engrais de Tiptree-Hall. A raison de 325 francs la tonne, la fumure en guano ne coûterait que 82f.20, et, en comptant 12f.80 pour les frais de semaille, que 95 francs. A raison de 0f.20 le mètre cube, la répartition de 561 mètres cubes d'engrais liquide revient à 112f.20, et cette quantité d'engrais liquide ne contient pas à beaucoup près les autres matières utiles qui se trouvent dans le guano. C'est aux praticiens de décider s'il convient de faire ce surplus d'avances; mais la question ne saurait être partout résolue de la même manière...

L'expérience a prouvé que les résultats les plus remarquables et les plus avantageux de l'emploi des engrais liquides se produisent sur les terres légères, profondes, sablonneuses, dont le sous-sol est perméable. Quelque pauvres que soient ces terres, elles deviennent, après des arrosages réitérés avec les engrais liquides, capables de couvrir les frais de culture et de donner des récoltes abondantes... Or, pourvu que le sous-sol soit perméable ou suffisamment drainé, on peut affirmer avec certitude que toute terre sablonneuse, quelque stérile qu'elle soit réellement, peut être amenée, par l'emploi de l'engrais liquide, à un état tel qu'elle porte de riches récoltes, et toute autre méthode les mettrait probablement moins vite dans une semblable fertilité... Il est nécessaire d'étendre beaucoup les engrais liquides pour les répandre sur de tels sols, parce que, ainsi dilués, ils pénètrent plus avant dans la terre et se trouvent en contact avec une plus grande quantité de matières minérales...

Les engrais liquides, au contraire, produisent très-peu d'effet sur les terres fortes ou compactes, argileuses ou marneuses, parce que les matières organiques y sont déjà condensées, le plus souvent, ainsi que les matières minérales utiles, telles que l'acide phosphorique et les alcalis; parce que l'état physique du sol s'oppose à ce que les jeunes plantes y envoient leurs racines chercher leur nourriture dans toutes les parties où pénétrerait le liquide. Le fumier solide, concentré sur une petite épaisseur de terre, en modifie fortement la nature au point de vue chimique et physique, l'ameublit, la change complétement...

L'expérience des personnes qui assurent avoir obtenu des succès brillants en employant les engrais liquides sur des terres argileuses semble contraire à ces conclusions. Mais il y a lieu de remarquer que, en fait, l'application des engrais liquides sur les terres fortes, dans les cas où l'on dit avoir eu des résultats étonnants, a été généralement précédée d'un drainage complet, du défoncement du sous-sol, d'une culture profonde, de l'écobuage ou du chaulage, tous moyens qui ont modifié complétement la nature primitive du terrain. L'expérience de la culture sans engrais de M. Smith, à Lois-Weedon, prouve que l'on peut, rien que par un convenable système de culture, tirer un excellent parti des terres fortes; d'un autre côté, des insuccès de l'emploi des engrais liquides sur de telles terres sont bien constatés. On peut donc regarder comme probable que les engrais liquides ne réussissent dans les terres argileuses compactes qu'après qu'elles ont été modifiées par des amendements convenables.

M. Vœlker conclut de toutes ses recherches qu'à moins

qu'on ait de l'eau en abondance pour faire des irrigations enrichies avec les liquides des fermes, il est mieux de faire absorber ces liquides par la litière des étables et des écuries ou par le fumier que de les répandre par tout autre procédé si l'on n'a pas affaire à des terres légères ou sablonneuses.

M. Lawes et Gilbert ont donné dans le journal de la Société des arts de Londres des conclusions semblables à celles de M. Vœlker. Quant au système de culture sans engrais extérieur de Lois-Weedon, il repose sur l'aération d'une couche arable très-profonde et très-riche en matériaux susceptibles de devenir assimilables quand ils ont été modifiés par l'oxygène de l'air. On ramène incessamment de la terre de dessous pour la mettre en contact avec les racines des plantes cultivées. C'est en réalité cultiver avec l'engrais souterrain, et il n'y a dans ce système qu'une preuve de plus de l'avantage du drainage qui permet aux racines des végétaux d'aller chercher leur nourriture dans une couche située au-dessous du plafond que crée le soc de la charrue dans les cultures ordinaires.

CHAPITRE VIII

Rareté de l'ammoniaque dans les eaux du drainage — Du pouvoir absorbant et décomposant des sols pour les matières dissoutes dans les eaux qui les traversent

Il résulte des premières analyses que nous avons faites que les eaux de drainage ne renferment que des traces d'ammoniaque. Ainsi nous avons reconnu qu'une eau recueillie en février 1854, dans une terre fortement fumée en novembre 1853 et drainée immédiatement avant cette époque,

ne renfermait que huit dixièmes de milligramme d'ammoniaque, c'est-à-dire quatre fois moins que l'eau de pluie
tombée au même lieu, dans le même temps. M. Boussingault est arrivé à des résultats analogues en analysant des
eaux de drainage recueillies par M. Gareau à Bréau (Seine-
et-Marne). Le même fait a été vérifié par M. Thomas Way,
ainsi qu'il résulte des analyses rapportées dans le chapitre
précédent.

Comment expliquer ce fait, qui peut paraître étonnant,
quand on sait que les fumiers et la plupart des engrais
renferment des quantités très-notables d'ammoniaque?
On pourrait être tenté de l'attribuer à la transformation
de l'ammoniaque en acide nitrique, en vertu de l'oxygénation que nous avons mise en évidence. Mais les
transformations mutuelles de l'ammoniaque en acide nitrique, ou réciproquement de l'acide nitrique en ammoniaque, auxquelles quelques chimistes et particulièrement
M. Kuhlmann ont voulu faire jouer un grand rôle dans la
végétation, ne nous paraissent pas encore démontrées,
quelque ingénieuses que soient d'ailleurs les idées déve-
loppées à ce sujet. La propriété que possède l'argile de conserver l'ammoniaque nous paraît être la véritable cause du
phénomène.

Cette propriété a été découverte par de Saussure ; M. de
Gasparin l'a mise parfaitement en évidence dans son *Cours
d'agriculture* (1). Plus récemment, M. Thomas Way, dans un
beau Mémoire, publié en 1850, sur le pouvoir absorbant des
sols pour les engrais (2), a fait sur ce sujet des expériences
du plus haut intérêt.

Déjà en 1848, M. Huxtable, en filtrant du purin sur de la
terre, avait obtenu un liquide incolore dépourvu de toute

(1) T. Ier, p. 64.
(2) *Journal of the royal agricultural Society of England*, t. XI, p. 313.

mauvaise odeur, et M. Thompson avait reconnu que les terres arables séparent l'ammoniaque soit de sa dissolution dans l'eau, soit même de dissolutions de chlorhydrate, de sulfate et de nitrate d'ammoniaque; il en résulte que les terres arables n'agissent pas seulement comme des matières poreuses qui condensent l'ammoniaque, ainsi que beaucoup d'autres substances gazeuses, mais qu'elles ont une propriété décomposante spéciale. La terre a la même propriété absorbante ou plutôt décomposante, selon M. Way, pour beaucoup d'autres sels, tels que ceux de potasse, de soude, de magnésie, de chaux.

A ce sujet, comme on pourrait reprocher aux vues que nous développons ici de n'être pas complétement nouvelles, nous devons demander pardon à nos lecteurs de citer quelques faits historiques.

François Bacon, dans son ouvrage *Sylva sylvarum*, rapporte que, « sur les côtes de Barbarie, on fait de l'eau potable en recevant de l'eau de mer dans des trous au bord du rivage, lesquels trous ne sont remplis que par la filtration lors de la marée montante, » et il ajoute avoir fait « l'expérience que l'eau de mer filtrée à travers de la terre contenue dans dix vases devient presque potable, et est tout à fait fraîche après son drainage à travers vingt vases. »

Le docteur Hales, dans une note lue en 1739 à la Société royale de Londres sur différents procédés propres à rendre l'eau de la mer potable, rapporte, d'après Boyle Godfrey, que la première pinte de cette eau filtrée à travers certaines pierres est complétement privée de sel, mais que les pintes suivantes contiennent autant de sel que l'eau de mer commune.

On a expliqué ces effets par un simple déplacement. Ainsi, selon Vauquelin, si l'eau qu'on peut puiser dans les puits existant au bord de la mer, après la marée montante, se trouve être de l'eau douce, c'est que l'eau salée de la mer a fait refluer vers ces puits l'eau de la pluie qui imbibait les terres voisines pour se mettre à sa place. Il n'y aurait donc là aucun phénomène chimique qui pourrait nous servir dans notre théorie du drainage.

Cependant Berzélius a constaté que les premières portions d'une dissolution de sel commun qui filtrent à travers du sable sont complétement privées de toute trace de chlorure de sodium, et M. Matteucci, en étendant cette observation à d'autres sels, a trouvé que les diverses dissolutions salines qui filtrent à travers du sable éprouvent de grands changements dans leur concentration ou leur densité.

Le docteur Smith, de Manchester, a pensé que cette propriété du sable, de retenir les matières alcalines, était liée, dans les sols arables, à l'action que l'air devait avoir de brûler les matières organiques dans les pores de la terre, et de faire naître ainsi de l'acide nitrique. Nous avons démontré dans le chapitre précédent l'existence des nitrates dans les eaux de drainage, en quantité d'autant plus considérable que le sol d'où elles s'étaient écoulées était plus riche en matières organiques.

En ce qui concerne l'action décomposante des terres sur les matières salines dissoutes, M. Thomas Way a repris tout l'ensemble des faits épars que nous venons de résumer, et les a soumis à de nombreuses expériences nouvelles. Il a opéré sur des sols divers, de composition connue, contenant parfois des matières organiques, et d'autres fois n'en contenant pas ; renfermant, l'un des traces de carbonate de chaux seulement, l'autre 6 pour 100. Il a essayé des dissolutions diversement concentrées d'ammoniaque, de carbonate, de chlorhydrate, de sulfate et d'acétate d'ammoniaque ; de carbonate, nitrate et sulfate de potasse ; de chaux, bicarbonate et biphosphate de chaux; bicarbonate et biphosphate de magnésie. Il a reconnu que ces diverses matières salines ou alcalines étaient décomposées, pour les premières portions, par leur filtration à travers une épaisseur de $0^m.50$ des sols essayés. Les alcalis restent, et on retrouve seulement dans le liquide filtré des acides nitrique, chlorhydrique et sulfurique combinés avec une certaine quantité de chaux ou de magnésie; l'ammoniaque et la potasse ont été absorbés, ainsi que l'acide phosphorique.

L'objection faite par Vauquelin et d'autres chimistes, relativement au simple déplacement d'eau pure par les eaux salines dans les sables du bord de la mer, n'est plus applicable ici, puisque M. Thomas Way opérait sur des sols desséchés ou même calcinés au rouge, et ne contenant par conséquent aucune eau hygrométrique. On peut donc regarder le fait de la décomposition des liqueurs salines par les terres arables comme parfaitement démontré. Les diverses natures de sols exercent une action très-différente sur les matières salines qui peuvent être contenues dans les liquides qui filtrent à travers. Il peut se faire des échanges de nature très-diverse entre les éléments de la terre et ceux des sels dissous, ainsi que cela résulte des recherches publiées en 1857 par M. Vœlker, professeur de chimie au collége agricole de Cirencester, sur l'engrais de ferme, le drainage des tas de fumier et les propriétés absorbantes des sols (1), et en 1859, sur les modifications qu'éprouvent les engrais liquides lorsqu'ils sont mis en contact avec différentes terres d'une composition connue (2).

L'étude des variations qui peuvent se présenter dans les

---

(1) *Journal of the royal agricultural Society of England*, t. XVIII, p. 111.

(2) *Ibid.*, t. XX, p. 159.

propriétés absorbantes et décomposantes des terres arables, remise en honneur par M. Way, a été poursuivie par plusieurs chimistes non-seulement en Angleterre, mais encore en Allemagne et en France. MM. W. Henneberg et F. Stohmann (1) ont donné des mesures de l'absorption qui ont permis à M. Bœdecker d'établir des formules algébriques propres à déterminer, étant données la force d'une dissolution ammoniacale et les quantités de terre et de liquide employées, quelle serait la valeur de l'absorption en ammoniaque. M. Liebig (2) a trouvé que, dans la filtration du purin sur une terre, la potasse est retenue plus énergiquement que la soude; que la silicate de potasse est absorbé, ainsi que le phosphate de chaux, de telle sorte qu'on devrait conclure que, en raison de l'insolubilité des composés formés, il existe dans les racines des plantes une force spéciale qui leur permet de choisir et de s'assimiler les substances qu'elles ne peuvent plus puiser dans une dissolution. Cette opinion n'est pas adoptée par M. Brustlein (3), qui a constaté que, lorsque la terre a fixé de l'ammoniaque, la présence de l'eau provoque la dissipation de ce corps, et que la présence de l'oxygène de l'air engendre de l'acide nitrique.

M. Brustlein a d'ailleurs démontré que la propriété de la terre arable d'absorber l'ammoniaque dépend presque exclusivement de la constitution physique des substances minérales et même des matières organiques dont elle est formée, et que l'existence d'un carbonate et particulièrement du carbonate de chaux est indispensable pour que la terre décompose un sel ammoniacal en retenant la base. M. Lie-

---

(1) *Journal für Landwirthschaft*, janvier 1859.
(2) *Annalen der Chimie und Pharmacie*, t. CV, p. 109.
(3) *Annales de chimie et de physique*, 3e série, t. LVI, p. 190, et *Journal d'agriculture pratique*, t. II de 1859, p. 320.

big admet que quelque chose d'analogue a lieu pour la décomposition du silicate de potasse, sur lequel agirait l'hydrate d'alumine du sol. M. Chevreul pense même que
certaines matières organiques sont susceptibles de se fixer
dans les substances terreuses et de former ainsi des sortes
de laques, qui présentent de la fixité pendant un temps
plus ou moins long. M. Boussingault a été conduit, dans
ses recherches sur les végétaux, à cette conclusion que
certaines substances organiques, en se modifiant dans le
sol, forment des combinaisons douées d'une assez grande
stabilité pour résister à l'action assimilatrice des racines
des plantes. Cette circonstance explique pourquoi, dans la
culture intense, on est forcé de renouveler fréquemment
les fumures, quoique les récoltes, théoriquement parlant,
ne semblent pas devoir les épuiser. « C'est que, dit M. Boussingault, une fraction du fumier enfoui, se constituant dans
un état passif, n'agit plus à la manière d'un engrais. »
Pour tirer parti des substances mises en réserve dans la
terre, il faut l'intervention de nouveaux agents, qu'avec
M. Paul Thenard nous appellerons, si l'on veut, agents as-
similateurs, et qui sont principalement les diverses influences météoriques, l'oxygène de l'air, la chaux et la
marne. C'est ainsi que le drainage intervient efficacement
pour mettre en valeur la fertilité jusqu'alors latente et inutile.

CHAPITRE IX

De l'épuisement de la fertilité des terres drainées

Les faits que nous venons d'exposer ont la plus haute
importance pour l'explication des effets du drainage. Ils
devront être étudiés dans des circonstances variées, avant

de fournir les éléments d'une théorie complète. Toutefois l'ensemble de ceux qui sont déjà bien constatés prouve :

1° Que les matières organiques et minérales existant ou apportées dans le sol par le cultivateur, subissent diverses transformations utiles à la nutrition des plantes sous l'influence qu'exerce l'oxygène de l'air atmosphérique amené par le drainage ;

2° Que les eaux qui s'écoulent des drains entraînent une certaine proportion des éléments de fertilité des terres arables, particulièrement à l'état de nitrates, et qu'il y a lieu de ne pas perdre ces eaux dans les rivières, mais de les employer en irrigations ;

3° Que le drainage doit causer un véritable appauvrissement du sol auquel on ne restituerait pas par les engrais, par le chaulage, etc., les éléments enlevés par les eaux.

Cette dernière conséquence pourrait effrayer les personnes qui n'en examineraient pas à fond la véritable portée. Il est facile de se convaincre qu'elle ne doit nullement empêcher celui qui possède des terrains habituellement humides et d'un faible rapport d'avoir recours pour les améliorer à une opération qui a produit des effets si salutaires. C'est ce que notre illustre maître, M. le comte de Gasparin, a fait remarquer avec une grande autorité dans un article qu'il a bien voulu consacrer à l'examen de la première ébauche de notre théorie du drainage. M. de Gasparin s'est exprimé en ces termes (1) :

Le drainage cause un véritable appauvrissement du sol qui, à la longue, peut finir par être sensible. Faut-il pour cela renoncer à une opération qui a produit des effets si salutaires? Évidemment non, sur tous les terrains habituellement humides et d'un faible rapport. Cette ammoniaque, cet acide nitrique, qui existent dans les eaux de drainage, vous en devez la formation au drainage lui-même, qui permet la circulation de l'air dans le terrain, et qui en élève la température.

(1) *Journal d'agriculture pratique*, 4ᵉ série, t. I, p. 397 (mai 1854).

Le terrain aux dépens duquel se forme l'acide nitrique dont vous regrettez la déperdition était pour vous une matière morte; si une partie s'en écoule sans profit, le résultat de vos récoltes vous prouve que les plantes en utilisent une autre partie. Si un trésor était enfoui dans votre sol, préféreriez-vous le laisser ignoré et intact plutôt que d'en céder une partie à celui qui le découvrirait? Non sans doute. Vous en recevriez votre part, peut-être avec un peu de regret de ne l'avoir pas tout entière, mais au moins avec satisfaction pour la portion qui vous serait dévolue. Voilà justement ce que l'on doit se dire du drainage. La valeur de ma terre est considérablement accrue dans le présent, et je penserai à l'avenir, en profitant de cette nouvelle source de fertilité que j'acquiers, pour lui préparer de nouveaux engrais, de nouvelles richesses qui puissent contre-balancer la perte de ce que l'eau du drainage entraîne. Ce nouveau point de vue résulte de la découverte des nitrates dans cette eau, découverte qui appartient incontestablement à M. Barral.

CHAPITRE X

Des obstructions des drains

Le drainage, comme toute opération exécutée de main d'homme, a ses inconvénients et ses accidents, et exige des frais d'entretien et de réparation. Il est arrivé un certain nombre de fois que les conduits souterrains se sont bouchés; que l'eau, cessant de couler, est remontée jusqu'à la surface et a ramené le terrain dans l'état où il était avant le drainage. Mais les accidents, d'ailleurs peu nombreux relativement à la grande quantité de travaux de drainage effectués, puisque, par exemple, M. Paul Thenard a constaté qu'il y a tout au plus un tuyau bouché sur une longueur de 10 kilomètres de drains posés, ne prouvent rien contre l'efficacité et la longue durée des drainages bien faits. Il est seulement nécessaire de les étudier avec attention et de connaître les moyens de les prévenir ou de les réparer.

Les cas d'obstruction assez variés qu'il nous a été donné

d'observer ou que nous ont communiqués divers agriculteurs nous ont conduit à rapporter ces accidents à sept causes différentes :

1° Dépôts calcaires;
2° Dépôts ferrugineux;
5° Dépôts terreux;
4° Racines des arbres;
5° Racines de plantes diverses;
6° Végétations spéciales;
7° Animaux souterrains.

1° *Dépôts calcaires.* — En 1849, dans la propriété de M. Gooden, de Compton-House, près Sherborne, on a constaté qu'un drainage effectué vingt ans auparavant, à l'aide de drains en gazon, selon une méthode que nous avons décrite (liv. II, chap. IX, t. I, p. 75), se trouvait ne plus fonctionner en quelques endroits. On fit des fouilles, et on découvrit que les drains étaient complétement bouchés çà et là par un dépôt dur comme de la pierre. L'analyse de ce dépôt a été effectué par M. Thomas Way, qui a reconnu qu'il était composé de la manière suivante (1) :

Carbonate de chaux.	86.58
Sulfate de chaux..	2.52
Magnésie, chlorure de sodium.	traces
Sable, argile, etc..	11.10
Total.	100.00

On voit que la matière principale qui constitue le dépôt dont il s'agit est le carbonate de chaux. C'est aussi l'élément qui se trouvait en plus forte proportion dans l'eau du drainage du même terrain dont nous avons plus haut (p. 675) rapporté l'analyse. Le phénomène ne peut s'expliquer que par la dissolution du carbonate de chaux du sol à l'aide d'un excès d'acide carbonique dissous dans l'eau et

(1) *Journal of the royal agricultural Society of England*, t. X, p. 121.

provenant de la décomposition des matières organiques du même sol. Du bicarbonate de chaux soluble se sera ainsi formé. Mais il sera arrivé que l'eau, séjournant ou s'écoulant très-lentement dans les drains, aura abandonné son acide carbonique à l'air, et alors le carbonate de chaux simple, insoluble dans l'eau pure, se sera déposé en cristaux concrets, comme cela arrive dans les stalactites et les stalagmites des grottes et des cavernes à infiltrations d'eaux gazeuses et calcarifères. Le sable et l'argile avaient été évidemment entraînés au sein du dépôt.

On peut éviter cet inconvénient à l'aide de tuyaux de bonne qualité, bien unis intérieurement, et ayant une pente régulière et assez grande pour que l'eau s'en écoule rapidement.

M. Hervé-Mangon a proposé, pour empêcher la formation des obstructions calcaires dans les drains, de s'opposer au dégagement de l'acide carbonique de l'eau qui coule dans les tuyaux, ce à quoi l'on peut parvenir facilement en interceptant la communication des tuyaux avec l'air extérieur. L'atmosphère limitée des conduits souterrains ne tarde pas à renfermer une portion d'acide carbonique en rapport avec le volume de ce gaz dissous dans l'eau. Celui-ci ne tend plus alors à se dégager; l'eau chargée de calcaire conserve sa limpidité, et l'écoulement peut avoir lieu sans inconvénient d'une manière indéfinie.

A cet effet, M. Hervé-Mangon apporte une légère modification aux regards de surveillance ordinaires.

Les regards ordinaires, tels que celui qui est représenté par la figure 565, et qui est construit en grosses poteries de grès emboîtées et lutées en ciment, reçoivent les eaux de deux ou plusieurs collecteurs dans une sorte de cuvette où s'amassent des limons entraînés. A $0^m.05$ au-dessus des orifices des tuyaux d'amenée, se trouve un tuyau de décharge et d'aéra-

tion qui entraîne les eaux au dehors dès que leur niveau s'é-
lève. De cette manière, les tuyaux d'amenée peuvent toujours
être soumis à une circulation d'air active. C'est ce que M. Hervé-Mangon a voulu empêcher à l'aide de ce qu'il appelle des

Fig. 565. — Regard de surveillance et d'aération.

regards pneumatiques (fig. 566), lesquels sont placés à
quelques mètres en amont de la bouche de décharge et,
s'il y a lieu, aux points de réunion des maîtres-drains les

plus importants. Les regards pneumatiques sont faits aussi avec deux ou trois gros tuyaux à emboîtement, posés verti-

Ech. 0,05. P.M.

Fig. 560. — Regard pneumatique (coupe et plan).

calement sur une pierre plate ou sur une large tuile, et re- couverts de la même manière. Un petit enrochement, maçonné au besoin, est placé à la base. Les tuyaux qui y aboutissent en plus ou moins grand nombre sont solidement posés et quelquefois entourés de maçonnerie pour éviter tout déplacement. Mais, contrairement à la disposition adoptée pour les regards ordinaires, le tuyau d'arrivée *aa*, dont on augmente la pente sur une certaine longueur, débouche à quelques centimètres au-dessous du tuyau d'écoulement *ee*. A l'aide de cet artifice, les tuyaux de drainage sont séparés de l'air extérieur, et la condition désirée se trouve exactement remplie. Mais, il faut l'avouer, l'aération du sol se fait moins bien, et le remède lui-même a des inconvénients.

2° *Dépôts ferrugineux.* — Les dépôts ferrugineux ont été très-souvent trouvés en Écosse dans des terrains ocreux qui avaient été drainés avec des tuiles courbes et des semelles plates. A Drayton-Manor, dans la propriété de sir Robert Peel, M. Parkes a constaté leur présence. Des échantillons de ces dépôts ont été prélevés et envoyés à M. Richard Phillips, du Geological Museum de Londres, qui les a analysés. M. Phillips les a trouvés composés de la manière suivante :

Silice et alumine avec traces de chaux.	49.2
Peroxyde de fer.	27.8
Matière organique.	23.0
Total.	100.0

La plus grande partie de peroxyde de fer dénotée par cette analyse, a dit M. Phillips, paraît être due à l'existence primitive du fer dans un état inférieur d'oxydation, tel qu'il pouvait être alors dissous par l'acide carbonique dû à la putréfaction des matières organiques du sol, et ainsi charrié dans les eaux du drainage. Quand ces eaux ont été exposées à l'air atmosphérique, le protoxyde de fer a été changé en peroxyde insoluble à l'aide de l'oxygène de l'air. Les autres matières ont dû être entraînées mécaniquement par suite de leur existence dans un état de division très-ténue.

Nous ne rectifierons que très-peu de chose dans cette explication : c'est que, lors même que le fer eût existé primitivement dans le sol à l'état de peroxyde mélangé aux argiles, comme cela arrive souvent, le phénomène du dépôt n'eût pas moins pu se produire, attendu que les matières organiques en décomposition de la terre arable peuvent parfaitement réduire le peroxyde insoluble et le ramener à l'état de protoxyde, et ainsi donner naissance à un sel de fer soluble, tel que du protocarbonate de fer, comme l'a dit M. Demesmay (voir liv. II, chap. VII, t. I, p. 72) à propos d'un drainage effectué avec des fascines.

Dans tous les terrains marécageux à sous-sol d'argile ferrugineuse, il se passe des phénomènes semblables à ceux que nous venons de décrire. M. Parkes a remarqué que c'est surtout vers la partie supérieure des drains, là où il y a une moindre masse d'eau, que les obstructions se produisent. Il a, en conséquence, proposé d'employer dans ces terrains des tuyaux de petite dimension reliés par des colliers ou manchons pour diminuer les interstices existant entre deux tuyaux successifs. Le résultat a été conforme à ses vues; les tuyaux débitent à gueule-bée à la suite des temps pluvieux, et, quand s'arrête l'écoulement, il n'y a pour ainsi dire aucune tache jaune qui trahisse la présence d'un sel de fer.

Dans les drainages pour lesquels on ne s'est pas servi d'une pente bien régulière, et où les tuyaux présentent, par exemple, des sinuosités dans le genre de celles que l'on voit dans la figure 567, les dépôts calcaires et ferrugineux auront une tendance prononcée à se former, dans les creux ou dépressions a et b, où l'eau séjournera de d en c. L'écoulement en ces endroits n'aura lieu que pour les filets supérieurs; dans la portion d'eau en repos se déposeront les particules entraînées d'ordinaire par la veine liquide.

Dans des cas semblables, on conseille, quand on s'aperçoit qu'un tuyau débite mal, de nettoyer les drains à l'aide d'une chasse d'eau, qui consiste à boucher momentanément le tuyau inférieur; toute la ligne du drain se remplit d'eau. Quand on ôte tout à coup l'obturateur artificiel, la différence de niveau donne une hauteur d'eau dont la pression suffit pour entraîner les dépôts qui ne sont pas encore très-adhérents. et qui d'ailleurs n'obstruaient pas complé-

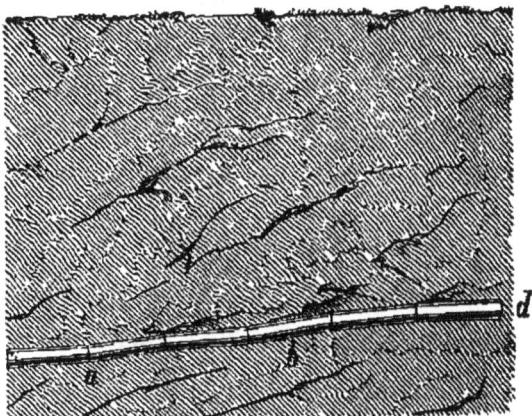

Fig. 567. — Tuyaux sinueux facilitant les dépôts calcaires ou ferrugineux.

tement les tuyaux. Les regards de surveillance dont nous avons tout à l'heure rappelé la construction (p. 704, voir aussi liv. V, chap. xxv, t. II, p. 227 à 231) sont très-utiles pour ces sortes d'opérations.

Ce nettoyage des drains n'aurait aucun effet si les tuyaux n'avaient pas été posés avec assez de soin pour ne pas pouvoir se déranger, s'ébouler, comme on le voit dans la figure 568, où le sol s'est affaissé entre a et f au-dessous de

Fig. 568. — Éboulement de drains placés dans un terrain coulant.

h, de manière à annuler l'effet des tuyaux *b*, *c*, *d*, *e*. Si un dépôt se forme au-dessous de *a*, on ne pourra plus faire de chasse d'eau, puisque l'on n'aura plus une ligne continue dans laquelle la pression de l'eau pourrait se communiquer du point le plus haut au point le plus bas. Un pareil accident favoriserait d'ailleurs les dépôts, car les détritus rassemblés en *g* pourraient facilement être entraînés à travers les tuyaux *f*, où ils causeraient des obstructions. C'est pour une raison semblable que beaucoup de draineurs ferment le tuyau le plus élevé de chaque drain avec un bouchon de paille. Nous avons dit et nous répéterons encore que, à cause de l'avantage de faire circuler l'air dans les drains, il est bon de faire déboucher à l'air libre les parties supérieures des lignes, ou bien de les faire aboutir dans un drain supérieur de ceinture, qui lui-même se termine par une cheminée verticale ou ventouse abritée contre un mur de manière à être exposée au midi (fig. 569).

La composition des dépôts trouvés dans les drains est essentiellement variable avec la nature du terrain d'où ils proviennent. Nous avons vu plus haut la composition d'un dépôt ferrugineux trouvé en Écosse; voici trois analyses faites par M. Mangon, et qui se rapportent à des dépôts trouvés en France, le produit I à Cassel (Nord), le produit II aux environs d'Arras, le produit III à Hénonville (Oise) :

	I	II	III
Sable fin et argile insolubles dans l'acide chlorhydrique......	17.00	29.75	76.75
Alumine............	3.67	5.75	5.75
Oxyde de fer..........	37.67	49.70	4.75
Carbonate de chaux........	6.35	8.48	3.66
Carbonate de magnésie.......	0.00	3.24	1.14
Eau combinée, substances non dosées et matières organiques combustibles, non compris l'azote..	34.67	3.07	7.55
Azote.............	0.66	2.01	0.40
Total.......	100.00	100.00	100.00

Avant l'analyse, le produit I avait été desséché à l'air; les produits II et III avaient été desséchés à 80°.

La composition très-ferrugineuse des dépôts I et II porte à croire que les phénomènes chimiques de dissolution du protoxyde de fer par des matières organiques dissoutes

Fig. 569. — Cheminée en ventouse pour établir une circulation d'air dans un système de drains.

dans l'eau, puis de précipitation par l'oxygénation due à l'air, tels que M. Mangon les a constatés (liv. V, ch. XXVII, t. II, p. 235, note), peuvent avoir concouru à former les engorgements. Mais les dépôts analysés renferment déjà une bien grande quantité de sable et d'argile insolubles même dans les acides forts, de telle sorte qu'on peut bien admettre aussi qu'une malfaçon dans l'exécution du drainage, dans la pose des tuyaux, a facilité singulièrement l'obstruction. Cela ne peut laisser aucun doute pour le dépôt III, qui contient plus des trois quarts de son poids de matières simplement terreuses. Ce dépôt rentre complétement dans la classe suivante, à laquelle nous allons consacrer quelques lignes.

En résumé, les dépôts spécialement ferrugineux ne se formeront que très-rarement; ils nous paraissent la preuve que le terrain n'a pas encore été suffisamment aéré, et, une fois que le sol sera bien oxygéné en vertu du drainage, les réactions constatées par M. Mangon cesseront probablement de se produire. Les regards pneumatiques doivent les empêcher, de même que les dépôts calcaires; mais ces regards pneumatiques ne nous paraissent pouvoir être employés qu'avec une grande circonspection.

3° *Dépôts terreux.* — La plupart des dépôts qu'il nous a été donné d'examiner chimiquement présentaient la composition même des particules les plus fines du sol dans lequel les drains étaient posés; quelques-uns même n'avaient aucune trace de calcaire, et tout au plus 1 à 2 pour 100 d'hydrate de peroxyde de fer. Tous ces dépôts étaient terreux; ils provenaient de ce que l'eau, en arrivant jusqu'aux drains pour s'y écouler, y entraînait mécaniquement les particules fines du sol; cette eau n'était pas suffisamment débarrassée des matières tenues en suspension par une filtration convenablement faite. C'est afin que cette filtration s'opère d'une manière complète que nous avons conseillé de pilonner ou piétiner (liv. V, chap. xxxiii, t. II, p. 216) une couche d'argile plastique sur la ligne des tuyaux; alors l'eau ne peut arriver aux tuyaux qu'après s'être épurée de toutes les matières même les plus ténues.

Le remplissage des tranchées après la pose des tuyaux est trop souvent abandonné à des ouvriers à la tâche, qui n'ont d'autre souci que d'aller vite, la besogne dût-elle être mal faite. C'est ainsi que quelques drainages n'ont presque pas eu le temps de fonctionner, et qu'ils ont été immédiatement obstrués, tandis qu'ils eussent eu une durée illimitée si on avait pris plus de soin dans leur exécution. C'est ici qu'une légère économie de main-d'œuvre est mal placée et est chèrement payée plus tard. La figure 570, qui

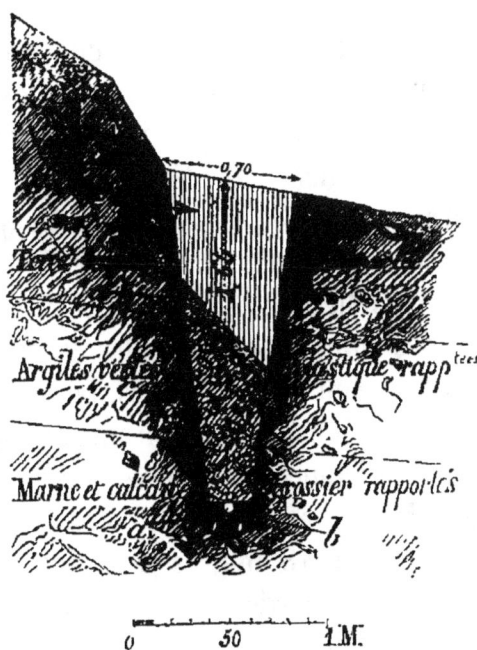

Fig. 570. — Coupe d'une tranchée de drainage montrant les précautions à prendre dans la pose des tuyaux et le remplissage. — *a*, argile damée; *b*, tuyau de 0ᵐ.05 de diamètre; *c*, empierrement en cailloux de 0ᵐ.05 à 0ᵐ.07 de diamètre; *d*, lit de paille de 0ᵐ.10 d'épaisseur; *e*, terre damée.

donne la coupe d'une tranchée d'un drainage exécuté par M. Richard de Jouvance, montre quelles précautions il est nécessaire de prendre dans certains cas non-seulement pour que le drainage fonctionne bien, mais encore pour qu'on soit à peu près certain qu'à la longue il ne s'obstruera pas par des dépôts terreux, l'eau ne pouvant arriver dans les tuyaux que parfaitement filtrée. Les chances d'obstruction par les dépôts terreux sont dans tous les cas moins grandes dans les terrains sablonneux que dans les terrains argileux.

4° *Racines des arbres.* — Les obstructions causées par les racines des arbres ont été plusieurs fois signalées. On dit que le saule, l'aulne, le frêne et le marronnier d'Inde jettent souvent à 2 ou 3 mètres des racines dont une fibre, parvenant à pénétrer dans une ligne de drains par un des interstices laissés entre les tuyaux, s'y développe en longueur et en grosseur, et donne naissance à une masse chevelue, semblable à une queue de renard. Ce chevelu bouche le drain aussi hermétiquement que s'il était fermé par de la glaise. Les circonstances dans lesquelles ces effets ont été constatés paraissent varier d'une manière capricieuse dont on n'a pas bien saisi la loi.

On a vu des tranchées rester parfaitement libres dans leur jeu pendant des années, quoiqu'elles fussent contiguës à des haies et à des plantations d'arbres, tandis qu'ailleurs des racines sont venues obstruer des tranchées placées à plusieurs mètres de distance des arbres auxquels ces racines appartenaient. M. Parkes conseille, comme mesure de prudence, de se tenir à 18 mètres des rangées d'arbres. Il pense aussi que des regards placés de distance en distance sont surtout nécessaires près des arbres, afin qu'on puisse vérifier si l'écoulement se fait régulièrement.

Lorsqu'on s'aperçoit qu'un regard cesse de couler, ou lorsqu'on constate une apparition de l'humidité, il faut rechercher l'endroit où l'obstruction s'est produite. Les regards sont très-commodes à cet effet, surtout avec l'emploi de la chaine imaginée par M. Landa, un des contre-maîtres des travaux de drainage formés dans l'Oise par M. Vitard.

40.

Cette chaîne se compose de mailles analogues à celles de la chaîne d'arpenteur, mais ayant chacune 0ᵐ.30 de longueur et assez fortes pour ne pas se tordre quand elles seront introduites dans une ligne de tuyaux. Voici le mode d'emploi de cet instrument fort simple, mais très-commode :

M. Vitard introduit cette chaîne soit par un regard, soit en ouvrant une tranchée d'un mètre de longueur jusqu'à la profondeur des tuyaux; il lui imprime un mouvement de va-et-vient qui donne lieu à un frottement suffisant pour débarrasser les tuyaux jusqu'à une distance de près de 20 mètres de tout ce qui peut gêner l'écoulement de l'eau. Quand, à une distance de 10, 15 ou 20 mètres, on rencontre un obstacle tel, que la chaîne ne puisse plus fonctionner, on pratique une ouverture à 10, 15 ou 20 mètres au delà du point où se trouve l'obstacle, et on fait d'amont en aval un sondage semblable au premier. Si on ne parvient pas à un bon résultat, si même on rencontre un autre obstacle, on ouvre une tranchée à l'endroit même du premier arrêt, on déplace le tuyau obstrué, et, en introduisant la chaîne, on fait un sondage d'aval en amont. Si le second obstacle ne peut être enlevé, on fait une nouvelle tranchée à l'endroit où il existe, et ainsi de suite. On doit toujours avoir soin, dans ces opérations, de placer sur l'orifice de chaque tuyau d'amenée un morceau de toile métallique qui l'enveloppe de manière à empêcher les immondices d'arriver d'amont, d'y pénétrer et d'engorger de nouveau la partie nettoyée.

Pour donner plus d'énergie à l'action de la chaîne, on la tourne quand on la sent engagée dans les racines; mais, comme la maille sur laquelle on doit agir glisse dans les doigts, et qu'on ne peut la saisir qu'en dessus, on emploie, pour faire faire à la chaîne un demi-tour à la fois, l'instrument connu dans l'art du sondage sous le nom de tourne-à-gauche (voir fig. 387, t. II, p. 269). Cet instrument doit toujours être appliqué au point d'assemblage de deux chaînons; ce moyen permet d'obtenir la résistance nécessaire pour imprimer un mouvement de rotation à l'appareil.

Pour prévenir l'envahissement des tuyaux par des racines d'arbres, on éloigne, comme nous l'avons dit, les lignes de drains des plantations, et on cherche en outre à leur donner une profondeur aussi grande que possible, par exemple, 1ᵐ.50 ou 1ᵐ.75. Des procédés particuliers de garnissage sont aussi employés; nous les avons décrits ailleurs (liv. V, chap. XXVII, t. II, p. 236 à 241); nous avons dit aussi que le système des tuyaux étanches, combinés avec des tuyaux verticaux, tel que l'a proposé M. Rérolle, est celui qui donne les garanties les plus complètes; nous les conseillons dans tous les cas où il est impossible d'éviter qu'un drainage soit éloigné d'une plantation d'arbres.

5° *Racines de plantes diverses.* — On a trouvé plusieurs fois que des drainages effectués dans des terrains marécageux, envahis par des plantes spéciales aux sols humides, tourbeux ou argileux, telles que les prêles, les véroniques, les équisetums, ne tardaient pas à présenter des obstructions qui consistaient précisément en un chevelu formé des racines de ces végétaux. Le drainage, comme nous l'avons constaté, finit par changer complètement la flore propre à ces sols (liv. III, chap. III, t. I, p. 110); mais, avant que cette transformation soit opérée, quelques-unes des plantes qui avaient pris dès longtemps possession du terrain font invasion dans les tuyaux, dont l'action doit bientôt détruire les conditions nécessaires à leur existence. Voici des exemples de ces faits :

On a vu, dans un terrain non suffisamment assaini, des drains engorgés par les racines de l'*Equisetum palustre,* plante des marais tourbeux connue sous le nom vulgaire de queue de cheval.

Dans les tuyaux d'un terrain drainé dans la propriété de M. Gibert, à Frocourt (Oise), M. Vitard a trouvé des nattes chevelues ayant 0^m.06 de large, 0^m.01 d'épaisseur, et des longueurs de 70 mètres pour l'une et de 150 mètres pour l'autre. Or le sol drainé était formé d'une terre d'alluvion d'excellente qualité, reposant sur un sous-sol imperméable constitué par les argiles néocomiennes; il était abandonné de temps immémorial à un excès d'humidité, et il ne produisait guère que des plantes impropres à l'alimentation du bétail, telles que la grande marguerite (*Chrysanthemum leucanthemum*), la grenouillette (*Ranunculus acris*), le bassinet (*Ranunculus repens*), le cresson de chien (*Veronica beccabunga*).

Des botanistes distingués ont reconnu que la natte chanvreuse ou chevelue des drains avait la plus grande ressemblance avec les racines de ces diverses plantes, lesquelles racines sont très-développées. M. Vitard pense que le fait de l'invasion extraordinaire du chevelu dans les tuyaux provient de ce que les ouvriers, au moment du remplissage des tranchées, ont jeté sur les tuyaux de la terre prise à la couche supérieure du sol. Dans cette terre couverte d'eau, depuis plusieurs siècles peut-être, pendant une grande partie de l'année, existaient les plantes dont nous venons de parler. Placées immédiatement sur les tuyaux, dans un état de conservation qui leur a permis de reprendre, quelques-unes de ces racines ont acquis rapidement un développement anormal, parce qu'elles ont trouvé là de l'eau, leur élément de prédilection, et une température plus élevée que ne l'était celle du terrain où elles vivaient avant le drainage.

Une conséquence importante de l'explication donnée par M. Vitard serait qu'on devrait prendre bien garde d'employer autre chose que la terre provenant du fond des tranchées pour recouvrir les tuyaux sur une hauteur de $0^m.25$ à $0^m.30$; il faudrait la tasser ensuite très-fortement.

Dans les drainages bien faits, les racines des plantes cultivées ne causent généralement pas d'obstructions. Nous ne connaissons aucun accident de ce genre causé par les céréales, par les luzernes et par les autres cultures fourragères.

Nous sommes heureux aussi de pouvoir constater que, dans le drainage des vignes exécuté sur une si grande échelle dans le Médoc par M. Duchâtel, il n'y a pas eu une seule obstruction; de très-nombreuses et attentives vérifications ne laissent aucun doute à cet égard. Mais on peut citer plusieurs cas d'obstructions produites par des racines de betteraves, notamment un drainage fait près de Coleshill, avec des tuiles courbes, depuis trente ans, à une profondeur de $0^m.68$; une terre drainée par M. Bouthier de Latour sur sa propriété de Montceaux (Saône-et-Loire), où les betteraves ont produit des chevelus de 3 à 4 mètres de longueur, ayant l'aspect d'un écheveau de fil obstruant presque complétement des collecteurs de $0^m.09$ de diamètre, placés à une profondeur de plus de $1^m.20$. Un drainage, effectué en 1856 dans la Haute-Vienne, a présenté dès 1857 des espèces de perruques chevelues de 1 mètre de long après une récolte de betteraves. M. Bouthier de Latour a aussi constaté la présence de pelottes de racines produites par des carottes, mais le tissu chevelu était plus fin et moins volumineux que celui dû aux betteraves.

Nous avons dit en 1854, dans la première édition de cet ouvrage, que la circulation de l'air et une pente suffisante finissaient toujours par détruire le chevelu des racines, lors même que quelques défauts dans l'établissement du drainage permettent au chevelu d'y prendre quelque développement. En effet, il arrive que, mis à sec pendant une certaine partie de l'année, ce chevelu se détruit et est entraîné vers les bouches des drains lorsque l'eau recommence à couler. Nous avons vu avec plaisir M. Charles Barbier entreprendre sur ce sujet des expériences directes qui ont vérifié nos idées théoriques. Nous reproduirons ici un extrait du Mémoire que nous a remis cet habile et dévoué ingénieur-draineur.

Les expériences ont eu pour but de déterminer :
1° Les effets d'une aération active dans les tuyaux;
2° Les effets d'une bonne ou d'une mauvaise cuisson des tuyaux;
3° L'utilité des manchons;
4° Celle des tuyaux goudronnés;
5° Celle des tuyaux vernissés.

M. Barbier a fait construire, en planches de bois blanc de 1m.10 de largeur, trois caisses de chacune 1 mètre de côté sur 0m.60 de profondeur; il a garni leur fond d'une feuille de zinc, dont les bords, relevés de 0m.05 tout autour et soudés, formaient une cuvette parfaitement étanche, et assuraient l'imperméabilité de son sol. Sur ce fond, et sur une épaisseur de 0m.06, on a placé une couche de terre desséchée d'abord, pulvérisée ensuite à l'état sec; on l'a damée en l'humectant convenablement, de manière à obtenir une densité analogue à celle d'un sol de même nature qui n'aurait pas été fouillé (1).

(1) Cette terre donnait à l'analyse : argile, 54; — carbonate de chaux, 39; — matières organiques, 4; — Silice, 2; — Oxide de fer, 1. — Sa tenacité était de 4 k.1.

Les tuyaux, du diamètre intérieur de 0^m.25, et d'une bonne cuisson aussi uniforme que possible, furent coupés par tronçons de 0^m.10 de longueur, afin de multiplier les points de jonction, et les dispositions suivantes furent adoptées :

Dans chaque caisse, sont six lignes parallèles ayant une pente de 0^m.003 par mètre, pente admise comme minimum dans les travaux de drainage. — Dans la première caisse, les tuyaux traversaient de part en part les parois opposées de la caisse et faisaient à l'extérieur une saillie de 0^m.04. — Dans la deuxième, les lignes, fermées en tête et à 0^m.05 de la paroi par des fragments de tuiles, aboutissaient dans un collecteur intérieur, éloigné aussi de 0^m.05 de la paroi. Les lignes 2, 4, 6, étaient munies de manchons. — Dans la troisième caisse, comportant d'ailleurs les mêmes dispositions générales que la précédente, les lignes 1, 2 et 6 étaient formées de tuyaux semblables aux premiers, mais qui, à une température d'environ 250 degrés centigrade, avaient été immergés pendant cinq à six minutes dans du goudron de houille liquéfié par la chaleur. Les lignes 3 et 5 reçurent des tuyaux de verre de même longueur, sur 0^m.12 de diamètre intérieur (le verre remplaçant les tuyaux vernissés que M. Barbier n'avait pas pu se procurer); les tuyaux de la ligne 4 étaient peu cuits et non goudronnés; enfin les manchons étaient goudronnés dans la ligne 2 et non goudronnés dans la ligne 6 (1). Les tuyaux étant placés avec précaution et enfoncés au tiers dans le sol du fond, on prit la même terre que précédemment, et on la fuma en la saupoudrant par couche et en la mélangeant intimement à l'état pulvérulent avec du guano, à raison de 200 grammes par mètre cube (2). M. Barbier a fait remplir jusqu'à 0^m.05 de leur bord les trois caisses avec cette terre bien tassée, mais non damée,

---

(1) On sait que M. l'ingénieur Leclerc recommande, contre l'obstruction par les racines, de mâter le dessus des joints par un bourrelet d'argile malaxée avec du goudron. Cette pratique n'offre pas une entière sécurité, car une racine d'arbre peut facilement s'introduire par dessous. Comme elle n'est pas d'un usage commode, et qu'elle doit nécessairement restreindre la section d'entrée de l'eau dans les tuyaux, bien que le dessous du joint reste ouvert, M. Barbier a pensé qu'on pouvait avantageusement lui substituer le goudronnage des tuyaux. Cette opération, qui, pour être efficace, doit se faire à chaud, rencontrera peut-être quelques difficultés dans la pratique; elle serait rendue des plus faciles par le système de *four-séchoir continu* que M. Barbier a appliqué à la cuisson des tuyaux, et qui, débitant régulièrement par petites quantités, permet d'extraire successivement les tuyaux à la température convenable pour leur imbibition. La température de 250 degrés est celle qui donne les meilleurs résultats, on s'en est assuré en la variant de 100 à 500, et en brisant les tuyaux imbibés.

(2) Le guano étant employé seul, on regarde comme une bonne fumure la quantité de 500 kilog. à l'hectare, pour une couche arable présentant une épaisseur de 0^m.25, soit 500,000 gr. pour 2,500 mètres cubes ou 200 gr. par mètre.

et il sema, en mélange confus, des plantes céréales, légumineuses et de jardin.

La caisse n° 1 présenta constamment une vigueur de végétation plus grande que chacune des deux autres, surtout pour le blé de mars et la luzerne. D'ailleurs, dans les trois caisses, la végétation fut maintenue très-active au moyen de bassinages fréquents, en imbibant la terre lentement chaque fois avec de la dissolution de guano, jusqu'à ce que cette eau commençât à s'écouler par les tuyaux. La quantité d'eau employée fut très-considérable, ce qui s'explique par l'évaporation par les parois. Les plantes furent d'abord fauchées à mesure qu'elles avaient atteint environ 0m.30 de hauteur, ensuite abandonnées à la fin de la saison. Dans les derniers jours de novembre, toutes les plantes furent coupées rase terre; on démonta successivement les parois; et, au moyen d'une lame de faux, on opéra successivement des sections horizontales pour enlever la terre sans l'ébranler et arriver jusqu'aux tuyaux. Enfin, après avoir examiné la situation de chaque ligne sans la déranger, une partie des tuyaux fut enlevée et brisée avec précaution, afin d'étudier la manière dont les racines s'étaient comportées.

Depuis la surface jusqu'au fond, le chevelu avait tout envahi, et toutes les racines avaient affecté de préférence une allure pivotante. Ce caractère était surtout remarquable dans quelques-unes.

Voici les résultats constatés dans chaque caisse :

Caisse n° 1. — Beaucoup de chevelu enveloppant la partie supérieure des tuyaux, et descendant jusqu'à la couche damée, où certaines racines avaient déjà pénétré. (Cette couche était d'ailleurs légèrement fissurée sur plusieurs points.) Un assez grand nombre de radicelles de diverses grosseurs paraissaient s'être engagées dans les tuyaux, mais aucune n'y avait persisté, très-peu avaient laissé des traces reconnaissables; leur extrémité était flétrie; une sorte de bourrelet se remarquait sur plusieurs, et d'autres radicelles avaient pris naissance au-dessus de ce bourrelet. En résumé, pas de racines dans les tuyaux.

Caisse n° 2. — Chevelu un peu moins abondant que dans la précédente et d'un brin plus fin. Radicelles pénétrant et vivant surtout en tête dans la plupart des tuyaux, qu'elles tapissent d'un réseau fort curieux. Certaines adhèrent avec une certaine force aux parois. L'engorgement s'augmente de la ligne n° 6 à la ligne n° 1, ainsi que du bas en haut dans chaque ligne.

A la tête des tuyaux, les radicelles sont beaucoup plus tenues que celles qui se rapprochent du collecteur. L'extrémité du collecteur est libre. C'est seulement entre le tuyau n° 5 et le tuyau n° 4 que se montrent les premières racines Les drains à manchons ne se distinguent pas des autres. Il n'est pas possible de conclure en faveur de leur efficacité. Le collecteur est proportionnellement moins envahi que les drains ordinaires. Le tuyau n° 5 surtout est littéralement obstrué. Une racine, dont il est facile de suivre es ramifications, domine toutes les autres; elle eût suffi à elle seule pour former une queue de renard. Elle a été retrouvée en tête du drain n° 2, où elle dominait également. La couche sur laquelle reposaient les tuyaux ne présentait aucune fissure et était encore sensiblement humide. En résumé, tous les tuyaux étaient envahis.

Caisse n° 5. — Les lignes 1, 2, 6, goudronnées, ne présentaient à l'intérieur aucune trace de l'introduction des racines, pas plus que les lignes 3 et 5 en verre. Seulement ces dernières étaient, à leur partie supérieure, en contact immédiat avec le chevelu, tandis que, dans les premières, non-seulement le chevelu n'était point en contact, mais il semblait former voûte au-dessus, à une distance à peu près régulière. Il avait d'ailleurs descendu le long des parois plus bas que les tuyaux et jusque sur la couche damée.

Les mêmes dispositions se reproduisaient aux drains 2 et 6, c'est-à-dire que le chevelu s'était rapproché des manchons de la ligne 6 non goudronnés.

Quant aux tuyaux de la ligne 4, le chevelu y formait un réseau très-serré. Ils étaient littéralement encombrés. L'adhérence était générale, et, sur certains points, des plus prononcées. Elle se manifestait dans toute la longueur de la ligne, tandis que, dans la ligne de la caisse n° 2, elle n'existait qu'irrégulièrement, ce qui tenait évidemment au défaut de cuisson des tuyaux dont il s'agit.

M. Barbier a pesé comparativement, après dessiccation complète et nouvelle imbibition prolongée pendant douze heures, le tuyau de la caisse n° 2 dans lequel il avait remarqué une adhérence, et un tuyau de cette même caisse. Bien que leur cuisson parût sensiblement la même au son, le premier a retenu le plus d'eau, ce qui doit être attribué au grain moins fin et moins serré de la pâte lors du moulage. Il ne semble pas douteux que l'adhérence ne soit due à cette cause et à un commencement de décomposition de la paroi. Cet effet est confirmé par les phénomènes constatés dans les tuyaux de la ligne n° 4 de la troisième caisse.

En résumé, il y a eu obstruction complète et adhérence dans les tuyaux peu cuits et non goudronnés, liberté complète dans les tuyaux goudronnés et les tuyaux en verre.

Les expériences de M. Barbier vérifient complétement, ainsi qu'on le voit, l'importance de la prescription que nous avons donnée plus haut (p. 703) de l'emploi des tuyaux de bonne qualité et sans rugosités intérieures.

6° *Végétations spéciales.* — Outre les causes d'obstructions précédentes, il faut encore signaler, dans certains tuyaux de drainage, la présence de végétations spéciales aux galeries souterraines. Ce fait a été signalé pour la première fois, en 1857, à la Société d'agriculture de Seine-et-Oise, par MM. Baudry et Belin. M. le docteur Montagne, membre de l'Académie des sciences et de la Société centrale d'agriculture, en a fait une étude spéciale, et nous emprunterons à notre savant confrère, qui jouit en ces matières d'une autorité si justement incontestée, les détails suivants :

La substance en question paraît formée d'un tissu qui retient des substances minérales, telles que du sulfure et de l'oxyde de fer et de l'alumine. Elle peut se rapporter à un genre peu connu de Mycophycée, au genre *Erebonema*, fondé par Römer pour une algue qui habite la roche nue dans les galeries de mines du district de Burgstadt. L'espèce nouvelle ayant paru différer par ses caractères des deux autres congénères, on peut la désigner sous le nom d'*Erebonema obturans*. Cette algue se présente sous l'aspect d'une masse gélatineuse facilement divisible. Elle est composée d'une quantité innombrable de filaments cylindriques, articulés, rameux, granuleux intérieurement et extérieurement ; leur calibre acquiert un diamètre d'un centième de millimètre dans le filament principal. Les rameaux, un peu plus grêles, s'en écartent presque à angle droit. Sous le microscope, ces filaments ont une teinte bistrée légère, et la gangue mucilagineuse qui les relie est remplie de granules qui sont dues probablement à la présence des substances minérales que nous venons de signaler.

Au mois de décembre 1857, M. de Thou (Loiret) nous a remis un chevelu de plusieurs mètres de long qui avait été trouvé dans un collecteur d'une pièce de terre drainée en 1855, et qui avait complétement bouché le tuyau. Ce collecteur était placé à une profondeur de 1ᵐ.40. L'engorgement avait lieu dans un endroit mouillé par une source. La nature de la substance était identique à celle étudiée déjà par M. Montagne.

Pour se préserver des obstructions de cette nature, des courants d'air qui circulent dans les tuyaux pendant les sécheresses et des chasses d'eau au moment des pluies paraissent des moyens suffisants lorsque d'ailleurs les tuyaux sont de bonne qualité et bien posés.

7° *Animaux souterrains*. — Nous avons dit précédemment (liv. V, chap. XXIV, t. II, p. 221) que les animaux des champs, tels que les taupes, les rats, les souris, les grenouilles, les crapauds, etc., forment des obstacles à l'écoulement de l'eau quand ils peuvent pénétrer dans les tuyaux, et nous avons indiqué l'emploi de grilles pour empêcher ces animaux de s'introduire dans les drains. Nous n'avons plus ici qu'à insister sur la nécessité de prendre les précautions que nous avons signalées. On a trouvé plusieurs fois des lignes de drains bouchées par des taupes. Les regards permettent de reconnaître cet accident, assez rare cependant pour qu'on ne doive pas beaucoup s'en préoccuper.

Quand les tuyaux ne sont pas suffisamment rapprochés, et lors même qu'on s'est servi de colliers ou qu'on a placé au-dessus des joints des demi-manchons, des éclats de tuyaux ou des morceaux de pierres plates, et enfin, lors même qu'on a bien pilonné de la terre argileuse, il peut arriver que des vers s'introduisent dans les drains; les déjections de ces animaux peuvent occasionner des engorgements soit par elles-mêmes, soit en devenant le point de départ de végétations diverses ou de dépôts laissés par l'eau gênée dans ses mouvements. Il est important, pour éviter cet inconvénient, de ne pas mettre en contact avec les tuyaux de la terre de dessus qui contient des vers.

Conclusion. Presque toutes les obstructions constatées jusqu'ici peuvent se prévenir par des soins dans la pose des tuyaux et par quelques travaux défensifs; elles se réparent par des moyens simples, peu coûteux, qui le plus souvent n'exigent que le forage de quelques trous de recherche et le remplacement de quelques tuyaux.

CHAPITRE XI

Expériences sur le drainage à diverses profondeurs et à divers écartements

Nous avons vu qu'un drainage plus profond enlève au sol, du moins d'après les quelques expériences directes qui ont été faites, une plus grande quantité d'eau qu'un drainage effectué plus près de la surface. M. Parkes s'est fait en Angleterre le champion de ce système, par opposition à M. Smith de Deanston. Bien des écrits ont été imprimés à ce sujet, qui a donné lieu à une des plus vives polémiques agricoles que l'on puisse voir. Nous ne nous attacherons pas aux argumentations des deux camps ; nous citerons seulement les expériences directes, qui se sont traduites par des chiffres sur lesquels il n'est pas possible d'élever de discussion.

M. Milne, dont nous avons décrit l'ingénieux instrument pour mesurer l'eau écoulée par le drainage (1), a fait la première expérience décisive sur ce sujet important; en voici l'exposé complet quoique succinct :

Un champ, d'une superficie totale de 9ʰ.72, a été divisé en quatre bandes parallèles de 2ʰ.43 chacune.

La parcelle la plus occidentale a été drainée par des lignes de tuyaux profondes de 1ᵐ.07 et distantes de 9 mètres;

La parcelle suivante a reçu des drains profonds de 0ᵐ.91 et espacés de 4ᵐ.50;

La troisième a été drainée par des tuyaux de 1ᵐ.07 de profondeur et également espacés de 9 mètres;

La quatrième, enfin, a reçu des tuyaux placés à 0ᵐ.91 de profondeur et 4ᵐ.50 de distance.

Les petits drains de chaque parcelle se rendaient dans un drain collecteur spécial. A l'extrémité de chacun de ces drains collecteurs se trou-

(1) Voir liv. IX, fig. 474, p. 153,

vaient des mesureurs qui ont donné les quantités d'eau écoulées que nous avons indiquées précédemment (1).

On a ensemencé, au printemps 1848, dans les deux premières parcelles, de l'avoine blanche, et dans les deux autres, de l'avoine noire venant d'Essex. Le drainage avait été effectué dans l'hiver 1847-1848. Le champ était resté en prairie durant quatorze ans. La dernière récolte de blé, en 1854, avait produit environ 29^{hectol}.5 par hectare. Voici les résultats constatés à la moisson de 1848 :

Avoine blanche.

	A 0^m.91 de profondeur et 4^m.5 de distance.	A 1^m.07 de profondeur et 9^m. de distance.
Gerbes par hectare.	1.580	1,242
Grain en hectolitres par hectare. . . .	59,4	56,8

Avoine noire.

	A 0^m.91 de profondeur et 4^m.5 de distance.	A 1^m.07 de profondeur et 9^m. de distance.
Gerbes par hectare.	1,510	1,093
Grain en hectolitres par hectare	65.5	67.7

L'avoine blanche pesait 51^{kil}.1, et l'avoine noire 49^{kil}.9 à l'hectolitre. La quantité d'avoine employée pour semer à la volée avait été de 4^{h} ^{ctol}.4 par hectare.

On voit que, si le drainage profond a été très-favorable à la production du grain, le drainage moins profond, au contraire, a fortement favorisé la production de la paille, comme le montre la comparaison des nombres de gerbes récoltées.

Nous allons maintenant rapporter des expériences faites par M Hope, de Fenton-Barns, en Écosse ; elles peuvent être invoquées en faveur d'un drainage effectué à une petite profondeur :

Le champ d'expérience avait été formé d'un riche terrain, placé sur un sous-sol d'argile rétentive mélangée d'un peu de pierres. Une partie ne fut pas drainée ; une autre reçut, en 1840-1841, des drains profonds de 0^m.55, distants de 5^m.5 ; une troisième, des drains profonds de 0^m.91 et

(2) Voir liv IX, p. 154.

distants de 5ᵐ.5; une quatrième, des drains profonds de 0ᵐ.91 et distants de 11 mètres. La contenance totale du champ d'expérience était de 10 hectares; il n'était infecté par aucune source, par aucune eau affluente du dessous. Pendant l'été de 1841, la moitié de la pièce fut ensemencée en turneps blancs (*white globe*) et l'autre en rutabagas. On répandit partout 1,000 kilogrammes de tourteau de colza en poudre et 24 tombereaux de fumier de ferme par hectare. On enleva la récolte le 14 décembre. et on la pesa. On a obtenu les résultats suivants par hectare :

	Turneps blancs.	Ruta-bagas.
	KIL.	KIL.
Parcelle non drainée.	42,615	21,600
Drainage à 0ᵐ.91 de profondeur et 11 mètres de distance	41,221	29.870
Drainage à 0ᵐ.91 de profondeur et 5ᵐ.5 de distance.	42,615	27,582
Drainage à 0ᵐ.53 de profondeur et 5ᵐ.5 de distance.	48,588	27,581

On voit que les rutabagas ont paru se bien trouver du drainage profond et écarté. Les turneps ont mieux réussi dans le drainage peu profond.

Vers le milieu de février 1842, le champ fut ensemencé au semoir avec 2 hectolitres de blé à l'hectare. Les différentes récoltes furent coupées, rentrées et battues séparément, et on a obtenu par hectare, le blé pesant terme moyen 77ᵏ 4 :

	Blé.	Paille.
	HECTOL.	KIL.
Parcelle non drainée.	34.2	3,124
Drainage à 0ᵐ.91 de profondeur et 11 mètres de distance..	34.2	2,959
Drainage à 0ᵐ.91 de profondeur et 5ᵐ.5 de distance..	32.9	3,183
Drainage à 0ᵐ.55 de profondeur et 5ᵐ.5 de distance.	37.0	3,436

Le drainage peu profond a seul donné un accroissement de récolte.

Le sol fut engazonné en 1843 et 1844. On n'aperçut aucune différence dans les rendements la première année; la seconde, il y eut un léger accroissement en faveur du drainage profond. Au printemps de 1845, on sema de l'avoine grise d'Angus. Les effets du drainage furent extrêmement marqués avant la moisson; le blé était plus touffu et avait mûri plus tôt dans les parties drainées plus profondément; on coupa ces parties un peu plus tard et les autres un peu plus tôt, afin de tout récolter le même jour. On remarqua, après la moisson, beaucoup de chiendent dans la partie drainée profondément, tandis que la partie drainée à une petite profondeur était comparativement très-propre.

On a obtenu les résultats suivants par hectare :

	Avoine.	Poids de l'hectolitre.	Paille.
	HEL.TOL.	KIL.	KIL.
Parcelle non drainée	50.5	50.5	4,416
Drainage à 0ᵐ.91 de profondeur et 11 mètres de distance. . . .	54.5	49.9	4,404
Drainage à 0ᵐ.91 de profondeur et 5ᵐ.5 de distance.	57.0	49.9	4,676
Drainage à 0ᵐ.55 de profondeur et 5ᵐ.5 de distance.	69.5	48.6	5,761

En 1846, le champ fut mis en turneps jaunes à collet pourpre, après une fumure faite avec 1,100 kilogrammes de guano, 25 kilogrammes de poudre d'os et 32,000 kilogrammes de fumier de ferme par hectare. La récolte était partout si belle, qu'à la vue on ne pouvait saisir de différence entre ces diverses parcelles. La moitié fut consommée sur place par les moutons, auxquels on donnait en outre 453 grammes de tourteaux de lin par jour. L'eau surgissait de place en place dans la parcelle non drainée. Cet inconvénient étant très-apparent à cause de la présence du troupeau, on prit le parti de tout drainer à 0ᵐ.76 de profondeur et à 5ᵐ.5 de distance.

Voici une autre expérience faite, avec des drains à diverses profondeurs, à Thurgarton Priory, Souttewell, à 38 kilomètres de Lincoln, par M. Richard Millward.

Un champ argileux, à sous-sol également argileux, de 5 hectares, partagé en 15 planches, a été drainé en 1850, de façon que 5 planches sont à 0ᵐ.61 de profondeur, 5 à 0ᵐ.76 et 5 à 1ᵐ.22, et tous ces drains se trouvent espacés de 6 à 7 mètres.

Le champ fut mis en avoine en 1851, et en pâturage en 1852 et 1853. On n'a pas trouvé de différence entre les trois parcelles. Après les pluies, les drains les moins profonds commençaient à couler avant les autres.

On voit, d'après ces résultats, qu'on ne saurait donner de règles précises sur la profondeur à laquelle il est le plus convenable de drainer; cela dépend de la nature du terrain. Il en est de même pour l'écartement. qui peut beaucoup plus varier qu'on ne le croit généralement. A cet égard, nous nous faisons un devoir et un plaisir de publier des observations très-intéressantes d'un homme qui a beaucoup drainé, non pas des pièces très-humides disséminées çà et là, mais tout un ensemble de terrain; elles nous ont été re-

mises par M. Decauville, que nous avons déjà eu occasion
de citer plusieurs fois :

Le grand point du drainage, dit cet agriculteur, c'est l'écartement et
la profondeur à donner aux tranchées. Il est bien important, avant d'entreprendre l'assainissement d'une pièce de terre, d'en étudier préalablement la nature jusqu'à 2m.30 de-profondeur. Il est des sols qui jusqu'à
1m.30 sont de nature très-compacte, tandis qu'à une plus grande profondeur la nature du sous-sol est beaucoup plus perméable et fournit
une bien plus grande quantité d'eau.

J'ai drainé 100 hectares de terre avec des tranchées ayant une profondeur de 1m.50 à 2m.25, et j'ai espacé les drains depuis 25 jusqu'à 100
mètres d'écartement; j'ai obtenu un assainissement complet. Si j'avais
creusé mes tranchées de 1 mètre à 1m.50 de profondeur seulement,
comme on le fait ordinairement, j'eusse été obligé de les rapprocher de
10 à 16 mètres; le travail m'eût coûté quatre fois plus cher, et le résultat
eût été beaucoup moins satisfaisant, un sol n'étant jamais, selon moi,
assaini à une trop grande profondeur.

J'affirme donc que, dans certains cas, il est possible, à l'aide de tranchées ayant une profondeur de 1m.70 à 2m.30, de donner aux tranchées
jusqu'à 100 mètres d'écartement.

_ Il ne faut pas en conclure cependant qu'il est toujours avantageux de
faire les tranchées à de très-grandes profondeurs; les sols, étant de nature différente, doivent être traités différemment

Ainsi, dans la même pièce, il m'est arrivé d'être obligé de placer mes
lignes de drains à 7 mètres dans une partie, tandis que dans l'autre j'ai
pu les mettre à 18 mètres, en augmentant la profondeur de 20 à 30
centimètres.

Il est des sols où une tranchée de 1m.80 ne fournit pas plus d'eau et
n'assainit pas plus qu'une tranchée à 1m.40 de profondeur; dans ces
terrains, il n'est pas avantageux d'aller plus profondément que 1m.10
à 1m.20.

Je m'étends beaucoup sur cette question, parce que je crois qu'en
France personne, jusqu'à présent, n'a osé faire du drainage à plus de
1m.30 de profondeur, et que presque toutes les personnes qui se sont
occupées de drainage ne pensent pas qu'il soit possible d'assainir une
terre avec des tranchées ayant entre elles 100 mètres d'écartement. Or,
je le répète, j'affirme avoir réussi, et je puis le faire voir sur une étendue de plus de 100 hectares. Il n'est pas possible d'objecter que ma
terre n'était pas humide, car mes tuyaux fournissent de l'eau toute l'année, et au moment des grandes pluies ils coulent pleins et donnent proportionnellement autant d'eau que les tuyaux des parties assainies à une
profondeur de 1m.20 et à 14 mètres d'écartement.

Il est même quelquefois possible d'assainir plusieurs hectares à l'aide
d'une seule tranchée; je l'ai fait, et j'ai réussi. Ces cas se présentent or-

dinairement dans les terrains fortement en pente. Il faut placer la tranchée au-dessus du banc d'argile et l'éloigner assez pour qu'elle ait au
moins 1^m.50 de profondeur, pour arriver sur la couche imperméable. De
cette manière, on assainit toute la partie supérieure. et, quant à la partie
intérieure, elle se trouve naturellement dans de bien meilleures conditions, n'étant plus gênée que par l'eau de surface, dont on se débarrasse facilement à l'aide de quelques tranchées de 1 mètre de profondeur.

Il m'est assez difficile d'indiquer les indices auxquels on reconnaît
qu'un terrain peut être drainé à de très-grandes profondeurs : ce n'est
qu'en creusant le sol, surtout au moment où il est imprégné d'eau, que
l'on peut se rendre un compte bien exact du parti à prendre.

J'ai rencontré des terres bien différentes en ce qui concerne l'action
de l'humidité. 1° J'ai vu des terrains à sous-sol très-compacte qui deviennent humides à l'automne, aussitôt qu'arrivent les premières pluies,
mais qui se dessèchent très-rapidement au printemps. Dans ces terrains,
l'ensemencement se fait souvent très-difficilement; mais les plantes y
mûrissent bien et le grain y acquiert de la qualité. 2° J'ai rencontré des
terrains à sous-sol perméable, mais reposant, à une grande profondeur,
sur une couche imperméable. Ces terrains deviennent rarement très-humides à l'automne; il faut pour les détremper des pluies abondantes;
mais, une fois l'eau arrivée à la surface, et cela se produit ordinairement
à la fin de l'hiver ou au commencement du printemps, ces terrains restent humides plus longtemps que les premiers. Quoiqu'ils soient de
meilleure nature. les récoltes n'y réussissent pas mieux, les blés poussent tard au printemps et viennent mal; le grain, dans certaines années,
n'a pas de qualité, et la paille prend la rouille.

Généralement les sols de la première catégorie doivent être assainis à
des distances rapprochées, 8 à 14 mètres, avec des profondeurs de 1 mètre à 1^m 30, tandis que les terrains de la seconde espèce peuvent être
presque toujours débarrassés de leur humidité par des drains placés à
de grandes profondeurs et avec de forts écartements, si toutefois on
peut obtenir une tranchée de décharge assez profonde.

La nature du sol et du sous-sol, et surtout la profondeur
et la disposition de ce dernier, influent de telle manière sur
le parti à prendre en ce qui concerne la profondeur et l'é-
cartement des drains, qu'on ne doit pas avoir de règle invariable, et qu'on ne doit jamais se décider qu'après une étude
préalable et attentive des localités. C'est ce qu'on a soin de
faire aujourd'hui en Angleterre, et il arrive qu'on n'y draine
pas un champ partout à la même profondeur et à la même

distance, comme l'ont conseillé et comme le font beaucoup
d'ingénieurs. Pour ceux qui se contentent des appréciations
approximatives, nous ne pouvons que renvoyer aux chiffres
que nous avons fait connaître d'après la pratique des ingé-
nieurs-draineurs, pour le rapport à établir entre l'écartement et la profondeur des drains (liv. V, chap. ix, t. II,
p. 113 à 115). Pour ceux qui aiment à s'éclairer par des
considérations théoriques, nous chercherons plus loin à
relier ces deux éléments de la question à la nature même
du sol qu'il s'agit d'assainir.

CHAPITRE XII

Système de Keythorpe

Keythorpe-Hall est la propriété que possède lord Berners
dans le Leicestershire. Un géologue distingué, M. J. Trimmer, ayant étudié la constitution du sous-sol argileux lia-
sique de la contrée, montra qu'il présentait des ondulations, des sinuosités dirigées dans le sens de la plus grande
pente, et conseilla de ne pas employer pour le drainer le
système ordinaire des drains parallèles équidistants et dirigés dans le sens de la plus grande pente. Lord Berners se
rendit aux avis de M. Trimmer.

Le système de drainage employé eut un plein succès;
son exécution est assez économique; il est applicable à tous
les terrains présentant une constitution géologique analogue
à celle de Keythorpe. M. Trimmer a fait connaître ce système en 1855 dans un article du journal de la Société
royale d'agriculture d'Angleterre (t. XIV, p. 96); nous l'a-
vons décrit sommairement en 1854 dans la première édition de cet ouvrage. En 1855, les effets obtenus furent con-

statés devant une réunion nombreuse d'agriculteurs. M. de
la Tréhonnais en rendit compte en France (1), et dès lors
le système de Keythorpe acquit une grande célébrité.

A Keythorpe, les drains sont à des distances inégales les
uns des autres et placés obliquement à la ligne de plus
grande pente. La profondeur la plus habituelle est de
1ᵐ.07, mais elle va souvent jusqu'à 1ᵐ.52 et même 1ᵐ.83.
L'écartement dans le même champ varie entre 4 et 18 mètres. La profondeur et l'écartement des drains sont déterminés par des trous d'essai qui ont pour but de chercher
non-seulement à quelle distance de la surface l'eau se tient
souterrainement, mais encore la distance à laquelle un
drain met à sec des trous d'essai creusés çà et là dans les
champs. C'est en forant ces trous d'essai qu'on reconnaît
si le banc d'argile présente des creux et des reliefs, et
qu'on constate la nature poreuse du sol sablonneux supérieur c qui se trouve recouvrir le banc de lias b sous des
épaisseurs diverses a (fig. 571).

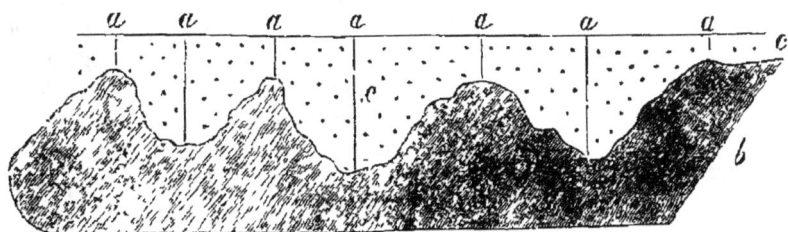

Fig. 571. — Coupe géologique de Keythorpe dans le sens perpendiculaire
à la plus grande pente.

Pour déterminer les distances auxquelles il est convenable de placer les tranchées, on commence par ouvrir un
drain diagonal à la plus grande distance des trous d'essai
que cela est praticable. On constate quels sont les trous
d'essai qui se trouvent assainis. Quand la pente naturelle

1 *Journal d'agriculture pratique*, 4ᵉ série, t. IV, p. 554, et t. V, p. 277.

du terrain est faible, on met les drains dans la direction même de cette pente; mais, dès qu'elle dépasse 0ᵐ.004 ou 0ᵐ.005 par mètre, on creuse les tranchées obliquement. On avait constaté qu'un drainage effectué à Keythorpe avec des drains placés dans le sens de la plus grande pente et à une profondeur de 0ᵐ.60 à 0ᵐ.76 avait manqué.. Le nouveau système, au contraire, a eu un succès complet, et il y a eu une grande économie dans les frais d'exécution, à cause de l'emploi de distances plus grandes que celles de 7 à 10 mètres, ordinairement suivies en Angleterre. Cela a fait le succès de la méthode que l'on a trop voulu généraliser, et qui n'est évidemment applicable que dans des cas tout particuliers, et notamment pour la France dans le cas des landes de Gascogne. La théorie justificative de l'opération est facile à donner; elle est expliquée de la manière suivante par M. de la Tréhonnais :

Le sous-sol de toutes les terres d'alluvion est formé de sillons creusés par les eaux, dans leurs agitations, dans le lit imperméable où elles s'étendaient jadis; les veines les moins tenaces ont été entraînées; les arêtes les plus résistantes ont résisté. On peut établir, comme un axiome, que la partie du sous-sol qui existe entre la couche végétale et le lit d'argile sillonné consiste en couches plus ou moins épaisses de sable et d'argile, le sable étant toujours en contact immédiat avec les sillons argileux, comme ayant été précipité le premier; de sorte que les intervalles des sillons argileux se trouvent presque toujours remplis de gravier, et forment ainsi des canaux souterrains *perméables*, séparés par des arêtes d'argile *imperméables*. Au-dessus de cette couche sablonneuse se trouve une couche argileuse plus ou moins tenace, et souvent sur cette couche argileuse se trouve une autre couche sablonneuse, produit d'une seconde inondation. Ces couches sont loin d'être régulières : la couche sablonneuse monte quelquefois jusqu'à la surface; tantôt c'est la couche argileuse qui domine; fort souvent la crête d'une arête du sol primitif se montre à quelques centimètres de la couche végétale.

Il résulte de cette irrégularité du sous-sol deux points fort importants : le premier, c'est que si, comme cela doit nécessairement arriver avec le système de drainage généralement adopté, qui consiste à poser les drains en lignes parallèles et équidistantes, sans aucun égard à la nature du sous-sol, on pratique un drain parallèle à l'arête du sillon imperméable, on ne draine point l'eau logée dans les intervalles des autres sillons; car cette eau se trouve retenue par deux parois imperméables que le drain n'a point entamées. En effet, comme les drains sont toujours établis dans le sens de la pente, qui est aussi celui des sillons tertiaires, ou ces drains se trouvent creusés dans l'intervalle sablonneux, et alors ils ne drainent que cet intervalle; ou bien ils sont placés dans les sillons argileux eux-mêmes. dans lequel cas ils ne drainent rien du tout; car la nature du sol est telle, que l'eau qui l'environne à droite ou à gauche ne peut s'infiltrer dans le drain à travers une paroi imperméable. Le second point est celui-ci : si, au lieu de pratiquer des drains équidistants et parallèles à la ligne de la pente, qui est naturellement celle des sillons souterrains, on coupe transversalement ces sillons par un drain principal et en ligne diagonale, on établit aussitôt une communication entre les intervalles poreux, dont la partie supérieure se trouve nécessairement drainée dans toute l'étendue du drain; et l'expérience a prouvé que fort souvent

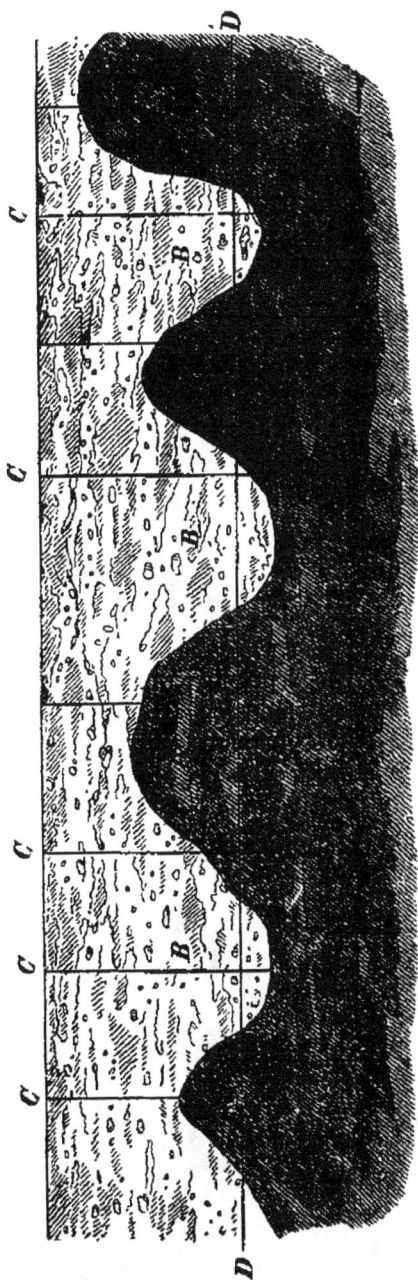

Fig. 572. — Drain transversal mettant en communication les couches poreuses du sol gisant dans les sillons argileux imperméables de Keythorpe.

la partie inférieure se trouve également drainée, l'eau qui s'infiltrait des parties supérieures se trouvant interceptée par le drain transversal.

La fig. 572 représente la direction que l'on doit donner à un drain DD pour qu'il mette en communication les diverses couches poreuses BBB.... déposées dans les sillons argileux que présente le terrain imperméable A, dont les distances CC.... à la surface du sol sont très-variables.

A l'endroit marqué E (fig. 573), il y avait une fondrière, et dans un rayon de quelques mètres un marécage impraticable, évidemment causé par l'eau retenue dans l'espace sablonneux CC, et qui, ne trouvant point d'issue à travers les parois des couches argileuses. s'échappait par en haut. En creusant le drain en travers de ces couches, on a ouvert une communication souterraine par laquelle l'eau, au lieu de remonter à la surface, se décharge par le drain, de sorte que maintenant le marais a complétement disparu.

On voit par la figure 574 que le drain, étant dirigé transversalement aux couches d'alluvion, fait communiquer entre eux les espaces poreux, tandis que si, au contraire, les drains étaient ouverts dans le sens de la pente seulement, ils pourraient se trouver dans les couches argileuses et laisser intacts les intervalles sablonneux, qui alors, faute d'issue, retiendraient les eaux à un niveau supérieur à celui du drain, dans lequel cas le drainage serait complétement inutile.

La figure 575 fera bien comprendre la manière d'exécuter les travaux. On commence par creuser sur les points culminants et sur quelques autres points de la surface du champ que l'expérience du draineur doit toujours déterminer des fosses d'essai, de 0m.61 de large, 1m.22 de long et 1m.22 à 1m.52 de profondeur. Ces fosses sont représentées sur la figure 575 par des points. Par le moyen de ces trous, l'ingénieur reconnaît d'abord le gisement des couches erratiques, ensuite la hauteur

Fig. 575. — Coupe suivant un drain faisant communiquer à Keythorpe deux couches poreuses. CC. — A, argile imperméable du sous-sol ; B, argile moins compacte mêlée de cailloux ; C, gravier et sable ; D, terre végétale.

du niveau de l'eau stagnante du sous-sol, et enfin, lorsqu'il a commencé l'opération du drainage, l'épuisement de l'eau dans les fossés lui fait savoir le point où il doit s'arrêter; car, si le drain, pratiqué dans le voisinage d'un fossé, arrivé à une certaine distance, réussit à épuiser l'eau de ce fossé, il est inutile de le continuer plus loin dans la même direction.

Les trous d'essais étant creusés dans la partie supérieure du champ, on commence à tracer un drain collecteur à la plus grande distance possible de ces premiers trous. Si l'établissement de ce drain ne suffit pas pour épuiser les fossés d'essai, on trace des drains secondaires se dirigeant vers ces fossés jusqu'à ce qu'ils soient complétement desséchés. Ainsi les trous d'essai CCC... (fig. 575) ont été épuisés par le drain collecteur (AA); mais, les trous DD... étant restés pleins d'eau et n'ayant pas non plus été asséchés par le drain B, on a dû conclure qu'il existait entre ces deux drains AA et B des sillons imperméables, et l'on a dû établir les drains secondaires EL... qui coupent transversalement ces sillons. établissent des communications entre les intervalles poreux et déchargent complétement les eaux.

Le champ représenté par la figure 575, ayant une étendue d'environ 7 hectares, a été ainsi drainé avec une dépense totale de 430 francs, soit de 61 francs par hectare.

En résumé, le système de drainage de Keythorpe démontre que le simple nivellement d'une terre à drainer et le tracé régulier de drains équidistants, fait dans le cabinet de l'ingénieur, peuvent conduire à faire faire des travaux non-seulement beaucoup trop coûteux, mais encore inefficaces. Il est es-

Fig. 574. — Coupe suivant un drain faisant communiquer à Keythorpe des graviers et sables C'. — A, argile imperméable; B, argile jaune; E, terre végétale.

sentiel d'avoir recours à une étude préalable et attentive
du sous-sol par des tranchées ou fossés d'essai, ainsi que

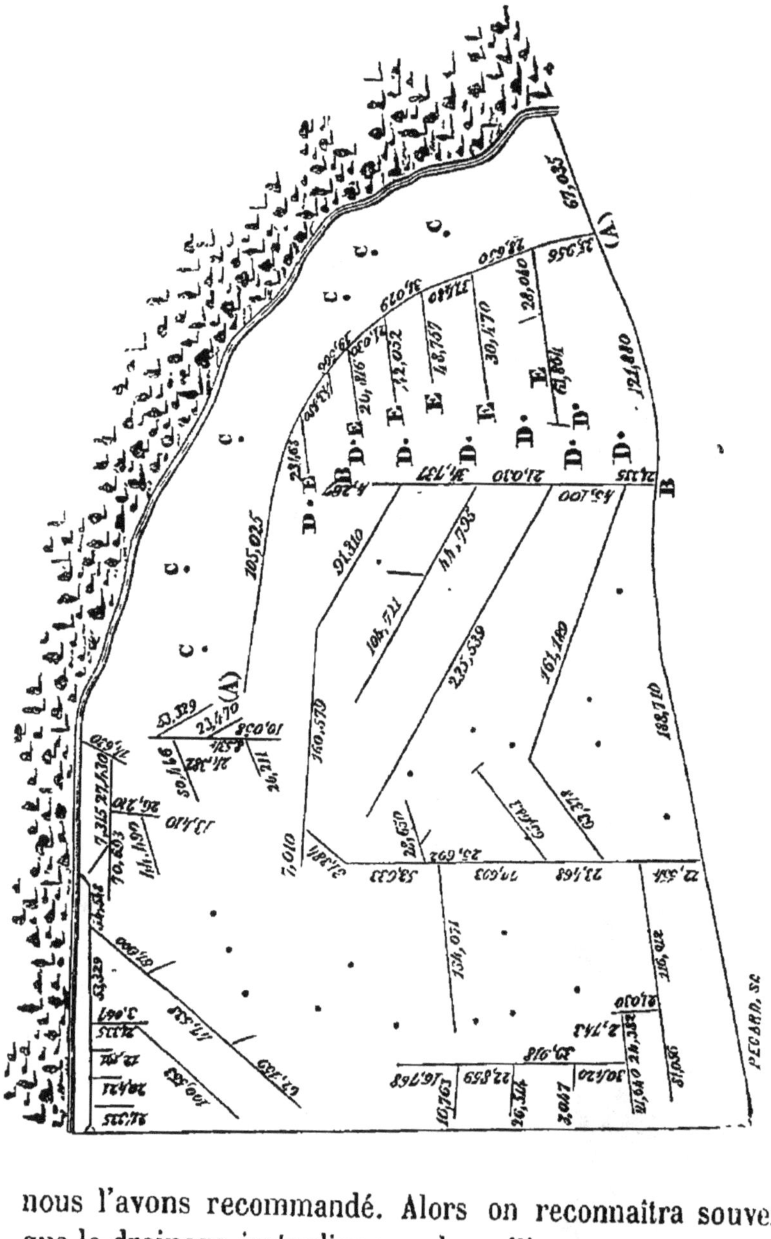

Fig. 575.—Plan du drainage d'une pièce de terre située à Keythorpe sur la propriété de lord Berners.
(Les chiffres représentent des mètres et fraction de mètre).

nous l'avons recommandé. Alors on reconnaîtra souvent
que le drainage irrégulier sera le meilleur.

CHAPITRE XIII

Du diamètre des tuyaux, de la longueur et de la pente des drains

Nous avons donné (liv. V, chap. IX, t. II, p. 108 à 113) les indications moyennes suggérées par la pratique pour le choix du diamètre des tuyaux, et pour l'adoption de la pente et de la longueur des drains. Il est évident que ces trois quantités sont dans un rapport déterminé avec la quantité d'eau à laquelle il s'agit de donner un écoulement dans un temps limité. Nous allons exposer ici les considérations théoriques qui permettent de relier les uns aux autres par des formules ces éléments que l'on peut regarder comme les *variables* du drainage.

M. de Prony a déduit des expériences de Couplet, de Dubuat et de Bossut, la formule suivante, pour représenter la vitesse de l'écoulement de l'eau dans un tuyau de conduite où il n'y aurait ni angles ni changements brusques de direction :

$$V = 26.79 \ \sqrt{Di} - 0.025,$$

V étant la vitesse,
D le diamètre,
i l'inclinaison ou le rapport de la hauteur de chute à la longueur du tuyau.

Il est évident que la quantité d'eau écoulée est égale à la surface de l'orifice de sortie multipliée par la vitesse; la surface de sortie est $\frac{\pi D^2}{4}$ (π étant le rapport de la circonférence au diamètre, égal à 3.1416); on a donc, pour la quantité écoulée en une seconde :

$$\frac{\pi D^2}{4} \left(26.79 \ \sqrt{Di} - 0.025 \right).$$

D'un autre côté, si e est l'écartement des drains, l la longueur d'un drain, a la hauteur de pluie tombant en vingt-quatre heures, m la fraction de cette quantité qui ne s'évapore pas et qu'il s'agit d'écouler dans le même temps, en supposant la plus forte pluie connue dans la localité durant un jour, on aura l'égalité :

$$\frac{ma}{86.400} \times el = \frac{\pi D^2}{4} \left(26.79 \ \sqrt{Di} - 0.025\right).$$

On voit par cette formule que plus l'écartement et plus la longueur des drains seront considérables, plus devront être grands aussi les diamètres des tuyaux.

Dans le cas où le terrain à drainer recevrait des eaux voisines provenant de sources ou d'infiltrations souterraines, il faudrait modifier la formule en ajoutant au premier membre la 86,400ᵉ partie de la quantité que ces sources amèneraient en vingt-quatre heures sur la même surface *el*. Si q est la quantité d'eau de source fournie en 24 heures par unité de surface, on aura :

$$(1) \quad \left(\frac{ma + q}{86,400}\right) el = \frac{\pi D^2}{4} \left(26.79 \ \sqrt{Di} - 0.025\right).$$

Les udomètres ou pluviomètres donnent facilement en chaque lieu la quantité *a*. Pour avoir la quantité *q*, on devra faire une expérience préalable, qui consistera à jauger l'écoulement des eaux d'une petite étendue, telle que dix ares, isolée et drainée au moyen de tranchées profondes et assez rapprochées les unes des autres. Le nombre *m* est celui à la recherche duquel nous avons consacré le chapitre XIV du livre IX (p. 151 à 177).

Dans la pratique, on peut admettre $m = 0.5$, $a = 0^m.05$; la valeur de *m* provient des expériences résumées à la page 174 de ce volume. La valeur que nous proposons pour *a* résulte de la comparaison des quantités de pluie tombées en des lieux différents; il est assez rare qu'en un jour on trouve $0^m.050$; si quelquefois on constate davantage, il n'en résultera pas d'inconvénient très-sérieux, car l'écoulement demandera seulement un ou deux jours de plus, et cet accident ne nuira pas sensiblement à la végétation et ne retardera pas d'une manière fâcheuse les travaux de culture.

Si nous supposons $q = 0$, c'est-à-dire si nous admettons que les terrains supérieurs ne fournissent aucune infiltration, qu'il n'y a pas de sources qui sourdent dans le champ à drainer, la formule précédente, toutes réductions faites, deviendra :

$$el = 10,870,588 \ D^2 \ (26.79 \ \sqrt{Di} - 0.025).$$

On voit alors que, si on donne trois des quatre quantités *e*, *l*, *D*, *i*, on peut calculer la quatrième : c'est-à-dire que, par exemple, connaissant la pente *i* qui est trouvée sur le terrain même et la longueur *l* des drains qui résulte le plus ordinairement de la configuration des champs à assainir, que choisissant pour D une des sortes des tuyaux qu'on trouve dans le commerce ($0^m.03$, $0^m.04$, $0^m.05$, $0^m.06$, etc. de diamètre intérieur), on n'aura plus qu'à calculer l'écartement *e*. Ainsi, supposons des tuyaux de $0^m.03$ de diamètre intérieur, une pente de $0^m.001$ par mètre, une longueur de 100 mètres pour les drains, la formule donnera un écartement de 11ᵐ.9; si, toutes les autres conditions restant les mêmes, la longueur des drains est double, l'écartement deviendra moitié ou 5ᵐ.9.

Nous avons réduit la formule précédente en tables usuelles pour qu'on n'ait pas besoin de faire les calculs qu'elle nécessite. Ces tables donnent les écartements pour les diverses longueurs des drains, depuis 25 jusqu'à 500 mètres, en supposant qu'on rencontre successivement les diverses pentes depuis 0ᵐ.001 jusqu'à 0ᵐ.010. et qu'on se serve de tuyaux de divers diamètres intérieurs. Lorsqu'on aura à employer des nombres intermédiaires entre ceux donnés par les tables, on trouvera par une interpolation facile les écartements qu'on devra adopter.

I. — Table relative à l'emploi de tuyaux de 0ᵐ.03 de diamètre intérieur.

Longueurs des drains.	ÉCARTEMENTS DES DRAINS POUR LES VALEURS DE i SUIVANTES :				
	$i = 0^m.001$	$i = 0^m.002$	$i = 0^m.003$	$i = 0^m.004$	$i = 0^m.005$
mètres.	m.	m.	m.	m.	m.
25	47.6	74.0	89.6	105.6	115.6
50	23.8	37.0	44.8	52.8	57.8
75	15.6	24.8	30.0	35.2	38.4
100	11.9	18.5	22.4	26.4	28.9
125	9.6	14.8	18.0	21.2	23.2
150	7.8	12.4	15.0	17.6	19.2
175	6.9	10.6	12.8	15.1	16.5
200	5.9	9.2	11.2	13.2	14.4
250	4.8	7.4	9.0	10.6	11.6
300	3.9	6.2	7.5	8.8	9.6
400	2.9	4.6	5.6	6.6	7.2
500	2.4	3.7	4.5	5.5	5.8

Longueurs des drains.	ÉCARTEMENTS DES DRAINS POUR LES VALEURS DE i SUIVANTES :				
	$i = 0^m.006$	$i = 0^m.007$	$i = 0^m.008$	$i = 0^m.009$	$i = 0^m.010$
mètres.	m.	m.	m.	m.	m.
25	126.4	136.8	147.6	157.6	168.4
50	63.2	68.4	73.8	78.8	84.2
75	42.0	45.6	49.2	52.4	56.0
100	31.6	34.2	36.9	39.4	42.1
125	25.2	27.6	29.6	31.6	33.6
150	21.0	22.8	24.6	26.2	28.0
175	18.1	19.5	21.1	22.5	24.1
200	15.8	17.1	18.4	19.7	21.0
250	12.6	13.8	14.8	15.8	16.8
300	10.5	11.4	12.3	13.1	14.0
400	7.9	8.6	9.2	9.9	10.5
500	6.5	6.9	7.4	7.9	8.4

II. — Table relative à l'emploi de tuyaux de $0^m.04$ de diamètre intérieur.

Longueurs des drains. mètres.	ÉCARTEMENTS DES DRAINS POUR LES VALEURS DE i SUIVANTES :				
	$i = 0^m.001$	$i = 0^m.002$	$i = 0^m.003$	$i = 0^m.004$	$i = 0^m.005$
	m.	m.	m.	m.	m.
25	100.0	150.0	187.6	224.8	243.6
50	50.0	75.0	93.8	112.4	121.8
75	33.2	50 0	62.4	74.8	81.2
100	25.0	37.5	46.9	56.2	60.9
125	20.0	30.0	37.6	44.8	48.8
150	16.6	25.0	31.2	37.4	40.6
175	14.3	21.4	26.8	32.1	34.8
200	12.5	18.7	23.4	28.1	30.4
250	10.0	15.0	18.8	22.4	24.4
300	8.3	12.5	15.6	18.7	20.3
400	6.2	9.4	11.5	14.0	15.2
500	5.0	7.5	9.4	11.2	12.2

Longueurs des drains. mètres.	ÉCARTEMENTS DES DRAINS POUR LES VALEURS DE i SUIVANTES :				
	$i = 0^m.006$	$i = 0^m.007$	$i = 0^m.008$	$i = 0^m.009$	$i = 0^m.010$
	m.	m.	m.	m.	m.
25	262.4	299.2	318.0	336.8	355.6
50	131.2	149.6	159.0	168.4	177.8
75	87.6	99.6	106.0	112 4	118.8
100	65.6	74 8	79.5	84.2	88.9
125	52.4	59.6	63.6	67.2	71.2
150	43.8	49.8	53.0	56.2	59 4
175	37.5	42.7	45.4	48.1	50.8
200	32.8	37.4	39.7	41.1	44.4
250	26.2	29.8	31.8	33.6	35.6
300	21.9	24.9	26.5	28.1	29.7
400	16.4	18.7	19.9	21.0	22.2
500	13.1	14.9	15.9	16.8	17.8

XIII. — Table relative à l'emploi de tuyaux de 0ᵐ.05 de diamètre intérieur.

Longueurs des drains metres.	ÉCARTEMENTS DES DRAINS POUR LES VALEURS DE i SUIVANTES :				
	$i = 0^m.001$ m.	$i = 0^m.002$ m.	$i = 0^m.005$ m.	$i = 0^m.004$ m.	$i = 0^m.005$ m.
25	179.2	264 0	522 0	576.4	438.0
50	89.6	132.0	161.0	188.2	219.0
75	59.6	88.0	107.2	125.6	146.0
100	44.8	66.0	80.5	94.1	109.5
125	35.6	52.8	64.4	75.2	87.6
150	29.8	44.0	53.6	62 8	73.0
175	25.6	37.8	46.0	53.8	62.7
200	22.4	33.0	40.2	47.0	54 7
250	17.8	26.4	32.2	37.6	43.8
300	14.9	22.0	26.8	31.4	36.5
400	11.2	14.0	20.1	23.5	27.4
500	8.9	13.2	16.1	18.8	21.9

Longueurs des drains. metres.	ÉCARTEMENTS DES DRAINS POUR LES VALEURS DE i SUIVANTES :				
	$i = 0^m.005$ m.	$i = 0^m.007$ m.	$i = 0^m.008$ m.	$i = 0^m.009$ m.	$i = 0^m.010$ m.
25	467.6	510.8	535.6	585.6	614.0
50	235.8	255.4	277.8	292.8	307.0
75	155.6	170.4	185.2	195.2	204.8
100	116.9	127.7	138.9	146.4	155 5
125	93.6	102.0	111.2	117.2	122.8
150	77.8	85.2	92.6	97.6	102.4
175	66.8	72.9	79.4	85.6	87.7
200	58.4	63.8	69.4	73 2	76.7
250	46 8	51.0	55.6	58.6	61.4
300	38.9	42.6	46.3	48.8	51.2
400	29.2	31.9	34.7	36.6	38.4
500	23.4	25 5	27.8	29.3	30.7

IV. — Table relative à l'emploi de tuyaux de 0ᵐ.06 de diamètre intérieur.

Longueurs des drains. mètres.	ÉCARTEMENTS DES DRAINS POUR LES VALEURS DE i SUIVANTES :				
	$i = 0^m.001$ m.	$i = 0^m.002$ m.	$i = 0^m.003$ m.	$i = 0^m.004$ m.	$i = 0^m.005$ m.
25	295 6	422.4	505 6	588.4	672.8
50	147.8	211.2	252.8	294.2	336.4
75	98.4	140.8	168.4	196.0	224.4
100	75.9	105.6	126.4	147.1	168.2
125	59.2	84.4	101.2	117.6	134.4
150	49.2	70.4	84.2	98.0	112.2
175	42.2	60.3	72.2	84.1	96.1
200	36.9	52.8	63.2	73.5	84.1
250	29.6	42.2	50.6	58.8	67.2
300	24.6	35.2	42.1	49.0	56 1
400	18.5	26.4	31.6	36.8	42.0
500	14.8	21.1	25.3	29.4	33.6

Longueurs des drains. mètres.	ÉCARTEMENTS DES DRAINS POUR LES VALEURS DE i SUIVANTES :				
	$i = 0^m.006$ m.	$i = 0^m.007$ m.	$i = 0^m.008$ m.	$i = 0^m.009$ m.	$i = 0^m.010$ m.
25	757.6	820.4	882.8	942.4	1,020.0
50	378.8	410.2	441.4	471.2	510.0
75	252.4	273.6	294.4	314.0	340.0
100	189.4	205.1	220.7	235.6	255.0
125	151.6	164.0	176.4	188.4	204.0
150	126.2	136.8	147.2	157.0	170.0
175	108.2	117.2	126.1	134.6	145.7
200	94.7	102.5	110.3	117.8	127 5
250	75.8	82.0	88.2	94 2	102.0
300	65.1	68.4	73.6	78.5	85.0
400	47.3	51.3	55.2	58.9	63.8
500	37.9	41.0	44.1	47.1	51.0

V. — Table relative à l'emploi de tuyaux de 0ᵐ.07 de diamètre intérieur.

Longueurs des drains. mètres.	ÉCARTEMENTS DES DRAINS POUR LES VALEURS DE i SUIVANTES :				
	$i = 0ᵐ.001$ m.	$i = 0ᵐ.002$ m.	$i = 0ᵐ.003$ m.	$i = 0ᵐ.004$ m.	$i = 0ᵐ.005$ m.
25	426.0	630.4	773.6	916.0	1031.2
50	213.0	315.2	386.8	458.0	515.6
75	142.0	210.0	258.0	305.2	343.6
100	106.5	157.6	193.4	229.0	257.8
125	85.2	126.0	154.8	183.2	206.4
150	71.0	105.0	129.0	152 6	171.8
175	60.8	90.0	110.5	131.0	147.3
200	53.2	78.8	96.7	114.5	128.9
250	42.6	63.0	77.4	91.6	103.2
300	35 5	52.5	64.5	76.5	85.9
400	26.6	39.4	48.3	57.2	64.5
500	21,3	31.5	38.7	45.8	51.6

Longueurs des drains. mètres.	ÉCARTEMENTS DES DRAINS POUR LES VALEURS DE i SUIVANTES :				
	$i = 0ᵐ.006$ m.	$i = 0ᵐ.007$ m.	$i = 0ᵐ.008$ m.	$i = 0ᵐ.009$ m.	$i = 0ᵐ.010$ m.
25	1,116.4	1,201.6	1,314.4	1,574.4	1,457.2
50	558.2	600.8	657.2	687.2	728.6
75	372.0	400.4	438.0	458.0	485.6
100	279.1	300.4	328.6	343.6	364.3
125	223.2	240.4	262.8	274.8	291.2
150	186.0	200.2	219.0	229.0	242.8
175	159.5	171.7	187.7	196.3	208.1
200	139.5	150.2	164.3	176.8	182.1
250	111.6	120 2	131.4	137.4	145.6
300	93 0	100.1	109.5	114.5	121.4
400	69.8	75.1	82.1	85.9	91.1
500	55,8	60:1	65.7	68.7	72,8

VI. — Table relative à l'emploi de tuyaux de 0ᵐ.08 de diamètre intérieur.

Longueurs des drains. mètres.	ÉCARTEMENTS DES DRAINS POUR LES VALEURS DE i SUIVANTES :				
	$i = 0^m.001$ m.	$i = 0^m.002$ m.	$i = 0^m.003$ m.	$i = 0^m.004$ m.	$i = 0^m.005$ m.
25	601.2	898.8	1,057.6	1,271.2	1,422.0
50	300.6	449.4	528.8	635 6	711.0
75	200.4	298.4	352.4	423.6	475.2
100	150.3	224.7	264.4	317.8	355.5
125	120.4	179.6	211.6	254.4	284.4
150	100.2	149.2	176.2	211.8	237 6
175	85.9	128.4	151.1	181.6	203.1
200	75 1	112.3	132 2	158.9	177.7
250	60.2	89.8	105.8	127.2	142.2
300	50.1	74.6	88.1	105.9	118.8
400	37.6	56.2	66.1	79.5	88.8
500	30.1	44.9	52.9	63.6	71.1

Longueurs des drains. mètres.	ÉCARTEMENTS DES DRAINS POUR LES VALEURS DE i SUIVANTES :				
	$i = 0^m.006$ m.	$i = 0^m.007$ m.	$i = 0^m.008$ m.	$i = 0^m.009$ m.	$i = 0^m.010$ m.
25	1,569.6	1,717.2	1,814.4	1,922.4	2,017.6
50	784.8	858.6	907.2	961.2	1,008.8
75	523.2	572.4	604.8	640.8	672.4
100	392.4	429.3	453.6	480.6	504.4
125	314.0	343.6	362.8	384.4	403.6
150	261.6	286.2	302.4	320.4	336.2
175	224.4	245.3	259.2	274.6	282.2
200	196.2	214.6	226.8	240.3	252.2
250	157.0	171.8	181.4	192.2	201.8
300	130.8	143.1	151.2	160.2	168.1
400	98.1	107.3	113.4	120.1	126 1
500	78.5	85.9	90.7	96.1	100.9

Il sera facile de rendre les tables précédentes applicables au cas où l'eau de sources sous-jacentes ou d'infiltrations souterraines viendrait s'ajouter à l'eau simplement météorique que le drainage doit enlever.

Pour cela, nous supposerons dans la formule (1) de la page 737 successivement $q = 0^m.025$, $q = 0^m.5$, $q = 0^m.1$, $q = 0^m.15$, c'est-à-dire que l'eau des sources est égale en quantité à la moitié de la pluie, à la pluie elle-même, enfin au double, puis au triple de cette pluie.

En laissant à la longueur des drains l, au diamètre des tuyaux D et à la pente du terrain i, les mêmes valeurs que précédemment, et en représentant par e, e'. e'', e''', e^{iv}, les écartements, nous aurons les formules suivantes :

Pour $q = 0$. $el = 10,870,588$ D^2 $(26.79 \sqrt{Di} - 0.025)$,

Pour $q = 0.025$, $e'l = 1,557,171$ $D^2 (26.79 \sqrt{Di} - 0.025)$,

Pour $q = 0.05$, $e''l = 904,781$ $D^2 (26.79 \sqrt{Di} - 0.025)$,

Pour $q = 0.1$, $e'''l = 542,868$ $D^2 (26.79 \sqrt{Di} - 0.025)$,

Pour $q = 0.15$, $e^{iv}l = 387,765$ $D^2 (26.79 \sqrt{Di} - 0.025)$,

Et de là on tire :

$$e : e' : e'' : e''' : e^{iv} : : 100 : 12.5 : 8.9 : 5.0 : 3.6,$$

c'est-à-dire que les écartements devront être réduits de manière à devenir 12.5, 8.9, 5 et 3.6 pour 100 de ceux donnés par les tables. En conséquence, pour ne pas rendre les tranchées trop nombreuses et les travaux trop coûteux, on sera forcé d'employer des tuyaux d'un diamètre suffisamment grand. Ainsi, par exemple, pour un drain de 100 mètres de longueur, et une pente de $0^m.004$ par mètre, on trouvera, d'après les tables précédentes et la proportion ci-dessus :

Pour $D = 0^m.03$,
$$e = 26^m.4, \ e' = 3^m.3, \ e'' = 2^m.3, \ e''' = 1^m.3, \ e^{iv} = 0^m.9;$$

Pour $D = 0^m.04$,
$$e = 56^m.2, \ e' = 7^m.0, \ e'' = 5^m 0. \ e''' = 2^m.8, \ e^{iv} = 2^m.0;$$

Pour $D = 0^m.05$,
$$e = 94^m.1, \ e' = 11^m.8, \ e'' = 8^m.4, \ e''' = 4^m.7, \ e^{iv} = 3^m.4;$$

Pour $D = 0^m.06$,
$$e = 147^m.1, \ e' = 18^m.4, \ e'' = 13^m.1, \ e''' = 7^m.4, \ e^{iv} = 5^m.2;$$

Pour $D = 0^m.07$.
$$e = 229^m.0, \ e' = 28^m.6, \ e'' = 20^m.4, \ e''' = 11^m.5, \ e^{iv} = 8^m.2;$$

Pour $D = 0^m.08$,
$$e = 317^m.8. \ e' = 37^m.7, \ e' = 28^m.3, \ e'' = 15^m.9, \ e^{iv} = 11^m.4.$$

Il résulte de ces calculs que, tandis que, dans le premier cas, des tuyaux de 0ᵐ.03 et un écartement de 26 mètres suffisent parfaitement, il faut des tuyaux de 0ᵐ.05 et un écartement de 12 mètres dans le second cas; des tuyaux de 0ᵐ.06 et un écartement de 13 mètres dans le troisième; des tuyaux de 0ᵐ.07 et un écartement de 11ᵐ.5 dans le quatrième; et enfin des tuyaux de 0ᵐ.08 et un écartement de 11ᵐ.4 dans le cinquième, alors que les sources sont extrêmement abondantes.

Nous ne pousserons pas plus loin les applications de la théorie; ce que nous avons dit doit suffire pour montrer la marche à suivre dans tous les cas qui peuvent se présenter. On devra remarquer surtout que les drainages avec des écartements égaux lorsque les lignes de drains ne sont pas de longueurs égales, sont une erreur qui est commise à peu près généralement, ainsi que le prouvent presque tous les plans qui ont été publiés jusqu'à ce jour, même à titre de modèle. Il y aura une économie notable, sans perte d'aucun des avantages du drainage, à opérer d'après les principes développés ci-dessus.

Au point de vue pratique, nous ajouterons aux considérations dans lesquelles nous venons d'entrer le conseil suivant, que M. Decauville a conclu de ses nombreux travaux :

On ne doit jamais, dit M. Decauville, dans un drainage pratiqué à 1ᵐ.20 de profondeur avec 15 mètres d'écartement, donner plus de 180 mètres à un tuyau de 0ᵐ.03 de diamètre intérieur, la pente étant au moins de 0ᵐ.004 par mètre.

Il est remarquable que notre formule donne précisément 15ᵐ.1 d'écartement pour une longueur de cent soixante-quinze mètres. Cette vérification si complète doit inspirer une grande confiance dans notre théorie et dans les tables que nous en avons déduites.

M. d'Angeville, qui a fait dans le département de l'Orne, près de Nonant et du haras du Pin, du drainage sur une grande échelle et d'une manière très-distinguée, pense qu'on

peut porter la longueur des drains jusqu'à 400 mètres.
Cette assertion n'est soutenable qu'autant qu'on admet une
augmentation du diamètre du tuyau proportionnelle à l'accroissement de longueur du drain, et on voit que la diver-
sité des opinions des praticiens peut parfaitement s'expliquer
par la théorie. Comme l'a très-bien expliqué M. Decauville
dans les lignes suivantes, on peut satisfaire à tous les cas
possibles en employant des tuyaux d'un diamètre suffisant.

Lorsque les tranchées sont plus écartées, sans être plus profondes, dit
M. Decauville, il faut augmenter le diamètre des tuyaux dans la même
proportion que l'écartement. Mais lorsque, les tranchées étant plus éloignées, on place les tuyaux à une plus grande profondeur, il n'est pas nécessaire de faire croître aussi rapidement les diamètres, une tranchée
profonde commençant en général à donner de l'eau avant une tranchée
moins enfoncée dans le sol.

Un drainage fait avec des tuyaux insuffisants est un travail complètement manqué. La terre ne se trouve alors assainie que dans les années où il tombe peu d'eau. Dans les années très-pluvieuses, l'eau ne
pouvant s'écouler assez vite, la terre reste humide assez longtemps pour
empêcher l'ensemencement à l'automne, ou pour nuire à la récolte au
printemps.

Il n'est pas possible d'avoir des données tout à fait exactes au sujet du
diamètre des tuyaux, mais il y a beaucoup moins d'inconvénients à
mettre un diamètre trop grand qu'un diamètre insuffisant, une dépense de quelques francs étant insignifiante dans une opération de ce
genre.

Lorsqu'une terre a été drainée, on doit la labourer en travers de la
plus grande pente et à plat; on doit aussi combler toutes les saignées et
tous les fossés qui servaient antérieurement à l'écoulement de l'eau. Il
en résulte que, quand on emploie des tuyaux insuffisants, le but que l'on
se propose est complétement manqué, car la terre reste plus humide
après les pluies que quand celles-ci pouvaient s'écouler le long des sillons dans l'ancien assainissement superficiel. Or, c'est surtout dans les
années humides qu'un bon drainage rend des services importants. Il suffit
d'une seule année très-pluvieuse pour qu'on rentre dans tous les déboursés qu'a coûté le drainage, tandis qu'il faut au moins dix récoltes dans
les années saines pour obtenir ce même résultat.

Nous pensons que les praticiens, après la lecture de ce
chapitre, seront moins incertains sur le parti qu'ils devront
prendre dans les différents cas qu'ils rencontreront. Ils peu-

vent voir maintenant comment la longueur des drains et leur pente influent sur l'écartement d'une part, et sur le diamètre à choisir pour les tuyaux d'autre part. Les hésitations provenaient surtout de ce qu'on négligeait un ou plusieurs des éléments nombreux qui entrent dans la question fort complexe à résoudre. Mais, pour qu'on ne nous accuse pas à notre tour d'avoir laissé de côté une circonstance importante, nous ne devons pas oublier de faire remarquer que nous avons supposé dans toutes nos déductions que la profondeur était constante. Il faut maintenant que nous cherchions à déterminer quelle doit être sa valeur; nous ne devons pas nous borner aux indications un peu vagues que nous avons pu tirer du petit nombre d'expériences faites sur des drainages à divers écartements et à diverses profondeurs (chap. xi, p. 723 à 729); pour obtenir plus d'éclaircissements, nous étudierons la forme de la nappe d'eau souterraine dans les terrains drainés.

CHAPITRE XIV

De l'établissement des collecteurs

Dans la plupart des drainages, l'établissement des collecteurs s'effectue en posant simplement des tuyaux de grandes dimensions au fond d'une tranchée creusée le long du thalweg du terrain, sans qu'on s'occupe de chercher si le diamètre des tuyaux est bien en rapport avec la quantité d'eau qu'il doit écouler. On croit avoir satisfait à toutes les conditions de l'opération, si l'on a pris un diamètre plus que suffisant. Il est cependant facile de donner une solution simple du problème; voici celle que nous proposons :

Soit S la surface drainée dont le collecteur doit enlever les eaux. En laissant aux lettres précédemment employées les significations que nous leur avons données dans le chapitre précédent (p. 757), nous aurons l'équation suivante :

$$\left(\frac{ma + q}{86,400}\right) S = \frac{\pi\, D^2}{4}\, (26.79\ \sqrt{Di} - 0.025).$$

Si, pour simplifier, nous posons

$$h = \frac{4\,(ma + q)\, S}{86,400\, \pi},$$

nous aurons, en faisant toutes les réductions et tous les calculs, cette nouvelle équation :

$$717.7041i\, D^5 - 0.000625\, D^4 - 0.05h\, D^2 - h^2 = 0.$$

Il serait évidemment possible de résoudre, dans chaque cas particulier, cette équation du cinquième degré qui n'a qu'une seule racine positive satisfaisant à la question; on trouverait toujours le diamètre D que devrait avoir le tuyau. Mais il serait plus commode, pour la pratique, de calculer des tables qui donnent pour les diverses circonstances qu'on peut rencontrer les valeurs de D.

Si nous supposons, comme nous l'avons fait plus haut, $q = 0$, $a = 0.05$, $m = 0.5$, nous obtiendrons la table suivante donnant les surfaces que peuvent assainir des collecteurs de 0m.05, 0m.06, 0m.08, 0m.10, 0m.12, 0m.14, 0m.16 de diamètre intérieur dans le cas de pentes comprises entre 0m.001 et 0m.010 par mètre. La formule réduite qui alors fournit S en hectares est

$$S = 271.4\, D^2\, (26.79\ \sqrt{Di} - 0.025).$$

Pentes par mètre du collecteur. m.	Surfaces qui peuvent être assainies, le diamètre intérieur D des collecteurs étant						
	0m.05 hectares.	0m.06 hectares.	0m.08 hectares.	0m.10 hectares.	0m.12 hectares.	0m.14 hectares.	0m.16 hectares.
0.001	0.11	0.18	0.37	0.65	1.05	1.57	2.29
0 002	0.17	0.26	0.56	0.95	1.52	2.28	3.03
0 003	0.20	0.31	0.68	1.16	1.89	2.78	3.72
0.004	0.24	0 37	0.79	1.38	2.20	3.21	4.57
0.005	0.27	0 42	0.89	1.52	2.46	3.70	5.13
0.006	0.29	0.47	0.98	1.70	2.72	3.98	5.71
0.007	0.32	0 51	1.07	1.85	2.93	4.27	6.19
0 008	0.35	0.55	1.13	1.95	3.14	4.61	6.67
0.009	0.37	0.59	1.21	2.11	3 55	4.84	7.21
0.010	0.58	0.62	1.26	2.20	3 56	5.19	7.45

Si, par exemple, un collecteur doit enlever les eaux d'un champ d'une étendue de 1 hectare avec une pente de 0^m.001 par mètre, il faudra, d'après la table précédente, employer des tuyaux de 0^m.12 de diamètre intérieur; mais, si la pente est de 0^m.004, un diamètre de 0^m.10 sera plus que suffisant, et avec une pente de 0^m.007, on pourra se contenter d'un diamètre de 0^m.08.

Dans le cas où des eaux souterraines s'ajouteraient aux eaux de la surface dans le drainage à opérer, les étendues précédentes auraient à subir une réduction facile à calculer d'après la première formule de ce chapitre. Supposons successivement $q = 0.025$, $q = 0.05$, $q = 0.10$, $q = 0.15$, et nous trouverons par cette formule :

$$S : S' : S'' : S''' : S^{iv} : : 271.4 : 135.7 : 90.5 : 54.3 : 38.7,$$

ou bien,

$$S : S' : S'' : S''' : S^{iv} : : 100 : 50 : 33.3 : 20 : 14.3,$$

ou bien encore,

$$S : S' : S'' : S''' : S^{iv} : : 1 : \tfrac{1}{2} : \tfrac{1}{3} : \tfrac{1}{5} : \tfrac{1}{7},$$

c'est-à-dire que les surfaces qui pourront être assainies par les mêmes collecteurs devront être la moitié, le tiers, le cinquième, le septième des surfaces du tableau précédent lorsque les eaux souterraines seront la moitié des eaux de pluie, égales aux eaux de pluie, le double des eaux de pluie, et enfin trois fois les eaux de pluie. Pour les cas intermédiaires, on prendra des nombres convenablement interpolés.

CHAPITRE XV

Enlèvement des grandes masses d'eau

L'eau en excès qui gêne l'agriculteur dans un champ peut, ainsi que nous l'avons déjà dit, provenir de deux origines différentes : ou bien de la pluie tombée à la surface, ou bien de l'eau qui remonte du fond et qui n'est pas autre chose non plus que de l'eau de pluie, mais de l'eau de pluie tombée sur des champs plus élevés et à des distances souvent très-grandes. Dans cette dernière circonstance, il arrive que l'eau qui s'est infiltrée dans le sol sur un plateau descend le long d'une couche perméable placée entre deux couches imperméables et prend ainsi une espèce de cours souterrain. Si en quelque endroit cette couche imperméable vient, par suite des accidents géologiques si fréquents que présente l'écorce de notre globe, à se mettre à jour, l'eau souterraine jaillit, et quelquefois en si grande abondance, qu'elle peut produire une source considérable.

En général, il arrive que, dans un terrain humide, les eaux souterraines jouent un rôle secondaire. Alors il n'y a rien à changer aux méthodes de drainage que nous avons décrites. Les écartements, les diamètres de tuyaux et toutes les autres circonstances de l'opération se déduisent des règles données dans les chapitres précédents dans le livre II de cet ouvrage intitulé : *Exécution du drainage* (t. II, page 1 à 372).

Lorsque les eaux de source sont en quantité plus considérable que trois fois la quantité de pluie de la localité, il faut ajouter aux drains ordinaires des canaux de décharge ou des puits absorbants, et on parvient toujours à assainir le terrain avec des travaux convenablement aménagés.

Il y a lieu de distinguer plusieurs cas.

1° Cas où la nappe d'eau souterraine est inférieure au terrain à drainer — Méthode d'Elkington.

Quand la couche perméable contenant la source est à une profondeur de 2m.5 à 3 mètres au-dessous du terrain drainé, il est ordinairement suffisant d'exécuter le drainage à cette profondeur, sans rien changer aux méthodes ordinaires.

Lorsque la couche perméable aquifère est à une profondeur qui varie de 3 à 5 mètres on draine à la profondeur ordinaire, en faisant de distance en distance des puits remplis de pierres, à côté du drain de décharge, qui est mis ainsi en communication avec l'eau souterraine qu'il égoutte.

Si la profondeur dépasse 5 mètres, on se contente de trous de sonde qui remplissent le même but.

Dans quelques cas, on donne accès aux eaux nuisibles en un point unique par un simple drain de décharge suffisamment large et profond et de pente convenable, qu'on ajoute aux drains ordinaires. Mais on doit souvent faire un drain qui entoure la partie marécageuse vers le bas avec une double pente qui déverse les eaux vers son milieu, où les reprend un canal de décharge suffisamment large et incliné.

Enfin, quand, sous la couche aquifère, à une profondeur de quelques mètres, il se trouve une couche absorbante, un simple sondage peut mettre les deux couches en communication et débarrasser le sol de son excès d'humidité.

Ces procédés sont ceux que l'on doit à l'Anglais Elkington (liv. I, t. I, p. 16).

2° *Cas où la nappe d'eau souterraine amène ses eaux au-dessus du terrain à drainer.*

Dans le cas où la couche souterraine perméable et aquifère placée entre deux couches imperméables vient à se mettre à jour à la partie supérieure d'un terrain, elle y déverse ses eaux, et on ne peut alors arriver à un assainissement complet qu'en faisant à la partie supérieure du champ à drainer un drain de ceinture qui déverse ses eaux avec des pentes suffisantes, soit de deux côtés à la fois, soit même d'un seul côté, vers la décharge générale. Ce drain doit être creusé jusqu'à la profondeur nécessaire pour atteindre la couche imperméable placée sous la couche aquifère.

3° *Cas de la présence d'un cours d'eau supérieur au terrain.*

Quand le terrain qu'il s'agit d'assainir est placé de telle sorte qu'il reçoit des infiltrations d'un cours d'eau supérieur, on se débarrasse de l'eau qui inonde les plantes en arrivant par le dessous, à l'aide d'un drain parallèle au cours d'eau creusé profondément et présentant une pente plus faible que celle de la rivière. Ce drain isolant se jettera dans le cours d'eau aussi bas que possible. On exécutera ensuite le drainage en dirigeant les drains d'assèchement vers un collecteur placé dans le thalweg et qui rejoindra le drain isolant pour y écouler ses eaux.

Les drains isolants ou de ceinture peuvent être garnis avec des tuyaux de 0m.12 à 0m.16 de diamètre intérieur; si ces dimensions sont insuffisantes, on a recours à des pierrées construites suivant les règles données précédemment (liv. II, t. I, p. 55 et suiv.).

4° *Cas de la présence d'un cours d'eau qui s'oppose à l'écoulement du collecteur.*

M. Dugrip, président du comice agricole de Vibraye (Sarthe), a drainé en 1856 et 1857, avec le concours de M. Harel, des prairies d'une contenance totale de 28 hectares, formant des pâtures étroites d'une longueur de 1,600 mètres sur une largeur moyenne de moins de 200 mètres, bornées sur presque toute leur longueur par la rivière la Braye, dont le niveau est presque à la hauteur des parties basses de l'herbage. Pour as-

samir ces parties basses ayant au moins 8 hectares, et qui, constituant
seulement une sorte de marécage, ne portaient que de mauvais aulnes et
des joncs, il a fallu aller prendre un débouché dans un bief inférieur en
prolongeant le collecteur sur une longueur de 170 mètres à travers une
prairie voisine et en le faisant passer sous la rivière, dont la largeur est
de 12 mètres. On a employé des tuyaux en tôle bituminée de la fabrique
de M. Chameroy, ayant 0^m.19 de diamètre, pour les placer sur le fond de
la rivière; en amont en aval, sur une longueur de 400 mètres on a placé
des tuyaux en poterie de même diamètre.

On avait compté que deux petits murs latéraux suffiraient pour empêcher l'eau de la rivière de s'infiltrer dans la partie non étanche de la
conduite qui n'avait pas à écouler moins de 10 litres à la seconde; mais
des obstructions nombreuses se sont montrées au bout de deux ans, et
on a reconnu que l'eau de la rivière s'y introduisait par infiltration en
même temps que des racines d'arbres et de diverses plantes. On a été
conduit à remplacer sur une certaine étendue les tuyaux de simple
poterie par des tuyaux en ciment de Boulogne, s'emboîtant les uns dans
les autres et soudés au ciment romain; on a fait ainsi une conduite étanche de plus de 90 mètres de longueur. Des regards ayant une forme facile pour le nettoyage subséquent des tuyaux ont été établis; ils ont
1^m.15 de long sur 0^m.45 de large; leurs parois sont en briques; leur fond,
pavé en briques, est à 0^m.50 au-dessous de la ligne des tuyaux; l'orifice
du tuyau qui donne l'écoulement à l'aval est disposé de telle sorte, qu'on
puisse au besoin le fermer avec une plaque de fonte et une rondelle en
caoutchouc.

Le drainage pour les 28 hectares avait coûté 8,700 francs; il y avait
eu en outre 5,500 francs de frais de terrassement pour faire diparaître
les anciens fossés et les dépressions de terrain, et on avait répandu pour
5,800 francs d'engrais. Les frais de réparation se sont montés à environ
1,000 francs en 1859. Mais les produits n'étaient avant le drainage que
de 1,050 francs; ils ont été de 5,200 francs en 1851 et de 6,450 francs
en 1859.

CHAPITRE XVI

Étude de la nappe d'eau souterraine dans les terrains drainés

On comprend que l'eau qui est supérieure aux tuyaux
dans un sol drainé tend à se mettre partout en équilibre
hydrostatique, lorsqu'un écoulement s'effectue à travers la
ligne des tuyaux souterrains. Mais il y a la résistance opposée par la force rétentive de l'argile, qui empêche que le

niveau devienne partout une ligne droite. L'eau prend donc après une pluie des niveaux courbes, tels que ceux qui sont représentés par les figures 576 et 577.

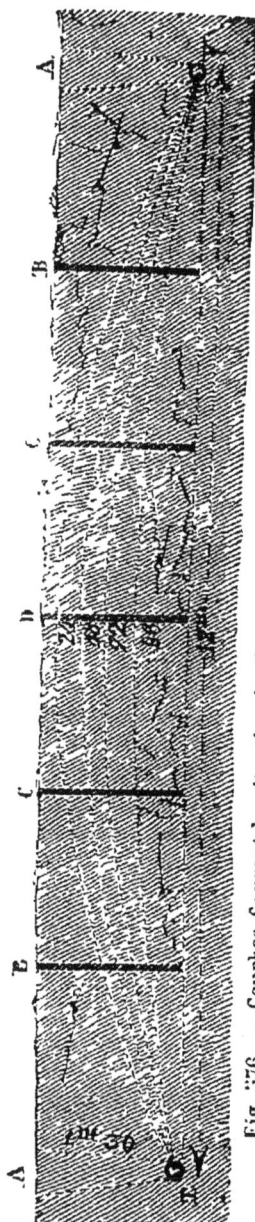

Fig. 576. — Courbes figurant la situation de l'eau dans un terrain drainé à 12 mètres de distance, 24, 48, 72 et 96 heures après une pluie.

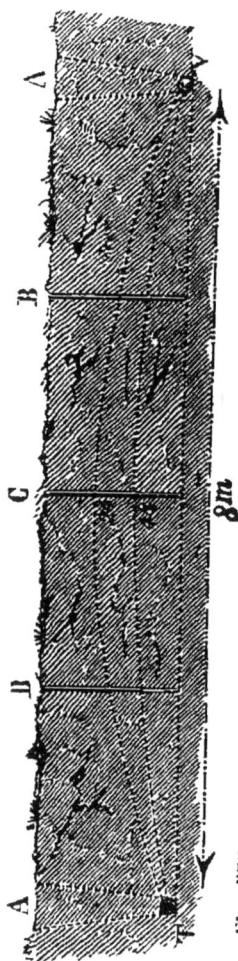

Fig. 577. — Courbes figurant la situation de l'eau dans un terrain drainé à 8 mètres de distance, 24 et 48 heures après une pluie.

La première démonstration expérimentale de ces phéno

mènes du drainage est due à M. Clutterbuck, qui a inséré sur ce sujet une note fort intéressante dans le *Journal de la Société d'agriculture d'Angleterre* (1). Voici le résumé de ce travail :

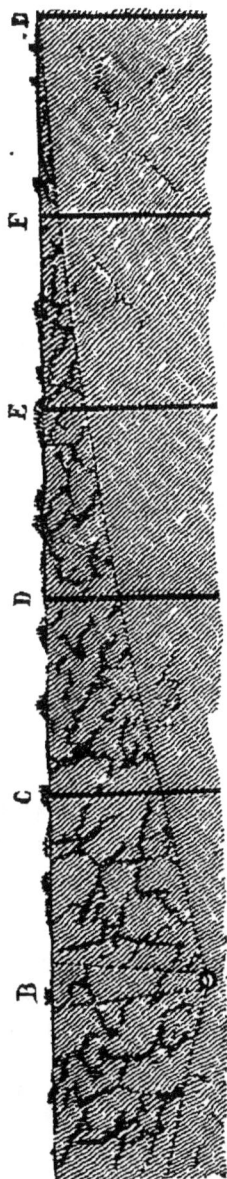

Fig. 578. — Figure de l'assainissement du sol dans un drainage trop écarté.

M. Clutterbuck a fait des trous de sonde entre deux drains éloignés de 12 mètres environ, comme cela est représenté par la figure 576. En A sont les deux drains; en B, C et D, des trous de sonde sont distribués à égale distance des drains. En cherchant 24 heures, 48, 72, 96 heures, après des pluies très-abondantes, la position de l'eau. dans chacun des trous de sonde, M. Clutterbuck a trouvé que, si on réunissait par des lignes continues tous les points de la situation de l'eau dans les trous de sonde, on obtenait les courbes que montre la figure.

Si on rapproche davantage les drains, ainsi que cela est représenté dans la figure 577, où l'écartement n'est que de 8 mètres au lieu de 12, on voit que les courbes du stationnement de l'eau, après chaque vingt-quatre heures, s'abaissent bien plus rapidement, pour finir par se confondre pour ainsi dire avec la ligne droite TV, perpendiculaire à deux lignes de drains parallèles.

Quand les drains sont très-éloignés, par exemple, placés à 20, 30, 100 mètres, selon la nature des terrains, il arrive que jamais la courbe ne vient, même après un temps très-long après les pluies, se confondre avec la ligne droite TV, et que même le niveau de l'eau, à une certaine distance, ne sera pas abaissé au-dessous du point où il se tenait avant le drainage. Alors il n'y aura d'assaini de chaque côté du drain A (fig. 578) que la portion du terrain placée au-dessus de la courbe AG du dernier stationnement de l'eau. Ainsi, par exemple, en B, au-dessus du drain A, placé à 1m.50, il y a 1m.50, d'assaini; en C, à deux mètres de distance, il n'y a plus que 1 mètre; en D, à 4 mètres, que 0m.60; en E, à 6 mètres, que 0m.40;

(1) T. VI, p. 489 (1845).

en F, à 8 mètres, que $0^m.50$; en G, enfin, à 10 mètres, l'effet du drainage ne se fait plus sentir.

C'est par des expériences semblables à celles que nous venons de suivre qu'on pourra seulement juger la nature des terrains et mesurer leur force de rétentivité.

Des observations analogues à celles de M. Clutterbuck ont été exécutées en 1855 et 1856 par M. Delacroix sur les domaines impériaux de la Sologne; nous résumerons ainsi qu'il suit les recherches de cet habile ingénieur.

Pour constater le niveau auquel les eaux se maintiennent à un moment donné, M. Delacroix s'est servi de tubes en tôle de $0^m.05$ de diamètre, fermés à la partie inférieure, percés de trous et recouverts d'une peinture au minium. Il les a placés verticalement en terre, sur une ligne perpendiculaire à celle des drains, et il les a enfouis assez profondément pour que leur partie inférieure fût en contre-bas du niveau du drain. Les ouvertures supérieures des tubes sont protégées par un petit couvercle et aboutissent à une même ligne horizontale, par rapport à laquelle on doit relever exactement le profil du terrain et la hauteur des drains. On fait chaque observation en mesurant avec une baguette plongée dans chaque tube la distance existant entre la partie supérieure et le niveau de l'eau. Cette distance étant connue, quelques opérations préliminaires fort simples et que tout le monde devinera ont permis à M. Delacroix de calculer la charge d'eau sur les drains et la profondeur de la nappe d'eau souterraine.

La figure 579 rend compte de ces opérations. Elle représente la coupe d'un terrain drainé. Les tuyaux de drainage y sont figurés en T et T' et supposés (ce qui n'arrive pas toujours) placés sur une même ligne horizontale. Les tubes d'observation sont aa', bb', cc', dd', ee'. Les observations préliminaires ont fait connaître les distances NT et N'T' du niveau du terrain NN' au plan TT', qui passe par le fond des drains, et qui, dans la figure, est supposé horizontal: on connaît aussi par le même moyen la hauteur des sommets a, b, c, d, e, des tubes au-dessus du même plan TT'. Au moment de l'observation, la figure suppose que l'eau est en A dans le tube aa', en B dans le tube bb', en C dans le tube cc', et ainsi des deux autres. On a donc directement, par les indications de la baguette plongée dans les tubes, les hauteurs aA, bB, cC, dD, eE. De là on peut déduire la position du niveau de l'eau des tubes, soit relativement à la ligne NN' du terrain, soit relativement à celle TT' du fond des drains.

Les lignes AA', BB', CC', DD', EE' représentent les hauteurs de l'eau dans les tubes au-dessus de la ligne de fond; ce sont elles que M. Dela-

croix désigne sous le nom de *charges d'eau* sur les drains; il appelle
charges initiales les hauteurs AA', EE', qui donnent la position du niveau de l'eau près et au-dessus des drains. La nappe d'eau souterraine
est la ligne ponctuée A B C D E qui passe par les points où l'observation
indique que se trouve le niveau de l'eau dans les tubes. M. Delacroix
entend en outre par *pente totale* de la nappe d'eau souterraine la différence entre les deux hauteurs CC' et AA' ou EE', et par *pente par mètre*
la même différence, qui n'est autre chose que la hauteur du point C au-
dessus des points A et E, divisée par les distances A'C' ou C'E' des tubes extrêmes aux tubes du milieu.

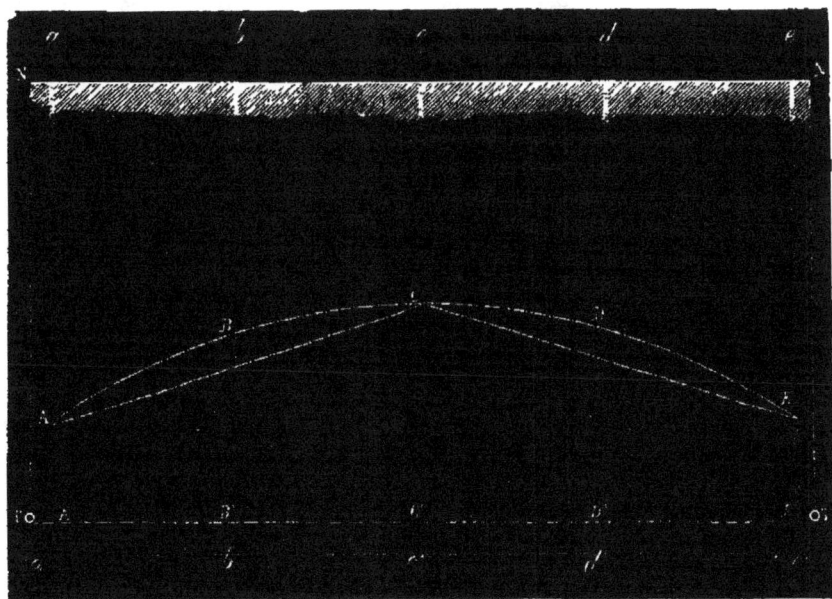

Fig. 579. — Coupe d'un terrain drainé indiquant la position des tubes d'observation

Échelle de 0ᵐ.008 par mètre pour les longueurs.
Echelle de 0ᵐ.04 par mètre pour les hauteurs.

Cette figure 579 va faire comprendre sans difficulté les résultats obtenus par les observations faites sur la terre des Hauts-Noirs, du pré du
château, et sur les terres de la Brossinière et des Rez, dont il a été question précédemment (liv. IX, p. 165, 168, 174) à l'occasion des débits.
Le drain T, dit de gauche, est celui que l'observateur voit à sa gauche
lorsqu'il est tourné vers la sortie d'eau; les numéros donnés aux tubes
partent de ce drain. Ainsi *aa'* porte le n° 1, *bb'* le n° 2, et ainsi de
suite.

Dans la terre des Hauts-Noirs, le drain de gauche était à un 1ᵐ.07 de
profondeur, celui de droite à 0ᵐ.96. Les tubes d'observation étaient au
nombre de 5, espacés entre eux de 1ᵐ.40, les deux extrêmes étant à 0ᵐ.20

seulement des drains. Voici les positions moyennes par mois de la nappe
d'eau souterraine :

Mois des observations.	Nombre de jours d'observations.	Charges d'eau dans les tubes				
		N° 1. m.	N° 2. m.	N° 3. m.	N° 4. m.	N° 5. m.
Janvier 1856.	12	0.49	0 61	0.70	0.60	0.49
Février. . .	2	0.12	0.14	0.19	0.15	0.15
Mars. . . .	5	0.40	0.41	0.41	0.41	0.34
Avril. . . .	5	0.50	0.48	0.48	0.44	0.42
Mai.	5	0.57	0.60	0.61	0.58	0.57
Juin.	5	0.43	0.45	0.45	0.44	0.43
Juillet. . . .	5	0.17	0.19	0.19	0.19	0.17
Août. . . .	0	′′	′′	′′	′′	′′
Septembre. .	6	′′	′′	′′	′′	′′
Octobre. . .	31	0.10	0.18	0.22	0.22	0.22
Novembre. .	30	0.17	0.20	0.22	0.22	0.18
Décembre. .	31	0.29	0.34	0.38	0.57	0 34
Janvier 1857.	31	0.65	0.70	0.72	0.71	0.64
Février. . .	28	0.18	0.18	0 18	0.17	0.15
Mars. . . .	30	0.08	0.14	0.14	0.14	0.08
Avril. . . .	30	0.14	0.17	0.18	0.18	0.14
Mai.	31	0.10	0.11	0.12	0.11	0.10
Juin. . . .	30	0.04	0.02	0.04	0.02	0.05
Juillet. . . .	31	0.00	0.00	0.00	0.00	0.00
Août. . . .	31	0.00	0.00	0.00	0.00	0.00
Septembre. .	30	0.00	0.00	0.00	0.00	0.00
Octobre. . .	31	0.00	0.00	0.00	0.00	0.00
Novembre. .	30	9.00	0.00	0.00	0.00	0.00
Décembre. .	30	0.00	0.00	0.00	0.00	0.00
Janvier 1858.	31	0.00	0.00	0.00	0.00	0.00
Février. . .	28	0.00	0.00	0.00	0.00	0.00
Mars. . . .	31	0.08	0.12	0.12	0.09	0.07
Avril. . . .	30	0.00	0.00	0.00	0.00	0.00
Mai.	31	0.00	0.00	0.00	0.00	0.00
Moyennes des charges d'eau.		0.17	0.19	0.20	0.19	0.17

Les mois qui ne portent pas d'indications de charge d'eau, dit M. Delacroix, sont ceux où la nappe souterraine n'a pu être constatée dans les
tubes, ce qui signifiait qu'elle était alors inférieure au niveau des drains.
Quelques-uns des mois où ce fait s'est présenté, tels que décembre 1857,
janvier, février et mars 1858, ont pourtant présenté des débits, très-faibles à la vérité, à la sortie d'eau. On doit admettre qu'ils provenaient de
lignes de drains autres que celles auxquelles se rapportait l'observation
des tubes.

IV.   43

Si nous comparons d'abord les deux années 1856 et 1857, on y trouvera pour l'ensemble une différence notable dans la situation de la nappe d'eau souterraine. Dans la première, son élévation moyenne au-dessus des drains est de 0^m.32; elle affecte une pente totale de 0^m.06 ou de 0^m.012 par mètre, et elle se trouve, à mi-distance des drains, à 0^m.69 en contre-bas du terrain; dans la seconde, la charge moyenne sur le drain n'est plus que de 0^m.20, la pente de 0^m.03 ou de 0^m.006 par mètre, et la nappe d'eau se trouve à 0^m.84 du sol. En même temps, le débit total fourni par le drainage, qui était en 1856 de 4,470^{mc}.67, a été réduit à plus de moitié ou 2,196^{mc}.78 en 1857. La sécheresse de l'année 1857 explique cette différence. En effet, la quantité d'eau de pluie constatée aux udomètres était de 752^{mc}.30 en 1856 et de 453^{mm}.23 seulement en 1857. Ajoutons qu'elle avait été en 1855 de 620^{mill}.25.

Il résulte de cette première comparaison sur l'ensemble des résultats des observations de deux années que la situation de la nappe d'eau suit la marche du débit formé par le drainage; plus élevée quand le débit augmente, cette nappe d'eau s'abaisse quand le débit diminue, et ce mouvement est caractérisé par deux faits : d'une part, l'augmentation ou la diminution de la charge sur les drains; d'autre part, l'augmentation ou la diminution de la pente offerte par la nappe d'eau dans le sous-sol.

Si, de l'examen des moyennes annuelles, on passe à celui des moyennes mensuelles, on fait la même remarque générale. Toutefois, des anomalies assez nombreuses semblent détruire la continuité de la loi qu'on serait tenté de déduire de la première conclusion. Ces anomalies se remarquent principalement dans la première série des observations. Sans cesser d'exister à partir d'octobre 1856, elles sont cependant moins sensibles; mais en même temps la marche des nappes d'eau souterraines se caractérise par ces deux faits principaux, pentes faibles en général (elles varient par mètre de 0^m.014 à 0^m.00), modifications sensibles dans la hauteur de chaque sortie du drain, suivant la masse d'eau débitée. Si ces conclusions ont une certaine analogie avec celles tirées des expériences de 1855, elles en diffèrent toutefois sensiblement en ce que l'on voit apparaître plus clairement le rôle joué par le sous-sol pour s'opposer à la marche des eaux souterraines vers le drain qui les emporte au dehors.

Les conclusions que l'on peut tirer des observations de M. Delacroix qui viennent d'être discutées nous paraissent pouvoir être généralisées avec une certaine garantie d'exactitude; toutefois il y a lieu de rappeler que le diamètre plus ou moins grand des tuyaux permet un écoulement plus ou moins rapide (Voir précédemment, p. 736), et par conséquent doit influer sur la position maximum de la nappe d'eau. Cette remarque est applicable également aux autres recherches qui suivent.

Pour les observations faites sur la terre dite Pré du château, les cinq tubes étaient distants de 2^m.55; les plus rapprochés des drains en étaient à 0^m.40. Les chiffres suivants représentent la position moyenne de la nappe souterraine pour chaque mois :

Mois des observations.	Charges d eau dans les tubes.				
	n° 1.	n° 2.	n° 3.	n° 4.	n° 5.
	M.	M.	M.	M.	M.
Novembre 1851	0.51	0.51	0.53	0.51	0.50
Décembre....	0.50	0.51	0.55	0.51	0.48
Janvier 1857...	0.67	0.67	0.69	0 69	0.67
Février.....	0.59	0.61	0.62	0.61	0.59
Mars......	0.43	0.65	0.47	0.50	0.48
Avril......	0.44	0.50	0.52	0.50	0 49
Mai.......	0.15	0.18	0.19	0.19	0.17
Juin......	0 01	0.04	0.06	0.06	0.04
Juillet.....	0.00	0.00	0.00	0.00	0.00
Août......	0.00	0.00	0 00	0 00	0.00
Septembre...	0.00	0.00	0.00	0.00	0.00
Octobre.....	0.16	0.19	0.19	0.19	0.17
Novembre....	0.11	0.13	0 15	0.14	0.12
Décembre....	0 13	0.15	0.17	0.17	0.15
Janvier 1858..	0.13	0.13	0.17	0.16	0.15
Février.....	0.14	0.16	0.18	0.18	0.17
Mars......	0.15	0.17	0.19	0.19	0.18
Avril......	0.14	0.16	0.18	0.18	0.17
Mai.......	0.15	0.17	0.17	0 17	0.16
Moyennes..	0.22	0.25	0.26	0.25	0.25

Si, comme précédemment, les charges d'eau sur les drains ont varié dans des limites assez étendues, il n'en a pas été de même de la pente affectée par la nappe d'eau souterraine qui s'est maintenue entre 0^m.02 et 0^m.04 ou 0^m.004 et 0^m.008 par mètre, sans que les variations aient suivi une marche régulière. Le point culminant de la courbe s'est aussi déplacé tantôt vers la droite, tantôt vers la gauche. Pendant les mois de décembre 1857, de janvier, février et mars 1858 le Beuvron ayant subi une crue, les sorties d'eau ont été noyées, et, quoique les tubes d'observation en fussent éloignés de plus de 300 mètres et élevés de 2^m.50 au-dessus de l'eau, les charges d'eau ne sont pas tombées, comme dans le cas de la terre des Hauts-Noirs, tout près de zéro. Il résulte de là que les bouches de sortie, noyées, présentent un obstacle à l'écoulement de l'eau.

Pour les observations faites sur le drainage de la terre de la Brossinière, les tubes, au nombre de cinq, étaient distants entre eux de 2 mètres chacun, le n° 1, le plus rapproché du drain de gauche, en étant distant de 0^m.02, et le n° 5 étant distant du drain de droite de la même quantité. Le drain de gauche était à une profondeur de 1^m.05 et celui de droite de 0^m.99. Voici les positions moyennes de la nappe d'eau souterraine :

Mois des observations.	Charges d'eau dans les tubes.				
	n° 1.	n° 2.	n° 3.	n° 4.	n° 5.
	M.	M	M.	M	M.
Décembre 1857.	0 28	0.60	0.68	0.58	0.18
Janvier 1858. . .	0.25	0.67	0.68	0 55	0.13
Février.	0.26	0.67	0.69	0.49	0.15
Mars.	0.23	0.59	0.66	0.50	0.11
Avril.	0.25	0 67	0.67	0.54	0.13
Mai.	0.27	0.81	0 81	0.66	0.29
Moyennes. .	0.26	0.67	0.68	0.52	0.17

La forme générale de la courbe est encore la même que précédemment, mais avec une pente beaucoup plus forte, et qui a été comprise entre 0^m.083 et 0^m.090 par mètre. La charge d'eau et la pente ont, du reste, comme dans les exemples précédents, été d'autant plus grandes, que le débit était plus considérable.

Enfin, pour les observations faites sur le drainage de la terre des Rez, les cinq tubes où l'on notait la profondeur de l'eau souterraine étaient distancés les uns des autres de six mètres, et les deux extrêmes, le n° 1 et le n° 5, étaient à 0^m.50 des deux drains de gauche et de droite. Le drain de gauche était à une profondeur de 0^m.93 et celui de droite à 0^m.72 seulement.

Les positions moyennes de la nappe d'eau souterraine ont été les suivantes, la charge d'eau au milieu étant prise par rapport au drain de gauche :

Mois des observations.	Charges d'eau dans les tubes.				
	n° 1.	n° 2.	n° 3.	n° 4.	n° 5.
	M.	M.	M	M.	M.
Décembre 1857.	0.20	0.30	0.52	0.23	0.08
Janvier 1858. . .	0.05	0 11	0.11	0.00	— 0.04
Février.	0.15	0 16	0 19	0.07	0.01
Mars.	0.18	0.30	0 52	0 19	0.07
Moyennes. .	0 14	0.22	0.24	0.12	0.03

Le signe — de la charge d'eau dans le tube n° 5 en janvier indique que le niveau de l'eau était en contre-bas du fond du drain de droite.

La pente moyenne de la nappe d'eau a été par mètre de 0^m.0096 en janvier, de 0^m.0048 en février, de 0^m.006 en février, et de 0^m.0116 en mars. La charge et la pente ont augmenté en raison de la masse d'eau à débiter, comme dans les trois autres exemples.

M. Delacroix a conclu de ses observations les lois suivantes :

1° Les débits les plus considérables se trouvent généralement dans la période de janvier à mars, et les plus faibles de juillet à octobre. Le ter=

rain, qui, pendant cette dernière période, s'est asséché sous l'influence
de l'évaporation, a besoin d'un certain temps pour reprendre son humidité normale; après quoi, l'excédant d'alimentation survenant, il perd
successivement sa réserve et revient à son état normal pour être de
nouveau desséché. Cette période correspond aux diverses saisons de
l'année. L'humidité normale ou la quantité d'eau maximum d'une terre
convenablement drainée serait environ les 0.20 du volume de cette
terre.

2° Dans les terres argilo-siliceuses, dans lesquelles la silice domine ou
tend à dominer, les variations dans les débits sont les plus grandes : ils
commencent à une époque plus reculée de l'année et finissent plus tôt.
.Dans les terres argileuses pures, les débits se font d'une manière plus
continue et plus régulière : ils finissent beaucoup plus tard. Les eaux
qui proviennent de drainages faits dans cette nature de terrain se répartissent donc mieux et arrivent plus régulièrement aux cours d'eau
qui les reçoivent.

3° Dans les terrains argilo-siliceux où la silice tend à dominer, les
variations de la charge d'eau sur le drain sont plus fréquentes et ont
lieu dans de plus grandes limites, mais la pente est plus faible et varie
moins. Dans les terrains argileux, au contraire, la charge d'eau sur le
drain présente des variations plus faibles, mais la pente est plus considérable et varie davantage; de sorte que, si on considère la position de la
nappe d'eau à mi-distance du drain, on peut dire que, dans le premier
terrain, elle dépend plutôt de la charge d'eau qu'on pourrait appeler initiale, et que, dans le second, elle dépend plutôt de la pente affectée par
la nappe d'eau.

La figure 580 met cette dernière loi en évidence, en faisant connaître
la forme et la position de la nappe d'eau au moment du maximum et en
moyenne pour les terrains argileux et pour un terrain argilo-siliceux.
Le tableau qui suit donne aussi pour les natures de terrains des chiffres
qui pourront être très-utiles dans la pratique :

Définitions des terrains	Charges d'eau au-dessus des drains.		Pente par mètre de la nappe d'eau.	
	Moyenne. M.	Maximum M.	Moyenne. M.	Maximum M.
Silico-argileux (la silice dominant)........	"	"	0.008	0.016
Silico-argileux (la silice tendant à dominer)...	0.14	0.50	0.010	0.026
Argilo-siliceux.......	0.20	0.34	0.016	0.203
Argile compacte......	0.25	0.54	0.090	0.120

D'après ces chiffres, et en supposant un écartement de 8 à 10 mètres,
on calculera facilement la distance de la nappe d'eau à la surface pour le
milieu de l'intervalle qui sépare deux drains.

4° Le temps de la pénétration est beaucoup plus court dans les terrains siliceux que dans les terrains argileux. Le maximum du débit résultant d'une pluie extraordinaire s'est montré dans un intervalle de 24 heures au plus dans les terrains argilo-siliceux; il a mis 8 jours à se former dans les autres en se prolongeant davantage.

5° Le drainage des terrains argileux tendrait à modifier moins brusquement le régime des cours d'eau; en thèse générale, le drainage qui influera le moins sur le régime des crues sera celui qui s'appliquera aux terrains argileux à l'origine des cours d'eau et aux terrains argilo-siliceux à leur extrémité.

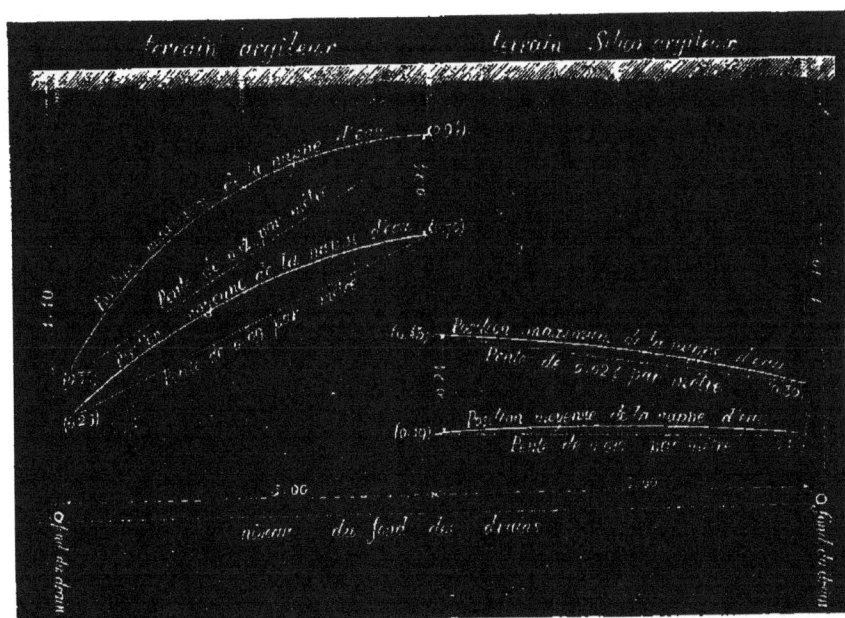

Fig. 580.— Variations de la nappe d'eau souterraine dans un terrain drainé.— Echelle de 0ᵐ.008 par mètre pour les longueurs. — Echelle de 0ᵐ.04 par mètre pour les hauteurs.

On peut conclure de tous les faits que nous venons de relater que la forme de la courbure affectée par la nappe souterraine dans un terrain drainé est à peu près celle d'un arc de cercle dont les deux extrémités sont à une certaine hauteur au-dessus des deux drains voisins. Ce n'est probablement que dans les terrains très-siliceux que l'eau peut passer par les deux drains eux-mêmes sans qu'il y ait de charge au-dessus. Ce n'est enfin que quand les drains ont cessé de couler que la nappe souterraine devient un plan qui passe par le niveau inférieur des drains.

CHAPITRE XVII

Relation entre la profondeur et l'écartement des drains

Puisque la nappe d'eau souterraine dans un terrain drainé affecte une courbure que l'on peut regarder comme un arc de cercle dont le sommet est à une distance de la surface du sol qui dépend de la nature et par suite de la force rétentive du terrain, puisque les deux extrémités de l'arc sont à une hauteur au-dessus des demi-drains qui dépend de cette même force rétentive, il doit exister entre la profondeur et l'écartement du drainage d'une part, et la force rétentive du sol d'autre part, une relation définie. Nous avons trouvé cette relation en écrivant tout simplement que l'eau retenue par le sol est en équilibre sur la courbe trouvée par l'expérience.

Soient, en effet,

e, l'écartement des drains;

h, leur profondeur;

a, la distance du sommet de la courbe à la surface extérieure du sol;

b, la charge d'eau au-dessus du drain;

g, l'action de la pesanteur;

f, la résultante de la force rétentive du terrain, de la résistance des interstices au passage de l'eau dans les tuyaux et de toutes les autres forces qui peuvent s'opposer au libre écoulement de l'eau.

La mise en équation de la condition d'équilibre que nous

venons d'énoncer par la molécule d'eau située au-dessus du drain conduit à la formule :

$$(2) \qquad e = \frac{2(h - a - b)}{f}\left(g + \sqrt{g^2 - f^2}\right).$$

La force f affecte à la fois les valeurs de a et de b, c'est-à-dire que plus elle est grande, plus aussi la charge d'eau b au-dessus du drain doit être considérable, et plus la distance a du sommet au sol supérieur doit être petite.

D'un autre côté, on trouve facilement qu'en appelant i' la pente par mètre de la nappe d'eau, pente définie dans le chapitre précédent, on a la relation :

$$(3) \qquad 2(h - a - b) = ei'.$$

On devra se rappeler que l'écartement dépend aussi et de la quantité d'eau de source du terrain, et de la quantité de pluie qui y tombe, et de la pente des drains, et de la longueur qu'on leur donne. Ces dernières quantités ont été reliées les uns aux autres par l'équation (1) de la page 737.

La théorie mécanique du drainage est complétement comprise dans les équations (1), (2) et (3).

Il résulte de la discussion de l'équation (2) :

Que, si l'on voulait que le sol fût toujours assaini jusqu'à la profondeur $h - b$, à laquelle l'eau se tient au-dessus du drain lors de la position maximum de la nappe d'eau, ou qu'on eût $h - b = a$, il faudrait que l'écartement des lignes fût nul;

Que, si on supposait f très-petit, l'écartement serait très-grand;

Que le maximum de la valeur de la force f est la pesanteur, puisqu'au delà la valeur de e devient imaginaire;

Qu'en faisant $f = g$, on a le plus petit écartement possible;

$$e = 2\,h - a - b\,.$$

c'est-à-dire que, si on prend pour h la valeur moyenne $1^m.20$, et qu'on admette pour la charge d'eau maximum $b = 0^m.034$ et une couche asséchée $a = 0^m.016$, on devra réduire l'écartement à $1^m.40$;

Que plus la profondeur h des drains est grande, plus aussi doit être considérable l'écartement, mais non pas exactement dans le même rapport, à cause des termes soustractifs que contient l'expression de la valeur de e.

De la combinaison des équations (2) et (3) on tire :

$$f = \frac{2\,i'g}{1 + i'^2}$$

et en faisant $i' = 1$, cette formule donne $f = g$, c'est-à-dire la valeur maximum de f en vertu de l'équation (2). Par conséquent, dans le terrain le plus rétentif la forme de la courbe serait celle d'une demi-circonférence de cercle.

Il résulte de l'équation (3) que, dans les terrains pour lesquels la force rétentive est si faible que la pente i' est presque nulle, l'écartement e peut être très-grand, et aussi que plus h est grand, plus on peut prendre pour e une valeur considérable. En supposant, par exemple, $h = 1^m.20$, et en considérant deux terrains, l'un argileux pour lequel on ait $b = 0^m.36$ et $i' = 0^m.12$, l'autre argilo-siliceux pour lequel on ait $b = 0^m.30$ et $i' = 0^m.024$, nombres obtenus précédemment pour la position maximum de la nappe souterraine (fig. 580, p. 762), on trouve, pour qu'il se produise un asséchement constant du terrain sur une profondeur d'au moins $a = 0^m.16$, même aux époques les plus mouillées, $e = 11^m.66$ pour le terrain argileux, et $e = 61^m.67$ pour le terrain argilo-siliceux. Une réduction de $0^m.20$ dans la

valeur de h fournit pour les deux valeurs de e, 8^m.22 et
40^m.83. On voit ainsi combien on a tort d'employer un
écartement régulier dans tous les drainages sans s'enqué-
rir de la nature du sol, et on trouve la légitimation complète des systèmes, tels que celui de Keythorpe et celui de
M. Decauville, où il est tenu compte de la porosité plus ou
moins grande des couches arables à améliorer.

On doit reconnaître aussi, par cette discussion, que la
pratique et la théorie du drainage ne soulèvent pas de
difficultés insolubles; il est seulement essentiel de s'attacher à ce que la profondeur, l'écartement et la direction
des drains satisfassent aux conditions suivantes :

1° Que toute la pluie qui tombe à la surface du sol s'écoule rapidement
par les tranchées et soit exportée souterrainement hors du champ drainé;

2° Que dans cet écoulement les parties ténues du sol ne soient point
entraînées, et que l'eau soit filtrée avant d'entrer dans les tuyaux ou dans
les autres matériaux qui garnissent le fond des tranchées;

3° Que la tranchée soit assez profonde pour amener les eaux souterraines et améliorer le sol à une profondeur suffisante.

Lorsqu'on remplit ces conditions matérielles, on obtient
les avantages que nous avons signalés, à savoir que : la
température du sol s'élève; les plantes y mûrissent plus
vite; la fertilité du sol s'accroît, et la terre devient plus
propre à la culture de toutes sortes de plantes.

CHAPITRE XVIII

Des insuccès du drainage

Quelques opérations de drainage n'ont pas réussi, on ne
doit pas le dissimuler. Les insuccès ont tenu le plus souvent à la mauvaise exécution des travaux; mais il y a eu
aussi quelques terrains fortement argileux qui n'ont point

été assainis, parce qu'on avait placé les tuyaux à une trop grande profondeur.

Les défauts principaux de l'exécution proviennent de la négligence avec laquelle les tuyaux sont souvent posés. Cette circonstance a été signalée avec insistance dans une lettre écrite à notre savant ami M. Villeroy par M. Wilhelm de Fellemberg, le fils du célèbre fondateur d'Hofwil. M. de Fellemberg a drainé une grande quantité de terres marécageuses à Besseringen, et il a observé que les drainages ne fonctionnent pas quand les tuyaux, vus d'en haut de la tranchée, présentent une ligne sinueuse. On conçoit, en effet, que, dans ce cas, les petits tuyaux ne sont pas placés exactement suivant leur axe; que les bords de l'un se mettent dans l'axe de l'autre, et que la terre bouche le drain dès qu'on remplit la tranchée.

On a vu que, pour régulariser le fond des tranchées, le lit sur lequel doivent être posés les tuyaux, on se sert de dragues, écopes ou curettes (liv. V, t. II, p. 170 et 179). On n'obtient de bons résultats dans cette manœuvre qu'avec des ouvriers très-adroits et soigneux. Aussi a-t-on recherché des moyens de rendre cette partie du travail plus parfaite, plus facile et plus économique. M. Marc, entrepreneur de drainage à Gournay (Seine-Inférieure), a imaginé à cet effet un outil qui a été l'objet, en 1858, d'un rapport favorable fait à la Société d'encouragement pour l'industrie nationale.

Voici la description de cet outil telle que l'a donnée M. Hervé-Mangon, auteur du rapport :

L'instrument imaginé par M. Marc (fig. 581) se compose d'une barre de fer méplat *ab* de 3 mètres environ de longueur et de 0^m.10 de hauteur sur 0^m.01 d'épaisseur. garnie, près de ses extrémités, de deux lames d'acier *c c'*, de forme demi-cylindrique, du diamètre des tuyaux que l'on emploie. taillées en bi-eau et légèrement inclinées sur la direction de la barre $a b$. A la partie antérieure de la barre de fer $a b$ est fixé, à l'aide d'une charnière en fer, un levier coudé $d' d d''$ dont l'extrémité d' porte une cheville et un bout de chaîne pour recevoir la barre d'attelage sur laquelle s'exerce la traction. Le maître-ouvrier marche sur le côté gauche de la tranchée; il dirige la machine et règle son action en saisissant d'une main l'extrémité d'' du levier coudé $d' d d''$, et de l'autre main une coudée e, que l'on fixe à la hauteur convenable avec une vis de pression sur la tige verticale $g g'$ soudée à l'extrémité postérieure de la grande barre $a b$.

La manœuvre de cet instrument est extrêmement facile. Deux, trois ou quatre hommes, selon la résistance du terrain, tirent en marchant de chaque côté de la tranchée, comme l'indique le dessin, sur une longue perche passée dans l'anneau de tirage, tandis que le chef ouvrier, en appuyant plus ou moins sur la poignée e et sur le levier d'', règle l'entrure des petits socs $c c'$. L'outil fonctionne ainsi au fond de la tranchée comme une longue et étroite varlope de menuisier, et rabote le fond en lui donnant exactement la forme régulière et demi-cylindrique des tuyaux que l'on doit y placer.

Deux ou trois passages, au plus, de l'instrument suffisent pour dresser le fond d'une tranchée ouverte dans une terre argileuse de bonne consistance. Des ouvriers armés d'écopes enlèvent les fragments de terre détachés par chaque passage de la machine.

L'instrument imaginé par M. Marc fonctionne parfaitement dans les argiles les plus dures. Il peut encore agir lorsque le sol renferme quelques gros graviers, mais il est évident qu'il ne saurait être employé dans des terres mêlées de pierres volumineuses ou dans un sol détrempé par les pluies ou par des sources. Il faudrait, dans ces circonstances difficiles et heureusement exceptionnelles, renoncer à son emploi et recourir à l'usage des outils habituels.

M. Mangon dit avoir pu constater que, dans les conditions ordinaires, un atelier composé d'un chef-ouvrier pour conduire la machine, de trois hommes pour la tirer et de deux ouvriers pour enlever les terres détachées, pouvait facilement dresser par jour 2,000 mètres courant de tranchées. En évaluant à $2^f.75$, en moyenne, la journée de chaque ouvrier, on voit que l'atelier représente une dépense quotidienne de $16^f.50$, ce qui fait revenir le prix de cette opération à $0^f.008$ environ, c'est-à-dire moins de 1 centime le mètre courant.

Le travail est beaucoup mieux fait que par les procédés ordinaires; la dépense, pour cette partie de l'opération, se trouve réduite à la moitié au moins des prix habituels, et la pose des tuyaux est rendue plus facile et plus parfaite.

Les causes d'insuccès provenant de malfaçon étant écartées, il ne reste qu'à examiner celles inhérentes à la nature des terrains. C'est uniquement dans les argiles très-fortes,

Fig. 581. — Instrument de M. Mac pour régler le fond des tranchées de drainage.

très-plastiques, propres au moulage des poteries, que des drainages n'ont pas réussi. Mais ces drainages avaient été exécutés à une profondeur de $1^m.20$ à $1^m.50$. Quelquefois même il arrive que dans de tels terrains les tuyaux qui d'abord donnaient de l'eau cessent d'agir au bout de quelque temps, sans cependant être obstrués. Il y a des exemples assez nombreux de ces sortes d'insuccès cités dans un Mémoire de M. William Bullock Webster, inséré en 1847 dans le journal de la Société royale d'agriculture d'Angleterre (t. IX, p. 237). Ainsi, chez le révérend E. Tunson, à Woodlands; chez M. Holloway, à Marchwood; chez lord Portman, à Blandford, des drainages à $1^m.20$ n'ont pas réussi dans l'argile. A Staplehurst, dans le comté de Kent, le drainage à $1^m.20$ n'a pas fonctionné; il a produit de bons résultats à la profondeur de $0^m.70$ seulement. M. Etheredge, de Sturston, près d'Harleston, dit avoir constaté qu'il n'est pas rare de voir dans l'argile un trou, fait à une profondeur de $1^m.20$, rester plein d'eau à une distance de $0^m.60$ de la surface. Dans ce cas, on ne doit pas drainer à une profondeur plus grande que celle déterminée par les trous d'essai, ainsi que l'a conseillé M. Barbier. Les drainages profonds et écartés ne conviennent qu'aux sols contenant une certaine portion de sable mêlé à l'argile. Comme l'a dit M. Pusey, qui jouit en Angleterre de tant d'autorité, il faut se tenir en défiance contre les règles absolues et examiner chaque cas particulier avant de fixer la profondeur du drainage. Des sous-solages sont en outre nécessaires dans les terres fortes pour assurer l'efficacité de l'opération et pour transformer la nature physique du sol.

En réalité, les insuccès constatés sont restés limités à quelques dizaines d'hectares sur 900,000 hectares drainés en Angleterre et 110,000 hectares drainés en France à la fin de 1859.

CHAPITRE XIX

Conclusions

Nous avons atteint le terme de la tâche que nous nous étions imposée. Nous n'avions d'abord que l'intention de faire une seconde édition de notre *Manuel du drainage des terres arables;* mais, lorsque nous nous sommes trouvé à l'œuvre, l'horizon de nos études s'est agrandi, et nous avons été conduit à rattacher au drainage toutes les améliorations du sol et surtout l'irrigation. Au lieu d'un volume, nous avons écrit quatre volumes. Aussi notre travail, commencé en 1855, n'est-il terminé qu'en 1860. Puissions-nous avoir le droit d'invoquer comme excuse, auprès des souscripteurs que nous avons fait attendre si longtemps, l'utilité des faits que nous avons exposés!

Le grand enseignement qui doit ressortir des phénomènes constatés, des lois démontrées, c'est que le drainage et l'irrigation ont pour but de faire circuler à la fois l'eau et l'air à travers les pores du sol. Un agriculteur d'un grand esprit, M. Auguste de Gasparin, l'avait dit avant nous (*Le plan incliné*): l'eau en excès et immobile croupit et fait plus de mal que de bien. Il en est de même de l'air stagnant. Mais que l'air et l'eau soient en mouvement, que leur circulation rende plus actives les réactions qui se produisent entre les matières organiques et les matières minérales de la terre, que des labours profonds et l'ameublissement du sol permettent aux racines des plantes de puiser leur nourriture dans une couche plus épaisse, alors la végétation prend un essor inattendu.

Pour qu'il y ait de luxuriantes récoltes, il ne faut pas seulement de riches fumures, il faut encore que la roche se désagrége sous l'action des agents atmosphériques. Ainsi les principes solubles sont fournis en plus grande abondance aux plantes, et les matériaux nuisibles sont transformés par l'action décomposante de l'air et de l'eau se renouvelant sans cesse. En même temps que la terre devient plus fertile, l'air s'épure. Des émanations infectes cessent d'accompagner une évaporation jadis trop considérable. Quand un excès d'eau s'évaporait à la surface du sol, ce n'était qu'au prix de la perte d'une grande quantité de chaleur; la terre devenait trop froide et l'air trop humide. Alors de fréquents et épais brouillards obscurcissaient l'atmosphère. Avec le drainage, l'action bienfaisante du soleil s'exerce dans toute sa force à une plus grande profondeur dans la terre, et la rosée ensuite va durant la nuit déposer plus avant dans le sol ses principes fécondants et rafraîchissants. Enfin, par l'irrigation, comme dit le poëte : « Quand le soleil embrase les campagnes, que l'herbe sèche et meurt, tout à coup des hauteurs sourcilleuses du coteau l'eau descend, amenée dans la plaine : la voilà qui murmure en tombant sur les cailloux; les champs sont rafraîchis et l'herbe s'est ranimée. »

Et, quum exustus ager morientibus æstuat herbis,
Ecce supercilio clivosi tramitis undam
Elicit : illa cadens raucum per levia murmur
Saxa ciet, scatebrisque arentia temperat arva[!]
(Virgile, *Géorgiques*, liv. I.)

FIN.

TABLE ALPHABÉTIQUE GÉNÉRALE

DES GRAVURES.

Pilon pour tasser la terre dans les boîtes à glaise, I, 159; dans les tranchées, II, 210.

Pince en bois pour garnir les joints des tuyaux, II, 208.

Pinnules. Niveau à bulle d'air et pinnules, II, 53. — Vue d'une pinnule à fils croisés et à viseur, II, 54.

Pioche pour fouiller les terrains pierreux, I, 45.—Pioche à lever les gazons, II, 176.—Pioche de l'irrigateur, IV, 379.

Piquet à coche employé pour les nivellements. II, 78. — Piquet pour enrouler le cordeau destiné à tracer les tranchées, II, 172.

Plans. Levé des plans, voyez *Levé.* — Plans de drainage, voyez *Drainage.*

Plantes. État des racines des plantes dans des terrains drainés et non drainés. IV, 71, 72. — Plante de blé dessinée aux différentes périodes de sa végétation dans un sol meuble, IV, 75.

Pont formé de piquets croisés et de fascines, IV, 596. — Pont volant pour protéger les conduites portatives dans le système de M. Love pour la distribution des engrais liquides, IV, 579.

Posoirs pour placer les tuyaux, II. 204.

Poulie à chape pour suspendre les cordes d'attache des sondes, II, 273.

Presse à faire les tuyaux employés anciennement, I, 147, 148; — hydraulique pour étirer les tuyaux de M. Mareschal, III, 256, 257; — de Clayton pour rebattre les tuiles et les briques. I, 567; — de Whitehead, I, 568, 659.

Prise d'eau du système tubulaire pour l'arrosage par l'engrais liquide de Rugby, IV, 590, 591. — Plaque de recouvrement des prises d'eau, IV, 591. — Robinet-boisseau employé à Vaujours pour fermer les prises de distribution de l'engrais liquide, IV, 603.

Puits rempli de pierres sèches pour l'absorption des eaux de drainage. I, 17. — Puits absorbant creusé dans le terrain de Paris. II, 299.

R

Racines. État des racines des plantes dans un terrain non drainé, IV, 71, — dans un terrain drainé, 72.

Ratissoire pour curer les rigoles, IV, 381.

Ravale culbuteuse de M. Hallié, IV, 576. 577.

Razes. Irrigation par razes ou rigoles en épi de blé. IV, 407.

Regard pour vérifier le fonctionnement des drainages, II, 228. — Regard de surveillance et d'aération, IV, 704. —Regard pneumatique, IV, 705.—Regard construit avec tuyaux à emboîtement, II, 229. — Grand regard en pierres sèches, II, 230. 231. — Plan d'un regard pour irrigation avec les eaux souterraines et bonde pour fermer l'issue des regards, IV, 455, 456. — Coupe d'un drain collecteur et de regards irrigateurs, IV, 457. — Regards vannes des tuyaux d'irrigation, IV, 467, 468.

Règle graduée garnie de la mire à coulisse, II, 63. — Réunion du pied à trois branches et des deux règles de la mire de l'ingénieur-draineur. II. 63.

Réservoir en forme de cuvette pour les petites quantités d'eau, IV, 256. — Bassin avec murailles en pierres sèches et corroi de terre glaise, IV, 257. — Pieu pour corroyer la terre glaise dans la construction des réservoirs. IV, 257. — Auge de vidange et bonde des petits réservoirs. IV, 274, 275. — Bâton pour soulever la bonde des réservoirs, IV, 275.

Rigoles. Ratissoire pour curer les rigoles. IV, 381. — Irrigation par rigoles de niveau et déversement, IV, 402; par rigoles en épi de blé, 407.

Rivet pour les jointures des tubes des trous forés. II, 292.

Robinet-boisseau employé pour former les prises de distribution de l'engrais liquide à Vaujours, IV, 605.

Roches. Pics pour entailler les roches, I, 44.

Rouleau mobile de M. Vincent pour garnir les filières. I, 311; — en bois pour rouler les tuyaux, 565. — Rouleaux pour malaxer les terres, I, 125.

Roulette à dégazonner de M. Polonceau, II, 174.

S

S pour suspendre l'anneau de tête des sondes, II, 275.

Séchoir à tuyaux. — Vue latérale d'une travée, I, 545. — Murs à jour à section de rectangle et à section carrée, I, 545, 546. — Étagère de séchoir fixe, I, 558. — Vue d'un séchoir établi par M. Mangon, I. 560.

Semelle et demi-semelle de fonte ou de fer pour mettre sous le pied de l'ouvrier draineur, II, 151.

Sondages. Voyez Fouilles.

Sonde à main pour l'étude du sous-sol des terres à drainer, II, 7. — Tête de sonde à anneau et à œil, II, 268. — Griffe ou clef de retenue, II. 269. — Tourne à gauche, II, 269. — Tige ou rallonge de sonde. II, 269. — Poulie à chape et S pour les sondes. II, 275. — Manche à vis pour la rotation de la sonde, II. 274. — Clef de relevée ou pied de bœuf, II, 274. — Tourne à gauche à double manche, II. 275.— Soupapes à clapets pour les sondes, II, 276, 277; à boulet et à mèche américaine, 277. — Cloche à vis pour les sondes, II, 289. — Caracole, II. 289. — Sonde de Palissy perfectionnée par MM. Degousée et Laurent, III, 250.

Soupapes à clapet pour les sondes, II, 276, 277, — à boulet et à mèche américaine, 277; — à boulet et à anse pour le nettoyage des puits absorbants, III, 301.

Submersion. Compartiment d'irrigation par submersion, IV, 597.

T

Tables de M. Lauret et de M. Clayton pour rouler les tuyaux, I, 564, 565.

Tarière à talon et à mèche un peu couchée. II, 262; — à langue américaine, 262; — à langue rubanée, 263; — à langue longue, 264.

Terre. Pétrissage de la terre épurée, I, 158. — Fil de laiton pour couper la terre, I, 159. — Pilon pour tasser la terre dans les boîtes à glaise, I, 159.— Machine à épurer la terre de MM. Clama-

geran et Roberty, I, 240. — Machine à couper et à humecter l'argile, I, 266.— Broyeur à cylindres, I, 267. — Pieu pour corroyer la terre glaise dans la construction des réservoirs, IV. 257.

Tine à malaxer, I, 126, 127; — couteaux racleurs des tines à malaxer, 128. 129.

Tonneau malaxeur, I. 151. — Tonneau broyeur, I, 151; — râteau, broyeur et fond du tonneau broyeur, 152 — Voyez Engrais liquides et Charrette.

Tourbe. Louchet pour découper les conduits de drainage en tourbe, I, 79. — Prismes de tourbe découpés de manière à former des tuyaux. I, 79. — Tranchée garnie de tourbe, I, 79.

Tourne-à-gauche pour les sondes. II, 269. — Tourne-à-gauche à double manche, II, 275.

Tranchée à pierres perdues. I, 56: — garnie d'un canal construit avec des pierres plates, 56; — disposée pour être garnie de fascines, 68; — garnie de tourbe, 79. — Tranchée d'essai et trous d'exploration d'un terrain à drainer, II, 9 — Tranchées profondes et moyennes dans les terrains argileux, II, 128; — pour les terrains pierreux, 129. — Tranchée étançonnée dans un terrain très-meuble, II, 181. — Tranchée empierrée ordinaire et principale, IV, 83. — Coupe d'une tranchée de drainage montrant les précautions à prendre dans la pose des tuyaux et le remplissage, IV, 712. — Vérification des dimensions d'une tranchée par un gabarit, II, 189. — Effets produits par des tranchées de profondeur égale et par des tranchées de pente uniforme, II, 191. — Procédé des nivelettes pour la vérification de la pente d'une tranchée, II, 191. — Croix en bois pour le règlement de la pente et de la profondeur des tranchées, II, 195. — Règlement des pentes des tranchées par un cordeau tendu sur une des parois de la tranchée, II, 195. — Instrument de M. Marc pour régler le fond des tranchées de drainage, IV, 769.

Trépan ou casse-pierres, II, 265.

Tubes d'observation des eaux du drai-

TABLE ALPHABÉTIQUE DES NOMS

DES AUTEURS ET DES AGRICULTEURS CITÉS.

A

ABBADIE DE BARRAU (D'), III, 55.
ABEILLON, III, 51.
ABOILARD, III, 149, 141, 167, 214.
ABRAHAM, II, 590.
ACLAND, III, 474; IV, 680.
ADAM (Achille), II, 420, III, 117, 119, 243, 244.
ADAM (sir Charles), IV, 110.
ADAM (William Bridges), II, 580.
ADCOCK, II, 580.
ADHÉMAR, II, 593.
AGACHE, I, 446.
AILSA, IV, 502, 569.
AINSLIE, I, 21, 25, 125, 180, 181, 182, 187, 297, 515, 521, 522, 524, 527; II, 378, 380, 400, 413, 422, 470; III, 127.
AIRD, I, 219.
AKRILL, II, 582.
ALAMARGOT, II, 408.
ALBANS-RABAUT, III, 63.
ALBERT, III, 98.
ALBERT (Archiduc), III, 207.
ALBY, IV, 29, 50, 52.
ALIROL, III, 81.
ALIX, II, 407; III, 128.
ALLARD, III, 110.
ALLARD (Général), III, 149.
ALLOURY, I, vij; III, 56.
AMÉDÉE-DURAND, IV, 189, 289, 293, 294, 295, 297, 568.
AMIRAULT, III, 146.
AMOS, IV, 555.

AMOUROUX, II, 411.
AMULLER, II, 405.
ANDERSON, I, 520.
ANDRASSY, I, 446; III, 208.
ANDRÉ, III, 78.
ANDREWS, I, 155.
ANDRIEUX, III, 48, 101.
ANDRIOT, III, 95; IV, 210.
ANGEBAULT, III, 83.
ANGEVILLE (D'), III, 5; IV, 255, 644, 745.
ANGLÈS, II, 471; III, 77, 78.
ANTHONY, IV, 40.
ANGLEVILLE (D'), II, 440, 441; III, 117, 119.
APPARUTI, II, 598.
APPOLD, IV, 555.
ARAGO, II, 44; IV, 150, 151, 154, 271, 557, 472.
ARBEAUMONT, III, 91.
ARCHIMÈDE, IV, 526, 527, 528, 494.
ARDENT (le général), III, 100.
AREMBERG (le prince d'), III, 66.
ARESTEIN, III, 212.
ARFEUILLES, III, 21.
ARGYLE (le duc d'), IV, 505.
ARLOT DE SAINT-SAUD (D'), III 44.
ARLOZ, III, 6.
ARMITAGE, I, 524, 555; II, 582; III, 117, 155.
ARNAUD, III, 122.
ARNOUL, III, 140.

44.

M

45.

FIN DE LA TABLE ALPHABÉTIQUE DES NOMS DES AUTEURS ET DES
AGRICULTEURS CITÉS.

TABLE ANALYTIQUE GÉNÉRALE

DES MATIÈRES.

les arrosages en Allemagne, IV, 248.

Allier. Statistique du drainage dans ce département, III, 20.

Alpes (Basses-). Statistique du drainage dans ce département, III, 23.

Alpes (Hautes-). Statistique du drainage dans ce département, III, 23. — Quantité d'eau employée pour les arrosages dans les Hautes-Alpes, IV, 243.

Alumine. Proportion d'alumine contenue dans les terres propres à fabriquer les tuyaux de drainage. I, 116.

Améliorations foncières permanentes résultant des travaux de drainage en Angleterre, IV, 43; en France, 43, 48.

Amérique. Situation du drainage aux Etats-Unis d'Amérique, III, 211.

Ameublissement du sol produit par le drainage, IV, 61. — Effets du drainage et de l'ameublissement du sol sur la végétation, IV, 70.

Ammoniaque. Proportion d'ammoniaque contenue dans l'eau de drainage, IV, 675, 693. — Quantité d'ammoniaque contenue dans les engrais liquides, IV, 691. — Absorption de l'ammoniaque par l'argile, IV, 694.

Ane. Travail mécanique de l'âne, IV, 287.

Angleterre. Crédits alloués au drainage dans la Grande-Bretagne, III, 175, 185, 194. — Rapport des terres drainées sur les fonds publics à celles drainées par les ressources privées, III, 176. — Statistique du drainage en Irlande, III, 177; en Ecosse, 189. — Prix de revient des travaux de drainage en Angleterre, II, 38. — Accroissement des récoltes de céréales produit en Angleterre par le drainage et le labour du sous-sol, IV, 87, 89. — Accroissement des récoltes de foin produit par le drainage en Angleterre, IV, 109, 110, 117. — Calendrier de l'irrigateur en Angleterre, IV, 613. — Législation du drainage dans la Grande-Bretagne; voyez *législation.*

Animaux. Obstruction des tuyaux de drainage par des animaux souterrains, IV, 722.

Aqueducs. Construction des aqueducs pour conduire les eaux d'irrigation, IV, 281.

Arbres. Avantage du drainage des plantations d'arbres, IV, 118. — Obstruction des drains par les racines des arbres, IV, 713.

Ardèche. Statistique du drainage dans ce département, III, 23.

Ardennes. Statistique du drainage dans ce département, III, 24. — Crédits alloués au drainage dans les Ardennes, III, 24.

Argile. — Choix des variétés propres à la fabrication des tuyaux de drainage, I, 119. — Lavage de l'argile dans les briqueteries de Londres, I, 264. — Machine à couper et humecter l'argile, I, 265. — Absorption de l'ammoniaque par l'argile, IV, 694.

Ariége. Statistique du drainage dans ce département, III, 25.

Arrêtés et circulaires. Circulaire du ministre de l'agriculture relative à l'application des lois sur le drainage, IV, 205. — Circulaire relative à l'organisation des services départementaux pour le drainage, IV, 212 — Circulaire aux préfets en date du 20 janvier 1855, relative à l'application de la loi du 10 juin 1854 sur le libre écoulement des eaux du drainage, III, 652. — Circulaire aux préfets relative à l'écoulement des eaux du drainage dans les fossés qui bordent les routes, III, 640. — Arrêté et circulaire du préfet de l'Ain relatifs au drainage, III, 4, 6, 12; — du préfet de la Loire, 71; — du préfet du Nord, 105; — du préfet de Saône-et-Loire, 128; — du préfet de l'Yonne, 157. — Arrêté du préfet de Seine-et-Marne relatif au curage des cours d'eau, III, 643.

Arrosages. Voyez *Irrigations*

Aube. Statistique du drainage dans ce département, III, 27. — Crédits alloués au drainage dans l'Aube, III, 28.

Aude. Statistique du drainage dans ce département, III, 30.

Autriche. Situation du drainage en Autriche, III, 207.

Tweddale, 462; — George Stephens, 462; — Elkington, 463. — Ouvrages en allemand de M. C. Stöckhardt, 465; — Kreuter, 466; — Vincent, 466; — Scheibler, Doblhoff, Grassmann, 467.

Binettes. Leur emploi pour les travaux de drainage, II, 159. — Prix des binettes, II, 163.

Blé. Voyez *Céréales.*

Bobine pour enrouler les cordeaux employés à tracer les tranchées, II, 172.

Bœuf. Travail mécanique du bœuf, IV, 287. — Production d'engrais liquide donnée par l'engraissement des bœufs, IV, 582.

Bois. Construction des drains en bois, I, 65.

Bonde pour les réservoirs d'irrigation, IV, 274. — Bonde pour fermer l'issue des regards d'irrigation, IV, 456.

Bornes. Emploi de bornes repères pour retrouver la direction des drains, II, 252.

Bouches de déversement. Emplacement qu'elles doivent occuper dans un drainage, II, 117. — Dispositions à adopter pour les bouches des drains, II, 221. — Bouches d'évacuation dans un talus et en tête d'un fossé, II, 224.

Bouches-du-Rhône. Statistique du drainage dans ce département, III, 31.

Boulons pour les jointures des tubes de garnitures des trous forés, II, 290.

Boutoir de tranchée. Emploi de cet instrument, II, 151. — Prix des boutoirs de tranchée, II, 164. — Manœuvre du boutoir de tranchée, II, 170.

Brassard en cuir pour les ouvriers draineurs, II, 132.

Brevets d'invention relatifs au drainage pris en Angleterre, II, 376. — Total des brevets pris en Angleterre pendant 235 ans, II, 391. — Brevets pris en France, II, 392. — Total des brevets pris en France pendant 50 ans, II, 414.

Briques. Définition et division des briques en différentes classes, I, 250. — Avantages des briques creuses, I,

251. — Moulage à la main des briques pleines, I, 260. — Façonnage des briques à la mécanique, I, 272. — Rebattage des briques, I, 365. — Fabrique de briques du système de M. Barbier, I, 405. — Prix de vente des briques à Paris, I, 445. — Drains construits en briques, I, 65. — Machines à fabriquer les briques; voyez *Machines.*

Brouette pour porter les tuyaux au séchoir et au four, I, 565.

Brouillards. Diminution des brouillards par le drainage, IV, 127.

Broyeur d'argile à cylindres, I, 265.

Brunswig. Situation du drainage dans le Brunswig, III, 204.

C

Calendrier du draineur, II, 224; — de l'irrigateur en Angleterre, IV, 615; — en Belgique, 616; — en Bavière-rhénane et dans le nord-est de la France, 618; — dans les Vosges, 621; — dans les prairies de la Normandie, 622; — en Bourgogne, 624; — en Provence, 625; — dans le Languedoc, 626; —en Italie, 627; —en Algérie, 630.

Calvados. Statistique du drainage dans ce département, III, 32. — Encouragements alloués au drainage dans le Calvados, III, 34.

Camion pour le transport des pierres, I, 37.

Canaux. Construction des canaux d'irrigation, IV, 232. — Caractères qui distinguent les canaux d'irrigation des canaux de navigation, IV, 233. — Pentes des canaux d'irrigation, IV, 591. — Rapport entre les dimensions des canaux d'irrigation et les quantités d'eau qu'ils doivent débiter, IV, 593. — Canaux souterrains construits par les Grecs, I, 26. — Canaux construits par l'État, par des particuliers concessionnaires, et canaux particuliers, IV, 233. — Barrages, déversoirs et vannes employés dans la construction des canaux d'irrigation, IV, 262. — Construction des ponts-canaux pour conduire les eaux d'irrigation, IV, 281. — Canaux-Siphons, IV, 281. — Répartition des eaux d'irrigation d'un canal par des partiteurs, IV, 349 ; par le module milanais, 551. — Nécessité de construire des canaux d'évacuation pour les eaux du drainage, III, 639. — Loi du 14 floréal, an XI, relative à l'entretien des canaux et rivières non navigables et à l'entretien des digues qui y correspondent, III, 618.

Cantal. Statistique du drainage dans ce département, III, 34.

Capillarité. Élévation de l'eau par la capillarité, IV, 70.

Caracole employée dans les sondes, II, 289.

Carnet pour transcrire les observations de nivellement, II, 27.

Caves. Disposition des caves à engrais liquides en Flandre, IV, 506.

Céréales. Effets du drainage sur les céréales (blé, seigle, orge et avoine), IV, 76. — Rendement en paille et en grains des céréales dans les sols drainés du département de l'Aisne, IV, 77 ; du Nord, 80 ; d'Eure-et-Loir, 91 ; du Puy-de-Dôme, 93 ; de l'Indre, 94 ; de Seine-et-Marne, 97 ; de la Loire, 100 ; de la Nièvre, 101. — Accroissement des récoltes de céréales produit en Angleterre par l'emploi des sous-solages et du drainage, IV, 87, 89.

Chadouf. Emploi des chadoufs, pour l'élévation des eaux d'irrigation, IV, 318.

Chaîne de M. Landa, pour nettoyer les drains, II, 233; IV, 715.

Chaîne d'arpenteur pour le levé des plans, II, 12. — Prix des chaînes d'arpenteur, II, 60.

Chaleur du sol à diverses profondeurs, IV, 130, 132. — Influence des pluies sur la chaleur de la terre, IV, 131. — Action du drainage sur la température du sol, IV, 129. — Chaleur enlevée au sol par l'évaporation, IV, 142.

Champ. Partage d'un champ en planches parallèles à une direction donnée, II, 21.

Champs de manœuvres. Avantages du drainage des champs de manœuvre, IV, 178.

Chapelets. Élévation de l'eau d'irrigation par les chapelets, IV, 326.

Charente. Statistique du drainage dans ce département, III, 34.

Charente-Inférieure. Statistique du drainage dans ce département, III, 35.

Charrette à engrais liquide de Thompson, IV, 513 ; — de Stratton, 513 ; — de Chandler, 516 ; — de M. Vidalin, 517 ; — de M. Peters Love, 577 ; — de M. Moreau, 606.

Charrues. Leur emploi pour l'ouverture des tranchées, I, 84 ; II, 178, 305. — Charrue de Howard, II, 314 ; — de M. Lambruschini, 517 ; — de M. Bonnet, 517. — Charrue de drainage d'Éwan, II, 505 ; — de Clarke, 506 ; — de Gray, 507 ; — de Morton, 507 ; — de M. Vitard, 509 ; — de M. Paul, 326 ; — de Pearson, 531 ; — de Cotgreave, 534 ; — de M. Van Maële, 536 ; — de MM. Fowler et Fry, en 1851, 343 ; — de MM. Fowler et Fry, en 1853, 548 ; — de M. Fowler, en 1854, 553 ; — de M. Fowler, en 1856, 558. — Expériences faites par le jury du concours de 1856 sur l'appareil Fowler, II, 368. — Charrue-taupe, I, 84. — Charrue sous-sol de John Read, II, 522 ; — de M. G. Hamoir, 326 ; — employée sur la ferme du Polès, IV, 84. — Charrue fouilleuse de M. Bazin, II, 312 ; — de M. G. Hamoir, 322 ; — de M. Van Maële, 522, 536. — Défonceuse de Guibal, II, 329. — Charrue rigoleuse de Grignon, II, 507. — Charrue tourne-oreilles de M. G. Hamoir, II, 517.

Chaux. Obstruction des drains par des dépôts calcaires, IV, 702.

Cheminée pour établir une circulation d'air dans un système de drains, IV, 710.

Chemins. Entretien des chemins dans les terrains irrigués, IV, 395.

Chemins vicinaux. Paragraphe 16 de la loi du 21 mai 1836 sur les chemins vicinaux, III, 629. — Articles de la loi du 31 mai 1841, sur l'expropriation pour cause d'utilité publique, invoqués par la loi du 21 mai 1836, III, 630.

Cher. Statistique du drainage dans ce département, III, 36. — Prix de revient des travaux de drainage dans le Cher, IV, 11.

Cheval. Travail mécanique du cheval, suivant ses différentes allures, IV, 287.

Chevalet pour mouler les tuiles courbes, I, 256.

Chèvres employées pour les sondages, II, 272, 278, 282.

Circulaires relatives au drainage; voyez *Arrêtés.*

Civière pour le transport des tuyaux, II, 201.

Claie portative de Clayton, pour placer les tuyaux, I, 341. — Claie de M. Gastelier employée dans les séchoirs, I, 333; — de M. Vincent, 336.

Clef de retenue, employée pour la manœuvre des sondes, II, 270. — Clef de relevée ou pied-de-bœuf, II, 274.

Clisimètres. Définition, II, 42.

Cloche à vis employée dans les sondes, II, 289.

Collecteurs. Construction des collecteurs en pierres plates ou schisteuses, I, 45. — Drains collecteurs des regards irrigateurs, IV, 456. — Surfaces qui peuvent être assainies avec les collecteurs d'un diamètre déterminé, IV, 748.

Colliers. Emploi des colliers pour réunir les tuyaux de drainage, I, 144. — Fabrication des colliers, I, 370. — Avantages et inconvénients de l'emploi des colliers, II, 207; III, 232. — Fabrication des tuyaux à collier fixe, dans le système de M. Salomon, III, 232.

Colmatage. But de cette opération, IV, 471. — Eaux les plus propres au colmatage, IV, 471. — Quantité de limon déposé par les eaux de différents fleuves, IV, 472. — Analyses des limons déposés dans l'opération du colmatage, IV, 475. — Procédé de colmatage employé aux environs d'Avignon, IV, 477. — Création de prairies par le colmatage, IV, 480. — Dilution

des matières terreuses dans les eaux courantes pour opérer le colmatage, IV, 482. — Colmatages employés en Italie, IV, 483.

Colonies. Statistique du drainage dans les colonies, III. 167.

Colza. Accroissement des récoltes de colza dans les terrains drainés, IV, 107.

Commission supérieure du drainage, IV, 203.

Conclusions à tirer de l'étude du drainage, IV, 771.

Conduites étanches. Construction des conduites étanches du système Rérolle, II, 258; IV, 461. — Combinaison de l'irrigation et du drainage avec conduites étanches. IV, 461. — Conduites employées à Vaujours, IV, 601.

Cordeau pour tracer la direction des tranchées, II, 171. — Emploi du cordeau pour régler les pentes des tranchées, II, 194.

Corrèze. Statistique du drainage dans ce département, III, 38.

Corroyage des terres propres à la fabrication des tuyaux de drainage, I, 123. — Corroyage de la terre glaise pour la construction des réservoirs d'irrigation, IV, 257.

Corse. Statistique du drainage en Corse, III, 39.

Côte-d'Or. Statistique du drainage dans ce département, III, 39.

Côtes-du-Nord. Statistique du drainage dans ce département, III, 40.

Courbes. Tracé décrit des courbes horizontales sur un terrain à drainer, II, 66. — Courbes figurant la situation de l'eau dans des terrains drainés à divers écartements, IV, 753.

Cours. Avantages du drainage des cours, IV, 178.

Cours d'eau. Voyez *Rivières.*

Crédits attribués au drainage en France, II, 467; III, 615; IV, 191; — dans la Grande-Bretagne, III, 176, 194. — Total des prêts affectés au drainage sur les fonds publics dans la Grande-Bretagne, III, 609. — Substitution de la société du Crédit foncier de France

E

IV. 46

III, 256. — Table à rouleaux pour les filières des machines à fabriquer les tuyaux, I, 510. — Crochet pour dégorger les filières, I, 514.

Filtration. Rapport de l'eau perdue par la filtration à l'eau perdue par l'évaporation dans les terrains, IV, 144. — Expériences entreprises en Angleterre sur la détermination du rapport de la filtration des terres à l'évaporation, IV, 145.

Finistère. Statistique du drainage dans ce département, III, 48. — Prix de revient des travaux de drainage dans le Finistère, IV, 10.

Fleuves. Voyez *Rivières.*

Flotteurs. Méthode de jaugeage des flotteurs, IV, 358.

Foin. Accroissement des récoltes de foin produit par le drainage, IV, 108, 114, 117.

Fontaine de Héron. Emploi de cette machine pour l'élévation des eaux d'irrigation, IV, 554.

Forage des puits absorbants et des puits artésiens, II, 257. — Forage jusqu'à 2 mètres de profondeur, II, 265 ; — jusqu'à 4 mètres de profondeur, 269 ; — jusqu'à 10 mètres de profondeur, 272 ; — jusqu'à 20 mètres de profondeur, 277 ; — jusqu'à 50 mètres de profondeur, 280. — Tubes de garniture des trous forés, II, 290. — Mouton pour enfoncer les tubes des sondages, II, 295. — Forage des drains, I, 87.

Forêts. Avantage du drainage des forêts, IV, 118.

Fossés. Nécessité de fossés évacuateurs des eaux du drainage, III, 659. — Accroissement de l'étendue des cultures par la suppression des fossés ouverts dans les terrains drainés, IV, 64. — Assainissement incomplet du sol dans les drainages à fossés découverts, IV, 658.

Fouilles. Leur importance pour l'étude des terrains à drainer, II, 4, 80. — Fouilles successives à opérer pour creuser les tranchées, II, 78. — Prix des fouilles dans divers terrains, IV, 2.

Fouloirs pour battre le fond des tranchées, II, 144.

Fourches employées pour les travaux de drainage, II, 145. — Prix des fourches, II, 154. — Manœuvre des fourches, II, 165.

Fourrages. Richesse en azote des fourrages arrosés avec les vidanges, et des fourrages non arrosés, IV, 611.

Fours à cuire les tuyaux. Parties constituantes d'un four, I, 575. — Four de Saint-Meuge, I, 576 ; — de M. Vincent, 579 ; — de M. de Rothschild, 580 ; — de M. Clayton, 581. — Fours d'argile temporaires, I, 586. — Construction d'un four temporaire en terre, I, 586. — Four à coupole, I, 591. — Four rectangulaire de M. Virebent, I, 595. — Frais de combustible et déperdition de chaleur occasionnés dans les fours ordinaires, I, 597. — Four à cuisson graduelle de M. Tijon-Geslin, I, 598 ; — de MM. Péchiné et Colas, 400 ; — de M. Demimuids, 401 ; — de M. Barbier, 405.

G

Gabarit. Emploi pour vérifier les dimensions des tranchées, II, 189.

Gard. Statistique du drainage dans ce département, III, 49.

Garonne (Haute-). Statistique du drainage dans ce département, III, 50. — Accroissement des récoltes de foin produit par le drainage dans la Haute-Garonne, IV, 114.

Gazons. Bêche en forme de langue de bœuf pour trancher les gazons, I, 43 ; II, 172. — Drains construits en gazons, I, 73. — Roulette à dégazonner, de M. Polonceau, II, 174. — Crochet et pioche pour enlever les gazons, II, 175.

Germination dans des sols secs, mouillés, drainés et non drainés, IV, 655.

Gers. Statistique du drainage dans ce département, III, 52.

Gironde. Statistique du drainage dans ce département, III, 53.

Gouge. Emploi et manœuvre de cet instrument, II, 170. — Prix de cet in-

chement des marais dans l'Ain, III, 12. — Loi du 4 pluviôse an VI relative à l'entretien des marais desséchés, III, 618. — Loi du 16 septembre 1807, relative au desséchement des marais, III, 619.— Loi du 11 septembre 1792, relative à la destruction des étangs marécageux, III, 617.

Marcharge des terres, I, 268.

Marne. Choix des variétés propres à la fabrication des tuyaux de drainage, I, 120.

Marne. Statistique de drainage dans ce département, III, 91.

Marne (Haute-). Statistique du drainage dans ce département, III, 92.

Marteau pour casser les pierres des tranchées, I, 43; — pour couper et percer les tuyaux, II, 243.

Martellières. Construction des martellières pour le barrage des canaux d'irrigation, IV, 263.

Matériaux propres à la fabrication des tuyaux de drainage, voyez *Terres*.

Mayenne. Statistique du drainage dans ce département, III, 97.

Mecklenburg-Schwerin. Situation du drainage dans le Mecklenburg-Schwerin, III, 201.

Mer. Composition des principaux limons de mer, IV, 483 — Relais de mer, IV, 491.— Formation des dunes, IV, 495.

Métier pour fabriquer les fascines, I, 67.

Meule d'eau pour la mesure des eaux d'irrigation, IV, 545.

Meurthe. Statistique du drainage dans ce département, III, 98.

Meuse. Statistique du drainage dans ce département, III, 98, 244.

Mire. Emploi pour les nivellements, II, 22, 65. — Prix des différentes espèces de mires, II, 60.

Module de Prony pour la mesure de l'eau d'irrigation, IV, 545. — Module milanais pour la distribution des eaux d'irrigation, IV, 551. — Module régulateur de M. Keelhoff, IV, 555.

Moères. Étendues qu'elles occupent, IV, 491. — Travaux de desséchement des moères, IV, 493.

Montagnes. Pente moyenne de quelques montagnes, II, 44.

Morbihan. Statistique du drainage dans ce département, III, 99.

Mortier. Tonneau broyeur à mortier, I, 151.

Moselle. Statistique du drainage dans ce département, III, 99. — Quantité d'eau employée pour les arrosages dans la Moselle, IV, 244.

Moteur. Emploi des principaux moteurs pour l'irrigation, IV, 284. — Différentes manières d'employer la force de l'homme, IV, 284; des animaux domestiques, 286. — Emploi des moteurs à vent à l'irrigation, IV, 289. — Travail mécanique des moteurs à vent, IV, 291. — Moteur à vent de M. Amédée-Durand, IV, 293, 368.— Moteurs hydrauliques, IV, 298. — Prix de revient de l'eau d'irrigation élevée par différents moteurs, IV, 567. — Moteur de la charrue de drainage de M. Fowler, II, 364.

Moulage à la main des tuiles courbes, I, 255; — des briques pleines, 260. — Moulage direct des tuyaux en ciment au fond des tranchées, I, 451.— Moulage des rondelles de bitume pour l'exécution des conduites étanches, IV, 463.

Moulan d'eau pour la mesure des eaux d'irrigation, IV, 546.

Mouton pour enfoncer les tubes des sondages, II, 293.

Mulet. Travail mécanique du mulet, IV, 287.

Murs à jours employés pour les séchoirs à tuyaux de drainage, I, 544.

N

Nécessaire du draineur, II, 62.

Nièvre. Statistique du drainage dans ce département, III, 100. — Rendement des céréales dans les terres drainées de la Nièvre, IV, 101.

Nitrates. Formation des nitrates dans le sol sous l'influence du drainage, IV, 679.

Plantes des terrains humides, I, 110; — des prairies arrosées, IV, 655; — des prairies drainées, IV, 115. — Choix des plantes qui entrent dans la composition des prairies, IV, 655.

Plasticité des terres. Définition, 117. — Matières dégraissantes pour corriger l'excès de plasticité, I, 117.

Pluies. Action des pluies sur la température du sol, IV, 151. — Rapport de l'eau fournie par les pluies à l'eau perdue par la filtration et l'évaporation du sol, IV, 145. — Rapport de l'eau fournie par les pluies à l'eau débitée par les drains, IV, 165. — Accumulation des eaux de pluie dans des réservoirs pour l'irrigation, IV, 256. — Méthode d'irrigation par dérivation des eaux pluviales, IV, 428. — Proportion d'acide nitrique contenue dans les eaux de pluie, IV, 701.

Poids des tuyaux de drainage, I, 429.

Polders. Relais de mer défendus par des digues, IV, 491.

Pommes de terre. Accroissement de récolte des pommes de terre dans les sols drainés, IV, 105, 106, 107.

Pompes. Définition, IV, 529. — Pompes foulantes, IV, 529; — aspirantes, 530; — élévatoires, 530; — à piston plongeur, 531. — Quantités d'eau élevées par différentes pompes, IV, 532.

Ponts. Construction des ponts-canaux pour conduire les eaux d'irrigation, IV, 281. — Construction des ponts dans les terrains irrigués, IV, 396. — Ponts formés de piquets et de fascines pour traverser les canaux d'irrigation, IV, 396. — Pont volant pour protéger les conduites portatives dans le système de distribution des engrais liquides de M. Love, IV, 579.

Populations rurales. Effets du drainage sur la santé des populations rurales, IV, 126.

Posoirs pour placer les tuyaux au fond des tranchées, II, 201.

Pouce des fontainiers pour la mesure de l'eau d'irrigation, IV, 544.

Poulie à chape pour suspendre les cordes d'attache des sondes, II, 273. — Travail mécanique de l'homme

agissant sur une corde enroulée au tour d'une poulie, IV, 283.

Pourriture de la terre, I, 271.

Prairies. Avantages et inconvénients du drainage des prairies, IV, 108. — Accroissement des récoltes de foin produit par le drainage en Angleterre, IV, 109, 110, 117; — dans la Haute-Garonne, 114; — dans la Loire, 114. — Plantes des prairies drainées, IV, 115. — Quantité d'eau nécessaire à l'irrigation des prairies, IV, 259. — Irrigation par infiltration et par dessèchement combinée avec le drainage sur des prairies de la Vendée, IV, 455. — Prairie drainée et irriguée sous gazon et sur gazon, IV, 457. — Création de prairies par le colmatage, IV, 480. — Irrigation des prairies avec les eaux des égouts des villes, IV, 526. — Calendrier de l'irrigateur dans les prairies du Nivernais, IV, 622; de la Normandie, 623. — Choix des plantes des prairies arrosées, IV, 655.

Presse employée anciennement pour la fabrication des tuyaux de drainage, I, 146; — pour rebattre les tuiles et les briques, 367. — Presse hydraulique de M. Maréchal pour étirer les tuyaux de drainage, III, 253.

Pressoirs. Drainage des pressoirs, IV, 188.

Prêts en faveur du drainage. Voyez *Crédits.*

Prise d'eau. Dispositions des prises d'eau employées pour les réservoirs d'irrigation, IV, 274. — Prise d'eau du système tubulaire établi pour l'irrigation par les vidanges de Rugby, IV, 590. — Prise d'eau du système tubulaire de Vaujours, IV, 602.

Prix de vente et prix de revient de tuyaux de drainage dans Seine-et-Marne, I, 455; dans l'Oise, 454; dans le Loiret, 456; dans Indre-et-Loire, 459; aux environs de Paris, 441; à Paris, 445; en Belgique, 457; en Angleterre, 458. — Prix de vente des outils de drainage, II, 152. — Prix de revient des travaux de drainage en France, IV, 5. — Prix moyen,

IV.

maximum et minimum des travaux
de drainage, IV, 50. — Influence
de la forme des terrains sur le prix
des travaux. IV, 52. — Prix des
travaux de drainage en Belgique,
IV, 54; en Angleterre, 58; en Allemagne, 41 — Prix de revient de l'eau
d'irrigation dans le midi de la France,
IV, 564; en Espagne et en Italie,
535. — Prix de revient de l'eau de
pluie accumulée dans des réservoirs,
IV, 566; élevée par différents moteurs, 557; élevée par le moteur à
vent de M. Amédée-Durand, 568; élevée par des machines à vapeur, 569.
— Prix de revient des irrigations
par l'engrais liquide dans le système
tubulaire, IV, 572.

Profondeur des drains, II, 108.— Rapport entre l'écartement et la profondeur des drains, II, 115; IV, 765. —
Expériences sur le drainage à diverses
profondeurs et à divers écartements,
IV. 725.

Projet de drainage. Rédaction d'un
projet de drainage, II, 107. — Détermination de la profondeur, de l'écartement et de la direction des drains,
II, 108; du diamètre des tuyaux,
109; de la longueur des drains par
hectare, 110; de la pente des drains,
112; du rapport entre l'écartement
et la profondeur des drains, 113; des
points de raccordement des drains,
115; de la position des drains de
ceinture, des puisards, des bouches et
des regards, 117. — Instructions anglaises pour la rédaction des projets
du drainage, II, 118. — Utilité des
plans joints aux rédactions de projets
de drainage, II, 121. — Décision impériale du 50 août 1854, relative à l'é-
tude des projets de drainage par les
agents de l'administration des travaux publics, IV, 211.

Projet de loi sur les eaux, III, 642.

Propriétaire. Frais à supporter par le
propriétaire dans l'exécution du drainage, IV, 54.

Prusse. Situation du drainage en
Prusse, III, 201; — Législation prus-
sienne sur les irrigations, III, 611.

Puisards. Leur utilité dans la confection d'un drainage, II, 117.

Puits. Perte des eaux du drainage dans
un puits rempli de pierres sèches, I,
16. — Avantages des puits absorbants, II, 257. — Construction des
puits absorbants, II, 260. — Forage
des puits jusqu'à 2 mètres de profondeur, II, 265; jusqu'à 4 mètres,
269; jusqu'à 10 mètres, 272; jusqu'à 20 mètres, 277; jusqu'à 50 mètres, 280. — Tubes de garniture des
trous forés, II, 290. — Soupape pour
le nettoyage des puits absorbants, II,
500. — Puits absorbant creusé aux
environs de Paris, II, 298.

Purin. Composition du purin, IV, 687.

Puy-de-Dôme. Statistique du drainage
dans ce département, III, 121.—Rendement des céréales dans les terres
drainées du Puy-de-Dôme, IV, 93.

Pyrénées (Basses-). Statistique du
drainage dans ce département, III,123.

Pyrénées (Hautes-). Statistique du
drainage dans ce département, III,123.

Pyrénées Orientales. Statistique du
drainage dans ce département, III,123.

R

Racines. État des racines des plantes
dans un terrain non drainé, IV, 71;
dans un terrain drainé, 72. — Effets
du drainage sur la culture des racines,
IV, 165. — Obstruction des tuyaux
par les racines des arbres, IV. 715;
par les racines des plantes diverses,
715.

Radiers. Constructions des radiers en
maçonnerie pour le barrage des canaux d'irrigation, IV, 263.

Ratissoire pour curer les rigoles d'irrigation, IV, 580.

Ravales. Emploi des ravales pour les
travaux de terrassement, IV, 575. —
Ravale culbuteuse de M. Hallié, IV, 576.

Razes. Méthode d'irrigation en épi de
blé ou par razes, IV, 407.

Rebattage des tuiles et des briques, I,
565.

Récoltes. Accroissement des récoltes
produit par les travaux de drainage,

Roches. Pics pour entailler les roches, I, 43.

Roue. Travail de l'homme appliqué aux roues à chevilles et aux roues à tambour, IV, 285.

Roue hydraulique. Travail mécanique de l'eau dans les roues hydrauliques, II, 298. — Roues en dessous à palettes planes, IV, 299. — Roues emboîtées recevant l'eau par un orifice avec une charge en-dessus, IV, 300.— — Roues de côté, IV, 300.—Roues en dessus, IV, 301. — Roues pendantes, IV, 302. — Roues Poncelet à aubes courbes, IV, 303. — Roues à cuiller, IV, 304. — Roues à cuve, IV, 305. — Turbines, IV, 305. — Élévation de l'eau par les roues à palettes, IV, 319; à seaux, à pots, à godets, à augets, 320; à tympan, 322.

Roulage des tuiles dans leurs moules. I, 255.—Roulage des tuyaux, I, 362.

Rouleaux pour malaxer les terres, I, 123. — Rouleaux mobiles pour les filières des machines à fabriquer les tuyaux, I, 310. — Cylindres pour rouler les tuyaux, I, 563.

Roulette à dégazonner de M. Polonceau, II, 174.

Routes. Avantages du drainage des routes, IV, 178.

Russie. Situation du drainage en Russie, III, 210.

S

S pour suspendre l'anneau de tête des sondes, II, 273.

Sable. Emploi du sable dans la fabrication des tuyaux de drainage, I, 118.

Saisons convenables pour l'exécution des travaux de drainage, II, 124.

Saône-et-Loire. Statistique du drainage dans ce département, III, 137. — Arrêté du préfet de Saône-et-Loire relatif au drainage, III, 128.

Saône (Haute-). Statistique du drainage dans ce département, III, 126.

Sarthe. Statistique du drainage dans ce département, III, 131. — Prix de revient des travaux de drainage dans la Sarthe, IV, 9.

Saxe. Situation du drainage dans le royaume de Saxe, III, 206.

Seaux. Emploi des seaux à l'élévation de l'eau d'irrigation, IV, 315 — Seaux des manéges des maraîchers, IV, 317.

Sécateurs pour couper les tuyaux de drainage, I, 315.

Séchoirs des fabriques de tuyaux de drainage, I, 342. — Claies employées dans les séchoirs pour empiler les tuyaux, I, 353. — Séchoir établi d'après M. Hervé-Mangon, I, 358.

Seigle. Voyez *Céréales.*

Seine. Statistique du drainage dans ce département, III, 132. — Fabrication des tuyaux de drainage dans le département de la Seine, III, 133. — Sociétés de drainage constituées à Paris, III, 134.

Seine-et-Marne. Statistique du drainage dans ce département, III, 136. — Curage des cours d'eau dans Seine-et-Marne, III, 643. — Prix de revient des travaux de drainage dans Seine-et-Marne, IV, 4, 12. — Rendement des céréales dans les terres drainées de Seine-et-Marne, IV, 97.

Seine-et-Oise. Statistique du drainage dans ce département, III, 141. — Prix de revient des travaux de drainage dans Seine-et-Oise, IV, 17.

Seine-Inférieure. Statistique du drainage dans ce département, III, 143. — Mesures prises par la Société d'agriculture de la Seine-Inférieure, relativement au drainage, III, 143.

Sel. Dessalage des terrains salés, IV, 490.

Semailles. Avancement de l'époque des semailles dans les terres drainées, IV, 62

Semelle pour mettre sous le pied de l'ouvrier draineur, II, 131.

Semelles. Drainage à l'aide de tuiles courbes posées sur des semelles, I, 17.—Fabrication des semelles, I, 373.

Semence. Economie de semence réalisée dans les terres drainées, IV, 61.

Services départementaux de drainage, III, 166.

Servitudes des conduites d'eau d'irrigation, IV, 234.

de M. Salomon, III, 252. — Tuyaux dits combustibles de M. Tiget, III, 258. — Fours à cuire les tuyaux, I, 374. — Cuisson des tuyaux, I, 432. — Poids des tuyaux, I, 429. — Tuyaux poreux et tuyaux moulés sur place, I, 430. — Prix de vente et prix de revient des tuyaux, I, 452. — Récompenses accordées aux exposants de tuyaux de drainage à l'exposition universelle de 1855, I, 443. — Emploi du sulfate de soude dans la fabrication des tuyaux, I, 449. — Essai et transport des tuyaux, II, 196. — Absorption de l'eau par les tuyaux de drainage, II, 197. — Pose des tuyaux au fond des tranchées, II, 205.— Précautions à prendre dans la pose des tuyaux, IV, 712. — Emploi de colliers et de tessons de tuyaux pour garnir les joints des tuyaux, II, 207. — Vérification de la pose des tuyaux, II, 211. — Raccordement des tuyaux, II, 212. — Marteau pour couper et percer les tuyaux, II, 213. — Tuyaux courbes de déversement, II, 213. — Construction des regards avec tuyaux, II, 227. — Causes de l'obstruction des tuyaux et moyens d'y remédier, II, 234; IV, 701.—Disposition des tuyaux dans les drainages verticaux, II, 249.— Frais de transport des tuyaux sur les chemins de fer, II, 480. — Tuyaux ascensionnels d'irrigation, IV, 465. — Détermination du diamètre des tuyaux à employer, II, 109.—Détermination du diamètre à donner aux tuyaux pour obtenir un assainissement complet, IV, 756. — Tables donnant la longueur des drains en fonction de la pente et du diamètre des tuyaux, IV, 758.

U

Urines. Emploi des urines chez les anciens, IV, 499. — Utilisation des urines dans le nord de la France, IV, 505.— Composition de l'urine recueillie dans les étables, IV, 687. — Composition de l'urine de l'homme à différents âges, IV, 512.

V

Vannes. Établissement des vannes dans le radier, IV, 263. — Canaux fermés par une ou deux pelles, IV, 263. — Débit de l'eau par les vannes, IV, 546. — Regards-vannes pour le drainage combiné à l'irrigation dans le système Rérolle, IV, 466.

Vapeur. Tension de la vapeur en atmosphères dans les machines à vapeur, IV, 312.

Var. Statistique du drainage dans ce département, III, 152.

Vases. Composition des vases de plusieurs ports, IV, 487.

Vaucluse. Statistique du drainage dans ce département, III, 152.

Végétation. Effets du drainage sur la végétation, IV, 70. — État des racines des plantes dans des terrains drainés et non drainés, IV, 71.

Végétaux. Voyez *Plantes..*

Vendée. Statistique du drainage dans ce département, III, 153.

Vent. Emploi des moteurs à vent à l'élévation des eaux d'irrigation, IV, 289. — Travail mécanique des moteurs à vent, IV, 291. — Moteur à vent de M. Amédée-Durand, IV, 293, 568.

Vêtements particuliers des ouvriers draineurs, II, 150.

Vidanges. Utilisation des vidanges dans le nord de la France, IV, 505; en Alsace et en Dauphiné, 510. — Composition en azote des matières des vidanges, IV, 511. — Tonneaux pour le transport des vidanges, IV, 512. — Irrigations avec les vidanges de Rugby, IV, 589; de Watford, 596; de Dartmoor, 596; de Vaujours, 597.

Vienne. Statistique de drainage dans ce département, III, 153.

Vienne (Haute-). Statistique du drainage dans ce département, III, 154, 244.

Vignes. Avantages du drainage des vignes, IV, 120.

Villages. Drainages des villages, IV, 180. — Drainage du bourg de la Motte-Beuvron, IV, 180.

FIN DE LA TABLE ANALYTIQUE GÉNÉRALE DES MATIÈRES.

TABLE DES GRAVURES

DU TOME QUATRIÈME.

FIN DE LA TABLE DES GRAVURES DU TOME QUATRIÈME.

TABLE DES MATIÈRES

DU TOME QUATRIÈME.

LIVRE VIII.

RÉSULTATS FINANCIERS DU DRAINAGE ET DES AMÉLIORATIONS AGRICOLES PERMANENTES.

LIVRE IX.

EFFETS DU DRAINAGE, DES LABOURS PROFONDS ET DES SOUS-SOLAGES.

LIVRE X.

DES IRRIGATIONS.

LIVRE XI.

THÉORIES DU DRAINAGE ET DES IRRIGATIONS.

— Du pouvoir absorbant et décomposant des sols pour les matières dissoutes dans les eaux qui les traversent. .   693

CHAPITRE IX. — De l'épuisement de la fertilité des terres drainées..   699

CHAPITRE X. — Des obstructions des drains.   701

CHAPITRE XI. — Expériences sur le drainage à diverses profondeurs et à divers écartements.   723

CHAPITRE XII. — Système de Key.horpe.   729

CHAPITRE XIII. — Du diamètre des tuyaux, de la longueur et de la pente des drains.   756

     I. — Table relative à l'emploi de tuyaux de $0^m.03$ de diamètre intérieur.   758

     II. — Table relative à l'emploi de tuyaux de $0^m.04$ de diamètre intérieur.   759

     III. — Table relative à l'emploi de tuyaux de $0^m.05$ de diamètre intérieur.   740

     IV. — Table relative à l'emploi de tuyaux de $0^m.06$ de diamètre intérieur.   741

     V. — Table relative à l'emploi de tuyaux de $0^m.07$ de diamètre intérieur.   742

     VI. — Table relative à l'emploi de tuyaux de $0^m.08$ de diamètre intérieur.   743

CHAPITRE XIV. — De l'établissement des collecteurs.   747

CHAPITRE XV. — Enlèvement des grandes masses d'eau.   749

     1° Cas où la nappe d'eau souterraine est inférieure au terrain à drainer. — Méthode d'Elkington.   750

     2° Cas où la nappe d'eau souterraine amène ses eaux au-dessus du terrain à drainer.   751

     3° Cas de la présence d'un cours d'eau supérieur au terrain.   751

     4° Cas de la présence d'un cours d'eau qui s'oppose à l'écoulement du collecteur.   751

CHAPITRE XVI. — Étude de la nappe d'eau souterraine dans les terrains drainés.   752

CHAPITRE XVII. — Relation entre la profondeur et l'écartement des drains   763

CHAPITRE XVIII. — Des insuccès du drainage.   766

CHAPITRE XIX. — Conclusions.   771

Table alphabétique générale des gravures.   775

Table des noms des auteurs et des agriculteurs cités.   785

Table analytique des matières.   807

Table des gravures du tome quatrième.   857

Table des matières du tome quatrième.   841

FIN DE LA TABLE DES MATIÈRES DU TOME QUATRIÈME ET DERNIER.

PARIS. — IMP SIMON RAÇON ET COMP., RUE D'ERF

www.ingramcontent.com/pod-product-compliance
Lightning Source LLC
Chambersburg PA
CBHW052007230326
41598CB00078B/2122